现代光学与光子学理论和进展丛书

丛书主编：李　林
名誉主编：周立伟

U0268178

现代光学与光子学技术

Modern Optics and Photonics Technology

［德］弗兰克·特雷格（Frank Träger）**主编**
李林 北京永利信息技术有限公司 **译**
陈瑶 **审**

北京理工大学出版社
BEIJING INSTITUTE OF TECHNOLOGY PRESS

图书在版编目（ＣＩＰ）数据

现代光学与光子学技术 /（德）弗兰克・特雷格主编；
李林，北京永利信息技术有限公司译. --北京：北京理
工大学出版社，2022.6
书名原文：Springer Handbook of Lasers and
Optics 2nd Edition
ISBN 978-7-5763-1397-0

Ⅰ ①现…　Ⅱ. ①弗…　②李…　③北…　Ⅲ. ①光学②
光子　Ⅳ. ①O43②O572.31

中国版本图书馆 CIP 数据核字（2022）第 102744 号

北京市版权局著作权合同登记号　图字：01-2022-1757号

First published in English under the title

Springer Handbook of Lasers and Optics, edition: 2

edited by Frank Träger

Copyright © Springer Berlin Heidelberg, 2012

This edition has been translated and published under licence from

Springer-Verlag GmbH, part of Springer Nature.

出版发行 / 北京理工大学出版社有限责任公司
社　　址 / 北京市海淀区中关村南大街 5 号
邮　　编 / 100081
电　　话 / （010）68914775（总编室）
　　　　　　（010）82562903（教材售后服务热线）
　　　　　　（010）68944723（其他图书服务热线）
网　　址 / http://www.bitpress.com.cn
经　　销 / 全国各地新华书店
印　　刷 / 三河市华骏印务包装有限公司
开　　本 / 710 毫米 × 1000 毫米　1/16
印　　张 / 30.25
字　　数 / 607 千字
版　　次 / 2022 年 6 月第 1 版　2022 年 6 月第 1 次印刷
定　　价 / 106.00 元

责任编辑 / 刘　派
文案编辑 / 李丁一
责任校对 / 周瑞红
责任印制 / 李志强

丛书序

  光学与光子学是当今最具活力和发展最迅速的前沿学科之一。近半个世纪尤其是进入 21 世纪以来，光学和光子学技术已经发展成为跨越各行各业，独立于物理学、化学、电子科学与技术、能源技术的一个大学科、大产业。组织编撰一套全面总结光学与光子学领域最新研究成果的现代光学与光子学理论和进展丛书，全面展现光学与光子学的理论和整体概貌，梳理学科的发展思路，对于我国的相关学科的科学研究、学科发展以及产业发展具有非常重要的理论意义和实用价值。

  为此，我们编撰了《现代光学与光子学理论和进展》丛书，作者包括了德国、美国、日本、澳大利亚、意大利、瑞士、印度、加拿大、挪威、中国等数十位国际和国内光学与光子学领域的顶级专家，集世界光学与光子学研究之大成，反映了现代光学和光子学技术及其各分支领域的理论和应用发展，囊括了国际及国内光学与光子学研究领域的最新研究成果，总结了近年来现代光学和光子学技术在各分支领域的新理论、新技术、新经验和新方法。本丛书包括了光学基本原理、光学设计与光学元件、现代激光理论与技术、光谱与光纤技术、现代光学与光子学技术、光信息处理、光学系统像质评价与检测以及先进光学制造技术等内容。

  《现代光学与光子学理论和进展》丛书获批"十三五"国家重点图书出版规划项目。本丛书不仅是光学与光子学领域研究者之所需，更是物理学、电子科学与技术、航空航天技术、信息科学技术、控制科学技术、能源技术、生物技术等各相关研究领域专业人员的重要理论与技术书籍，同时也可作为高等院校相关专业的教学参考书。

　　光学与光子学将是未来最具活力和发展最迅速的前沿学科，随之不断发展，丛书中难免存在不足之处，敬请读者不吝指正。

作　者

于北京

作者简介

Geoffrey W.Burr

IBM 阿尔马登研究中心
美国加州圣何塞
burr@almaden.ibm.com

第 9 章 9.5－9.8 节

在 1991 年，Geoffrey W.Burr 从水牛城纽约州立大学同时获得电气工程（EE）理学士学位和古希腊文学文学士学位。同年，在 Eta Kappa Nu 的推选下，他获得了由 Alton B.Zerby 颁发的"全美最佳电气工程专业毕业生"奖。在 1993 年和 1996 年，他从加州理工学院分别获得电气工程硕士和博士学位。从那时起，Burr 博士一直在位于加州圣何塞市的 IBM 阿尔马登研究中心工作，目前是那里的一名研究人员。他对全息数据存储器做过广泛研究。Burr 博士目前的研究方向包括相变电阻式非易失性存储器、电气装置测试以及与晶核化和晶体成长有关的物理学。他还是 SPIE、OSA、IEEE、MRS、国家电机工程荣誉协会（Eta Kappa Nu）以及国家工程荣誉协会（Tau Beta Pi）的会员。

Christoph Cremer

光分子生物研究所（IMB）
德国美因茨
海德堡大学
基尔霍夫物理学院
德国海德堡

第 5 章

Christoph Cremer 曾在德国弗莱堡大学和慕尼黑大学就读物理专业。1983 年 10 月，成为德国海德堡大学基尔霍夫物理学院的应用光学与信息处理系教授。2011 年 8 月之后，他成为德国美因茨分子生物研究所（IMB）光学纳米

cremer@kip.uni-heidelberg.de

显微技术小组的组长。他的研究领域包括开发激光－紫外线－微束照射法、共焦激光扫描荧光显微法、4Pi 显微镜检查法、结构照射激发法、光谱指定定位显微镜检查法以及这些方法在生物医学和生物物理学中的应用。

Martin Fally　　　　第 9 章 9.1－9.4 节

维也纳大学
物理系
奥地利维也纳
martin.fally@univie.ac.at

Martin Fally 在奥地利维也纳大学获得物理学博士学位（1996 年）和固态物理学教授资格（2003 年）。从那以后，他就成了物理系的副教授。2003—2004 年，他受聘为德国奥斯纳布吕克大学的墨卡托客座教授。他独自编写或合著了 80 多部出版物，主要是在全息照相术、光折变材料和中子光学（实验与理论）领域。在 2001 年，他因为在自然科学方面的研究而获得了"维也纳城市奖"。

Daniel R.Grischkowsky　　第 6 章

俄克拉荷马州立大学
电气与计算机工程系
美国俄克拉荷马州斯蒂尔沃特
daniel.grischkowsky@okstate.edu

Daniel R.Grischkowsky 是俄克拉荷马州立大学的董事教授兼光电系"贝尔曼"级教授。他 1962 年于俄勒冈州立大学获得理学士学位，1968 年从哥伦比亚大学获得物理博士学位。1969 年，他加入纽约州约克敦海茨 IBM 华生研究中心。1972 年，他在那里开发出并用实验方法验证了绝热跟踪模型。1982 年，他的科研小组开发出了光纤脉冲压缩器，后来在 1989 年又开发了太赫兹时域光谱（THz－TDS）技术。在 1993 年，他又回到俄克拉荷马州立大学，在那里研究 THz－TDS 和太赫兹光子学的应用。他是美国物理学会（APS）、电气与电子工程师协会（IEEE）和美国光学学会（OSA）的会员。他还获得了由纽约科学院颁发的"鲍里斯－普雷格尔奖"（1985 年）、由 OSA 颁发的"R.W.伍德奖"（1989 年）以及由国际红外波、毫米波与太赫兹波协会颁发的"威廉·F·梅格斯奖"（2003 年）和 "2011 年肯尼斯·J·巴顿奖"。

Mirco Imlau

奥斯纳布吕克大学
物理系
德国奥斯纳布吕克
mimlau@uos.de

第 9 章 9.1－9.4 节

Micro Imlau 博士毕业于科隆大学的物理系，并因为对中心对称分子晶体的光学非线性研究而获得科隆大学的博士学位。自 2002 年以来，他就成为奥斯纳布吕克大学的教授以及该大学光学/光子学研究小组的组长。他的研究焦点是先进电介质中的超快现象。他的主要研究课题包括：与小型极化子的光学形成有关的光学非线性以及与少量过渡金属化合物的光致键合异构有关的光学非线性。通过利用他在全息照相术方面的专业知识，他在期刊中发表了 80 多篇论文，编写了 5 部专著，还拥有 10 项国际性专利。在 2005 年，他被维也纳大学聘为全息材料专业的客座教授。

Bruno Lengeler

亚琛大学（RWTH）
第 II 物理学院
德国亚琛
lengeler@physik.rwth-aachen.de

第 7 章

Bruno Lengeler 是亚琛大学某物理学院的物理系荣誉退休教授兼前任所长。他是一位固态物理学专家，多年来一直在研究同步加速辐射的光谱及成像，尤其是抛物线型折射 X 射线透镜的开发。他是欧洲同步加速辐射实验室的研究部主任。

Reinhard März

英特尔移动通信公司
光刻主要设计部门
德国诺伊比贝尔格
（Neubiberg）
reinhard.maerz@intel.com

第 1 章

Reinhard März 分别在 1980 年和 1983 年从法兰克福大学理论物理系获得学士学位和博士学位。1984 年，他进入慕尼黑西门子公司的研究实验室；1999 年 4 月，他进入英飞凌科技公司；2011 年 2 月，他进入英特尔移动通信公司。他是 JCMwave 的联合创始人——JCMwave 是一家专门开发电磁有限元求解器的公司。März

博士对集成光学和光子晶体做出了科学贡献。他特别关注光通信——尤其是波分复用。最近，他将研究方向转移到光刻技术的模拟和设计上，用于制造硅主流技术中的先进技术节点。März 博士已发表了多篇科技论文、编写一部教科书以及几部专著。

Gerard Milburn 第 3 章

昆士兰大学
工程量子系统物理科学
中心学院
澳大利亚昆士兰州圣卢
西亚
milburn@physics.uq.edu.au

Gerard Milburn 的研究领域主要是量子光学、量子测量和控制以及量子计算。他已经发表了200 多篇论文并出版了 3 部书籍。他是澳大利亚科学院的院士和美国物理学会的会员。目前他是昆士兰大学澳大利亚研究理事会联合会的研究员。

Motoichi Ohtsu 第 4 章

东京大学
电气工程与信息系统
研究中心
日本东京
ohtsu@ee.t.u-tokyo.ac.jp

Motoichi Ohtsu 博士是东京大学的教授。他还是东京大学纳米光子研究中心的主任。作为纳米光子学的创始人，他负责了与纳米光子装置及其存储、制造、能量转换和系统应用有关的几个国家项目。他编写了 470 多篇技术论文和62 部书籍，还拥有 83 项专利。他是美国光学学会的会员，获得了由学术机构颁发的十多个奖项，包括由 URSI 颁发的 "I.Koga 金质奖章"。他还获得了由日本政府颁发的紫绶带勋章以及"朱利叶斯·施普林格应用物理学奖"。

Klaus Pfeilsticker 第 8 章 8.1 – 8.6 节

海德堡大学
环境物理学院
德国海德堡
klaus.pfeilsticker@iup.
uni-heidelberg.de

自 2004 年以来，Klaus Pfeilsticker 博士一直是海德堡大学的物理系教授。在这之前，他曾在海德堡马克斯–普朗克原子核物理研究所、不来梅港阿尔佛雷德–韦格纳研究所、德国于利希研究中心以及美国科罗拉多州博尔德国家海洋和大气局（NOAA）工作过。他的主要研究方向是大气中的光化学与辐射转移。最近他的研究工作聚焦于：在对流层高层与平流层中活性卤素物质的光化学、聚积与趋势；光谱太阳辐照度及其可变性；太阳光子在晴天和阴天的光子路径长度分布。

Ulrich Platt

海德堡大学
环境物理学院
德国海德堡
ulrich.platt@iup.uni-heidelberg.de

第 8 章 8.1－8.6 节

自 1989 年以来，Ulrich Platt 博士就一直是海德堡大学的物理系教授。在这之前，他曾在于利希研究中心以及加州大学河滨分校工作过。他的主要研究方向是自由基的大气化学以及大气成分的光谱测定。他是 DOAS 技术的共同发明者。他目前的研究工作集中于对流层中的活性卤素物质及其在对流层化学中的作用，还包括对微量气体在大气中的分布进行遥测。

Christian G.Schroer

德累斯顿科技大学
结构物理学院
德国德累斯顿
schroer@physik.tu-dresden.de

第 7 章

Christian G.Schroer 是在于利希研究中心完成他的数学物理系博士学业的（他在大约 1995 年拿到了科隆大学的博士学位）。在以博士后研究员的身份到马里兰大学访问学习之后，他在亚琛大学担任 X 射线光学与显微镜检查领域的研究与教学助理。在 2004 年获得教授资格之后，他成为汉堡 DESY 的研究员级科学家，一直到 2006 年年初他被德累斯顿科技大学结构物理学院聘为正教授。

Glenn T.Sincerbox

亚利桑那大学
光学科学学院
美国亚利桑那州图森市
sinbox@cox.net

第 9 章 9.5－9.8 节

Glenn T. Sincerbox 目前是亚利桑那大学光学科学学院的荣誉退休教授，他曾在那里担任光学科学学院的教授以及光学数据存储中心的主任。这个中心对先进的光学存储材料、系统和方法进行了前沿研究。在那之前，Sincerbox 在 IBM 研究实验室工作了 34 年，拥有很多技术职位和管理职位。他已发表了 50 多篇技术论文，并提交了 60 多篇论文。他拥有 40 项美国专利，另外还公布了 70 项专利的申请。他的主要研究领域是光存储器，重点是全息照相存储器。他是美国光学学会的会员，并在国际光学委员会工作了超过 15 年，期间担任过副主席和财务主管。

Michael Totzeck

卡尔–蔡司公司
研究与技术分公司
德国上科亨
m.totzeck@zeiss.de

第 2 章

Michael Totzeck 于 1989 年从柏林科技大学获得物理博士学位，1995 年因为在微波和衍射光学方面的研究而取得教授资格。在 2002 年进入卡尔–蔡司公司之前，他在柏林和斯图加特从事与高分辨率光学成像、干涉测量和数值模拟有关的研究。目前他是卡尔–蔡司公司研究与技术分公司的高级主管。他当前的研究方向是光刻、光学计量和偏振光学。

Michael Vollmer

勃兰登堡应用科学大学
微系统与光学技术系
德国勃兰登堡
vollmer@fh-brandenburg.de

第 8 章 8.6－8.11 节

Michael Vollmer 曾在海德堡就读物理专业，他在那里取得了博士学位和教授资格，并从事金属簇的光谱学研究。目前，他是实验物理学教授，专注于红外热成像、光谱学、大气光学和物理学教学领域的研究。他编写了 3 本书，还是几种期刊的编辑委员。

Christoph Wächter

弗劳恩霍夫应用光学与
精密工程研究所
微光学系统部
德国耶拿
christoph.waechter@iof.
fraunhofer.de

第 1 章

Christoph Wächter 是在弗里德里希–席勒大学（德国耶拿）取得他的物理系学士学位和自然科学博士学位的。1983 年，他开始从事多层膜光学和波导光学领域的研究活动。1992 年，他进入弗劳恩霍夫应用光学与精密工程研究所（耶拿）的微光学部门，在那里设计集成光学装置和微光学装置。

目　录

集成光学

本章讨论了集成光路的概念和实现过程，即在平面光路中传播并在一个或两个方向上受限的光波概念。集成光学元件（例如阵列波导光栅，AWG）是在波分复用（WDM）基础上实现现代宽带光通信的一个关键使能器。对集成光路的要求从被动功能（例如分束器和光学滤波器）发展到慢速和快速光开关，再发展到有源发射器和接收器。相关的材料系统包括玻璃、聚合物、$LiNbO_3$、硅和 III – V 型半导体。

弱导集成光路——也就是波导特性与标准单模光纤（SSMF）接近的一种传统方法——通过几个波长的单模场直径和大曲率半径提供了易制造性。这些元件基于波导及其与环境之间的低折射率对比度。

现代集成光路方法旨在提供越来越紧凑的电路，以符合系统驱动要求（主要是成本和足迹方面的要求）。这些方法基于具有较高折射率对比度的波导或光子晶体波导和亚微细米波导截面，例如单模场直径远远小于波长，因此具有极小曲率半径的硅。

"集成光路"一词是由 Miller[1.1]在 1969 年提出的。当时，集成光路是在一个芯片上对光学发射/接收装置以及用于提供分布、连接和滤波功能的无源装置进行单片集成的平面光路概念的同义词。

|1.1 引　言|

在集成光学的开拓期，全世界的集成光学活动都聚焦于演示与集成光学技术相兼容的有源元件和无源元件。分布反馈（DFB）激光器是这一开发活动的第一个里程碑。这个阶段还首次演示了很多无源元件，例如定向耦合器、Y 型分束器、波导截面、布拉格光栅、透射光栅、声光过滤器、光开关和调制器。除用于实现激光二极管、光电二极管和无源元件的单片集成的 InGaAsP/InP 和 GaAlAs/GaAs Ⅲ－Ⅴ半导体材料系统之外，芯片还可用一系列介电材料系统制成，尤其是铌酸锂（$LiNbO_3$）、玻璃基材料系统（特殊的离子交换玻璃、硅上玻璃 SiO_2/Si）、绝缘硅片（SOI）以及聚合物——丙烯酸酯、聚酰亚胺和聚碳酸酯（后者不能实现单片集成）。

从 20 世纪 80 年代中期开始，集成光路的制造变得越来越有可能，即制造由很多相同元件组成的芯片以及带有光发射器、接收器和无源光学元件的单片集成芯片。表 1.1 给出了一些典型实例以及用于制造这些光路的材料系统。

表 1.1　集成光路以及用于制造这些光路的材料系统实例

光路	材料系统
1：N 分束器[1.2]	玻璃（1:32），SiO_2/Si（1:32）
光互连背板[1.3,4]	聚合物
光学相控阵（阵列波导光栅（AWG））[1.5-7]	SiO_2/Si，InGaAsP/InP，聚合物，SOI
光开关矩阵（光交叉连接（OCC 或 OXC））[1.8-16]	InGaAsP/InP（4×4，1×8），SiO_2/Si（8×8，6×16），$LiNbO_3$（8×8）
可调谐波分复用（WDM）滤波器[1.17]	SiO_2/Si（级联马赫-曾德耦合器），$LiNbO_3$（声光滤波器）
激光调制器元件[1.18]	InGaAsP/InP
激光增压器元件[1.19]	InGaAsP/InP
双向发射器/接收器[1.20,21]	InGaAsP/InP
WDM 多通道接收器[1.6,22-24]	InGaAsP/InP，SOI 上的 Ge-on-Si
WDM 多通道发射器[1.19,25]	InGaAsP/InP，SOI 上的 InP
外差接收器[1.26]	InGaAsP/InP
光学存储器[1.27,28]	InGaAsP/InP，SOI 上的 InP

与此同时，聚焦反射光栅、光学相控阵和与偏振无关的声光过滤器等复杂的单个元件也首次实现。当集成光路在 20 世纪 90 年代中期出现在市场上时，集成光路的测试和测量方法已变得标准化[1.29,30]。

由于弱波导易于制造，因此这种波导长期以来都是开发的焦点。在最近几年，我们能够观察到向强波导转移的开发趋势，强波导能实现更小型的光路以及片上谐振腔等新型积木式元件。

从集成光路的开拓时代以来，预计有源/无源光学器件及相关电子元件在Ⅲ–Ⅴ型光电子集成电路（OEIC）内的单片可集成化优势将会把基于 SiO₂/Si、玻璃、聚合物和 LiNbO₃ 材料系统的混合集成光路排挤出去[1.31]。但出于多种原因，事情的发展并不是那么回事。一方面，Ⅲ–Ⅴ技术的复杂性——主要是由本质上不同的元件之间相互集成造成的——会导致这类集成光路的前期开发成本较高，从而在目前仍很有限的集成光路市场上具有较高的有效单位成本。另一方面，迄今为止，Ⅲ–Ⅴ元件还达不到混合技术的几个基本性能标准，即在光纤–芯片耦合、波导损耗和偏振依赖性方面的标准。此外，光学相控阵表明，复杂单个元件的可实现性是集成光学的另一个——目前是决定性的——优势。但在这方面，Ⅲ–Ⅴ技术与其他的竞争性混合集成技术（例如平面光波回路（PLC））相比完全没有优势[1.32]。

1.1.1　波导结构

图 1.1 显示了几个典型的集成光学条形波导。横向波导结构通常从光刻角度进行定义（主要采用接触式光刻或投射光刻技术）。在采用聚合物多模结构的情况下，还要用到模制技术。

阶跃折射率波导［图 1.1（a）–（d）］——肋形波导、条载波导、隐埋条形波导和隐埋肋形波导——主要由 InGaAsP/InP、GaAlAs/GaAs、硅或 SiO₂/Si 制成，制造时采用了湿蚀刻法或干蚀刻法。这些类型的波导还可采用光刻法及/或模制法用聚合物制成。制造过程的选择决定着可行层厚和材料成分（折射率）等参数的范围。制造方法和所需要的高宽比（波导高度/宽度）决定着波导的精确形状、其表面性质和典型的制造公差，即折射率和波导尺寸（芯片–芯片和晶片–晶片）的波动。后面两类波导［图 1.1（e），（f）］——具有渐变折射率分布的隐埋式或非隐埋式波导——是扩散过程和离子交换过程中的典型波导，即对于用 LiNbO₃ 或合适的玻璃制成的波导结构来说是典型的。折射率分布及其公差主要通过扩散过程或离子交换过程来定义。最后两类波导——光子晶体［图 1.1（g）］波导和等离子体［图 1.1（h）］波导——旨在获得紧凑型光路和近场。

条形波导的典型尺寸构成了另一个分类标准。一方面，这些尺寸反映了集成光学芯片的制造难度。另一方面，这些尺寸决定着光纤–芯片耦合所需要的光斑放大倍数，从而决定着耦合光学器件的设计，进而决定着光纤–芯片耦合的定位公差，最终决定着生产准备成本。单模对称平板波导的最大厚度 d_c 由下式求出[1.33]：

$$d_c = \frac{\lambda}{2n_{cl}\sqrt{2\varDelta}} \tag{1.1}$$

式中，n_{cl} 为包层的折射率；n_{co} 为纤芯的折射率；$\varDelta = (n_{co}^2 - n_{cl}^2)/(2n_{co}^2)$ 为波导的相对折射率对比度。对于光纤匹配单模波导（场半径 ≈ 5 μm）来说，相对折射率对比度

为 $\Delta \approx 10^{-3}$。相比之下，对于强导波导（例如用 InGaAsP/InP 材料制成的波导）来说，相对折射率对比度达到 $\Delta > 10^{-2}$。现代波导概念依赖于 $\Delta > 10^{-1}$ 的强导波导。相对折射率对比度 Δ（1.3.1 节）不仅决定着波导的尺寸和芯片端面上的近场光斑尺寸，还决定着波导的最小曲率半径，并最终决定光路的尺寸。

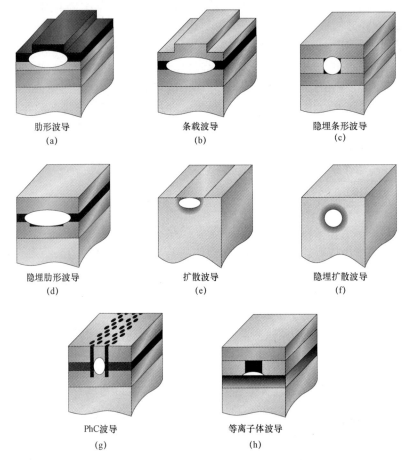

肋形波导	条载波导	隐埋条形波导
(a)	(b)	(c)

隐埋肋形波导	扩散波导	隐埋扩散波导
(d)	(e)	(f)

PhC波导	等离子体波导
(g)	(h)

图 1.1　常见的单模集成光学波导轮廓：阶跃折射率波导（a）–（d）和渐变折射率波导（e）、（f）、
　　　　光子晶体波导（PhC PhC）（g）和等离子体波导（h）。导波的场分布用白色区域表示

1.1.2　控制集成光学器件

根据所用材料系统的不同，光学元件可通过不同的线性效应和非线性效应来控制（1.5 节）。

最常见的标量效应——即热光学效应[1.34,35]——描述了折射率 n 与元件温度 T 之间的相关性。在大多数材料中，相关的系数都非零。一方面，热光学效应用于微调 WDM 应用领域中的激光器和光学滤波器等元件；另一方面，热光学效应还用在光开关、衰减器和可调谐光学滤波器中。在远未达到原子共振时，折射率和温度呈线性相关，能够很好地近似计算出来。因此，热光学效应主要用单个量来描述，即用归一化热光学系数 $[(1/n) \times (dn/dT)]$ 来描述。表 1.2 针对在集成光学中常用的很多材料，给出了这些材料的标准化热光学系数和热膨胀系数。可见，在大多数情况下，热膨胀对热光学系数的贡献很小。此外，由原子共振和热膨胀导致的热光学系数变化主要在两个相反的方向上起作用。聚合物——其中聚甲基丙烯酸甲酯（PMMA）可视为一种典型实例——常常具有很高的负热光学系数，亦即当波导被加热时，有效折射率会减小。热光学效应的典型响应时间在毫秒范围内，并被热传输所驱动。

表 1.2　不同材料的归一化热光学系数 $[(1/n) \times (dn/dT)]$ 和热膨胀系数（a_L）

材料	$(1/n) \times (dn/dT)(\times10^{-6} \cdot K^{-1})$	$a_L / (10^{-6} \cdot K^{-1})$
InP	58.0	4.9
GaAs	66.7	5.7
硅（晶体）	53.4	3.0
硅（多晶）	50～60	2.5～4.0
LiNbO$_3$　　　o	24.1	16.7
e	2.4	2.0
硅酸盐玻璃	4～7	0.3～0.6
PMMA	−93	80

其他几种物理现象不仅改变了折射率或介电函数的数值，还改变了折光率椭球体的形式和方位。一阶非线性光学（NLO）效应（又称为"$\chi^{(2)}$效应"）——例如普克耳斯效应（Pockels effect）——不会在等向性材料和具有反转中心的晶体（例如金刚石结构）中出现。而二阶 NLO 效应（$\chi^{(3)}$效应）（例如克尔效应或弹性光学效应）一般会出现，甚至会在其他等向性材料中造成各向异性。

1.2　波 导 理 论

集成光学的装置设计和相应数学方法在许多方面与纤维光学有关，而且由于标量亥姆霍兹方程和薛定谔方程在数学上等价，因此还与量子力学的装置设计和数学方法有关。但由于有很多种结构，因此在集成光学中常常首选的是数值方法，例如基于有限元（FE）和有限差（FD）的数值方法[1.36,37]。20 世纪 90 年代，集成光学的计算方法达到一定的成熟度，能实现几乎任何波导结构（尤其是无源波导）的特定配置[1.38]。但基准测试[1.39,40]表明，具有较大折射率对比度、很多导模及/或较大光束发散度的集成光学几何体只有通过最先进的方法才能实现足够精确的分析。在迈入新千年之后，真正的高折射率波导、光子晶体波导和等离子体波导开始进入集成光学领域。对这些波导，我们需要处理集成光路中的反射波并且分析周期性波导结构。

1.2.1 本征模分析

本征模是在沿着纵向不变的波导结构传播时仍能保持其形状的一种波。纵向可变的光子晶体波导通过再聚焦来引导光波，而且必须用不同于传统波导的方式来处理（1.2.2 节）。本征模 l 的电磁场通过下面的方程来描述：

$$\begin{cases} \boldsymbol{E}^{(l)}(\boldsymbol{r}_t, z) = \boldsymbol{e}^{(l)}(\boldsymbol{r}_t)\mathrm{e}^{\mathrm{i}k_0 n_l z}, \\ \boldsymbol{H}^{(l)}(\boldsymbol{r}_t, z) = \boldsymbol{h}^{(l)}(\boldsymbol{r}_t)\mathrm{e}^{\mathrm{i}k_0 n_l z} \end{cases} \quad (1.2)$$

式中，$n_l = \beta/k$ 为本征模 l 的有效折射率；z 为本征模 l 的传播方向；r 为在本征模的横向平面上的一个位置矢量。图 1.2 显示了虚拟非对称波导的介电分布 $n^2(x)$ 以及可由波导结构引导的各种模。

在波导结构的最大折射率 $n_{\max}$ 和在无穷远处的最大折射率 n_s^2（通常是波导基片的最大折射率）之间 $n_{\max}^2 > n_l^2 \geqslant n_s^2$ 范围内，导模形成了一个离散谱。在几何–光学分析过程中，这些导模可理解为由波导内部的全反射加以引导的射线束。但由全反射得到的分光束（布里渊波）只在几个反射角度下才发生相长干涉，在这些角度出现了导模。对称波导结构始终拥有至少一个导模，而非对称折射率分布式结构仅在大于最小尺寸时才有导模。图 1.2（a）中的光场显示了基模的典型场分布，即具有最大有效折射率的导模的场分布。第 l 个最高模的光场有 $l+1$ 个最小值和最大值，但就像基模场一样，这个光场在无穷远处也会消失。由于基片的折射率 n_s 和外空间的折射率 n_o 不同，因此会形成一个非对称的光场。

辐射模形成了一个连续谱，其中在 $n_s^2 > n^2 \geqslant n_o^2$ 范围内［图 1.2（b）］的本征模在无穷远处只发生部分振荡，而在 $n_o^2 > n^2 \geqslant 0$ 范围内［图 1.2（c）］的本征模在无穷远处表现出纯振荡特性。导模和可传播辐射模与仅在处理波导不连续性时才具有现实意义的隐失模（$n^2 < 0$）一起，形成了一个完整的函数系，即每个场分布都可描述为这些模的一种线性组合。漏波（漏模）不能构成波导结构的真正本征模，但会在辐射谱里形成共振。漏模可视为过截止导模。

导向本征模的符号取决于波导结构。因此，平板波导的本征模——各自由三个非零矢量分量组成的横模——称为"横向电（TE_l）模"和"横向磁（TM_l）模"。在与 TE 和 TM$_l$ 模的非零纵向场分量有关的文献中，也用到了 H_l 模项和 E_l 模项。平板波导的基模（$l=0$）没有节点（零值），而第 l 个最高模有 l 个节点。

具有混合特性的集成光学平板波导的本征模相应地被称为"HE$_{lm}$ 模"和"EH$_{lm}$模"。在弱横向导引的极限情况下，这些本征模被合并到平板波导的 H_l 模（TE$_l$ 模）或 E_l 模（TM$_l$ 模）中[1.41]。本征模的折射率对（或阶）lm 按照为本征模分析过程选择的坐标系的轴来解释。笛卡儿坐标（x, y）常常用于集成光学波导，因为这种技术需要层型结构；而柱面坐标（r, ϕ）一般用于光纤。

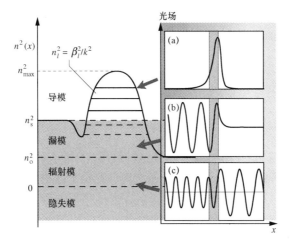

图 1.2 平板波导的介电分布 $n^2(x)$；能被这种波导结构引导的各种模；基模的光场分布（a）和两种不同类型的辐射模的光场分布（b），（c）。连续谱范围用阴影表示

1. 基本方程

含亥姆霍兹算子的集成光学本征值问题的矢量 $\boldsymbol{H}$ 场公式[1.5]：

$$\mathcal{H}_\mathrm{H} = \frac{1}{k_0^2}\Delta_t + n^2 + \frac{2}{k_0^2 n}(\nabla_t n)\times\nabla_t\times \tag{1.3}$$

尤其是在笛卡儿坐标中经常用到的表达式[1.33]：

$$\begin{cases} \dfrac{\partial^2 h_x^{(l)}}{\partial x^2} + \dfrac{\partial^2 h_x^{(l)}}{\partial y^2} + \dfrac{2}{n}\dfrac{\mathrm{d}n}{\mathrm{d}y}\left(\dfrac{\partial h_y^{(l)}}{\partial x} - \dfrac{\partial h_x^{(l)}}{\partial y}\right) \\ \qquad + (k_0 n)^2 h_x^{(l)} = (k_0 n_l)^2 h_x^{(l)}, \\ \dfrac{\partial^2 h_y^{(l)}}{\partial x^2} + \dfrac{\partial^2 h_y^{(l)}}{\partial y^2} - \dfrac{2}{n}\dfrac{\mathrm{d}n}{\mathrm{d}x}\left(\dfrac{\partial h_y^{(l)}}{\partial x^2} - \dfrac{\partial h_x^{(l)}}{\partial y^2}\right) \\ \qquad + (k_0 n)^2 h_y^{(l)} = (k_0 n_l)^2 h_y^{(l)} \end{cases} \tag{1.4}$$

通常是在对当今集成光学中采用的 z 不变波导进行数值本征模分析时的出发点。上述公式优先于其他公式，因为在电介质界面上磁场的横向分量既没有间断点，又没有对数奇点。纵向场分量 h_z 是由没有磁场源（$\nabla - \boldsymbol{H} = 0$）这一要求直接推导出的。相反，在分析光纤时，主要采用了两个纵向场分量（E_z, H_z）的场方程。

弱导波导的本征模（$|\Delta n| \ll |\bar{n}|$）具有弱显著混合特性。因此，式（1.3）中的矢量耦合——用算子 $(\nabla_t n)\times\nabla_t\times$ 来描述——可按扰动来处理。在零矢量耦合的极限情况下，波导的本征模被标量亥姆霍兹算子的本征模替代[1.41-43]：

$$\mathcal{H}_\mathrm{s} = \frac{1}{k_0^2}\nabla_t^2 + n^2 \tag{1.5}$$

在采用笛卡儿坐标时，相关的本征值方程完全解耦，于是得到

$$\frac{\partial^2 \psi_l}{\partial x^2} + \frac{\partial^2 \psi_l}{\partial y^2} + (k_0 n)^2 \psi_l = (k_0 n_l)^2 \psi_l \tag{1.6}$$

式中，ψ_l 为电场或磁场的任意横向矢量分量。混合模可用一阶瑞利 – 薛定谔微扰理论来近似地计算。

2. 平板波导

平板波导是最基本的波导。通过检测这种波导，有助于评估更复杂的肋形波导、带状波导和扩散波导的行为。带状波导通常具有混合本征模，而平板波导只支持两类横模——每类横模有三个非零矢量分量。在描述平板波导时，采用笛卡儿坐标系统。笛卡儿坐标的 x 轴垂直于波导层，z 轴为光波的传播方向。横向电场（TE）模有一个电场分量（E_y）和两个磁场分量（H_x，H_z），而横向磁场（TM）模有一个磁场分量（H_y）和两个电场分量（E_x，E_z）。这两组本征模 $E_y^{(l)}$ 和 $H_y^{(l)}$ 都属于亥姆霍兹算子：

$$\mathcal{H}_{\mathrm{TE}} = \frac{1}{k_0^2} \frac{\mathrm{d}^2}{\mathrm{d}x^2} + n^2 \tag{1.7}$$

$$\mathcal{H}_{\mathrm{TM}} = \frac{1}{k_0^2} \frac{\mathrm{d}^2}{\mathrm{d}x^2} - \frac{2}{k_0^2 n} \frac{\mathrm{d}n}{\mathrm{d}x} \frac{\mathrm{d}y}{\mathrm{d}x} + n^2 \tag{1.8}$$

式中，$\omega = k_0 c$；TE_l 模的其他非零场分量为

$$\begin{cases} H_x^{(l)} = \dfrac{\mathrm{i}\beta_l}{\omega\mu_0} E_y^{(l)} \\[2mm] H_z^{(l)} = \dfrac{-\mathrm{i}}{\omega\mu_0} \dfrac{\partial E_y^{(l)}}{\partial x} \end{cases} \tag{1.9}$$

而对于 TM_l 模，可得到

$$\begin{cases} E_x^{(l)} = \dfrac{-\mathrm{i}\beta_l}{n^2 \omega \in 0} H_y^{(l)} \\[2mm] E_z^{(l)} = \dfrac{\mathrm{i}}{n^2 \omega \in 0} \dfrac{\partial H_y^{(l)}}{\partial x} \end{cases} \tag{1.10}$$

基于特征矩阵的准解析算法[1.44]

$$\mathcal{M} = \begin{pmatrix} \cos\delta & -\sin\delta/Y \\ Y\sin\delta & \cos\delta \end{pmatrix} \tag{1.11}$$

对于具有阶跃折射率分布的任意构造平板波导的本征模数值计算来说卓有成效。

这种方法能够直接计算交互式耦合器结构的超模（1.3.3 节），还可用于分析渐变折射率分布，其中连续变化的折射率分布通过任意精细阶跃折射率分布来近似计算。

特征矩阵 $\mathcal{M}$ 利用等效相厚度 $\delta = kd\sqrt{n^2 - n_l^2}$ 和特征导纳 $Y = \sqrt{n^2 n_l^2}$ ，描述了一个厚度为 d、折射率为 n 的波导层。具有任意布局的平板波导（图1.3）通过将两堆板条的特征矩阵 $\mathcal{M}_+$ 和 $\mathcal{M}_-$ 相乘来描述。电磁场在板条包里的连续延拓是通过利用特性矩阵来保证的。在两个板条包之间的匹配平面上连续延拓电磁场，可得到下列特征方程：

$$\frac{m_{11}^{(+)} - \mathrm{i}Y_+ m_{12}^{(+)}}{m_{21}^{(+)} - \mathrm{i}Y_+ m_{22}^{(+)}} = -\frac{m_{22}^{(-)} - \mathrm{i}Y_- m_{12}^{(-)}}{m_{21}^{(-)} - \mathrm{i}Y_- m_{11}^{(-)}} \tag{1.12}$$

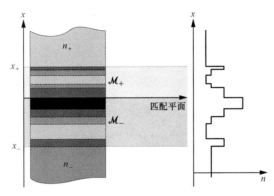

图 1.3　由两个板条包组成的平板波导。这两个板条包用特性矩阵 $\mathcal{M}_+$ 和 $\mathcal{M}_-$ 来描述

此方程的零点就是 TE 模的有效折射率。对于在区域 $x_0 \le x < x_0 + d$ 内厚度为 d、折射率为 n 的一个波导层，该层的电场 E_y 为

$$E_y^{(l)}(x) = E_{y,0} \cos\left[\frac{\delta}{d}(x - x_0)\right]$$
$$+ \frac{H_{z,0}}{Y} \sin\left[\frac{\delta}{d}(x - x_0)\right] \tag{1.13}$$

当 $\delta > 0$（即 $n^2 > n_l^2$ 时），得到的解为振荡；当 $\delta < 0$ 时，得到的解为双曲线。

TM 模的计算以模拟方式实施。从修改特征矩阵着手，

$$\tilde{\mathcal{M}} = \begin{pmatrix} \cos\delta & -\sin\delta / Z \\ Z\sin\delta & \cos\delta \end{pmatrix} \tag{1.14}$$

用于描述波导层的等效相厚度和特征阻抗 $Z = \sqrt{n^2 - n_l^2} / n^2$，于是得到 TM 模的特征方程：

$$\frac{\tilde{m}_{11}^{(+)} - \mathrm{i}Z_+ \tilde{m}_{12}^{(+)}}{\tilde{m}_{21}^{(+)} - \mathrm{i}Z_+ \tilde{m}_{22}^{(+)}} = -\frac{\tilde{m}_{22}^{(-)} - \mathrm{i}Z_- \tilde{m}_{12}^{(-)}}{\tilde{m}_{21}^{(-)} - \mathrm{i}Z_- \tilde{m}_{11}^{(-)}} \tag{1.15}$$

平板波导的 TE_l（或 TM_l）模始终有 l 个节点（零值）以及 $l+1$ 个最小值/最大值。图 1.4 显示了被基片和空气包围的非对称平板波导（$d = 25\ \mu\mathrm{m}$，$n_{\mathrm{co}} = 1.505$）的 TE 导模。由于基片的折射率 $n_s = 1.5$ 与顶层的折射率 $n_o = 1$ 不同，因此光场明显地向基片移动。

当参数 $V = k_0 d \sqrt{n_{co}^2 - n_{cl}^2}$ 满足条件 $l-1 \leqslant V/\pi < l$ 时，单层对称平板波导——即一个厚度为 d、折射率为 n_{co} 的波导层嵌入在折射率为 n_{cl} 的包层中——恰好拥有 l 个导模。对称的单层板条支持至少一个导模。本征模 l 的有效折射率位于由条件 $l \geqslant \delta_l/\pi < l+1$ 决定的区间内，其中 $\delta_l = k_0 d \sqrt{n_{co}^2 - n_l^2}$ 表示波导层的相厚度。当离截止点足够远时，可以发现对于 TE_l 模，下式成立：

$$n_l^2 = n_{co}^2 - \left[\frac{(l+1)\pi}{kd}\right]^2 \left(1 - \frac{4}{V} + \cdots\right) \tag{1.16}$$

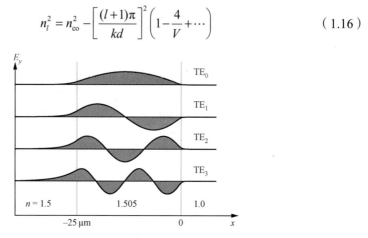

图 1.4　在 $\lambda = 1.5\ \mu m$（TE_0，TE_1，TE_2，TE_3）时非对称平板波导（$d = 25\ \mu m$，$n_{co} = 1.505$）的 TE 导模。波导的左侧是折射率为 $n_s = 1.5$ 的基片，右侧是空气（$n_o = 1$）

为达到说明目的，图 1.5 针对呈阶跃折射率分布的对称平板波导，显示了有效折射率（归一化为折射率对比度）与 TE 模的 V 参数之间的函数关系。

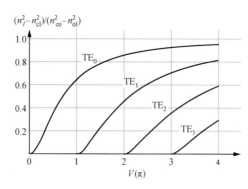

图 1.5　在呈阶跃折射率分布的对称平板波导中，有效折射率（归一化为折射率对比度）与 TE 模的 V 参数之间的函数关系

1.2.2　光子晶体波导

纵向可变的光子晶体波导通过再聚焦来引导光波，而且必须用不同于传统波导的方式来处理（1.2.1 节）。事实上，平面光子晶体波导通过两种完全不同的机制来引导其本征模。在垂直方向上，本征模由传统的平板波导提供支持。在横向方向上，

本征模被限制在两个二维光子晶体反射镜之间。对于这两种偏振，这些反射镜只在光子晶体的完全（即与偏振无关）带隙内起作用。波导通道通常由二维光子单晶体内的失排（整数排）形成。如果有 n 排光子晶体缺失，则此波导用 W_n 表示。光子晶体波导用与平板波导相同的坐标系来描述。

　　虽然真实的二维光子晶体波导是一种不切实际的装置，但这种波导在研究光子晶体波导的最重要方面时是很好的工具：

- 真实的二维光子晶体通道波导支持真实的（即无损耗的）本征模。
- 图 1.6 显示了嵌在光子晶体反射镜之间的 W_1 波导的波导机制。图中显示了磁场 H_z 的 z 分量；恒相的几条轮廓线用粗线表示。可以明显看到，本征模的引导是通过周期性再聚焦实现的，这个周期就是通道波导的周期。由于光子晶体波导模的相前不是直的，因此将光场分解为一个振幅和一个相因数是不可行的（1.2.2 节）。

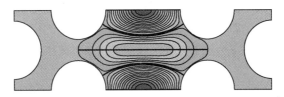

图 1.6　在光子晶体的一个周期内的 TM 基模和相应的相前

- 真实的二维光子晶体及其内置的通道波导只支持横模。TE 模有一个电场分量（E_x）和两个磁场分量（H_y，H_z）。TM 模有一个磁场分量（H_x）和两个电场分量（E_y，E_z）。TE 模和 TM 模都是下列方程的解：

$$\frac{1}{n^2}\nabla_t^2 E_x = k_0^2 E_x \tag{1.17}$$

$$\nabla_t \cdot \frac{1}{n^2}\nabla_t H_x = k_0^2 H_x \tag{1.18}$$

- TE 和 TM 带隙未对准。下列经验法则可能有助于为波导装置选择合适的光子晶体结构：
  - 基本带隙通常是最大的带隙。
  - 对于给定的晶格来说，基本带隙的尺寸会随着折射率对比度的增加而增加。而对于具有低对称性及/或低折射率对比度的晶格来说，TE 及/或 TM 带隙可能会逐渐消失。
  - 对于给定的晶格和布里渊区布局来说，带空穴的光子晶体具有较大的基本 TM 带隙尺寸，而带棒（反转结构）的光子晶体有较大的 TE 带隙尺寸。
  - 对于给定的空穴/棒尺寸和折射率对比度来说，六方晶格的 TE 和 TM 带隙的中心处于最佳对准状态。随着晶格对称性的减小，带隙的不对准度会增大。

- 甚至对于中等的折射率对比度来说，TE 和 TM 带隙的中心也不能对准，因此会得到全带隙[1.45]。

其他光子晶体波导支持下列全矢量亥姆霍兹方程所描述的混合模：

$$\nabla \times \left(\frac{1}{n^2} \nabla \times \boldsymbol{H} \right) = k_0 \boldsymbol{H} \tag{1.19}$$

基于平板波导的真实平面光子晶体［图 1.1（g）］在垂直方向上呈非周期性。因此，这些晶体不支持真实的本征模，也就是说，真实的光子晶体波导始终有些损耗。它们的模几乎是横向的。非横向场分量——对于 TE 类模为 E_x，对于 TM 类模为 H_x——的数值随着平板波导和背景材料之间的折射率对比度的增加而增加。

为了探讨平面外辐射，我们先来考虑拥有倒格矢 $\boldsymbol{Q}_1$ 和 $\boldsymbol{Q}_2$ 的板条光子晶体，此晶体被具有（面内）波矢 $\boldsymbol{q}_p^{(\text{in})}$ 的输入模以频率 ω 激发。这种装置可能——就像传统的布拉格光栅那样——将光功率辐射到外部区域（折射率为 n_B^2 的基片或顶层）中。会生成出射平面波（$\boldsymbol{q}^{(\text{out})}$）的辐射过程遵守波矢面内分量的守恒定律，即 $\boldsymbol{q}_p^{(\text{in})} + \boldsymbol{q}_p^{(\text{out})} = m\boldsymbol{Q}_1$，以及光功率的守恒定律，即 $|\boldsymbol{q}^{(\text{out})}|^2 = k_0^2 \varepsilon_B$。光子晶体术语中，不能同时满足这两个条件的能带结构区域称为"浅色线上方"区域，而其他区域称为"浅色线下方"区域。

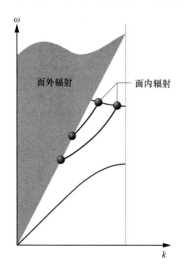

图 1.7　呈现面内和面外辐射的光子晶体能带结构示意图

对于支持着两个模（用暗线表示）的通道波导，图 1.7 显示了其光子能带结构的一部分。光子体晶的两个最低能带用浅色线表示，而浅色线上方的区域用阴影区表示。如果平板波导或通道波导的一个模与能带结构内的浅色线相交，则该模的功率会被辐射到平面外，即不在由平板波导决定的平面内。如果通道波导的一个模穿过光子体晶的一个能带，则该模的功率会在面内辐射，即辐射到平板波导内。通道波导的模看起来像固态物理学中的缺陷态。因此，光子晶体之间的通道波导被称为光子晶体区中的"缺陷波导"。

在浅色线上方区域中发光过程的效率取决于单位晶格的布局以及在接近于工作点时光子态的密度。因此，发光效率的定量数值分析——由此可推导出完美制造装置的真实传播损耗——需要进行全三维计算。对于典型的高折射率对比度结构，数值计算结果表明这些损耗约为 0.1 dB/row[1.46]。

图 1.8 显示了在光子带隙内工作的光子晶体波导与传统带状波导之间的波导机制对比。显然，对于传统波导来说，波导开始发光时的截止折射率总是低于导模的有效折射率。而对于光子晶体波导来说，波导开始向光子晶体内发光时的截止折射率总是高于导模的有效折射率。如果光子晶体显现出全向带隙，则波导不会发光。

对在光子晶体中传播的模进行垂直引导的平板波导设计在强导型绝缘体上硅

（SOI）材料系统（$\Delta n \approx 2$）中和在弱导型Ⅲ－Ⅴ材料系统（$\Delta n < 0.5$）中是有区别的。因此，SOI 材料系统中的光子晶体能够（并且正在）在光锥下方工作，而利用Ⅲ－Ⅴ族化合物制成的弱导光子晶体装置必须在光锥上方工作。

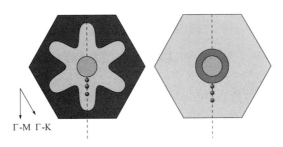

Γ-M Γ-K

图 1.8　在光子带隙中工作的六方光子晶体波导与传统带状波导之间的波导机制对比。光功率向面外发射的区域用浅阴影表示，光功率向面内发射的区域则用暗阴影表示。光子晶体的单位晶格已在传统波导图中指出，以便于两种波导之间的对比

1.2.3　等离子体波导

在两个半空间（一个半空间充满了电介质，另一个则用金属导体填充）的界面处，电磁场和电子等离子体振荡之间的耦合会得到沿界面传播的单个 TM 偏振本征模，这个模称为"表面等离子体激元"（SPP）[1.47]，其色散由金属的色散决定。对于很多金属来说，频率相关相对介电常数与复折射率 $-\sqrt{\varepsilon_m} = n_m + i\kappa_m$ 相关，而且能用一个复杂的德鲁德（Drude）公式来近似地计算：

$$\varepsilon_m = 1 - \frac{\omega_{pl}^2}{\omega(\omega + i\gamma)} \tag{1.20}$$

式中，ω_{pl} 为等离子体频率，即体积等离子体振子的共振频率；γ 为相应的损耗项（碰撞频率）。ω_{pl} 和 γ 的值源于实验数据拟合，在文献中报道的德鲁德参数稍有不同。从表 1.3 中可以明显看到，在光频率下，金属出现重大损耗。贵金属银（Ag）和金（Au）的损耗最低，这使得它们成为等离子体波导的首选材料。

SPP 的本征模可利用在金属－电介质界面处的磁场边界条件推导出来，其传播常数为

$$\tilde{n}_{SPP} = \sqrt{\frac{\varepsilon_d \varepsilon_m}{\varepsilon_d + \varepsilon_m}} = n'_{SPP} + in''_{SPP} \tag{1.21}$$

由于在金属区域有损耗，因此得到的总是负值。式（1.21）中，ε_d 和 $\varepsilon_m = \varepsilon'_m + i\varepsilon''_m$ 分别为电介质和金属的相对介电常数。

图 1.9 显示了银－玻璃界面式（1.21）的解。这个界面在 ω_{SPP} 和 ω_{pl} 频率下有两次共振，在这两次共振之间有一个带隙。对于德鲁德金属来说，$\omega_{SPP} = \omega_{pl} / \sqrt{\varepsilon_d + 1}$。在低于表面等离子体共振频率 ω_{SPP} 的频率范围内，表面等离子体激元是一个导向模，即非辐射模。图 1.9 中的坡印亭矢量图也表明，在金属中，光功率为反向传

播——这是 SPP 的一个特性。在高于体积等离子体频率 ω_{pl} 的频率范围内，金属变得透明，表面等离子体激元（SPP）成为辐射模。ω_{SPP} 和 ω_{pl} 之间的频率区称为"等离子体带隙"。在理想（即无损耗）金属的这个频率区内，式（1.21）的解完全是虚的，也就是说 SPP 变成一个再也不能传播的隐失模。关于真实金属中的准束缚模的探讨，见文献［1.48］。

在集成光学背景下，只有低于 ω_{SPP} 的频率范围才有实际意义。在低频率即长波长（图 1.9 中的频率 ω_A）下，表面等离子体激元的大部分功率被限制在电介质的半空间内。此时，金属的有效折射率接近于介电材料的有效折射率，因此损耗为中等。当频率接近于 SPP 共振（图 1.9 中的频率 ω_B）时，表面等离子体激元的功率将会越来越多地被限制在金属半空间内。于是，有效折射率和波导损耗会快速增加。随着有效波长 $\lambda_{SPP} = \lambda / n'_{SPP}$ 的减小，在传感用途中可获得的空间分辨率会增加，如表 1.3 所示。此外，群速（即信号传输速度）会大大降低（慢光）。

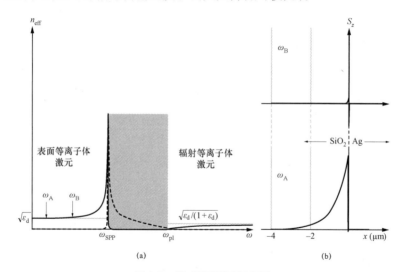

图 1.9　银 – 玻璃界面示意图

（a）Ag/SiO$_2$ 界面（ε_d = 2.25）：SPP 色散；（b）两个真空波长下坡印廷矢量的 z 分量。

实部 n'_{SPP} 和虚部 n''_{SPP} 分别为实线和虚线表示。

各自本征模的波长分别为 λ_0 = 1.5 μm（ω_A）和 λ_0 = 0.5 μm（ω_B）

总之，在两个半空间之间的界面处，SPP 会受到充分限制，但仅以传播损耗增加为代价。

为了克服这些问题，我们考虑过将薄金属膜的表面等离子体激元嵌入在两个电介质半空间之间。如果金属膜的厚度小于 SPP 的穿透深度，则两个界面上的 SPP 会耦合（隧道效应）。这种配置只支持两个 SPP——一个非对称模和一个对称模。后者称为"远程表面等离子体激元"（LR – SPP），只要该模被主要限制在电介质半空间内就会表现出低损耗，而且信号传输速度接近于在介电材料中的传输速度[1.50]。

金属带状波导支持四类模，这些模可根据在每对相对界面上基本 SPP 是对称式叠加还是非对称式叠加来分类。与薄金属膜的 LR–SPP 相似的是，金属带的 LR–SPP 可归类为基本 SPP 的双重对称式叠加。对于不支持高阶模的小波导截面，嵌入在 SiO_2 中的 4 μm×20 nm Au 波导理论上可达到 1 dB/mm 的损耗[1.51]。

表 1.3　几种金属的复杂德鲁德公式（1.20）的参数[1.49]

金属	$\hbar\omega_{pl}$/eV	λ_{pl}/nm	γ/ω_{pl}/%
Ag	9.02	137	0.24
Au	8.89	139	0.80
Al	12.04	103	1.07
Cu	8.76	141	1.09

表面等离子体激元不仅能用传统的带状或板条状波导来引导，还能用金属纳米粒子链[1.52,53]或 V 形槽波导[1.54]来引导（图 1.10）。

平面等离子体波导可利用矩阵方法来分析[1.55]。由于模的混合特性，含有金属的二维截面或体积需要采用全矢量法。对于本征模求解程序来说，金属边缘处的显著场增强效应以及金属隅角处的对数奇点极其麻烦[1.56]。

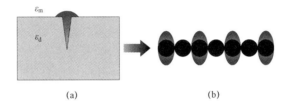

(a)　　　　　　　　　　(b)

图 1.10　金属纳米粒子链及 V 形槽波导
（a）截面 V 形槽 SPP 波导（功率流入纸面内）；（b）由一维纳米粒子阵列形成的等离子体波导

复杂的光子积分法要求装置足迹小，而且损耗低。为了比较不同的波导方法，定义了几个品质因数（FOM）[1.57–59]。对于二维限制，下列的量：

$$\text{FOM} = \sqrt{\frac{\pi}{A_{eff}}} L_p \tag{1.22}$$

代表着对具有中等传播损耗的紧凑型光路（例如信号传输）进行量化时的一个合理因数，其中 A_{eff} 为有效模面积，$L_p = 1/(k_0 n'')$ 为模损耗的特征长度。通过在 Si/SiO_2 或绝缘体上硅（SOI）材料系统中对比等离子体波导和常用传统波导的这个 FOM 因素，几乎没有看到等离子体方案有任何优势。但 SPP 的传播和定位为传感器及/或调节光学性质以适应人工介质提供了独一无二的机会。在这种情况下，用光学增益来补偿 SPP 的损耗是很有用的[1.60]。

1.2.4　耦合模理论（CMT）

耦合模理论（CMT）[1.61–63]描述了光场在由两个或更多个（主要是）单模带状

波导组成的波导结构中的传播。这种理论针对的是弱耦合波导结构，其中输入光功率只是在单个带状波导的导模之间进行交换，即辐射发射不会（或很弱地）发生。耦合模理论是处理定向耦合结构（1.3.3 节）以及基于这些结构的结构元件（例如马赫－曾德耦合器）（1.4.4 节）的基础。由 N 个单模带状波导组成的结构的光场 $\Psi(\boldsymbol{r}_\mathrm{t}, z) = \sum_{l=1}^{N} a_l(z)\Psi_l(\boldsymbol{r}_\mathrm{t})$ 可以用单个带状波导的基模 $\psi_l(\boldsymbol{r}_\mathrm{t})$ 的叠加形式来表示。扩展系数 $a_l(z)$ 满足下列线性常微分方程组：

$$-\mathrm{i}\frac{\mathrm{d}a_l}{\mathrm{d}z} = \sum_{m=1}^{N} \kappa_{lm} a_m \qquad (1.23)$$

这个方程组称为"耦合模"方程组。耦合系数 κ_{lm} 可理解为由实验结果或光束传播法（BPM）结果拟合后推导出的纯现象参数，但也可能以重叠积分形式（即根据第一原理）计算出耦合系数。

对角元素 $\kappa_{ll} \approx k_0 n_l$ 是由各带状波导的有效传播常数经过稍微修正（自耦合[1.61,62]）后得到的。关于非对角元素，在弱耦合情况下可得到

$$\kappa_{lm} \propto \exp\left(-k_0 \sqrt{n_l^2 - n_\mathrm{B}^2}\, d_{lm}\right) \qquad (1.24)$$

式中，d_{lm} 为两个耦合波导 l 和 m 之间的间距；n_B 为本底折射率。由式（1.24）可以看到随着波导间距的增加，耦合系数呈指数级减小。因此，一般而言，只有直接相邻的带状波导之间的耦合才会产生复杂波导结构的行为。

如果波导结构由无损耗波导组成，则遵守光功率守恒定律：

$$\frac{\mathrm{d}}{\mathrm{d}z} \sum_{l=1}^{N} |a_l|^2 = 0 \qquad (1.25)$$

对于耦合系数，可以得到 $\kappa_{lm} = \kappa_{ml}^*$，即耦合系数的矩阵为厄米特矩阵（$\chi = \chi^\dagger$）。

1.2.5 局部简正模理论

局部简正模理论用于处理锥形（即渐变）波导结构中的模转换。在这种理论中，光场是按照波导结构的局部本征模 $\psi_l(\boldsymbol{r}_\mathrm{t}, z)$ 沿着传播方向 z 形成的：

$$\psi(\boldsymbol{r}_\mathrm{t}, z) = \sum_l \int a_l(z) \exp\left[\mathrm{i}k_0 \int_0^z \mathrm{d}\zeta\, n_l(\zeta)\right] \Psi_l(\boldsymbol{r}_\mathrm{t}, z) \qquad (1.26)$$

在方程（1.26）以及下面的方程中，求和符号和积分符号的组合形式表示必须对所有的导模求和，并对所有的辐射模求积分。$\exp(\mathrm{i}\Phi)$ 类振荡贡献量描述了完美锥形模的传播；系数 $a_l(z)$ 的空间扩展仅由模转换决定。在喇叭形（锥形连接器）结构中，自（至）辐照场的模转换通常至关重要，因此扩展式（1.26）必须同时考虑导模和辐射模。

扩展系数是由一个非自治常微分方程组（即局部简正模方程组）得到的：

$$\frac{\mathrm{d}a_l}{\mathrm{d}z} = \sum_{m \neq l} \int \kappa_{lm}(z) a_m \qquad (1.27)$$

耦合系数

$$\kappa_{lm} = \frac{1}{n_m^2 - n_l^2} \int d^2 r_t \Psi_l(r_t, z)^* \frac{\partial n(r_t, z)^2}{\partial z} \Psi_m(r_t, z) \tag{1.28}$$

有共振分母 $1/(n_m^2 - n_l^2)$；也就是说，随着有效折射率 n_m 和 n_l 之差逐渐增大，耦合强度会降低。因此，紧邻模对模转换做出了重要的贡献。重叠积分的主要贡献与波导结构的修改（一般在波导边缘）有关。局部简正模方程（1.27）通常通过连续迭代来求解。

1.2.6　光束传播

"光束传播法"（BPM）这个术语包括一系列算法，这些算法激发了任意相干光束在具有任意折射率分布的半空间（$z > 0$）中的传播[1.36,37,64-72]。

目前广泛采用的所有算法都是分步进行的，也就是说，每完成一步，这些算法就会将光场从截面 z 传输到截面 $z + \Delta z$。步长 Δz 始终很小，以至于在一个传播步中折射率分布的变化可忽略不计。对光场传播起控制作用的亥姆霍兹方程可写成如下形式：

$$\frac{\partial^2 \Psi(r_t, z)}{\partial z^2} = -k_0^2 \mathcal{H}\, \Psi(r_t, z) \tag{1.29}$$

式中，$\mathcal{H}$ 为在每种特定情况下采用的亥姆霍兹算子[1.3,1.5,1.7,1.8]。

在正向（+）和反向（−）方向上渐变振幅 $\psi \pm (r_t, z) = \Psi(r, z)\exp(\pm ik_0\bar{n}z)$ 的传播方程（正向/反向亥姆霍兹方程）

$$\frac{\partial \psi \pm (r_t, z)}{\partial z} = \pm ik_0(\sqrt{\mathcal{H}} - \bar{n})\psi \pm (r_t, z) \tag{1.30}$$

是通过对相应的亥姆霍兹方程开方之后得到的。本底折射率为

$$\bar{n}(z)^2 = \int d^2 r_t \psi \pm (r_t, z)^* \mathcal{H} \psi \pm (r_t, z) \tag{1.31}$$

必须在模拟过程中[1.73]调节本底折射率，以便尽可能地消除光场振荡。必须认真处理计算窗口[1.74-77]的横向边界条件，以避免在边界上出现人为反射及/或损耗。方程（1.30）定义了有形式解的两个初值问题：

$$\psi \pm (r_t, z \pm \Delta z) = \exp[\pm ik_0(\sqrt{\mathcal{H}} - \bar{n})\Delta z\psi \pm (r_t, z)] \tag{1.32}$$

下面简要探讨的算法采用了不同的方法来计算传播函数 $\exp[\pm ik_0(\sqrt{\mathcal{H}} - \bar{n})\Delta z]$。

1. 具有傅里叶变换的经典 BPM 法

在经典的光束传播法中[1.64]，标量亥姆霍兹方程的传播函数为

$$\exp[ik_0(\sqrt{\mathcal{H}} - \bar{n})\Delta z] = \\ \exp\left(i\frac{Q\Delta z}{2}\right)\exp(i\Delta \Phi_L)\exp\left(i\frac{Q\Delta z}{2}\right) \tag{1.33}$$

这个函数被分成两部分：一是含有算子 $Q = \nabla_t^2 / [k_0 \overline{n} + \sqrt{\nabla_t^2 + (k_0 \overline{n})^2}]$ 的衍射部分，这部分描述了在具有本底折射率 $\overline{n}$ 的均匀半空间中光束的传播；二是相位校正部分 $\Delta \Phi_L = k_0 [n(r_t)^2 - \overline{n}^2] \Delta z / (2\overline{n})$，这部分描述了非均匀性效应。图 1.11 说明了在一些传播步骤中采用经典 BPM 法的程序。在这里，相位补偿用透镜表示，因为这个算子在旁轴极限内的效应可理解为一个薄透镜。由于算子 Q 在傅里叶空间里是对角元素，因此在计算时必须通过数值傅里叶变换式（如图 1.11 所示）不断地在位置空间和傅里叶空间之间切换。

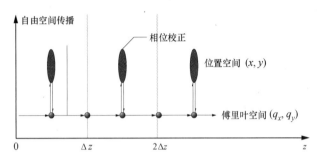

图 1.11　几个传播步骤的经典光束传播法（BPM）

如今，经典的光束传播法已很少使用，因为作为其基础的分步算法需要很小的步长，因此计算成本很高。

2. 基于本征模的方法

在经典的光束传播法中光场依靠平面波实现扩展，而基于本征模的算法[1.66]依赖于光场在具有局部折射率分布的本征模 $\psi_l(r_t, z)$ 中的扩展。在标量情况下，扩展系数变成

$$a_l(z) = \int d^2 r_t \psi_l(r_t, z)^* \Psi(r_t, z) \qquad (1.34)$$

由于在传播期间本征模的形式保持不变，因此经过一个步长后，光场可由下式求出：

$$\Psi(r_t, z + \Delta z) = \sum_l a_l(z) \exp(ik_0 n_l \Delta z) \psi_l(r_t, z) \qquad (1.35)$$

这种 BPM 方法的核心是本征模求解程序，即利用该求解程序充分地解出很多本征模，以获得初始场的良好表达式。辐照场通常用计算窗口中的盒子模来近似地计算，计算窗口被金属壁包围着。

如果考虑到所有的导向本征模和非导向本征模，则基于本征模的算法能提供传播方程（1.30）的精确解，亦即，这些算法也适于模拟非傍轴光束的传播。由于将光场分解为本征模会产生很高的计算成本，因此基于本征模的算法优先用于解决只有很少相关本征模的传播问题。

3. 射线追踪

基于程函方程解的射线追踪法常常优先用于描述光场在多模波导结构中的传播。这是因为一个事实，即：由于计算域的扩大，在离散化程度相同的情况下上述 BPM 方法的计算成本会增加。此外，在很多情况下，计算单元需要做得更细，否则衍射现象（例如在焦散线上）会导致数值算法不稳定。另外，作为一种严格单色法，光束传播法不太适于描述非相干光束或部分相干光束（即宽谱带光束）的传播。

与在直接透镜设计中不同的是，多模结构中的射线追踪需要采用非时序射线追踪法[1.78]，以支持非傍轴反射线。接入损耗和串扰衰减的计算需要用到能对入射到控制表面上的光功率进行数值测量的工具。符合这些要求的射线追踪程序现在已能买到。当多模波导中的追踪射线基本上不是为程函方程提供基础的近似值，而是在模拟开始时对初始射线包的详情了解不够时，会产生误差。

1.2.7　散射代码

BPM 模拟了任意相干光束在半空间（$z > 0$）中的传播。因此，光束传播法本身是单向性的，亦即不能处理反射波。研究人员在反射分波的空域求和[1.79]以及双向转移矩阵[1.80]的基础上扩展了 BPM 以解决这个问题，但这些扩展仅限于处理与传播方向垂直的反射界面。因此，BPM 不能充分地描述具有较大阶跃折射率及/或光子晶体的集成光路。

根据定义，光散射由均质/非均质障碍物在入射场上的效应组成。此定义中的光束传播（1.2.6 节）称为"前向散射"。在开发光子晶体波导的同时，研究人员还开发及/或实现了散射软件，不仅用于处理均质球体（米氏散射）、反射光栅等基本几何体，还用于处理复杂的非均质障碍物[1.81]。在应用于集成光学时，光路或其中的一个重要组成部分可视为被极特殊光场（例如波导的本征模）照射的一个复杂障碍物。

散射软件可分为两类：一类是时域算法，用于求解与时间相关的麦克斯韦方程；另一类是频域求解程序，用于求解矢量亥姆霍兹方程，即频域麦克斯韦方程。应当注意的是，这些底层算法必须能够处理快速变化的光场，而非振幅（例如 BPM）；亦即，散射软件的计算工作量比 BPM 的计算工作量高好几个数量级（1.2.6 节）。

由于数值计算量大，散射软件的计算效率对于达到相关用途所需的精确度来说至关重要。散射软件的精确度取决于算法本身的计算效率，但在同样的程度上也取决于计算域的尺寸和离散化。散射软件的差别在于：

- 非均匀自适应网格。
  现代有限差分求解程序允许采用非均匀的网格和次网格；先进的有限元求解程序则支持用误差估计器修改过的网格。对于一些关键性用途，例如 WDM 滤波器的配置或制造公差的分析，这两种求解程序都能使计算工作量降低好几个数量级。
- 电介质 – 金属界面的处理。

一些软件（例如边缘元素求解程序）能够直接处理电介质分界面以及减少在界面处的网格。

- 透明边界条件和完美匹配层（PML）的质量。

由于在不完美地实现的透明边界处存在人为反射，因此计算窗口必须扩大，即数值计算量会增加。此外，PML 的不完美性限制了散射软件能达到的最佳可能精确度。

一般来说，时域求解程序会受到很多限制。首先，模拟时间窗必须选得足够大，以使所有的瞬变现象在模拟结束时能逐渐消失。这种特征使得任何一种呈现出多次反射的谐振腔需要更多的计算时间。此外，空间分辨率的增加必须始终与时间节长（魔步）的减小相伴而生；也就是说，仅在付出高计算成本的情况下，计算精确度才会提高。

时域有限差分（FDTD）求解程序是目前最常用的散射软件。这种求解程序可以像任何有限差分算法那样毫不费力地实施。如今，装有非均匀网格和良好 PML 的高尖端程序包已能在市场上买到。具有类似特征的时域有限元（FETD）求解程序也能买到。

频率域求解程序[1.82]避免了时间步长问题，还可能克服其他限制。但由于频谱特性的影响，因此需要反复计算。频率域有限元求解程序能够模拟光子晶体中的明显负折射率[1.83]，是用于准确模拟左手材料的实验结果的第一种软件[1.84]。

严格耦合波分析[1.85]被广泛用于研究在简单外形（例如光栅的单位晶格）上的散射。由于集成光路的几何形状复杂，需要考虑到数量过多的平面波，因此这种分析法在集成光学中所起的作用不大。

1.2.8　计算方法的影响

在集成光学中，周期时间长以及芯片制造成本高使得人们对芯片特性的定量预测很感兴趣。这尤其需要我们掌握关于本征模和光束传播模拟（通常更加定性）的精确知识。由于集成光学结构的多样性，因此必要的求解程序、本征模求解程序和BPM 模拟器都部分或全部地建立在数值方法的基础上。从用户的观点来看，下列评估指标在集成光学中起着突出的作用——就像在相关学科中那样。

- 精确度

  对于本征模分析来说，计算精确度——如果误差估计值可行——是对数值计算法的基本要求，因为集成光学部件的基本参数（例如定向耦合器的耦合长度）容易受有效折射率或折射率差值的影响。在很多应用领域中，有效折射率的相对误差必须达到$|\delta n_{\text{eff}}/n_{\text{eff}}| < 10^{-6}$。与本征模分析不同的是，光束传播法常常用于更加定性的分析。光束传播法对精确度的绝对要求宽松得多，但不同数值方法之间的结果差异仍须较小，以使相关结构的数值研究不会得出错误的结论。

- 通用性和稳定性

用户大多会采用昂贵的数值方法来获得可靠的预测结果。因此，应当尽可能地避免近似法和附加的假设条件，例如给折射率分布取整或者用具有平均折射率的单层结构来替代多量子阱（MQW）分层结构。此外，求解程序应当能够处理可在较宽范围内任意选择的折射率分布。这项要求意味着所采用的算法应当在很宽的参数范围内保持稳定。虽然在集成光学中采用的计算框架已达到较高的成熟度，但在临界结构——较大的折射率对比度、很多导模或较大的光束发散度——的基准测试[1.39,40]中还是经常暴露出严重的稳定性问题。

- 计算效率

  在计算能力快速提高的时代，数值计算方法的效率——运行时间和内存需求——已不再具有最高优先权。但当特定数值方法的使用超出了现有计算机硬件的能力极限时，该数值计算方法集成到设计流程中的机会将会大大减小。

- 简单

  数值计算方法应当始终简单、可靠。尤其要提到的是，在实践中，计算窗口的选择及其充分离散化常常是数值计算方法使用中的一大障碍。自适应法在这方面为用户带来了很大的好处，并始终能提供优质的软件工程。

图 1.12 综述了几种常见的数值计算方法及其在集成光学中的应用[1.36,38]。除纯数值方法之外，集成光学还采用了基于傅里叶变换的经典方法以及用于进行射线跟踪及计算光程长度（惠更斯原理）的几何方法。如果我们一贯采用上述判定指标，则现代数值计算方法——主要是自适应法（例如自适应有限元法（FEM））——明显会更出色。

在实施电磁 FEM 求解程序时遇到的困难以及相关软件目前在市场上仍很难买到的事实意味着标准有限差分（FD）法将继续颇受欢迎。这些算法主要在刚性晶格上运行；亦即，两个相邻格点之间的距离 $\Delta x = x_{m+1} - x_m$ 在整个计算窗口内保持恒定。可以用中心差分替代微分方程中的导数：

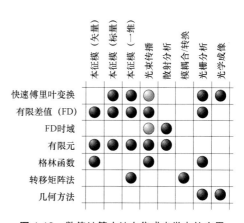

图 1.12　数值计算方法在集成光学中的应用

$$f_m = f(x_m)$$

$$f'_m = \frac{f_{m+1} - f_{m-1}}{2\Delta x}$$

$$f''_m = \frac{f_{m+1} - 2f_m + f_{m-1}}{\Delta x^2}$$

因此，线性微分方程组简化为线性代数方程组。由于有限差分只连接相邻点，因此相应的方程组由那些可通过现有有效算法来处理（例如转换、本征值分析）的带状矩阵组成。通过导数的离散化，守恒定律会在数值表示中变得不存在。顺序隐式方法（例如 Crank-Nicholson 方案）能避免此缺陷以及由此造成的人为损益，但要以计算成本增加为代价。

|1.3 集成光学构件|

本节将探讨集成光学中的几个基本元件。其中一些元件——弯曲波导、喇叭结构（锥形连接器）、对称定向耦合器和布拉格光栅——已经且目前仍然用于制造光纤元件。其他元件，尤其是更加复杂的基本元件（例如多模耦合器和光学相控阵），迄今为止还只能以集成光学形式实现。

1.3.1 弯曲波导

弯曲波导不是一个独立的结构单元。但作为集成光学部件及回路中的一个连接单元，弯曲波导确实起着重要作用，因为根据这个技术平台的设计规则得到的弯曲波导曲率半径极大地影响着集成光路的空间需求。在设计弯曲波导时，最重要的问题有两方面：一方面是将集成光路对空间的需求降至最低；另一方面是避免不必要的损耗。用于干涉测量时，弯曲波导还要考虑另一个方面，即调节正确的相移。构成集成光路的部分（图 1.13）且折射率分布为 $n(\rho, y)$、曲率半径为 R 的弱导波导的本征模将以隐式本征值问题的解的形式获得：

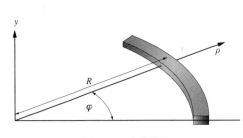

图 1.13 弯曲波导

$$
\frac{\mathrm{d}^2\phi_l}{\mathrm{d}\rho^2} + \frac{1}{\rho}\frac{\mathrm{d}\phi_l}{\mathrm{d}\rho} + \frac{\mathrm{d}^2\phi_l}{\mathrm{d}y^2} + [k_0 n(\rho, y)]^2 \phi_l
$$
$$
- \left(k_0 n_l \frac{R}{\rho}\right)^2 \phi_l = 0 \tag{1.36}
$$

通过利用局部笛卡儿坐标 $\rho = R + x$ 转换光场 $\varphi_l = \sqrt{R/\rho}\,\psi_L$ 以及在波导中心进行泰勒展开，可简化直波导的本征值问题：

$$
\frac{\mathrm{d}^2\psi_l}{\mathrm{d}x^2} + \frac{\mathrm{d}^2\psi_l}{\mathrm{d}y^2} + [k_0 n_{\mathrm{eq}}(x, y)]^2 \psi_l = (k_0 n_l)^2 \psi_l \tag{1.37}
$$

在相关文献中提出了等效折射率分布 $n_{\mathrm{eq}}(x, y)$ 的几个公式。通过进行数值比较研究[1.86]，发现下式：

$$
n_{\mathrm{eq}}(x, y)^2 = n(x, y)^2 \left(1 + 2\frac{x}{R}\right) \tag{1.38}
$$

提供了曲率损耗的最佳逼近值。图 1.14 显示了弯曲型阶跃折射率波导的等效折射率

分布，作为这方面的一个例子。显然，曲率损耗是由光场隧穿势垒造成的，而势垒随着曲率半径的减小而减小。焦散半径为

$$x_c = \frac{n_l^2 - n_{cl}^2}{2n_{cl}^2} R \qquad (1.39)$$

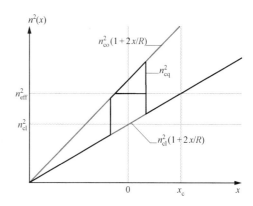

图 1.14 弯曲型阶跃折射率波导的等效折射率分布

在弱导情况下写成 $x_c \approx R(n_l - n_{cl})/n_{cl}$。焦散半径描述了波导中心和势垒末端之间的距离。在曲率半径较大时，根据渐近展开推导出的、由光辐射造成的插入损耗 $IL_{rad} \propto \exp(-\chi R)$ 将随着曲率半径的减小而呈指数级增加。常量 χ 取决于所用波导的类型及其参数。为了精确地计算辐射损耗，需要利用光束传播法求出光场的数值传播[1.87]或求出方程（1.36）的数值解[1.86]。

除辐射损耗外，波导的曲率还会导致光场向波导表面发生位移。瑞利-里兹变分法（Rayleigh-Ritz Variational method）可用于估算此位移。移位高斯函数 $\psi_{test} = (1 + \alpha x / R) \exp(-x^2 / x_0^2 - y^2 / y_0^2)$——用于近似地计算有效折射率为 n_{eff} 的抛物线条形波导的基模——是一种常用的试探函数。在最小值/最大值条件下（$\partial \tilde{n}_{eff}^2 / \partial \alpha = 0$），得到 $\alpha = (k_0 n_{eff} x_0)^2 / 2$，于是推导出光场的位移 Δx：

$$\Delta x = \frac{(k_0 n_{eff})^2 x_0^4}{4R} \qquad (1.40)$$

在 S 型曲线上两段圆弧之间的过渡段处，由位移造成的损耗为

$$IL_{if} = 10 \log(e) \left(\frac{\Delta x_1^2}{x_1^2} + \frac{\Delta x_2^2}{x_2^2} \right) \qquad (1.41)$$

式中，Δx_1 和 x_1 分别为光场的位移和光场的曲率半径；Δx_2 和 x_2 为第二个曲率的相应参数。通过在两段圆弧之间的过渡段拟合一个尺寸合适的偏移量，渡越损耗会受到极大抑制；或者通过在 S 型曲线上形成一个连续的曲率，渡越损耗会完全受到抑制。

在很多应用情形下，只粗略地设计一下波导曲率就足够了。根据经验，焦散半径必须明显大于光场半径 x_0 与由曲率造成的位移 Δx 之和，即 $x_c > x_0 + \Delta x$。

环形谐振腔是封闭的圆波导环路，适于达到高折射率对比度配置中的频率滤波目的。如果将弯曲波导视为与 r 有关的一维（1-D）折射率分布，则可选择准解析法进行本征模分析，而损耗弯曲模可归一化[1.88]。由此，就有可能通过 CMT 拟设，高效地计算环形谐振腔与输入/输出波导之间的相互作用。

1.3.2 喇叭结构（锥形连接器）

喇叭结构（锥形连接器）[1.89-93]包括沿着光模传播方向慢慢（在绝热条件下）

变化以使在传播期间光功率在局部本征模上分布保持不变的所有类型的波导结构。这种波导尤其适用于高折射率材料系统，在这些系统中通过扩大芯片侧的近场截面来促进光纤–芯片的耦合。

当折射率分布固定时，通过增大或减小波导截面，都可以使波导基模的场半径增加。但通过利用局部简正模理论（1.2.5 节），可以看到：增大波导的截面更可取，因为这样能逐步改善波导，从而减小光模与辐射场之间的转换率。相反，如果减小波导截面，则会使波导逐渐减弱，从而使光模转换为辐射场的趋势增强。为便于制造，常常将这两种方法结合起来。例如，在 InGaAsP/InP 材料系统（图 1.15）中，通常通过使波导变宽来增加横向场宽（与芯片表面平行）。另外，常常通过减小层厚来增加垂直场宽，因为用这种方法能避免厚层结构的外延生长。

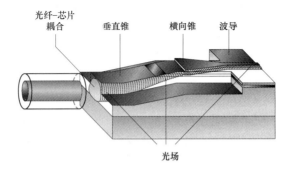

图 1.15　InGaAsP/InP 材料系统中的喇叭结构（锥形连接器）

虽然局部简正模理论（1.2.5 节）为波导锥形连接器设计提供了合适的基础，但如今大多数的波导锥形连接器都是利用光束传播法（1.2.4 节）设计的。

1.3.3　定向耦合器

定向耦合器是集成光学中的另一个基本部件。一方面，定向耦合器是一个独立的结构单元；另一方面，它又是马赫–曾德耦合器、光开关和调制器等装配部件的一个不可分割的部分。

对于由两个平行无损耗单模波导（有效折射率分别为 $\bar{n}_0^{(1)}$ 和 $n_0^{(2)}$）组成的理想定向耦合器来说，其耦合模方程为

$$-\mathrm{i}\frac{\mathrm{d}}{\mathrm{d}z}\begin{pmatrix} a_1 \\ a_2 \end{pmatrix} = \begin{pmatrix} k_0 n_0^{(1)} & \kappa \\ \kappa & k_0 n_0^{(2)} \end{pmatrix}\begin{pmatrix} a_1 \\ a_2 \end{pmatrix} \tag{1.42}$$

耦合系数 κ——一个实数——描述了两个波导之间的光功率交叉耦合。整个定向耦合器的本征模（称为"超模"）可由公式 $n_{0/1} = \bar{n} \pm \delta_{\mathrm{eff}}/k_0$ 求出，其中 $\bar{n} = (n_0^{(1)} + n_0^{(2)})/2$ 表示两个单波导的平均折射率，$\delta = k_0(n_0^{(1)} - n_0^{(2)})/2$ 表示其本征模的半失谐，而

$$\delta_{\mathrm{eff}} = \sqrt{\delta^2 + \kappa^2} \tag{1.43}$$

表示在定向耦合器中超模的半有效失谐。耦合系数 κ 可通过计算重叠积分或利用超模的有效折射率 n_0 和 n_1 来得到，而 n_0 和 n_1 是根据 $\delta_{\text{eff}} = k_0 (n_0 - n_1) / 2$ 由本征模求解程序计算出的。在大多数情况下，自耦合[1.61,62]都可以忽略不计。

理想定向耦合器的转移矩阵——描述了两个单波导的振幅演变——如下：

$$\mathscr{U}_{\text{CM}}(z) = \begin{pmatrix} A^{\ominus} & A^{\otimes} \\ -A^{\otimes*} & A^{\ominus*} \end{pmatrix} \quad （1.44）$$

其中的系数为

$$\begin{cases} A^{\ominus} = \cos(\delta_{\text{eff}} z) + \mathrm{i}\delta \sin(\delta_{\text{eff}} z) / \delta_{\text{eff}} \\ A^{\otimes} = \mathrm{i}\kappa \sin(\delta_{\text{eff}} z) / \delta_{\text{eff}} \end{cases}$$

$$（1.45）$$

现实中的定向耦合器不仅包含两个平行波导，还装有必要的引线。因此，真实定向耦合器的转移矩阵可按一系列理想定向耦合器的转移矩阵之积来计算，并通过逐步修改为引线建模。

图 1.16（a）针对被两个波导中的其中一个所激发的理想定向耦合器（无引线），显示了在未激发波导和已激发波导中光功率的演变：

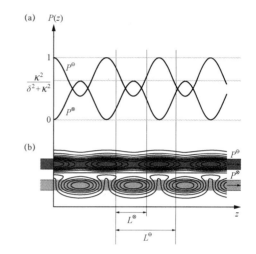

图 1.16　定向耦合器

（a）定向耦合器（无引线）中两个波导的功率演变；
（b）对定向耦合器中场传播的 BPM 模拟

$$P^{\otimes} = \left| A^{\otimes} \right|^2 = \left| \frac{\kappa}{\delta_{\text{eff}}} \right|^2 \sin^2(\delta_{\text{eff}} L) \quad （1.46）$$

式中，$P^{\ominus} = 1 - P^{\otimes}$。定向耦合器的 BPM 模拟图如图 1.16（b）所示。可以看到，在耦合长度两次达到 $L^{\ominus} = \pi / \delta_{\text{eff}}$ 之后，定向耦合器回到初始状态（$P^{\otimes} = 0$）。而在耦合长度达到 $L^{\otimes} = L^{\ominus} / 2$ 之后，定向耦合器达到最大交叉耦合状态（$P^{\otimes}_{\max} = \left| \kappa / \delta_{\text{eff}} \right|^2$）。对于理想的定向耦合器，光功率在传播期间始终保持不变。

1. 对称定向耦合器（SDC）

SDC 由两个相同的带状波导组成（$\delta = 0$，$\delta_{\text{eff}} = |\kappa|$），这些耦合器总是能使光功率完全交叉耦合（$P^{\otimes}_{\max} = 1$）。真实的对称耦合器——即有引线的耦合器——用下列转移矩阵来描述：

$$\mathscr{U}_{\asymp} = \begin{pmatrix} \cos\varphi & \mathrm{i}\sin\varphi \\ \mathrm{i}\sin\varphi & \cos\varphi \end{pmatrix} \quad （1.47）$$

长度为 L 的耦合器的耦合相位

$$\varphi = -\int_{-L/2}^{L/2} \mathrm{d}z \left| \kappa(z) \right| \quad （1.48）$$

通过在耦合器方向上对局部耦合系数 $\kappa(z)$ 求积分来得到。真实的 SDC 会使往返的光功率（$P^{\otimes}=\sin^2\varphi$）完全耦合。SDC 通常被用作宽带部件。在过去，人们花了很多精力来开发基于光纤的平谱定向耦合器和集成光学定向耦合器，以用作分路器件、分接头或分束器。在装置设计时，必须考虑到材料色散和波导色散对耦合系数的影响。

2. 非对称定向耦合器（ADC）

ADC[1.94]由两个具有不同布局的带状波导组成（$\delta\neq 0$）。如果非对称耦合器由一个小截面的高折射率波导和一个大截面的低折射率波导组成，则相关本征模的有效折射率在某个特定的波数 $k_0^{(c)}$ 下可能具有相同的数值（图 1.17）。这是非对称定向耦合器可能与输入光功率完全交叉耦合的唯一一个波数。在接近于过零点的光谱区内，非对称定向耦合器的滤波曲线（图 1.18）

$$P^{\otimes}(k_0)=F(\Delta k_0)\sin^2(\delta_{\mathrm{eff}}L) \qquad (1.49)$$

表现出共振行为。滤波曲线的最大值位于半宽度为 $\chi_{\mathrm{c}}=2|\kappa/(\partial\delta/\partial k_0)|$ 的一条洛伦兹曲线上：

$$F(\Delta k_0)=\frac{(\chi_{\mathrm{c}}/2)^2}{(\chi_{\mathrm{c}}/2)^2+(\Delta k_0)^2} \qquad (1.50)$$

在实现两个具有完全不同属性的波导时遇到的挑战意味着这类结构单元没有几个制造成功的。但这种耦合器与周期性结构（$\Delta\kappa$ 耦合器）叠加之后，能显著扩大设计范围（1.4.4 节）。

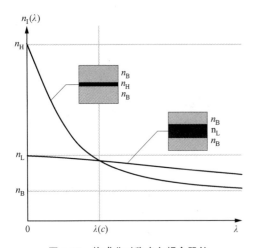

图 1.17　构成非对称定向耦合器的
两个波导的色散曲线

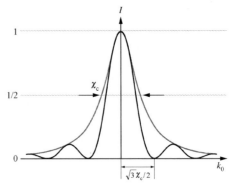

图 1.18　非对称定向耦合器的滤波
曲线和最大值包线

1.3.4　多模干扰耦合器

在输入侧和输出侧各有两个端口（1.3.3 节）的传统定向耦合器依赖于耦合

波导结构的基模和第一个受激模之间的干涉。相反，多模干涉耦合器（MMI）则利用了横向多模强导波导的成像特性[1.95,96]。这个波导的本征模能用横向基模 $\chi_0(x)$ 和横模 $\psi_l(y)$ 的直接乘积 $\varphi_{0l}(x,y)=\chi_0(x)\psi_l(y)$ 近似计算出来。下面，我们来分析横模 $\psi_l(y)$ 的传播。图 1.19 显示了多模干涉耦合器的两种典型横向结构。宽带波导是多模干涉耦合器的核心，其折射率为 n_{co}。通过利用宽度为 W 的金属盒的本征模，如图 1.19

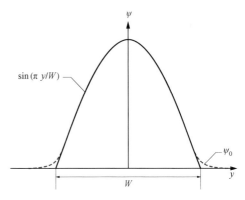

图 1.19　适于介质波导的多模耦合器的有效盒宽 W

所示，宽带波导的本征模可近似计算出来，以便进行进一步的理论分析：

$$\psi_l(y)=\sin\left[\pi(l+1)\frac{y}{W}\right] \tag{1.51}$$

此波导的有效折射率由下式求出：

$$n_l=\sqrt{n_{\mathrm{co}}^2-\left[\frac{\pi(l+1)}{k_0 W}\right]^2}$$
$$\approx n_{\mathrm{co}}-l(l+2)\frac{\pi}{3k_0 L_{01}^{\otimes}} \tag{1.52}$$

其中，

$$L_{01}^{\otimes}=\frac{2k_0 n_{\mathrm{co}} W^2}{3\pi} \tag{1.53}$$

表示基模和下一个最高模之间的耦合长度。利用光束传播法对多模干涉耦合器中的光束传播进行模拟[1.97]时发现，对于（真实的）介质波导，盒宽 $W\approx\lambda/\left(2\sqrt{n_{\mathrm{co}}^2-\tilde{n}_0^2}\right)$ 由具有有效折射率 $\tilde{n}_0$ 的介质波导的基模外推零点之间的区域（图 1.20）给定，以达到很好的近似计算效果。在集成光路中，通常只有对称带状波导的本征模的输入和输出——即当对称中心位于耦合波导的中心 y_{WG} 时对称函数和反对称函数 $\Psi_{\mathrm{in}}(y)=\pm\Psi_{\mathrm{in}}(y-2y_{\mathrm{WG}})$ 的注入——才有重大意义。此外，在实际应用中，使用的只是那些将本征模的一个正常图像和一个横向倒像叠加起来的波导元件。宽带波导的左侧边界的图像相互之间存在 $y_l-y_m=2(l-m)W/N$ 的位移，这使得输入功率可能以非均匀形式分布[1.98,99]。在真实多模耦合器的输出侧，叠加的图像完全分开，因此相邻图像可耦合到邻近的带状波导中，而基本不会产生串扰。在这些条件下，大量的可能性配置会简化为两种基本不同的配置：一种用于偶数级零件图像［图 1.20（a）］，另一种用于奇数级零件图像［图 1.20（b）］。图 1.20 中用圆圈来表示输入和输出端口。对于位置为 $y_{\mathrm{out}}=l_{\mathrm{out}}W/N$ 且靠近输出端口的光场，可以得到

$$\Psi_{out}\left(y_{out} + \Delta y, \frac{3L_{01}^{\otimes}}{N}\right) = A\Psi_{in}(y_{in} + \Delta y)\cos\left(\frac{\Delta\varphi}{2}\right)e^{i(\varphi_0 + \overline{\varphi})} \tag{1.54}$$

式中，$y_{in} = l_{in}W/N$ 为输入端口的位置；$\overline{\varphi}$ 为两张叠加图像的平均相位；

$$\Delta\varphi = l_{in}l_{out}\frac{\pi}{N} + \Delta\varphi_s \tag{1.55}$$

是它们的相位差。当输出端口位于宽带波导的边缘时，归一化常数的值为 $A = \sqrt{2/N}$；否则，归一化常数的值为 $A = 2/\sqrt{N}$。附加相移为

$$\Delta\varphi_s = \begin{cases} \pi, & \text{对称场} \\ 0, & \text{反对称场} \end{cases} \tag{1.56}$$

是由在横向倒像情况下对称场和反对称场的不同行为造成的。通过对方程（1.55）进行详细分析，可以得到如下进一步结论：

- 当 $N = 4M - 2$ 时，通过在中心输出端口（$l_{in} = N/2$）激发，光功率会在输出端口之间均匀分布。

- 当 $N = 3M$ 时，通过在宽带波导的 1/3 处（$l_{in} = N/3$）或 2/3 处（$l_{in} = 2N/3$）的输入端口激发，光功率会在输出端口之间均匀分布。但处于 $N = 6M - 6$ 位置处的输出端口始终无功率。

- 仅当 $N = 4M - 2$ 且通过输入端口 $l_{in} = N/(4M - 2)$ 激发时，对称场和反对称场才会均匀分布。换句话说，当横向耦合多模带状波导时，在大多数配置中偶模和奇模会受到"不平等对待"。

- 如果注入对称场，则在宽带波导的边缘不会出现图像（$l_{out} = 0$ 或 $l_{out} = N$）。相反，如果注入反对称场，则当相对功率较高时，在宽带波导的边缘常常会观察到半像。

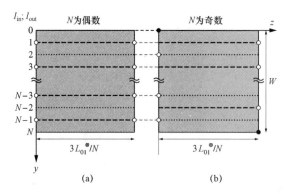

图 1.20 长度为 $3L_{01}^{\otimes}/N$ 的多模耦合器［多模干涉耦合器（MMI）］的两种典型横向结构。输入和输出端口用圆圈表示

表 1.4 列出了具有一个/两个输出端口[1.99]的多模耦合器可达到的功率比，此功率比类似于位于上述栅极上的输入端口的功率比［$y_M = (M-1)y/W$］。输出端口的光功率与注入功率成正比。在耦合对称场（对称情况下）时，输出功率之和等于

输入功率；而反对称场的耦合会通过在宽带波导的边缘生成半像而导致损耗。根据表 1.4 中考虑的设计方案，通过利用线性锥形结构（蝶形 MMI 耦合器），可实现连续可变的光功率分布[1.100]。同理，通过利用锥度，波导部件的长度可大大缩短[1.101]。由于多模耦合器具有良好的成像特性，因此会对输入功率产生显著的反馈效应[1.102]。

表 1.4　具有一个/两个输出端口的多模耦合器可达到的功率比

N	输出	输入	$P_{out}/P_{in}/\%$	
			对称情况	反对称情况
2	1	1	100.0	100.0
3	1	2	100.0	33.3
	2	1	100.0	33.3
4	1:3	1	14.6:85.4	85.4:14.6
		3	85.4:14.6	14.6:85.4
	2	2	100.0	0.0
5	2:4	1	72.4:27.6	7.6:52.4
		3	27.6:72.4	52.4:7.6
	1:3	2	72.4:27.6	7.6:52.4
		4	27.6:72.4	52.4:7.6

强导型波导的易制造性对于实现 MMI 耦合器来说具有决定性的意义。因此，如今大多数的波导部件都是用 III – V 型半导体（主要在 InGaAsP/InP 材料系统中）制造的。在这些用途中，这些部件主要用作分束器；但也用于在光学相控阵中使滤波曲线变平[1.6]。

1.3.5　衍射光栅与相控阵

在集成光学中，其选择性依赖于很多分光束（从平板波导的一束输入光束中获得）之间发生干涉的那些光学滤波器通常称为"平面摄谱仪"。平面摄谱仪的特殊实现形式包括透射光栅、反射光栅和光学相控阵（又称为"阵列波导光栅"（AWG）或 PHASAR）。在波分多路复用（WDM）系统（尤其是涉及很多 WDM 通道的用途）中，平面摄谱仪被用作 WDM 多路复用器和多路分用器，位于多路端以及光分插复用器（OADM）和光交叉连接设备的内部。

由于平面工艺有优势，聚焦摄谱仪可在集成光学中毫不费力地制造出来。像差分析在聚焦摄谱仪的设计中起着重要作用，因为像差对光谱分辨率和串扰抑制都有很大影响。

1. 聚焦摄谱仪理论

平面摄谱仪的理论处理基于光线追踪[1.5,103]，并利用了下列光路函数：

$$F(y) = F_I(y) + \overline{PD} - \overline{OD} + m\lambda G(y) \tag{1.57}$$

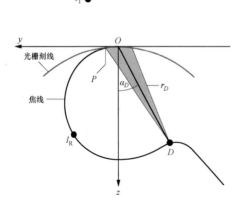

图 1.21 用于分析聚焦摄谱仪的坐标系

这种方法概括了惠更斯原理，用于分析聚焦摄谱仪。其中，光路函数描述了从输入端口 I（I_T 用于透射光栅和相控阵，I_R 用于透射光栅）出发经过不同的路径到达观察点 $D = (y_D, z_D)$ 的两束射线之间的有效光程长度差。被研究的射线在点 $P = [y, z_G(y)]$ 处与光栅刻线 $z_G(y)$ 相交，并在光栅刻线中心 $O = (0, 0)$ 处与参考射线相交（图 1.21）。

关于此次探讨，所选择的坐标系应当让光栅刻线在其中心处与 y 轴线接触。方程（1.57）中的第一项 $F_I(y)$ 描述了在输入区中的光程长度差。对于不同类型的摄谱仪来说，这个表达式都不同。后两项 $\overline{PD} - \overline{OD}$ 描述了在输出侧的光程长度差。最后一项 $m\lambda G(y)$ 描述了为了分析在第 m 衍射级（惠更斯原理）工作的摄谱仪而需要加上的其他光程长度差。如果光路函数沿着整个光栅刻线逐渐变为零，则聚焦摄谱仪会使光场在输入端口完美地成像，即没有任何像差。这种条件只在几个像点（即在摄谱仪的无像差点）才能满足。在这些点附近，像差很小。

为了对平面摄谱仪进行像差分析，可以将光路函数 $F(y)$ 展开成为一个通常快速收敛的泰勒级数。如果只有泰勒展开式的两个首项系数变为零，则光场在输入端口成的像会失真。首先，令 $F'(0) = 0$，通过下列光栅方程（费马原理，Fermat's principle）求出衍射角：

$$\sin\alpha_D = -F_I'(0) - m\lambda G'(0) \tag{1.58}$$

在输入端口 $[F''(0) = 0]$ 成的像位于距光栅刻线中心一定距离处：

$$r_D = \frac{\cos^2\alpha_D}{-m\lambda G''(0) - F_I''(0) + z_G''(0)\cos\alpha_D} \tag{1.59}$$

输入端口成的像所在的焦线为

$$r_f = r_D \begin{pmatrix} -\sin\alpha_D \\ \cos\alpha_D \end{pmatrix} \tag{1.60}$$

值得注意的是，聚焦摄谱仪并非总是形成实像，例如直线无啁啾光栅始终位于无穷远处。

其他展开系数 $[F^{(v)}(0), v > 2]$ 仅对于空间构型才会变为零。这些系数将摄谱仪的像差进行了分类。首项 $F'''(0)$ 描述了彗形像差，而后面一项 $F^{(IV)}(0)$ 描述了球面像差。为了在最小的空间内得到期望的光谱分辨率，我们总是会试图使像差最小化。就像其他任何成像系统一样，当中心射线和注入光束的 $1/e^2$ 射线

之间的光程差满足 $F(y_{1/e}) < \lambda/10$ 条件时，摄谱仪也会在输入端口生成清晰的图像。像差在摄谱仪的设计中起着重要作用，因为像差对摄谱仪可达到的串扰抑制作用影响很大，并最终决定着摄谱仪是否能被用作系统的一部分。

两个任意选择的观察点 D 和 E 的光斑放大倍数 m_D 和 m_E 之比为

$$\frac{m_D}{m_E} = \frac{r_D \cos\alpha_E}{r_E \cos\alpha_D} \tag{1.61}$$

恒定光斑放大倍数线形成了一组各自与光栅刻线中心接触的圆。光斑放大倍数决定着与输出区域内的波导相耦合的有效性。就像像差一样，光斑放大倍数也决定着摄谱仪的串扰抑制作用。

如果输入端口的位置使得相位图在光栅刻线上也呈线性 $[F_1^{(v)}(0) = 0, v > 1]$，则无啁啾摄谱仪 $[G^{(v)}(0) = 0, v > 1]$——其光栅刻线位于半径为 R 的一个半圆 $z_G(y) = R - \sqrt{R^2 - y^2}$ 上——被称为"广义罗兰装置"。广义罗兰装置的焦线是由一个半径为 $r = R/2$ 的圆形成的，这个圆与光栅刻线的中心 O 接触。罗兰装置具有至关重要的意义，这由像差理论能明显看出：要制造出一个既无彗形像差又无球面像差的平面摄谱仪是不可能的。只有广义罗兰装置才没有彗形像差。此外，罗兰装置的光斑放大倍数与波长无关。由于罗兰装置的这些特性，聚焦平面摄谱仪常常设计成罗兰配置。

在任意输出端口处具有衍射峰值的谱线形状可通过在光栅刻线方向上光场包线的傅里叶变换来很好地近似计算。相反，在光栅刻线上单个光阑的傅里叶变换可形成焦线上所有衍射光束的包线（图 1.22）。通过让所有光阑对准焦线上的一个点（强光点），光栅效率能得到优化。

由无色散波导结构组成的平面摄谱仪是具有严格周期性的滤波器，因为对于光路函数来说，当 $v \propto 1/\lambda$ 时 $F(y, m, v) \equiv F(y, m \pm l, v \pm l\Delta v_{FSR})$ 才成立。自由光谱区（FSR）$\Delta v_{FSR} = v/m$ 表示与相邻衍射级之间的

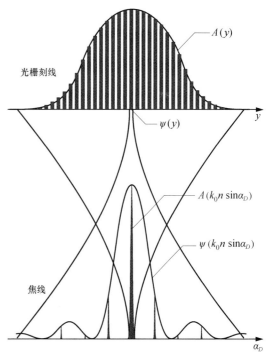

图 1.22 摄谱仪的衍射效率

光谱距离。摄谱仪的光谱分辨率由被照射光阑的数量 N 以及为摄谱仪运行状态设想的衍射级 m 决定。通过利用瑞利判据（RC），可以得到

$$\Delta\lambda_{RC} = \frac{\lambda}{|m|N} \tag{1.62}$$

摄谱仪作为光传输系统的一部分所达到的光谱分辨率实质上取决于所要求的串扰衰减。摄谱仪的制造可通过减小自由谱区来简化，因为摄谱仪的光栅周期随着衍射级呈线性增加趋势，与此同时自由谱区会减小。在光传输系统中使用的平面摄谱仪常常在尽可能最大的衍射级下工作；目前衍射级 $|m| > 100$ 的部件已制造出来。可分辨的通道数量 N_{ch} 由自由光谱区与光谱分辨率之比求出。

2. 反射光栅和透射光栅

对于光栅来说，在输入区内的光程长度差就是焦点半径与从输入端口 I 到光栅的中心射线之间的光程长度差 $F_I(y) = \overline{IP} - \overline{IO}$［方程（1.57）］。因此，在求解方程（1.58）和（1.59）中的导数时，可得到 $F_I'(0) = \sin\alpha_1 x$ 和 $F_I''(0) = \cos^2\alpha_1 - z_G''(0)\cos\alpha_1$。因此，聚焦光栅的光斑放大倍数为 $m_o = (r_D\cos\alpha_1)/(r_1\cos\alpha_D)$，其中 α_D 表示衍射角，r_D 表示像点与光栅刻线中心之间的距离，α_1 和 r_1 是输入侧的相应参数。

透射光栅能够以振幅光栅及/或相位光栅的形式实现。纯振幅光栅通过一系列基本等距的狭缝来调节振幅分布。如今，纯振幅光栅很少用于商业用途，因为其相关损耗一般要达到 3 dB。纯相位光栅能修改相位图，而不会修改振幅分布。从技术上看，纯相位光栅要更有吸引力，但制作起来更难。早在 20 世纪七八十年代，不同的研究小组就已实现了集成光学透射光栅[1.104,105]。

由于具有折叠波束路径，聚焦反射光栅总是能提供更紧凑的布局。

由于反射光栅已金属化，因此电场和磁场的矢量分量通常有不同的边界条件；也就是说，反射光栅对入射光束的偏振很敏感。因此表面等离子体激元的伍德变态（Wood anomalies）或激发会导致效率急剧下降[1.81]。含反射光栅的平面摄谱仪已用各种材料成功地制造出来，这些材料包括 SiO_2/Si、$InGaAsP/InP$ 和聚合物。光栅本身要么在平板波导中蚀刻，要么安装在芯片的端面。由于采用了基于光刻技术的制造工艺，因此弯曲光栅和啁啾光栅也能制造出来，而且复杂性不增加。作为这方面的一个例子[1.106,107]，图 1.23 显示了用 SiO_2/Si 材料制成的平场摄谱仪。这些部件中

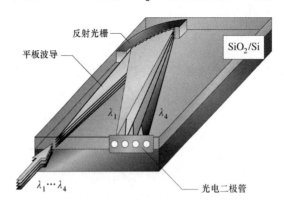

图 1.23　SiO_2/Si 材料系统中的平场摄谱仪

的输入端口和焦线位于芯片的端面。很多研究小组已利用 InGaAsP/InP 和 SiO$_2$/Si 材料[1.108,109]实现了罗兰装置，其中一部分装置装有集成光电二极管及/或光学前置放大器。具有多达 128 个波长通道（通道间距为 0.5～4 nm）的集成光学光栅也已实现。

3. 光学相控阵

光学相控阵［又称为"阵列波导光栅"（AWG）或 PHASAR］是一种与集成光学的波导技术非常匹配的相位透射光栅。与传统的相位透射光栅相比，光学相控阵能实现较大的相移，因此能够在很高的衍射级下工作。

图 1.24 显示了光学相控阵的示意图，以及用 SiO$_2$/Si 材料实现的光学相控阵。输入端口 I_T 位于左侧平板波导的输入侧。在输入侧平板波导的衍射效应下，注入光束将从此点开始变宽。在移相器的输入端，远场被分解成 N 个分光束，注入移相器的带状波导阵列。在移相器内，分光束的相位彼此进行调节。移相器的输出形成了光栅刻线，波导端代替了传统光栅的沟槽或狭缝［图 1.24（b）］。相控阵的光栅周期由移相器输出端的波导中心间距决定。为了使移相器分光束之间的交互影响最小化，光学相控阵大多在可行的最高衍射级下工作。光学相控阵发出强光是通过让移相器输出端的波导对准焦线上的一个点来实现的。

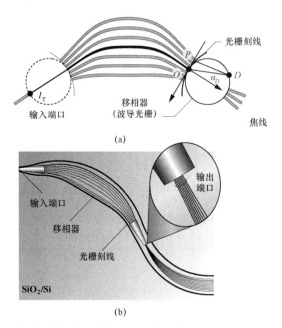

图 1.24 光学相控阵［又称为"阵列波导光栅"（AWG）或 PHASAR］

（a）光学相控阵的示意图；（b）用 SiO$_2$/Si 材料实现的光学相控阵

对于相控阵，方程（1.57）中输入区域内的光程差由 $F_1(y) = \overline{IP_1} - \overline{IO_1} + (n_p/n_s)(\widetilde{P_1P} - \widetilde{O_1O})$ 求出，其中 O 是光栅刻线的中心，P 是焦半径与光栅刻线相交的那个点。另外两个点（O_1 和 P_1）是在移相器输入端的对应点。$\widetilde{P_1P}$ 和 $\widetilde{O_1O}$ 表示从 P

和 O 点伸出的带状波导的弧长。由带状波导和平板波导的不同有效折射率 n_p 和 n_s 造成的相位差通过比值 n_p/n_s 来考虑。如果移相器的输入端位于一个圆上，而该圆的圆心位于输入端口，则这两项之差（ $\overline{IP_1} - \overline{IO_1}$ ）影响不大。

很多光学相控阵都已制造成罗兰装置的形式[1.6]，即 $G(y) = y/\Lambda$，其中 L 为相控阵的光栅常数（投影到 y 轴线上）。然后，光栅刻线会形成一个半径为 R 的半圆。输入侧的平板波导和移相器设计成使相位（投影到 y 轴线上）也呈线性增加。对于输入区域中的光程长度差，可以得到 $F_I(y) = (-m\lambda_C/\Lambda - \sin\alpha_C)y = n_p\Delta L/(n_s\Lambda)$，其中 λ_C 是设计波长（在材料中），α_C 是在这个波长下的衍射角，ΔL 是移相器的两个相邻带状波导之间的光程长度差。同样，在罗兰配置中实现的相控阵也没有彗形像差。此外，这些相控阵在罗兰圆的顶点有一个无像差点（ $\alpha_D = 0$ ）。图 1.24（b）显示了如今最常用的配置[1.110]。此外，第二种配置[1.111,112]也在使用，但在这种配置中移相器的输出波导并非指向一个强光点。图 1.25 显示了在硅上玻璃（SiO_2/Si）材料中光学相控阵的一组滤波曲线。这些滤波曲线为抛物线，以便于很好地近似计算。很多用途都规定要采用平坦的滤波曲线，因为通带的展宽意味着光传输元件的稳定化要求可以降低。为此，研究人员们已成功地演示了一系列方法——利用输出侧的多模波导和 Y 形分束器[1.113]、利用输入侧的多模耦合器[1.114]以及修改移相器[1.115]。理论上，只有相控阵输出侧的多模波导才可能使滤波曲线平坦化而无附加损耗，其他所有方法一般都会导致 2～3 dB 的额外损耗。

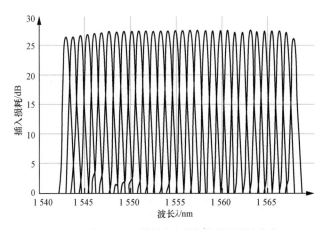

图 1.25　在 SiO_2/Si 材料中光学相控阵的滤波曲线

在基于 WDM 的光传输网络中，光学相控阵被用作波长多路复用器和多路分用器。硅上玻璃材料（SiO_2/Si）中的部件已能从市场上买到。在 InGaAsP/InP 材料中，光学相控阵已成功地与光电二极管、光学放大器、光学调制器和光开关集成[1.18]。光学相控阵在其他材料系统中也被演示过，即在玻璃、$LiNbO_3$ 和聚合物的离子交换中。到目前为止，光学相控阵已实现了通道间隔为 10～400 GHz 的 512 个波长通道（除极少数例外情况外[1.116]）。

1.3.6　反向耦合器

反向耦合是布拉格反射在晶体中的光波导模拟形式。在晶体中，反向耦合是由晶体晶格本身造成的；而在波导中，反向耦合需要由合适的周期性结构或近周期性结构来激发。以下探讨内容将只是简要地描述布拉格光栅——最简单的反向耦合器。反向定向耦合器（一种带集成布拉格光栅的定向耦合器）的描述可在文献[1.117]中找到。

在法向入射时被周期为 Λ 的光栅反射的分波在满足如下布拉格条件的所有波长 λ_B 下发生相长干涉：

$$l\frac{\lambda_B}{n} = \Lambda \tag{1.63}$$

式中，阶数 l 为一个整数。在接近每次共振时，即对于具有波数 $\delta = k_0 n - \pi l/\Lambda$ 的小偏差，光栅效应可利用耦合模理论来分析[1.118,119]。布拉格光栅的转移矩阵——用于描述正向波和反射波的振幅展宽——为

$$\mathscr{U}_{BG} = \begin{pmatrix} A^{\ominus} & A^{\otimes} \\ A^{\otimes *} & A^{\ominus *} \end{pmatrix} \tag{1.64}$$

其中的系数为

$$A^{\ominus} = \cos(\delta_{eff}z) - \frac{\mathrm{i}\delta\sin(\delta_{eff}z)}{\delta_{eff}}$$

$$A^{\otimes} = \frac{\mathrm{i}\chi\sin(\delta_{eff}z)\mathrm{e}^{\mathrm{i}Qz}}{\delta_{eff}}$$

式中，χ 为光栅的耦合系数；$\delta_{eff} = \pm\sqrt{\delta^2 - |\chi|^2}$ 为耦合模的有效失谐量。无损耗光栅的正向波振幅 $a^{(+)}$ 和反射波振幅 $a^{(-)}$ 遵守如下守恒定律：

$$\frac{\mathrm{d}}{\mathrm{d}z}\left(\left|a^{(+)}\right|^2 - \left|a^{(-)}\right|^2\right) = 0 \tag{1.65}$$

布拉格光栅的反射率为 $R = \left|A^{\otimes}/A^{\ominus}\right|^2$；对于长度为 L 的光栅，可以得到

$$R = \frac{|\chi|^2\sin^2(\delta_{eff}L)}{\delta_{eff}^2\cos^2(\delta_{eff}L) + \delta^2\sin^2(\delta_{eff}L)} \tag{1.66}$$

其透射率为 $T = 1 - R$。

图 1.26 显示了布拉格光栅的色散关系和滤波特性。阻带——其中光栅的有效失谐量 δ_{eff} 变成虚数——用阴影表示。可以看到，对于有限长度的光栅来说，阻带中的光波没有完全反射。对于在阻带中心处的反射率，得到 $R(0) = \tanh^2(|\chi|L)$；阻带边缘的反射率为 $R(|\chi|) = |\chi|L^2/(1 + |\chi|L^2)$。从这些关系式中可以明显看到，布拉格光栅的强度由参数 χL 决定。当 $|\chi|L < 1$ 时，布拉格光栅的阻带很窄；而当 $|\chi|L > 10$ 时，在整个阻带中布拉格光栅的反射率都很高（$>99\%$）。同理，零点的数量及位置也取决于布拉格光栅的长度。相反，滤波曲线 $R_E = |\chi|^2/\delta^2$（$\delta^2 > |\chi|^2$）的包线覆盖了所

有的最大值，而且与布拉格光栅的长度无关。通过减小耦合系数（κ 锥度），在严格周期性布拉格光栅中缓慢下降的包线在光栅边缘会骤然变得很陡[1.120]。

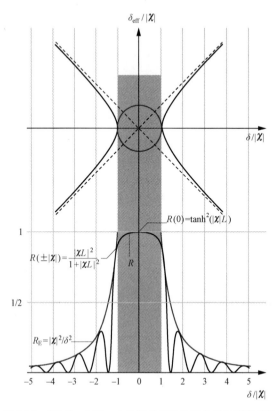

图 1.26　当 $|\chi|L = 3$ 时，布拉格光栅的色散曲线和滤波特性

在使用布拉格光栅时，会产生很多寄生效应，例如古斯 – 汉欣（Goos-Hänchen）位移[1.121]、布儒斯特角、偏振变换[1.122,123]以及辐射到基片或外空间中[1.124]。

布拉格光栅已能用几乎所有的材料系统制造出来[1.104,123,125]，主要是利用全息曝光和直接电子束光刻法来制造。长期以来，分布反馈式（DFB）激光器和分布布拉格反射镜（DBR）激光器一直都是（蚀刻）布拉格光栅的主要应用形式。但近年来，折射率光栅越来越多地用 SiO_2/Si 材料通过相位掩模的紫外（UV）投影来制造[1.126,127]。就像在光纤布拉格光栅中一样，色散补偿除用作带阻滤波器之外，在这些光栅中也变得越来越重要。

|1.4　集 成 光 路|

光学元件或集成光路的转移矩阵 $\tilde{\mathcal{U}}$ 就是光场的传播函数。

$$\tilde{\mathcal{U}} = e^{i\tilde{\varphi}}\mathcal{U} \tag{1.67}$$

只是增加了平均相移 $\bar{\varphi}$。平均相移的数值取决于设计细节，尤其是引线的长度。通常来说，平均相移不会影响光学元件的功能；下面，我们将选择平均相移，以使无损耗元件的转移矩阵为 1（$\mathcal{U}^{-1} = \mathcal{U}^{\dagger}$）且为幺模（$\det \mathcal{U} = 1$）。在文献中，转移矩阵又称为"传输矩阵"。除了此处选择的 $\mathcal{U}$ 符号之外，τ 也很常见[1.128]。

转移矩阵很适于（1.3.3 和 1.3.6 节）描述同向耦合光场和反向耦合光场。在以同向波耦合为特征的光路中，如果振幅满足下列方程条件，则光功率将守恒：

$$\frac{\mathrm{d}}{\mathrm{d}z} \sum_{m=1}^{N} |a_m|^2 = 0 \qquad (1.68)$$

相应的单式幺模转移矩阵构成矩阵组 SU（N）。如果在光路中出现反向交叉耦合，则还必须考虑返回波。如果振幅满足守恒定律，则此光路中的光功率将守恒：

$$\frac{\mathrm{d}}{\mathrm{d}z} \sum_{m=1}^{N} \left(|a_m^{(+)}|^2 - |a_m^{(-)}|^2 \right) = 0 \qquad (1.69)$$

在这种情况下，单式幺模转移矩阵将构成矩阵组 SU（N, N）。在最重要的特殊情况下（同向四端口和反向双端口），转移矩阵为如下形式：

$$\mathcal{U}_{\pm} = \begin{pmatrix} A^{\ominus} & A^{\otimes} \\ \mp A^{\otimes *} & A^{\ominus *} \end{pmatrix} \qquad (1.70)$$

对于通过输入端口被激发的无损耗同向四端口（对应上式中上边符号），在斜对面端口处出现的相对光功率为 $P^{\otimes} = |A^{\otimes}|^2$，而在正对面端口处的相对光功率为 $P^{\ominus} = |A^{\ominus}|^2$。对于从一侧被激发的无损耗同向双端口（对应上式中下边的符号），反射率为 $R = |A^{\otimes}/A^{\ominus}|^2$，而透射率为 $T = 1 - R$。

由于无损耗复合元件（1.4.3 节）的转移矩阵为单式幺模，因此元件对返回波的响应用伴随矩阵 $\mathcal{U}^{\dagger}$ 来描述。通过利用很多特殊的数学方法，还可以获得其他优势；例如，可以将矩阵组 SU（2）以双射方式映射到三维空间中的旋转矩阵组 SO（3）上；因此，无损耗四端口的效应可解释为在球面 S^2 上的运动[1.129]。

1.4.1　其他基本元件

图 1.27 显示了很多基本元件的转移矩阵 $\mathcal{U}$：所显示的大多数元件都不对称，输入端口不能调换，亦即不能实现如下转换：$\alpha_1^{(\mathrm{in})} \Leftrightarrow \alpha_2^{(\mathrm{in})}$，$\alpha_1^{(\mathrm{out})} \Leftrightarrow \alpha_2^{(\mathrm{out})}$。但具有可调换输入端口的元件可由初始矩阵通过下列转换直接获得转移矩阵：

$$\mathcal{U}_{\Updownarrow} = \begin{pmatrix} U_{22} & U_{21} \\ U_{12} & U_{11} \end{pmatrix} \qquad (1.71)$$

有源和无源单模波导及锥形连接器用下列转移矩阵来描述：

$$\mathcal{U}_{-} = \sqrt{\gamma} \qquad (1.72)$$

式中，γ 为输出功率与输入功率之比。对于无损耗波导来说，$\gamma = 1$。长度为 L 的直线单模波导的平均相移［式（1.67）］为 $\bar{\varphi} = -k_0 n L$，其中 n 为基模的有效折射率。

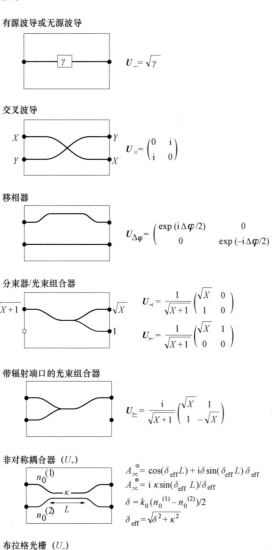

图 1.27　一些基本元件的转移矩阵

在最简单的情况下，移相器由两个完全去偶的单模波导组成。通过利用长度差为 $\Delta L = L_1 - L_2$、有效折射率差为 $\Delta n = n_1 - n_2$ 的两个波导，在输出端会生成两个波，这两个波的相位差为

$$\Delta\varphi = -k_0 \overline{n} \Delta L - k_0 \Delta n \overline{L} \tag{1.73}$$

式中，$\overline{L} = (L_1 + L_2)/2$ 为这两个波导的平均长度；$\overline{n} = (n_1 + n_2)/2$ 为这两个波导的平均有效折射率。相关的转移矩阵为

$$\mathcal{U}_{\Delta\varphi} = \begin{pmatrix} \exp\left(\dfrac{\mathrm{i}\Delta\varphi}{2}\right) & 0 \\ 0 & \exp\left(\dfrac{-\mathrm{i}\Delta\varphi}{2}\right) \end{pmatrix} \qquad （1.74）$$

交叉波导仅用于调换两个输入端口。因此，理想交叉波导的转移矩阵为

$$\mathcal{U}_{\mathrm{x}} = \begin{pmatrix} 0 & \mathrm{i} \\ \mathrm{i} & 0 \end{pmatrix} \qquad （1.75）$$

由于形成交叉结构的波导在交叉区域内耦合（虽然很弱），因此真实的交叉波导常常以定向耦合器为模型。

Y 形分束器既能用作光束分离器，又能用作光束组合器。Y 形分束器实际上是三个端口，但按四个端口处理。当以具有一个无功率附加端口的 1:X 分束器形式工作时，Y 形分束器的转移矩阵为

$$\mathcal{U}_{\angle} = \frac{1}{\sqrt{X+1}} \begin{pmatrix} \sqrt{X} & 0 \\ 1 & 0 \end{pmatrix} \qquad （1.76）$$

其中，输入端口由振幅矢量的第一个元素决定（图 1.27）。光波在输出端口处同相，因为被耦合到 Y 形分束器输入臂中的光波在分支波导结构的基模中会逐渐变弱。

当以 1:X 光束组合器形式工作时，Y 形分束器的转移矩阵为

$$\mathcal{U}_{\angle} = \frac{1}{\sqrt{X+1}} \begin{pmatrix} \sqrt{X} & 1 \\ 0 & 0 \end{pmatrix} \qquad （1.77）$$

其中，输出端口仍由振幅矢量的第一个元素决定。光束组合器的行为取决于被馈入组合器的两个输入臂中的光波之间的相移。如果这两个波同相，且能级匹配，则分支波导结构的基模会被激发，然后无损耗地渐缩到 Y 形分束器的单波导区基模中。另外，如果分支波导结构的下一个最高模是通过两个内耦合波叠加后生成的，则内耦合功率会完全辐射掉。如果光功率只在 Y 形分束器的其中一个臂（共两个）内耦合，则分支波导结构的基模和下一个最高模都会被激发。在这种情况下，一部分光功率——对于 1:1 分束器来说为 50%——会通过辐射损耗掉。

通常情况下，Y 形分束器也会因辐射而受到损耗；因此其转移矩阵不可能是单式矩阵。但通过引入一个虚拟辐射端口[1.5]，就有可能利用一个单式转移矩阵来描述 Y 形分束器的效应：

$$\mathcal{U}_{\underline{\angle}} = \frac{\mathrm{i}}{\sqrt{X+1}} \begin{pmatrix} \sqrt{X} & 1 \\ 1 & -\sqrt{X} \end{pmatrix} \qquad （1.78）$$

其中，在 Y 形分束器输入臂中辐射掉的功率将会被收集到虚拟辐射端口中。当然，这个端口一定不能与光路中的其他零件连接。

1.4.2　复合元件与网络

基本元件（1.4.1 节）的转移矩阵是复合元件和集成光路（即具有更复杂拓扑结

构的网络）设计与分析的基础。

复合元件的转移矩阵是通过将单个元件的转移矩阵相乘后直接得到的。单个元件的平均相移——就像其各个零件的平均相移那样——对于复合元件的分析来说没有意义，也就是说在 1.4.1 节中推导出的转移矩阵相当于复合元件的全部传播函数[1.5]。下面，将探讨马赫－曾德耦合器、具有周期性结构的定向耦合器以及复合布拉格光栅，作为复合元件的典型实例。

为了分析具有更复杂拓扑结构的网络，可以将集成光学网络分成不同的阶段，在每个阶段都同时存在相互耦合的端口以及未耦合的端口。图 1.28 显示了由两个基本端口和四个基本端口组成的概念性网络的一个阶段。相关的转移矩阵为分块矩阵形式，其中在对角线上的 2×2 个分块各自描述了两个耦合的输入端口，而在对角线上的单个元素代表未耦合的输入端口。由于存在相干耦合，因此单个元件的平均相移 $\overline{\varphi}$ 对于整个网络的性能来说很重要。对于由 P 个基本元件或子网络组成的网络来说，其中一个阶段的行列式为

$$\det \mathscr{U} = \prod_{m=1}^{P} \exp(\mathrm{i} N_m \overline{\varphi}_m) \det \mathscr{U}_m \qquad (1.79)$$

式中，N_m 为具有 $2N_m$ 个端口的元件的输入端口数量，即 $\sum_{m=1}^{P} N_m = N$ 适用。通过引入平均相移，用于描述一个网络阶段的转移矩阵可变成单式幺模矩阵，从而得到 $\sum_{m=1}^{P} N_m \overline{\varphi}_m = 0$。最后，就像在复合元件中一样，通过将各阶段的转移矩阵相乘，可以得到整个网络的转移矩阵。

为举例说明，下面我们将推导由三个对称 Y 形分束器（$X=1$）组成的 1:4 分束装置（图 1.29）的转移矩阵。在使用有一个虚拟辐射端口的 Y 形分束器时，通过方程（1.78）得到 1:4 分束器的转移矩阵：

$$\mathscr{U} = \frac{1}{2} \begin{pmatrix} -\mathrm{i} & \mathrm{i} & 0 & 0 \\ \mathrm{i} & \mathrm{i} & 0 & 0 \\ 0 & 0 & \mathrm{i} & \mathrm{i} \\ 0 & 0 & \mathrm{i} & \mathrm{i} \end{pmatrix} \begin{pmatrix} \sqrt{2} & 0 & 0 & 0 \\ 0 & \mathrm{i} & \mathrm{i} & 0 \\ 0 & \mathrm{i} & -\mathrm{i} & 0 \\ 0 & 0 & 0 & \sqrt{2} \end{pmatrix}$$

$$= \frac{1}{2} \begin{pmatrix} -\mathrm{i}\sqrt{2} & -1 & -1 & 0 \\ \mathrm{i}\sqrt{2} & -1 & -1 & 0 \\ 0 & -1 & 1 & \mathrm{i}\sqrt{2} \\ 0 & -1 & 1 & -\mathrm{i}\sqrt{2} \end{pmatrix} \qquad (1.80)$$

在通过端口 2 耦合时，光功率在四个输出端口均匀分布，所有的输出分波都同相。由于转移矩阵为单式，因此伴随矩阵描述了相关的光束组合器。由此我们看到，当通过四个输入端口中的其中一个端口激发光束组合器时，75% 的光功率能到达虚拟辐射端口，即被发射到平板波导中。

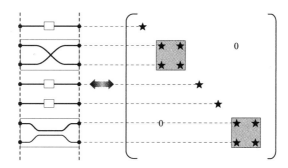

图 1.28 在由 N 个输入/输出端口组成的光学网络中，其中一个阶段的转移矩阵

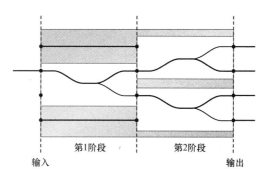

第1阶段　　　　　　第2阶段

输入　　　　　　　　　　　输出

图 1.29 由级联 Y 形分束器组成的 1:4 分束器

1.4.3 马赫–曾德装置

马赫–曾德装置是复合元件,其中的移相器嵌在 Y 形分束器或定向耦合器之间。下面我们将探讨三个变型[1.130]。基本元件的转移矩阵 $\mathcal{U}_{\Delta\varphi}$, $\mathcal{U}_{\succ}$, $\mathcal{U}_{\prec}$, $\mathcal{U}_{\succeq}$ 和 $\mathcal{U}_{\asymp}$ 可在 1.4.1 节中找到。

1. 马赫–曾德干涉仪

图 1.30（a）描绘了一个双端口装置，其中的移相器将相变量 $\Delta\varphi$ 转变为光强变化量。马赫–曾德干涉仪的转换因子为

$$\mathcal{U} = (0 \quad 1)\mathcal{U}_{\succ}\mathcal{U}_{\Delta\varphi}\mathcal{U}_{\prec}\begin{pmatrix} 1 \\ 0 \end{pmatrix}$$

$$= \cos(\Delta\varphi/2) \tag{1.81}$$

在式（1.81）中，矩阵积的开头矢量和末尾矢量将从马赫–曾德干涉仪的两个有效端口滤出。然后，在输出端口得到的相对光功率为 $P_{\text{out}} = \cos^2(\Delta\varphi/2)$。在移相器的始端，光波同相，因为光波被耦合到 Y 形分束器的输入臂中之后，将渐缩到分支波导结构的基模中。如果在移相器中两个分波相对于彼此的相移为 $\Delta\varphi = 2m\pi$，则在移相器末端，分支波导结构的基模将再次无损耗地转移到马赫–曾德干涉仪输出端的基模中，即双端口是打开的。相反，如果在移相器中

两个分波相对于彼此的相移为 $\Delta\varphi = (2m-1)\pi$，则当分支波导结构的下一个最高模经过第二个 Y 形分束器时会被完全辐射掉，即双端口是关闭的。

如今，用 $LiNbO_3$ 制成的马赫－曾德干涉仪在高比特率光传输系统中被用作快速调制器。

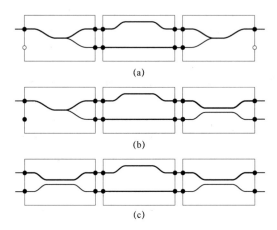

(a)

(b)

(c)

图 1.30　马赫－曾德装置示意图

（a）马赫－曾德干涉仪；（b）三端口马赫－曾德耦合器；（c）四端口马赫－曾德耦合器

2. 马赫－曾德耦合器

马赫－曾德耦合器具有三个或四个端口 [图 1.30（b），（c）]。与马赫－曾德干涉仪不同的是，这些耦合器首先被用作光开关或无损耗光学滤波器。因此，马赫－曾德耦合器在基于玻璃或聚合物的材料系统中被用作热光开关的基本结构。

三端口马赫－曾德耦合器 [图 1.30（b）] 由一个在输入侧与 Y 形分束器连接、在输出侧与对称定向耦合器连接的移相器组成。这种耦合器的转移矩阵为 $\mathcal{U} = \mathcal{U}_\searrow \mathcal{U}_{\Delta\varphi} \mathcal{U}_\succ$，其系数为 $A^\ominus = [-\sin(\phi+\Delta\varphi/2) + i\cos(\phi-\Delta\varphi/2)]/\sqrt{2}$，$A^\otimes = [\sin(\phi-\Delta\varphi/2) - i\cos(\phi+\Delta\varphi/2)]/\sqrt{2}$。

在与输入端口对准的输出端口处，光功率为

$$P^\ominus = \frac{1+\sin(2\phi)\sin(\Delta\varphi)}{2} \tag{1.82}$$

仅当对称定向耦合器以完美的分束器（$\varphi = (2m+1)\pi/4$）形式工作时，三端口马赫－曾德耦合器才能通过移相器调谐在每个输出端口（共两个）处实现完美消光[1.5]。

四端口马赫－曾德耦合器 [图 1.30（c）]——其中的移相器嵌在两个相位厚度 φ 相同的对称定向耦合器之间——用系数为 $A^\ominus = \cos(2\phi)\cos(\Delta\varphi/2) + i\sin(\Delta\varphi/2)$ 和 $A^\otimes = i\sin(2\phi)\cos(\Delta\varphi/2)$ 的转移矩阵 $\mathcal{U} = \mathcal{U}_\searrow \mathcal{U}_{\Delta\varphi} \mathcal{U}_\searrow$ 来描述。在通过输入端口激发时，在斜对面端口处的相对光功率为

$$P^\otimes = \sin^2(2\phi)\cos^2(\Delta\varphi/2) \tag{1.83}$$

四端口马赫 – 曾德耦合器也能通过移相器调谐使两个输出端口实现完美消光，但仅当对称定向耦合器以完美的分束器形式工作时才可以。但在斜对面的端口，即使没有达到这个条件也会实现完美消光。

1.4.4　具有周期性叠加和半周期性叠加的马赫 – 曾德装置

如果说式（1.70）类型的幺模转移矩阵描述的是由无损耗波导结构的一个周期产生的影响，则具有系数 $A_N^{\ominus}=\cos(N\theta)+i\Im(A^{\ominus})\sin(N\theta)/\sin\theta$ 和 $A_N^{\otimes}=A^{\otimes}\sin(N\theta)/\sin\theta$ 的、相同类型的转移矩阵描述的是具有 N 个周期的级联波导结构的行为，其中 $\cos\theta=(\mathrm{Tr}\,\mathscr{U})/2=\Re(A^{\ominus})$ 适用于角度[1.5]。

对于通过一个输入端口被激发的同向四端口，我们得到在正对面和斜对面的端口处相对光功率分别为

$$\begin{cases} P_N^{\ominus}=\cos^2(N\theta)+\Im(A^{\ominus})^2\dfrac{\sin^2(N\theta)}{\sin^2\theta} \\ P_N^{\otimes}=\left|A^{\otimes}\right|^2\dfrac{\sin^2(N\theta)}{\sin^2\theta} \end{cases} \tag{1.84}$$

由于周期性结构的影响，斜对面的端口完全无功率，不仅在 $A^{\otimes}=0$ 时如此，在如下条件下也如此：

$$\Re(A^{\ominus})=\cos\left(\frac{m\pi}{N}\right) \tag{1.85}$$

而正对面的端口仅当同时满足以下两个条件时才会完全无功率：

$$\begin{cases} \Im(A^{\ominus})=0 \\ \Re(A^{\ominus})=\cos\left[\dfrac{(2m-1)\pi}{2N}\right] \end{cases} \tag{1.86}$$

如果 $\Im(A^{\ominus})\equiv 0$ 适用于整个参量空间，则很多种参数组合形式都可以达到式（1.86）中的第二个条件；否则，最多只有几种参数组合形式能使正对面的端口处于无功率状态。

对于很多用途来说（尤其是在光学滤波器中应用时），周期性结构的耦合系数（κ 锥度）及/或周期（啁啾）是可变的。这是因为耦合器的交叉耦合光功率包线在充分逼近的情况下由渐减耦合系数的傅里叶变换形式决定[1.120]：

$$P_E=\left|\mathcal{F}[\kappa]_{\Delta k_0}\right|^2 \tag{1.87}$$

因此，通过在绝热条件下改变耦合系数，滤波器特性曲线的边带就可能显著减小。而通过改变布拉格光栅（啁啾）的周期，阻带宽度和光栅色散都会增加。然后，可以把严格周期性案例［方程（1.84），（1.85），（1.86）］中的关系用于半周期性部件的粗略设计中。最终设计是通过将锥形结构各部分的转移矩阵相乘得到的。

1. Δβ 耦合器

Δβ 耦合器[1.131]是对称的定向耦合器，当外加一个控制电压时会变成局部非对称。Δβ 耦合器的一个周期由失谐量符号相反的两个等长部分组成。因此，耦合器一个周期的转移矩阵为 $\mathcal{U} = \mathcal{U}_{\searrow}(\delta)\mathcal{U}_{\searrow}(-\delta)$；对于其系数，可得到 $A^{\ominus} = |A_\delta^{\ominus}|^2 - |A_\delta^{\otimes}|^2 = 1 - 2|A_\delta^{\otimes}|^2$ 和 $A^{\otimes} = 2A_\delta^{\ominus*}A_\delta^{\otimes}$。当通过一个输入端口被激发时，两个输出端口处的相对光功率分别为 $I^{\ominus} = \cos^2(N\theta)$ 和 $I^{\otimes} = \sin^2(N\theta)$。当满足以下条件时（其中 $\tan\theta_0 = \kappa/\delta$），Δβ 耦合器只有一个输出端口完全无功率：

$$\sin^2\theta_c \sin^2\left(\frac{\delta\Lambda}{2}\right) = \sin^2\left(\frac{m\pi}{4N}\right) \qquad (1.88)$$

具体地说，如果 m 是偶数，则输入端口斜对面的输出端口无功率；而如果 m 是奇数，则输入端口正对面的输出端口无功率。图 1.31 显示了 Δβ 耦合器的状态图，即其中一个输出端口在某一时刻处于无功率状态时的耦合系数 κ 和失谐量 δ 组合形式。

2. Δκ 耦合器

Δκ 耦合器[1.132,133]是具有周期性可变耦合系数的非对称定向耦合器。在弱变化的极限情况下（$\Delta\kappa \to 0$），Δκ 耦合器看起来像一个非对称定向耦合器，其转移矩阵的系数为 $A_\delta^{\ominus} = \cos(\delta_{eff}\Lambda) + i\delta\sin(\delta_{eff}\Lambda)/\delta_{eff}$ 和 $A_\delta^{\otimes} = i\kappa\sin(\delta_{eff}\Lambda)/\delta_{eff}$。如果周期满足下列条件，则通过一个输入端口被耦合进来的光功率将完全地交叉耦合到斜对面的输出端口：

$$\Lambda = \frac{m\pi}{\delta_{eff}} \qquad (1.89)$$

在此共振点附近的滤波曲线与非对称定向耦合器（1.3.3 节）的滤波曲线相似，即滤波曲线的最大值位于一条洛伦兹谱线上。仅当耦合长度是周期长度的整数倍时，即 $L^{\otimes} = N\Lambda$，光功率才有可能实现完全的交叉耦合。

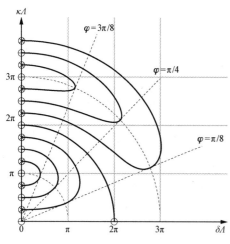

图 1.31　Δβ 耦合器的开关状态图

3. 声光装置

声光装置基于利用行进的表面声波（SAW）（主要是瑞利波）生成的动态光栅。声波使材料内产生局部应变。这些应变通过光弹性效应导致折射率椭球发生变化，实质上就是应变诱发的双折射。在声光部件的首选材料铌酸锂（$LiNbO_3$）中，由于存在压电效应，因此还会发生间接的电光相互作用。

通过利用耦合模理论来分析直波导中的 TE-TM 耦合,再次得到了方程(1.49),其中 δ 是 TE 模和 TM 模之间的半失谐量。共振条件[式(1.89)]仍然不变。在这个共振点附近的滤波特性曲线仍然等于非对称定向耦合器的滤波曲线,即滤波曲线的最大值位于一条洛伦兹谱线上,这条谱线的宽度由应变双折射的强度决定。

通过在声学定向耦合器(SAW 耦合器)中引导声波,可以局部地改变在耦合器方向上的声光耦合强度。在损害第二个声波的情况下,有可能将滤波特性曲线中的边带减小到 < -30 dB[1.134]。通过注入几个声波,具有不同波长的信号能够同时去耦。但不同声波之间的干涉会导致传输信号的振幅调制,因此——尤其对于频道间隔小的信号来说——会导致信号传输效果明显变差[1.135]。

图 1.32 显示的是声光分插多路复用器。这个装置由声光作用区前后的两个偏振分束器组成。声波是通过声学定向耦合器传导的;压电表面激励器主要配置成交叉指型结构,里面装有表面波吸收体,以减弱发出的声波。

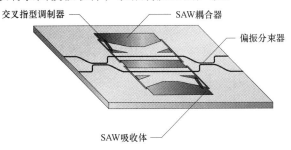

图 1.32　与偏振无关的声光滤波器(根据文献[1.17])

|1.5　集成光学技术平台|

目前,集成光学芯片可用很多材料系统来制造。表 1.5 综述了目前最重要的代表性材料及其应用领域、几个重要平台参数的参考值。由于性能特性良好,尤其是在光纤芯片耦合(FC 耦合)时损耗低,而且波导的传播损耗低,因此基于玻璃的集成光学芯片技术着眼于在高端的光通信技术系统中工作,这些系统在 1.3~1.5 μm 的波长范围内以单模光纤系统的形式运行。只有通过热光(TO)效应,才有可能实现元件开/关和调谐;典型的开关时间在毫秒范围内。相反,聚合物的目标市场是中短距离链路的低成本市场,主要在 0.6~0.8 μm 波长范围内工作,采用的是多模玻璃光纤和塑料光纤。为聚合物的这些用途提供支持的另一个重要理由是聚合物能实现大面积光路。在 1.5 μm 波长下,用聚合物制造的波导其传播损耗超过 1 dB/cm;但通过聚合物的氟化作用或氘化作用,传播损耗能降低到 <0.5 dB/cm,但要以聚合物附着力减小为代价。铌酸锂(LiNbO$_3$)的特征是声光系数和电光系数大。如今,铌酸锂只用作高端系统中的特殊部件——10~40 Gbit/s 系统中的马赫-曾德调制器以及声光滤波器——这些部件不能用其他材料系统制造,或其他材料的质量无法与铌酸锂

相比。与其他竞争性技术不同的是，Ⅲ–Ⅴ型半导体技术能够制造出半导体激光器和光电二极管，因此有源元件和无源元件能通过这种技术在单个芯片上实现单片集成。在Ⅲ–Ⅴ型半导体上会发生很多种效应，用于控制折射率。四元 InGaAsP 材料在 1.3~1.5 μm 波长范围内使用，即主要用于光通信技术。三元 GaAlAs 材料在 0.6~0.8 μm 波长范围内使用，即主要用于光学短距离互连技术。但高昂的前期开发费用——尤其是对于具有集成式发射接收器的芯片来说——迄今已阻碍了Ⅲ–Ⅴ型材料系统在大型集成光路中的广泛应用。除此处介绍的几种方法之外，有关人员还正在研究可能具有一些极特殊优势的其他材料[1.136]，例如硅（绝缘体上硅，SOI）和硅–锗[1.137]。

表 1.5　集成光学技术平台的对比：SM–单模，
MM–多模，TO–热光，AO–声光，EO–电光

材料系统	波导结构		可调谐性				频率窗			制造特性			典型损耗	
	SM	MM	TO	AO	EO	其他	1.3~1.5 μm	0.8 μm	≤0.6 μm	ϕ晶片/mm	工序	$R_{曲率}$/mm	FC耦合/dB	传播/(dB·cm⁻¹)
离子交换	×	(×)	(×)	–	–	–	×	(×)	–	50	<10	20	0.1	<0.1
SiO₂/Si	×	(×)	×	–	–	–	×	(×)	–	100	10~15	5~20	0.1~0.5	<0.1
聚合物	(×)	×	×	–	(×)	–	(×)	×	×		3~20	5~20	0.3	0.1~2
LiNbO₃	×	–	(×)	×	×	–	×	(×)	–	100	<10	20	0.3	<0.3
InGaAsP/InP	×	–	(×)	–	(×)	–	×	–	–	50	10~300	0.05~1	1~5	0.1~2
GaAlAs/GaAs	×	–	(×)	–	(×)	×	–	×	×	50/75	10~50	0.1~1	1~5	0.5~2
SOI	×	–	(×)	–	–	×	×	–	–	≤300	50~300	0.005~5	3~5	0.2~2

　　表 1.5 显示了几个重要的平台参数——晶片尺寸、晶片制造所需的工序数量、最小可能的曲率半径（这些参数对光路尺寸起着决定性的影响作用）——用于说明相关的制造工艺。就像典型的损耗那样，这些测度很明显也是瞬态参数，在进一步的工艺开发过程中会不断地变化。精确地了解材料特性——尤其是材料的色散 $n(\lambda)$——对于很多元件的设计来说是必不可少的。色散关系主要用纯经验公式来表达，例如商用玻璃的泰勒展开式，或者用半经验公式来表达，即理论上合理的方程，例如含有一系列调整参数的塞耳迈耶尔（Sellmeier）方程（第 5 章）。

1.5.1　基于玻璃的材料系统

　　如今，基于玻璃的波导主要用两种不同的技术来制造：一方面是通过离子交换作用将波导扩散到玻璃基片中[1.2,138,139]，另一方面是通过干蚀刻技术使玻璃层及其结构沉积[1.140-144]。传统上，波导结构为光纤匹配式结构，即调节集成光学带状波导的近场尺寸，以适应标准单模光纤的尺寸。最近，由于受到复杂性增加趋势的影响，

同时也为了减小光路中的曲率半径，波导的折射率对比度正变得越来越高，因此其基模的场半径正在减小。此外，布拉格光栅已在集成光学波导中通过紫外线照射来实现[1.126,127]。

特种玻璃被用作基片，进行离子交换作用。在 $170\sim500\ ^\circ\text{C}$ 温度下，盐熔体中的离子通过金属掩膜中的光阑与玻璃基片中的离子进行交换。离子交换过程可通过纯热方法实现，也可利用垂直于晶片表面的 $20\sim250\ \text{V/mm}$ 静态电场通过电场辅助来实现。例如，当采用用于制作商用元件的 BGG31 基片玻璃时，波导是通过银扩散法来形成的（$\text{Ag}\Leftrightarrow\text{K}$）。BGG31 的材料色散由经验关系式 $n=p_0-p_1\ln(p_2\lambda^2+p_3\lambda+p_4)$ 求出，其中 $p_0=1.506\ 56$，$p_1=1.211\ 58\times10^{-2}$，$p_2=-1.527\ 53/\text{nm}^2$，$p_4=-18.638\ 2$；BGG31 的热光系数为 3.1×10^{-6}。其他基片玻璃——包括 BGG21（$\text{Cs}\Leftrightarrow\text{K}$）、钠钙玻璃（K 或 $\text{Ag}\Leftrightarrow\text{Na}$）和 BK7（K 或 $\text{Ag}\Leftrightarrow\text{Na}$）——可用于实现其他离子种类的交换。

基于玻璃层沉积作用的工艺技术始于硅（或石英）玻璃基片。硅是首选的玻璃基片材料，因为硅的成本低，而且力学性能和热性能好。用于掺在玻璃（一般是二氧化硅）中的物质包括能减小折射率的硼（B_2O_3）以及能增加折射率的锗（GeO_2）和磷（P_2O_5）。波导层可利用火焰水解沉积法（FHD）来沉积，或在反应器中由气相沉积［化学气相淀积（CVD）］得到。

在与玻璃光纤制造有关的火焰水解反应中，玻璃微粒以多孔玻璃层的形式从燃烧器的火焰中沉积到晶片表面上。然后，在 $900\sim1\ 300\ ^\circ\text{C}$ 温度下，将多孔层烧结成一块致密的玻璃。之后，利用被注入火焰中的气体混合物（例如 SiCl_4、TiCl_4、POCl_3、BCl_3 或 GeCl_4）来调节玻璃层的折射率。在依赖于气相沉积（CVD）的各种竞争性方法中，波导层首先在 $400\sim700\ ^\circ\text{C}$ 温度下在反应器中沉积。通过利用等离子增强的化学气相沉积工艺（PECVD），工艺温度可下降到约 $300\ ^\circ\text{C}$，但作为代价，在其后的退火过程中温度会达到约 $1\ 000\ ^\circ\text{C}$。除制造出掺锗（GeO_2）和磷（P_2O_5）（$\Delta n=0.007\sim0.01$）的玻璃层之外，用 PECVD 还能制造出氮氧化硅（SiON）层，其折射率可在 $n=1.45\sim2$ 范围内选择[1.145,146]。横向波导结构是利用这两种技术通过接触（或投射）光刻和反应离子刻蚀（RIE）在氟化合物（例如 CF_4、C_2F_6 或 CHF_3）的基础上制成的。掺有 B_2O_3、GeO_2 和 P_2O_5 的石英玻璃的材料色散由塞耳迈耶尔方程求出[1.147,148]：

$$n^2=1+\frac{E_0E_0^{(d)}}{E_0^2-E^2}+\frac{E_1E_1^{(d)}}{E_1^2-E^2} \tag{1.90}$$

其中，

$$\begin{cases}E_0=E_0(\text{SiO}_2)+U[E_0(X)-E_0(\text{SiO}_2)]\\ E_0^{(d)}=E_0^{(d)}(\text{SiO}_2)+V[E_0^{(d)}(X)-E_0^{(d)}(\text{SiO}_2)]\\ E_1=E_1(\text{SiO}_2)+U[E_1(X)-E_1(\text{SiO}_2)]\\ E_1^{(d)}=E_1^{(d)}(\text{SiO}_2)-m\Delta E_1^{(d)}(X)\end{cases} \tag{1.91}$$

且 $E_1^{(d)}(SiO_2) = 0.112\,51$ eV。在式（1.91）中，m（mol%）描述了被添加到石英玻璃中的掺杂剂浓度，U 是键能，V 是阳离子百分比。表 1.6 中列出了在玻璃光纤中获得的材料参数。为了描述集成光学结构，我们需要通过非线性回归使这些参数与局部工艺条件相匹配，因为波导层的密度和内部结构——从而工艺控制参数——也会影响折射率。

表 1.6　在含掺杂剂 B_2O_3、GeO_2 和 P_2O_5 的 SiO_2 的色散公式（1.90）中的材料参数

名称	SiO_2	B_2O_3	GeO_2	P_2O_5
E_0/eV	13.38	12.63	9.80	13.84
$E_0^{(d)}$/eV	14.71	13.00	15.49	16.49
E_1/eV	0.125 4	0.170	0.113	0.155
$\Delta E_1^{(d)}$/eV	0	4×10^{-4}	1.4×10^{-3}	2×10^{-4}
U	1	$3\,m/(m+2)$	m	$2\,m/(m+1)$
V	1	$2\,m/(m+1)$	m	$2\,m/(m+1)$

1.5.2　Ⅲ-Ⅴ型半导体

下面将主要探讨两种最常见的材料系统：在 $1.3 \sim 1.5$ μm 波长范围内工作的四元材料系统 $In_{1-x}Ga_xAs_yP_{1-y}/InP$，以及在约 0.8 μm 波长范围内工作的三元材料系统 $Al_xGa_{1-x}As/GaAs$。与其他所有材料系统不同的是，直接半导体能实现有源元件和无源元件——即波导结构、激光二极管、光电二极管和光开关——在一块芯片上的（单片）集成[1.9,19,20,149,150]。激光二极管的可用发射波长决定着材料系统的首选工作波长范围。考虑到基模的场宽，因此波导结构通常与有源元件（尤其是激光二极管）匹配。因此，与单模光纤耦合需要（例如在激光二极管的情况下）有光斑放大倍数为 $m=3 \sim 5$ 的耦合光学元件或耦合锥形连接器。

在Ⅲ-Ⅴ型半导体技术中，光学元件是通过晶格匹配式外延生长法在基片上制成的，通常以磷化铟（InP）或砷化镓（GaAs）为基片。如今，外延层大多通过金属有机物气相外延（MOVPE）或分子束外延法（MBE）生长；以前广泛应用的液相外延（LPE）法由于层厚波动大，如今已很少应用。横向波导结构利用接触（或投射）光刻法来制造，在采用高分辨率结构（例如相移布拉格光栅）的情况下还可利用电子束光刻法通过直写来生成。由于再现性好，蚀刻轮廓能精确地调节，因此反应离子刻蚀（RIE）或反应离子束刻蚀（RIBE）等反应性干刻蚀方法如今主要用于蚀刻横向波导结构[1.20]，其中氩气（Ar）主要用作非反应性成分，而氮气（N_2）用作对四元层和三元层进行蚀刻的反应成分。此外，湿法化学刻蚀仍起着重要的作用，因为这种方法规避了由刻蚀过程给晶体结构造成的缺陷。通常情况下，H_2SO_4:H_2O_2:$H_2O = 3$:1:1 蚀刻溶液用于 GaAs，而 HCl:$H_3PO_4 = 1$:1 用于 InP 和相关的

三元层或四元层。布拉格光栅的首选蚀刻液是基于饱和溴水（SBW）的（HBr:SBW:H$_2$O = 1:10:40）蚀刻液。

研究人员已根据底层Ⅲ–Ⅴ型半导体的能带结构开发了半经验分析模型，用于描述 In$_{1-x}$Ga$_x$As$_y$P$_{1-y}$/InP 和 Al$_x$Ga$_{1-x}$As/GaAs 的材料色散[1.149,151,152]，并利用矩阵元与动量之间的相关性优化了这些模型[1.153]。由于此优化工作，在基本带隙 E_0 区域内的能量精确度——对于激光二极管的描述来说很重要——已大大提高。在给定的波长下，Al$_x$Ga$_{1-x}$As/GaAs 的折射率会随着铝浓度的增加而减小；亦即，GaAs 基片的折射率大于三元生长层的折射率。因此，波导层必须通过一个足够厚的缓冲层与基片隔开。相反，In$_{1-x}$Ga$_x$As$_y$P$_{1-y}$/InP 的折射率会随着砷浓度的增加而增加；亦即，InP 基片的折射率总是小于四元层的折射率。

1.5.3　铌酸锂（LiNbO$_3$）

铌酸锂[1.154,155]是一种合成的铁电晶体。作为光开关、调制器和声光滤波器的一种基本材料，铌酸锂在集成光学领域很令人关注，因为它能产生线性电光（普克耳斯）效应，此外还有较大的光弹性系数和较低的声波衰减率。

在过去 25 年里，研究人员尝试过用多种技术方法——外延、溅射、离子交换和热内–外扩散——来制造 LiNbO$_3$ 光波导层。其中有两种方法比较流行：钛（Ti）的热扩散和质子交换（H⇔Li）。

在 Ti 的热内向扩散中，厚度为 20～60 nm 的 Ti 结构层首先通过溅射或电子束蒸发沉积在芯片表面。在约 1 000 ℃的温度下，钛从光刻结构层向内进行局部扩散。晶片表面的折射率步长取决于钛层的厚度，对于寻常折射率为 $\Delta n_o = (0.5～1)\times 10^{-2}$，对于非寻常折射率则为 $\Delta n_e = (1～2)\times 10^{-2}$。通常情况下，晶片表面的折射率分布用典型扩散深度为 $d = 2～3$ μm 的正态分布来描述。为防止在 Ti 向内扩散的同时二氧化锂（LiO$_2$）向外扩散——这样会导致晶片表面出现寄生波导——应当将晶片置于合适的气氛（例如潮湿的氩气/氧气混合物）中，或者封装在一个具有最小尺寸的气密性铂容器中。

在质子交换过程中，氢气在 160～250 ℃的温度下会通过掩膜中的光阑与熔融苯甲酸（C$_6$H$_5$COOH）中的锂交换（H⇔Li）。为避免在晶片表面附近由高浓度氢气造成散射损耗，质子交换后的波导要在 400 ℃温度下经历数小时的固化过程。在固化过程之后，质子交换还会使非寻常折射率的步长与 Ti 扩散时相比大大增加（$\Delta n_e = (2～5)\times 10^{-2}$），而让寻常折射率的步长减小（$\Delta n_o \approx -4\times 10^{-2}$）。同理，当折射率分布近似于阶跃型时，质子的穿透深度比在 Ti 扩散时的穿透深度更大（$d \approx 4$ μm）。在利用质子交换来制作单模波导时，通过加入少量的苯甲酸锂可以使折射率对比度显著降低。

第 5 章和文献［1.156］中探讨了铌酸锂的材料色散。

1.5.4 聚合物

在过去 20 年里，聚合物[1.157,158]一直用于制造平面型波导结构。长期以来，聚合物一直背负着抗老化性差的名声。因此，很多系统供应商对聚合物技术的态度一直是谨慎的，甚至还有些敌意。如今，抗老化能力强的波导聚合物已能从市场上买到。唯一仅存的、聚合物对溶剂蒸汽和紫外线辐射的易感性也可通过采用合适的外壳技术来大部分抵消。

聚合物的特性是在红光范围内（$\lambda = 0.6 \sim 0.9\ \mu m$）和与远程通信用途有关的红外线范围内（$\lambda = 1.3 \sim 1.5\ \mu m$）光吸收度低；但由于存在 CH 类，因此会出现相当大的吸收损耗（$> 1\ dB/cm$）。这些损耗可通过氟化作用或单体氘化作用来减少，但作为代价，波导层在基片上的附着力会降低。

聚合物波导可在几乎任何基片上沉积。硅基片由于质量好、力学性能优良，因此使用得很频繁。但温度的改变会导致严重的应力，再加上聚合物和 Si 的热膨胀系数不同，因此会造成由应变诱发的双折射现象。因此，很多波导聚合物都沉积在专门开发的、其热性质已经过适当调整的聚合物基片上。

长期以来，聚合物都几乎只在 $0.6 \sim 0.9\ \mu m$ 波长范围内的多模波导中应用，因为与大多数竞争性材料不同的是，聚合物能够轻易地在厚层（$> 10\ \mu m$）上沉积。此外，聚合物对于多模用途来说尤其值得关注，因为聚合物能够通过批量生产发挥降成本潜能。关于在板间和板内线路中的典型应用，聚合物应当能防焊接，也就是说能耐受高达 $150 \sim 250\ ℃$ 的短时间加热。此外，聚合物在窄壳体中使用时，始终会遇到高温（$60 \sim 85\ ℃$）。因此，在评估波导聚合物时，玻璃化转变温度 T_g 常常是讨论的焦点。最近，除多模波导结构之外，单模波导结构以及在 $\lambda = 1.3 \sim 1.5\ \mu m$ 波长范围内应用于远程通信用途的相关元件（例如光学相控阵）也正在实现中。

如今，平面型波导结构主要通过三种工艺及其组合形式来制造。

- 铸造、注塑[1.159]

  在铸造中，液态聚合物通常通过注射（喷射造型）被引入先前准备好的模具中。这种工艺很适于批量生产，因为模具的成本只发生一次，而且波导元件本身可用一个或极少的步骤制造而成。但到目前为止，铸造方法还没有达到光刻制作结构那样的尺寸稳定性（$|\Delta r| \approx 0.1 \sim 0.5\ \mu m$）。因此，铸造方法主要用于制造多模波导结构。

- 旋涂、浸渍

  聚合物层或单体层可利用合适的溶液通过旋涂（有时还伴有浸渍）制造而成。这种方法可达到的层厚范围很宽（$d = 0.1 \sim 10\ \mu m$）。在用模具直接制造时，通过溶液将聚合物引入显得不太适合，因为获得的几何形状很复杂，通常不可避免地会出现溶剂残渣和材料的不均匀性。

- 原位聚合

原位聚合是一种将横向波导结构引入先前制备的沉积层中的简洁方法。由紫外线照射触发的聚合作用尤其有利，因为这个过程大多可以在室温下或比室温稍高的温度下实施。在波导结构照射时必须避开阴影，因为沉积的单体在局部有阴影的区域不会充分聚合。

就像在其他材料中一样，双光子吸收（TPA）工艺也可用于直写波导结构，有意地实现三维（3-D）波导路径。在聚合物中，TPA 为波导和发射器（或接收器）提供了直接链路[1.160]。

表 1.7 为以下几种值得关注的材料系统提供了典型的材料数据（玻璃化转变温度 T_g 以及当 $\lambda = 0.8$、1.3 和 1.5 μm 时的典型吸收损耗）：PMMA、Polyguide[1.4]、BeamBox[1.161]、苯并环丁烯（BCB）[1.15]、氟化 BCB（FBCB）[1.162]和 ORMOCER[1.163]。与玻璃基材料类似的是，所有这些材料都能制成纯无源波导结构，并通过热光效应来控制波导结构。

表 1.7　几种聚合物的典型材料数据

材料	T_g/℃	吸收损耗/（dB·cm⁻¹）		
		$\lambda = 0.8$ μm	$\lambda = 1.3$ μm	$\lambda = 1.5$ μm
PMMA	104	< 0.1	0.3	0.8
Polyguide（聚合物波导），MM	260	0.1	0.4	1.6
Polyguide，SM	260	0.1	0.2	0.6
BeamBox（光束盒）	> 180	?	0.3	0.5
BCB	280	< 0.1	0.2	1.5
FBCB	280	< 0.1	0.1	0.2
Ormocer（有机改性陶瓷）	280	< 0.1	0.2	0.5

使折射率能通过电光效应来控制的非线性光学（NLO）聚合物可用几种方法来制成：在主体聚合物中加入定向聚合物（客体-主体系统）、并入合适的侧链或主链、交联或溶胶-凝胶法[1.164-166]。非线性光学聚合物目前仍处于研究阶段。

1.5.5　绝缘体上硅（SOI）

硅是应用最广泛的微电子材料，也是在玻璃和聚合物波导系统中的一种标准的波导光学晶片材料。硅在远程通信波长范围内（1.25～1.6 μm）是透明的，这使得硅成为以经济方式制造无源光子回路的极佳候选材料。用硅制造有源元件会导致复杂性增加，因为硅不是直接半导体。

首先，为了让硅波导能在硅片上工作，必须使硅波导与基片之间实现光学隔离。

这种隔离是利用一个隐埋二氧化硅（BOX）层实现的。这个 BOX 层可通过注入氧气或将氧化硅片粘合然后回蚀刻[1.167]来制成，由此形成绝缘体上硅（SOI）材料系统。当含有 BOX 层时，折射率对比度为 $\Delta n \approx 2$；也就是说，单模波导的尺寸范围从加大型肋形波导的 3 μm×2 μm[1.168]到硅带状波导的大约 0.5 μm×0.5 μm（1.2 节）。因此，在 21 世纪之前，用标准微电子工艺制成的结构可达到的尺寸和粗糙度是集成低损耗硅光子元件制造时面临的一大障碍。深紫外光刻术及其在标准半导体制造工艺[1.169]中的相关改进——尤其是在互补型金属氧化物半导体（CMOS）的工艺链中——以及优质 SOI 晶片的可获得性如今已改变了这种情形。

如今，低损耗波导（<2 dB/cm）可通过用硬掩模来蚀刻硅波导层或在传统蚀刻过程之后采用氧化工艺来实现日常生产[1.170]。与硅线的严格电场约束相结合之后，就可以根据需要制造出适于 WDM 用途的高密度集成复杂元件[1.171,172]。

硅波导的近场尺寸以及本征模形状与光纤的近场尺寸和本征模形状之间有很大的差别。因此，合适的光纤–芯片耦合对于 SOI 光子学来说至关重要。在Ⅲ–Ⅴ型材料系统中，典型插入损耗约为 3 dB 的波导锥形连接器集成在 SOI 上。对于在硅光子回路中通常采用的偏振分集模，需要特别注意锥形连接器以及波导弯头，以避免无用的偏振旋转[1.173]。光栅耦合器也用于光纤–芯片耦合[1.172]。光栅耦合器能够同时在两个偏振方向上工作，因此能够将偏振分集回路与光纤直接连接[1.174]。

在 SOI 平台内，有源元件需要采用特定的集成方案。除光电二极管芯片的混合集成之外，接收器也可能粘接在 SOI 晶片上[1.175]，或直接半导体可能在 SOI 晶片上生长[1.176,177]，但后者需要采取其他处理步骤。虽然硅不会产生本征电光效应，但硅的光吸收度和折射率会因为载流子密度的改变而受到影响[1.178]，亦即，通过操作 p–i–n 或 p–n 光电二极管，使之在 CMOS 过程中单片集成到 SOI 平台上[1.176,179]，就可以实现调制，因此不需要混合集成。发射器的集成还可以采用不同的途径，通常采用的是通过激光芯片的倒装芯片安装进行混合集成[1.172]。2000—2010 年，激光器在硅平台上的异构集成和单片集成取得了长足进展[1.180]。

1.5.6　集成光路的计算机辅助设计（CAD）

在集成光学中，CAD 系统像在其他芯片技术中一样，也用于将集成光路转换成一种实体描述形式——通常是在制造过程中使用的一组掩膜。CAD 系统的设计一方面是为了加快设计过程，另一方面是为了帮助设计人员在设计过程中尽早地避免掩膜缺陷（通过建模实现准确性）。

因此，多年来，集成光学一直都有专门的布局编辑器。布局编辑器的基本结构（基元）——直波导、弯曲波导、Y 形分束器、锥形连接器和布拉格光栅——能根据集成光学的要求来调节。通过获得这些结构的物理参数（图 1.33），例如波导宽度、曲率半径或光栅常数，从而非获得复杂多边形的顶点，布局编辑器能创建并修改这些结构的模型。此外，通过插入连接波导（例如首创的 CAD 系统 SIGRAPH-Optic），布局编辑器还有助于让波导结构相互连接而无扭结，即没有隔角缺陷。很多集成光路都只由几个基本结构组成，因此能够以交互方式很好地制造出来。复杂的或复合的结构——例如光学相控阵列、马赫－曾德链或啁啾布拉格光栅——由几百个（有时甚至几千个）基本结构组成。为了处理好这个任务，集成光学中采用的 CAD 系统目前也安装了定制的宏语言。

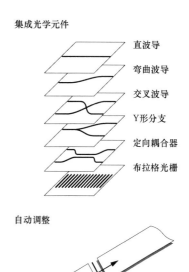

图 1.33　集成光学的 CAD 系统：
基元和布局策略

1.5.7　集成光学与微光学的对比

当今的几乎每种技术都必须通过勇敢面对竞争性技术来证明自己。集成光学的最强竞争对手仍是微光学。甚至在最近，集成光学的价值仍在受到质疑。但现在，这些质疑的声音基本上沉默了，因为集成光学已成功地打入分束器装置（离子交换）市场[1:4、1:8、1:16 和 1:32]、快速调制器市场［10～40 GHz，马赫－曾德调制器（LiNbO3）］以及（尤其是）迅速崛起的 WDM 市场［光学相控阵（SiO2/Si）］。先前存在的微光学装置已被集成光学方案完全赶出了市场。在 InGaAsP 材料系统内，还有一种在商业上已取得成功的集成波导元件，即激光器－电吸收调制器芯片。

但我们必须根据下列四个方面，不断地反复考虑与集成光学方案的优势有关的问题（尤其是当集成光学方案取代其他供选择的元件时）。

1. 性能数据

虽然集成光学技术在前几年取得了很大进步，但微光学元件和光纤元件的低插入损耗是集成光学元件无法比拟的——到目前为止只有基于玻璃的元件（在玻璃或 SiO2/Si 中通过离子交换）才能与之抗衡，而且还不是在每一种情况下都能如此。另外，集成光学元件提供的参数离差往往比竞争性的微光学元件和光纤元件低；例如，在离子交换类玻璃中，集成光学 1:N 分路装置（$N \geq 4$）已夺得市场主导权，主要是由于它们的功率分布非常均匀。

2. 成本、产额、再现性

集成光学元件通常具有较高的前期开发成本和较低的单位成本；亦即，随着元件数量的增加，其成本效益会突显出来。但对于有几百个工序的复杂Ⅲ－Ⅴ型半导体技术来说，这个优势只适用于当元件数量很大时。而随着元件复杂性的上升（例如对于开关矩阵或摄谱仪来说），集成光学元件能很快获得成本领先优势。

3. 占用空间、处理、复杂性

随着波分多路复用（WDM）在光通信技术中变得越来越重要，光路的复杂性也在迅速上升。例如，对 16 个波长通道进行完全性能监测的一个光学衰减器阵列由 16 个衰减器和 32 个分光耦合器组成；也就是说，在混合光路结构中有 32 个外部光纤接口和 64 个内部光纤接口。作为一个更加复杂的例子，光纤 16×16 开关矩阵一般由 256 个 2×2 开关和 510 个内部光纤接口组成。显然，集成光学芯片的使用能明显降低内部结构的复杂性，与此同时减小了元件的尺寸。

4. 产品使用寿命、工作条件

由于组装工艺方面的缺点，激光器和集成光学元件在刚进入市场的那几年其使用寿命并非总是足够长。这个问题的例子包括：在利用密封的壳体来封装有源元件时，会出现光纤－芯片耦合；光纤匹配式集成光学芯片中的环氧基粘合接头耐湿能力不够。但在贝尔通信研究所 12.09 和 12.21 标准下经过认证的元件表明，这些问题现在已经解决了。但就像基于真空管的计算机在当时所表现出的那样，随着微光学超结构元件的复杂性增加，整个元件的使用寿命与其组成部分的使用寿命相比会明显缩短得更快。这一点也适用于集成光学芯片——当这些芯片的面积以及（尤其是）工序数量显著增加时[1.181]。

|参 考 文 献|

［1.1］ S. E. Miller：Integrated optics：An introduction，Bell Syst. Tech. **48**，2059－2068（1969）

［1.2］ L. Roβ：Integrated optical components in substrate glasses，Glastech. Ber. **62**，285－297（1989）

［1.3］ L. A. Hornak，S. K. Tewksbury，T. W. Weidman，E. W. Kwock，W. R. Holland，G. L. Wolf：The impact of polymer integrated optics on silicon wafer area networks，Proc. SPIE **1337**，12－22（1990）

［1.4］ B. L. Booth，J. E. Marchegiano，C. T. Chang，R. J. Furmanak，D. M. Graham，R. G. Wagner：Polyguide polymeric technology for optical inteconnect circuits and components，Proc. SPIE **3005**，238－250（1997）

［1.5］ R. März：*Integrated Optics*，*Design and Modeling*（Artech House，Boston 1994）

［1.6］ M. K. Smit：PHASAR-Based WDM Devices：Principles，design and applications，IEEE J. Sel. Top. Quantum Electron. **2**，236－250（1996）

［1.7］ D. J. Kim，J. M. Lee，J. H. Song，J. Pyo，G. Kim：Crosstalk reduction in a shallow-etched silicon nanowire AWG，IEEE Photonic Technol. Lett. **20**，

1615 – 1617（2008）

[1.8] R. C. Alferness: Waveguide electrooptic switch arrays, IEEE J. Sel. Areas Commun. **6**, 1117 – 1130（1988）

[1.9] R. C. Ikegami, H. Kawaguchi: Semiconductor devices in photonic switching, IEEE J. Sel. Areas Commun. **6**, 1131 – 1140（1988）

[1.10] G. Wenger, M. Schienle, J. Bellermann, M. Heinbach, S. Eichinger, J. Müller, B. Acklin, L. Stoll, G. Müller: A completely packaged strictly nonblocking 8×8 optical matrix switch on InGaAsP/InP, IEEE/OSA J. Lightwave Technol. **14**, 2332 – 2337（1996）

[1.11] T. Pohlmann, A. Neyer, E. Voges: Polarization independent Ti : LiNbO$_3$ switches and filters, IEEE J. Quantum Electron. **27**, 602 – 607（1991）

[1.12] H. Heidrich, D. Hoffmann: Review on integrated-optics switch matrices in LiNbO$_3$, IEICE Transactions **E73 – E**（1）, 94 – 98（1989）

[1.13] R. Nagase, A. Himeno, M. Okuno, K. Kato, K. Yukimatsu, M. Kawachi: Silica-based 8×8 optical matrix switch module with hybrid integrated driving circuit and its system application, IEEE/OSA J. Lightwave Technol. **12**, 1631 – 1639（1994）

[1.14] M. Okuno, N. Takato, T. Kitoh, A. Sugita: Silicabased thermo-optic switches, NTT Review **7**（5）, 57 – 63（1995）

[1.15] R. Moosburger, G. Fischbeck, C. Kostrzewa, K. Petermann: Digital optical switch based on 'oversized' polymer rib waveguides, Electron. Lett. **32**, 544 – 545（1996）

[1.16] N. Keil: Optische Schalter aus Kunststoff-Schlüsselkomponenten in den Telekomnetzen der Zukunft. In: *Jahrbuch der Elektrotechnik*, Vol. 16, ed. by A. Grütz（VDI, Berlin 1997）, in German

[1.17] F. Wehrmann, C. Harizi, H. Herrmann, U. Rust, W. Sohler, S. Westenhöfer: Integrated optical, wavelength selective, acoustically tunable 2×2 switches（add-drop multiplexers）in LiNbO$_3$, IEEE J. Sel. Areas Commun. **2**, 263 – 269（1996）

[1.18] C. H. Joyner, M. Zirngibl, J. C. Centanni: An 8 – channel digitally tunable transmitter with electroabsorption modulated output by selective-area epitaxy, IEEE Photonic Technol. Lett. **7**, 1034 – 1036（1995）

[1.19] T. L. Koch, U. Koren: Semiconductor photonic integrated circuit, IEEE J. Quantum Electron. **27**, 641 – 653（1991）

[1.20] R. Matz: Photonic integrated circuits, technology and components. In: *Semiconductor Micromachining*, *Techniques and Industrial Applications*, Vol. 2, ed. by S. A. Campbell, J. J. Lewerenz（Wiley, New York 1997）

［1.21］ R. Kaiser, M. Hamacher, H. Heidrich, P. Albrecht, W. Ebert, R. Gibis, H. Künzel, R. Löffler, S. Malchow, M. Möhrle, W. Rehbein, R. Schroeter-Janßen: Monolithically integrated transceivers on InP: The development of a generic integration concept and its technological challenges, Proc. Conf. Indiumphosphid Relat. Mater. (IPRM) 431−434 (1998)

［1.22］ C. Cremer, N. Emeis, M. Schier, G. Heise, G. Ebbinghaus: Grating spectrograph integrated with photodiode array in InGaAsP/InP, IEEE Photonic Technol. Lett. **4**, 108−110 (1992)

［1.23］ F. Tong, K. −P. Ho, T. Schrans, W. E. Hall, G. Grand, P. Mottier: A wavelength matching scheme for multiwavelength optical links and networks using grating demultiplexers, IEEE Photonic Technol. Lett. **7**, 688−690 (1995)

［1.24］ Q. Fang, T. −Y. Liow, J. F. Song, K. W. Ang, M. B. Yu, G. Q. Lo, D. −L. Kwong: WDM multi-channel silicon photonic receiver with 320 Gbps data transmission capability, Opt. Express **18**, 5106−5113 (2010)

［1.25］ J. Van Campenhout, L. Liu, P. R. Romeo, D. Van Thourhout, C. Seassal, P. Regreny, L. Di Cioccio, J. M. Fedeli, R. Baets: A compact SOI-integrated multiwavelength laser source based on cascaded InP microdisks, IEEE Photonic Technol. Lett. **20**, 1345−1347 (2008)

［1.26］ R. Kaiser, D. Trommer, H. Heidrich, F. Fidorra, M. Hamacher: Heterodyne receiver PICs as the first monolithically integrated tunable receivers for OFDM system applications, Opt. Quantum Electron. **28**, 565−573 (1996)

［1.27］ M. T. Hill, H. J. S. Dorren, T. de Vries, X. J. M. Leijtens, J. H. den Besten, B. Smalbrugge, Y. −S. Oei, H. Binsma, G. −D. Khoe, M. K. Smit: A fast low-power optical memory based on coupled microring lasers, Nature **432**, 206−209 (2004)

［1.28］ L. Liu, R. Kumar, K. Huybrechts, T. Spuesens, G. Roelkens, E. −J. Geluk, T. de Vries, P. Regreny, D. Van Thourhout, R. Baets, G. Morthier: An ultra-small, low-power, all-optical flip-flop memory on a silicon chip, Nat. Photonics **4**, 182−187 (2010)

［1.29］ S. Kasap, P. Capper (Eds.): *Springer Handbook of Electronic and Photonic Materials* (Springer, Berlin Heidelberg 2006)

［1.30］ DIN EN: *Lichtwellenleiter Verbindungselemente und passive Bauteile- Grundlegende Prüf-und Meßverfahren*, Deutsche Normen der Reihen DIN EN 61300−2, 61300−3 (Beuth, Berlin 2010) (identical with EN 61300−2/−3, IEC 61300−2/3, Fibre optic interconnecting devices and passive components-Basic test and management procedures)

［1.31］ M. Dagenais, R. F. Leheny, H. Temkin, P. Bhattacharya: Applications and challenges of the OEIC technology, IEEE/OSA J. Lightwave Technol. **8**, 846 – 862 (1989)

[1.32] T. Hashimoto, Y. Nakasuga, Y. Yamada, H. Terui, M. Yanagisawa, Y. Akahori, Y. Tomori, K. Kato, Y. Suzuki: Multichip optical hybrid integration technique with planar lightwave circuit platform, IEEE/OSA J. Lightwave Technol. **16**, 1249 – 1257 (1998)

[1.33] A. W. Snyder, J. D. Love: *Optical Waveguide Theory* (Chapman & Hall, London 1983)

[1.34] M. Haruna: Thermooptic waveguide devices. In: *Optical Devices and Fibers*, ed. by Y. Suematsu (Ohmsha, Tokyo 1985)

[1.35] G. Gosh: *Handbook of Thermo-Optic Coefficients of Optical Materials with Applications* (Academic, New York 1998)

[1.36] G. Guekos (Ed.): *Photonic Devices* (Springer, Berlin Heidelberg 1999)

[1.37] F. Schmidt: An adaptive approach to the numerical solution of Fresnel's wave equation, IEEE/OSA J. Lightwave Technol. **11**, 1425 – 1434 (1993)

[1.38] C. Wächter: *Integrated Optics Design: Software Tools in Diversified Applications*, Sci. Ser., Vol. 216 (Springer, Dordrecht 2006)

[1.39] Cost 216 Working Group I: Comparison of different modelling techniques for longitudinally invariant integrated optical waveguides, IEE Proc. J. **136**, 273 – 280 (1989)

[1.40] H. – P. Nolting, R. März: Results of benchmark tests for different numerical BPM algorithms, IEEE/OSA J. Lightwave Technol. **13**, 216 – 224 (1995)

[1.41] H. G. Unger: *Planar Optical Waveguides and Fibres* (Clarendon, Oxford 1977)

[1.42] D. Marcuse: *Theory of Dielectric Optical Waveguides* (Academic, New York 1974)

[1.43] L. Lewin: *Theory of Waveguides* (Newes-Butter-worth, London 1975)

[1.44] J. Chilwell, I. Hodgkinson: Thin-films field-transfer matrix theory of planar multilayer waveguides and reflection from prism-loaded waveguides, J. Opt. Soc. Am. A **A1**, 742 – 753 (1984)

[1.45] M. Augustin, G. Böttger, M. Eich, C. Etrich, H. – J. Fuchs, R. Iliew, U. Hübner, M. Kessler, E. – B. Kley, F. Lederer, C. Liguda, S. Nolte, H. – G. Meyer, W. Morgenroth, U. Peschel, A. Petrov, D. Schelle, M. Schmidt, A. Tünnermann, W. Wischmann: Photonic crystals optical circuits in moderate index materials. In: *Photonic Crystals* (Wiley-VCH, Weinheim 2004)

[1.46] R. März, S. Burger, S. Golka, A. Forchel, C. Hermann, C. Jamois, D. Michaelis, K. Wandel: Planar high index-contrast photonic crystals for telecom applications. In: *Photonic Crystals* (Wiley-VCH, Weinheim 2004)

[1.47] A. D. B. Boardman: *Electromagnetic Surface Modes* (Wiley, New York 1982)

[1.48] J. A. Dionne, L. A. Sweatlock, H. A. Atwater, A. Polman: Planar metal plasmon waveguides : Frequency-dependent dispersion , propagation , localization, and loss beyond the free electron model, Phys. Rev. B **72**, 075405/1 – 11 (2005)

[1.49] E. J. Zeman, G. C. Schatz: An accurate electromagnetic theory study of surface enhancement factors for Ag, Au, Cu, Li, Na, Al, Ga, In, Zn, and Cd, J. Phys. Chem. **91**, 634 – 643 (1987)

[1.50] L. Wendler: Long-range surface plasmon-polaritons in asymmetric layer structures, J. Appl. Phys. **59**, 3289 – 3291 (1986)

[1.51] P. Berini, G. Mattiussi, N. Lahoud, R. Charbonneau: Wafer-bonded surface plasmon waveguides, Appl. Phys. Lett. **90**, 061108/1 – 061108/13 (2007)

[1.52] H. Ditlbacher, J. R. Krenn, G. Schider, A. Leitner, F. R. Aussenegg: Two-dimensional optics with surface plasmon polaritons, Appl. Phys. Lett. **81**, 1762 – 1764 (2002)

[1.53] S. A. Maier, H. A. Atwater: Plasmonics: Localization and guiding of electromagnetic energy in metal/dielectric structures, J. Appl. Phys. **98**, 011101/1 – 011101/10 (2005)

[1.54] S. I. Bozhevolnyi, V. S. Volkov, E. Deveaux, J. – I. Laluet, T. W. Ebbesen: Channel plasmon sub-wavelength waveguide components including interferometers and ring resonators, Nature **440**, 508 – 511 (2006)

[1.55] C. Wächter, K. Hehl: General treatment of slab waveguides including lossy materials and arbitrary refractive index profiles, Phys. Status Solidi (a) **102**, 835 – 842 (1987)

[1.56] P. Berini: Plasmon-polariton waves guided by thin lossy metal films of finite width: Bound modes of symmetric structures, Phys. Rev. B **61**, 10484 – 10503 (2000)

[1.57] P. Berini: Figures of merit for surface plasmon waveguides, Opt. Express **14**, 13030 – 13042 (2006)

[1.58] R. Buckley, P. Berini: Figures of merit for 2D surface plasmon waveguides and application to metal stripes, Opt. Express **15**, 12174 – 12182 (2007)

[1.59] A. V. Krasavin, A. V. Zayats: Silicon-based plasmonic waveguides, Opt. Express **18**, 11791 – 11799 (2010)

[1.60] M. C. Gather, K. Meerholz, N. Danz, K. Leosson: Net optical gain in a plasmonic waveguide embedded in a fluorescent polymer, Nat. Photonics **4**, 457 – 461 (2010)

[1.61] A. Hardy, W. Streifer: Coupled mode theory of parallel waveguides, IEEE/OSA J. Lightwave Technol. **3**, 1135 – 1146（1985）

[1.62] H. A. Haus, W. P. Huang, S. Kawakami, N. A. Whitaker: Coupled-mode theory of optical waveguides, IEEE/OSA J. Lightwave Technol. **5**, 16 – 23（1987）

[1.63] C. Weinert: Three dimensional coupled mode method for simulation of coupler and filter structures, IEEE/OSA J. Lightwave Technol. **10**, 1218 – 1225（1992）

[1.64] M. D. Feit, J. A. Fleck Jr.: Light propagation in graded-index optical fibres, Appl. Opt. **17**, 3990 – 3998（1978）

[1.65] J. van Roey, J. van der Donk, P. E. Lagasse: Beam propagation: Analysis and assessment, J. Opt. Soc. Am. A **71**, 803 – 810（1981）

[1.66] J. Gerdes, R. Pregla: Beam-propagation algorithm based on the method of lines, J. Opt. Soc. Am. B **8**, 389 – 394（1991）

[1.67] R. Pregla: *MoL BPM-Method of Lines Based Beam Propagation Method. Methods for Modeling and Simulation of Optical Guided-Wave Devices*（Elsevier, Amsterdam 1995）

[1.68] W. P. Huang, C. L. Xu, S. T. Chu, S. K. Chaudhuri: The finite-difference vector beam propagation method: Analysis and assessment, IEEE/OSA J. Lightwave Technol. **10**, 295 – 305（1992）

[1.69] G. R. Hadley: multistep method for wide angle beam propagation, Opt. Lett. **17**, 1743 – 1745（1992）

[1.70] D. Yevick, B. Hermansson: Efficient beam propagation techniques, IEEE J. Quantum Electron. **26**, 109 – 112（1990）

[1.71] D. Yevick, W. Bardyszewski, B. Hermansson, M. Glasner: Split-operator electric field reflection techniques, IEEE Photonic Technol. Lett. **3**, 527 – 529（1991）

[1.72] T. B. Koch, J. B. Davies, F. A. Fernandez, R. März: Computation of wave propagation in integrated optical devices using z-transient variational principle, IEEE Trans. Magn. **27**, 3876 – 3879（1991）

[1.73] F. Schmidt, R. März: On the reference wave vector of paraxial Helmholtz equations, IEEE/OSA J. Lightwave Technol. **14**, 2395 – 2400（1996）

[1.74] H. J. W. M. Hoekstra, G. J. M. Krijnen, P. V. Lambeck: Efficient interface conditions for the FDBPM, IEEE/OSA J. Lightwave Technol. **10**, 1352 – 1355（1992）

[1.75] G. R. Hadley: Transparent boundary condition for the BPM, IEEE J. Quantum Electron. **28**, 363 – 370（1992）

[1.76] V. A. Baskakov, A. V. Popov: Implementation of transparent boundaries for numerical solution of the Schrödinger equation, Wave Motion **14**, 123 – 128 (1991)

[1.77] F. Schmidt, P. Deuflhard: Discrete transparent boundary conditions for Fresnel's equation, Proc. Conf. Integr. Photonics Res. (IPR) **94** (3), 45 – 47 (1994)

[1.78] A. S. Glassner (Ed.): *An Introduction to Ray Tracing* (Academic, London 1989)

[1.79] P. Kaczmarski, P. E. Lagasse: Bidirectional beam propagation method, Electron. Lett. **24**, 675 – 676 (1988)

[1.80] G. Sztefka, H. – P. Nolting: Bidirectional eigenmode propagation for large refractive index steps, IEEE Photonic Technol. Lett. **5**, 554 – 557 (1993)

[1.81] R. Petit(Ed.): *Electromagnetic Theory of Gratings*(Springer, Berlin Heidelberg 1980)

[1.82] J. Pomplun, S. Burger, L. Zschiedrich, F. Schmidt: Adaptive finite element method for simulation of optical nano structures, Phys. Status Solidi (b) **244**, 3419 – 3434 (2007)

[1.83] G. Dolling, M. W. Klein, M. Wegener, A. Schädle, B. Kettner, S. Burger, S. Linden : Negative beam displacements from negative-index photonic metamaterials, Opt. Express **15**, 14219 – 14227 (2007)

[1.84] S. Linden, C. Enkrich, G. Dolling, M. W. Klein, J. Zhou, T. Koschny, C. M. Soukoulis, S. Burger, F. Schmidt, M. Wegener: Photonic metamaterials: Magnetism at optical frequencies, IEEE J. Sel. Areas Quantum Electron. **12**, 1097 – 1105 (2006)

[1.85] T. K. Gaylord, M. G. Moharam: Analysis and application of optical diffraction gratings, Proc. IEEE **73**, 894 – 937 (1985)

[1.86] C. Vasallo: *Optical Waveguide Concepts* (Elsevier, Amsterdam 1991)

[1.87] R. Pregla, E. Ahlers: Method of lines for analysis of arbitrarily curved waveguide bends, Electron. Lett. **30**, 1478 – 1479 (1994)

[1.88] K. R. Hiremath, M. Hammer, R. Stoffer, L. Prkna, J. Ctyroky: Analytic approach to dielectric optical bent slab waveguides, Opt. Quantum Electron. **37**, 37 – 61 (2005)

[1.89] A. F. Milton, W. K. Burns: Mode coupling in optical waveguide horns, IEEE J. Quantum Electron. **13**, 828 – 835 (1977)

[1.90] F. Sporleder, H. – G. Unger: *Waveguide Tapers, Transitions and Couplers* (Peregrinus, London 1979)

[1.91] G. Wenger, L. Stoll, B. Weiss, M. Schienle, R. Müller-Nawrath, S. Eichinger, J. Müller, B. Acklin, G. Müller: Design and fabrication of monolithic optical spot size transformers (MOST's) for highly efficient fiber-chip coupling,

IEEE/OSA J. Lightwave Technol. **12**, 1782 – 1790（1994）

[1.92] R. Zengerle, H. Brückner, H. Olzhausen, A. Kohl: Low-loss fibre-chip coupling by buried laterally tapered InGaAsP/InP waveguide structure, Electron. Lett. **28**, 631 – 632（1992）

[1.93] T. Schwander, S. Fischer, A. Krämer, M. Laich, K. Luksic, G. Spatschek, M. Warth: Simple and low-loss fibre-to-chip coupling by integrated field-matching waveguide in InP, Electron. Lett. **29**, 326 – 328（1993）

[1.94] B. Broberg, B. S. Lindgren, M. G. öberg, H. Jiang: A novel integrated optics wavelength filter in InGaAsP-InP, IEEE/OSA J. Lightwave Technol. **4**, 196 – 203（1986）

[1.95] R. Ulrich: Image formation by phase coincidence in optical waveguides, Opt. Commun. **13**, 259 – 264（1975）

[1.96] O. Bryngdahl: Image formation using self-imaging techniques, J. Opt. Soc. Am. A **63**, 416 – 419（1973）

[1.97] L. B. Soldano, E. C. M. Pennings: Optical multi-mode interference devices based on self-imaging: Principles and applications, IEEE/OSA J. Lightwave Technol. **13**, 615 – 627（1995）

[1.98] M. Bachmann, P. A. Besse, H. Melchior: General self-imaging properties in $N \times N$ multimode interference couplers including phase relations, Appl. Opt. **33**, 3905 – 3911（1994）

[1.99] M. Bachmann, P. A. Besse, H. Melchior: Overlapping-image multimode interference couplers with a reduced number of self-images for uniform and nonuniform power splitting, Appl. Opt. **34**, 6890 – 6910（1995）

[1.100] M. Bachmann, E. Gini, P. A. Besse, H. Melchior: New 2×2 and 1×3 multimode interference couplers with free selection of power splitting ratios, IEEE/OSA J. Lightwave Technol. **14**, 2286 – 2293（1996）

[1.101] D. S. Levy, R. Scarmozzino, R. M. Osgood Jr.: Length reduction of tapered $N \times N$ MMI devices, IEEE Photonic Technol. Lett. **10**, 830 – 832（1998）

[1.102] E. C. M. Pennings, R. v. Rojen, M. J. N. v. Stralen, P. J. de Waard, R. G. M. P. Koumans, B. H. Verbeek: Reflection properties of multimode interference devices, IEEE Photonic Technol. Lett. **6**, 715 – 718（1994）

[1.103] R. März, C. Cremer: On the theory of planar spectrographs, IEEE/OSA J. Lightwave Technol. **10**, 2017 – 2022（1992）

[1.104] T. Suhara, H. Nishihara: Integrated optical components and devices using periodic structures, IEEE J. Quantum Electron. **22**, 845 – 867（1986）

[1.105] H. Nishihara, M. Haruna, T. Suhara: *Optical Integrated Circuits*（McGraw-Hill, New York 1989）

［1.106］ P. C. Clemens, G. Heise, R. März, H. Michel, A. Reichelt, H. W. Schneider: 8 - channel optical demultiplexer realized as SiO_2/Si flat-field spectrograph, IEEE Photonic Technol. Lett. **6**, 1109 - 1111（1994）

［1.107］ Z. J. Sun, K. A. McGreer, J. N. Broughton: Integrated concave grating WDM demultiplexer with 0.144 nm channel spacing, Electron. Lett. **33**, 1140 - 1142（1997）

［1.108］ C. Cremer, N. Emeis, M. Schier, G. Heise, G. Ebbinghaus: Monolithically integrated DWDM receiver, IEE Proc. **140**, 71 - 74（1993）

［1.109］ K. Liu, F. Tong, S. W. Bond: Planar grating wavelength demultiplexer, Proc. SPIE **2024**, 278 - 285（1993）

［1.110］ C. Dragone: An $N{\times}N$ optical multiplexer using a planar arrangement of two star couplers, IEEE Photonic Technol. Lett. **3**, 812 - 815（1991）

［1.111］ H. Takahashi, K. Oda, H. Toba, Y. Inoue: Transmission characteristics of arrayed waveguide $N{\times}N$ wavelength multiplexer, IEEE/OSA J. Lightwave Technol. **13**, 447 - 455（1995）

［1.112］ M. Teshima, M. Koga, K. -I. Sato: Performance of multiwavelength simultaneous Monitoring circuit employing arrayed-waveguide grating, IEEE/OSA J. Lightwave Technol. **14**, 2277 - 2285（1996）

［1.113］ M. R. Amersfoort, C. R. deBoor, F. P. G. M. v. Ham, M. K. Smit, M. R. Demeester, J. J. G. M. v. d. Tol, A. Kuntze: Phased-array wavelength demultiplexer with flattened wavelength response, Electron. Lett. **30**, 300 - 302（1994）

［1.114］ M. R. Amersfoort, J. B. D. Soole, H. P. Leblanc, N. C. Andreadakis, A. Raajhel, C. Caneau: Passband broadening of integrated arrayed waveguide filters using multimode interferenz couplers, Electron. Lett. **32**, 449 - 451（1996）

［1.115］ K. Okamoto, H. Yamada: Arrayed waveguide grating multiplexer with flat spectral response, Opt. Lett. **20**, 43 - 45（1995）

［1.116］ R. Adar, C. H. Henry, C. Dragone, R. C. Kistler, M. A. Milbrodt: Broad-band array multiplexers made with silica waveguides on silicon, IEEE/OSA J. Lightwave Technol. **11**, 212 - 219（1993）

［1.117］ R. März, H. P. Nolting: Spectral properties of asymmetrical optical directional couplers with periodic structures, Opt. Quantum Electron. **19**, 273 - 287（1987）

［1.118］ H. Kogelnik: Coupled wave theory for thick hologram gratings, Bell Syst. Tech. **48**, 2909 - 2947（1969）

［1.119］ A. Yariv: Coupled mode theory of guided wave optics, IEEE J. Quantum

Electron. **9**，919－933（1973）

[1.120] H. Kogelnik：Filter response of nonuniform almost-periodic structures，Bell Syst. Tech. **55**，632－637（1976）

[1.121] J. Jacob：A Goos-Hänchen effect for Bragg reflection，Int. J. Electron. Commun.（AEÜ）**39**，69－72（1985）

[1.122] L. A. Weller-Brophy，D. G. Hall：Local normal mode analysis of guided mode interactions with waveguide gratings，IEEE/OSA J. Lightwave Technol. **6**，1069－1082（1988）

[1.123] K. Wagatsuma，H. Sakaki，S. Saito：Mode conversion and optical filtering of obliquely incident waves in corrugated waveguide filters，IEEE J. Quantum Electron. **15**，632－637（1979）

[1.124] K. Furuya，Y. Suematsu，S. Shigeo：Integrated optical branching filter consisting of three-dimensional waveguide and its nonradiative condition，IEEE Trans. Circuit Syst. **26**，1049－1054（1979）

[1.125] G. Heise，R. März，M. Schienle：Investigation of Bragg gratings on planar InGaAsP/InP waveguides at normal and oblique incidence，IEEE/OSA J. Lightwave Technol. **7**，735－739（1989）

[1.126] G. D. Maxwell，B. J. Ainslie，D. L. Williams，R. Kashyap，J. V. Collins：Photosensitivity in planar silica waveguides，Int. J. Optoelectron. **9**，289－293（1994）

[1.127] R. Kashyap，J. R. Armitage，R. J. Campbell，D. L. Williams，G. D. Maxwell，B. J. Ainslie，C. A. Millar：Light-Sensitive optical Fibers and planar waveguides，BT Technol. J. **11**，150－160（1993）

[1.128] L. A. Coldren，S. W. Corzine：*Diode Lasers and Photonic Integrated Circuits*（Wiley，New York 1995）

[1.129] S. K. Korotky：Three-space representation of phase-mismatch switching in coupled two-state optical systems，IEEE J. Quantum Electron. **22**，952－958（1986）

[1.130] R. G. Walker，J. Urquhart，I. Bennion，A. C. Carter：1.3/1.5 m Mach-Zehnder wavelength duplexers for integrated optoelectronic transceiver modules，IEE Proc. **J137**，33－38（1990）

[1.131] H. Kogelnik，R. V. Schmidt：Switched directional couplers with alternating $\Delta\beta$，IEEE J. Quantum Electron. **12**，396－401（1976）

[1.132] C. Bornholdt，C. Kappe，R. Müller，H. P. Nolting，F. Reier，R. Stenzel，H. Venghaus，C. M. Weinert：Meander coupler，a novel wavelength division multiplexer/demultiplexer，Appl. Phys. Lett. **57**，2517－2519（1990）

[1.133] M. Grawert，H. －P. Nolting：Syngrat，an electro-optically controlled tunable filter with a synthesized grating structure, Opt. Quantum Electron. **27**, 887 – 896（1995）

[1.134] H. Herrmann, U. Rust, K. Schäfer: Tapered acoustical directional couplers for integrated acousto-optical mode converters with weighted coupling, IEEE/OSA J. Lightwave Technol. **13**, 364 – 374（1995）

[1.135] F. Tian, H. Herrmann: Interchannel interference in multiwavelength operation of integrated acousto-optical filters and switches, IEEE/OSA J. Lightwave Technol. **13**, 1146 – 1154（1995）

[1.136] W. Karthe, R. Müller: *Integrierte Optik*（Geest & Portig, Leipzig 1991）

[1.137] B. Schüppert, J. Schmidtchen, A. Splett, U. Fischer, T. Zinke, R. Moosburger, K. Petermann: Integrated optics in silicon and SiGe-heterostructures, IEEE/OSA J. Lightwave Technol. **14**, 2311 – 2323（1996）

[1.138] H. J. Lilienhoff, E. Voges, D. Ritter, B. Pantschev: Field-induced index profiles of multimode ion-exchanged strip waveguides, IEEE J. Quantum Electron. **18**, 1877 – 1883（1982）

[1.139] R. V. Ramaswami, R. Srivastava: Ion-exchanged glass waveguides: A review, IEEE/OSA J. Lightwave Technol. **6**, 984 – 1002（1988）

[1.140] M. Kawachi: Silica waveguides on silicon and their application to integrated-optic components, Opt. Quantum Electron. **22**, 391 – 416（1989）

[1.141] M. Kawachi: Recent progress in silica-based planar lightwave circuit on silicon, IEE Proc. **143**, 257 – 262（1996）

[1.142] Y. Shani, C. H. Henry, R. C. Kistler, R. F. Kazarinow, K. J. Orlowsky: Integrated optic adiabatic devices on silicon, IEEE J. Quantum Electron. **27**, 556 – 566（1991）

[1.143] S. Valette: State of the art of integrated optics technology at LETI for achieving passive optical components, J. Mod. Opt. **35**, 993 – 1005（1988）

[1.144] R. März: Optical filters for dense wavelength division multiplex: Research activities at Siemens, Fiber Integr. Opt. **16**, 63 – 71（1997）

[1.145] T. Bååk: Silicon oxynitrid; a material for GRIN optics, Appl. Opt. **21**, 1069 – 1072（1982）

[1.146] D. E. Bossi, J. M. Hammer, J. M. Shaw: Optical properties of silicon oxynitrid dielectric waveguides, Appl. Opt. **26**, 609 – 611（1987）

[1.147] C. R. Hammond: Silica based binary glass systems-refractive index behaviour and composition in optical fibres, Opt. Quantum Electron. **9**, 399 – 409（1977）

[1.148] C. R. Hammond: Silica-based binary glass systems: Wavelength dispersive properties and composition in optical fibres, Opt. Quantum Electron. **10**, 163 – 170（1978）

［1.149］　T. P. Pearsell(Ed.): *GaInAsP Alloy Semiconductors*(Wiley, New York 1982)

［1.150］　C. Glingener, D. Schulz, E. Voges: Modeling of optical modulators on III-V semiconductors, IEEE J. Quantum Electron. **31**, 101 – 112 (1995)

［1.151］　S. Adachi: Optical properties of Al_xGa_{1-x} As alloys, Phys. Rev. B **38**, 12345 – 12352 (1988)

［1.152］　S. Adachi: Optical properties of $In_{1-x}Ga_xAs_yP_{1-y}$ alloys, Phys. Rev. B **39**, 12612 – 12621 (1989)

［1.153］　D. W. Jenkins: Optical constants of Al_xGa_{1-x} As, J. Appl. Phys. **68**, 1848 – 1853 (1990)

［1.154］　A. Räuber: *Chemistry and Physics of Lithium Niobate* (North-Holland, Amsterdam 1978)

［1.155］　R. S. Weis, T. K. Gaylord: Lithium niobate: Summary of physical properties and crystal structure, Appl. Phys. A **37**, 191 – 203 (1985)

［1.156］　U. Schlarb, K. Betzler: Refractive indices of lithium niobate as a function of temperature, wavelength and composition: A generalized fit, Phys. Rev. B **48**, 15613 – 15619 (1993)

［1.157］　J. T. Yardley: *Design and Characterization of Organic Waveguides for Passive and Active Devices* (Gordon and Breach, Amsterdam 1996)

［1.158］　B. L. Booth: Polymers for Integrated Optical Waveguides. In: *Polymers for Electronic and Photonic Applications*, ed. by C. P. Wong(Academic, Boston 1993)

［1.159］　T. Knoche: *Integriert-optische Komponenten in Polymeren*, Fortschr. Ber., Nr. 474 (VDI – Verlag, Düsseldorf 1997)

［1.160］　G. Langer, M. Riester: Two-photon absorption for the realization of optical waveguides on printed circuit boards, Proc. SPIE **6475**, 64750X/1 – 64750X/9 (2007)

［1.161］　M. C. Flipse, P. de Dobbelaere, J. Thackara, J. Freeman, B. Hendriksen, A. Ticknor, G. F. Lipscomb: Reliability assurance of polymer-based solid state optical switches, Proc. SPIE **3278**, 8 – 62 (1998)

［1.162］　G. Fischbeck, R. Moosburger, C. Kostrzewa, A. Achen, K. Petermann: Singlemode optical waveguides using a high temperature stable polymer with low losses in the 1.55 m range, Electron. Lett. **33**, 518 – 519 (1997)

［1.163］　R. Houbertz, G. Domann, C. Cronauer, A. Schmitt, H. Martin, J. – U. Park, L. Fröhlich, R. Buestrich, M. Popall, U. Streppel, P. Dannberg, C. Wächter, A. Bräuer: Inorganic-organic hybrid materials for application in optical devices, Thin Solid Films, **442**, 194 – 200 (2003)

［1.164］　R. D. Miller: Poled polymers for $\chi^{(2)}$ applications. In: *Organic Thin Films for waveguiding Nonlinear Optics*, ed. by F. Kjzar, J. D. Swalen (Gordon and Breach, Amsterdam 1996)

[1.165] M. C. Kuzyk: Polymers as Third-Order Nonlinear-Optical Materials. In: *Polymers for Electronic and Photonic Applications*, ed. by C. P. Wong (Academic, Boston 1993)

[1.166] E. van Tomme, P. P. van Daele, R. G. Baets, P. E. Lagasse: Integrated optic devices based on nonlinear optical polymers, IEEE J. Quantum Electron. **27**, 778−787 (1991)

[1.167] A. P. Knights, G. T. Reed: *Silicon Photonics: An Introduction* (Wiley, New York 2004)

[1.168] R. A. Soref, J. Schmidtchen, K. Petermann: Large single-mode rib waveguides in GeSi−Si and Sion−SO_2, IEEE J. Quantum Electron. **27**, 1971−1974 (1991)

[1.169] Y. Nishi, R. Doering: *Handbook of Semiconductor Manufacturing Technology* (CRC Press, Boca Raton 2007)

[1.170] K. K. Lee, D. R. Lim, L. C. Kimerling: Fabrication of ultralow-loss Si−SiO_2 waveguides by roughness reduction, Opt. Lett. **26**, 1888−1890 (2001)

[1.171] W. Bogaerts, P. Dumon, D. Van Thourhout, D. Taillaert, P. Jaenen, J. Wouters, S. Beckx, V. Wiaux, R. G. Baets: Compact wavelength-selective functions in silicon-on-insulator photonic wires, IEEE J. Sel. Top. Quantum Electron. **12**, 1394−1401 (2006)

[1.172] C. Gun: 10 Gb/s CMOS photonics technology, Proc. SPIE **6125**, 612501/1−612501/5 (2006)

[1.173] A. Sakai, T. Fukazawa, T. Baba: Estimation of polarization crosstalk at a micro-bend in Si-photonic wire waveguide, IEEE/OSA J. Lightwave Technol. **22**, 520−525 (2004)

[1.174] W. Bogaerts, D. Taillaert, P. Dumon, D. Van Thourhout, R. Baets: A polarization-diversity wavelength duplexer circuit in silicon-on-insulator photonic wires, Opt. Express **15**, 1567−1578 (2007)

[1.175] P. R. A. Binetti, R. Orobtchouk, X. J. M. Leijtens, B. Han, T. de Vries, J. −M. Fideli, C. Lagahe, P. J. van Veldhoven, R. Notzel, M. K. Smit: InP-based membrane couplers for optical interconnects on Si, IEEE Photonics Technol. Lett. **21**, 337−339 (2009)

[1.176] M. Salib, L. Liao, R. Jones, M. Morse, A. Liu, D. Samara-Rubio, D. Alduino, M. Paniccia: Silicon photonics, Intel. Technol. J. **8**, 143−160 (2004)

[1.177] T. Yin, R. Cohen, M. M. Morse, G. Sarid, Y. Chetrit, D. Rubin,

M. J. Paniccia: 31 GHz Ge n-i-p waveguide photodetectors on silicon-on-insulator substrate, Opt. Express **15**, 13965 – 13971（2007）

[1.178] R. Soref, B. Bennett: Electrooptical effects in silicon, IEEE J. Quantum Electron. **23**, 123 – 129（1987）

[1.179] V. M. N. Passaro, F. Dell'Olio: Scaling and optimization of MOS optical modulators in nanometer SOI waveguides, IEEE Trans. Nanotechnol. **7**, 401 – 408（2008）

[1.180] D. Liang, J. E. Bowers: Recent progress in lasers on silicon, Nat. Photonics **4**, 511 – 517（2010）

[1.181] R. März, H. F. Mahlein, B. Acklin: Yield and cost model for integrated optical chips, IEEE/OSA J. Lightwave Technol. **14**, 158 – 163（1996）

第 2 章

干涉测量

本章的目的是快速而全面地介绍干涉测量原理以及各种类型的干涉仪，包括干涉图的评估和应用。由于这个主题历史悠久而且很重要，因此可以在文献中找到很多相关的专题论文[2.1-4]和书籍[2.5]。与光学干涉测量有关的文献数量是如此之多，以至于本章无法将其完全概述，但我们还是尽可能地引用了综述性论文。文献引用与否，要看它们是否适于用作这个主题的切入点。但这取决于个人的判断，即使不同意本章的观点，也应当发现本章中的参考文献是很有用的。

2.1 节简要介绍了光的干涉，包括双光束干涉和多光束干涉、矢量干涉以及部分相干。2.2 节专门介绍各种干涉测量法——分为波前分割干涉仪和振幅分割干涉仪——包括偏振干涉测量法。2.3 节描述了用于获得定量相位值的各种方法。

光干涉是光的波特性的表现形式。"干涉"一词是由托马斯·杨（Thomas Young）在 1801 年创造的[2.6]，意思是两个或更多的波相叠加，会导致叠加场放大（干涉最大值）或衰减（干涉最小值）。为此，干涉波需要相互关联，即它们必须完全相干或部分相干。否则，干涉图样将不具有时间稳定性。在传统光学探测器里进行时间积分之后，干涉图样会消失。

干涉测量法是干涉的技术应用。由于光的波长在几百纳米范围内，因此干涉测量如今已成为一种必不可少的高精度测量工具。干涉测量法的用途包括尺寸测量、无损检测、全息干涉测量、光学系统测量、光谱学以及甚至加密。

|2.1　光　的　干　涉|

光是一种电磁波。在标量表达式中，光的基本概念更容易理解。因此，我们先采用标量近似法，然后切换到全矢量表达式。

在下面的干涉描述中，假设叠加原理有效。叠加原理认为，在每个时间点及任何时刻，总场都是叠加分场之和，即每个波都会传播，就好像其他波不存在似的。这是由麦克斯韦方程组在线性介质中呈线性造成的。

2.1.1　标量二束干涉

考虑用复数表示的一个准单色标量波

$$E_1 = A_1 \exp(i\varphi_1) \exp(-i\omega t) \tag{2.1}$$

以如下频率发生振荡：

$$v = \frac{\omega}{2\pi} \tag{2.2}$$

式中，A_1 为标量振幅；φ_1 为与空间相关的相位偏移。

这个波与具有相同频率的相干第二波 $E_2 = A_2 \exp(i\varphi_2) \exp(-i\omega t)$ 叠加，得到静态（即与时间无关）总场（图 2.1）的强度：

$$I = |E_1 + E_2|^2 = A_1^2 + A_2^2 + 2A_1 A_2 \cos(\varphi_1 - \varphi_2) \tag{2.3}$$

总场强度的空间分布称为"干涉图样"。在干涉图样中的强度最大值称为"干涉条纹"。干涉方程可用强度和相位写成

$$I = \underbrace{I_1 + I_2}_{\text{强度相加}} + \underbrace{2\sqrt{I_1 I_2} \cos(\varphi_1 - \varphi_2)}_{\text{干涉项}} \tag{2.4}$$

式中，$I = |A|^2$。通过稍微移项，可得到如下干涉方程：

$$I = I_0[1 + \gamma \cos(\Delta\varphi)] \tag{2.5}$$

其中，

平均强度

$$I_0 = I_1 + I_2 \tag{2.6a}$$

对比度（调制）

$$\gamma = \frac{2\sqrt{I_1 I_2}}{I_1 + I_2} \tag{2.6b}$$

相位差

$$\Delta\varphi = \varphi_1 - \varphi_2 \tag{2.6c}$$

因此，两个干涉波的干涉图样由一个本底项和一个干涉项组成。本底项由强度相加后得到，而干涉项取决于这两个波的相位差以及对比度。对比度又称为"调制度"或"能见度"。对比度与干涉图样的最大值和最小值有关，它们之间的关系式为（图 2.2）

$$\gamma = \frac{I_{max} - I_{min}}{I_{max} + I_{min}} \tag{2.7}$$

图 2.1 两个平面波 E_1 和 E_2 的干涉

（a）振幅；（b）强度

对比度 γ 在 1～0 之间变化。如果 $I_{min} = 0$，则 $\gamma = 1$；如果 $I_{max} = I_{min}$，则 $\gamma = 0$。在式（2.6b）中，我们推导出，如果这两个波的强度相同，则对比度为 1；如果其中一个波的强度变为 0，则对比度为 0。对比度还取决于干涉波的互相干性和偏振。

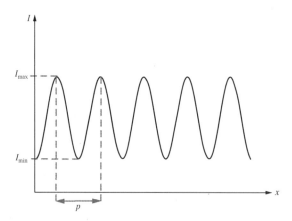

图 2.2 干涉图样的最大强度和最小强度的定义

根据波长 $\lambda = c/v$（c 是光速），干涉波的相位取决于行经的光程，即

$$\varphi \propto \frac{nd}{\lambda} \tag{2.8}$$

因此，干涉仪用于精确测量折射率 n（折射率测量）、距离 d（长度测量）和波长 λ（光谱学）。

2.1.2 条纹周期

干涉条纹的周期取决于相位差 $\Delta\phi$ 的空间分布，而后者又取决于干涉波前的形状。最简单的情况是两个平面波的干涉（图 2.3）。对于夹角为 α 的两个平面波，得到干涉条纹的周期为

$$p = \frac{\lambda}{2\sin(\alpha/2)} \tag{2.9}$$

此周期与距离无关。

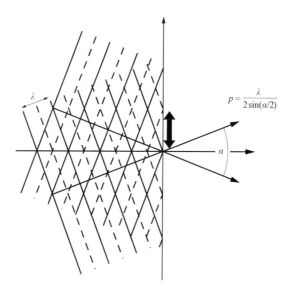

$$p = \frac{\lambda}{2\sin(\alpha/2)}$$

图 2.3 两个平面波的干涉

第二种基本情况是两个相距为 s 的点源之间的干涉（图 2.4）。在距离 D 处，由这两个点源发出的光线形成一个夹角 α，其中 $\tan\alpha = s/2D$，亦即，它们形成了一个具有如下周期的干涉图样：

$$p = \lambda\frac{D}{s} \tag{2.10}$$

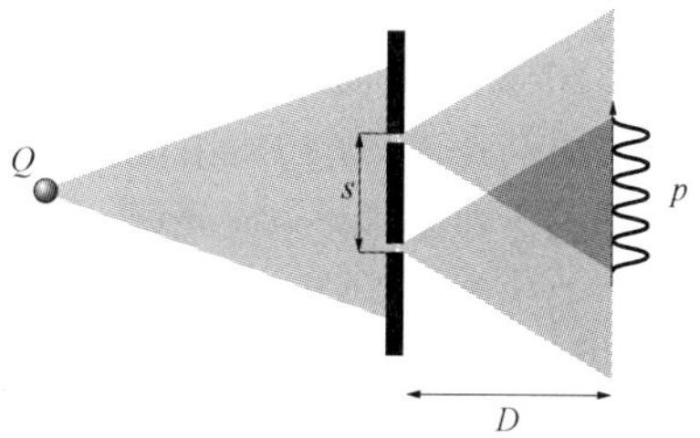

图 2.4 杨氏干涉测量

2.1.3 矢量二束干涉

现在考虑用复数表示的两个准单色电磁波。由于传统的探测器只对电场分量敏感[2.7]，因此在大多数应用情形下只考虑电场就足够了，即

$$E_1 = A_1\exp(i\varphi_1)\exp(-i\omega t) \tag{2.11a}$$

$$E_2 = A_2\exp(i\varphi_2)\exp(-i\omega t) \tag{2.11b}$$

根据叠加原理，叠加强度为

$$I = |E_1 + E_2|^2 \tag{2.12}$$
$$= \|A_1\|^2 + \|A_{21}\|^2 + 2A_1 \cdot A_2^* \cos(\varphi_1 - \varphi_2)$$

式中，"·"指内积；$\|\cdots\|$指矢量范数；即干涉强度可用式（2.5）方便地描述：

$$I = I_0[1 + \gamma \cos(\Delta\varphi)] \tag{2.13}$$

但现在，

平均强度
$$I_0 = \|A_1\|^2 + \|A_{21}\|^2 \tag{2.14a}$$

对比度（调制）
$$\gamma = \frac{2A_1 \cdot A_2^*}{\|A_1\|^2 + \|A_{21}\|^2} \tag{2.14b}$$

相位差
$$\Delta\varphi = \varphi_1 - \varphi_2 \tag{2.14c}$$

矢量干涉图样的对比度取决于两个矢量的内积。因此，我们观察到两个正交偏振波之间无干涉图样，而如果两个波的偏振方向相同，则会得到最大对比度（图 2.5）。

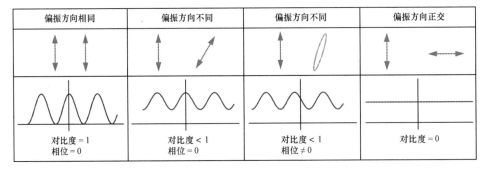

图 2.5 不同偏振态之间的二束干涉

2.1.4 部分相干双光束干涉

在前面的部分，我们假设完全干涉波，也就是说，光源将成为消失带宽的点源。如果我们考虑一个扩展的宽带光源，产生的波场是部分相干的。用部分相干度 $\gamma_{12}(\tau)$ 对其进行数学描述。很明显，部分相干性应该减少干涉图样的对比度。事实上，$\gamma_{12}(\tau)$ 的实部使干涉图样的对比度减小。

$$\gamma = \frac{2A_2 \cdot A_2^*}{\|A_1\|^2 + \|A_{21}\|^2} \Re\{\gamma_{12}(\tau)\} \tag{2.15}$$

$\gamma_{11}(\tau)$ 给出了时间相干性。它只是光源光谱的傅里叶变换，即

$$\gamma_{11}(\tau) = \int_0^\infty s(\nu) \exp(-\mathrm{i}2\pi\nu\tau)\mathrm{d}\nu \tag{2.16}$$

频率带宽 $\Delta\nu$ 的一个光源，产生宽度的时间相干性

$$\Delta t = \frac{1}{\Delta\nu} \tag{2.17}$$

然而，在光速的条件下，有限的时间相干性 Δt 会导致有限的相干长度。

$$\Delta L = c\Delta t \qquad (2.18)$$

空间相干度为 $\gamma_{12}(0)$。根据范·希特尔特—泽尔尼克定理（Van Citterz-Zernike theorem），$\gamma_{12}(0)$ 等于与光源相同尺寸的孔径的衍射图案。

2.1.5　不同频率波的双光束干涉

频率差 $\Delta\omega = 2\pi\Delta\nu$ 的两个准单频标量波的叠加，即

$$E_1 = A_1 \exp(i\varphi_1)\exp(-i\omega t) \qquad (2.19a)$$

$$E_2 = A_2 \exp(i\varphi_2)\exp[-i(\omega + \Delta\omega)t] \qquad (2.19b)$$

产生时变总场

$$I = |E_1 + E_2|^2 = \|A_1\|^2 + \|A_{21}\|^2 + 2A_1 \cdot A_2^* \cos(\varphi_1 - \varphi_2 - \Delta\omega t) \qquad (2.20)$$

即，强度与差频 $\Delta\omega$ 随时间变化。这个差频信号的相位等于两波之间的相位差。这是外差干涉测量的基础。

| 2.2　干涉仪的类型 |

干涉仪可以按两种方法分类：一是获得相干波的方法，二是干涉波的数目。

除了频率稳定激光器外，两个独立的光源是不相干的。正因为如此，我们需要从单个源中导出干涉波。为此，主要使用两个原则（图 2.6）：

（1）振幅分割：对于给定的点，波的一部分沿不同的路径定向，例如，通过使用电子（射）束分裂器。

（2）波阵面分割：干涉波源自同一波阵面的横向偏移部分。

振幅分割型干涉仪要求将入射波前的振幅分割，这可通过衍射（衍射干涉仪）——或通常用能生成一个透射波前和一个反射波前的分束器——来实现。后一种方法在创建光束路径时有很大的灵活性，但仅靠纯反射元件或纯透射元件是不可能制造出一个振幅分割型干涉仪的。另外，在不寻常的波长（远紫外线（EUV）、X 射线）下，分束装置很难实现——虽然反射镜确实存在。而在这些波长下，波前分割干涉测量则容易实现得多。

关于干涉波的数量，可以发现有两种情况，即：

（1）二束干涉仪；

（2）多束干涉仪。

另外两个指标也很重要：

（1）干涉仪装置的复杂性，即需要用多少个光学元件来实现干涉仪。对于不寻常的光波长（例如深紫外线）来说，最好采用只需要几个元件的简单干涉仪类型。这些干涉仪类型包括牛顿干涉仪和点衍射干涉仪。

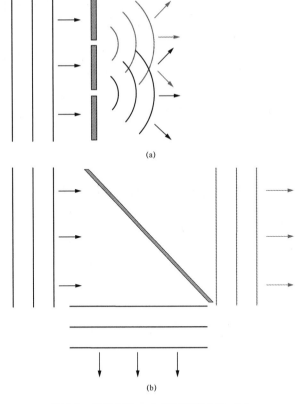

(a)

(b)

图 2.6　振幅分割（a）和波阵面分割（b）

（2）干涉光束行经的非共用光程长度。如果这个长度很大，则干涉仪对稳定性的要求要比光程长度小的干涉仪高得多。后者称为"共路干涉仪"。共路干涉仪包括牛顿干涉仪、错位干涉仪和点衍射干涉仪。

表 2.1 根据分割类型和光束数量的不同，提供了一份干涉仪类型的清单。

表 2.1　根据振幅分割和波前分割来分的干涉仪类型

光束数量	分割类型	
	振幅分割	波前分割
二束	迈克尔逊干涉仪 泰曼-格林干涉仪 马赫-曾德干涉仪 雅满（Jamin）干涉仪 牛顿干涉仪 斐索（Fizeau）干涉仪 萨尼亚克（Sagnac）干涉仪 Gratig 干涉仪	菲涅耳双棱镜干涉仪 杨氏干涉仪 洛埃德（Lloyd）干涉仪 瑞利干涉仪 点衍射干涉仪
多束	斐索干涉仪 法布里-珀罗干涉仪	N 缝干涉仪

2.2.1　波前分割干涉仪

在波前分割干涉仪中，干涉波是由具有相同波前的横向位移零件产生的，菲涅耳双棱镜–反射镜干涉、洛埃德干涉仪、瑞利干涉仪、点衍射干涉仪、杨氏干涉仪和 N 缝干涉仪就是这种类型。下面，将探讨这些干涉仪的基本工作原理、典型实现方式和最主要的用途。

1. 杨氏干涉仪

杨氏干涉仪基于由同一光源照射的两条狭缝之间的杨氏干涉（图 2.4）。

由相距为 s 的两条狭缝得到的条纹周期为［式（2.10）］

$$p = \lambda \frac{D}{s} \tag{2.21}$$

其集成光学变体可用于光学传感（图 2.7）[2.9]。一个 Y 形接头用作集成光学分束器，把激光二极管发出的光送入两个输入臂中。其中一个臂含有敏感区，环境变化会在敏感区内诱发相移。这两个输入臂的末端位于自由空间内，它们就像两个点光源，把干涉图样通过一个柱面透镜（2f 设置）投射到电荷耦合器件阵列（CCD）上。一个输入臂内的相移会导致干涉图样在 CCD 阵列上的移动。

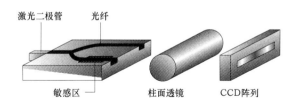

图 2.7　集成杨氏干涉仪

2. 点衍射干涉仪

在点衍射干涉仪的基本配置中，光学系统被相干波前照射，透射波前则通过一个离轴针孔被聚焦到薄膜上（图 2.8）。薄膜使含有像差的主波大幅衰减至（例如）1%。针孔很小，足以产生一个球形参考波，与衰减的主波发生干涉。在这里，衰减作用很有必要，可用于使两个干涉波的强度达到平衡，从而得到高对比度条纹。通过分析干涉图样，我们能得到这个光学系统的像差。

这种基本配置的主要缺点是需要衰减透射波，而且缺乏定量相位测量所必需的相移能力。相移点衍射干涉仪则克服了这两个约束条件（图 2.9）[2.8]。这种干涉仪利用光栅或物面掩模得到一个高强度参考波，并使参考波的相位以离散步长形式移动。

由于点衍射干涉仪不涉及光学元件（当然除光学系统和照射源之外），此外还采用了共路配置，因此很适合在深紫外线（DUV）[2.10]、EUV[2.8]等短波长下对光学器件进行测试。

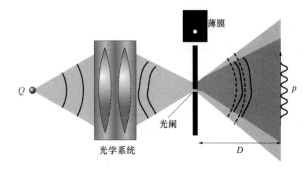

图 2.8　点衍射干涉仪（根据文献［2.8］）

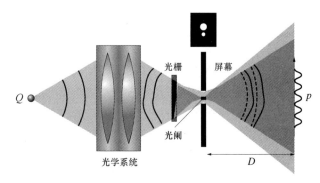

图 2.9　相移点衍射干涉仪（根据文献［2.8］）

3. 菲涅耳双棱镜

折射率为 n、折射角为 γ 的菲涅耳双棱镜利用在距离 d 处的点光源 Q，生成两个视距为 s 的虚点光源 Q' 和 Q''（图 2.10）：

$$s = nd\tan(\gamma) \tag{2.22}$$

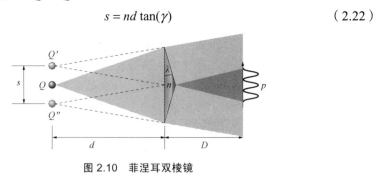

图 2.10　菲涅耳双棱镜

这两个点光源之间的干涉得到的条纹周期为

$$p = \lambda\frac{D+d}{nd\tan(\gamma)} \tag{2.23}$$

菲涅耳双棱镜用于测量短激光脉冲的自相关作用，在测量时利用了简化版的频率分辨光闸（FROG），称为"GRENOUILLE"[2.11]。

静电双棱镜是菲涅耳双棱镜的电子实现形式，适于进行电子干涉测量[2.12]。

4. 菲涅耳平面镜

菲涅耳平面镜由两个夹角稍小于 180° 的平面境组成（图 2.11）。通过用这种方法，可以由一个真实的光源得到两个虚光源，它们之间的距离 s 为[2.1]

$$s = 2d\beta \qquad (2.24)$$

得到的条纹周期为

$$p = \lambda \frac{D+d}{2d\beta} \qquad (2.25)$$

菲涅耳平面镜干涉仪用于进行 X 射线干涉测量[2.13,14]。

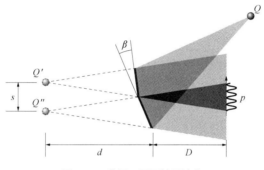

图 2.11　菲涅耳平面镜干涉仪

5. 洛埃德镜

洛埃德镜干涉仪由一个平面镜和位于平面镜顶部的一个点光源（通常是一个焦点）组成（图 2.12）。平面镜用于反射由点光源发射的一部分波前，在真实点光源附近生成一个虚点光源。这两个点光源之间的距离为 $s = 2h$，因此得到条纹周期为

$$p = \lambda \frac{D}{2h} \qquad (2.26)$$

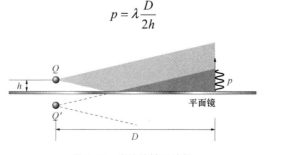

图 2.12　洛埃德镜干涉仪

洛埃德镜干涉仪的用途包括：平面度检测[2.15]、测量薄膜的折射率和厚度[2.16]、

在软 X 射线机制中进行相位成像[2.17]以及边界衍射波的干涉测量[2.18]。

2.2.2 分振幅干涉测量法

在分振幅干涉测量法中，干涉波是由相同的波前通过分割其振幅后得到的，迈克尔逊干涉仪、泰曼－格林干涉仪、马赫－曾德干涉仪、雅满干涉仪、牛顿干涉仪、斐索干涉仪、萨尼亚克干涉仪和法布里－珀罗干涉仪都属于这种类型。下面将从这些干涉仪的分束器矩阵、典型实现方式和最重要的用途着手，探讨这些干涉仪的基本工作原理。

1. 剪切干涉测量——参考波干涉测量

用于生成调制波干涉图样的方法主要有两种（图 2.13）：

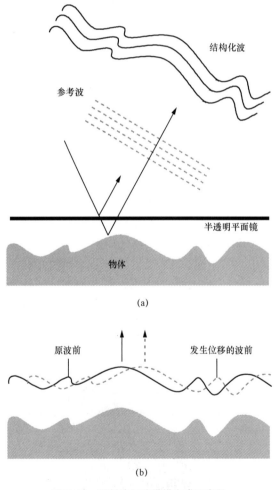

（a）

（b）

图 2.13 调制波干涉图样生成示意图

（a）与参考波的干涉；（b）剪切干涉测量

- 在参考波干涉测量中，样波 U_S 与具有已知相位结构的参考波 U_R（通常是一个平面波）叠加：

$$I(x, y) = \left| U_S(x, y) + U_R(x, y) \right|^2 \qquad (2.27)$$

根据干涉图样，可以确定样波的相位（2.3 节）。

- 在剪切干涉测量中，样波与其位移版（矢量（dx，dy））叠加：

$$I(x, y) = \left| U_S(x, y) + U_S(x+dx, y+dy) \right|^2 \qquad (2.28)$$

所测得的相位差为 $\phi\,(x+dx,\ y+dy) - \phi\,(x,\ y)$，也就是说与样波相位结构的导数成正比。

2. 平面平行板上的干涉类型

最简单的干涉装置无疑就是一块板，但也可以是两块夹有薄膜或气隙的平面平行板。在这两种情况下，入射光都会在两个界面上反射，从而产生干涉。如果反射率很小，我们就可以很好地近似观察到二束干涉。当反射率较大时，也就是说，板面覆有一层高反射率（HR）涂层，此时会出现多束（法布里 – 珀罗）干涉（图 2.14）。在光学镀膜技术理论中详细描述了光与这种结构之间的相互作用理论。在这里，我们只扼要描述主要的公式。

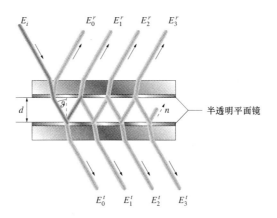

图 2.14　在两块平面平行板上的多束干涉

当半透明平面镜之间的光线传播角为 ϑ 时，可以得到两条相邻光线之间的相位差为

$$\delta = \frac{4\pi}{\lambda} nd \cos \vartheta \qquad (2.29)$$

反射强度和透射强度用艾里函数来描述：

透射 $\qquad\qquad \dfrac{I_t}{I_i} = \dfrac{1}{1 + F \sin^2(\delta / 2)} \qquad (2.30a)$

反射

$$\frac{I_{\mathrm{r}}}{I_{\mathrm{i}}} = \frac{F\sin^2(\delta/2)}{1 + F\sin^2(\delta/2)}$$ （2.30b）

其中，F 由半透明平面镜的反射率 r 决定：

$$F = \frac{4r^2}{(1-r^2)^2}$$ （2.31）

两个透射波长之间的距离称为"干涉仪的自由光谱区"：

$$\Delta\lambda = \frac{\lambda^2}{1 + 2nd\cos\vartheta}$$ （2.32）

干涉条纹的清晰度通过强度峰值的半峰全宽（FWHM）来测量。当 F 较大时，FWHM 由下式求出：

$$\delta\lambda = \frac{4}{\sqrt{F}}$$ （2.33）

干涉仪的精细度 ℑ 定义为两个相邻条纹的间距与其 FWHM 之比，亦即，当 F 较大时：

$$\Im = \frac{\Delta\lambda}{\delta\lambda} = \frac{\pi\sqrt{F}}{2}$$ （2.34）

当点光源 Q 与厚度为 d 的间隙之间达到一定距离时，会出现等厚度的斐索条纹 [图 2.15（a）]。Q 在两个界面上的反射会得到两个轴向距离为 $2d$ 的成像点光源。对于平面平行板，我们会观察到圆形条纹。如果厚度在横向上发生变化，则干涉条纹会扭曲，使局部厚度能够测量出来。通过利用平行的入射光束（点光源在无穷远处），干涉条纹能直接显示高度变化。

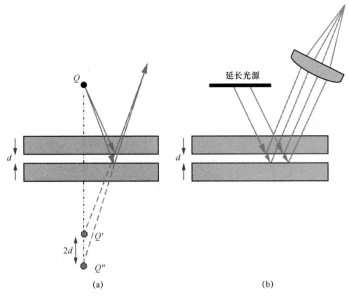

图 2.15　斐索干涉原理示意图

（a）斐索干涉（厚度相等的条纹）；（b）海丁格（Haidinger）干涉（倾斜度相等的条纹）

对于由一个延长光源和一块平面平行板组成的干涉仪，在无穷远处会出现具有相同倾斜度的海丁格干涉条纹［图 2.15（b）］。相同方向上的光线穿过相同的光程长度，被透镜投射到同一焦点上。

3. 分束器

分束器是二束分振幅干涉仪的基本部件。分束器可以用有名的"分束立方体"来实现，也可以只是一块介质板的表面、一个金属化表面、一张独立的薄膜乃至一个光栅（图 2.14）。分束器的基本特性是由入射波前的每个点生成两个样波——通常是一个透射光束和一个反射光束。文献［2.2］详细分析了由分束器导致的光程差以及所要求的精确度。

4. 分束器矩阵

界面分束器或薄膜分束器［图 2.16（a）–（e）］有两个输入端口和两个输出端口，如图 2.17 所示。

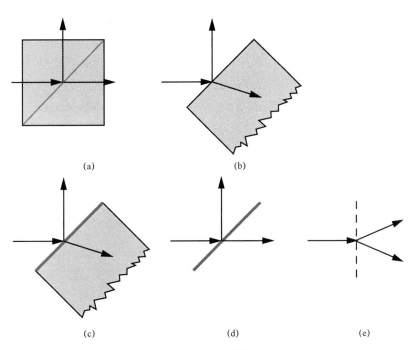

图 2.16 分束装置
（a）分束立方体；（b）介质界面；（c）部分反射镜；（d）薄膜；（e）光栅

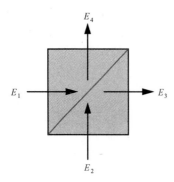

图 2.17 分束器的两个输入端口和
两个输出端口

无损耗分束器的性能用 2×2 分束矩阵来描述。根据文献［2.19］，我们用 1 和 2 来表示两个输入端口，用 3 和 4 来表示两个输出端口：

$$\begin{pmatrix} E_3 \\ E_4 \end{pmatrix} = \begin{pmatrix} r_{31} & t_{32} \\ t_{41} & r_{42} \end{pmatrix} \begin{pmatrix} E_1 \\ E_2 \end{pmatrix} \qquad (2.35)$$

要达到能量守恒，要求

$$|E_1|^2 + |E_2|^2 = |E_3|^2 + |E_4|^2 \qquad (2.36)$$

将式（2.35）代入式（2.36），我们发现一般无损耗分束器的矩阵为 1，无损耗对称分束器可表示为

$$\begin{pmatrix} E_3 \\ E_4 \end{pmatrix} = \begin{pmatrix} r & t \\ t & r \end{pmatrix} \begin{pmatrix} E_1 \\ E_2 \end{pmatrix} \qquad (2.37a)$$

其中，

$$|r|^2 + |t|^2 = 1 \qquad (2.37b)$$

$$rt^* + tr^* = 0 \qquad (2.37c)$$

尤其是，50:50 分束器可用下列矩阵来描述：

$$\begin{pmatrix} E_3 \\ E_4 \end{pmatrix} = \frac{1}{\sqrt{2}} \begin{pmatrix} 1 & i \\ i & 1 \end{pmatrix} \begin{pmatrix} E_1 \\ E_2 \end{pmatrix} \qquad (2.38)$$

如果假设 E_1 和 E_2 之间、E_3 和 E_4 之间分别存在一个偏移相位，那么就会得到式（2.38）的更简便形式，即

$$\begin{pmatrix} E_3 \\ iE_4 \end{pmatrix} = \frac{1}{\sqrt{2}} \begin{pmatrix} 1 & 1 \\ 1 & -1 \end{pmatrix} \begin{pmatrix} E_1 \\ iE_2 \end{pmatrix} \qquad (2.39)$$

因此，不考虑输入端口之间和输出端口之间的相位偏移量 $\pi/2$ 以及恒定振幅因数，两个输出端口分别是输入端口之和以及之差，即

$$E_3' = E_1' + E_2' \qquad (2.40a)$$

$$E_4' = E_1' - E_2' \qquad (2.40b)$$

5. 雅满干涉仪

雅满干涉仪由两块相互平行的平面平行玻璃板组成（图 2.18），每块板的表面都起着局部反射镜的作用。从第一块玻璃板的前表面和第二块玻璃板的后表面反射的第一个光束 A 以及从第一块玻璃板的后表面和第二块玻璃板的前表面反射的第二个光束 B 之间会出现干涉。在这两块玻璃板之间，这两个光束的位移量与玻璃板的厚度成正比。

严格地说，这种干涉仪并不是共路干涉仪，但其几何形状使两个光束能够相互靠近。因此，雅满干涉仪对环境干扰的敏感度较低。这两个光束之间的距离 s 为

$$s = \frac{d}{n} \frac{\sin 2\alpha}{\sqrt{1 - \frac{1}{n^2}\sin^2 \alpha}}$$ （2.41）

在雅满干涉仪的最初实验中，这种干涉仪用于测量气体的折射率，即：在两块玻璃板之间放置两个光电管，一个充满气体，另一个则抽成真空，让每个光束各自横穿一个光电管[2.20]（如图 2.18 中的虚线所示）。

当玻璃板相对于彼此成一个斜角时，会观察到干涉条纹。通过将一个相移元件插入一条光路中，就可以测量相位。

6. 马赫–曾德干涉仪

马赫–曾德干涉仪的基本配置由两个分束器和两个平面镜组成（图 2.19）。这种干涉仪的拓扑结构与雅满干涉仪相同，其反射面位于不同的部件上。与雅满干涉仪相比，这种干涉仪中两个光束相对于彼此的位移可达到任意大，因此装置的灵活性较大。

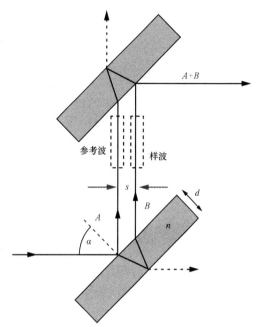

图 2.18　雅满干涉仪

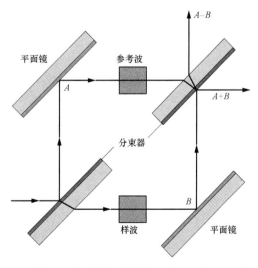

图 2.19　马赫–曾德干涉仪。请注意，由于分束器的这种配置，此干涉仪已经在分束器基片内补偿了光程长度。因此不再需要补偿元件

第一个分束器以振幅分割形式将入射光束分成两个分光束 A 和 B，而第二个分束器将这两个分光束再次组合。应当记住，起着光束组合器作用的分束器事实上有两个光束出口。由于能量守恒，因此这两个光束的叠加形式在两个出口之间必须相差 π［式（2.40）］。因此，如果 A 和 B 表示振幅，则叠加光束在出口 1 处的振幅与（$A+B$）成正比，而在出口 2 处的振幅与（$A-B$）成正比。

与雅满干涉仪相比，马赫－曾德干涉仪能接收横向尺寸较大的样波。但正因为如此，马赫－曾德干涉仪远非共路干涉仪，对装置的稳定性有严格的要求。

马赫－曾德干涉仪是由马赫（Mach）和曾德（Zehnder）在 1891 年首先制造出的[2.21,22]。这种干涉仪用于测量在透射时透明样波的相移，以便求出在透射时光学系统的像差[2.2]。为达到此目的，我们将样波插入其中一个输入臂中，而将可选的参考波放入另一个输入臂中。

其中一个平面镜倾斜会导致两个干涉光束 A 和 B 发生角位移，因此会观察到条纹。通过利用位于其中一个平面镜上的压电驱动器来改变参考臂（未接收样波的臂）中的光程长度，通常能够将这种基本配置变成一个相移干涉仪。

7. 迈克尔逊干涉仪

迈克尔逊干涉仪的基本配置由一个分束器和两个平面镜组成（图 2.20）。入射光束被一个部分反射镜（分束器）分成两个光束。将这两个光束引入不同的光路中，然后分别在平面镜 1 和 2 上反射。最后，在相同的部分反射镜上使这两个光束重新组合。马赫－曾德干涉仪能探测透射的样波，而迈克尔逊干涉仪能探测双程配置（来回）中的样波或反射的样波。对于后者来说，物体形成了干涉仪中的一个平面镜。通过驱动其中一个平面镜，迈克尔逊干涉仪很容易转变为相移干涉仪。

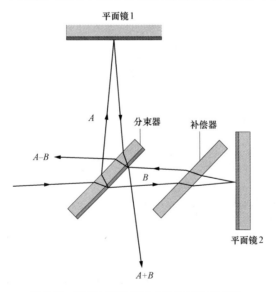

图 2.20　迈克尔逊干涉仪（根据文献［2.5]）

迈克尔逊干涉仪可向后折叠到一块平板上，我们可以认为，通过由分束器（图 2.21 中的 BS）确定的平面，其中一个平面镜（M_1）反射到了第二个平面镜（M_2）中。然后，我们会得到与图 2.13 中基本相同的双面配置。其中一个表面是真实的，而另一个表面则不是真实的。在实际平板中，在高反射率表面上可以观察到多光束干涉。与之相反，这种虚拟的平板形成了一个严格意义上的双光束干涉仪。根据照度的不同，可以观察到海丁格条纹或斐索条纹。

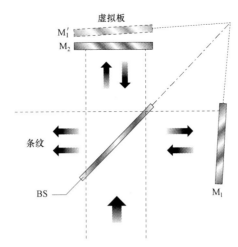

图 2.21　迈克尔逊干涉仪中的虚拟平板

迈克尔逊干涉仪可能是最有名的干涉测量配置。1887 年，迈克尔逊（Michelson）和莫利（Morley）最先用这种干涉仪来证明光速相对于地球的速度保持不变[2.23]。

迈克尔逊干涉仪是如下装置的基本配置：傅里叶光谱仪[2.24]；用于探测重力波[2.25]的高分辨率长度测量装置；用于测试光学元件的泰曼–格林干涉仪；用于测量高度的 Kösters 干涉仪；迈克尔逊型、林尼克（Linnik）型和 Mirau 型干涉显微镜（见下面几节）。

8. 泰曼–格林干涉仪

泰曼–格林干涉仪是一种具有平行光束的迈克尔逊干涉仪（图 2.22）。这种干涉仪含有两个透镜，即使点光源发出的光变成平行的透镜 1（L_1），以及把平行光聚焦到探测器上的透镜 2（L_2）。泰曼–格林干涉仪相当于一个为参考光和样本光分别提供明确的单独路径的斐索干涉仪。

作为一种斐索干涉仪，泰曼–格林干涉仪可用于测试以下光学系统：棱镜、透镜和平面镜（最初在文献［2.1，2］中提到）。这些试验的基本思路很简单，被测系统加上平面镜，一定能让入射平面波生成反射平面波。干涉仪为达到此目的而进行的基本修改是调整位于样波之后的反射镜。为测试聚焦光学系统，我们采用

了如图 2.22 所示的球面镜。为了测试能生成非球面波前的光学系统，我们用所谓的
"零透镜"来生成恰好与被测系统相反的波前。当然，平面镜和被测光学元件扮演的
角色可以互换，因此平面镜成为被测元件。

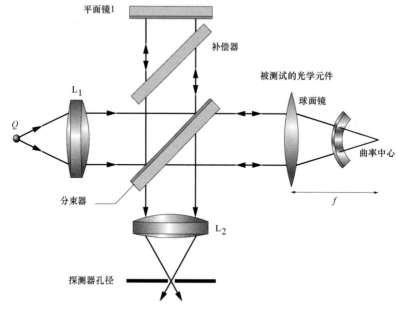

图 2.22　用于测试聚焦光学系统的泰曼－格林干涉仪

泰曼－格林干涉仪的直接用途是精确测量在样品表面上的高度变化（Kösters 比
较仪[2.5]）。

9. Kösters 比较仪

Kösters 比较仪是为了比较两个长度标准而改进的泰曼－格林干涉仪。这种装置
是在 Kösters 棱镜的基础上制造的，能实现很紧凑的结构（图 2.23）。通过引入一个
真空室（在图 2.23 中用虚线表示），Kösters 比较仪能够修正空气的折射率变化[2.26]。

10. 干涉显微镜——基于泰曼－格林干涉仪

干涉显微镜能实现高度变化的显微测量。泰曼－格林干涉仪能直接衍生出三
种设计。迈克尔逊干涉仪仅适于低数值孔径（NA），因为在显微镜镜头下面有
一个相当庞大的元件［图 2.24（b）］。米劳（Mirau）干涉仪适用的 NA 可达到
0.8［图 2.24（a）］。通过利用林尼克干涉显微镜，甚至还可能达到更高的NA。此时，
还需要增加一个显微镜镜头，也就是说，整个装置仅由一个泰曼－格林干涉仪和两
个显微镜镜头组成，一个镜头在参考臂内，另一个镜头在样品臂内。

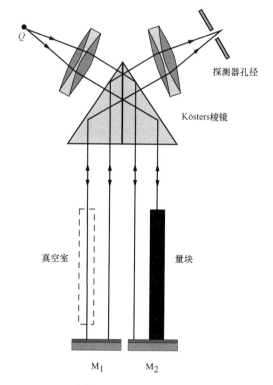

图 2.23 Kösters 比较仪

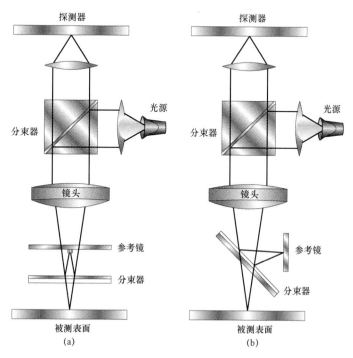

图 2.24 在米劳干涉仪（a）和迈克尔逊干涉仪（b）之后出现的干涉显微镜

11. 斐索干涉仪

要想利用扩展光源在两块平行玻璃板之间观察到等厚条纹，则要求这两块玻璃板之间的气隙只有几微米厚。当气隙宽度较大时，需要采用平行的单色光，这就是斐索干涉仪的基本原理（图 2.25）。透镜使点光源发出的光变得平行。这些平行光横穿第一块玻璃板（斐索板），然后撞击在被测表面上，在被测表面反射的光和斐索板反射的光之间会出现干涉。通过利用分束器，可观察到干涉条纹。

斐索干涉仪正广泛用于光学实验[2.2]。与泰曼－格林干涉仪相比，斐索干涉仪的优势是光路大部分都是共光路，这使得这种干涉仪在环境波动中更加稳定。

12. 法布里－珀罗干涉仪

法布里－珀罗干涉仪[2.27]是一种多光束干涉仪。其主要部件是一个空腔，由两个高反射率平面镜组成，这两个反射镜之间的距离 d 可调（图 2.26）。这个空腔称为"法布里－珀罗谐振器"或"法布里－珀罗腔"。

对于扩展光源，我们会观察到具有相同斜度的干涉条纹，其斜度满足

$$\cos\vartheta = m\frac{\lambda}{2nd} \qquad (2.42)$$

式中，m 为干涉条纹的级次；n 为在空腔中的折射率。由一块覆有高反射率涂层的刚性平板组成的法布里－珀罗腔称为"标准具"。在掠入射光线照射下的介质平板称为"Lummer－Gehrcke 板"[2.28]。此时，多光束干涉所需要的高反射率由界面反射系数和角度之间的相关性求出（菲涅耳公式）。

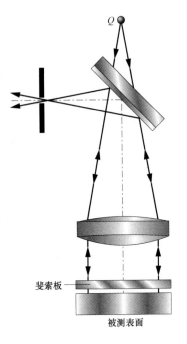

图 2.25　斐索干涉仪

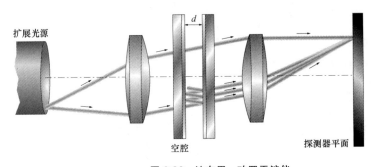

图 2.26　法布里－珀罗干涉仪

法布里－珀罗干涉仪的用途很广泛。尤其要提到的是，激光谐振腔可视为法布里－珀罗腔。由于透射谱窄，法布里－珀罗干涉仪可应用于高分辨率光谱学。标准具通过抑制除了一个以外的所有谐振腔模，可实现单模激光谐振腔。

13. 萨尼亚克干涉仪

萨尼亚克干涉仪（Sagnac interferometer）[2.29]是一种环形干涉仪，即两个干涉波在同一路径上沿相反方向传播的干涉仪（图 2.27），其中的单个分束器同时起着光束分离器和组合器的作用。

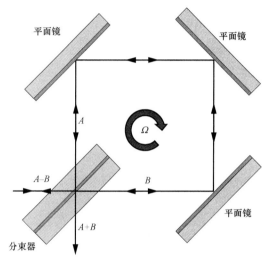

图 2.27　萨尼亚克干涉仪

由于多普勒频移作用，干涉仪以角速度 Ω 旋转，会得到两个反向传播光束之间的相位差：

$$\Delta\varphi = \frac{4A\Omega}{\lambda c} \tag{2.43}$$

式中，A 为封闭区的面积。这个原理在光纤版干涉仪（即光纤陀螺）中用于实现旋转传感[2.30]（图 2.27）。为了获得具有高对比度的干扰信号，必须使用保偏光纤。

自由空间版萨尼亚克干涉仪是环状激光器的基本组件。

2.2.3　偏振分割干涉测量

在严格意义上的分振幅干涉仪中，入射波前会生成两个精确的复制品：它们与入射波相比振幅减小了，但偏振态和频谱保持不变。这一点也适用于波前的重新组合。

相反，偏振分割干涉仪在偏振基础上进行振幅分割，即入射波前被分割成两个（通常是垂直的）偏振态[2.31,32]。这些偏振态沿着不同的路径传播，然后通过一个偏振镜进行重组，并发生干涉。因此，在具有琼斯矩阵 $\boldsymbol{P}$ 的偏振镜上，两个正交偏振

态 E，E_{orth} 的偏振干涉方程为

$$I = \|P(E + E_{orth})\|^2 \qquad (2.44)$$

对于 $x-y$ 偏振，当 $E = (E_x, 0)$，$E_{orth}(0, E_y)$ 且偏振镜角度为 $45°$ 时，偏振干涉方程变成

$$I = |E_x + E_y|^2 \qquad (2.45)$$

我们甚至可以把偏振计理解为一种偏振分割干涉仪。这种干涉仪的主要优势是它们是共光路干涉仪，即物体光束和参考光束沿着相同的路径传播。这两个光束在偏振方向上是分离的，因此可利用此特性对其进行操控。

1. 偏振分束器

偏振分束器是偏振干涉仪的重要部件，其实现方式为：

- 偏振薄膜[2.33]：用于透射 p 偏振分量及反射 s 偏振分量（入射光线接近布儒斯特角）[图 2.28（a）]。
- 红外（IR）波长及之外的线栅状光栅[2.34] [图 2.28（b）]。
- 优化的光栅：使一个偏振态偏转成第一衍射级[2.35,36] [图 2.28（c）]。
- 沃拉斯顿棱（Wollaston）镜[2.37] [图 2.28（d）]：由两个直角棱镜组成。这两个棱镜由双折射晶体（石英、方解石）制成，其正交轴与棱镜的一个表面平行。这两个棱镜在斜边上粘合在一起。在两个棱镜的界面处，入射光线被分成两束相互成角度的正交偏振光线（$\Delta n =$ 双折射率 = 非寻常折射率和寻常折射率之差）：

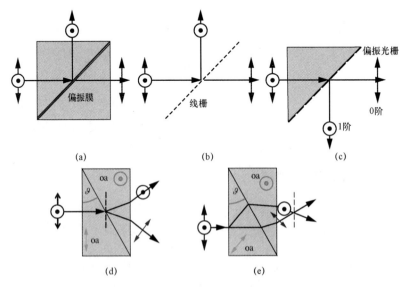

图 2.28　各种型式的偏振分束器

（a）偏振膜；（b）线栅式偏振镜；（c）偏振衍射光栅；（d）沃拉斯顿棱镜；（e）诺马斯基棱镜

$$\alpha = 2\Delta n \sin \vartheta \qquad (2.46)$$

- 诺马斯基（Nomarski）棱镜[2.38]［图 2.28（e）］。这种棱镜类似于沃拉斯顿棱镜的低级形式，两者的区别在于诺马斯基棱镜的光轴与界面不平行，而是成45°。诺马斯基改进版使光线会聚到棱镜本身（在图中用虚线干涉平面表示）之外的一个焦点上，这样能得到更大的有用场。

通过利用偏振分束器，上述任何一种分振幅干涉仪都能转变成偏振分割干涉仪。这是通过利用偏振元件进行波前操控——例如用平面向列液晶显示器（LCD）进行相移——以及去除第二个输出通道（利用偏振分束器与 1/4 波长板相结合）来实现的。

2. 诺马斯基干涉仪

诺马斯基干涉仪[2.37]是一种利用两个诺马斯基棱镜或沃拉斯顿棱镜分别进行光束分割和光束重组的错位干涉仪。通过利用第一个偏振镜，将照射光偏振至 45°；然后利用第一个诺马斯基棱镜，将其分割成两个横向移动的正交偏振分光束。这些光束撞击在物体上，之后在第二个［图 2.29（a）］——或在反射版干涉仪中——在第一个诺马斯基棱镜［图 2.29（b）］中重新组合。第二个偏振镜（＜45°）使两个光束发生干涉。由干涉结果可看到这两个正交偏振光束之间的相位差，从而求出微分相位。

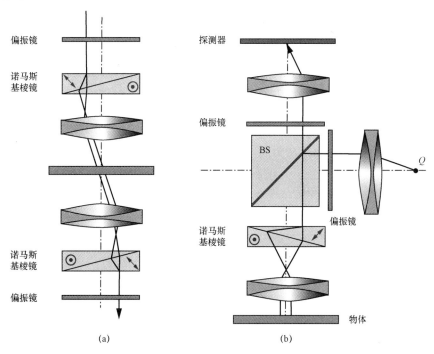

图 2.29 诺马斯基干涉仪

（a）透射版；（b）反射版

通过利用 x 方向上的横向剪切 s，干涉方程变成

$$I(x, y) = \left| E_x(x+s, y) + E_y(x, y) \right|^2 \tag{2.47}$$

诺马斯基干涉仪正广泛用于微分干涉对比（DIC）显微镜[2.38]。一种重要的改装方式是将诺马斯基干涉仪与圆偏振光——而非 45° 线偏振光——一起使用，这样能通过诺马斯基棱镜（而非物体本身）的旋转来调节剪切方向（CDIC[2.39]）。

|2.3　定量相位测量|

干涉图评估，即从被测量的干涉图中提取相位分布，是干涉测量法的一个不可分割的部分。以前的干涉图评估是通过将干涉现象用等相线（类似于等高线）来解释而实现的，而如今的干涉图评估几乎完全是用数字化手段来完成，因此能进行实时干涉测量。Schwider[2.40]以及 Schreiber 和 Bruning[2.2]深入探讨了干涉测量术的评估方法。

2.3.1　零差探测

零差探测意味着在单频下的干涉测量，即干涉现象发生在频率相同的波之间。

正如在本章一开始时所探讨的，干涉图由三个量组成：强度、对比度和相位。在波前测量中，我们只对相位感兴趣，并把对比度作为一种质量指标。在将干涉测量法应用于表面检查时，相位的 2π 多值性变得让人讨厌，此时代表表面结构的不是相位，而是其模 $\lambda/2$ 版。如果表面是连续的，则可用合适的相位解缠方式来分辨这样的表面。但如果表面是非连续的——大多数情况都是这样——我们需要找到实际的干涉条纹级次。这可通过测量对比度来实现，就像在白光干涉测量法中那样[2.41]。

但为了达到检验目的，我们对对比度本身也比较关注。经证实，对比度对于检验接近于分辨率极限的半导体表面来说也很有用[2.42]。

1. 时间相移干涉测量

干涉图的条纹表示等相线。以前这些条纹都是直接解释的。但直接解释存在严重的缺点：在有噪声的情况下难以找到等相线的中心，而且强度变化与相位变化不能区分开。

相移干涉测量（PSI）是用于直接测量相位图的最先进方法。假设采用双光束干涉方程（2.5），方程中相移 ψ_j 在整个波场中是恒定的，也就是说它实际上是一个相位偏移量：

$$I_j = (r) = I_0(r)[1 + \gamma(r)\cos(\Delta\varphi(r) + \psi_j)] \tag{2.48}$$

式中，下标 $j = 1, \cdots, N$ 表示在不同的相移得到的几张强度图。由于有三个未知量

（I_0，γ，$\Delta\varphi$），因此很明显，需要用至少三张独立的图像对它们中的每一个进行单值重构，即 $N \geq 3$。

算法。PSI 算法可分为四类：

（1）相移恒定且已知；

（2）相移恒定但未知；

（3）相移已知但具有任意性；

（4）相移未知且具有任意性。

2. 具有已知相移的恒定相位步长

相移恒定且已知的情形显然最容易处理。下面，我们将描述最常见的算法。文献［2.2，40，47］中探讨了几种算法。

数字傅里叶分析提供了一种有助于了解这些算法的准确形式及构建新算法的有效方法[2.45,46,48]。为此，我们考虑采用连续的线性相移 $\psi = 2\pi v_0 t$，于是得到像素那样的傅里叶变换[2.45]：

$$\tilde{I}(r, v) = \int_{-\infty}^{\infty} W(t)I(r, t)\exp(-\mathrm{i}2\pi vt)\mathrm{d}t \tag{2.49}$$

引入权函数 $W(t)$ 来减少与有限观察间隔时间有关的谱泄漏[2.45]。这个函数决定着数据采集过程的误差贡献——在我们针对线性相移计算式（2.48）中定义的傅里叶变换时这一点变得很明显：

$$\begin{aligned}\tilde{I}(r, v) = W(v) &+ \frac{1}{2}\gamma(r)[W(v - v_0)\\ &\times \exp(\mathrm{i}\Delta\varphi) + W(v + v_0)\exp(-\mathrm{i}\Delta\varphi)]\end{aligned} \tag{2.50}$$

当 $v = v_0$ 时，可以得到如下相位：

$$\Delta\varphi = \arctan\left(\frac{\Im\{\tilde{I}(r, v)\}}{\Re\{\tilde{I}(r, v)\}}\right) \tag{2.51}$$

条件是 $W(v_0) = 0$，$W(2v_0) = 0$。因此，我们需要一个在 v_0 和 $2v_0$ 附近有广泛零值的权函数 $W(v)$。这个问题因数字过滤和信号处理而广为人知。研究人员们已利用各种窗口函数（例如 Hamming、Parzen 和 Von Hann 窗口）来尽可能地减小谱泄漏对以窗口为界的谱评估的影响[2.49]。

各种 PSI 算法都可能与不同的窗口函数有关，这种方法已成功地用于开发新算法[2.45,46]。用于开发新 PSI 算法的其他方法是利用递归原则从旧算法中生成一种新算法，或利用最小二乘法来优化某算法的噪声特性，同时使其保持一组期望的特性[2.50]。

表 2.2 中列出了最受欢迎的算法。表 2.2 的构建基于一个事实，即 PSI 算法的基本组成都相同：

- 平均强度表示为

$$I_0 = \sum_{j=1}^{N} I_j \tag{2.52}$$

- 相位计算公式为

$$\Delta\varphi = \arctan\left(\frac{A}{B}\right) \tag{2.53}$$

- 对比度的推导公式为

$$\gamma = \frac{\sqrt{A^2 + B^2}}{2I_0} \tag{2.54}$$

表 2.2　一些最常用 PSI 算法的量 A 和 B

步数	Ψ_j	A	B	备注
3	$(2j-1)\pi/4$	$I_3 - I_2$	$I_1 - I_2$	对误差很敏感
3	$(j-2)3\pi/2$	$\sqrt{3}^*(I_3 - I_2)$	$2I_1 - I_2 - I_3$	对误差很敏感
4	$(j-1)\pi/2$	$I_2 - I_4$	$I_3 - I_1$	文献［2.1］
5	$(j-1)\pi/2$	$I_2 - I_4$	$I_3 - 0.5(I_1 + I_5)$	文献［2.43，44］
7	$(j-1)\pi/2$	$-(I_1 - I_7) + 7(I_3 - I_5)$	$4(I_2 + I_6) + 8I_4$	文献［2.45］
8	$(j-1)\pi/2$	$5I_2 - 15I_4 + 11I_2 - I_8$	$I_1 - 11I_3 + 15I_5 - 5I_7$	文献［2.46］

3. 误差源

（1）移相器的校准误差。移相器的校准误差会导致线性相移，从而造成违反 $W(v_0)=0$ 和 $W(2v_0)=0$。要使误差最小化，就需要采用平滑的切趾权函数。三步算法和四步算法对这种误差很敏感。5～8 步算法却越来越好。例如，8 步算法得到（当移相器的校准误差为 20% 时）的误差约为 0.001°。

（2）移相器的二次非线性。这些二次非线性对 5 步之内的算法来说很危险，但对 7 步和 8 步算法来说影响要小得多，因此固有非线性移相器能够得以应用[2.45]。

（3）探测器的非线性。这种非线性尤其出现在当探测器被设置为最大增益时。因此，故意减小对比度对于削弱这种非线性来说是有用的。至于移相器的校准误差，帧数更多的算法具有更好的性能。

（4）振动。对于所有的非共路干涉仪来说，振动是一个大问题。通过装置的机械设计，使装置变得稳定、刚硬，可以将振动降到最低。在此，我们再次强调：帧数越多的算法，性能越好。如果振动的频谱已知，则最好是使用乃至设计一种对振动主频率不敏感的算法[2.51]。当振动频谱已知时，还有可能设计出其本征频率与主振动频率之间相差很大的机械装置。

（5）量化误差。这种误差源于模/数（A/D）转换。探测器的模拟信号用 Q 步量化信号来表示，因此得到量化误差。N 步算法的标准量化偏差可用下式来近似地计算[2.2,52]：

$$\sigma_N = \frac{1}{\sqrt{3N}Q} \qquad (2.55)$$

因此，相位误差与调制强度成反比。为减小相位误差，模拟信号强度应当尽可能多地覆盖模/数转换器的动态范围[2.53]。例如，对于 8 位信号来说，我们会得到 $Q = 256$；对于 8 步算法，光波的标准偏差 < 0.001。

4. 具有未知相移的恒定相位步长

Carré[2.54]的 PSI 算法假设相移恒定，但相位估算值与具体的相移量无关。所要求的只是相移为线性。假设两次连续测量之间的相移为 α，那么我们就能得到四张干涉图：

$$I_j(r) = I_0(r)\left\{1 + \gamma(r)\cos\left[\Delta\varphi(r) + \frac{2j-5}{2}\alpha\right]\right\} \qquad (2.56)$$

相位模 π 变成

$$\Delta\varphi = \arctan\left\{\frac{\sqrt{[3(I_2 - I_3) - (I_1 - I_4)][(I_2 - I_3) + (I_1 - I_4)]}}{(I_2 + I_3) - (I_1 + I_4)}\right\} \qquad (2.57)$$

当 $\alpha \approx \pi/2$ 时，对比度近似等于[2.47]

$$\Delta\varphi \approx \frac{1}{2I_0}\sqrt{\frac{[(I_2 - I_3) + (I_1 - I_4)]^2 + [(I_2 + I_3) - (I_1 + I_4)]^2}{2}} \qquad (2.58)$$

式（2.57）中的相位为模 π。由于分子中含有平方根，因此不可能得到负值。为了将相位延长到模 2π 相位，我们必须考虑下列式子的符号：

$$(I_1 - I_4) = 2I_0\gamma\sin\alpha\sin\Delta\varphi \qquad (2.59a)$$

$$(I_2 + I_3) - (I_1 + I_4) = 2I_0\gamma\cos\alpha\sin^2\alpha\cos\Delta\varphi \qquad (2.59b)$$

以确定相位位于哪个象限[2.55]。

5. 具有已知相移的任意相位步长

如果很难乃至不可能精确地校准移相器，我们仍有办法精确地求出引入的相移量——以任意的已知相移为例[2.56]。根据最小二乘法迭代程序，重建具有随机相移干涉图的相位都有可能[2.57]。基本思路是把干涉图写成

$$I_{ij} = I_{0i}[1 + \gamma_i\cos(\Delta\varphi_i + \delta_j)] \qquad (2.60)$$

式中，$i = 1, 2, \cdots$，$j = 1, \cdots, N$ 为第 j 个相移图像。若 M 为像素编号，如果 δ_j 已

知，我们将得到 $3M$ 个未知数和 MN 个方程。这些未知数可利用最小二乘法来求出。

6. 具有未知相移的任意相位步长

在这里，相移完全是任意的。干涉图是以具有未知相移的不等相位步长获得的。在 Stoilov 和 Dragostinov 的五帧算法中，相位步长可能是任意的，但应当相等[2.58]。Cai 等人根据衍射物体的统计特性，为衍射物体提出了一种具有任意未知相位步长的广义相移干涉测量法[2.59]。

7. 相位调制器

为诱发相移干涉测量所需要的相位，我们需要采用相位调制器。表 2.3 给出了这些装置的示意图以及相移方程。我们分析了相移基本上与偏振无关的标量移相器，以及相移与偏振有关的偏振移相器。后者对于共路偏振干涉测量来说尤其有用。

移动式平面镜［表 2.3（a）］最容易融入干涉仪装置中。它所需要的只是一个装在平面镜上的压电致动器。致动器的移动及其迟滞现象会导致问题产生。因此，最好采用能单独控制位移量的致动器（例如通过电容式或感应式传感器来实现）。

但如果装置中有一个平板补偿器，则可采用倾斜的玻璃板［表 2.3（b）］。平板补偿器的两个表面之间存在虚反射，可能造成无用的杂散光，因此可以考虑在其表面涂防反射敷层。

滑动楔［表 2.3（c）］采用了与巴比涅－索累（Babinet–Soleil）补偿器相同的力学原理。

平移衍射光栅［表 2.3（d）］引入了一个与衍射级成正比的相移，即引入的相移在第零衍射级和第一衍射级之间。这种特性已用于光栅干涉测量中。

表 2.3 标量移相器

（a）移动式平面镜

$$\Delta\Psi = \frac{2\pi}{\lambda}2s\cos\alpha \qquad (2.61)$$

续表

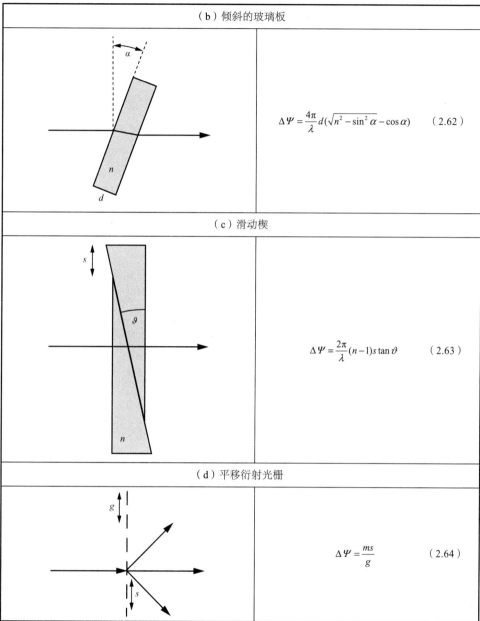

偏振移相器利用双折射材料或偏振材料来诱发偏振波的相移。偏振移相器分为两个基本类别。第一类偏振移相器利用旋转半波片或旋转偏振镜对圆偏振光起作用。第二类偏振移相器则利用具有外部可调双折射率的材料对线偏振光起作用。上面提到的偏振态仅对基本效应来说是必要的。之后，这些偏振态会转变成其他偏振态。尤其要提到的是，线性偏振光和圆偏振光之间的转变是通过一块 1/4 波片来实现的。

由于偏振移相器诱发的相移不如标量移相器那样明显，因此我们将利用琼斯矩阵计算法来更详细地探讨标量移相器产生的效应。假设用圆偏振光来照射一个旋转偏振镜［表 2.4（a）］，将偏振镜相对于 x 轴旋转至角度 α，则偏振镜的琼斯矩阵为

$$P = \begin{pmatrix} \cos^2\alpha & \cos\alpha\sin\alpha \\ \cos\alpha\sin\alpha & \sin^2\alpha \end{pmatrix} \tag{2.65}$$

通过与左旋圆形光的琼斯矢量相乘，可以得到

$$E = P\begin{pmatrix} 1 \\ i \end{pmatrix} = \exp(i\alpha)\begin{pmatrix} \cos\alpha \\ \sin\alpha \end{pmatrix} \tag{2.66}$$

即得到与偏振镜同向且相移量为 α 的线偏振光。

通过将 P 与右旋圆形光的琼斯矢量相乘，可以得到

$$E = P\begin{pmatrix} 1 \\ -i \end{pmatrix} = \exp(-i\alpha)\begin{pmatrix} \cos\alpha \\ \sin\alpha \end{pmatrix} \tag{2.67}$$

即得到与偏振镜同向且相移量为 $-\alpha$ 的线偏振光。因此，左旋偏振光和右旋偏振光是偏振方向相同的光，但相位差为 2α［表 2.4（b）］。这类移相器称为"几何移相器"，因为由它诱发的相移与波长无关。

通过在旋转偏振镜前面插入一块 1/4 波片，也能得到相同的光效应，即光与光轴之间成 45°［表 2.4（c）］。然后，入射的线偏振光被转变成圆偏振光，由此两个正交线偏振态分别变成了左旋圆偏振光和右旋圆偏振光。因此，可以得到对线偏振光起作用的相位调制器。

表 2.4（d）显示了被圆偏振光照射的旋转半波片。将 $\lambda/2$ 纠正器相对于 x 轴旋转至角度 α，则纠正器的琼斯矩阵为：

$$H = \begin{pmatrix} \cos 2\alpha & \sin 2\alpha \\ \sin 2\alpha & -\cos 2\alpha \end{pmatrix} \tag{2.68}$$

通过与左圆形光的琼斯矢量相乘，得到

$$E = H\begin{pmatrix} 1 \\ i \end{pmatrix} = \exp(i2\alpha)\begin{pmatrix} 1 \\ -i \end{pmatrix} \tag{2.69}$$

即左旋圆偏振光被转变成右旋圆偏振光，且发生了相移量 2α。右旋圆偏振光则被转变成左旋圆偏振光，且发生了相移量 -2α。

总的来说，这会使入射的左旋和右旋圆偏振光发生 4α 相移［表 2.4（e）］。固定的 1/4 波片能使圆偏振光变成线偏振光［表 2.4（f）］。

通过在半波片前面插入第二块 1/4 波片，也能使入射光发生线性偏振［表 2.4（g）］。

很多元件都能产生可调节的线性双折射。例如，表 2.4（h）显示的液晶移相器。其他元件包括电光元件和光弹性元件。

表 2.4　偏振移相器

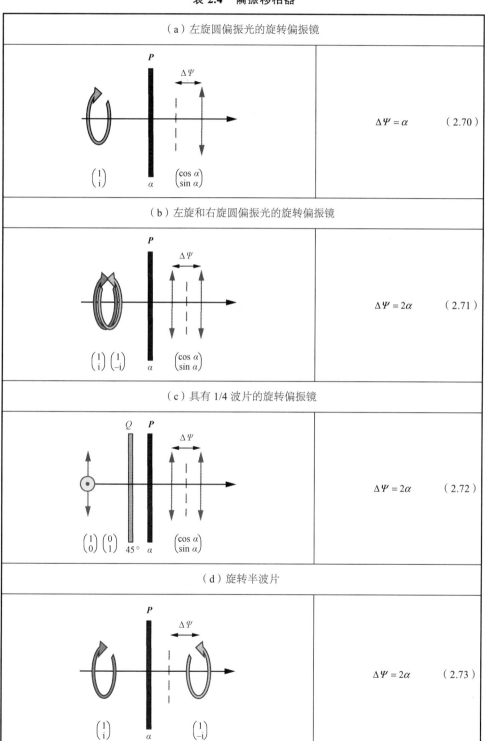

（a）左旋圆偏振光的旋转偏振镜	
	$\Delta\Psi = \alpha$　　（2.70）
（b）左旋和右旋圆偏振光的旋转偏振镜	
	$\Delta\Psi = 2\alpha$　　（2.71）
（c）具有 1/4 波片的旋转偏振镜	
	$\Delta\Psi = 2\alpha$　　（2.72）
（d）旋转半波片	
	$\Delta\Psi = 2\alpha$　　（2.73）

（e）具有左旋和右旋圆偏振光的旋转半波片	
	$\Delta\Psi = 4\alpha$ （2.74）
（f）具有固定 1/4 波片的旋转半波片	
	$\Delta\Psi = 4\alpha$ （2.75）
（g）两个 1/4 波片之间的旋转半波片	
	$\Delta\Psi = 2\alpha$ （2.76）
（h）液晶移相器	
	$\Delta\Psi \propto n_e - n_o$ （2.77）

8. 空间相移干涉测量

空间相移——而非时间相移——是可以应用的。为此，可以将两个干涉光束相互倾斜，直至出现高密度条纹[2.60]。如果这些条纹调节至使两个相邻像素之间的相位差为 $\pi/2$，则 PSI 算法能够以像素方式加以应用。当然，空间分辨率会降低。

Takeda 介绍了一种直接空间法，即对图像进行傅里叶变换，然后过滤第一阶，将其移回原点，最后再进行傅里叶逆变换[2.61]。

Wyant 等人的动态干涉测量照相机利用左旋和右旋圆偏振光进行干涉，并利用一个二维（2 – D）线偏振片阵列在四个方向上（0°、45°、90° 和 135°）与 CCD 像素匹配，让它们与 0°、90°、180° 和 270° 的相移叠加[2.62]。因此，在以降低空间分辨率为代价的情况下，四个相移帧能被同时捕捉。

2.3.2 外差检波

在外差干涉测量中，两个干涉光束之间会出现少量频移 Δv。在干涉后，从已检波信号中会观察到差频式拍频：

$$I(t) = \left| E_1 + E_2 \right|^2$$
$$= A_1^2 + A_2^2 + 2A_1 A_2 \cos(\Delta\varphi - \Delta\omega t) \tag{2.78}$$

拍频信号的相位等于这两个光束之间的相位差 $\Delta\phi$，并可用电子手段来求出。为此，我们需要用到一个快速探测器。此相位可根据从调频器的驱动电流中或具有恒定光程长度的外部参考波中提取出的参考波来确定。目前，外差干涉测量已经与快速光电二极管一起用作点测器。通过扫描光束，就可以得到空间分辨信号。

之前探讨的所有干涉仪概念都可转换为外差干涉仪。为此，需要在必要时将用于相移干涉测量的移相器替换为移频器。

实际上，我们前面探讨的每一种移相器与此同时也是移频器。这可通过利用多普勒效应——或单单只用相变速度——就能说明。假设连续移相器产生了一个随时间呈线性增长趋势的相位：

$$\psi = v_\varphi t \tag{2.79}$$

则通过将式（2.81）代入干涉方程，可得到

$$I(t) = \left| E_1 + E_2 \right|^2$$
$$= A_1^2 + A_2^2 + 2A_1 A_2 \cos(\Delta\varphi - v_\varphi t) \tag{2.80}$$

通过与方程（2.75）对比，可以看到

$$\Delta\omega = v_\varphi \tag{2.81}$$

即波频从 $v = \omega/2\pi$ 变成了 $v + \Delta v$，其中，

$$\Delta v = \frac{v_\varphi}{2\pi} \tag{2.82}$$

为实现频率变换，需要用到一个连续移相器。最受欢迎的移相器是声光调制器（AOM）[表 2.5（a）]，但旋转光栅[表 2.5（b）]和旋转偏振元件也在使用。表 2.5 概述了频移的应用原理以及基本方程。

表 2.5 用于外差干涉测量的移频器

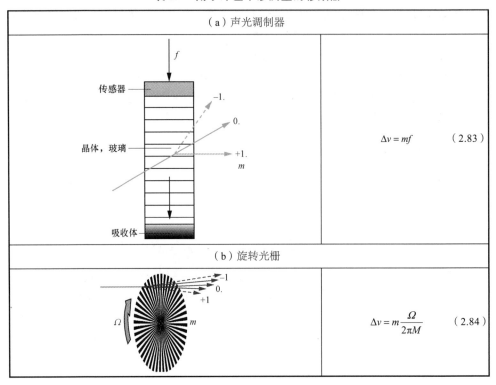

（a）声光调制器	
	$\Delta v = mf$ (2.83)
（b）旋转光栅	
	$\Delta v = m\dfrac{\Omega}{2\pi M}$ (2.84)

AOM 的频移恰好是声波频率与所用衍射级的乘积。

旋转光栅的频移是角速度除以栅线数 M 的 2π 倍。

｜参 考 文 献｜

［2.1］ P. Hariharan：*Optical Interferometry*，2nd edn.（Academic Press，Amsterdam 2003）

［2.2］ D. Malacara（Ed.）：*Optical Shop Testing*，3rd edn.（Wiley，New York 2007）

［2.3］ E. P. Godwin，J. C. Wyant：Field guide to interferometric optical testing，SPIE Field Guide Ser. FG，Vol. 10（2006）

［2.4］ D. Halsey，W. Raynor（Eds.）：*Handbook of Interferometers；Research，Technology and Applications*（Nova Publishers，2009）

［2.5］ M. Born，E. Wolf：*Principles of Optics*（Pergamon，Oxford 1980），Chap. 7

[2.6] J. D. Mollon: The origins of the concept of interference, Philos. Trans. R. Soc. A **360**, 807 – 819（2002）

[2.7] W. Singer, M. Totzeck, H. Gross: *Handbook of Optical Systems*（Wiley-VCH, Weinheim 2005）, Vol. 2, Chap. 28

[2.8] H. Medecki, E. Tejnil, K. A. Goldberg, J. Bokar: Phase-shifting point diffraction interferometer, Opt. Lett. **21**（19）, 1526 – 1528（1996）

[2.9] A. Ymeti, J. S. Kanger, J. Greve, P. V. Lambeck, R. Wijn, R. G. Heideman: Realization of a multichannel integrated Young interferometer chemical sensor, Appl. Opt. **42**（28）, 5649 – 5660（2003）

[2.10] S. H. Lee, P. Naulleau, K. A. Goldberg, F. Piao, W. Oldham, J. Bokar: Phase-shifting point-diffraction interferometry at 193 nm, Appl. Opt. **39**（31）, 5768 – 5772（2000）

[2.11] P. O'Shea, S. Akturk, M. Kimmel, R. Trebino: Practical issues in the measurement of ultrashort pulses using GRENOUILLE. Appl. Phys. B **79**（6）, 683 – 691（2004）

[2.12] J. Cumings, A. Zettl, M. R. McCartney: Carbon nanotube electrostatic biprism: Principle of operation and proof of concept, Microsc. Microanal. **10**, 420 – 424（2004）

[2.13] F. Polack, D. Joyeux, J. Svatos, D. Phalippou: Applications of wavefront division interferometers in soft x-rays, Rev. Sci. Instrum. **66**, 2180 – 2183（1995）

[2.14] S. Marchesini, K. Fezzaa, M. Belakhovsky, R. Coïsson: X-ray interferometry of surfaces with Fresnel mirrors, Appl. Opt. **39**（10）, 1633 – 1636（2000）

[2.15] P. H. Langenbeck: Lloyd Interferometer applied to flatness testing, Appl. Opt. **6**, 1707 – 1714（1967）

[2.16] A. A. Hamza, M. A. Mabrouk, W. A. Ramadan, A. M. Emara: Refractive index and thickness determination of thin-films using Lloyd's interferometer, Opt. Commun. **225**, 341 – 348（2003）

[2.17] R. Kumar: Diffraction Lloyd mirror interferometer, J. Opt. **39**, 90 – 101（2009）

[2.18] J. J. Rocca, C. H. Moreno, M. C. Marconi, K. Kanizay: Soft-x-ray laser interferometry of a plasma with a tabletop laser and a Lloyd's mirror, Opt. Lett. **24**（6）, 420 – 422（1999）

[2.19] R. Loudon, *The Quantum Theory of Light*, 3rd edn.（Oxford University Press, Oxford 1973）

[2.20] J. Jamin: Mémoires sur les variations de l'indice de réfraction de l'eau à diverses pressions, Ann. Chim. Phys. **52**, 63（1858）

[2.21] L. Zehnder: Z. Instrumentenkd. **11**, 275（1891）

［2.22］ L. Mach：Z. Instrumentenkd. **12**，89（1892）

［2.23］ A. A. Michelson，E. W. Morley：On the relative motion of the earth and the luminiferous ether，Am. J. Sci. **34**，333－345（1887）

［2.24］ P. R. Griffiths，J. A. de Haseth：*Fourier Transform Infrared Spectroscopy*. In：Chemical Analysis，Vol. 83，ed. by P. J. Elving，J. D. Winefordner（Wiley，New York 1986）

［2.25］ P. R. Saulson：*Fundamentals of Interferometric Gravitational Wave Detectors*（World Scientific Pub Co Inc，1994）

［2.26］ J. E. Decker，R. Schödel，G. Bonsch：Next-generation Kosters interferometer，Proc. SPIE **5190**，14－23（2003）

［2.27］ G. Hernandez：*Fabry-Pérot Interferometers*（Cambridge University Press，Cambridge 1986）

［2.28］ O. Lummer，E. Gehrcke：Über die Anwendung der Interferenzen an planparallelen Platten zur Analyse feinster Spektrallinien，Ann. Phys. **10**，457－477（1903）

［2.29］ G. Sagnac：L'éther lumineux démontré par l'effet du vent relatif d'éther dans un interféromètre en rotation uniforme，C. R. **157**，708－710（1913）

［2.30］ W. K. Burns，*Optical Fiber Rotation Sensing*（Academic Press，London 1994）

［2.31］ P. L. Polavarapou（Ed. ）：*Principles and Applications of Polarization Division Interferometry*（Wiley，Chichester 1998）

［2.32］ M. Françon，S. Mallick：*Polarization Interferometers*：*Applications in Microscopy and Macroscopy*（Wiley-Interscience，New York 1971）

［2.33］ B. von Blanckenhagen：Practical layer designs for polarizing beam splitter cubes，OSA/OIC（2004）TuB3

［2.34］ R. Perkins，D. Hansen，E. Gardner，J. Thorne，A. Robbins：Broadband wire grid polarizer for the visible spectrum，US Patent 6122103（2000）

［2.35］ P. Lalanne，J. Hazart，P. Chavel，E. Cambril，H. Launois：A transmission polarizing beam splitter grating，J. Opt. A：Pure Appl. Opt. **1**，215－219（1999）

［2.36］ Y. Ekinci，H. H. Solak，C. David，H. Sigg：Bilayer Al wire-grids as broadband and high-performance polarizers，Opt. Express **14**（6），2323－2334（2006）

［2.37］ G. Nomarski：Microinterféromètre différentiel à ondes polarisées，J. Phys. Radium（Paris）**16**，9－13（1955），Paris

［2.38］ M. Pluta：*Advanced Light Microscopy*，Vol. 3（Elsevier，Amsterdam 1993）

［2.39］ R. Danz，P. Gretscher：C-DIC：A new microscopy method for rational study of phase structures in incident light arrangement，Thin Solid Films **462/463**，257－262（2004）

［2.40］ J. Schwider：Advanced evaluation techniques in interferometry，Prog. Opt. **38**，

271 – 359（1990），E. Wolf（Ed.）

［2.41］ P. de Groot, X. Colonna de Lega, J. Kramer, M. Turzhitsky：Determination of fringe order in white-light interference microscopy, Appl. Opt. **41**, 4571 – 4578（2002）

［2.42］ M. Totzeck, H. Jacobsen, H. J. Tiziani：Edge localization of subwavelength structures by use of polarization interferometry and extreme-value criteria, Appl. Opt. **39**, 6295 – 6305（2000）

［2.43］ J. Schwider, R. Burow, K. – E. Elssner, J. Grzanna, R. Spolaczyk, K. Merkel：Digital wavefront measuring interferometry：Some systematic error sources, Appl. Opt. **22**, 3421 – 3432（1983）

［2.44］ P. Hariharan, B. F. Oreb, T. Eiju：Digital phase-shifting interferometry：A simple error-compensating phase calculation algorithm, Appl. Opt. **26**, 2504 – 2506（1987）

［2.45］ P. de Groot：Derivation of algorithms for phase-shifting interferometry using the concept of a data-sampling window, Appl. Opt. **34**, 4723 – 4730（1995）

［2.46］ J. Schmit, K. Creath：Window function influence on phase error phase- shifting algorithms, Appl. Opt. **35**, 5642 – 5649（1996）

［2.47］ K. Creath：Phase measurement interferometry techniques, Prog. Opt. **26**, 349 – 393（1980）

［2.48］ K. Freischlad, C. L. Koliopoulos：Fourier description of digital phase measuring interferometry, J. Opt. Soc. Am. **7**, 542 – 551（1990）

［2.49］ F. J. Harris：On the use of windows for harmonic analysis with the discrete fourier transform, Proc. IEEE **66**, 51 – 84（1978）

［2.50］ D. W. Phillion：General methods for generating phase-shifting interferometry algorithms, Appl. Opt. **36**, 8098 – 8115（1997）

［2.51］ P. J. de Groot：Vibration in phase-shifting interferometry, J. Opt. Soc. Am. A **12**, 354 – 365（1995）

［2.52］ C. Brophy：Effect of intensity error correlation on the computed phase of phase-shifting interferometry, J. Opt. Soc. Am. **7**, 537 – 541（1990）

［2.53］ B. Zhao, Y. Surrel：Effect of quantization error on the computed phase of phase-shifting measurements, Appl. Opt. **36**, 2070 – 2075（1997）

［2.54］ P. Carré：Installation et utilisation du comparateur photoélectrique et interférentiel du Bureau International des Poids et Mesures, Metrologia **2**, 13 – 23（1966）

［2.55］ K. Creath：Phase-shifting speckle interferometry, Appl. Opt. **24**, 3053 – 3058（1985）

［2.56］ J. E. Greivenkamp：Generalized data reduction for heterodyne interferometry,

Opt. Eng. **23**, 350－352（1984）

［2.57］ Z. Wang, B. Han: Advanced iterative algorithm for phase extraction of randomly phase-shifted interferograms, Opt. Lett. **29**, 1671－1673（2004）

［2.58］ G. Stoilov, T. Dragostinov: Phase-stepping interferometry: Five-frame algorithm with an arbitrary step, Opt. Lasers Eng. **28**, 61－69（1997）

［2.59］ L. Z. Cai, Q. Liu, X. L. Yang: Generalized phase-shifting interferometry with arbitrary unknown phase steps for diffraction objects, Opt. Lett. **29**, 183－185（2004）

［2.60］ M. Takeda: Temporal versus spatial carrier techniques for heterodyne interferometry, Proc. SPIE **813**, 329－330（1987）

［2.61］ M. Takeda, H. Ina, S. Kobayashi: Fourier-transform method of fringe- pattern analysis for computer-based topography and interferometry, J. Opt. Soc. Am. **72**, 156－160（1982）

［2.62］ N. Brock, J. Hayes, B. Kimbrough, J. Millerd, M. North-Morris, M. Novak, J. C. Wyant: Dynamic interferometry, Proc. SPIE **5875**, F1－F10（2005）

第 3 章

量子光学

量子光学是对低能量的光量子理论以及与束缚电子系统相互作用的研究。本章讨论电磁场的物理可实现状态，包括压缩态和单光子态，以及它们可能产生和测量的方案。测量系统必然是开放系统，我们将讨论如何在马尔可夫主方程、量子轨道和量子随机微分方程中考虑耗散、噪声和退相干在量子光学中的应用。近年来，量子光学被证明是一个宝贵的实验台，用于实现新的通信协议，如隐形传态和量子信息处理；本章还讨论了一些新的方案，包括离子阱和线性光学量子计算。

|3.1 量 子 场|

量子光学是对低能量光量子理论的研究。量子电动力学（QED）的特殊情况是电磁场的频率范围为从微波到紫外线，且电子束缚在原子系统中。首先考虑由向量势 $A(x, t)$ 描述的经典自由电磁场。由于遵守波动方程，因此可以根据具有两个正交横向极化的平面波状态来扩展。假设该场被限定在一个容积为 V 的盒子中，并且具有狄利克雷（Dirichlet）边界条件，可以得到

$$
\begin{aligned}
&A(x, t) \\
&= \sum_{n, v} \sqrt{\frac{\hbar}{2\varepsilon_O \omega_n V}} \times \\
&e_{n, v}(e^{i(k_n \cdot x - \omega_n t)} \alpha_{n, v} + e^{-i(k_n \cdot x - \omega_n t)} \alpha_{n, v}^*)
\end{aligned}
\tag{3.1}
$$

式中，$e_{n, v}$ 为满足 $k_n \cdot e_{n, v} = 0$ 的两个正交极化矢量（$v = 1, 2$），如横向场所要求的，并且频率由色散关系 $\omega_n = c|k_n|$ 给出。正频率和负频率的傅里叶变换的振幅分别为 $\alpha_{n, v}$ 和 $\alpha_{m, v}^*$。相应的电场由下式给出：

$$
\begin{aligned}
&E(x, t) \\
&= i \sum_{n, v} \sqrt{\frac{\hbar \omega_n}{2\varepsilon_o V}} \times \\
&e_{n, v}(e^{i(k_n \cdot x - \omega_n t)} \alpha_{n, v} - e^{-i(k_n \cdot x - \omega_n t)} \alpha_{n, v}^*)
\end{aligned}
\tag{3.2}
$$

正则量子化[3.1]，现在通过将这些傅里叶变换的振幅推广到算符 $\alpha_{n, v} \mapsto a_{n, v}$，$\alpha_{n, v}^* \mapsto a_{n, v}^\dagger$ 来实现，其中玻色子对易关系为

$$
[a_{n, v}, a_{n', v'}^\dagger] = \delta_{vv'} \delta_{nn'}
\tag{3.3}
$$

式中，所有对易关系为零（假设库仑规范量子化）。规范量子化过程给出自由场的哈密尔顿量为

$$
H = \sum_k \hbar \omega_k a_k^\dagger a_k
\tag{3.4}
$$

式中，下标 k 代表波数指数 n 和极化指数 v。由于每种模式的真空能量为 $\hbar \omega_k / 2$，我们明确地省略了固定偏移。通常通过下式采用连续极限：

$$
\frac{1}{\sqrt{V}} \sum_k \mapsto \frac{1}{(2\pi)^{3/2}} \int d^3 k a_v(k)
\tag{3.5}
$$

规范对易关系则采取下面的形式：

$$
[a_v(k), a_{v'}^\dagger(k')] = \delta_{vv'} \delta^3(k - k')
\tag{3.6}
$$

在 QED 的完整理论中，电磁场与带电物质之间的相互作用通过向量电势与狄拉克旋量场之间的耦合来描述。在量子光学中，只需要这种相互作用的低能量（非相对论）极限。这通过最小耦合哈密尔顿量给出[3.2]：

$$H = \frac{1}{2m}(p - eA)^2 + eV(x) + H_{\text{rad}} \tag{3.7}$$

式中，p 为以库仑电位 $V(x)$ 移动的是电荷粒子的动量算符。最后一项 H_{rad} 是式（3.4）中给出的自由辐射场的哈密尔顿量。现在在电子系统的多体希尔伯特空间的反对称部分使用一个占据数表象，该电子系统基于一组单粒子状态 $|\varphi_j\rangle$，其位置概率振幅为 $\varphi_j(x)$，可以将其作为没有辐射的电子系统的束缚能本征态。例如，它们可以是原子的固定态、介观超导金属岛上单个库珀电子对的准束缚态，或半导体量子点的束缚态激子态。然后，定义电子场算符

$$\hat{\psi}(x) = \sum_j c_j \phi_j(x) \tag{3.8}$$

式中，反对称部分的适当对易关系是费米子形式。

$$c_k c_l^\dagger + c_l c_k^\dagger = \delta_{kl} \tag{3.9}$$

$$c_k c_l + c_l c_k = c_k^\dagger c_l^\dagger + c_l^\dagger c_k^\dagger = 0 \tag{3.10}$$

在占居数表象中，哈密尔顿量可以写成三个项的和，即 $H = H_{\text{el}} + H_{\text{I}} + H_{\text{rad}}$，其中电子部分由下式得出：

$$\begin{aligned}
H_{\text{el}} &= \int \mathrm{d}^3 x \hat{\psi}^\dagger(x) \left[-\frac{\hbar^2}{2m} \nabla^2 + eV(x) \right] \hat{\psi}(x) \\
&= \sum_j E_j c_j^\dagger c_j
\end{aligned} \tag{3.11}$$

相互作用部分可以写成两项的和，即 $H_{\text{I}} = H_{\text{I},1} + H_{\text{I},2}$，其中，

$$\begin{aligned}
H_{\text{I},1} = \int \mathrm{d}^3 x \hat{\psi}^\dagger(x) \times \\
\left\{ -\frac{e}{2m} [A(x) \cdot p + p \cdot A(x)] \right\} \hat{\psi}(x)
\end{aligned} \tag{3.12}$$

$$H_{\text{I},2} = \int \mathrm{d}^3 x \hat{\psi}^\dagger(x) \left\{ \frac{e^2}{2m} [A(x)^2] \right\} \hat{\psi}(x) \tag{3.13}$$

除非我们处理的是多光子过程很重要的非常强烈的场，否则可以忽略第二项 $H_{\text{I},2}$。

主导的相互作用能量可以写成

$$H_{\text{I}} = \hbar \sum_{k,n,m} g_{k,n,m} (b_k + b_k^\dagger) c_n^\dagger c_m \tag{3.14}$$

式中，相互作用耦合常数为

$$\begin{aligned}
g_{k,n,m} = -\frac{e}{m} \left(\frac{1}{2\varepsilon_0 \hbar \omega_k V} \right)^{1/2} \times \\
\int \mathrm{d}^3 x \phi_n^*(x) (\mathrm{e}^{\mathrm{i}k \cdot x} p) \phi_m(x)
\end{aligned} \tag{3.15}$$

我们现在继续进行偶极近似。因子 $\mathrm{e}^{\mathrm{i}kx}$ 在由场状态的主波长尺度 λ_0 确定的空间尺度上变化。在光学频率上，$\lambda_0 \approx 10^{-6}\,\mathrm{m}$。然而，原子波函数 $\varphi_n(x)$ 在由玻尔半径确定的尺度 $a_0 \approx 10^{-11}\,\mathrm{m}$ 上变化。因此，我们可以从积分中去除振荡指数，并在原子 $x = x_0$ 的位置处

对其进行评估。使用结果

$$[p^2, x] = -\mathrm{i}2\hbar p \qquad (3.16)$$

我们可以用原子偶极矩来描述相互作用：

$$\int \mathrm{d}^3 x \phi_n^*(x)(\mathrm{e}^{\mathrm{i}k,x} p)\phi_m(x)$$
$$= \mathrm{i}\frac{m}{e}\omega_{nm}\int \mathrm{d}^3 x \phi_n^*(x)(ex)\phi_m(x) \qquad (3.17)$$

式中，$\omega_{nm} = (E_n - E_m)/\hbar$。

在相互作用图示中，相互作用的哈密尔顿量变得明显依赖于时间，即

$$\tilde{H}_1(t) = \hbar \sum_{k,n,m} g_{k,n,m}(b_k \mathrm{e}^{-\mathrm{i}\omega(k)t} + b_k^\dagger \mathrm{e}^{\mathrm{i}\omega(k)t}) \times$$
$$c_n^\dagger c_m \mathrm{e}^{\mathrm{i}\omega_{nm}t} \qquad (3.18)$$

式中，波浪符号表示在相互作用情况中。如果场处于主频率为 $\omega(k_0) \approx \omega_{nm}$ 的状态，则该场与特定的原子跃迁共振，并且我们可能忽略在极高频率 $\omega(k) + \omega_{nm}$ 下旋转的项。这被称为旋转波近似。其假设场强不是太大，并且进一步说，场的状态在时间尺度上不会迅速变化，即忽略了速度很快的强脉冲场。作为一种特殊情况，假定场是谐振的（或接近谐振的），且单个电平对为 $E_2 > E_1$。可以给出偶极子和旋转波近似下的相互作用情况下的哈密尔顿量：

$$\tilde{H}_1 = \hbar \sum_k c_1^\dagger c_2 b_k^\dagger g_k \mathrm{e}^{-\mathrm{i}(\omega(k)-\omega_{21})t} + \mathrm{h.c.} \qquad (3.19)$$

式中，

$$g_k = -\mathrm{i}[2\hbar\epsilon_0\omega(k)V]^{-1/2}\mu_{21}\mathrm{e}^{\mathrm{i}k,x_0} \qquad (3.20)$$

且

$$\mu_{21} = \omega_a \langle \phi_n |ex| \phi_m \rangle \qquad (3.21)$$

式中，$\omega_a = \omega_2 - \omega_1$。

传统上用赝自旋表示法来描述两级系统的算子代数，注意 Pauli 算子可以定义为

$$\sigma_z = c_2^\dagger c_2 - c_1^\dagger c_1 \qquad (3.22)$$

$$\sigma_x = c_2^\dagger c_1 + c_1^\dagger c_2 \qquad (3.23)$$

$$\sigma_y = -\mathrm{i}(c_2^\dagger c_1 - c_1^\dagger c_2) \qquad (3.24)$$

$$\sigma_+ = \sigma_-^\dagger = c_2^\dagger c_1 \qquad (3.25)$$

算子 $s_\alpha = \sigma_\alpha/2$（其中 $\alpha = x, y, z$）遵循自旋半系统的 SU（2）代数。根据这些算子，我们可以写出偶极子和旋转波近似下的场加上原子系统的总哈密尔顿量，即

$$H = \sum_k \hbar\omega(k)b_k^\dagger b_k + \frac{\hbar\omega_a}{2}\sigma_z + \hbar \sum_k g_k b_k \sigma_+ + \mathrm{h.c.} \qquad (3.26)$$

如果进一步限制场的状态以仅包括单模，也许使用高 Q 光学谐振腔，就可以得到

Jaynes-Cummings 哈密尔顿量：

$$H = \hbar\omega_0 b^\dagger b + \frac{\hbar\omega_a}{2}\sigma_z + \hbar(gb\sigma_+ + g^* b^\dagger \sigma_-) \tag{3.27}$$

将一个谐振子自由度耦合到一个二能级系统上，这可能被称为量子光学的标准模型[3.3]。耦合常数 g 可以从几 kHz 到几 MHz 不等。这需要与腔模的线宽 κ 以及激发态的自发发射率 γ 进行比较，这两者迄今为止都忽略了，在 3.4 节将讨论。如果可以使 $g > \kappa, \gamma$，则处于强耦合极限。这通常通过使用非常小的腔体模式体积来实现。产生的物理系统通常称为腔 QED。Aoki 等人的实验提供了一个例子。文献［3.4］中，铯原子与微型谐振器的环形回音廊模式相互作用，因为它在磁重力作用下落入磁光阱。原子共振在 $6S_{1/2}$；$F = 4 \to 6P_{3/2}$；$F' = 5$ 在铯中的转变。实现了与 $g/2\pi = 50$ MHz 一样大的耦合常数。相应的腔体和原子衰减率分别为 $(\kappa, \gamma)/2\pi = (17.9 \pm 2.8, 2.6)$ MHz。

|3.2 光 的 状 态|

光的最简单状态是方程（3.4）中自由场哈密尔顿量的基态或真空态，通过所有态 $|0\rangle_k$ 的张量积定义，使得 $a_k|0\rangle_k = 0$。自由场的激发态是由张量积 $|\boldsymbol{n}\rangle = \Pi_k|n_k\rangle_k$ 定义的光子数态，其中 n_k 是 n 的第 k 个分量，并且

$$a_k^\dagger a_k|n\rangle = n_k|n\rangle \tag{3.28}$$

这些状态是根据方程（3.1）中自由场的平面波展开法定义的，因此非常离域。当然也可以在完全不同的时空模式下扩展场，并相应地定义光子数状态。数字状态的物理解释取决于正在使用的模式扩展。

经典电磁场耦合到经典电流密度 $j^\mu(\boldsymbol{x}, t)$ 的相互作用哈密尔顿量为

$$H_c = \int d^3 x e A_\mu(x, t) j^\mu(x, t) \tag{3.29}$$

在量子光学中，这可以通过将电流视为经典电流并使用矢量电势的量化形式来近似。由此产生的相互作用哈密尔顿量为

$$\tilde{H}_1(t) = i\hbar \sum_k (E_k^*(t) a_k e^{-i\omega(k)t} - E_k(t) a_k^\dagger e^{i\omega(k)t}) \tag{3.30}$$

如果源是频率为 $\omega_0 = c|\boldsymbol{k}|$ 的单色平面波，可以写为

$$\tilde{H}_1(t) = i\hbar(\varepsilon a^\dagger - \varepsilon^* a) \tag{3.31}$$

式中，$a = a_{k_0}$。如果自由场开始于真空状态下且 $t = 0$，则对于所有模式 $\boldsymbol{k} \neq \boldsymbol{k}_0$ 和模式 $\boldsymbol{k}_0$，稍后的状态是真空状态，该状态是

$$|\psi(t)\rangle = \exp[t(\varepsilon a^\dagger - \varepsilon^* a)]|0\rangle \tag{3.32}$$

展开指数可以看到这个状态可能被写成基于数字状态的形式：

$$|\psi(t)\rangle = e^{-|\varepsilon t|^2/2} \sum_{n=0}^{\infty} \frac{(\varepsilon t)^n}{\sqrt{n!}} |n\rangle_{k_0} \qquad (3.33)$$

因此将场的单一模式的相干状态定义为

$$|\alpha\rangle = D(\alpha)|0\rangle \qquad (3.34)$$

式中，将平移算子定义为

$$D(\alpha) = e^{\alpha a^{\dagger} - \alpha^* a} \qquad (3.35)$$

其名称来源于

$$D^{\dagger}(\alpha) a D(\alpha) = a + \alpha \qquad (3.36)$$

利用这最后的结果很容易发现 $a|\alpha\rangle = \alpha|\alpha\rangle$。

考虑在 $x=0$ 时为了方便而对场算子进行了评估，并且现在忽略了极化自由度。可以用载波频率为 ω_c 的正弦和余弦幅度表示为

$$A(t) = A_1(t)\cos(\omega_c t) - A_2(t)\sin(\omega_c 0 t) \qquad (3.37)$$

式中，在相互作用情况中

$$A_1(t) = \frac{1}{2} \sum_k \sqrt{\frac{\hbar}{2\varepsilon_0 \omega_k V}} \times \qquad (3.38)$$
$$[a_k(t)e^{-i(\omega_k-\omega_c)t} + a_k^{\dagger}(t)e^{i(\omega_k-\omega_c)t}]$$

$$A_2(t) = \frac{-i}{2} \sum_k \sqrt{\frac{\hbar}{2\varepsilon_0 \omega_k V}} \times \qquad (3.39)$$
$$[a_k(t)e^{-i(\omega_k-\omega_c)t} - a_k^{\dagger}(t)e^{i(\omega_k-\omega_c)t}]$$

因此我们为每个场的模式定义正交相位算子

$$X = (a + a^{\dagger}) \qquad (3.40)$$

$$Y = -i(a - a^{\dagger}) \qquad (3.41)$$

这些算子具有交换关系 $[X,Y]=2i$，它与典范位置和动量算子的海森堡–韦尔代数（Heisehberg-Wegl algebra）是同构的，所以存在等价的不确定性原理，即 $\Delta X \Delta Y \geqslant 1$，其中 $(\Delta A)^2 \equiv \langle A^2 \rangle - \langle A \rangle^2$。在这个关系中满足下界的状态称为最小不确定状态。真空状态和相干态是 $\Delta X = \Delta Y$ 下的最小不确定性状态。正交相位算子不确定性不等的最小不确定性状态称为压缩态。

单模压缩态是由真空状态通过一个么正变换产生的，即

$$S^{\dagger}(\xi)(\tilde{X} + i\tilde{Y})S(\xi) = \tilde{X}e^r + i\tilde{Y}e^{-r} \qquad (3.42)$$

式中，$\tilde{X} + i\tilde{Y} = (X + iY)e^{-i\phi}$。因此，规范对（$\tilde{X}$, $\tilde{Y}$）通过旋转与原始规范对（X, Y）相关。显然，旋转的典型坐标系中的不确定性是 $\Delta\tilde{X} = e^r$，$\Delta\tilde{Y} = e^{-r}$。压缩真空态定义为 $|0, \xi\rangle = S(\xi)|0\rangle$，其中，

$$S(\xi) = \exp\left[\frac{1}{2}(\xi(a^\dagger)^2 - \xi^* a^2)\right] \tag{3.43}$$

式中，$\xi = r\,e^{2i\varphi}$。复振幅算子的相应变换为

$$S^\dagger(\xi)aS(\xi) = a\cosh r + a^\dagger e^{2i\phi}\sinh r \tag{3.44}$$

然后，可以通过平移压缩真空态 $|\alpha,\ \xi\rangle = D(\alpha)|0,\ r\rangle$ 来添加相干振幅。

更令人关注的是双模压缩真空态，它通过方程（3.44）的泛化关联了场的两种模式 a 和 b：

$$S_2^\dagger(\xi)aS_2(\xi) = a\cosh r + b^\dagger e^{2i\phi}\sinh r \tag{3.45}$$

$$S_2^\dagger(\xi)bS_2(\xi) = b\cosh r + a^\dagger e^{2i\phi}\sinh r \tag{3.46}$$

式中，$S_2(\xi) = \exp[(\xi a^\dagger b^\dagger - \xi^* ab)]$。双模压缩真空态定义如下：

$$|\varepsilon\rangle_{ab} = \exp[(\xi a^\dagger b^\dagger - \xi^* ab)]|0\rangle_a \otimes |0\rangle_b \tag{3.47}$$

双模压缩态是光场的两种模式的纠缠态。为了证明这一点，我们注意到，对于一个实数 $\xi = r$，每个振荡器的数量的本征态扩展态为

$$|\varepsilon\rangle 2_{ab} = \sqrt{(1-\lambda^2)}\sum_{n=0}^{\infty}\lambda^n |0\rangle_a \otimes |0\rangle_b \tag{3.48}$$

式中，$\lambda = \tanh r$；$a^\dagger a|n\rangle_a = n|n\rangle_a$；$b^\dagger b|n\rangle_b = n|n\rangle_b$。

这种状态的纠缠可以通过两种方式来观察。首先，作为具有连续谱的正交共轭物理量对之间的纠缠，即正交相位；其次，作为数量和相位之间的纠缠。在这里只讨论前一种情况（后一种情况见文献[3.5]）。我们可以很容易地证明这个状态近似于爱因斯坦-波多尔斯基-罗森（EPR 状态）首次考虑的极限 $\lambda \to 1$ 或 $r \to \infty$ 的纠缠态。通过计算适当的一组联合可观测量的方差，可以很容易地看出每种模式下正交相位之间的相关性。首先定义两种模式的正交相位算子

$$\hat{X}_a = a + b^\dagger \tag{3.49}$$

$$\hat{Y}_a = -i(a - a^\dagger) \tag{3.50}$$

$$\hat{X}_b = b + b^\dagger \tag{3.51}$$

$$\hat{Y}_b = -i(b - b^\dagger) \tag{3.52}$$

其中，规范的交换关系为 $[\hat{X}_\nu, \hat{Y}_\mu] = 2i\delta_{\nu,\mu}$。则

$$\mathrm{Var}(\hat{X}_a - \hat{X}_b) = 2e^{-2r} \tag{3.53}$$

$$\mathrm{Var}(\hat{Y}_a + \hat{Y}_b) = 2e^{-2r} \tag{3.54}$$

式中，$\mathrm{Var}(A) = \langle A^2\rangle - \langle A\rangle^2$ 为方差。因此，在 $r \to \infty$ 的极限下，状态 $|\varepsilon\rangle$ 接近 $\hat{X}_a - \hat{X}_b$ 的一个同时的本征态。这是 EPR 状态的类比，位置被实际求积 $\hat{X}$ 取代，动量被假想求积 $\hat{Y}$ 取代。

在 $\hat{X}_a$，$\hat{X}_b$ 的对角线基础上可以看到正交相位算子之间的压缩状态之间具有非常强

的相关性。

$$\varepsilon(x_a, x_b) = \langle x_a, x_b | \varepsilon \rangle$$

$$= (2\pi)^{-1/2} \exp\left[-\frac{e^{2r}}{8}(x_a - x_b)^2 - \frac{e^{-2r}}{8}(x_a + x_b)^2 \right] \quad (3.55)$$

式中，$\hat{X}_\alpha |x_\alpha\rangle_\alpha = x_\alpha |x_\alpha\rangle_\alpha$ 且 $|x, y\rangle = |x\rangle_a \otimes |y\rangle_b$，$\alpha \to a, b$。

现在转向该领域的多模状态来描述更复杂的状态。为此，我们假设唯一被激发的模式具有相同的平面偏振，并且都以相同的方向传播，然后将这个方向设为 x 方向。所有其他模式都处于真空状态。那么这些模式的电场的正频率分量为

$$E^{(+)}(x, t) = i\sum_{n=0}^{\infty} \left(\frac{\hbar\omega_n}{2\varepsilon_0 V} \right)^{1/2} a_n e^{-i\omega_n(t - x/c)} \quad (3.56)$$

在忽略所有其他模式的情况下，我们隐含地假设所有的测量结果都不会对真空状态做出反应，这是一个假设，下面是理由。进一步假设这种形式的所有激励模式都具有以 $\Omega \gg 1$ 的载波频率为中心的频率。然后可以通过下式对正频分量进行近似：

$$E^{(+)}(x, t) = i\left(\frac{\hbar\Omega_n}{2\varepsilon_0 Ac} \right)^{1/2} \sqrt{\frac{c}{L}} \sum_{n=0}^{\infty} a_n e^{-i\omega_n(t - x/c)} \quad (3.57)$$

式中，A 为一个特征横向区域。该算子具有电场的尺寸。为了简化尺寸，现在定义一个尺寸为 $s^{-1/2}$ 的场算子。通过连续极限，定义了正频率算子：

$$a(x, t) = e^{-i\Omega(t - x/c)} \frac{1}{\sqrt{2\pi}} \int_{-\infty}^{\infty} d\omega' a(\omega') e^{-i\omega'(t - x/c)} \quad (3.58)$$

其中，对变量 $\omega \mapsto \Omega + \omega'$ 进行了改变，并利用了 $\Omega \gg 1$ 将积分的下限设置为负无穷大：

$$[a(\omega_1), a^\dagger(\omega_2)] = \delta(\omega_1 - \omega_2) \quad (3.59)$$

在式（3.59）中，时刻 $n(x, t) = \langle a^\dagger(x, t) a(x, t) \rangle$ 的单位为 s^{-1}。正如我们在下一节中展示的那样，这个时刻决定了在时空点 (x, t) 计算光子的单位时间的概率（计数率）。可以采用场算子 $a(t)$ 和 $a^\dagger(t)$ 来描述从光腔的末端发射的场，其选择方向性。

多模相干态由多模平移算子定义，其作用于真空 $D|0\rangle$，由下式隐含定义：

$$D^\dagger a(\omega) D = a(\omega) + \alpha(\omega) \quad (3.60)$$

与前面的假设一致，$\alpha(\omega)$ 在 $\omega = 0$ 处达到峰值，这对应于载波频率 $\Omega \gg 1$。这个状态的平均场幅度是

$$\langle a(x, t) \rangle = e^{-i\Omega(t - x/c)} \frac{1}{\sqrt{2\pi}} \int_{-\infty}^{\infty} \alpha(\omega) e^{-i\omega(t - x/c)}$$

$$\equiv \alpha(x, t) e^{-i\Omega(t - x/c)} \quad (3.61)$$

其隐含地将该场的平均复振幅定义为频率相关位移 $\alpha(\omega)$ 的傅里叶变换。还可以计算单位时

间的概率，以在空间时间点（x, t）检测此状态下的光子，这通过 $n(x, t) = |\alpha(x, t)|^2$ 给出。请注意，在这种情况下，二阶矩 $\langle a^\dagger(x, t)a(x, t)\rangle$ 因数是具有一阶相干性的场的结果特征。相干状态最接近我们对经典电磁场的直观理解。

多模单光子状态由下式定义：

$$|1\rangle = \int_{-\infty}^{\infty} v(\omega)a^\dagger(\omega)|0\rangle \qquad (3.62)$$

这个状态的平均场振幅为零，但 $n(x, t) = |v(t-x/c)|^2$，其中 $v(t)$ 是 $v(\omega)$ 的傅里叶变换。因此，尽管状态的平均场幅度为零，但显然在某些意义上方程（3.62）的叠加隐含的一致性是明显的。我们在下一节讨论如何通过四阶干涉使这种一致性变得明确。对于这种状态，函数 $v(\varphi)$ 在相位 $\varphi = t - x/c$ 中是周期性的，并且选择具有良好定义的脉冲序列的形式并不困难。然而，应该小心解释这些脉冲。它们不代表每个具有一个光子的脉冲序列，而是代表相干叠加在所有脉冲上的单个光子。一旦光子在特定的脉冲中被计数，场就返回到真空状态。单光子状态是一种高度非经典状态，适用于量子信息处理。对目前形成这种状态所进行的努力的概览可参见文献［3.6］。

多模双光子态的一个重要例子是

$$|2\rangle_{ab} = \int_{-\infty}^{\infty} d\omega_1 \int_{-\infty}^{\infty} d\omega_2 \alpha(\omega_1, \alpha_2)a^\dagger(\omega_1)b^\dagger(\omega_2)|0\rangle_{ab} \qquad (3.63)$$

式中，a 和 b 为两种可区分的空间或偏振模式。这种状态在自发参数下变换的理论中是重要的，其中吸收频率为 2Ω 的泵浦光子并且同时分别以频率 ω_1 和 ω_2 产生模式 a 和 b 每一个模式中的两个光子，使得 $\omega_1 + \omega_2 = 2\Omega$，即节能条件。对所产生的状态的一个很好的近似可以写成 $|0\rangle + \kappa|2\rangle_{ab}$，其中 κ 与降频变换效率有关[3.7]。由于我们已经通过载波频率 Ω 平移所有频率，因此可以将能量守恒定义为 $\omega_1 + \omega_2 = 0$，并选择

$$\alpha(\omega_1, \omega_2) = \alpha(\omega_1)\delta(\omega_1 + \omega_2) \qquad (3.64)$$

换句话说，围绕 Ω 频率的对称边带中的光子是相关的。方程（3.63）中的状态标准化需要

$$\int_{-\infty}^{\infty} d\omega |\alpha(\omega)|^2 = 1 \qquad (3.65)$$

如果我们要求单位时间的概率来独立地从模式 a 或 b 中计算一个光子，它很容易被看作是一个时间常数，表明我们将在完全随机的时间内对任一光束、任一光子进行计数。但是，如果计算符合计数率 $C(t, t') = \langle a^\dagger(t)a(t)b^\dagger(t')b(t')\rangle$，可以发现：

$$C(t, t') = |\alpha(t - t')|^2 \qquad (3.66)$$

式中，$\alpha(t)$ 为 $\alpha(\omega)$ 的傅里叶变换。在方程（3.63）的相关性中隐含的量子相干性表现为与符合计数率的最大值相关的双光子相关性。换句话说，由于 C 取决于场振幅算子的四阶矩，所以双光子相关性是四阶干涉效应。

|3.3 测 量|

在光学频率上，所有的测量最终都来自场与物质相互作用的方式，并且它是最终测量材料的一些属性。例如，如果场是针对特定种类的半导体材料，则可以产生自由载流子，无论是电子还是空穴，都称为光激发事件。然后可以放大得到的电荷或电流以产生完全经典和随机的可测量电信号。有两种特殊情况。首先，如果使用这种低强度的光，那么单个光激发事件会产生不同的信号脉冲。然后可以对这些脉冲进行计数，并根据计数间隔记录不同的计数。这种计数过程的统计最终以入射光量子态的光子数分布为条件。其次，可能会有更高强度的光线，这样单个计数事件就无法解决。经典的测量信号是一个波动的电流，该电流的噪声功率谱仍然以输入光的量子态为条件。如果弱信号首先被分束器与强相干光束混合，然后反射和透射的光束分别在不同的检测器上产生不同的光电流，则会出现最后一种情况。强相干光束通常称为本地振荡器。信号与本地振荡器之间的干扰能够对场进行相敏测量。如果它与载波频率共振，则光电流具有直流（DC）平均信号，我们将该过程称为零差检测。如果本地振荡器与信号失谐，则光电流获得等于本地振荡器与信号载波频率之间的失谐的交流（AC）频率分量，这称为外差检测。现在来证明这些不同的经典随机信号是如何在不同的场量上调节的。

3.3.1 光子计数

假设探测器和信号场之间的相互作用很弱，那么单位时间光激发事件的概率可以通过相互作用哈密尔顿量和费米的黄金法则计算得出。典型的情况是，相互作用哈密尔顿量在旋转波近似中采用偶极相互作用的形式：

$$\tilde{H}_I = \hbar\chi(E^{(+)}(x,t)\sigma_+(t) + E^{(-)}(x,t)\sigma_-(t)) \tag{3.67}$$

式中，g 为典型的耦合常数；$E^{(+)}(\boldsymbol{x},t)$ 为空间时间点（$\boldsymbol{x}$，t）时场的正频率和负频率分量；$\sigma_\pm(t)$ 为偶极子跃迁算子。假设偶极子开始由 $\sigma_-|g\rangle = 0$ 定义的基态 $|g\rangle$ 下启动。位于 $\boldsymbol{x}$ 处的偶极子单位时间激发的概率，即激发速率由微扰理论（χ 的二阶）[3.8] 给出：

$$p_e(x,t) \propto \langle E^{(-)}(x,t)E^{(+)}(x,t)\rangle \tag{3.68}$$

就激发事件产生经典信号而言，单位时间内检测光子的概率就简单了，

$$p_1(t) = \gamma\langle E^{(-)}(t)E^{(+)}(t)\rangle \tag{3.69}$$

式中，$\gamma \propto \chi^2$，其他因素取决于检测器细节（例如面积和光谱灵敏度）以及利用可检测信号响应光激发事件的能力。计数过程因此被看作经典的随机变量 $dN(t)$，其仅在足够小的时间间隔 dt 内取值 0，1。这是一个泊松点过程。这个过程的经典平均值是 $\mathcal{E}[dN(t)] = p_1(t)$。如果现在考虑持续时间 T 的计数间隔，那么在该时间内计数 n 个光激励事件的概率是[3.9]

$$p_n(T) = \left\langle : \frac{[\gamma\bar{I}(T)T]^n}{n!}\exp[-\gamma\bar{I}(T)T] : \right\rangle \tag{3.70}$$

式中，算子 $\overline{I}$ 的定义如下：

$$\overline{I}(T) = \frac{1}{T} \int_0^T E^{(-)}(t) E^{(+)}(t) \mathrm{d}t \tag{3.71}$$

式中：…：表示正规顺序，即通过对正频率分量右侧的所有负频率分量进行排序来完成幂级数展开。

如果计数率太大而无法解决单个计数事件，则需要考虑光电流。然后，将电流定义为

$$i(t) = e \frac{\mathrm{d}n(t)}{\mathrm{d}t} \tag{3.72}$$

式中，$n(t) = \sum_{n=0}^{\infty} n p_n(t)$ 为时间 t 的平均数。就点过程 $\mathrm{d}N(t, n(t)) = \int_0^t \mathrm{d}N(t)$ 而言，$i(t)$ 的总体平均值是平均电流，即

$$\overline{i(t)} = e \frac{\mathrm{d}\mathcal{E}(n(t))}{\mathrm{d}t} = \gamma \left\langle E^{(-)}(t) E^{(+)}(t) \right\rangle \tag{3.73}$$

那么电流的平稳二次相关函数就是经典的整体平均值，即

$$G(\tau) = \lim_{t \to \infty} \mathcal{E}[i(t+\tau)i(t)] - \mathcal{E}[i(t+\tau)]\mathcal{E}[i(t)] \tag{3.74}$$

如果首先考虑 $\tau > 0$ 的情况，那么我们需要找到 $\mathcal{E}[\mathrm{d}N(t+\tau)\mathrm{d}N(t)]$。可以是非零的唯一方法是在时间 t 时 $\mathrm{d}N(t) = 1$。因此需要有条件的平均值：

$$\mathcal{E}[\mathrm{d}N(t+\tau)\mathrm{d}N(t)] = \mathrm{Prob}[\mathrm{d}N(t) = 1] \\ \times \mathcal{E}[\mathrm{d}N(t+\tau)\big|_{\mathrm{d}N(t)=1}] \tag{3.75}$$

详情可参见文献［3.10］。两次相关函数为

$$G(\tau) = e\overline{i}\,\delta(\tau) + \lim_{t \to \infty} e^2 \gamma^2 \left\langle E^{(-)}(t) E^{(-)}(t+\tau) \right. \\ \left. \times E^{(+)}(t+\tau) E^{(+)}(t) \right\rangle \tag{3.76}$$

则噪声功率谱由下式定义：

$$S(\omega) = 2 \int_{-\infty}^{\infty} \mathrm{d}\tau G(\tau) \mathrm{e}^{-\mathrm{i}\omega\tau} \tag{3.77}$$

在上一节中，我们考虑了一种特殊情况，其中几乎所有的场模都是在真空状态下进行的，除了在正 x 方向上传播的情况，例如可以描述来自光腔的定向发射。可以用方程（3.58）中定义的场算子 $a(t)$ 和 $a^\dagger(t)$ 来求出平均电流和 $G(\tau)$：

$$\overline{i(t)} = e\gamma \left\langle a^\dagger(t) a(t) \right\rangle \tag{3.78}$$

$$G(\tau) = e\overline{i}\,\delta(\tau) + \lim_{t \to \infty} e^2 \gamma^2 \\ \times \left\langle a^\dagger(t) a^\dagger(t+\tau) a(t+\tau) a(t) \right\rangle \tag{3.79}$$

$G(\tau)$ 中的 δ 相关项表示光电流的散粒噪声分量。

3.3.2 零差检测/外差检测

现在专门处理适合于从腔中定向发射的正和负场算子 $a(t)$ 和 $a^\dagger(t)$。考虑两个空间不同的场模式，$a_i(t)$ 和 $b_i(t)$ 指向介电界面的相对侧，使得每个场部分透射并部分反射。与分束器的相互作用通过将两个输入场耦合到两个输出场 $a_o(t)$ 和 $b_o(t)$ 的有效幺正散射过程描述为

$$\begin{pmatrix} a_o(t) \\ b_o(t) \end{pmatrix} = U^\dagger(\theta, \phi) \begin{pmatrix} a_i(t) \\ b_i(t) \end{pmatrix} U(\theta, \phi) \tag{3.80}$$

$$= \begin{pmatrix} a_i(t)\cos\theta + b_i(t)e^{i\phi}\sin\theta \\ b_i(t)\cos\theta - a_i(t)e^{-i\phi}\sin\theta \end{pmatrix} \tag{3.81}$$

输出场的换向关系与输入场相同。现在假设场 $b(t)$ 是在相干状态下准备的，因此可以简单地替换 $b(t) \mapsto \beta(t)$。我们将进一步假设 $b(t) \mapsto \beta(t)$，且 $\sin\theta \to 0$，因此 $|\beta(t)|^2 \sin^2\theta \equiv |\alpha(t)|^2 \gg 1$ 是一个有限的平均光子通量。输出场 $a_0(t)$ 中检测单位时间光子的概率由下式给出：

$$n(t) = \gamma \left\langle [a_i^\dagger(t) + \alpha^*(t)][a_i(t) + \alpha(t)] \right\rangle \tag{3.82}$$

由于相干分量被假设得较大，所以我们处于光电流检测方案的极限。现在通过减去背景电流并用相干磁通归一化来定义经典的随机过程：

$$h(t)dt = \frac{dN(t) - \gamma|\alpha(t)|^2 dt}{\gamma|\alpha(t)|^2} \tag{3.83}$$

经典电流过程 $h(t)$ 的整体平均值很好地近似于

$$\varepsilon[h(t)] = \left\langle a(t)e^{i(\theta + \omega_{LO}t)} + a^\dagger(t)e^{-i(\theta + \omega_{LO}t)} \right\rangle \tag{3.84}$$

假设 $\alpha(t) = |\alpha(t)| \exp[-i(\varphi + \omega_{LO}t)]$，$\omega_{LO}$ 为本地振荡器频率。可以根据相对于本地振荡器载波频率和相位定义的正交相位幅度来写出这个平均电流：

$$\varepsilon[h(t)] = \langle X_\theta(t) \rangle \cos(\Delta t) + \langle Y_\theta(t) \rangle \sin(\Delta t) \tag{3.85}$$

式中，我们定义了正交相位算子

$$X_\theta(t) = a(t)e^{i(\theta + \omega_s t)} + a^\dagger(t)e^{-i(\theta + \omega_s t)} \tag{3.86}$$

$$Y_\theta(t) = -i(a(t)e^{i(\theta + \omega_s t)} - a^\dagger(t)e^{-i(\theta + \omega_s t)}) \tag{3.87}$$

我们预期信号场具有 ω_s 的载波频率，并且已经定义了 $\Delta = \omega_{LO} - \omega_s$，其通常是射频。显而易见的是，频率 Δ 处的同相信号是平均正交相位幅度的测量值，而正交相位信号是互补正交相位幅度的测量值。这种测量称为外差测量。如果选择 $\Delta = 0$，以便监测直流信号，那么就有零差测量的情况[3.11]。电流的高阶矩也揭示了信号场正交相位振幅的相应高阶矩。例如，零差（$\Delta = 0$）电流 $h(t)$ 的稳态二阶相关函数很容易通过正交相位算子的正序相关函数给出：

$$G(\tau) = \lim_{t \to \infty} \langle : X_\theta(t), X_\theta(t+\tau) : \rangle \tag{3.88}$$

这个量的频谱称为压缩频谱，因为如果信号处于压缩状态，它只能降到零以下[3.12]。

|3.4　耗散和噪声|

腔内场的单模与腔外许多模之间的相互作用可以用耦合到许多谐振子的环境的局部谐振子来模拟[3.13,14]，见图 3.1。这种模型在空腔细度大时是有效的，因此每个空腔谐振的线宽远小于谐振频率，并且可以将总场分离成空腔内部和外部许多模式的局部离散准模式。这相当于腔准模与外场之间的弱相互作用。然后，使用二阶微扰理论，假设外场可以被视为热浴温度 T，可以找到 Schrödinger 图像内腔场的密度算子的动力学方程为

$$\frac{\mathrm{d}\rho}{\mathrm{d}t} = \frac{\mathrm{i}}{\hbar}[H, \rho(t)]$$
$$+ \kappa(\bar{n}+1)\mathcal{D}[a]\rho(t) + \kappa\bar{n}\mathcal{D}[a^\dagger]\rho(t) \tag{3.89}$$

式中，定义了超算子对任何算子 A 的作用：

$$\mathcal{D}[A]\rho = A\rho A^\dagger - \frac{1}{2}(A^\dagger A\rho + \rho A^\dagger A) \tag{3.90}$$

式中，H 为腔模的哈密顿量加上可能存在的物质的任何相互作用；$\bar{n}$ 为在温度为 T 的频率 $\omega = \omega_c$ 下外部模式下的平均光子数。对于空腔，$H = \hbar\omega_c a^\dagger a$。腔内场平均振幅和光子数符合方程

$$\frac{\mathrm{d}\langle a \rangle}{\mathrm{d}t} = -\mathrm{i}\omega\langle a \rangle + \frac{\kappa}{2}\langle a \rangle \tag{3.91}$$

$$\frac{\mathrm{d}\langle a^\dagger a \rangle}{\mathrm{d}t} = -\kappa\langle a^\dagger a \rangle + \kappa\bar{n} \tag{3.92}$$

解为

$$\langle a \rangle(t) = \langle a \rangle(0)\mathrm{e}^{-(\kappa/2+\mathrm{i}\omega_c)t} \tag{3.93}$$

$$\langle a^\dagger a \rangle(t) = \langle a^\dagger a \rangle(0) + \bar{n}(1-\mathrm{e}^{-\kappa t}) \tag{3.94}$$

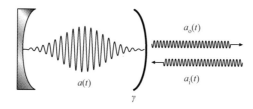

图 3.1　带有单个输出镜的光学腔。腔很弱地耦合到许多外部模式，但是特定类别的定向输入/输出模式由腔定义，表示为 $a_1(t)$, $a_0(t)$。腔准模式具有场振幅算子 $a(t)$，而 γ 是光子通过端面镜丢失的速率

对第一个方程进行傅里叶变换，可以看到腔场振幅具有洛伦兹谱，该洛伦兹谱以腔

共振频率为中心，线宽为 κ。第二个方程表明，在稳态下，当平均场为零时，空腔中的平均光子数与空腔共振时环境模式下的热光子数相同。实际上很容易看出，在稳态下，腔内的场处于热态：

$$\rho_{\infty} = \frac{1}{1+\bar{n}} \sum_{n=0}^{\infty} \left(\frac{\bar{n}}{1+\bar{n}}\right)^n |n\rangle\langle n| \qquad (3.95)$$

在 Gardiner 的输入/输出理论[3.13]中，外部场模式通过边界条件与内部模式相关。

$$a_{o}(t) = \sqrt{\gamma}a(t) - a_{i}(t) \qquad (3.96)$$

请注意，虽然 $a_{i,o}(t)$ 是明确的多模场，但内部准模式 $a(t)$ 由频率为 ω_c 的单个谐振子自由度表示。在一个替代方案相当于主方程的公式中，可以通过量子随机微分方程来表示海森堡图像中的动力学：

$$\frac{da(t)}{dt} = -\frac{i}{\hbar}[H_{s}, a(t)] - \frac{\gamma}{2}a(t) + \sqrt{\gamma}a_{i}(t) \qquad (3.97)$$

式（3.97）中，输入到腔的外场起着量子噪声项的作用。如果这些方程是线性的，则

$$\frac{da}{dt} = Aa - \frac{\gamma}{2}a + \sqrt{\gamma}a_{i}(t) \qquad (3.98)$$

式中，

$$a(t) = \begin{pmatrix} a(t) \\ a^{\dagger}(t) \end{pmatrix} \qquad (3.99)$$

$$a_{i,o}(t) = \begin{pmatrix} a_{i,o}(t) \\ a_{i,o}^{\dagger}(t) \end{pmatrix} \qquad (3.100)$$

可以对两侧进行傅里叶变换，并忽略初始值项，因为我们主要感兴趣的是固定统计，以获得不同场的频率分量的线性代数方程组。将此结合方程（3.96）可以发现

$$a_{o}(\omega) = -\left[A + \left(i\omega + \frac{\gamma}{2}\right)I\right]$$
$$\times \left[A + \left(i\omega - \frac{\gamma}{2}\right)I\right]^{-1} a_{i}(\omega) \qquad (3.101)$$

在空腔的情况下，得到一个相对于输入外场的某个载波频率 ω_i 定义的交互画面：

$$a_{o}(\omega) = \frac{\frac{\gamma}{2} + i(\omega - \delta)}{\frac{\gamma}{2} - i(\omega - \delta)} a_{i}(\omega) \qquad (3.102)$$

式中，$\delta = \omega_c - \omega_i$。换句话说，每个场模式从输入到输出都有一个频率相关的相移。假设输入一个由下式定义的单光子状态：

$$|\psi\rangle_{i} = \int_{-\infty}^{\infty} v(\omega)a_{i}^{\dagger}(\omega)|0\rangle \qquad (3.103)$$

与空腔相互作用后，这种状态转变为

$$|\psi\rangle_o = \int_{-\infty}^{\infty} v(\omega)a_o^{\dagger}(\omega)|0\rangle \tag{3.104}$$

很容易看出，单位时间内检测输出场中的单个光子的概率为

$$n(t) = \left| \int_{-\infty}^{\infty} d\omega \left(\frac{\frac{\gamma}{2} + i(\omega - \delta)}{\frac{\gamma}{2} - i(\omega - \delta)} \right) v(\omega)e^{-i\omega t} \right|^2 \tag{3.105}$$

其是一个延迟和扩大的脉冲。

如果量子朗之万（Langevin）方程是非线性的，那么标准程序是应首先得出半经典稳态。半经典方程通过忽略噪声并用复数 $a \mapsto \alpha$，$a^{\dagger} \mapsto \alpha^*$ 代替生成和湮灭算子得到，如果稳态（α_0, α_0^*）是稳定的不动点，则可以写出 $a = \delta a + \alpha_0$，$a^{\dagger} = \delta a^{\dagger} + \alpha_0^*$。然后将动力学扩展为 δa 和 $\delta a^{\dagger}$ 中的线性顺序，然后按照上述步骤进行。文献［3.15］给出了这种方法的一个例子。

自发辐射也可以用主方程来实现。在这种情况下，该系统是一个双能级电子系统，具有基态 $|g\rangle$ 能量 $\hbar\omega_1$ 和激发态 $|e\rangle$ 能量 $\hbar\omega_2$，代表电偶极子跃迁，耦合到偶极子辐射场的许多模态和旋转波近似。主方程是

$$\frac{d\rho}{dt} = -\frac{i}{\hbar}[H, \rho] + \gamma(\bar{n}+1)\mathcal{D}[\sigma_-]\rho + \gamma\bar{n}\mathcal{D}[\sigma_+]\rho \tag{3.106}$$

式中，在原子共振频率 $\omega_a = \omega_2 - \omega_1$ 处，$\bar{n}$ 为辐射场模式的热占据。已经忽略了一个小的项，忽略了导致原子跃迁频率偏移并且导致兰姆偏移（Lamb shift）的一个小项。在光学频率处，$\bar{n} \approx 0$。在自由两级原子的情况下，$H = \frac{\hbar\omega_a}{2}\sigma_z$，得到处于激发态的原子的概率，$p_e(t) = \langle e|\rho|e\rangle$ 满足方程

$$\frac{dp_e}{dt} = -\gamma p_e(t) \tag{3.107}$$

$p_e(t) = p_e(0)e^{-\gamma t}$，其描述了自发发射。偶极极化与原子相干性 $\langle e|\rho|g\rangle = \langle\sigma_-\rangle$ 成正比，其遵循

$$\frac{d\langle\sigma_-\rangle}{dt} = -\left(i\omega_a + \frac{\gamma}{2}\right)\langle\sigma_-\rangle \tag{3.108}$$

解为

$$\langle\sigma_-(t)\rangle = \langle\sigma_-(0)\rangle e^{-(\gamma/2+i\omega_a)t} \tag{3.109}$$

偶极子以过渡频率振荡并随着辐射而衰减。

辐射场通过输入/输出关系与输入场和局部源相关，类似于上面讨论的腔的情况。场算子的正频率分量采用以下公式：

$$E_o^{(+)}(x,t) = E_i^{(+)}(x,t) - \frac{\omega_a^2}{4\pi\varepsilon_0 c^2 r}\left(\mu \times \frac{x}{r}\right)$$

$$\times \frac{x}{r}\sigma_-(t-x/c) \tag{3.110}$$

式中，$r=|\mathbf{x}|$为从过程到点 x 的距离；μ 为原子偶极矩。

如果原子由一个经典辐射场驱动，则哈密顿量变为［见式（3.27）并代替 $b \mapsto \beta$］

$$H = \frac{\hbar\omega_a}{2}\sigma_{z+}\Omega(\sigma_+e^{-i\omega_L t} + \sigma_-e^{i\omega_L t}) \tag{3.111}$$

式中，Ω 为拉比（Rabi）频率；ω_L 为驱动场的载波频率。频率 ω_L 下互动图像中的主方程是

$$\frac{d\rho}{dt} = -i\frac{\Delta\omega}{2}[\sigma_z, \rho] - i\Omega[\sigma_+ + \sigma_-, \rho] + \gamma\mathcal{D}[\sigma_-]\rho \tag{3.112}$$

式中，失谐为 $\Delta\omega = \omega_a - \omega_L$。原子矩得出的 Bloch 方程是线性的：

$$\frac{d\langle\sigma_-\rangle}{dt} = -\left(\frac{\gamma}{2} + i\Delta\omega\right)\langle\sigma_-\rangle + i\Omega\langle\sigma_z\rangle \tag{3.113}$$

$$\frac{d\langle\sigma_z\rangle}{dt} = -\gamma(\langle\sigma_z\rangle + 1) - 2i\Omega(\langle\sigma_+\rangle - \langle\sigma_-\rangle) \tag{3.114}$$

共振解（$\Delta\omega = 0$）为

$$\langle\sigma_z(t)\rangle = \frac{8\Omega^2}{\gamma^2 + 8\Omega^2}\left[1 - e^{-3\gamma t/4} \times \left(\cosh\kappa t + \frac{3\gamma}{4\kappa}\sinh\kappa t\right)\right] - 1 \tag{3.115}$$

$$\langle\sigma_+(t)\rangle = 2i\Omega\frac{\gamma^2}{\gamma^2 + 8\Omega^2}\left\{1 - e^{-3\gamma t/4} \times \left[\cosh\kappa t + \left(\frac{\kappa}{\gamma} + \frac{3\gamma}{16\kappa}\right)\sinh\kappa t\right]\right\} \tag{3.116}$$

式中，

$$\kappa = \sqrt{\frac{\gamma^2}{4} - 16\Omega^2} \tag{3.117}$$

很明显，在 $\Omega = \gamma/8$ 时存在一个阈值，在该阈值以下，解单调地接近稳定状态并且在该稳定状态之上振荡。在确定散射光谱的两次相关函数的解中会出现类似的阈值。对于 $\Omega \gg \gamma$，我们发现这个频谱在 $\omega = \omega_a$ 和 $\omega = \omega_a \pm \Omega$ 时有三个峰值。这就是 Mollow 频谱[3.16]。

由两级原子散射的光也表现出光子反聚束。考虑条件概率，给定一个光子在时间 τ 被计数，另一个光子将在时间 τ 后计数。这与二阶相关函数成比例：

$$G^{(2)}(t,\tau) = \langle a^\dagger(t)a^\dagger(t+\tau)a(t+\tau)a(t)\rangle \tag{3.118}$$

通常我们感兴趣的是一个固定的源，所以使 $t \to \infty$，并且通过强度平方来定义：

$$g^{(2)}(\tau) = \lim_{t\to\infty}\frac{G^{(2)}(t,\tau)}{\langle a^\dagger(t)a(t)\rangle^2} \tag{3.119}$$

使用方程（3.110）的结果，可以直接用原子极化的相关函数来表达这一点。由于原

子变量的运动方程是线性的，所以平稳相关函数 $\langle \sigma_+(t)\sigma_+(t+\tau)\sigma_-(t+\tau)\sigma_-(t)\rangle_{t\to\infty}$ 服从相同的方程［见下文方程（3.143）］。然后发现：

$$g^{(2)}(\tau) = 1 - e^{-3\gamma t/4}\left(\cosh\kappa\tau + \frac{3\gamma}{4\kappa}\sinh\kappa\tau\right) \tag{3.120}$$

结果 $g^{(2)}(\tau=0)=0$ 表示光子反聚束，因为计数第一个光子后计数第二个光子的概率立即消失。这是源排放过程的直接结果。当激发的原子放松回到基态时，会发射光子。如果计算一个光子，则原子很可能处于基态，因此必须经过一段有限的时间才能重新激发并能够发射另一个。这个预言首先由 Carmichael 和 Walls[3.17] 提出，是量子光学区别于光的半经典描述的最早例子之一。这个结果已经在单个被捕获原子的共振荧光中看到。

3.4.1 量子轨迹

主方程通过对（追踪）与其耦合的较大热浴的性质进行平均来描述子系统的动态。解主方程通常会导致混合状态，任何混合状态都允许无限多分解为（非正交）纯态的凸组合。在主方程的随机分解中，可随时将解作为纯态的凸组合，每个纯态在随机薛定谔方程下演化，这样如果我们对噪声进行平均，就可以得到原始主方程的解。这种方法实现了一个强大的数值模拟工具，因为在每个时间步骤存储一个纯量子态需要的内存要少得多。

考虑一个耦合到零温度热浴的简单谐振子。相互作用图中的动力学由主方程（3.89）给出，其中 $\bar{n}=0$。在一个小的时间间隔 dt 上求解这个方程，可以写出

$$\rho(t+dt) = \left\{\rho(t) - \frac{\gamma}{2}[a^\dagger a\rho(t)+\rho(t)a^\dagger a]dt\right\} \\ + \gamma a\rho(t)a^\dagger dt \tag{3.121}$$

可以认为这是描述在泊松分布时间从单模腔泄漏的光子。假设在时间 t 时在腔中恰好有 n 个光子。则方程（3.121）会变成

$$\rho(t+dt) = (1-\gamma n dt)|n\rangle\langle n| + \gamma n dt|n-1\rangle\langle n-1| \tag{3.122}$$

可以这样理解，在时间 dt 的小增量中，可能发生两个事件：单个光子丢失或者没有光子丢失。如果丢失了一个光子，则场的状态就会少了一个光子，所以会从 $|n\rangle$ 变为 $|n-1\rangle$，这一事件发生的概率将为 $\gamma n\, dt$。这一公式源于方程（3.121）的最后一项。另一方面，如果没有光子丢失，状态就不会改变，并且发生的概率将为 $1-\gamma n\, dt$，这是由方程（3.121）中的第一项产生的。因此，方程（3.121）描述了可以在小时间步长 dt 内发生的两个事件的统计混合：方括号中的第一项描述了在时间间隔 dt 内没有光子丢失的情况下腔场状态的变化，而第二项描述了如果一个光子在时间间隔 dt 内丢失，场的状态会怎样。

如果这种解释是正确的，那么它就提出了对如下条件问题的回答：如果从时间 t 到 $t+dt$ 没有光子丢失，那么场的条件状态是什么？在这种情况下，方程（3.121）中的最后一项没有贡献，则条件状态是对下式线性序 dt 的解：

$$\rho(t+\mathrm{d}t)_c = \frac{\left\{\rho(t)_c - \dfrac{\gamma}{2}[a^\dagger \rho_c(t) + \rho(t)_c a^\dagger a]\mathrm{d}t\right\}}{\mathrm{tr}\left\{\rho_c(t) - \dfrac{\gamma}{2}[a^\dagger a \rho_c(t) + \rho_c(t)a^\dagger a]\mathrm{d}t\right\}} \qquad (3.123)$$

$$\approx \rho_c(t) - \gamma\mathrm{d}t\left\{\frac{1}{2}[a^\dagger a\rho_c(t) + \rho_c(t)a^\dagger a] - \langle a^\dagger a\rangle_c(t)\rho_c(t)\right\} \qquad (3.124)$$

其中下标 c 提醒我们，现在正在处理一个特定的条件状态，条件状态是一个相当特殊的零事件历史条件，而 $\langle a^\dagger a\rangle_c(t)$ 是状态 $\rho_c(t)$ 下光子数的条件平均值。

现在可以引入一个经典的随机过程——一个条件泊松过程—— $\mathrm{d}N(t)$，其在时间 $\mathrm{d}t$ 内丢失的光子数。显然，

$$\mathrm{d}N(t)^2 = \mathrm{d}N(t) \qquad (3.125)$$

$$\varepsilon[\mathrm{d}N(t)] = \gamma\langle a^\dagger a\rangle_c(t) \qquad (3.126)$$

式中，ε 为经典随机变量的平均值。根据 $\mathrm{d}N(t)$，现在可以定义一个随机主方程：

$$\mathrm{d}\rho_c(t) = \mathrm{d}N(t)\mathscr{G}[a]\rho_c(t) - \gamma\mathrm{d}t\mathscr{H}[a^\dagger a]\rho_c(t) \qquad (3.127)$$

式中，针对任何算子 A，定义了两个新的超级算子（即密度算子到密度算子的映射）：

$$\mathscr{G}[A]\rho = \frac{A\rho A^\dagger}{\mathrm{tr}[A\rho c^\dagger]} - \rho \qquad (3.128)$$

$$\mathscr{H}[A]\rho = A\rho + \rho A^\dagger - \mathrm{tr}[A\rho + \rho A^\dagger] \qquad (3.129)$$

请注意，如果对噪声过程 $\mathrm{d}N(t)$ 取经典整体均值，则可以恢复方程（3.121）中的原始的无条件主方程。对方程（3.127）的解是时间 t 的条件状态，其条件是整个跳跃事件的细粒度历史（也就是跳跃总数和每次跳跃事件的时间）。将区间 $[0, t)$ 上的跳跃时间序列历史表示为 $h[t] = \{t_1, t_2, \cdots, t_m\}$。无条件状态是所有这些历史的总和：

$$\rho(t) = \sum_{h[t]}\mathrm{Pr}(h[t])\rho_c(h[t]) \qquad (3.130)$$

式中，已经明确指出条件状态 ρ_c 以跳跃事件的历史为条件，在关注的时间间隔 $h[t]$ 内，$\mathrm{Pr}(h[t])$ 为每个历史的概率。我们用条件随机事件揭示了主方程的解。对于这里考虑的点过程，历史总和在时间有序积分方面有明确的公式[3.18]。

$$\rho(t) = \sum_{m=0}^{\infty}\int_0^t\mathrm{d}t_m\int_0^{t_m}\cdots\int_0^{t_1}\mathscr{J}(t - t_m)\mathscr{F}\mathscr{J}(t_m - t_{m-1})$$
$$\cdots\mathscr{F}\mathscr{J}(t_1)\rho(0) \qquad (3.131)$$

式中，超级算子的定义为

$$\mathscr{J}(t)\rho = \mathrm{e}^{-\frac{\gamma}{2}ta^\dagger a}\rho\,\mathrm{e}^{-\frac{\gamma}{2}ta^\dagger a} \qquad (3.132)$$

$$\mathscr{F} = \gamma a\rho a^\dagger \qquad (3.133)$$

显然，具体跳跃历史的概率由下式给出：

$$\Pr(h[t]) = \mathrm{tr}[\mathscr{J}(t - t_m)\mathscr{T}\mathscr{J}(t_m - t_{m-1})$$
$$\cdots \mathscr{T}\mathscr{J}(t_1)\rho(0)] \tag{3.134}$$

方程（3.131）表明，如果我们以纯态开始并可以访问光子损失事件的整个历史 $h[t]$，那么条件状态 $\rho_c(h[t])$ 仍然必须是纯态。这意味着可以为阻尼谐振子写一个随机薛定谔

$$d|\psi_c(t)\rangle = \left[dN_c(t)\left(\frac{a}{\sqrt{\langle a^\dagger a\rangle_c(t)}} - 1 \right) \right.$$
$$\left. + \gamma dt\left(\frac{\langle a^\dagger a\rangle_c(t)}{2} - \frac{a^\dagger a}{2} \right) - iH dt \right]|\psi_c(t)\rangle \tag{3.135}$$

式中，已经把哈密顿部分的可能性包括在动力学中。可以通过考虑类似于 Ito 公式的展开式来证明这个方程和随机主方程之间的等价关系。

$$d[|\psi_c(t)\rangle\langle\psi_c(t)|] = [d|\psi_c(t)\rangle]\langle\psi_c(t)| + |\psi_c(t)\rangle$$
$$\times [d\langle\psi_c(t)|] + [d|\psi_c(t)\rangle]$$
$$\times [d\langle\psi_c(t)|] \tag{3.136}$$

并保留 dt 中所有项的一阶，注意 $dN^2 = dN$。

与白噪声过程下的 γ^{-1} 相比，具有大比率参数 γ 的点过程在时间尺度上可以很好地近似。这表明必须能够根据白噪声过程和点过程 $dN(t)$ 来求解主方程。这种主方程给出了条件动力学条件，该条件动力学条件是离开腔的场的零差和外差测量。在这里，可以简单地引用结果并证明经典噪声的平均使我们回到无条件的主方程。

在实值维纳过程 $dW(t)$ 的情况下，可以写出一个衰减简单的零差随机主方程：

$$d\rho_c(t) = -i[H, \rho_c(t)]dt + \mathscr{D}[a]\rho_c(t)dt$$
$$+ dW(t)\mathscr{H}[a]\rho_c(t) \tag{3.137}$$

式中，

$$\mathscr{D}[A]\rho = A\rho A^\dagger + \frac{1}{2}(A^\dagger A\rho + \rho A^\dagger A) \tag{3.138}$$

$\mathscr{H}[a]$ 由式（3.129）给出。

就复数值白噪声过程而言，$dW(t) = dW_1(t) + idW_2(t)$，其中 $dW_i(t)$ 是独立的维纳过程，我们可以写出外差随机主方程：

$$d\rho_c(t) = -i[H, \rho_c(t)]dt + \mathscr{D}[a]\rho_c(t)dt$$
$$+ \frac{1}{\sqrt{2}}[dW_1(t)\mathscr{H}[a]\rho_c(t)$$
$$+ dW_2(t)\mathscr{H}[-ia]]\rho_c(t) \tag{3.139}$$

量子跳跃过程和上面讨论的两次相关函数之间有联系。可以首先定义一个新的随机过程，比率或电流，如：

$$i(t) = \frac{dN}{dt} \tag{3.140}$$

这是一个相当奇异的随机过程，由一系列集中在实际跳跃时间的三角函数组成。从物理意义上讲，这是为了模拟理想光子计数检测器的输出，具有无限的响应带宽，可以检测每个从腔体中丢失的光子。定义经典的当前两次相关函数：

$$G(\tau, t) = \varepsilon[i(t+\tau)i(t)] \tag{3.141}$$

考虑到泊松跳跃过程的性质，$dN(t)$只能取值 0 或 1，所以很容易看出可以用条件概率写出两次相关函数来得到 $dN(t+\tau) = 1$，假设在时间 t 跳跃，则

$$G(\tau, t)dt^2 = \Pr(dN(t+\tau) = 1 | dN(t) = 1) \tag{3.142}$$

这个条件概率由下式给出：

$$\begin{aligned}\Pr[dN(t+\tau) = 1 | dN(t) = 1] \\= \gamma^2 \mathrm{tr}[a^\dagger a e^{\mathcal{L}\tau} a \rho(t) a^\dagger] dt^2 \end{aligned} \tag{3.143}$$

式中，$e^{\mathcal{L}\tau}$ 为根据抽象生成器 $\mathcal{L}$ as $\dot{\rho} = \mathcal{L}\rho$ 写成的无条件主方程演化的形式解。两次相关函数由下式给出：

$$G(\tau, t) = \gamma^2 \mathrm{tr}[a^\dagger a e^{\mathcal{L}\tau} a \rho(t) a^\dagger] \tag{3.144}$$

注意，所谓的回归定理直接来自 G 的定义：

$$\frac{dG(\tau, t)}{d\tau} = \mathcal{L}G(\tau, t) \tag{3.145}$$

通常在系统处于稳态的情况下处理驱动的阻尼谐振子，根据由稳态解 $\rho_\infty = \lim_{t\to\infty} \rho(t)$ 得到的条件泊松过程发射光子，所以定义电流的静态二次相关函数如下：

$$G(\tau) = \gamma^2 \mathrm{tr}[a^\dagger a e^{\mathcal{L}\tau} a \rho_\infty a^\dagger] \tag{3.146}$$

3.4.2　量子轨迹的模拟

具有 N 维希尔伯特空间的系统的混合状态要求我们指定 N^2 个复数矩阵元。另外，纯态要求我们只指定 N 个复数。由于这个原因，数值求解主方程比求解薛定谔方程更难。我们可以用随机薛定谔方程求解主方程，使主方程的数值解更易于处理。在这个数值设定中，量子轨迹方法是作为蒙特卡罗波函数方法独立开发的[3.19]。我们将说明利用跳转过程的方法。

假设时间 t 的状态是 $|\psi(t)\rangle$。然后，在与 γ^{-1} 相比足够短的时间间隔 δt 内，系统将演变为在没有发生跳跃的条件（非标准化）状态：

$$|\tilde{\psi}(t+\delta t)\rangle = e^{-iH\delta t - \gamma a^\dagger a \delta t/2} |\psi(t)\rangle \tag{3.147}$$

为了进行计算，我们实施了一个例程，用有效的非厄米-哈密尔顿量来求解薛定谔方程：

$$K = H - i\frac{\gamma}{2}a^{\dagger}a \tag{3.148}$$

这个状态的范数是在时间间隔 δt 中没有发生跳跃的概率：

$$p_0 = \langle \tilde{\psi}(t+\delta t) | \tilde{\psi}(t+\delta t) \rangle \tag{3.149}$$

$$= 1 - p \tag{3.150}$$

从式中很容易看到

$$p = \gamma\delta t \langle \psi(t) | a^{\dagger}a | \psi(t) \rangle \tag{3.151}$$

从式中，可知这是在此时间间隔内发生跳跃的概率。我们需要确保 $p \ll 1$。

现在选择一个在单位间隔中均匀分布的随机数 r。在时间间隔结束时，比较 p 和 r。如果 $p<r$（通常是这种情况），将状态正则化：

$$|\psi(t+\delta t)\rangle = \frac{|\tilde{\psi}(t+\delta t)\rangle}{\sqrt{p_0}} \tag{3.152}$$

并继续非厄米特进化的进一步时步。如果 $p>r$，则通过下式实现了量子跳跃：

$$|\tilde{\psi}(t+\delta t)\rangle \to |\psi(t+\delta t)\rangle = \frac{\sqrt{\gamma}a|\tilde{\psi}(t+\delta t)\rangle}{p/\delta t} \tag{3.153}$$

根据之前的讨论，可以看到，跳跃与方程（3.135）中的第一项所描述的一样。随着模拟的进行，我们累积了特定跳跃事件发生的时间记录。也就是说，我们可以获得跳转过程的精细粒度历史样本 $h[t]$。然而，我们主要对求解主方程感兴趣。因此，我们运行最多为时间 t 的 K 次试验，每次从相同的初始状态开始，然后形成混合状态

$$\bar{\rho}(t) = K^{-1}\sum_{k=1}^{K}|\psi_k(t)\rangle \tag{3.154}$$

作为 K 试验的统一平均值。严格地说，每次 K 次试验的概率是不一致的，然而可以证明，如果 K 足够大，则其误差为 $K^{-1/2}$。在 Mølmer 等人的论文中[3.19]讨论了更一般的情况，包括如何模拟非零温度主方程或具有多跳跃过程的主方程。

|3.5 离 子 阱|

捕获单个离子并将其冷却至接近振动运动基态的能力已经实现了精确的量子控制以及非常高效的测量。该技术源于大约 30 年前，致力于开发特别适用于频率标准的超高精度光谱仪。近年来，随着 Cirac 和 Zoller 于 1995 年提出的开创性提案[18,20]，离子阱技术在该领域努力实现量子信息处理。随着更小更有效的离子阱，以及用于相干处理大量离子的离子阱阵列和陷阱、光学腔的集成，该技术正步入一个更激动人心的阶段。

离子阱成功的关键之一是能够高效地检测单个离子的电子状态。这是通过偶极子允许的跃迁激光诱导荧光完成的，每秒散射数百万个光子。这一理念可以追溯到 1975 年 Dehmelt 的提议[3.21]，并出现在各种应用中，如电子搁置、循环过渡和量子跳跃[3.22]。离

子阱成功的另一个关键是亚多普勒冷却技术的发明，特别是可分辨边带冷却问题。这使得可以在振动激发量很少的状态下制备单个离子，甚至几乎不能达到振动基态。单个俘获离子被三维谐振势中运动的粒子很好地近似。通过耦合电子和振动自由度的激光诱导拉曼跃迁可以随机地消除振动能量。实际上，是从离子的振动运动中除去热量并将其泵入与荧光辐射频率相关的非常低温的热浴中。

无法将带电粒子捕获到静态电位中，这是因为拉普拉斯方程意味着在静电势中总是存在一个不稳定的（未捕获的）方向。然而，时间依赖的电势可以为电荷粒子产生有效的谐波电势。

哈密顿量的本征态给出了离子质量运动中心的量子描述：

$$H = \hbar v a_z^\dagger a_z + \hbar v_t (a_x^\dagger a_x + a_y^\dagger a_y) \tag{3.155}$$

因此，运动可分为轴向运动（ω_z）和横向运动。具体而言，我们现在只关注轴向运动，尽管大部分讨论也可应用于横向运动。因为忽略了横向运动，可以得到注标算子 a_z，$a_z^\dagger$。

可以捕获许多不同类型的离子，但激光器的可用性限制了可以容易地被激光冷却的离子种类。例如，位于科罗拉多州的美国国家标准与技术研究院（NIST）的 Wineland 小组使用 $^9\text{Be}^+$，而因斯布鲁克的 Blatt 小组使用 $^{40}\text{Ca}^+$。当离子首先被捕获时，它的振动运动处于高度激发状态，相当于 10^4 K 的温度。冷却通常分两个阶段进行。第一阶段基于多普勒冷却，非常高效，第二阶段基于可分辨边带冷却。

有很多理由证明离子阱是一种非常多用途的量子器件。首先，可以使用外部激光将振动运动和内部电子状态相干耦合。其次，解决的边带冷却能够使振动运动在其基本状态下以接近 1 的概率做好准备。这是通过使用外部激光来引发地面与激发的内部电子状态之间的拉曼跃迁实现的，其在每个激发周期吸收一个光子和一个振动声子。最后，荧光搁置的方法使单个俘获离子的内部电子态能够以接近 1 的效率进行测量。为了理解这三个特征，我们首先需要描述外部激光如何耦合振动和电子自由度。

假设外部激光可以耦合两个内部电子态，即基态$|g\rangle$和激发态$|e\rangle$。这可能涉及直接偶极子跃迁。然而，对于量子信息应用，它通常涉及将基态连接到激发的亚稳态的拉曼双光子跃迁。在任何一种情况下，描述该系统的哈密顿量都是

$$H = \hbar v a^\dagger a \frac{\hbar \omega_A}{2} \sigma_z$$
$$+ \frac{\hbar \Omega}{2} (\sigma_- e^{i(\omega_L t - k_L \hat{q})} + \sigma_+ e^{-i(\omega_L t - k_L \hat{q})}) \tag{3.156}$$

式中，$\hat{q}$ 为离子从陷阱中平衡位置移动的算子；v 为陷阱（持久）频率；Ω 为二级跃迁的拉比频率；ω_A 为原子跃迁频率；ω_L、k_L 分别为激光频率和波数。方程（3.156）中有三个频率：v、ω_A 和 ω_L。通过谨慎选择这三个频率之间的关系，很多过程可以成为主导。请注意，从离子角度所看到的激光场的相位取决于离子的位置。当离子在陷阱中和谐运动时，相位以陷阱频率被调制。正如我们将看到的，这导致二级系统的吸收谱中的边带。

根据振动升高和降低算子，离子位置算子为

$$\hat{q} = \left(\frac{\hbar}{2mv}\right)^{1/2}(a + a^\dagger)$$

（3.157）

现在定义 Lamb–Dicke 参数 η：

$$\eta = k_L\left(\frac{\hbar}{2mv}\right)^{1/2} = 2\pi\Delta x_{rms}/\lambda_L$$

（3.158）

其中振荡器基态的均方根（r.m.s.）位置波动为 Δx_{rms}。然后通过幺正变换移动到相互作用图：

$$U_0(t) = \exp(-iva^\dagger at - i\omega_A\sigma_z t)$$

（3.159）

相互作用的哈密尔顿量可写成

$$H_1(t) = \frac{\hbar\Omega}{2}\{\sigma_-\exp[-i\eta(ae^{-ivt} + a^\dagger e^{ivt})]$$
$$\times\exp[-i(\omega_A - \omega_L)t] + h.c.\}$$

（3.160）

指数的指数使其成为一个复杂的哈密尔顿系统。然而，在大多数离子阱实验中，离子被限制在一个明显小于激发激光的波长的空间区域，因此可以假定 Lamb–Dicke 参数小，即 $\eta < 1$（通常 $\eta \approx 0.01 \sim 0.1$）。将相互作用扩展到 Lamb–Dicke 参数中的二阶，则

$$H_1(t) = \frac{\hbar\Omega}{2}(1 - \eta^2 a^\dagger a)(\sigma_- e^{-i\delta t} + \sigma_+ e^{i\delta t})$$
$$-i\frac{\hbar\Omega\eta}{2}(ae^{-ivt} + a^\dagger e^{ivt})e^{-i\delta t}\sigma_-$$
$$+i\frac{\hbar\Omega\eta}{2}(ae^{-ivt} + a^\dagger e^{ivt})e^{i\delta t}\sigma_+$$
$$-\frac{\hbar\Omega\eta^2}{4}(a^2 e^{-2ivt} + (a^\dagger)^2 e^{-2ivt})$$
$$\times(e^{i\delta t}\sigma_- + e^{i\delta t}\sigma_+)$$

其中激光从原子频率失谐为 $\delta = \omega - \omega_L$。

通过慎重选择 δ 作为陷波频率的正整数倍或负整数倍，可以提取各种共振项并忽略所有时间相关项。第一种情况称为载流子激发，即 $\delta = 0$，共振项为

$$H_c = \hbar\Omega(1 - \eta^2 a^\dagger a)\sigma_x \quad （载波激励）$$

（3.161）

式中，$\sigma_x = (\sigma_- + \sigma_+)/2$。如果选择 $\delta = v$，使得激光频率在一个单位的陷波频率 $\omega_L = \omega_A - v$（红光）的载波频率下失调，则谐振项为

$$H_r = i\frac{\hbar\eta\Omega}{2}(a\sigma_+ - a^\dagger\sigma_-) \quad （第一红光边带激励）$$

（3.162）

这正是 Jaynes–Cummings 哈密尔顿算子，只不过它涉及吸收陷阱声子以及一个激光光子。另外，我们可以选择 $\delta = -v$，使得 $\omega_L = \omega_A + v$，并且激光器将一个单位的振动频率解调为载波频率的蓝色，谐振相互作用的哈密尔顿量为

$$H_b = i\frac{\hbar\eta\Omega}{2}(a^\dagger\sigma_+ - a\sigma_-) \quad （第一蓝光边带激励）$$

（3.163）

方程（3.163）描述了激发过程，其从激光吸收一个光子并发射一个陷阱声子。以这种方式继续，我们可以定义第二个红光边带激励 $\delta = 2\nu$ 和第二个蓝光边带激励 $\delta = -2\nu$，依此类推。图 3.2 给出的是一个体现载波、红光和蓝光边带激励的能级图。

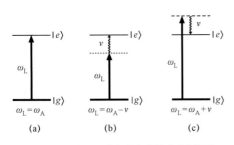

图 3.2　载波、红光和蓝光边带激励能级图
(a) 载波；(b) 第一红光边带和
(c) 第一蓝光边带激励的能级图

一旦被激发到 $|e\rangle$，离子就会自发衰减到基态。对于偶极子允许的跃迁来说，这可以是相当快的，从而使另一个激发过程发生。在红光边带激发的情况下，最终的结果是每个激发周期去除一个声子。这是边带冷却的基础。实际上，外部激光器将振动运动耦合到非常低温的热浴中：频率为 ω_A 的真空辐射场。当然，只有当激光可以精确地调谐到每个边带上，才能解决边带问题。由于每个跃迁均匀地扩展了等于自发发射速率 γ 的宽度，所以要求 $\nu > \gamma$ 以实现可分辨边带冷却问题。对于单个俘获离子的共振荧光光谱的明确表达式遵循在 3.4 节中给出的方法。Cirac 等人给出了行波场低强度极限（$\Omega < \gamma$）的详细计算[3.23]。

解决边带冷却需要激发激光器调谐到低于原子跃迁频率的一个单位陷波频率，然后通过吸收一个激光光子和一个陷阱声子激发原子。在 Lamb－Dicke 极限松弛中，载流频率（$\omega = \omega_A$）处的自发辐射占据谱峰。因此在每个激励周期一般来说会去除一个单位的振动能量。以一个简单的速率方程方法足以理解这种现象。平均声子数的变化率由下式给出：

$$\frac{\mathrm{d}\bar{n}}{\mathrm{d}t} = -\gamma\left(\frac{\eta^2\Omega^2\bar{n}}{2\eta^2\Omega^2\bar{n} + \gamma^2}\right) \qquad (3.164)$$

注意，随着冷却的进行，速率降低直到振动基态处于稳定状态。在更谨慎的处理中，需要考虑加热机制，例如蓝光边带的非共振激发[3.24]，以及在稳定状态下填充振动基态的概率小于 1。尽管如此，可分辨边带冷却护理提供了一个概率大于 99% 的振动基态离子。NIST 小组在 *Boulder*[3.25]首次实现了所有三维基态冷却。其他由于实验伪影造成的加热机制通常也很重要。例如，阱电极上的波动电荷分布导致陷阱中心的随机位移。

为了读出离子的状态，一个附加的辅助能级可以通过一个强激光耦合到地面或激励状态中的一个或另一个，具体来说就是让我们来谈谈基态（图 3.3）。如果探测激光打开时离子处于基态，则荧光光子会散射到各个方向，并且很容易被检测到。如果离子处于激发态，则它不与探测激光共振，也不会发生光子散射：离子保持黑暗。

如果使用弱激光来耦合地面和激发态，就会发生非相干跃迁 $|g\rangle \leftrightarrow |e\rangle$。最终的结果是由探测激光引起的荧光信号以随机电报过程的方式闪烁。一个典型的信号也显示在图 3.3 中。就荧光表明离子处于基态而言，荧光的随机切换是基态与激发态之间量子

跳跃的直接指标。这些跳跃在许多实验中进行过报道[3.22]。

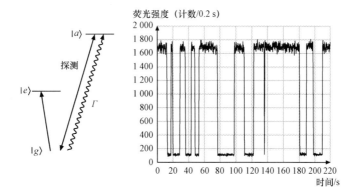

图 3.3　显示基态原子态荧光读数的能级图。一个强烈的探测激光器驱动基态 $|g\rangle$ 和一个辅助状态 $|a\rangle$ 之间的偶极子允许的跃迁，衰减回到基态的速率是散射很多光子的速率。同样显示了（右侧）当弱激光耦合地面和激发态时，探测跃迁时的荧光信号（经 Leibfried 等人[3.24]许可）

读数的效率是荧光信号积分时间的函数，也就是说，我们需要监测荧光多长时间以确保处于高强度阶段。这个时间必须至少是光子发射事件之间平均时间的数级别。然而，在实验中还存在其他误差来源，例如检测器中的黑暗计数。通常区分地面和激发状态的最小时间大约为 2 ms。捕获读出的质量的总体效率是 η，它是基态中待检测离子的条件概率，因为它是在探针激光打开之前在基态下准备的。

现在回到边带冷却效率的实验测定上。其目标是通过将其耦合到离子的内部状态，然后使用上述的荧光读出技术来确定振动运动的状态。在冷却阶段结束时，首先使用第一红光和蓝光边带跃迁将离子的电子状态耦合到其振动运动一段时间 T。如果我们写出原子在时间 T 之后发现激发态的概率，并分别记录红光和蓝光边带激发，则可以说明平均声子数 $\bar{n}$ 由 $\bar{n}/(1+\bar{n}) = P_e^R(T)/P_e^B(T)$ 给出。因此，通过测量第一个红光和蓝光边带上激发概率的比率直接产生 $\bar{n}$。

3.6　量子光机械学

离子阱开辟了直接控制一个或多个离子的机械自由度量子态的可能性。新的制造技术现在可以将这种能力扩展到介观机械谐振器的体弯曲模式，从而开创了量子光机械学领域[3.26]。虽然该领域的根源在于引力波干涉检测的开发[3.27]，但新的实验能够更好地控制量子力学自由度，包括克服由宏观距离分隔的以克为重量尺度机械系统的可能性。其应用包括对弱力和质量检测的超精确测量，并提供了一条途径来测试量子经典变换的基本思想，甚至有可能测试重力的量子效应。

虽然在许多方面这个领域类似于离子阱量子控制，例如它使用边带冷却来接近振动自由度的基态，但是有一个明显的差异。光机械学中机械自由度的量子描述从散装材料中的经典连续介质弹性理论开始，例如，由双夹紧梁的经典机械变形导出波动方程，然后定义变形的模态分解。量子描述通过将这些模的幅度函数作为量子力学算子来处理而获得。这是一种有效的量子理论，对于足够低的温度是有效的，其中体挠曲模式动力学很大程度上取决于剩余的微观自由度，并将其视为耗散和噪声的来源[3.28]。这种有效量化的方法与在超导电路描述中量化集体电自由度的方式非常相似。

基于阿斯佩尔迈耶（Aspelmeyer）组的实验，典型光机械系统的方案如图 3.4 所示[3.29]。由创建和湮没算子 a，$a^\dagger$ 描述的单模光学腔的场耦合到受到恢复力支配的可移动镜。镜因此被描述为简单的谐振子。反射镜的运动自由度由平移算子来描述，它可以用简谐振子的上升和下降算子（b，$b^\dagger$）来表示：

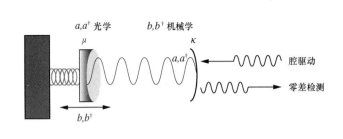

(a)   (b)

图 3.4　阿斯佩尔迈耶实验方案

（a）Aspelmeyer 集团实施的光机系统的示意图；（b）带有布拉格反射镜的双夹式机械谐振器的照片。

经 Nature Physics 5，485（2009）许可使用。机械谐振器以速率 μ 衰减，而腔体以速率 κ 衰减

$$\hat{x} = \sqrt{\frac{\hbar}{2m\omega_m}}(b + b^\dagger) \tag{3.165}$$

式中，m 为机械谐振器的有效质量；ω_m 为相关振动自由度的频率。图 3.4 中，反射镜是布拉格反射层，布置在氮化硅蚀刻的双端固定梁的中心。布拉格反射镜作为法布里－珀罗腔的一端反射镜。固定梁的尺寸为 100 μm×50 μm×1 μm，基模机械频率为 $\omega_m = 2\pi \times 945$ kHz。腔衰变率 $\kappa \approx 0.8\omega_m$，而机械振动模衰减率为 $\mu = \omega_m/30\,000$。

光场与机械共振器之间的耦合是通过辐射压力实现的，机械共振器上的线性力与腔内光线的强度成正比[3.30]。总哈密尔顿量为

$$H = \hbar\omega_c a^\dagger a + \hbar\omega_m b^\dagger b + \hbar G a^\dagger a \hat{x} \tag{3.166}$$

式中，$G = \omega_c/L$，其中 L 为腔的长度。在典型的实验中[3.29]，G 的数量级为 1 Hz。为了使其变大，需要使 L 尽可能小。这最终将受光波长的限制，但一些非常具有创新意义的方案已被提出[3.31]。然而，在许多实验中，人们相干地驱动谐振腔，并围绕稳态振幅周围的光机械相互作用进行线性化。在这些情况下，哈密尔顿量在相干驱动激光器 ω_L 的频率下的交互图片中，

$$H_I = \hbar\Delta a^\dagger a + \hbar\omega_m b^\dagger b + \hbar g(a^\dagger + a)(b + b^\dagger) \tag{3.167}$$

式中，$\Delta = \omega_c - \omega_L$；耦合常数为

$$g = G\alpha_0 \sqrt{\frac{\hbar}{2m\omega_m}} \tag{3.168}$$

式中，在无光机耦合的情况下，α_0 为空腔内的稳态场（假定为实数）。在文献［3.32］的实验中，$g = 2\pi \cdot 325 \text{ kHz}$，其中 $\kappa = 2\pi \cdot 215 \text{ kHz}$，$\mu = 2\pi \cdot 140 \text{ Hz}$，这使得本实验处于强耦合机制下。

类似于囚禁离子的情况，现在可以选择驱动红光边带上的腔，即 $\Delta = \omega_m$，或蓝光边带，即 $\Delta = -\omega_m$。如果耦合不太强，并且处于 $\omega_m > \kappa$ 的解析边带机制下，那么我们可以进行旋转波逼近并对新交互图像中的哈密尔顿量进行近似：

$$H_I = \begin{cases} \hbar(ab^\dagger + a^\dagger b), & \text{红光边带} \\ \hbar(ab + a^\dagger b^\dagger), & \text{蓝光边带} \end{cases} \tag{3.169}$$

像离子阱一样，可以使用红光边带驱动来冷却机械谐振器。在实验[3.29]中，机械谐振器平均冷却到大约 30 个量子，而在 Riviere 等人的实验中[3.33]，则平均冷却到 9 个量子。在最好的情况下（即，由于非共振蓝光边带跃迁和其他未知加热机制而不发热），在强阻尼腔场的极限处的稳态声子数由下式得出：

$$\langle b^\dagger b \rangle_{ss} = \frac{\mu}{\Gamma} \bar{n}_m \tag{3.170}$$

式中，$\bar{n}_m$ 为在机械谐振器的温度下评估的浴中的热平均声子数。

$$\gamma_{om} = \frac{4g^2}{\kappa}$$

$$\Gamma = \mu + \gamma_{om}$$

对于 $\gamma_{om} \gg \mu$ 的情况，会发生明显的冷却。

这些设备的冷却验证与离子阱的情况完全不同。通常使用换能器（例如输出场的零差检测）来监测机械谐振器的长时间位移：

$$x(t) = \sqrt{\frac{\hbar}{2m\omega_m}} [b(t) + b(t)^\dagger] \tag{3.171}$$

如果没有驱动力，那么 $\langle x \rangle_{ss}$ 为零，然而，

$$\langle x^2 \rangle_{ss} = \frac{\hbar}{2m\omega_m} (2\bar{n}_m + 1) \tag{3.172}$$

因此，即使在零度下（$\bar{n}_m = 0$），位移也有波动。这被称为零点噪声。如果传感器是量子限制的，则它不会给信号增加额外的噪声，假设测量信号的两次相关函数与两次相关函数成正比，即

$$G_x(\tau) = \langle x(t)x(t+\tau) \rangle_{t \to \infty} \tag{3.173}$$

并且相应的噪声功率谱为

$$S_x(\omega) = \frac{1}{2\pi} \int_{-\infty}^{\infty} d\tau e^{-i\omega\tau} G_x(\tau) \tag{3.174}$$

在这种情况下，我们发现：

$$S_x(\omega) = \frac{\gamma(2\overline{n}_m + 1)\Delta_0^2}{\gamma^2/4 + (\omega_m - \omega)^2} \tag{3.175}$$

该曲线下方的面积与平均热占用率的直接测量值即（ $2\overline{n}_m + 1$ ）成正比。在共振和零温度下，该结果给出了标准量子极限（SQL）：

$$S_x^{\text{SQL}} = \frac{2\hbar}{m\omega_m \gamma} \tag{3.176}$$

|3.7 量子通信与计算|

量子隐形传态是量子纠缠的一个新的通信任务。它允许将未知的量子态从提供给发送者（A）的客户端系统（C）转移到远程接收者（B）。发送者和接收者共享最大纠缠状态，并且他们可以通过经典信道进行通信。Bennett 等人的最初提案[3.34]根据具有二维希尔伯特空间的系统（量子位[3.35]）提出。根据 Braunstein 和 Kimble[3.37]的建议，Furasawa 等人[3.36]已经证明该方法也可以应用于具有无限维希尔伯特空间的纠缠系统，特别是对于谐振子状态来说。在这项工作中，一个连贯的状态使用由双模压缩真空状态组成的纠缠资源被传送。传送所需的联合测量是客户端系统上的联合正交相位，并且纠缠资源的一部分由接收端共享。

在两种光学模式 A 和 B 之间使用完美的正交相位量子非解离（QND）测量来传送连续变量以创建纠缠资源是可实现的。产生的状态是以前由 Vaidman[3.38]介绍的 EPR 状态的光学模拟，以实现连续可观测的远程传送。EPR 状态不是物理状态，因为正交相本征态是无限能态。然而，我们可以用挤压真空态［方程（3.177）］对这些状态进行任意近似逼近。这是 Furasawa 等人的方案中利用的基本特征。

假设在某个以前的时间产生了一个双模压缩真空状态，并且有一个模式可用于观察者 Alice 在发送位置 A 处的本地操作和测量，而另一个模式对观察者 Bob 在接收位置 B 处的本地操作和测量是开放的。Alice 和 Bob 可以通过经典的通信信道进行通信。因此，Alice 和 Bob 各自都可以进入其中描述的两个纠缠子系统之一：

$$|\varepsilon\rangle_{\text{AB}} = \sqrt{(1-\lambda^2)} \sum_{n=0}^{\infty} \lambda^n |n\rangle_{\text{A}} \otimes |n\rangle_{\text{B}} \tag{3.177}$$

这种状态是由幺正变换从真空状态产生的：

$$U(r) = e^{r(a^\dagger b^\dagger - ab)} \tag{3.178}$$

式中 $\lambda = \tanh r$；a，b 分别指 Alice 准入模式和 Bob 准入模式。

发送者 Alice 可以在状态$|\psi\rangle_{\text{C}}$中访问另一个量子系统客户端（C）。完美（投影）测量由联合正交相位量 $\hat{X}_C - \hat{X}_A$ 和 $\hat{Y}_C + \hat{Y}_A$ 构成，在客户端模式和 Alice 纠缠模式部分 A 上分别使用结果 X 和 Y。通过投影到状态$|X, Y\rangle_{\text{CA}}$来描述由该联合正交测量产生的条件

状态。

$$|X, Y\rangle_{CA} = e^{-\frac{i}{2}\hat{X}_A \hat{Y}_C} |X\rangle_C \otimes |Y\rangle_A \tag{3.179}$$

测量后的总系统的（未标准化的）条件状态由下式给出：

$$\left|\tilde{\psi}^{(X,Y)}\right\rangle_{out} =_{CA} \langle X, Y | \psi \rangle_C |\varepsilon\rangle_{AB} \otimes |X, Y\rangle_{CA} \tag{3.180}$$

接收者 B 模式 B 的状态，表示为 Bob，为纯态：

$$\left|\phi^{(X,Y)}(r)\right\rangle_B = [P(X,Y)]_{CA}^{-1/2} \langle X, Y | \psi\rangle_C \otimes |\varepsilon\rangle_{AB} \tag{3.181}$$

其中，波函数（$\hat{X}_B$ 表达式中）

$$\phi_B^{(X,Y)}(x) = \int_{-\infty}^{\infty} dx' e^{-\frac{i}{2}x'Y} \varepsilon(x, x')\psi(X + x') \tag{3.182}$$

式中，$\psi(x) =_C \langle x|\psi\rangle_C$ 是我们寻求传送的客户端状态的波函数。内核就是双模压缩态资源的波函数。

方程（3.182）中的状态显然不同于我们想要传送的状态。然而，在无限压缩的极限 $r \rightarrow \infty$ 下，我们发现 $g(x_1, x_2; r) \rightarrow \delta(x_1 + x_2)$ 且模式 B 的状态逼近

$$|\phi_{XY}(r)\rangle_B \rightarrow e^{-\frac{i}{2}Y\hat{X}_B} e^{\frac{i}{2}X\hat{Y}_B} |\psi\rangle_B \tag{3.183}$$

取决于在相空间中预期的幺正变换，为要求的传态。

对于有限挤压，在 Bob 的条件控制之后，状态并不是客户端状态的精确副本。可以通过计算 Bob 在位移后接收的状态与客户端状态相同的概率来量化复制的保真度。这个概率称为保真度，由下式给出：

$$F = \left|\left\langle \psi \left| e^{\frac{i}{2}\mu\hat{X}_B} e^{\frac{i}{2}\nu\hat{Y}_B} \right| \phi^{(X,Y)} \right\rangle\right|^2 \tag{3.184}$$

式中，$\mu = gY$，$\nu = gX$。这使得在非理想情况下的位移选择具有一定的灵活性。数量 g 称为增益。在无限挤压的极限中，我们期望 $g \rightarrow 1$。

在实验环境中，测量中的缺陷、经典通信信道中的噪声、纠缠的退化以及局部幺正变换中的缺陷意味着 Bob 的状态与客户端 C 的状态不完全相同。最后一步，在任何传送协议中都要检查状态被传送到什么程度。换句话说，我们需要确定传送状态是我们想要的状态的概率，也就是说我们需要保真度。这当然需要知道模式 C 的实际状态。由于保真度是一个概率，所以它必须被充分采样，所以验证阶段需要在模式 B 中对传送方案的输出状态进行重复测量。前面提到的错误从试验到试验都是独立的，这意味着我们必须将传送的状态概况描述为混合状态 ρ_B。在这种情况下，保真度由下式给出：

$$F = \langle \psi | \rho_B | \psi \rangle \tag{3.185}$$

我们还可以通过对所有可能的客户端状态 $|\psi\rangle$ 的保真度进行平均而获得的平均保真度 $\bar{F}$ 来定义性能的总体度量，其中对纯态集合采用一些适当的度量。我们首先需要指定客户端状态的类以及它们从中提取的集合。在从相干态集合提取客户端状态的情况下，

我们可以获得明确的结果。如果 A 和 B 不共享纠缠，$\bar{F} = \dfrac{1}{2}$，这是传送相干态的传统边界。量子协议将需要提供大于 0.5 的平均保真度。

使用压缩态的量子隐形传态已经在加州理工学院的 Kimble 研究小组中得到证明[3.36]。di Martini 在罗马[3.39]及 Zeilinger 在因斯布鲁克进行了相关实验[3.40]。为了理解加州理工学院的实验，我们需要解释一下前面分析中的一些正式步骤是如何在实验室中完成的。我们还需要理解光子损失和噪声等不完美之处。

为了实现正交组合 $\hat{X}_C - \hat{X}_A$，$\hat{Y}_C + \hat{Y}_A$ 的联合测量，实验首先在 50/50 分束器上组合客户端和发送端场幅度，然后在分束器之后对输出场进行直接零差测量。分束器之后，我们在模式 C 上进行 X 正交的零差测量，在模式 A 上进行 Y 正交测量。在零差检测时，实际测量记录是两个光电流（I_X，I_P）。对于单位效率检测器，这是对应的正交 $\hat{X}_C$，$\hat{Y}_A$ 的最佳测量值。但实际上，效率不是统一的，测量结果中会增加一些噪声。我们稍后会讲这个问题。

测量的光电流是一个经典的随机过程，可以通过标准的通信信道发送给接收端 B。接收到这些信息后，接收方必须使用适当的么正算子来完成协议。平移算子很容易应用于量子光学。为了替换一个模式，比如说 B，我们首先将它与另一个模式结合起来，在一个具有很高反射率的分束器上以大振幅 $\alpha \to \infty$ 的相干态制备，对于模式 B，$R \to 1$。如果 $|\varphi\rangle_B$ 是 B 的状态，那么在分束器处的组合之后，B 的状态将通过下式变换：

$$|\phi\rangle_B \to D(\beta)|\phi\rangle_B \tag{3.186}$$

式中，$D(\beta) = \exp\left(\beta b^\dagger - \beta^* b\right)$ 为么正平移算子，

$$\beta = \lim_{R \to 1} \lim_{\alpha \to \infty} \alpha\sqrt{1-R} \tag{3.187}$$

就 B 的正交算子而言，平移算子可以写成

$$D(x, y) = e^{iy\hat{X}_B + ix\hat{Y}_B} \tag{3.188}$$

式中，$\beta = x + iy$。β 的适当选择将产生完成传送协议所需的平移，这是通过使用测量的光电流利用电控制调制器来控制位移场的实部和虚部来实现的。作为测量记录，光电流是经典的随机过程，它们可以通过增益因子 g 进行缩放以产生所需的 β。

实验包括一个验证 Bob 忠实地复制了客户场的统计数据的额外步骤。在这个实验中，客户的状态是一个相干态。本质上来说，另一方 Victor 正在使用零差检测来验证传送的保真度，以监测传送状态的正交变化。

指示传送成功的关键特征是当 Bob 将适当的么正算子应用到他的状态时 Victor 发现正交噪声的下降，这是通过改变增益 g 来完成的。如果 Bob 根本没有对他的状态进行任何处理（$g = 0$），那么 Victor 只是获得了挤压状态的一半，这种状态的正交噪声电平远高于相干态的真空电平。随着 Bob 改变其增益，Victor 发现正交噪声电平下降，直到在最佳增益下，传送被实现并且方差下降到相干状态的真空电平。当然，实际上，

检测器和控制电路中引入的额外噪声源限制了最佳增益可以达到的程度。

在一个完美的系统中，保真度应该在单位增益下达到峰值。然而，共享纠缠资源中的光子损耗和检测器的无效率降低了此值。在实验中，单位增益的平均保真度为 $F = 0.58 \pm 0.002$。如前所述，这表明纠缠是协议的重要组成部分。

线性光学量子计算

Feynman[3.41]在 1982 年提出，某些问题很难在按照经典力学原理运行的计算机上计算，但在按照量子原理运行的计算机上很容易实现。1985 年，Deutsch[3.42]更详细地展示了量子计算机（QC）所需的条件，并举例说明了与传统机器相比，这种机器应该可以更有效地解决问题。Feynman 提出并由 Deutsch 精心制作的量子计算的承诺在 1994 年 Shor 的保理算法中得到了很明显的体现[3.43]。Shor 算法是量子计算机的高效分解算法，而所有已知的在经典计算机上进行因式分解的算法都需要随着要分解整数大小的增加而呈指数级增长的步数。

量子计算机是如何实现这种巨大的效率提升的？答案在于量子叠加原理。假设我们希望在某个二进制输入字符串 x 上计算一个函数 f 以产生一个二进制输出字符串 $f(x)$。我们可以将输入和输出二进制字符串编码为 N 个量子位的乘积状态，将输出量子位预设为零。现在我们搭建一台机器，以便在幺正量子进化下将状态变换为

$$|x\rangle|0\rangle \rightarrow |x\rangle|f(x)\rangle \tag{3.189}$$

为什么我们要求变换是单一的？考虑一下，当我们在所有可能的输入状态的统一叠加中准备输入量子位时会发生什么：

$$\sum_x |x\rangle|0\rangle \rightarrow \sum_x |x\rangle|f(x)\rangle \tag{3.190}$$

如果动力学是单一的，量子力学的线性确保方程（3.189）隐含了方程（3.190）。在机器的单次运行中，我们似乎已经评估了该函数的所有可能值。

这不像看起来那么有趣。如果测量输出量子位，将随机得到一个值。这看起来没什么意义。看看为什么这样做有用，我们提问：我们何时想要评估某个特定功能的每个值？答案是，当我们对函数的特定值作为函数的属性没有太多兴趣时。我们如何使用方程（3.190）中的叠加状态来确定函数的性质？要弄清楚这些问题，考虑一个函数 f，它将二进制数{0，1}映射到{0，1}。必然有四个这样的函数，其中两个函数是带 $f(0) = f(1)$ 的常数函数，还有两个函数为 $f(0) \neq f(1)$，这就是所谓的平衡函数。现在假设问题涉及确定一个函数是平衡函数还是常数函数。在经典的计算机上，要回答这个问题，需要对函数 $f(0)$ 和 $f(1)$ 进行两次评估，那么需要运行计算机两次。然而量子计算机只需一次运行就可以确定这一性质。

假设有两个量子位。一个量子位将用于编码输入数据，另一个量子位，即输出量子位，将包含机器运行后函数的值。输出量子位初始设置为 0。机器可能会按照方程

（3.189）运行。但是这个表达式有一个问题，即如果 f 是一个常数函数，那么有两个不同的输入状态统一变换为相同的输出状态。显然，这不是一种可逆的转变，因此不能统一实现。这个问题很容易修复，但需要根据下式通过设置机器进行演变：

$$|x\rangle|y\rangle \rightarrow |x\rangle|y \oplus f(x)\rangle \tag{3.191}$$

其中，加法定义为模2，并且允许两个量子位所有可能的设置。实现这种操作的幺正变换称为 f 受控非门[3.44]。输入量子位 x 是控制量子位，而输出量子位 y 是目标量子位。如果控制量子位上的 f 值为 1，则目标量子位被翻转。每一个量子位的幺正变换都可以通过原始逻辑门运算实现为简单的一量子位和二量子位逻辑门。

解决这个问题的量子算法是 Deutsch 首次提出的一种量子算法。它按如下步骤进行：首先，准备状态 $|0\rangle-|1\rangle$ 中的输出量子位（为简单起见，省略了归一化），这可以通过单量子位旋转 $|1\rangle \rightarrow |0\rangle-|1\rangle$ 来完成。这种旋转称为哈达玛变换（Hada mard transformation）。第二步，在 0 状态下准备好输入量子位，然后再实施一个哈达玛门，立即产生函数 f 的两个可能输入的叠加。第三步，通过 f 受控非门将输入输出量子位耦合起来。变换为

$$(|0\rangle+|1\rangle)(|0\rangle-|1\rangle)$$
$$\rightarrow [(-1)^{f(0)}|0\rangle+(-1)^{f(1)}|1\rangle](|0\rangle-|1\rangle) \tag{3.192}$$

在最后一步中，将哈达玛门应用于输入量子位：

$$[(-1)^{f(0)}|0\rangle+(-1)^{f(1)}|1\rangle](|0\rangle-|1\rangle)$$
$$\rightarrow (-1)^{f(0)}|f(0)\oplus f(1)\rangle(|0\rangle-|1\rangle) \tag{3.193}$$

因此，如果 f 是常数函数，则输入量子位处于状态 0；如果 f 是平衡函数，则输入量子位处于状态 1。通过量子位的测量将确定该函数在机器的单次运行中是常数函数还是平衡函数。

这种基于马赫–曾德干涉仪的算法有一个简单的量子光学实现，见图3.5。干涉仪耦合两种模式的场，标记为上（U）和下（L）。模式 U 中的单个光子编码为逻辑1，而模式 L 中的单个光子编码为逻辑0。在输入端，模式 U 中的单个光子被第一分束器转换成叠加状态，处于模式 1 或模式 0。如果对量子位进行编码，使得 $|1\rangle$ 对应于模式 1 中的光子，且 $a|0\rangle$ 对应于模式 0 中的光子，则第一分束器执行哈达玛变换。现在我们在每个臂中插入一个相移 φ_i，它只能设置为 0 或 π 相移。我们将函数的值编码为 $\varphi_0=f(0)\pi$ 和 $\varphi_1=f(1)\pi$。设置干涉仪，使得在没有相移的情况下，光子在确定的情况下在上方检测器处出现，上方检测器编码为 1，下方检测器编码为 0。显然，如果 $f(0)=f(1)$，则一个单一的光子将出现在上方检测器；而如果 $f(0)\neq f(1)$，光子将在较低的检测器检测到，即结果为 0。

前面的例子说明了量子算法的关键特征。首先它涉及纯量子态的幺正变换。其次，我们需要单个量子位和两个量子位相互作用来产生纠缠态。这些是哈达玛变换（H门）和一个受控的 NOT 变换（CNOT 门）。事实证明，任意单个量子位旋转的合适网络连同受控的非门，就可以执行涉及任意多个量子位的任何计算。

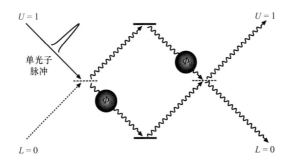

图 3.5　根据马赫–曾德干涉仪借助 Deutsch 算法的光学实现。
根据二进制函数 f 的值来选择相移，如 $\varphi_0 = f(0)\pi$，$\varphi_1 = f(1)\pi$

在 Deutsch 算法的干涉实现中，使用了基于一对空间模式之一的单光子激发的简单物理量子位，称为双轨逻辑。逻辑状态与物理光子数状态之间的关系为

$$|0\rangle_{\mathrm{L}} = |1\rangle_1 \otimes |0\rangle_2 \tag{3.194}$$

$$|1\rangle_{\mathrm{L}} = |0\rangle_1 \otimes |1\rangle_2 \tag{3.195}$$

这些模式可以是通过波矢量的不同方向区分的分束器的两种输入模式，或者可以通过极化来区分它们。在分束器的情况下，通过线性变换可以轻易地实现单个量子门。

$$a_i(\theta) = U(\theta)^\dagger a_i U(\theta) \tag{3.196}$$

式中，$U(\theta) = \exp[\theta(a_1 a_2^\dagger - a_1^\dagger a_2)]$。因此，

$$a_1(\theta) = \cos\theta a_1 - \sin\theta a_2 \tag{3.197}$$

$$a_2(\theta) = \cos\theta a_2 + \sin\theta a_1 \tag{3.198}$$

以逻辑为基础的描述变成

$$|0\rangle_{\mathrm{L}} \to \cos\theta_i |0\rangle_{\mathrm{L}} - \sin\theta_i |1\rangle_{\mathrm{L}} \tag{3.199}$$

$$|1\rangle_{\mathrm{L}} \to \cos\theta_i |1\rangle_{\mathrm{L}} + \sin\theta_i |0\rangle_{\mathrm{L}} \tag{3.200}$$

单量子门易于通过分束器、1/4 波片、移相器等线性光学器件实现，但双量子门是困难的。为了实现下式定义的受控相位门（CSIGN）：

$$|x\rangle_{\mathrm{L}}|y\rangle_{\mathrm{L}} \to U_{\mathrm{CP}}|x\rangle_{\mathrm{L}}|y\rangle_{\mathrm{L}} = (-1)^{x,y}|x\rangle_{\mathrm{L}}|y\rangle_{\mathrm{L}} \tag{3.201}$$

在双轨单光子码中，这可以使用双模 Kerr 非线性来实现。哈密尔顿量描述了双模式泛化：

$$H = \hbar\chi a_1^\dagger a_1 a_2^\dagger a_2 \tag{3.202}$$

在单光子水平，哈密尔顿量产生变换，即 $|x\rangle|y\rangle \to e^{-ixy\chi t}|x\rangle|y\rangle$，在双轨光子码的逻辑基础上实现 CSIGN 门是一件简单的事情。

在实现这种方法时至少会有两个问题：① 难以在实验室中实现数字状态；② 难以产生 π 阶单光子相移。第二个问题是非常重要的。对于像单光子那样低强度的场，三阶光学非线性非常小。然而，实验进展最终可能会解决这些问题[3.45,46]。

实现大单光子条件相移的一种完全不同的方法是基于在进行测量时得到的状态的

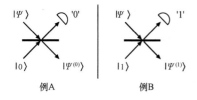

例A   例B

图 3.6 光子计数测量的一个条件状态转换条件

非单调变换。考虑图 3.6 所示的情况，光场的两种模式通过分束器耦合。假定一种模式处于真空状态（a）或单光子状态（b），而另一种模式是任意的。一个单光子计数器放置在模式 2 的输出端口中。如果给定 n 个光子的计数，模式 1 的条件状态是什么？

考虑两种模式，a_1 和 a_2 以及由方程（3.197）、方程（3.198）给出的单参数幺正变换描述的分束器相互作用，现在假设在模式 a_2 上对光子进行计数并且计算以下两种情况中模式 a_1 的条件状态：不计数，也用于模式 a_2 的单个计数。模式 a_1 的条件状态由（非归一化）下式给出：

$$\left|\tilde{\psi}^{(i)}\right\rangle_1 = \hat{r}(i)|\psi\rangle_1 \tag{3.203}$$

式中，

$$\hat{r}(i) =_2 \langle i|U(\theta)|i\rangle_2 \tag{3.204}$$

式中，$i = 1, 0$。观察每个事件的概率由下式给出：

$$P(i) = \langle\psi|\hat{r}^\dagger(i)\hat{r}(i)|\psi\rangle_1 \tag{3.205}$$

式中确定了状态的归一化，

$$\left|\psi^{(i)}\right\rangle_1 = \frac{1}{\sqrt{P(i)}}\left|\tilde{\psi}^{(i)}\right\rangle_1 \tag{3.206}$$

可以得到

$$\hat{r}(0) = \sum_{n=0}^{\infty} \frac{(\cos\theta-1)^n}{n!}(a_1^\dagger)^n a_1^n,$$

$$\hat{r}(1) = \cos\theta\,\hat{r}^{(0)} - \sin^2\theta\, a_1^\dagger \hat{r}^{(0)} a_1$$

使用正规编序可以更简洁地写成

$$\hat{r}(0) =: e^{\ln(\cos\theta)} : \tag{3.207}$$

为了了解如何使用这些转换来实现 CSIGN 门，可考虑图 3.7 所示的情况，三个光学模式在具有分束器参数 θ_i 的三个分束器的序列上混合。辅助模式 a_1 和 a_2 分别被限制在处于单光子状态 $|1\rangle_2$ 和 $|0\rangle_3$ 中。我们将假设信号模式 a_0 限制为最多有两个光子，因此，

$$|\psi\rangle = \alpha|0\rangle_0 + \beta|1\rangle_0 + \gamma|2\rangle_0 \tag{3.208}$$

这表明在双轨编码中，一般的两个量子位状态最多可以有两个光子。目标是选择分束器参数，当模式 2 和 3 输出端的两个检测器分别检测到 1 个和 0 个光子（即检测到它们的占用不变）时，信号状态被转换为

$$|\psi\rangle \rightarrow |\psi'\rangle = \alpha|0\rangle + \beta|1\rangle - \gamma|2\rangle \tag{3.209}$$

其中，概率与输入状态 $|\psi\rangle$ 无关。最后一个条件是必不可少的，因为在量子计算中，一般的双量子门的输入状态是完全未知的，将这个变换称为 NS（用于非线性符号移位）门。这可以使用下式得出：$\theta_1 = -\theta_3 = 22.5°$ 和 $\theta_2 = 65.53°$。调节事件的概率（$n_2 = 1$，$n_3 = 0$）为 1/4。请注意，我们无法在给定的实验中确定是否将执行正确的变换。这种门被称为

非确定门。关键是，光子计数器的结果预示着成功（假设理想运算）。

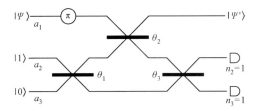

图 3.7　在三种光学模式上进行条件状态转换，其条件为在附属模式 a_2、
a_3 上的光子计数测量。信号模式 a_1 进行 π 相移

现在可以在双轨基础上进入 CSIGN 门。考虑图 3.8 所示的情况。首先采用 $|1\rangle_L |1\rangle_L$ 的两个双轨量子位编码。每个量子位的单光子分量指向一个 50/50 分束器，它们在空间和时间上完美地重叠并产生 $|0\rangle_2 |2\rangle_3 + |2\rangle_2 |0\rangle_3$ 的状态，这种状态称为 Hong–Ou–Mandel（HOM）干扰[3.47]。然后，将一个 NS 门插入到 HOM 干扰的每个输出臂中。当每个臂中的条件们以 1/16 的概率工作时，状态被乘以整体负号。最后，将这些模式指向另一个 HOM 干扰。输出状态因此被看作 $-|1\rangle_L |1\rangle_L$。可以轻松地检查其他三种情况的输入逻辑状态，以查看该设备以 1/16 的概率实现 CSIGN 门的情况。

很明显，一系列非确定性门并不会有太大的用处：几步之后成功的概率将呈指数级减小。使用非确定门进行量子计算的关键思想是基于 Gottesmann 和 Chuang[3.48]的传输量子门的思想。在量子隐形传态中，未知的量子态可以从 A 传输到 B，前提是 A 和 B 首先共享一个纠缠态。Gottesmann 和 Chuang 意识到，可以同时传送两个量子位量子态，并在此过程中实现一个双量子门，方法是首先将门电路应用于传输之前的 A 和 B 共享的纠缠态。

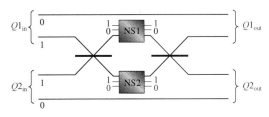

图 3.8　光子计数测量的一个条件状态转换条件。一个 CSIGN 门的工作概率为 1/16。
它使用 HOM 干扰和两个 NS 门

我们使用非确定性 NS 门来准备所需的纠缠态，并且只有在已知此阶段工作时才能完成传输。传输步骤本身是非确定性的，但是，正如下面所看到的，通过使用适当的纠缠资源，可以使远程传输步骤接近确定。近确定性的远距传送协议只需要光子计数和快速前馈。我们不需要在贝尔态基础上（Bell basis）进行测量。

图 3.9 显示了一个非确定性的远距传输测量。客户端状态是模式 $0\alpha|0\rangle_0 + \beta|1\rangle_0$ 中的单光子状态，然后我们准备纠缠的附属状态

$$|t_1\rangle_{12} = |01\rangle_{12} + |10\rangle_{12} \tag{3.210}$$

其中，模式 1 由发送者 A 持有，模式 2 由接收者 B 持有。为了简单起见，在任何可能

的地方省略归一化常量。这种附属状态很容易通过一个分束器从$|01\rangle_{12}$产生。

如果总数为$n_0+n_1=0$或$n_0+n_1=2$，则对客户端状态进行有效测量，并且传输失败。然而，如果$n_0+n_1=1$以0.5的概率出现，则隐形传态成功，两个可能的条件状态为

$$\alpha|0\rangle_2 + \beta|1\rangle_2 \qquad \text{if } n_0=1, n_1=0 \qquad (3.211)$$

$$\alpha|0\rangle_2 - \beta|1\rangle_2 \qquad \text{if } n_0=0, n_1=1 \qquad (3.212)$$

该程序实现了部分贝尔测量，我们将其称为非确定性远距传输协议$T_{1/2}$。请注意，远程端口故障被检测到并对应于客户端量子位状态的光子数测量。检测到的数量测量是一种非常特殊的错误，可以通过适当的纠错协议轻松纠正。详情请参阅文献［3.49］。

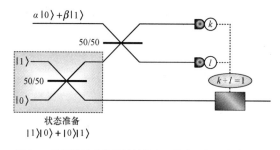

图3.9 使用线性光学器件的单光子状态的部分传输系统

下一步是使用$T_{1/2}$来实现以成功概率1/4的条件符号翻转$\text{csign}_{1/4}$。请注意，为了分别在模式1，2和3，4中对两个玻色子量子位执行csign，可以首先将每个量子位的第一模式传送到两个新模式（标记为6和8），然后将csign应用于新模式。使用$T_{1/2}$时，可能需要应用符号更正。由于这与csign交换，所以在执行测量之前，没有什么能够阻止将csign应用于准备好的状态。具体实现如图3.10所示，现在首先尝试准备已应用csign的$|t_1\rangle$的两个副本，然后执行两个部分贝尔测量。在准备好的状态下，成功的概率是$(1/2)^2$。可以使用$\text{csign}_{1/16}$来准备状态，这意味着在可以继续进行之前，平均准备必须重试16次。

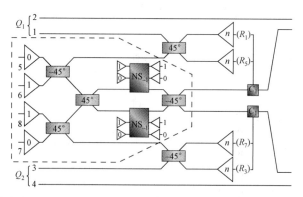

图3.10 具有远距传输功能的CSIGN双量子门将成功概率提高到1/4。当使用基本传输协议（T_1）时，我们可能需要应用符号校正。由于与CSIGN交换，可以在执行测量之前将CSIGN应用于准备好的状态，从而将CSIGN的实施减少到状态准备（轮廓虚线）和两个远程端口。两个传送测量各自的成功概率为1/2，净成功概率为1/4。校正操作C_1包括测量结果需要时应用移相器

为了提高成功传送到 $1-1/(n+1)$ 的概率，通过定义推广初始纠缠：

$$|t_n\rangle_{1\cdots 2n} = \sum_{j=0}^{n} |1\rangle^j |0\rangle^{n-j} |0\rangle^j |1\rangle^{n-j} \qquad (3.213)$$

式中，符号 $|a\rangle^j$ 表示 $|a\rangle|a\rangle\cdots$，j 次。模式从 $1\sim 2n$ 标记，从左到右。请注意，状态存在于 n 个玻色子量子位的空间中，其中第 k 个量子位以模式 $n+k$ 和 k（按此顺序）编码。

为了传送状态 $\alpha|0\rangle_0 + \alpha|1\rangle_0$，首先通过在模式 $0\sim n$ 上应用 $n+1$ 点傅里叶变换，将客户端模式耦合到附属模式的一半。这是由模式转换定义的：

$$a_k \to \frac{1}{\sqrt{n+1}} \sum_{l=0}^{n} \omega^{kl} a_l \qquad (3.214)$$

式中，$\omega = e^{i2\pi/(n+1)}$。这种变换不会改变总的光子数量，并且可以用被动线性光学器件来实现。应用傅里叶变换后，测量 $0\sim n$ 每种模式中的光子数。如果测量完全检测到 k 个玻色子，则有可能显示[3.49]，如果 $0<k<n+1$，则传送状态出现在模式 $n+k$ 中，只需要通过施加相移来校正。对于 $0\leqslant l<(n-k)$，模式 $2n-l$ 处于状态 1，并且可以在将来需要单玻色子的制备中重复使用。对于 $n-k<l<n$，模式处于状态 0。如果 $k=0$ 或 $k=n+1$，则对客户端进行有效测量，并且传送失败。无论输入如何，这两个事件的概率都是 $1/(n+1)$。请注意，再次检测到故障并对应于基准 $|0\rangle$ 中的测量值，其结果已知。在测量之后，必要的校正和接收模式都是未知的。

上面描述的线性光学量子计算（LOQC）模型可以通过采用量子计算的群状态方法而大大简化[3.50]。簇态模型由 Raussendorf 和 Breigel[3.51]开发，与我们一直使用的电路模型完全不同。在簇态量子计算中，首先在特殊的纠缠态准备一系列量子位，然后通过进行一系列单量子位测量来进行计算。每项测量都是基于先前的测量结果。Nielsen 意识到，文献［3.49］的 LOQC 模式可以用于使用非确定性远距传物 tn 的有效簇光组装。正如我们所看到的，这个门的故障模式构成了计算基础中量子位的偶然测量。关键在于这样的错误不会破坏整个组装的光簇，而只是从光簇中分离一个量子位。这使得协议的设计能够产生一个平均增长的光簇。LOQC 簇态方法大大减少了实施原始 LOQC 方案所需的光学元件的数量。当然，如果有大的单光子克尔非线性可用，那么光簇态方法可以是确定的[3.52]。

实验室已经实施了一些 LOQC 方案。第一个实验是由 Pittmann 和 Franson[3.53]完成的，使用了在自发参数下转换过程中易于产生为光子对的纠缠附属物。O'Brien 等人[3.54]实施了 LOQC 模型的简化版本，这是根据 Ralph 等人[3.55]针对 CNOT 门的建议实施的。通过在 NS 门实现中首先将分束器参数 θ_1 和 θ_3 设置为零，并且仅在输出端测量光子符合来实现简化。该门执行 CNOT 门的所有操作，但只需要双光子输入。仅检测光子符合意味着必须对器件进行配置，以便正确的操作能够在输出端对两个光子进行重合检测。门是不确定的，但门故障根本没有被检测到。本质上来说，控制（C）和目标（T）量子位作为自己的附属物。

在昆士兰大学（UQ）所做的实验中，每个量子位的两种模式通过正交极化来区分。

这可以通过使用偏振分束器和半波片转换为空间模式编码。使用基于双光子重合检测的门的关键优点是可以使用自发参数向下转换（SPDC）来代替真正的单光子源。SPDC 在随机时间以两种不同的时空模式产生光子对，产生两个以上光子的概率很小，可以忽略不计。

另外，如果速率足够高，则可以使用高阶或多阶产生的四光子状态直接实现文献［3.49］的门。Zeilinger 小组实现了一个接近原始提议的 NS 门，使用偏振编码和自发参数下变换发出的四光子状态[3.56]。正如文献［3.54］的实验中，一致性检测配置被用来指示门的正确运算。实验观察到的条件相移为（1.05±0.06）π。Okamoto 等人[3.57]首次证明了原始 LOQC 门的四光子实现。该实验使用了基于移位萨格纳克干涉仪和几个部分偏振分束器的干涉仪网络中通过 I 型自发参量向下转换生成的四光子状态，直接在文献［3.49］提出的 LOQC 方案的核心实现了双光子干涉。

状态层析成像提供了门操作保真度的诊断，当输出纠缠时，这是对输出状态的全密度矩阵的重构[3.58]。状态断层扫描要求对 16 个不同的双量子位预测的测量结果进行统计。鉴于这些统计数据，可以设计反演来重建输出状态的密度矩阵。给定密度矩阵，可以计算它的重叠或保真度，相对于理想门将产生的纯理想纠缠态 $|\psi^-\rangle$。在 $|\psi^-\rangle$ 的情况下，在文献［3.54］的实验中获得的保真度为 0.87±0.08。这是非常高的，以至于这种状态在检测过程中没有被破坏，这将与贝尔不等式实验冲突。Okamato 等人[3.57]的四光子实验实现使预测的 CNOT 门的平均门保真度为 0.82±0.01。

线性光量子计算方案的未来进展很可能基于簇态实现。Zeilinger 小组首先实施了四光子簇态实现[3.59]。Browne 和 Rudolph[3.60]提出了一种基于融合门的非常好的方法。Gao 等人已经验证了四光子和六量子态 CNOT 门[3.61]。

｜参 考 文 献｜

［3.1］ L. H. Ryder：*Quantum Field Theory*（Cambridge Univ. Press，Cambridge 1996）

［3.2］ R. Loudon：*Quantum Theory of Light*（Oxford Univ. Press，Oxford 1973）

［3.3］ B. W. Shore，P. L. Knight：The Jaynes-Cummings model，J. Mod. Opt. **40**，1195－1238（1993）

［3.4］ T. Aoki，B. Dayan，E. Wilcut，W. P. Bowen，A. S. Parkins，T. J. Kippenberg，K. J. Vahala，H. J. Kimble：Observation of strong coupling between one atom and a monolithic microresonator，Nature **443**，671（2006）

［3.5］ G. J. Milburn，S. L. Braunstein：Teleportation using squeezed vacuum states，Phys. Rev. A **60**，937（1999）

［3.6］ A. Migdal，J. Dowling（Eds.）：Single photon sources，Special Issue，J. Mod Opt. **51**（9－10）（2004）

［3.7］ A. B. U'Ren，E. Mukamel，K. Banaszek，I. A. Walmsley：Managing photons for quantum information processing, Phil. Trans. Roy. Soc. A **361**, 1471（2003）

［3.8］ R. J. Glauber: The quantum theory of optical coherence, Phys. Rev. **130**, 2529（1963）

［3.9］ L. Mandel, E. C. G. Sudarshan, E. Wolf: Theory of photoelectric detection of light fluctuations, Proc. Phys. Soc. **84**, 435–444（1964）

［3.10］ P. L. Kelley, W. H. Kleiner: Theory of electromagnetic field measurement and photoelectron counting, Phys. Rev. A **136**, 316（1964）

［3.11］ H. P. Yuen, J. H. Shapiro: Optical communication with two-photon coherent states. III-Quantum measurements realizable with photoemissive detectors, IEEE Trans. Inform. Theory **26**, 78（1980）

［3.12］ H. J. Collett, D. F. Walls: Squeezing spectra for nonlinear optical systems, Phys. Rev. A **32**, 2887（1985）

［3.13］ C. W. Gardiner: *Handbook of stochastic processes*（Springer, Berlin Heidelberg 1985）

［3.14］ H. J. Carmichael: *Statistical Methods in Quantum Optics* 1, *Master Equations and Fokker Planck Equations*（Springer, Berlin Heidelberg 1999）

［3.15］ D. H. Santamore, H. -S. Goan, G. J. Milburn, M. L. Roukes: Anharmonic effects on a phonon-number measurement of a quantum-mesoscopic-mechanical oscillator, Phys. Rev. A **70**, 052105（2004）

［3.16］ D. F. Walls, G. J. Milburn: *Quantum Optics*（Springer, Berlin Heidelberg New York 1994）

［3.17］ H. J. Carmichael, D. F. Walls: Proposal for the measurement of the resonant Stark effect by photon correlation techniques, J. Phys. B **9**, L43（1976）

［3.18］ M. D. Srinivas, E. B. Davies: Photon counting probabilities in quantum optics, J. Mod. Opt. **28**, 981（1981）

［3.19］ K. Mølmer, Y. Castin, J. Dalibard: Monte Carlo wave-function method in quantum optics, J. Opt. Soc. Am. B **10**, 524（1993）

［3.20］ J. I. Cirac, P. Zoller: Quantum computations with cold trapped ions, Phys. Rev. Lett. **74**, 4091（1995）

［3.21］ H. J. Dehmelt: Proposed dye laser study of $5s4de2$ transition in single Sr⁺ ion, Bull. Am. Phys. Soc. **20**, 60（1975）

［3.22］ J. C. Bergquist, R. G. Hulet, W. M. Itano, D. J. Wineland: Observation of quantum jumps in a single atom, Phys. Rev. Lett. **57**, 1699（1986）

［3.23］ J. I. Cirac, R. Blatt, P. Zoller, W. D. Philips: Laser cooling of trapped ions in a standing wave, Phys. Rev. A **46**, 2668（1992）

［3.24］ D. Leibfried, R. Blatt, C. Monroe, D. Wineland: Quantum dynamics of single trapped ions, Rev. Mod Phys. **75**, 281（2003）

［3.25］ C. Monroe, D. M. Meekhof, B. E. King, S. R. Jefferts, W. M. Itano, D. J. Wineland, P. L. Gould: Resolved-sideband Raman cooling of a bound atom to the 3D zero-point energy, Phys. Rev. Lett. **75**, 4011（1995）

［3.26］ T. J. Kippenberg, K. J. Vahala: Cavity optomechanics: Back-action at the meso-scale, Sciance **321**, 1172－1176（2010）

［3.27］ V. B. Braginsky: *Measurement of Weak Forces in Physics Experiments*（Univ. of Chicago Press, Chicago 1977）

［3.28］ I. Wilson-Rae: Intrinsic dissipation in nanome-chanical resonators due to photon tunneling, Phys. Rev. B **77**, 245418（2008）

［3.29］ S. Gröblacher, J. B. Hertzberg, M. R. Vanner, G. D. Cole, S. Gigan, K. C. Schwab, M. Aspelmeyer: Demonstration of an ultracold micro- optomechanical oscillator in a cryogenic cavity, Nat. Phys. **5**, 485（2009）

［3.30］ A. Dorsel, J. D. McCullen, P. Meystre, E. Vignes, H. Walther: Optical bistability and mirror confinement induced by radiation pressure, Phys. Rev. Lett. **51**, 1550（1983）

［3.31］ M. Eichenfield, J. Chan, R. M. Camacho, K. J. Vahala, O. Painter: Optomechanical crystals, Nature **462**, 78（2009）

［3.32］ S. Gröblacher, K. Hammerer, M. R. Vanner, M. Aspelmeyer: Observation of strong coupling between a micromechanical resonator and an optical cavity field, Nature **460**, 724（2009）

［3.33］ R. Riviere, S. Deleglise, S. Weis, E. Gavartin, O. Arcizet, A. Schliesser, T. J. Kippenberg: arXiv: 1011.0290（2010）

［3.34］ C. H. Bennett, G. Brassard, C. Crepeau, R. Jozsa, A. Peres, W. K. Wooters: Teleporting an unknown quantum state via dual classical and Einstein-Podolsky-Rosen channels, Phys. Rev. Lett. **70**, 1895（1993）

［3.35］ B. Schumacher: Quantum coding, Phys. Rev. A **51**, 2783（1995）

［3.36］ A. Furasawa, J. L. Sørensen, S. L. Braunstein, C. A. Fuchs, H. J. Kimble, E. S. Polzik: Unconditional quantum teleportation, Science **282**, 706（1998）

［3.37］ S. L. Braunstein, H. J. Kimble: Teleportation of continuous quantum variables, Phys. Rev. Lett. **80**, 869（1998）

［3.38］ L. Vaidman: Teleportation of quantum states, Phys. Rev. A **49**, 1473（1994）

［3.39］ D. Boschi, S. Branca, F. De Martini, L. Hardy, S. Popescu: Experimental realization of teleporting an unknown pure quantum state via dual classical and Einstein-Podolsky-Rosen channels, Phys. Rev. Lett. **80**, 1121（1998）

［3.40］ D. Bouwmeester, J. −W. Pan, M. Daniell, H. Weinfurter, M. Zukowski, A. Zeilinger: Experimental quantum teleportation, Nature **390**, 575（1997）

［3.41］ R. P. Feynman: Simulating physics with computers, Int. J. Theor. Phys. **21**,

467（1982）

[3.42] D. Deutsch：Quantum-theory，the Church-Turing principle and the universal quantum computer，Proc. R. Soc. Lond. A **400**，97−117（1985）

[3.43] P. Shor：Algorithms for quantum computation：Discrete logarithms and factoring，Proc. 35th Annu. Symp. Found. Comput. Sci.（1994），See also LANL preprint quant-ph/9508027

[3.44] R. Cleve, A. Ekert, L. Henderson, Ch. Macchiavello, M. Mosca：On quantum algorithms，LANL quantph/9903061 17 Mar 1999

[3.45] Q. A. Turchette, C. J. Hood, W. Lange, H. Mabuchi, H. J. Kimble：Measurement of conditional phase shifts for quantum logic，Phys. Rev. Lett. **75**，4710（1995）

[3.46] K. Nemoto, W. J. Munro：Nearly deterministic linear optical controlled-NOT gate，Phys. Rev. Lett. **93**，250502（2004）

[3.47] C. K. Hong, Z. Y. Ou, L. Mandel：Measurement of subpicosecond time intervals between two photons by interference，Phys. Rev. Lett. **59**，2044（1987）

[3.48] D. Gottesman, I. L. Chuang：Demonstrating the viability of universal quantum computation using teleportation and single-qubit operations，Nature **402**，390−393（1999）

[3.49] E. Knill, R. Laflamme, G. J. Milburn：Efficient linear optical quantum computation，Nature **409**，46（2001）

[3.50] M. A. Nielsen：Optical quantum computation using cluster states，Phys. Rev. Lett. **93**，040503（2004）

[3.51] R. Raussendorf, H. J. Briegel：A one-way quantum computer，Phys. Rev. Lett. **86**，5188（2001）

[3.52] G. D. Hutchinson, G. J. Milburn：Nonlinear quantum optical computing via measurement，J. Mod. Opt. **51**，1211−1222（2004）

[3.53] T. B. Pittman, B. C. Jacobs, J. D. Franson：Probabilistic quantum logic operations using polarizing beam splitters，Phys. Rev. A **64**，062311（2001）

[3.54] J. L. O'Brien, G. J. Pryde, A. G. White, T. C. Ralph, D. Branning：Demonstration of an all-optical quantum controlled-NOT gate，Nature **426**，264（2003）

[3.55] T. C. Ralph, N. K. Langford, T. B. Bell, A. G. White：Linear optical controlled-NOT gate in the coincidence basis，Phys. Rev. A **65**，062324（2002）

[3.56] K. Sanaka, T. Jennewein, J. −W. Pan, K. Resch, A. Zeilinger：Experimental nonlinear sign shift for linear optics quantum computation，Phys. Rev. Lett. **92**，017902−1（2004）

[3.57] R. Okamoto, J. L. O'Brien, H. F. Hofmann, S. Takeuchi：Realization of a Knill-Laflamme-Milburn C-NOT gate-a photonic quantum circuit combining effective optical nonlinearities, arXiv: 1006.4743（2011）

［3.58］ D. F. W. James, P. G. Kwiat, W. G. Munro, A. G. White: Measurement of qubits, Phys. Rev. A **64**, 052312（2001）

［3.59］ P. Walther, K. J. Resch, T. Rudolph, E. Schenck, H. Weinfurter, V. Vedral, M. Aspelmeyer, A. Zeilinger: Experimental one-way quantum computing, Nature **434**, 169（2005）

［3.60］ D. Browne, T. Rudolph: Resource-efficient linear optical quantum computation, Phys. Rev. Lett. **95**, 10501（2005）

［3.61］ W. −B. Gao, P. Xu, X. −C. Yao, O. Gühne, A. Cabello, C. −Y. Lu, C. −Z. Peng, Z. −B. Chen, J. −W. Pan: Experimental realization of a controlled-NOT gate with four-photon six-qubit cluster states, Phys. Rev. Lett. **104**, 020501（2010）

第 4 章

纳米光学

纳米光学涉及光学近场，电磁场介于彼此紧邻的纳米粒子之间的相互作用。光学近场之间其能量局限于原子核周围电子云等纳米粒子周围的这种相互作用，它的衰变长度与颗粒大小成正比。本章主要是纳米光学的一个主要分支——纳米光子学的综述，纳米光子学利用了光学近场技术。纳米光子学的真正本质是通过利用光学近场相互作用引起的新功能和现象来实现那些使用传统的传播光无法完成的光子器件、制造和系统的定性创新。本章介绍了这种定性创新的证据，其中包括新型纳米光子器件、制造技术、能量转换、系统和与学科相关扩展。

|4.1 基 础 知 识|

纳米光学研究的是纳米尺寸颗粒中或纳米粒子上产生的光。它已被应用于开创一个创新的技术领域，即纳米光子学，以便开发 Ohtsu 所提出的新型光子器件、制造技术、能量转换和系统[4.1]。纳米光子学已成为减小光子器件的尺寸、提高光学制造的分辨率以及增加光盘存储器存储密度的一种方法。然而，光的衍射极限阻碍了这些改进的实现。

尽管从最近已经开发出来的光子器件所应用的下列技术中可以看出，与纳米光子学有很多相似之处。但是，它们仍不能将这些器件的尺寸减小到超出衍射极限。

4.1.1 光子晶体

这是一种过滤装置[4.2]，其可用于通过在器件材料中安装亚波长尺寸的周期性结构来像衍射光栅一样控制光学干涉和光散射。散射光之间集中光能的相长干涉发生在材料的中心。与此相反，在材料的边缘，散射光会发生破坏性地干涉。为了保持相消干涉，边缘必须比光的波长足够大；否则相长干涉不被保持，并且集中在中心的光线会泄漏到边缘。这意味着光子晶体涉及传统的波光学技术，并且该装置的最小尺寸受到衍射的限制。

4.1.2 表面等离子体光子学

这种技术可通过激发自由电子使金属中光的共振增强[4.3]。由于与自由电子的强烈相互作用，光能可以作为等离子体激元在金属表面上集中。然而，这项技术是基于金属中的波动光学元件，而这又受到衍射的限制。诸如超表面光学[4.4]和具有负折射率材料的光学[4.5]等相关技术也受到衍射的限制。

4.1.3 硅光子学

这项技术[4.6]包括开发使用高折射率硅晶体的窄带光波导来有效地限制光线。这也是波光学在硅中的应用，并受到衍射的限制。

4.1.4 量子点激光器

这是一种使用纳米尺寸的半导体量子点作为增益介质的激光器件[4.7]。因为量子点比光的波长小得多，光由于散射和衍射而不能有效地限制在单个量子点中。为了解决这个问题，在传统的激光腔中安装了大量的量子点，这意味着器件尺寸会受到衍射的限制。

尽管上面所列出的四个例子近年来一直是受欢迎的研究对象，但它们都是基于衍射极限波光学的。即使将来使用新型材料或纳米材料，只要其运行使用了传播光，光子器件的尺寸就不能超过衍射极限。这也适用于改进光学制造的分辨率和增加光盘存储器的存储密度。为了超越衍射极限，需要采用非传播性纳米尺寸的光以这样的方式在纳米尺寸的材料中引发初始激发，以使得激发的空间相位与入射光的空间相位无关。

|4.2　纳米光子学原理|

纳米光子学是减少光线尺寸的有前途的候选技术。如果纳米尺寸的粒子被传播光照射，它会产生可传播到远场并表现出衍射的散射光。然而，能量集中在颗粒表面的非传播光在颗粒表面也产生一个光学近场。此外，局域化的程度等同于与入射光波长无关的粒径，在纳米粒子的情况下，其比波长小得多。因此，利用光学近场可以实现能突破衍射极限所强加界限的新技术，从而实现光学技术的量化创新。

光学近场是总是存在于受照射纳米粒子周围的光子虚拟云，其能量波动 δE 和波动持续时间 τ 的关系成海森堡不确定性（Heisenberg uncertainty），$\tau \delta E \cong \hbar$，其中 $\hbar$ 是普朗克常数除以 2π。根据这个关系，光子虚拟云（简称为虚拟光子）的线性维数由下式给出：$r \cong c\tau \cong \hbar c / \delta E$，其中 c 是光速。在可见光照射下（光子能量约为 2 eV），估计 r 约为 100 nm。这意味着，如果粒子小于 100 nm，那么虚拟光子对受照粒子表面影响较大。换句话说就是，亚微米尺寸物质的光学性质并不受虚拟光子的影响。

光学近场的这个特征（即，虚拟光子）可以通过使用常用于基本粒子物理学的费曼图（图 4.1）来最恰当地描述。在该图中，受照纳米粒子中的电子发射出光子并且可以在短时间内被重新吸收。这个光子不过是一个虚拟光子，它的能量集中在纳米粒子的表面。独立于该虚拟光子，电子还可以发射出真正的光子（也称为自由光子）。这个光子是传统的传播散射光。由于虚拟光子保持在电子附近，它可以以独特的方式与电子耦合。这种耦合状态称为缀饰光子，从光子能量转移的角度来看，它是一个准粒子。它是携带着物质激发能量的缀饰光子，而不是自由光子。由于材料激发能量，缀饰光子的能量 $h\nu_{dp}$ 因此也大于自由光子的能量 $h\nu$。

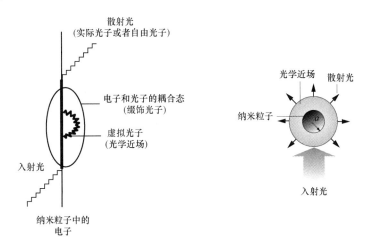

图 4.1　表示光近场产生的费曼图

为了检测缀饰光子，应将第二个纳米粒子紧靠着第一个粒子放置，以便干扰第一个粒子上的缀饰光子。这个干扰会产生一个可传播散射光的自由光子，通过安装在远场的传统光电探测器可以检测到这些散射光。这种检测方法表明，缀饰光子能量在两个粒子之间交换。

在理论上，可以通过假定一个库仑规范的多极量子电动力学哈密尔顿量和有限纳米系统中的单个粒子态来描述缀饰光子[4.8]。它的湮灭和产生算子可分别表示为

$$\tilde{a}_{k\lambda} = a_{k\lambda} - iN_k \sum_{\substack{\alpha > F \\ \beta < F}} [\rho_{\beta\alpha\lambda}^*(k)A_{\alpha\beta}^\dagger + \rho_{\alpha\beta\lambda}^*(k)A_{\alpha\beta}] \tag{4.1}$$

和

$$\tilde{a}_{k\lambda}^\dagger = a_{k\lambda}^\dagger + iN_k \sum_{\substack{\alpha > F \\ \beta < F}} [\rho_{\alpha\beta\lambda}(k)A_{\alpha\beta}^\dagger + \rho_{\beta\alpha\lambda}(k)A_{\alpha\beta}] \tag{4.2}$$

式中，k 为自由光子的波数；λ 为自由光子的偏振态；N_k 为归一化常数；α 和 β 分别代表费米能级 F 以上和以下的电子能态；$(a_{k\lambda},\ a_{k\lambda}^\dagger)$ 和 $(A_{\alpha\beta},\ A_{\alpha\beta}^\dagger)$ 分别为自由光子和电子空穴对的湮灭和产生算子；$\rho_{\alpha\beta\lambda}(k)$ 为纳米粒子的跃迁偶极子空间分布 $\rho_{\alpha\beta\lambda}(r)$ 的傅里叶变换。

由于纳米子系统（由两个纳米粒子和缀饰光子组成）被掩在由宏观衬底材料以及宏观入射和散射光场组成的宏观子系统中，所以真正的系统更为复杂。宏观子系统被表示为激子极化激元，它是材料激发和电磁场的混合状态。由于纳米子系统可通过与宏观子系统的电磁相互作用激发，因此投影算子方法对于描述这些系统的量子力学状态是有效的[4.9]。这种预测的结果表明，可以将纳米子系统独立于宏观子系统进行研究，其中纳米子系统元素之间有效相互作用能量的大小受宏观子系统的影响。这种局部电磁相互作用可以在足够短的持续时间内发生，其中的不确定性关系允许非共振地交换缀饰光子，以及共振地交换自由光子。由非共振过程引起的相互作用可以用代表纳米粒子周围光学近场局部化的 Yukawa 函数 exp（−r/a）/r 的屏蔽电位来表示。它的衰变长度 a 等于粒子大小，这意味着，光近场局部化范围等同于粒子大小，如上所述。

由于缀饰光子的局部化范围等同于纳米粒子大小，所以传统光物质相互作用理论一直采用的长波长近似是无效的。这意味着纳米粒子中的电偶极禁戒状态可以由于紧密放置的纳米粒子之间的缀饰光子交换而被激发，这使得新颖的纳米光子器件的运行成为可能。这些设备的细节将在 4.3 节中予以介绍。

真正的纳米材料不仅由电子组成，还包含晶格。在这种情况下，受照射的纳米粒子上产生缀饰光子后，其能量可以与晶格进行交换。通过这种交换，晶格可以激发产生相干声子态的振动模式。结果，缀饰光子和相干声子可以形成耦合状态。这种基本激励的新形式的创建算子 $\hat{a}_i^\dagger$ 可表示为

$$\hat{a}_i^\dagger = \tilde{a}_i^\dagger \exp\left[-\sum_{p=1}^N \frac{\chi_{ip}}{\Omega_p}(b_p^\dagger - b_p)\right] \tag{4.3}$$

式中，$\hat{a}_i^\dagger$ 为位于晶格第 i 位的缀饰光子［式（4.2）］的创建算子；N 为位置数；χ_{ip} 为位置 i 处 p 模式声子–光子耦合；Ω_p 为声子模式 p 的本征频率。这个方程中的指数函数称

为位移算子，由光子生成和湮灭算子（$b_p^\dagger$，b_p）组成。这是一个代表产生相干声子态的算子[4.10,11]。这个耦合态（携带相干声子能量的缀饰光子（DP-CP））是准粒子，并且仅在粒子尺寸足够以至于相干激发晶格振动时才会产生。如果不是这样，振动就会是不连贯的，因此它的能量被散发，加热粒子。

很容易理解，DP-CP 的能量 $h\nu_{DP-CP}$ 高于缀饰光子的能量 $h\nu_{DP}$。它也高于入射到纳米粒子上的自由光子能量 $h\nu_{FP}$。这些能量之间的关系可表示为

$$h\nu_{FP} < h\nu_{DP} < h\nu_{DP-CP} \qquad (4.4)$$

第一和第二不等式分别源于电子和相干声子能量的贡献。利用 DP-CP 技术可以开发允许定性的创新型制造技术，4.5 节中将通过几个例子对这些创新进行讨论。

| 4.3 纳米光子器件 |

必须通过降低电子和光学设备的尺寸和能耗，来提高信息处理系统和能量转换系统的性能。应该注意的是，传统的电子设备很难满足这些要求，因为它们需要电线来连接外部设备，以便确定能量流的方向和传输的信号强度。这意味着它们消耗了外部宏观导线中的大量能量。此外，这些电线容易受到非侵入性攻击[4.12]。只要用传播光作信号载体，常规光学器件就需要连接线，例如：光纤和电介质光波导。而在这里甚至是真空中的宏观自由空间也可起到连接线的作用。

由于以下两个原因，纳米光子学是能够满足上述要求的有希望的候选者：① 信号可以通过纳米粒子之间的缀饰光子交换被转移而不使用任何导线；② 因为信号强度是通过纳米粒子内部的能量耗散来确定的，无侵入性攻击是不可能[4.13]。本节将讨论这些纳米光子器件的原理、运行和应用。

4.3.1 基本器件

由于缀饰光子的局部化性质，长波长近似是无效的（4.2 节），纳米粒子中的电子甚至可以被激发至电偶极禁戒能级，这是由于缀饰光子在紧密排列的纳米粒子之间的交换，从而使尺寸超出衍射极限、低能量消耗和抗非侵入性攻击的新型纳米级无线光学设备成为可能。

图 4.2 解释了其运行原理。两个不同尺寸的半导体立方量子点（QD）彼此靠近放置。分别用较小的和较大的量子点作为设备的输入和输出端口。该图中还示出了量化的与器件运行相关的激子能级。当它们的尺寸之比为 $1:\sqrt{2}$ 时，小 QD 中的（1，1，1）激子能级与大 QD 中的（2，1，1）能级彼此共振。但是，应该指出的是，这些分别是电偶极允许能级和禁戒能级。如果输入光信号被施加到小 QD，则激子可被激发到能级（1，1，1），导致产生缀饰光子。因为长波长近似是无效的，这个缀饰光子可以激发激子到大 QD 中的电偶极子-禁戒能级（2，1，1）。在该激发之后，随后大 QD 中从（2，1，1）到（1，1，1）能级的快速弛豫可以阻止能量回传到小 QD，从而保证从输入端的单向

信号传输到输出端口。应该指出的是，这种能量转移到电偶极禁戒能级在传统的光学器件中从未实现过，因此，图 4.2 代表了器件运行性能上的创新。

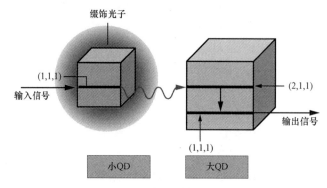

图 4.2　纳米光电器件的工作原理

已经基于这种工作原理提出了新型纳米光电子器件及其相关的集成电路[4.14]。

光开关（一个与门）（图 4.3）是基本器件的第一个例子[4.15]。三种不同尺寸的量子点被用作输入、输出和控制端口。通过将它们的尺寸固定为 $1:\sqrt{2}:2$，使它们满足图 4.2 的谐振条件。当输入信号被施加到输入 QD 上并激发激子到（1，1，1）能级时，缀饰光子交换使共振能量转移到输出 QD 电偶极子禁戒能级（2，1，1）。在随后从输出 QD 中的（2，1，1）到（1，1，1）能级的弛豫之后，能量通过共振转移到控制 QD 的（2，1，1）能级。类似的转移也可能发生在从输入 QD 的（1，1，1）能级到控制 QD 的（2，2，2）能级中。最后，所有的能量转移到控制 QD 中，并且激子弛豫到（1，1，1）能级以消散到外部热池中。这意味着输出 QD 不会产生任何输出信号，这对应于开关的关闭状态（图4.3）。当控制信号被施加到控制 QD 并激发激子到其（1，1，1）能

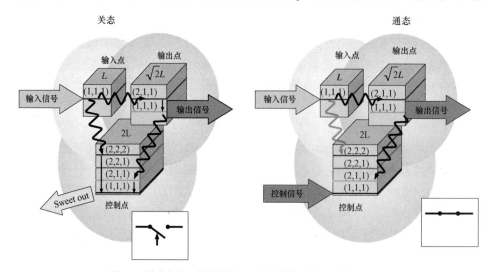

图 4.3　纳米光子开关的结构。*L* 是用作输入端子的量子点尺寸

级时，开关打开（图 4.3）。由于激子的多体效应引起的控制 QD 能级变化，这种激发禁止从其他 QD 到控制 QD 的任何能量转移。结果，由输出 QD 的（1，1，1）能级生成输出信号。

开关运行已通过使用尺寸分别为 3 nm、4 nm、6 nm 和 8 nm 的立方 CuCl 量子点实验得以证实。它们在 NaCl 晶体中以自组装的方式生长。实验结果在 5 K 的温度下获得。图 4.4 中的输出脉冲形状表示 25 ps 上升时间，其由缀饰光子交换的时间常数 T 确定，与由 Yukawa 函数表示的光学近场相互作用能成反比。由载流子寿命 τ_c 决定的下降时间为 4 ns，即从控制 QD 的（1，1，1）能级到热池的能量耗散时间常数所决定。通过将控制 QD（1，1，1）能级的能量提取到置于其附近的附加 QD 中的其他能级，可以降低下降时间。图 4.4 中的放大输出脉冲轮廓的实曲线表示由缀饰光子理论的计算值，其与实验值很好地吻合。实曲线中的振荡特征是由于输入和输出量子点之间缀饰光子交换引起的剩余双向能量转移。

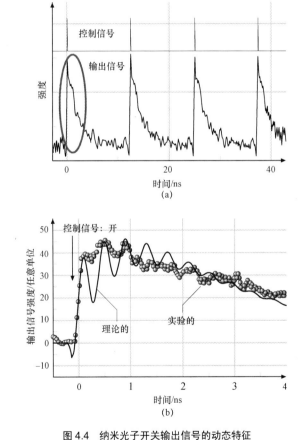

图 4.4　纳米光子开关输出信号的动态特征

（a）强度曲线；（b）由（a）中由椭圆标识的输出信号部分的实验曲线和理论曲线

可通过分子束外延法以尺寸和位置控制的方式生长三层 InAs 量子点来演示实际工

业应用所需的室温运行。在生长之后，通过声子辅助光刻（4.4.2 节）去除层状结构的侧面，以形成开关器件模块。已经在高达 210 K 的温度下证实了以 880 nm 的波长运行的器件。最近制造的 InAs 量子点在 273 K 下展现出非常强的光致发光信号，并显示了实际开关器件的室温运行可能性。通过对器件结构的轻微修改，开关运行也可通过在 ZnO 纳米棒中使用两个紧密间隔的 ZnO 量子阱来证实[4.16]。

第二个例子是一个如图 4.5 所示的非门[4.17]。较小和较大的 QD 分别用作输出和输入端口。由于它们的尺寸比率略微偏离，所以两个 QD 的能级是不谐振的。用作装置电源的连续波（CW）光能被施加在输出 QD 的（1，1，1）能级，以产生缀饰光子。然而，由于非共振条件，产生的缀饰光子不会转移到输入 QD 的（2，1，1）能级。结果，缀饰光子直接从输出 QD 提取为输出信号［图 4.5（a）］，这代表没有输入信号时的输出信号产生。

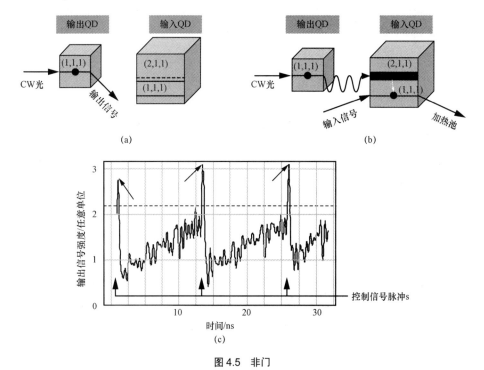

图 4.5 非门

（a），（b）运行原理；（c）使用立方 CuCl 量子点获得的实验结果。由箭头指示的三个峰值表示由用作输入信号源的脉冲激光引起的伪像信号

通过施加输入信号来激发输入 QD（1，1，1）能级的激子，输入 QD 的（2，1，1）能级的线宽由于由载流子−载流子散射引起的激子相松弛时间而展宽。这种展宽使得这个能级能够与输出 QD 的（1，1，1）能级共振，因此将由 CW 光产生的缀饰光子从输出 QD（1，1，1）能级传输到输入 QD 的（2，1，1）能级。在这个传输和随后弛豫到输入量子点中的（1，1，1）能级之后，能量耗散到热量池中，从而不会从输出量子点产生缀饰光子。这意味着即使将输入信号施加到输入 QD［图 4.5（b）］，也不会提取输出信号。如图 4.5（a），（b）所示，输入和输出信号之间的这种相互反相关关系特征代

表着非门的运行。

通过使用 CuCl 量子点实验证实了非门的运行，例如：在纳米光电开关的情况中。图 4.5（c）显示了输出信号强度随所施加输入信号脉冲减小的时间特性。在室温下运行，如纳米光电开关的情况那样，以尺寸和位置控制的方式生长两层 InAs 量子点。在生长之后，通过声子辅助光刻法去除层的侧面，以形成非门模块的二维阵列[4.17]。已经在基底上 5 μm×5 μm 的区域内制造了超过 100 个非门器件的二维阵列。

通过组合 AND 和 NOT 门运行，可以组装成 NOR、OR 和 NAND 门，从而实现一套完整的逻辑门，以便应用于未来的信息处理系统。

除了上述基本逻辑门器件之外，纳米光子学还可以实现各种新型器件，如：发光器件，即通过使用一系列紧密间隔的量子点发明出来的光脉冲发生器。这些量子点中感应电偶极子的合作特性已被用于实现 Dick 的超辐射光子发射[4.18]。利用缀饰光子交换的双向能量转移还发明了光学缓冲器件。其运行已通过在 ZnO 纳米棒[4.16]中使用多量子阱实验的证实。此外，利用所谓的光学纳米山时间延迟能量集中特性也证实了光学缓冲运行[4.19]。为了集成纳米光子器件，已经基于缀饰光子交换发明了纳米点耦合器，并已经成功使用一系列 CdSe 量子点确认了其运行[4.20]。利用 DNA 作为模板还开发出了一种制备 ZnO 量子点链的新方法[4.21]。

4.3.2　输入和输出端子

输入和输出端子用于将电路中集成的纳米光子器件与外部宏观光子器件连接起来。输入端子可用于将入射的传播光（自由光子）转换为光学近场（缀饰光子），已经发明了一种称为光学纳米山的新型装置用于这种转换，其运行类似于捕光细菌中的捕光天线[4.22]。如图 4.6 所示，它利用不同尺寸量子点之间的缀饰光子交换并随后快速弛豫。最后，将入射传播光的所有能量集中到位于中心的最大量子点上，从而产生缀饰光子。从自由光子到缀饰光子的能量转换效率很高，因为能量仅通过在每个 QD 中从较高量子能级到较低量子能级的弛豫来消散。

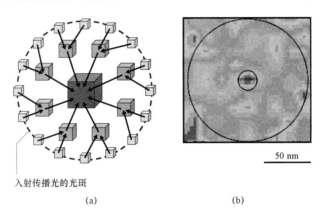

入射传播光的光斑

50 nm

（a）　　　　　　　　　　（b）

图 4.6　光学纳米山的结构（a）和光信号能量的空间分布（b），
使用尺寸在 2～10 nm 的 CuCl 量子立方体

通过在低温下使用 CuCl 量子点（例如：纳米光子开关和 NOT 门）已经实验性地证实了正确的器件运行。图 4.6 显示了直径小于 10 nm 的输出光点；相比之下，入射光（波长 325 nm）的光斑尺寸则大到 150 nm。这意味着聚焦的等效数值孔径比单位量大得多。

在室温下运行时，与在 4.3.1 节中讨论的基本器件一样，多层 InAs 量子点是以尺寸和位置控制的方式通过分子束外延生长的[4.23,24]。一层大量子点夹在 30 层小量子点中。通过将输入传播光施加到小量子点产生的缀饰光子被转移到大量子点。已确认，从大 QD 发射的所得光致发光强度（波长 1 581 nm）比来自大 QD 孤立层的光致发光强度高 40 倍。

输出端可以很容易地通过将金属纳米粒子固定在紧邻纳米光子器件的输出 QD 上来实现。由于较大的电偶极子以及金属纳米粒子中相位和能量的快速弛豫，所以缀饰光子会从输出 QD 转移到金属纳米粒子以产生散射的自由光子。通过将金纳米粒子固定在 InAs 量子点盖层的顶部，证实了该器件的运行。金纳米粒子增加了来自 InAs 量子点的光致发光强度。这是因为由相位和能量快速弛豫引起的阻抗与自由空间的相匹配，从而导致了从缀饰光子到自由光子的有效能量转换。

4.3.3　独特性和信息处理系统的应用

与传统的光子器件相比，纳米光子器件具有几个独特的特性，它们也因此而被应用于下一代信息处理系统中。毫无疑问的一个特性是它的纳米级尺寸超出了衍射极限，这也是光学技术量化创新的一个例子。然而，应该再次指出的是，纳米光子器件的真实性质主要还在于它们源于其独特特性实现定性创新的能力。

1. 低发热和低能耗

纳米光子器件仅通过从上一个电偶极禁戒能级弛豫到更低电偶极子允许能级来消散能量。弛豫率 Γ 的值取决于 QD 的大小和结构。例如，CuCl 和 InAs 量子点的典型值分别为 10 和 50 meV。为了更详细地估计能量耗散，应该讨论与误码率（误比特率）的关系。参考图 4.2，只有当输入信号从小 QD 的（1，1，1）能级转移到大 QD 的（2，1，1）能级时才能正确地产生输出信号随后弛豫到大 QD 的（1，1，1）能级。如果输入信号没有通过（2，1，1）能级而是直接传输到大 QD 中的（1，1，1）能级，则会生成无效输出。这种直接转移的可能性取决于弛豫率 Γ 的值。基于主方程的分析发现，如果大 QD 中由于 Γ 引起的能量耗散量大于 25 μeV[4.25]，则由于该无效输出而导致的误码率仍低于 10^{-6}。这种较小的能量消耗值表明，纳米光子器件的热量产生可能远远低于传统电子逻辑器件[4.26]。事实上，这种低能耗可能与生物系统中的计算运行一样低[4.27]。

2. 单光子运行

纳米光子器件的单光子运行能力已通过 Hanbury Brown 和 Twiss 方法[4.28]得到证实，其中在 19 K 下使用了两个紧密间隔的 CuCl 量子点[4.29]。用不同的电延时对发射的光子数量进行了通过两个同步光电探测器获得的计数。在时间原点上（$t=0$），同步计数值非常小。这种清晰的反聚束特征表明，这两个量子点是单光子发射体。还证实 99.3% 的单光子发射可信度为 99.98%。

3. 抗非侵入性攻击

常规的电子和光学器件需要电线或光纤将其能量耗散到外部宏观导线以便固定输出信号强度。由于传统的电子或光学传感探头是直接监测通过这些导线传输信号的，所以非侵入式攻击是可能的[4.12]。相比之下，纳米光子器件仅在 QD 中通过从较高能级向较低能级的弛豫来消散能量。因为能量是通过非辐射弛豫消散为 QD 中的晶格振动（声子），并且由于其量级非常低，所以非侵入式攻击是非常困难的，并因此而使抗篡改性高[4.13,30]。这对维护信息处理系统的安全是非常有利的。

除了上面概述的独特特性之外，纳米光子器件相对于传统光学器件的进一步优势还包括新颖的逻辑运行及其相关功能的可能性。另外，在信息传输系统的应用中，它们的工作波长与 WDM 系统兼容。虽然目前 WDM 系统的运行速率大约为 10 Gbps，但通过减少下降时间，预计在不久的将来会有更高的速率。基于这些优势，纳米光子器件已经被用于演示光学路由器系统的新型高度集成内容寻址存储器（CAM）原型[4.31]，它比巨大的高功耗传统光学路由器系统更有效。

|4.4 纳米光子制造|

源于缀饰光子交换的独特现象也已被应用于新型高分辨率制造技术的开发。正如 4.2 节 [式（4.3）和（4.4）] 中所述，制造原理利用了带有相干声子能量的缀饰光子（DP–CP）。本节中将对其几个例子加以讨论。

4.4.1 光化学气相沉积

光化学气相沉积（PCVD）涉及通过光离解有机分子将颗粒或膜沉积在基底上。本节以金属 Zn 沉积为例讨论使用 DP–CP 的新型 PCVD 方法。在这种沉积中，常用的金属有机分子是气态二乙基锌（DEZ），其光吸收能 E_{abs} 和解离能 E_{dis} 分别为 4.59 eV 和 2.26 eV。分子稳定地保持在最低能态$|E_g; el\rangle \otimes |E_1; vib\rangle$，其中$|E_g; el\rangle$和$|E_1; vib\rangle$分别表示电子基态和最低分子振动能态。

在光纤探针尖端产生的 DP–CP 使得新的 PCVD 成为可能，因为即使跃迁是电偶极子禁戒态，分子也可以通过吸收 DP–CP 能量从$|E_g; el\rangle \otimes |E_1; vib\rangle$跃迁到$|E_g; el\rangle \otimes |E_h; vib\rangle$（其中$|E_h; vib\rangle$是一个更高的分子振动能态）。如果 DP–CP 能量 hv_{DP-CP} 高于 E_{dis}，单个 DP–CP 从光纤探针尖端到分子的转移就足以解离，如图 4.7（a）的费曼图所解释的那样。当 $hv_{DP-CP} < E_{dis}$ 时，需要多次 DP–CP 转移才能使分子激发到激发电子态$|E_{ex}; el\rangle \otimes |E_1; vib\rangle$。图 4.7（b）显示了两个 DP–CP 转移的情况，即分子的两步激发来解离。这些工艺被命名为"声子辅助"。这些工艺的一个技术优势是不需要高功耗短波长光源。

原则上，即使其光子能量低于E_{dis}，也可以使用更长波长的光源，这代表了这种新型PCVD本质上的创新。

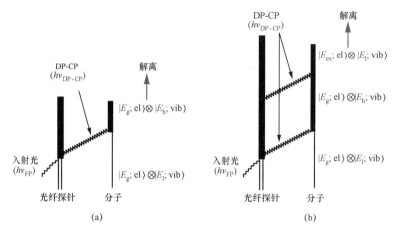

图 4.7　从光纤探针尖端到分子的 DP-CP 能量转移费曼图

（a）单步解离；（b）两步解离

图 4.8（a）–（c）显示了沉积在蓝宝石基底上的纳米 Zn 颗粒的 AFM 图像，其结果是通过声子辅助的 PCVD 分别用紫外光（$hv_{FP}=3.81$ eV；波长 $=325$ nm），蓝光（$hv_{FP}=2.54$ eV；波长 $=488$ nm）和红光（$hv_{FP}=1.81$ eV；波长 $=684$ nm）光源获得的，可用于在光纤探针尖端产生 DP–CP[4.32]。图 4.8（d）是通过解离 Zn(acac)$_2$ 分子沉积的纳米 Zn 粒子的图像[4.33]。应该指出的是，这种分子是无光学活性的，即绝热解离是不可能的；然而，它被声子辅助过程成功解离。

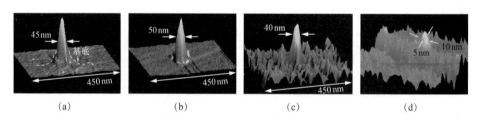

图 4.8　使用（a）紫外光，（b）蓝光和（c）红光光源通过声子辅助 PCVD 沉积在蓝宝石基底上的纳米 Zn 颗粒 AFM 图像；（d）通过解离光学惰性 Zn（acac）$_2$ 分子沉积的纳米 Zn 粒子图像

　　入射光的光子通量 I 与 Zn 纳米颗粒的沉积速率 R 之间的关系可以表示为 $R=aI+bI^2+cI^3+\cdots$，其中第一项、第二项和第三项分别代表单步、两步和三步 DP–CP 激励。由于紫外光的光子能量 hv_{FP} 高于 E_{dis}，所以单步激发足以解离 DEZ 分子。实验结果可通过实线 $R=aI$ 拟合。由于蓝光的光子能量 hv_{FP} 仍然高于 E_{dis}，所以在这里单步激励也是足够的。但是，通过增加入射光强度 I，可使两步激励成为可能。实验结果可通过实曲线 $R=aI+bI^2$ 拟合。在红光的情况下，光子能量 hv_{FP} 低于 E_{dis}；因此，两步激发对分离是必不可少的。通过增加 I，甚至可使三步激励成为可能。实验结果可通过实曲

线 $R = bl^2 + cl^3$ 拟合。

在缀饰光子理论和电偶极禁戒分子振动激发重要作用的基础上,最近的理论研究提出了一个简单的模型来描述通过缀饰光子从纳米粒子沉积到基底上而产生的原子或原子团解吸[4.33]。除了控制纳米结构的尺寸和位置外,这种模型还可能导致一种新的制造方法[4.34]。

4.4.2 光刻法

声子辅助工艺也可以应用于光刻技术,以便通过使用可见光源对广泛可用的商业光致抗蚀剂进行图案化,尽管这种光致抗蚀剂仅对 UV 光敏感。通过将商业光致抗蚀剂(OFPR)膜涂覆在基板上,并在其上安装具有亚波长尺寸光阑的光掩模来确认此图案化能力。将可见光施加在光掩模上,低强度传播光通过光阑。然而,因为光致抗蚀剂仅对 UV 传播光敏感,它并没有被这种传播光图案化。相反,在光致抗蚀剂边缘产生了 DP – CP,其能量被转移到光致抗蚀剂上,并由其激活光致抗蚀剂,从而通过声子辅助过程图案化[4.35]。图 4.9 显示了在曝光时间长于阈值下 OFPR 光致抗蚀剂上形成的线性 AFM 图像。所制造的图案线宽窄至 90 nm,其等于光阑宽度并且比入射可见光的波长(550 nm)窄得多。为了与基于绝热工艺的传统光刻法进行比较,使用了相同的 OFPR 光致抗蚀剂和相同的光掩模。

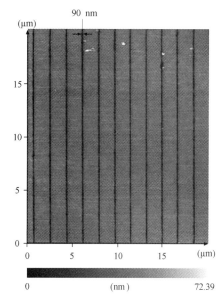

图 4.9 使用光学近场非绝热制造的具有波纹图案的光致抗蚀剂顶视图

然而,可以用 OFPR 光致抗蚀剂敏感的 UV 光对它们进行照射。图案的合成线宽度宽达 300 nm,比图 4.9 中的宽得多。这种更宽的线宽是由于传播的紫外光穿过光致抗蚀剂敏感的光阑的衍射。通过比较这些结果,可以得出结论:通过使用波长比光致抗蚀剂吸收带边缘波长更长的光源可获得更高的分辨率。这意味着声子辅助光刻不需要大型、昂贵、高功耗、短波长的 X 射线、EUV 和 UV 光源。除了用可见光源获得的高分辨率之外,基于声子辅助工艺的这种方法还具有几个优点,包括光学惰性膜的多重曝光和图案化[4.35]。

根据上述结果,通过与工业部门合作已经建造出一个生产商业产品的原型机[4.36]。其占地面积小至 1 m²。它使用传统的 Xe 灯作为光源,并通过计算机控制的机器人进行操作。在 50 mm×60 mm 的基板面积下,可保证 20～50 nm 的分辨率。预计采用机械步进系统还可以扩大图案区域。使用双层抗蚀剂膜可制出高纵横比图案,并涂布润滑剂以在不损坏光掩模表面情况下从光致抗蚀剂上去除光掩模。尽管光掩模是在本研究的早期阶段通过电子束光刻制造的，但通过声子辅助光刻制作已经成为可能。应该指出的是，由于等离子体波的衍射，金属光掩模可能会牺牲分辨率。为了解决这个问题，必须抑制光掩模表面上的等离子体波，为此使用 Si 作为光掩模材料是有利的。

由该机器制造的图案的例子有：40 nm 线宽线性图案［图 4.10（a）］，高纵横比图案［图 4.10（b）］，通过制作高分辨率光致抗蚀剂实现的最小线宽为 22 nm 的图案［图 4.10（c）］，环和盘的二维阵列等[4.36]。这台机器已经可供公众使用。其应用的例子还包括制造由 InAs 量子点、线性和弯曲 Si 光波导等组成的室温运行纳米光子非门的二维阵列。制造结构的其他例子包括用于波长为 0.5～1.0 nm 的软 X 射线的衍射光栅和菲涅耳波带片。应该指出的是，这些器件是使用绿光制造的，其波长比软 X 射线的长 500 多倍。对于衍射光栅，需要在涂覆有 Mo/SiO_2 多层膜的 Si 基底上制成 7 600 线/mm 的波纹图案。所评估的衍射效率在 0.5～1.0 nm 的波长范围内高达 3%，这比使用 KAP 晶格的市售衍射光栅的要高[4.37]。这种高效率证实了原型光刻机的高分辨率和高重复性。对于菲涅耳波带片，需要在 Ta 薄膜上制作同心圆形图案[4.38]。图 4.11 显示了制成的菲涅耳波带片的高对比度 SEM 图像，外径、边缘线宽和环数分别为 400 μm、420 nm 和 230 nm，Ta 的厚度为 65 nm。目前的声子辅助光刻实现了比传统绝热光刻更高的对比度，特别是对于更高阶的环。

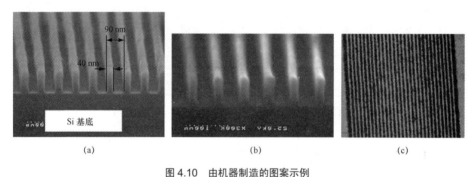

图 4.10 由机器制造的图案示例

（a）间隔 90 nm 的 40 nm 线宽的线性图案；（b）半间距为 32 nm 的高纵横比图案；

（c）线性图案的最小线宽（22 nm）

这种制造软 X 射线光学器件方法的显著优点是其大规模生产能力。例如，将在光掩模上制备的菲涅耳波带片的二维阵列转移到光刻胶中并暴露数分钟，由此可同时制造 49 个菲涅耳波带片。这表明制造产量远高于通常用于制造菲涅耳波带片的光栅扫描电子束光刻。缀饰光子技术显示出大规模生产软 X 射线设备的可能性，由此还可以预见新的应用，例如：用于分析文化遗产和安全检查系统的便携式软 X 射线荧光光谱仪。

尽管原型机是全自动的并且可以用于制造各种设备，但是更紧凑和更简单的机器就足以制造有限种类的设备。紧凑型桌面式机器的占地面积仅为 0.03 m^2。使用发射功率为 30 mW 的绿光且以 4.5 W 的输入电功率驱动的单个发光二极管（LED）被用作光源。即使是这样一个简单的机器，也可以制造一个二维阵列的室温运行纳米光子非门、线性和弯曲硅光波导、衍射光栅和用于软 X 射线的菲涅耳波带片。与传统的光刻步进系统相比，这种设备具有许多优点，而传统的光刻步进系统因为需要短波长光源，因此体积很大且昂贵并且功耗很高。

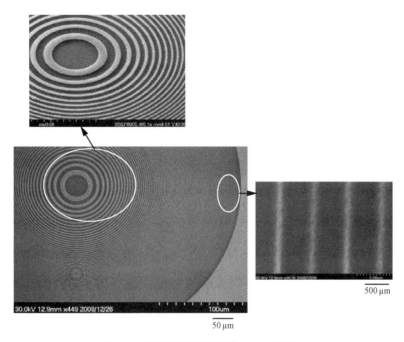

50 μm

500 μm

图 4.11 制成的菲涅耳波带片（SEM 图像）

4.4.3 自组织平滑

为了进一步提高图案处理的生产能力，本节将介绍无掩模方法。这种方法的关键在于利用在光线照射下总是可以在纳米级粗糙材料表面上产生 DP–CP 这样一个事实。即使表面是平坦的，DP–CP 也会在那些纳米级单个结构或组件上产生。生成的 DP–CP 可以使局部粗糙部分平滑或使各个部分的尺寸一致。在它们变得平坦或均匀后，由于不再生成 DP–CP，平滑或均匀化会自动停止，因此，称为自组织过程。

应该注意的是，下面讨论的方法不仅可以应用于平面基底，还可以应用于凸面和凹面基底。如果传播光可以照射得到，它们也可以应用于圆柱体的内壁表面。此外，它们还可以用于各种材料，如玻璃、水晶、陶瓷、金属、塑料等。

1. 修复表面粗糙度

已经开发了平滑玻璃表面用声子辅助光化学蚀刻技术，目的是为高功率短脉冲激光系统制造高质量的反射镜[4.39]。具有纳米表面粗糙度的玻璃基底被安装在充满气态 Cl_2 分子的真空室中。尽管这些分子的吸收带边缘波长为 400 nm，但是使用波长长达 532 nm 的传播光进行光化学蚀刻。由于缺少 DP–CP，Cl_2 分子在平板玻璃表面上方保持稳定。在被照射的粗糙表面上的凸起顶端处产生 DP–CP，并且通过在凸起和 Cl_2 分子之间交换 DP–CP，Cl_2 分子解离产生自由基 Cl 原子，蚀刻掉凸起的尖端。通过该声子辅助工艺，当玻璃表面被入射的传播光照射时，光化学蚀刻自发地开始去除凸起，并且当玻璃表面变得平坦到不再产生 DP-CP 时，其自发地停止。因此，这是一种平滑表面的自组织方法。如图 4.12 所示，在光化学蚀刻 60 min 后，粗糙度的大小从 0.23 nm 减小到 0.13 nm。该图显示了通过声子辅助光化学蚀刻成功地去除了在初步机械化学抛光过程中形成的划痕、隆起和沟槽。

之前   之后

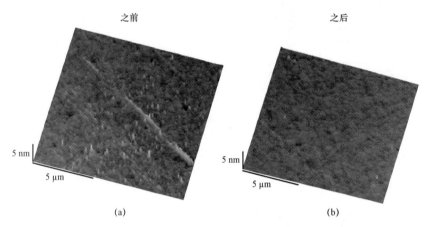

(a)   (b)

图 4.12　声子辅助光化学蚀刻玻璃基板表面的结果。
蚀刻之前（a）和之后（b）的玻璃表面 AFM 图像

还开发了用于平滑透明氧化铝（Al_2O_3）表面的声子辅助解吸技术，此氧化铝是一种硬质多晶陶瓷，旨在制造用于激光驱动汽车发动机点火系统火花塞的陶瓷激光器用低损耗增益介质[4.40,41]，期望能够通过溅射 Al_2O_3 颗粒和声子辅助解吸来修复表面粗糙度（包括由金刚石磨粒预磨时形成的划痕）。将氧化铝基底放置在真空室中，并通过 RF 溅射在基底上沉积 Al_2O_3 颗粒。用波长（473 nm）比 Al_2O_3 颗粒吸收带边缘波长（260 nm）更长的可见光（400 mW/cm² 功率密度）照射基底。通过这种照射，在划痕的脊上产生 DP-CP，从而激活 Al_2O_3 颗粒，增加迁移长度或导致它们从脊上解吸。另外，由于不存在 DP-CP，在平坦区域和划痕的斜坡上可以以相同的沉积速率沉积 Al_2O_3 颗粒。通过这种声子辅助工艺，抑制了脊处的沉积，而划痕的底部则被 Al_2O_3 颗粒填充，并最终修复划痕。它是一种自组织的表面平滑处理方法。图 4.13 所示的实验结果表明表面轮廓发生了剧烈变化。

2. 摩尔分数比均匀化

通过声子辅助解吸以自组织方式均匀化 $In_xGa_{1-x}N$ 薄膜中铟（In）的摩尔分数比 x 的空间分布[4.42]。这种均匀化的动机是通过控制发射光的光谱轮廓来增加 $In_xGa_{1-x}N$ LED 的显色指数，以用于高质量照明、显示器等。因为当 x 从 0 增加到 1 时发射波长 λ_e 会从 400 nm 增加到 1.50 μm，从而将带隙能 E_g 从 3.10 eV 降低到 0.83 eV，所以这个指数是有可能被控制的。

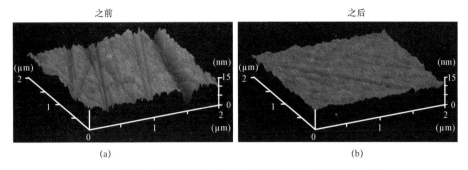

之前　　　　　　　　　　　之后

图 4.13　射频溅射实验结果。在可见光照射下，RF 溅射之前（a）和
之后（b）的氧化铝基底表面 AFM 图像

尽管 TEI、TMG 和 NH_3 源气体可分别用于在基底上的 $In_xGa_{1-x}N$ 中掺杂 In、Ga 和 N，但薄膜表面需要受可见光照射。由于这种照射，在具有局部奇点决定空间轮廓的膜表面上会产生 DP–CP，即其取决于摩尔分数比 x。在大摩尔分数比 x_0 和带隙能 E_{g0} 比 DP–CP 能量 $h\nu_{DP-CP}$ 低的区域中，$In_xGa_{1-x}N$ 膜吸收 DP–CP 能量，并将其转移至掺杂的 In 进行解吸。结果，摩尔分数比 x_0 降低。在低摩尔分数比 x_1 和带隙能 E_{g1} 高于能量 $h\nu_{DP-CP}$ 的区域中，$In_xGa_{1-x}N$ 膜不吸收 DP–CP 能量，因此，In 可以在没有解吸下稳定地掺入基材中。结果，摩尔分数比 x_1 增加。增加和降低将一直持续直到带隙能 E_{g0} 和 E_{g1} 达到 $h\nu_{DP-CP}$ 为止。最后，两个摩尔分数比率 x_0 和 x_1 都达到由 $h\nu_{DP-CP}$ 确定的 x_{DP-CP}。这意味着摩尔分数比可以以自组织的方式在空间上均匀化。此外，入射光的光子能量确定了均匀化摩尔分数比的值 x_{DP-CP} 和从 $In_xGa_{1-x}N$ 膜发射的光的波长。

为了通过实验来确认这种效应，使用室温 PCVD 在蓝宝石基底上生长 $In_xGa_{1-x}N$ 膜[4.43]，同时使可见光入射到膜表面上以解吸 In。图 4.14 显示了以这种方式生长的 $In_xGa_{1-x}N$ 膜发射的光致发光的光谱分布。在光子能量低于入射光（$h\nu_{FP}=2.71$ eV；波长 $=457$ nm；功率 $=200$ mW）的区域中可看到光谱变窄。

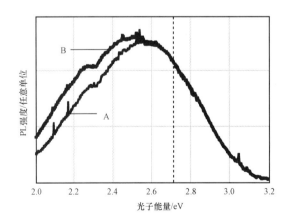

图 4.14　$In_xGa_{1-x}N$ 膜发射的光致发光谱图。曲线 A 和 B 分别表示由现在方法和常规方法生长的膜的光谱。垂直虚线表示入射光的光子能量（$=2.71$ eV）

|4.5 纳米光子能量转换|

值得注意的是，（4.4）阐述了能量的上转换，本节将讨论光能/光能转换和光能/ 电能转换的新方法。

4.5.1 光学能量/光学能量上转换

使用 DCM 有机染料分子的粉末颗粒作为测试材料[4.44]。尽管 DCM 的吸收带边缘波

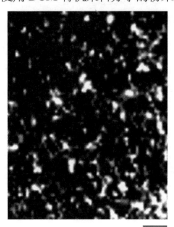

长短至 670 nm，但可通过 805 nm 波长的近红外光照射颗粒。这一照射可在颗粒边缘产生 DP-CP，然后在相邻颗粒之间进行交换。作为这种交换的结果，相邻晶粒中的电子被声子辅助过程激发，然后由于声子能量的贡献而发射出能量高于入射光光子能量的光子。图 4.15 显示了发射光 650 nm 波长光谱分量的光学显微镜图像。因为光是从颗粒边缘选择性发射的，图中发射光强度的空间分布是不均匀的，这证明了由于在颗粒边缘产生 DP-CP 而引起的声子辅助过程。为了比较，发射常规的 650 nm 荧光作为在 402 nm 波长光照射下的频率下转换结果。与图 4.15 相比，荧光

5 μm

图 4.15　DCM 有机染料分子（波长 650 nm）粉末颗粒发射的频率上转换光的光学显微镜图像

强度的空间分布是均匀的。

图 4.16 显示了用于激发的入射光强度 I 与 DCM 有机染料分子粉末颗粒发射的频率上转换光强度 I_{uc} 之间的关系。针对 650 nm 和 690 nm 的波长分量给出了实验结果，其中曲线 $I_{uc} = aI + bI^2$ 是通过最小二乘法拟合的。拟合结果由实曲线表示。拟合曲线表明，频率上转换是由如下所述 DP-CP 的两步激励引起的：$|E_\alpha$; el⟩和$|E_\beta$; vib⟩分别表示分子的电子和振动（声子）态，E_α（α=g, ex）和 $E_{\beta\mu}$（β=i, a, b, 热, em）分别表示分子的电子和振动能量。激发光在 DCM 颗粒边缘产生 DP-CP，由于声子辅助激励，DP-CP 诱发从$|E_g$; el⟩⊗$|E_i$; vib⟩ 到 $|E_g$; el⟩⊗$|E_a$; vib⟩的第

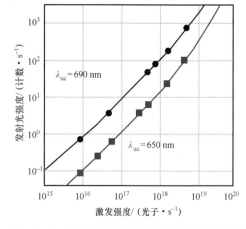

图 4.16　入射光强度与频率上转换光强度之间的关系

纵轴：发射光强度/（计数·s⁻¹）
横轴：激发强度/（光子·s⁻¹）

λ_{uc} = 690 nm
λ_{uc} = 650 nm

一步转变。在第一步激发之后，激发的相干声子以约 100 meV/ps 的速率弛豫至热平衡状态 $|E_g; el\rangle \otimes |E_{热}; vib\rangle$。如果 $|E_g; el\rangle \otimes |E_{thermal}; vib\rangle$ 态中重新分布的声子能量超过分子中的电子激发态与入射光的光子能量之间 0.34 eV 的能量差，则会通过两条可能的路径发生激发。由于传统的绝热光激励过程，路径（I）是从 $|E_g; el\rangle \otimes |E_{thermal}; vib\rangle \rightarrow |E_{ex}; el\rangle \otimes |E_c; vib\rangle$；另一条路径（II）则是从 $|E_g; el\rangle \otimes |E_{thermal}; vib\rangle \rightarrow |E_g; el\rangle \otimes |E_b; vib\rangle$。在激发（I）或（II）后，由于冷却或者声子态和电子态的耦合而分别产生振动，$|E_{ex}; el\rangle \otimes |E_c; vib\rangle$ 和 $|E_g; el\rangle \otimes |E_b; vib\rangle$ 弛豫至 $|E_{ex}; el\rangle \otimes |E_{em}; vib\rangle$。

在上述的两步跃迁之后，可见光从 $|E_{ex}; el\rangle \otimes |E_{em}; vib\rangle$ 跃迁到 $|E_g; el\rangle \otimes |E_i; vib\rangle$。由于激发（I）是常规的绝热过程，其发生的可能性是第一步激发的 10^6 倍以上。此外，因为第二步跃迁容易饱和，红外激发可见光发射的可能性仅由第一步的声子辅助激发决定。这是线性强度关系的起点。由于激发（II）是声子辅助的，其发生概率等于第一步跃迁的概率。这是平方关系的起点。作为一个整体，I 和 I_{uc} 之间的关系可用二次函数来表示[4.45]。据发现，对于低于 1 W/cm² 的入射光功率密度，频率上转换的效率比 KDP 晶体产生的二次谐波的效率高 100 倍以上。

作为一种应用，已经开发出光脉冲形状测量的新系统[4.46]。使用 DCM 染料分子的若干实验证实，可以以 0.8 ps 的时间分辨率测量 800 nm 波长的光脉冲形状，该时间分辨率受到两步激发中所涉及的中间态寿命的限制。应该注意的是，由于本测量系统仅采用光学处理，所以所测量的光学脉冲形状具有低抖动，这与采用电光学处理的传统条纹相机系统不同。通过使用其他市售染料分子，以 0.8 ps 的时间分辨率可测量的波长范围可以扩展到 1.3～1.55 μm，这使得可以对光纤传输系统进行光脉冲形状测量。

只要能够在其表面有效地生成 DP–CP，就可以使用各种材料代替有机染料分子的粉末颗粒进行光学频率上转换。

4.5.2 光能/电能上转换

上转换可以延伸光伏器件的光电探测带宽[4.47]。为了确认这一点，可使用聚（3–己基噻吩）（P3HT）有机薄膜作为 p 型半导体，而使用 ZnO 膜作为 n 型半导体。将它们用透明的 ITO 膜和 Ag 膜夹住以用作电极。应该注意的是，如果使用波长大于由 P3HT 的带隙能 E_g 控制的吸收带边缘波长 λ_c（=570 nm）的光照射该装置，则不会产生光电流。

可以通过两步声子辅助过程激发电子产生电子–空穴对。第一步是提供 DPCP 从 HOMO 中的初始状态（$|E_g; el\rangle \otimes |E_{激发,热}; 声子\rangle$）跃迁到中间态（$|E_g; el\rangle \otimes |E_{激发}; 声子\rangle$）。其中，$|E_g; el\rangle$ 表示电子的基态，$|E_{激发,热}; 声子\rangle$ 则表示能量由晶格温度决定的声子热平衡状态，$|E_{激发}; 声子\rangle$ 表示声子的激发态，其能量取决于 DP–CP 的能量。DP–CP 对于这种跃迁是不可或缺的，因为它是电偶极子禁戒的。第二步是通过 DP–CP 或自由光子（常规传播光）从中间态跃迁到 LUMO（$|E_{激发}; el\rangle \otimes |E_{激发}; 声子\rangle$）中的最终激发态。其中，$|E_{激发}; el\rangle$ 表示电子的激发态，$|E_{激发}; 声子\rangle$ 表示声子的激发态，其能量取决于用于跃迁的光子能量。由于这种跃迁是电偶极子允许的，它

不仅可以由 DP‒CP 引起，而且可以由自由光子引起。在此跃迁后，激发的声子弛豫至热平衡状态 $|E_{激发,热}$；声子)。

其中，使用了两次声子辅助过程：一次用于在超出 E_g 限制波长范围内产生有效光电流，另一次用于制造用于该装置的金属电极，其中电极表面形态可以以自组织方式控制，从而有效地诱导声子辅助过程产生光电流。在这种自组织控制下，并在光照射下通过 RF 溅射在先前沉积的 Ag 薄膜上沉积 Ag，同时 P3HT/ZnO pn 结被直流电压 V_b 反向偏置。其中，V_b 固定为 ‒1.5 V，入射光的波长 λ_0 为 660 nm，比 P3HT 的 λ_c 长。预计这种光照沉积可以通过 DP‒CP 诱导的声子辅助过程来控制膜的形态。当具有这种受控形态的 Ag 膜被用作器件的电极时，还期望可诱导明显的声子辅助过程以产生光电流。

通过使用此形态控制的 Ag 膜作为器件的电极并且施加来自蓝宝石基底背面的入射光，预期可以在电极上有效地产生 DP‒CP。因此，如果使用和控制 Ag 膜形态所用波长相同波长 λ_0 的光照射光伏器件，则可以通过声子辅助过程有效地产生电子‒空穴对。因此，该器件应该在光电流产生中呈现波长选择性，其在波长 λ_0 处应该最大。而且，由于该波长比 λ_c 长，所以工作波长比 E_g 限制的长。

通过 RF 溅射将 Ag 沉积在之前制造的 Ag 膜上。器件 1 是在不施加 V_b 和入射光功率 P 的情况下制造的，其被用作评估器件 2 性能的基准。对于器件 2，V_b 和 P 分别为 ‒1.5 V 和 70 mW。图 4.17（a），（b）显示了器件 1 和 2 的 Ag 薄膜表面的 SEM 图像。通过比较，可以清楚地看到器件 2 [图 4.17（b）] 的 Ag 表面非常粗糙，颗粒大于器件 1 [图 4.17（a）]。图 4.17（b）的颗粒直径平均值和标准偏差分别为 86 nm 和 32 nm。估计 Ag 和 P3HT 的厚度之和小于 70 nm。因此，预计图 4.17（b）中 Ag 颗粒上产生的 DP‒CP 可以延伸到 pn 结，因为这些颗粒的平均直径分别为 90 nm 和 86 nm。因此，预计这种 DP‒CP 通过声子辅助过程在 pn 结处有效地产生电子‒空穴对。

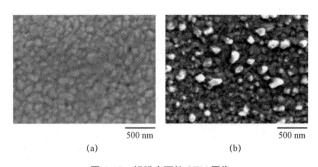

图 4.17　银膜表面的 SEM 图像

（a）器件 1；（b）器件 2

在更大波长范围内对超出 P3HT E_g 时产生光电流的详细波长依赖性进行了评估，并在图 4.18 中给出了波长范围 580 nm ≤ λ_i ≤ 670 nm 的实验结果。器件 1 的光电流密度也非常低，但曲线 A 显示为参考。曲线 B 表示来自器件 2 的光电流密度测量结果，其由波长高达 λ_i = 670 nm 的入射光产生，这清楚地证明了工作波长范围的延伸超出了 P3HT 的 E_g 所限制的范围。此曲线还表明，即使在长于 670 nm 的波长范围内也可能产生光电

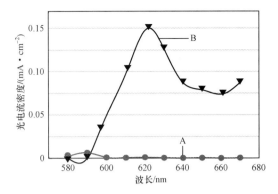

图 4.18　所生成光电流密度与入射光波长的关系。曲线 A 和 B 分别为器件 1 和 2 的

流。曲线 B 的光电流在 $\lambda_{ip} = 620$ nm 处最高。因此，器件 2 实际上是波长选择性光伏器件，可用于波长超过 E_g 限制的入射光。该波长 λ_{ip}（=620 nm）比用于控制 Ag 膜形态的 λ_0（=660 nm）短 40 nm。这种差异是由于在控制 Ag 膜形态的过程中所施加反向偏置电压 V_b（= −1.5 V）引起的 DC 斯塔克效应（Stark effect）。在曲线 B 的峰值（$\lambda_{ip} = 620$ nm）处，光电流密度为 0.15 mW/cm²，这对应于 0.24% 的量子效率。该效率与使用 P3HT 的常规异质结光伏器件的效率一样高[4.48]。然而，应该指出的是，即使对于长于 P3HT 所限制波长的波长，器件 2 也实现了如此高的量子效率。

因为声子辅助过程仅仅通过控制电极的形态而诱导，而不会处理半导体材料，预计该方法不仅可以应用于 P3HT，还可以应用于其他有机和无机半导体。

至少有两种提高光电探测器件（包括光伏器件和太阳能电池）转换效率的方法。对于太阳能电池，第一种方法是提高可见光范围内的效率，即波长范围比用作活性介质材料吸收带边缘的短。传统上会采用这种方法，但是，它正在接近技术极限限制。第二种方法是利用波长比吸收带边缘更长的太阳能红外部分。这种方法对于提高转换效率是有效的，因为太阳光在红外区域包含大量的光子。由于用作太阳能电池活性介质（Si, P3HT 等）的大多数材料仅在可见光区域有活性，所以它们必须被其他特殊材料（例如：化合物半导体）取代以便利用红外光子。然而，它们通常是有毒的或很少开采。相反，上述实例表明，如果在电极上形成纳米结构，而半导体材料保持未处理状态，即使使用无毒且常用的常规材料也可以利用红外光子。由于这种技术优势，纳米光子学可以通过使用传统材料实现新颖的器件功能，从而在本质上实现光学技术的创新。换句话说，纳米光子学不是传统的材料技术，而是一种新颖的尺寸和构象控制技术，即使是使用传统材料也能实现新颖的器件功能。

|4.6　纳米光子学的层次结构及其应用|

纳米光子学中另一个独特属性是光学近场相互作用的固有层次结构[4.49,50]。宏观世界和原子尺度世界之间的物理尺度有多个层次相关联，这两个世界主要分别由传播光和电子相互作用来控制。在这两个极端之间，通常从几纳米到波长尺度范围内，光学近场相互作用起着至关重要的作用，并且它们表现出分层特性。它们既可应用于信息和通信应用[4.49-57]，也可用于纳米制造[4.58]。

4.6.1 传播光和光学近场相互作用

我们可以利用光学近场和远场效应的物理差异来实现广泛的应用。常规光学元件（例如：衍射光学元件、全息图或玻璃组件）的特性与其在光学远场中的光学响应相关联。纳米结构可以存在于这样的光学元件中，只要它们不影响远场中的光学响应。因此，为仅通过光学近场可获得的纳米结构设计可提供记录在那些光学元件中的附加或隐藏的信息，同时保证远场中的原始光学响应。分层全息图或分层衍射光栅已经被实验证明[4.51,52]。

4.6.2 亚波长范围内的层次结构

在比光波长更小的尺度内存在等级。一个简单的理论模型就是基于偶极相互作用的理论模型[4.49]。当为这些半径给定相同的值时，两个球体之间的电磁相互作用被最大化。这表明，对于较大尺寸的探针不能详细解析的纳米结构，可以用与探针大小相当的分辨率解析结构。基于这个原理，在 Au 纳米颗粒阵列基础上证明了分层存储器检索，存储器的每个纳米颗粒直径为 80 nm 并分布在半径为 200 nm 的 SiO_2 环形基底上。使用具有孔径与纳米粒子环（500 nm）尺寸相当的近场光学显微镜，输出信号可线性增加对应于纳米粒子的数量，通过近场光学相互作用证实了纳米结构可检索分层存储器。

4.6.3 层次结构的形状设计纳米结构

随着制造精细纳米结构的技术进步，金属纳米结构的模制成为实现光学近场中分层光学响应的朝阳产业。例如，已经在理论和实验上证明了，两个三角形纳米结构可根据这些三角形的排列展现出不同的散射截面，然而它们在三角形的顶端表现出强电场增强则与三角形的排列无关。这可提供了一个双层光学系统，它能以较粗糙的尺度展示两个不同的信号的同时，还能产生更精细的恒定信号；这对实现安全应用的可追溯性很有用[4.53,54]。

一般地说，通过观察纳米结构之间单个纳米结构及其相关光学近场中的感应电流，可以对金属纳米结构的光学近场和远场响应有了统一的认识[4.55]。基于这些认知，在理论上和实验上已经通过两层堆叠的纳米结构证明了四极子-偶极子转换。在被隔离时，每层都作为四极子在起作用，但当它们被紧密堆叠并通过光学近场相互作用连接时，则起到偶极子的作用[4.56,57]。这种功能对于产品鉴定或认证非常有用，系统只有在两个纳米结构匹配时才能工作，就像锁和钥匙一样。

|4.7　纳米光子学的工业应用|

纳米光子学实现了定量和定性方面的创新。例如，已经提出了可用于光信号传输系统的新架构，并且它们的性能已经通过实验证实，其中包括使用纳米光电开关和光学纳米山进行的计算[4.59]，以及使用多个纳米光子开关的数据散布[4.60]。

通过打破光/磁混合光盘存储密度的上限，已经实现了定量方面的创新。常规磁存储系统存储密度的上限约为 0.3 Tb/in²，这是因为受到盘上磁畴的热不稳定性的限制。为了突破这个限制，使用光学近场来局部加热磁场以降低矫顽力，然后立即向该区域施加磁场以写入该点信息。采用这种技术，预计存储密度可达 1 Tb/in²，这符合未来磁存储系统技术路线图的要求。为了实现这样的高密度磁存储系统，已经开发出近场存储介质技术、记录技术和纳米主存技术[4.61～64]。通过组合这些技术，在存储盘上成功地以 30 nm 间距和直径为 20 nm 的孤立坑写入存储盘，这对应于 1.5 Tb/in² 的存储密度。这些技术的发展突破了存储密度由热波动引起的基本限制。此外，随着 EB 光刻技术的最新进展，2010 年实现了小至 3.5 nm 的轨道间距[4.65]，预计在不久的将来存储密度将达到 10 Tb/in²。也已公布了到 2025 年预测未来存储密度高达 1 Pb/in² 的技术路线图[4.66]。为了实现存储密度的这种量化创新，该路线图预测使用移动装置（例如：浮动磁头和旋转盘）的常规存储器系统将被使用各种纳米光子器件及其相关集成电路的新型固态元件完全替代。通过将光学近场固有层次结构应用于存储检索，也实现了本质上的创新[4.49]。

一个相关学科演化的例子是原子光子学，其中真空中的中性原子的热运动是用光近场控制的[4.67]。理论研究检验了基于缀饰光子模型的单原子操纵[4.68]，实验研究涉及通过空心光纤首次成功地引导一个原子[4.69]。最近的研究还检验了原子探测器件[4.70]、原子偏转器[4.71]和原子漏斗[4.72]。原子光子学还开辟一个研究缀饰光子与单个原子之间相互作用的新科学领域。

从理论基础和应用的角度来看，自旋自由度在由光学近场驱动的激发能量传递中的作用是一个有趣和重要的问题。已经提出了一种新方法，来讨论通过将能量转移到量子点对中所实现的自旋信息以及由于与环境的相互作用导致的自旋弛豫的影响[4.73～75]。

|4.8　总　　结|

通过结合量子场论、光学和凝聚态物理学的概念，获得了缀饰光子的理论图像。基于这张图，研究了缀饰光子的交换，揭示了能量会转移到电偶极禁戒能级。此外，还发现了将缀饰光子与相干声子耦合的可能性，揭示了纳米空间中光物质相互作用中的一种新型声子辅助过程。这些发现被用于开发新技术，例如：器件、制造技术、能量转换、信息系统、架构和算法。

应深入研究纳米空间中的光子特性、纳米空间中的激元传输和弛豫以及声子辅助过程的主要机制等基本概念。预计这样的基础研究将带来进一步的发现，包括将缀饰光子与除了相干声子之外的各种基本激元耦合，从而发现新的应用。在不久的将来，基础研究和技术应用的结合将创建一个新的光子科学技术领域。

　　缀饰光子可以取代各种传统的光学技术用以建立新型基础技术。即使用户不会注意到它们的存在，但利用缀饰光子的技术将在不久的将来在日常生活中被广泛使用。这是因为在照射的纳米材料的表面上会普遍生成缀饰光子。

　　纳米光子学的名称偶尔也被用于光子晶体、等离子体激元、超材料、硅光子和使用传统传播光的量子点激光器。在这里，我们应该考虑 Shannon 对随意使用信息理论这个术语的严厉警告，这是 20 世纪 50 年代信息理论研究的一个倾向[4.76]。术语"纳米光子学"已经被以类似的方式使用，尽管纳米光子学中的一些工作并不基于光学近场相互作用。对于纳米光子学的实际发展，人们需要深入了解虚拟光子特性以及由电子和光子组成的纳米级子系统。

|参 考 文 献|

［4.1］ M. Ohtsu：Preface. In：*Progress in Nano-Electro-Optics V*, ed. by M. Ohtsu（Springer，Berlin，Heidelberg 2006）pp. Ⅳ-Ⅷ

［4.2］ E. Yablonovitch：Inhibited spontaneous emission in solid-sate physics and electronics，Phys. Rev. Lett. **58**，2059（1987）

［4.3］ V. A. Podolskiy, A. K. Sarychev, V. M. Shalaev：Plasmon modes and negative refraction in metal nanowire composites，Opt. Express **11**，735（2003）

［4.4］ R. A. Selby, D. R. Smith, S. Schultz：Experimental verification of a negative index of refraction，Science **292**，77（2001）

［4.5］ J. B. Pendrey：Negative refraction makes a perfect lens，Phys. Rev. Lett. **85**，3966（2000）

［4.6］ H. Rong, A. Liu, R. Nicolaescu, M. Paniccia：Raman gain and nonlinear optical absorption measurements in a low-loss silicon waveguide，Appl. Phys. Lett. **85**，2196（2004）

［4.7］ K. Eberl：Quantum-dot lasers，Phys. World **10**，47（1997）

［4.8］ K. Kobayashi, S. Sangu, H. Ito, M. Ohtsu：Near-field optical potential for a neutral atom，Phys. Rev. A **63**，013806（2001）

［4.9］ M. Ohtsu, K. Kobayashi：Picture of Optical Near Field. In：*Optical Near Fields*，ed. by M. Ohtsu（Springer，Berlin，Heidelberg 2004）pp. 109−120

［4.10］ Y. Tanaka, K. Kobayashi：Optical near field dressed by localized and coherent phonons，J. Microsc. **229**，228（2008）

［4.11］ A. Sato, Y. Tanaka, F. Minami, K. Kobayashi：Photon localization and tunneling in a disordered nanostructure，J. Lumin. **129**，1718（2009）

［4.12］ P. Kocher, J. Jaffe, B. Jun: Introduction to Differential Power Analysis and Related Attacks (Cryptography Inc. , San Francisco 1998), available at http://www.cryptography.com/resources/whitepapers/DPATechInfo.pdf (October 18, 2011)

［4.13］ M. Naruse, H. Hori, K. Kobayashi, M. Ohtsu: Tamper resistance in optical excitation transfer based on optical near-field interactions, Opt. Lett. **32**, 1761 (2007)

［4.14］ M. Ohtsu, K. Kobayashi, T. Kawazoe, S. Sangu, T. Yatsui: Nanophotonics: Design, fabrication, and operation of nanometric devices sing optical near fields, IEEE J. Sel. Top. Quantum Electron. **8**, 839 (2002)

［4.15］ T. Kawazoe, K. Kobayashi, S. Sangu, M. Ohtsu: Demonstration of a Nanophotonic switching operation by optical near-field energy transfer, Appl. Phys. Lett. **82**, 2957 (2003)

［4.16］ T. Yatsui, S. Sangu, T. Kawazoe, M. Ohtsu, S. J. An, J. Yoo, G. −C. Yi: Nanophotonic switch using ZnO nanorod double-quantum-well structures , Appl. Phys. Lett. **90**, 223110 (2007)

［4.17］ T. Kawazoe, K. Kobayashi, K. Akahane, M. Naruse, N. Yamamoto, M. Ohtsu: Demonstration of nanophotonic NOT gate using near-field optically coupled quantum dots, Appl. Phys. B **84**, 243 (2006)

［4.18］ A. Shojiguchi, K. Kobayashi, S. Sangu, K. Kitahara, M. Ohtsu: Superradiance and dipole ordering of an N two-level system interacting with optical near fields, J. Phys. Soc. Jpn. **72**, 2984 (2003)

［4.19］ T. Kawazoe, M. Naruse, M. Ohtsu: Dynamical optical near-field of energy transfers among quantum dots for a nanometric optical buffering, CLEO/QELS 06, Baltimore (2006) CFE3

［4.20］ W. Nomura, T. Yatsui, T. Kawazoe, M. Ohtsu: Observation of dissipated optical energy transfer between CdSe quantum dots, J. Nanophotonics **1**, 011591 (2007)

［4.21］ T. Yatsui, Y. Ryu, T. Morishima, W. Nomura, T. Kawazoe, T. Yonezawa, M. Washizu, H. Fujita, M. Ohtsu: Self-assembly method of linearly aligning ZnO quantum dots for a nanophotonic signal transmission device, Appl. Phys. Lett. **96**, 133106 (2010)

［4.22］ T. Kawazoe, K. Kobayashi, M. Ohtsu: The optical nano-fountain: A biomimetic device that concentrates optical energy in a nanometric region, Appl. Phys. Lett. **86**, 103102 (2005)

［4.23］ K. Akahane, N. Yamamoto, M. Naruse, T. Kawazoe, T. Yatsui, M. Ohtsu: Energy transfer in multistacked InAs quantum dots, Extended Abstracts, The 57th Spring Meeting (The Japan Society of Applied Physics and Related Societies, Kanagawa 2010), 18a−P4−19

〔4.24〕 K. Akahane, N. Yamamoto, M. Naruse, T. Kawazoe, T. Yatsui, M. Ohtsu: Energy transfer in multistacked InAs quantum dots, SSDM 2010 (Toyko 2010), Abstract, K-6-2

〔4.25〕 M. Naruse, H. Hori, K. Kobayashi, P. Holmstrom, L. Thylen, M. Ohtsu: Lower bound of energy dissipation in optical excitation transfer via optical near-field interactions, Opt. Express **18**, A544 (2010)

〔4.26〕 L. B. Kish: Moore's law and the energy requirement of computing versus performance, IEEE Proc. Circuits Dev. Syst. **151**, 190 (2004)

〔4.27〕 V. P. Carey, A. J. Shah: The Exergy Cost of information processing: a comparison of computer-based technologies and biological systems, J. Electron. Packag. **128**, 346 (2006)

〔4.28〕 R. Hanbury Brown, R. Q. Twiss: The question of correlation between photons in coherent light rays, Nature **178**, 1447 (1956)

〔4.29〕 T. Kawazoe, S. Tanaka, M. Ohtsu: A single-photon emitter using excitation energy transfer between quantum dots, J. Nanophotonics **2**, 029502 (2008)

〔4.30〕 H. Hori: Electronic and electromagnetic properties in nanometer scales. In: *Optical and Electronic Process of Nano-Matters*, ed. by M. Ohtsu(Kluwer, Dordrecht 2001) pp. 1-55

〔4.31〕 M. Naruse, T. Miyazaki, F. Kubota, T. Kawazoe, K. Kobayashi, S. Sangu, M. Ohtsu: Nanometric summation architecture using optical near-field interaction between quantum dots, Opt. Lett. **30**, 201 (2005)

〔4.32〕 T. Kawazoe, K. Kobayashi, S. Takubo, M. Ohtsu: Nonadiabaic photodissociation process using an optical near field, J. Chem. Phys. **122**, 024715 (2005)

〔4.33〕 K. Kobayashi, A. Sato, T. Yatsui, T. Kawazoe, M. Ohtsu: New aspects in nanofabrication using near-field photo-chemical vapor deposition, Appl. Phys. Express **2**, 075504 (2009)

〔4.34〕 T. Yatsui, W. Nomura, M. Ohtsu: Self-assembly of size-and position-controlled ultralong nanodot chains using near-field optical desorption, Nano Lett. **5**, 2548 (2005)

〔4.35〕 H. Yonemitsu, T. Kawazoe, K. Kobayashi, M. Ohtsu: Nonadiabatic photochemical reaction and application to photolithography, J. Photolumin. **122**, 230 (2007)

〔4.36〕 Y. Ito, S. Nakasato, R. Kuroda, M. Ohtsu: Near-field lithography as prototype nano-fabrication tool, Microelectron. Eng. **84**, 705 (2007)

〔4.37〕 M. Koike, S. Miyauchi, K. Sano, T. Imazono: X-ray devices and the possibility of applying nanophotonics. In:*Nanophotonics and Nanofabrication*, ed. by M. Ohtsu (Wiley-VCH, Weinheim 2009) pp. 179-191

〔4.38〕 T. Kawazoe, T. Takahashi, K. Kobayashi, M. Ohtsu: Evaluation of the dynamic range and spatial resolution of nonadiabatic optical near-field lithography through fabrication of Fresnel zone plates，Appl. Phys. B **98**，5（2010）

［4.39］ T. Yatsui, K. Hirata, W. Nomura, Y. Tabata, M. Ohtsu：Realization of an ultra-flat silica surface with angstrom-scale average roughness using nonadiabatic optical near-field etching，Appl. Phys. B **93**，55（2008）

［4.40］ T. Yatsui, K. Hirata, Y. Tabata, W. Nomura, T. Kawazoe, M. Naruse, M. Ohtsu：In situ real-time monitoring of changes in the surface roughness during nonadiabatic optical near-field etching，Nanotechnology **21**，355303（2010）

［4.41］ W. Nomura, T. Yatsui, Y. Yanase, K. Suzuki, M. Fujita, A. Kamata, M. Naruse, M. Ohtsu：Repairing nanoscale scratched grooves on polycrystalline ceramics using optical near-field assisted sputtering，Appl. Phys. B **99**，75（2010）

［4.42］ D. Graham-Rowe, R. Won：Lasers for engine ignition，Nat. Photonics **2**，515（2008）

［4.43］ T. Yatsui, S. Yamazaki, K. Ito, H. Kawamura, M. Mizumura, T. Kawazoe, M. Ohtsu：Increased spatial homogeneity in a light-emitting InGaN thin film using optical near-field desorption，Appl. Phys. B **97**，375（2009）

［4.44］ S. Yamazaki, T. Yatsui, M. Ohtsu：Room-temperature growth of ultraviolet-emitting GaN with a hexagonal crystal-structure using photochemical vapor deposition，Appl. Phys. Express **1**，061102（2008）

［4.45］ T. Kawazoe, H. Fujiwara, K. Kobayashi, M. Ohtsu：Visible light emission from dye molecular grains via infrared excitation based on the nonadiabatic transition induced by the optical near Field，IEEE J. Sel. Top. Quantum Electron. **15**，1380（2009）

［4.46］ H. Fujiwara, T. Kawazoe, M. Ohtsu：Nonadiabaticmulti-step excitation for the blue-green light emission from dye grains induced by the near-infrared optical near-field，Appl. Phys. B **98**，283（2010）

［4.47］ H. Fujiwara, T. Kawazoe, M. Ohtsu：Nonadiabatic nondegenerate excitation by optical near-field and its application to optical pulse-shape measurement，Appl. Phys. B **100**，85（2010）

［4.48］ S. Yukutake, T. Kawazoe, T. Yatsui, W. Nomura, K. Kitamura, M. Ohtsu：Selective photocurrent generation in the transparent wavelength range of a semiconductor photovoltaic device using a phonon-assisted optical near-field process，Appl. Phys. B **99**，415（2010）

［4.49］ S. Guenes, H. Neugebauer, S. Sariftci：Conjugated polymer-based organic solar cells，Chem. Rev. **107**，1324（2007）

［4.50］ M. Naruse, T. Yatsui, W. Nomura, N. Hirose, M. Ohtsu：Hierarchy in optical nearfields and its application to memory retrieval，Opt. Express **13**，9265（2005）

［4.51］ M. Naruse, T. Inoue, H. Hori: Analysis and synthesis of hierarchy in optical near-field interactions at the nanoscale based on angular spectrum, Jpn. J. Appl. Phys. **46**, 6095（2007）

［4.52］ N. Tate, W. Nomura, T. Yatsui, M. Naruse, M. Ohtsu: Hierarchical hologram based on optical near-and far-field responses, Opt. Express **16**, 607（2008）

［4.53］ N. Tate, M. Naruse, T. Yatsui, T. Kawazoe, M. Hoga, Y. Ohyagi, T. Fukuyama, M. Kitamura, M. Ohtsu: Nanophotonic code embedded in embossed hologram for hierarchical information retrieval, Opt. Express **18**, 7497（2010）

［4.54］ M. Naruse, T. Yatsui, T. Kawazoe, Y. Akao, M. Ohtsu: Design and simulation of a nanophotonic traceable memory using localized energy dissipation and hierarchy of optical near-field interactions, IEEE Trans. Nanotechnol. **7**, 14（2008）

［4.55］ M. Naruse, T. Yatsui, J. H. Kim, M. Ohtsu: Hierarchy in optical near-fields by nano-scale shape engineering and its application to traceable memory, Appl. Phys. Express **1**, 062004（2008）

［4.56］ M. Naruse, T. Yatsui, H. Hori, M. Yasui, M. Ohtsu: Polarization in optical near-and far-field and its relation to shape and layout of nanostructures, J. Appl. Phys. **103**, 113525（2008）

［4.57］ M. Naruse, T. Yatsui, T. Kawazoe, N. Tate, H. Sugiyama, M. Ohtsu: Nanophotonic matching by optical near-fields between shape-engineered nanostructures, Appl. Phys. Express **1**, 112101（2008）

［4.58］ N. Tate, H. Sugiyama, M. Naruse, W. Nomura, T. Yatsui, T. Kawazoe, M. Ohtsu: Quadrupole-dipole transform based on optical near-field interactions in engineered nanostructures, Opt. Express **17**, 11113（2009）

［4.59］ M. Naruse, T. Yatsui, H. Hori, K. Kitamura, M. Ohtsu: Generating small-scale structures from large-scale ones via optical near-field interactions, Opt. Express **15**, 11790（2007）

［4.60］ M. Naruse, T. Miyazaki, T. Kawazoe, K. Kobayashi, S. Sangu, F. Kubota, M. Ohtsu: Nanophotonic computing based on optical near-field interactions between quantum dots, IEICE Trans. Electron. **E88C**, 1817（2005）

［4.61］ M. Naruse, T. Kawazoe, S. Sangu, K. Kobayashi, M. Ohtsu: Optical interconnects based on optical far-and near-field interactions for high-density data broadcasting, Opt. Express **14**, 306（2006）

［4.62］ M. Ohtsu: Nanophotonics and application to future storage technology, Technical Digest, The Joint International Symposium on Optical Memory and Optical Data Storage（2008）, MA01 TD0501

［4.63］ H. Hieda: Nanopatterned media for high-density storage. In: *Nanophotonics and Nanofabrication*, ed. by M. Ohtsu（Wiley-VCH, Weinheim 2009）pp. 147–165

［4.64］ T. Nishida，T. Matsumoto，F. Akagi，H. Hieda，A. Kikitsu，K. Naito：Hybrid recording on bit-patterned media using a near-field optical head，J. Nanophotonics **1**，011597（2007）

［4.65］ T. Nishida，T. Matsumoto，F. Akagi：Nanoophotonics Recording device for high-density storage. In：*Nanophotonics and Nanofabrication*，ed. by M. Ohtsu（Wiley-VCH，Weinheim 2009）pp. 167－178

［4.66］ H. Kitahara，Y. Uno，H. Suzuki，T. Kobayashi，H. Tanaka，Y. Kojima，M. Kobayashi，M. Katsumura，Y. Wada，T. Iida：Electron beam recorder for patterned media mastering，Jpn. J. Appl. Phys. **49**，06GE02（2010）

［4.67］ M. Ohtsu：Roadmap for realizing 1Pbitpsi of recording density and PB-class data storage. In：*Technology Roadmap for Information Storage*，ed. by M. Ohtsu（Optical Industry Technology Development Association，Tokyo 2006）pp. 35－78

［4.68］ M. Ohtsu：Near-field optical atom manipulation：toward atom photonics. In：*Near-Field Nano/Atom Optics and Technology*，ed. by M. Ohtsu（Spinger，Berlin，Heidelberg 1998）pp. 218－293

［4.69］ K. Kobayashi，S. Sangu，H. Ito，M. Ohtsu：Near-field optical potential for a neutral atom，Phys. Rev. A **63**，013806（2001）

［4.70］ H. Ito，T. Nakata，K. Sakaki，M. Ohtsu，K. I. Lee，W. Jhe：Laser spectroscopy of atoms guiding by evanescent waves in micron-sided hollow optical fibers，Phys. Rev. Lett. **76**，4500（1996）

［4.71］ K. Totsuka，H. Ito，T. Kawamura，M. Ohtsu：High spatial resolution atom detector with two-color optical near fields，J. Appl. Phys. **41**，1566（2002）

［4.72］ K. Totsuka，H. Ito，K. Suzuki，K. Yamamoto，M. Ohtsu，T. Yatsui：A slit-type atom deflector with near-field light，Appl. Phys. Lett. **82**，1616（2003）

［4.73］ A. Takamizawa，H. Ito，S. Yamada，M. Ohtsu：Observation of cold atom output from an evanescent-light funnel，Appl. Phys. Lett. **85**，1790（2004）

［4.74］ A. Sato，F. Minami，K. Kobayashi：Spin and excitation energy transfer in a quantum-dot pair system through optical near-field interactions，Physica E **40**，313（2007）

［4.75］ A. Sato，F. Minami，H. Hori，K. Kobayashi：Spin information achieved by energy transfer via optical near fields between quantum dots and its robustness，J. Comput. Theor. Nanosci. **7**，1（2010）

［4.76］ C. E. Shannon：The bandwagon，IEEE Trans. Inform. Theory **IT-2**，3（1956）

超越衍射极限的光学

在远场光学显微镜方面取得的新进展使得从根本上克服传统远场显微镜的衍射极限（在横向上大约 200 nm，在光轴上为 600 nm）成为可能。本章要介绍三类主要的纳米显微镜：基于高度聚焦激光束的纳米显微镜，例如 4Pi 显微镜和 STED（受激发射损耗）显微镜；基于结构照射型激发（SIE）的纳米显微镜；以及甚至在均匀激发情况下都能获得超越极限分辨率的纳米显微镜（光谱分配定位显微镜/SALM）。通过利用这些技术，我们就可能分析荧光分子的空间分布，使得在低至几纳米（≈激发波长的 1/100）的波长下都能使光学分辨率大大增加。

激光技术的开发与新的光学方法和光物理方法、高度灵敏的快速探测系统以及基于计算机的评估程序相结合，已使得从根本上克服传统远场荧光显微镜的衍射极限（在横向上大约 200 nm，在光轴上为 600 nm）成为可能。20 世纪 80 年代以来，已有很多超分辨光学显微术被开发出来，为的是能够获得超出那个魔力阈值的光学分辨率。目前已建立的纳米显微镜体系有三种：基于高度聚焦激光束的纳米显微镜，例如 4Pi、STED 和 GSD 显微镜；基于结构照射型激发（SIE）的纳米显微镜，例如驻波（SW）显微镜、空间调制照射（SMI）型显微镜、结构照射（SI）型显微镜和图案化激发显微镜（PEM）；以及甚至在均匀激发情况下都能获得超越极限分辨率的纳米显微镜（光谱分配定位显微镜，SALM）。通过利用这些技术，我们就可能分析荧光分子的空间分布，使得在低至几纳米的波长下都能使光学分辨率大大增加，并且能够得到以前专属于电子显微镜的纳米级图像。

恩斯特·阿贝（Ernst Abbe）在他关于"在（远场）光学显微镜中可得到的光学分辨率的基本极限"[5.1]的有名著作中说，分辨率极限——用于成像的波长的大约一半——……（……仅当没有提出完全超出此处规定的理论范围之外的证据时）才有效。

20 世纪 80 年代以来，阿贝的这种预言已成为现实：通过利用在阿贝或瑞利[5.2]假说中未列入的条件，研究人员已开发出了大大超过此极限的各种光学技术，即在可见光范围内能获得超越极限分辨率的远场显微镜方法。在这里，我们将对这个术语做出定义，使之包括远远超过阿贝或瑞利极限——在横向（物面）上大约为 200 nm 及/或在轴向（沿着光轴方向）上为 600 nm——且利用物面和光学系统前透镜之间的工作距离为至少几百个波长的远场纳米显微镜系统得到的任何光学分辨率。相比之下，当工作距离很短时，用近场扫描光学显微镜（NSOM）可得到超越极限分辨[5.3,4]。

用于克服阿贝极限的第一种切实可行的方法是共焦激光扫描荧光 4Pi 显微镜[5.5-9]——聚焦纳米显微镜[5.10,11]的一种变体。在具有超越极限分辨率的聚焦纳米显微镜模式中，物体被逐点扫描，所得到的荧光信号也被逐点配准。扫描激光束越尖锐，即系统内点分布函数（PSF）的半峰全宽（FWHM）越小，所得到的光学分辨率就越高。通过增加数值孔径（NA）使其超过由单个物镜强加的极限值，这个系统的 FWHM 可降至单透镜系统的 FWHM 之下，从而能够改进光学分辨率。关于这种 4Pi 显微镜的可能性，最初的想法可追溯到 20 世纪 70 年代[5.5,12]；在 90 年代初，研究人员在光轴方向（z）上第一次成功地演示了超越极限分辨率（大约 100 nm）[5.7-9]。这种 4Pi 显微镜方法利用两个相对放置的高 NA 透镜来聚焦对向传播的激光光束，以缩短在光轴方向上的 FWHM，从而获得比传统荧光显微镜（波长和折射率与 4Pi 显微镜相同）小 5～7 倍的三维观察体积 $\left[V_{obs} = (4/3) \pi (FWHM_x/2)(FWHM_y/2)(FWHM_z/2) \right]$。

这种双透镜型 4Pi 显微镜在物面（x, y）内的横向光学分辨率只改进了很少一点。但此分辨率可通过第二种聚焦纳米显微镜——即受激发射损耗（STED）显微镜——来改善[5.10,13,14]。此时，两个激光束之间的相互作用会使 PSF 变窄，甚至在（x, y）平面内也如此：波长为 λ_1 的第一个高度聚焦光束在给定的物体位置激发荧光；波长为 λ_2 且具有合适光强的第二个环形光束基本上集中在第一个光束的最大光强区，用于通过受激发射感应来抑制在激发光束中心附近的分子指示荧光。通常的结果是，在激发光束焦点中心附近的分子会被转移到暗态（相对于某探测模式而言），以至于只有在激发光束（λ_1）焦点中心的分子才会发出指示信号，从而可能"处于亮态"。这些信号将通过点测器来配准。由于激发光束焦点的位置由系统的机械部分决定，因此原则上可达到期望的精度（一直到亚纳米级的精度），物体的图像可逐点构成，并具有大幅改善的光学 x, y 分辨率。目前，这种方法在生物标本中能得到 15～20 nm 的横向（x, y）光学分辨率[5.15-17]，在材料科学应用中能得到 6～8 nm 的横向光学分辨率[5.18]。由于在聚焦纳米显微镜中获得超越极限分辨率的唯一条件是抑制不在扫描激发光束焦点中心处的分子显示荧光，因此这种方法已经一般化为"可逆饱和光学荧光跃迁"（RESOLFT）显微镜概念[5.19]。在 RESOLFT 显微镜中，除 STED 模式之外，还可以用其他方法来达到同样的效果。例如，可以不用先在直径（FWHM）为大约 $0.5\lambda_{exc}/NA$（其中 λ_{exc} 是用于激发荧光的真空波长，NA 是数值孔径）的焦点区激发分子，然后通过 STED 光束使未直接位于此区域焦点中心的分子发生 $S1$ 态损耗，而是利用具有高光强的环形第二激光束把这些分子转移到非荧光三重（T_1）态，在扫描激发光束的驻留时间内，约为几 μs 的三重态–单重态跃迁时间足以使这些分子的基态损耗（GSD）[5.20]。

获得超越极限分辨率的第二种主要方法是结构照射型激发（SIE）纳米显微镜[5.21–25]。在 SIE 成像过程中，不是用单束（或多束）高度聚焦的激光光束逐点扫描物体，而是以某种方法——通常是用正弦波图样——来调制物体空间中的照射强度。物体的荧光不是用点测器来配准，而是用阵列探测器——通常是高灵敏度 CCD 相机。为获得超越极限分辨率，采用的方法是通过使图样（或物体）相对于彼此移动来多次显示物体。通过用这种方法从同一物体上获得的各图像，就可以计算出具有更高结构分辨率的图像。根据光照图的实现方式，研究人员已经描述了各种各样的方法，例如驻波（SW）显微镜、空间调制照射（SMI）型显微镜、结构照射（SI）型显微镜、结构照射型干涉（SIIM）显微镜和图案化激发显微镜（PEM）。通过用这种方法，光学分辨率（根据空间截止频率）可达到传统显微镜的 2 倍，即在 (x, y) 方向上可达到大约 100 nm，在 z 方向上可达到大约 250 nm。

目前获得超越极限分辨率的第三种主要方法是光谱分配定位显微镜（SALM）。原则上，SALM 模式可用于任何一种荧光显微镜，以大幅提高光学分辨率——目前得到的光学分辨率 (x, y) 在几纳米范围内，或约 $1/100\lambda_{exc}$（在特殊情况下可达到约 1 nm）。从概念角度来看，尤其值得关注的一点是即使物面内的照射强度是均匀的，SALM 也能达到这样的超越极限分辨率。宽场探测器（例如灵敏的 CCD 相机）用于显示，采用标准荧光团。在这种情况下，SALM 可称为一种"基于均匀照射的纳米显微镜方法"。在这种模式下，紧邻单荧光分子的光学隔离以及定位由分子之间的光谱特征差决定，其中的光谱特征是将所探测到的光子分配给特定单分子的方式[5.26–30]。虽然 SALM 的初期概念和原理论证实验可追溯到 20 世纪 90 年代[5.26,27,31–35]，但近年来人们已开发了各种各样的 SALM 方法，以应用于广泛的生物医学领域，而且其应用范围有望延伸到材料科学[5.18,36]。

5.1　基 本 原 理

5.1.1　聚焦纳米显微镜

在光学显微镜中，物体可视为将很多点光源布置在给定的空间位置 (x, y, z) 以吸收、发射或散射光的一种结构。光学显微结构分析的终极目标是识别点光源，并尽可能精确地确定其位置。在传统显微镜中，每个此类点光源都必须满足阿贝正弦条件，才能在每个物点生成清晰的图像，从而得到整个物体的一张清晰图像。根据几何光学，由物体点光源 P 发射的任何两束光线的角度 α_1，α_2 与这两束光线到达图像平面时的角度 β_1，β_2（相对于显微镜系统光轴而言的所有角度）之间的关系为 $\sin \alpha_1/\sin \alpha_2 = \sin \beta_1/\sin \beta_2$。阿贝或瑞利光学分辨率理论更进一步的基本思想是假设所有的点光源被同时配准。因此，具有相同光谱特征（例如相同的荧光吸收度/发射光谱、相同的荧光寿命和发光行为等）的两个相邻的、稳定发光的点光源可相互分离，条件是它们的衍射图样（其最大值位置满足阿贝正弦条件）相互分离，以至于这两个衍射图样的最大值可相互独立地被识别。从物体来看，在荧光显微镜中，这会得到基于瑞利判据的最小可分辨距离（光学分辨能力或简单地说，就是光学分辨率）$d_{min} = 0.61\lambda_{exc}/NA$（在采用相应 PSF 的 FWHM 时，为 $d_{min} = 0.51\lambda_{exc}/NA$）。但对于获得物体的图像来说，这些条件——即与物体的发光/吸光/光散射元件位置 (x, y, z) 有关的信息——并不是绝对需要的。物体发光元件实现同时配准的另一种方法是以连续方式逐点重建图像。在这种情况下，在初始位置 (x_1, y_1, z_1) 处物体 p_1（点）的指定小区域被相干光的高度聚焦束照射，光响应 $I(x_1, y_1, z_1)$ 被探测器（例如光电培增管或雪崩二极管）配准。然后，物体或光束发生移动，导致在位置 $(x_2=x_1+\Delta x, y_2=y_1+\Delta y, z_2=z_1+\Delta z)$ 上的下一个物点 p_2 被聚焦束照射，而新的光响应 $I(x_2, y_2, z_2)$ 再次被探测器配准，此程序不断重复，直到整个物体在 x，y，z 方向（x，y 为物面，z 坐标在显微镜系统的光轴上）被扫描。分配给坐标 x_i，y_i，z_i（$i=1$，2，$\cdots$，n）的光响应 I 构成了图像，当 $z=const$（例如焦面）时，得到的是二维图像，如果扫描涉及 z 的变化，则形成三维图像，就像在共焦激光扫描荧光显微镜中那样[5.5,37-41]。在这些激光扫描显微镜方法中，位置信息 (x_i, y_i, z_i) 由系统的机械部分（例如对载物台位置或反射镜位置——用于改变扫描光束的焦点位置——的压电控制）获得。由于这种机械定位与照射波长 λ_{exc} 无关，因此可获得亚纳米级的定位精度。

对于序列成像的每个点光源来说，这些点光源可一个接一个地达到阿贝条件；甚至对于单个点光源来说，要获得有关其位置的信息，不一定非要达到阿贝条件。例如，我们可以利用聚焦光束来进行透射激发、散射激发或荧光激发，并配准以方便的方式——不管是否达到阿贝正弦条件——获得的透射/散射/荧光信号[5.5]。在这种情况下，点光源的位置信息由照射光斑的位置信息获得（如上所述）。因此，可得到的光学分辨率实质上由照射光斑的直径（D_{ill}）决定，此直径越小，光学分辨率（即两个荧光点光源 A 和 B

之间的最小可分辨距离）就越高。通过用具有规定孔径 NA $= n\sin\alpha$（n 是折射率，α 是半孔径角）的单个物镜使相干光均匀地聚焦，可以得到大约 $0.5\lambda_{exc}/NA$ 的 D_{ill} 值（FWHM）；当 $\alpha = 180°/2$，$\sin 90° = 1$ 时可能得到 D_{ill} 的最大值，因此 $D_{ill} \approx 0.5\lambda_{exc}/n^{[5.2]}$。为获得更高的光学分辨率，一种可能性是找到增加数值孔径 NA 的办法。由于在实际的光学显微镜中，最大折射率 n 一般大约为 1.5，因此必须增大全孔径角（2α），使其超过 180°，以减小 D_{ill}。

原则上，甚至照射光斑的直径（D_{ill}）对可得到的光学分辨率也不能起到绝对的决定性作用；相反，可以采用这样的方法：首先，只配准从物体 A 上的一块面积 $D_{fluor} \ll D_{ill}$ 发出的荧光，然后只配准从点物 B 上的一块面积 $D_{fluor} \ll D_{exc}$ 发出的荧光，A 和 B 之间的距离为 $d_{AB} \ll D_{ill}^{[5.13,20]}$。当物体位置 x_A，y_A 在光束焦点上时（例如通过扫描镜的机械位置推导出来），根据点探测器内的最大信号强度可得到 A 的位置。而当物体位置 x_B，y_B 在光束焦点上时，根据点探测器内的最大信号强度可得到 B 的位置。因此，可求出距离 $d_{AB} = [(x_A - x_B)^2 + (y_A - y_B)^2]^{1/2} \ll D_{ill}$，可知此距离小于 $0.5\lambda_{exc}/NA$。此距离测量值 $d_{AB} \ll 0.5\lambda_{exc}/NA$ 相当于光学分辨率的相应改善程度。在这个方案中，决定性的条件是在第一步中只配准由 A 发出的荧光信号，而在第二步中只配准由 B 发出的荧光信号。例如，如果两个相互紧邻（距离 $d_{AB} \ll D_{ill}$）且直径为 1 nm 的分子 A 和 B 被激发至发射荧光，但探测程序不能区分由 A 发射的荧光光子还是由 B 发射的荧光光子，那么这两个分子的配准衍射图样会重叠，而且最小可能分辨率会明显低于 D_{ill}。

下面，我们将探讨这个"聚焦纳米显微镜"基本概念的几种方法。

1. 4Pi 显微镜

早在 20 世纪 70 年代，就有人探讨了利用孔径角（2α）延伸到 180° 之外的共焦激光扫描荧光显微镜方法来克服阿贝极限（≈ 200 nm）的初期观点[5.5,12]。这个初期 4π 显微镜概念（图 5.1）基于用亚微米范围内的相干光做的、受衍射限制的聚焦实验以及荧光激发[5.42]实验。在这个概念中，物体被具有 4π 几何形状的聚焦激光光束逐点照射，也就是说，不是用单个高 NA 物镜（$\sin\alpha_{max} = \sin 90° = 1$，全空间孔径角为 2π）来聚焦光，而是通过相长干涉从四面八方（立体角 4π）聚焦相干光。每个物点发射的荧光通过图像平面中的探测针孔来配准，图像平面不包括由点光源在图像平面内生成的衍射图的中央极大值之外的部分。然后，通过把在物体位置（x, y, z）得到的各荧光信号分配给图像位置（M_x, M_y, M_z）（其中 M 是放大因子），利用这些信号以电子方式构建具有更高光学分辨率的图像。有人建议，通过利用 4π 聚焦，至少在一个方向上焦点直径可减小到低于阿贝极限的一个最小值[5.5]。为实现全 4π 几何形状，有人提议生成一张 4π 点全息图，方法有两种：利用直径比发射光的波长低得多的光源在实验中生成 4π 点全息图，或者根据计算结果合成该图。这张 4π 全息图应当用于替代（单个）传统光学透镜（最大数值孔径 NA≈ 1.5），使光束仅在阿贝极限附近聚焦。此外，还有人建议利用平面点全息图在激光扫描显微镜中聚焦激发光束，这样做的好处至少是可用的焦点距离大得多。

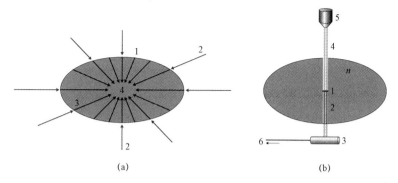

图 5.1　共焦激光扫描荧光 4π 显微镜中的超越极限分辨原理

（a）通过相长干涉从四面八方（立体角 4π）聚焦相干光，以获得比通过单个高数值孔径物镜聚焦时更小的焦点直径。这是利用 4π 点全息图来实现的

1—4π 点全息图的表面（理想的情况下是一个封闭包络）；2—入射波；3—重构波；4—4π 点全息图的焦点

（b）4π 点全息图在激光扫描显微镜中的应用

1—位于 4π 点全息图的焦点并具有荧光表面的试样；2—夹持装置（与试样和浸液的折射率 n 相同）；3—扫描装置，用于使试样移动；4—光导管；5—显微镜物镜，用于收集荧光；6—与扫描发生器和自动聚焦系统（文献［5.5］中的图 1，相当于在共焦激光扫描荧光显微镜中的轴向对比度生成）连接，n 是浸液的折射率（根据文献［5.5]）

在最初的 4π 概念中[5.5]，全息图一般定义为是一种能生成边界条件、与合适的照射光强相结合后能得到重构波形的装置，但遗留的问题有：生成、材料问题、方向、振幅以及入射波和重构波之间的相干性。此外，研究人员还假设落到 4π 点全息图上的相干波的振幅和入射角能够几乎相互独立地被改变，即这个概念不局限于用于计算焦点光强的经典假设[5.43]。

由于在光的电磁理论中复杂边界条件的影响只能用数字方式求解，因此要利用这种全 4π 方法得到关于聚焦的终极物理极限的有效结论看起来是很难的。但在特殊情况下，若在荧光激发中，具有恒定强度的假想连续波单色球面波前在全 4π 几何形状中聚焦，则从理论上讲，在远场中（与聚焦装置之间的距离为 r，$(2\pi/\lambda)r \gg 2$[5.44]）可以获得 1/3～1/4 波长（当聚焦时在介质中测得）的有限焦点直径[5.11,45]。假设波长为 $\lambda_{exc}=488$ nm，折射率为 $n=1.5$，则会得到焦点直径 $D_{ill}=0.33\lambda_{exc}/n=0.22\lambda_{exc}=107$ nm，即比典型的最小荧光光斑尺寸 $D_{ill}=0.5\lambda_{exc}/NA\approx0.5\lambda_{exc}/1.4=0.36\lambda_{exc}=175$ nm 小很多。数值计算[5.46]表明，在特定的偏振模[5.47]中，假设将约 200 个相长干涉的相干光源均匀地布置在 4π 几何形状中，则可能得到甚至更小的焦点直径 $0.25\lambda_{exc}/n$。假设 $\lambda_{exc}=488$ nm，则会得到最小焦点直径 $D_{ill}=(0.25/1.5)488$ nm $=0.17\lambda_{exc}=81$ nm。在关于荧光激发的初次研究中，有关人员利用受衍射限制的连续波紫外光聚焦[5.42]来进行荧光激发。对于其中使用的（真空）激发波长 $\lambda_{exc}=257$ nm，4π 聚焦会分别得到 $D_{ill}=(0.33/1.5)257$ nm $=57$ nm 和 $D_{ill}=(0.25/1.5)257$ nm $=43$ nm。如果用三维观察体积 V_{obs} 来测量总的空间分辨率（$V_{obs}=4/3\pi(FWHM_x/2)(FWHM_y/2)(FWHM_z/2)$），则这种全 4π 方法将使整个三维分辨率提高（波长和折射率保持不变）大约（250 nm×250 nm×600 nm)/(107 nm×107 nm×81 nm）=40 倍。在假设的共焦配准模中，4Pi PSF 会得到甚至更小的 FWHM。

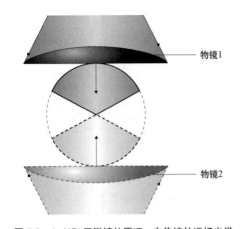

图 5.2　4π/4Pi 显微镜的原理。在传统的远场光学显微镜中，只有一部分球面波前被聚焦到一个物点上或从该物点上收集。当采用不仅一部分——而且整个球面波前时，可得到更高的空间分辨率。因此，当利用第二个透镜提供整个球面波前的另一部分时，聚光或集光效果会更好，因此聚光及/或集光波前的角度会增大（根据文献［5.8］）

能获得三维超越极限分辨率的第一个实验性共焦激光扫描 4Pi 显微镜是在 20 世纪 90 年代初设计并实现的[5.6 - 9]。这个显微镜没有采用具有 4π 几何形状的全息图，而是利用两个相对放置的高数值孔径物镜将两束相对的激光光束通过相长干涉会聚到一个共同的焦点上（图 5.2）。虽然在这种配置中，被聚焦光覆盖的空间角远远小于 4π，但其名称仍是 4π（4π=4Pi），表明其基本原理也是将空间孔径角扩大到 2π 之外。

图 5.3 描绘了两种基本的 4Pi 实验装置的设计，这两种装置分别采用了荧光的单光子激发（在这种情况下要与散射光配准相结合）和荧光的双光子激发。

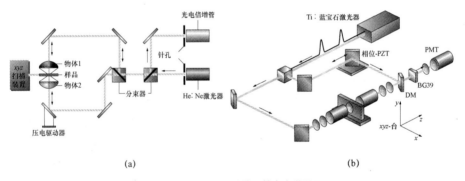

(a) (b)

图 5.3　4Pi 共焦显微镜的基本光学配置

（a）单光子激发。用具有共焦点的两个高孔径透镜（NA = 1.4）来增加照射孔径和集光孔径。为获得共焦点，须用一个压电装置来调节其中一个透镜。用分束器使来自照射针孔的波前分成两束，分别照射每个透镜。将从这两个透镜中收集的光与同一个分束器相结合，然后使其传播到探测针孔。4Pi 共焦显微镜装置已在散射光模式中使用——利用偏振光进行照射，并利用探测器前面的正交偏光镜进行配准。在 4Pi 情况下，主最大值的轴向半峰全宽为 75 nm，而在共焦情况下为 520 nm。在 4Pi 情况下的横向范围为 160 nm，而在共焦情况下为 200 nm（根据文献［5.8］）。（b）双光子激发。将样品安装在两个盖玻片之间，并附着于一个精密的 xyz 扫描装置上，扫描装置能够定位样品，使其在全部三个方向上的精确度达到 10 nm。用两个相对放置的高数值孔径透镜把光聚焦到样品内部的同一个点上。对于双光子激发，要采用锁模 Ti:蓝宝石激光器，以 76 MHz 的重复频率提供一连串 130 fs 的脉冲。然后将脉冲分为两束，引导脉冲沿着两个长度相同的路径传播，以确保在透镜的共焦点内发生脉冲干涉。波前的相对相位通过一个压电驱动式反射镜来调节。样品发出的荧光被其中一个透镜收集，再通过一个二向色镜实现分离，最后被聚焦到位于以光子计数模式工作的光电倍增管前面的一个针孔上。4Pi 共焦响应的轴向 FWHM 经测量为 140 nm；相比之下，在传统的双光子激发响应中为 630 nm（根据文献［5.9］）

目前，利用连续波可见激光或飞秒脉冲红外激光波长进行激发[5.8,9]的共焦激光扫描 4Pi 荧光显微镜已成为一种成熟的光学纳米显微镜方法，并且能够在市场上买到[5.10,48-51]。100 nm 级的轴向光学分辨率已在实验中实现，即比传统共焦激光扫描荧光显微镜（CLSM）好 6~7 倍。虽然由于使用了空间角（≈2.7π，而不是 4π），在横向上的光学分辨率只稍微有些改善，但用于测量三维分辨率的观察体积 V_{obs} 与传统的情况相比已明显减小（$V_{obs[CLSM]}/V_{obs[4PiHell]}$＝250 nm×250 nm×600 nm)/（250 nm×250 nm×100 nm）＝6 倍。通过将这种 4Pi 显微镜与从不同方向对物体成像的微轴 X 射线断层扫描（μtom）方法[5.52-54]相结合，可能得到甚至明显低于阿贝极限的各向同性光学分辨率，而观察体积预计会增大（$V_{obs[CLSM]}/V_{obs[4PiHell\mu tom]}$＝（250 nm×250 nm×600 nm）/（100 nm×100 nm×100 nm）≈40 倍。

2. 受激发射损耗（STED）显微镜

在采用了两个对置物镜的实验室 4Pi 显微镜中，目前已实现了大约 200 nm×200 nm×100 nm 的三维光学分辨率，这意味着其空间特征低于 100 nm 的物体仍不能被分辨。第一个在远场配置中利用单个物镜成功地获得远低于 100 nm 的横向光学分辨率的概念是 Hell 和 Wichmann[5.13]构思的受激发射损耗（STED）显微镜，并已在后来的 10 年中实现（关于相关的概念，见文献［5.55］）。这种聚焦纳米显微镜方法仍然是用聚焦激光光束来扫描物体[5.14]。

尽管这种方法也像 4π/4Pi 显微镜那样将空间孔径角增加到超过 2π，但其基本思想是利用一种光学装置来实现超越极限分辨率，该光学装置能够配准从一个比照射聚焦激光光束的直径（D_{ill}）小得多的物体区域发出的荧光。这是通过一个具有合适形状且波长为 λ_{STED}（STED 光束）、能够在激发光束（λ_{exc}）周围生成光照图的第二个激光光束来实现的。通过激发光束，在激发光束焦点中心附近（$d \ll D_{ill}$）的受激分子（S_1 态）被诱导至辐射受激发射状态——从最低的 S_1 能态跃迁至最高的 S_0 能态。通过合适的激发/探测配置，辐射受激发射的光与位于激发光束焦点中心内部或附近的分子所自发发射的荧光（波长为 λ_{fluor}）分开。这些光不会受到典型环形 STED 光束的干涉，后者在激发光束焦点中心处生成零光强点。因此，这些分子的受激发射不会被仅用于探测自发荧光的探测系统配准。在下一步中，物体或两个耦合光束被移至邻近位置，然后此程序重复进行。在这种情况下，先前位于激发光束（λ_{exc}）中心的分子被 STED 光束（λ_{STED}）激发至发光，因此不会产生自发荧光信号 λ_{fluor}，而先前被 STED 光束激发至发光的分子如今位于激发光束的中心，其荧光信号 λ_{fluor} 被配准。这是涉及聚焦照射或结构照射并具有零光强位置的一般空间扫描纳米显微镜概念（见后面）的第一个例子。在零光强位置，荧光发射（λ_{fluor}）先是仅从具有 $D_{fluor} \ll D_{ill}$ 特征的 A 区配准，然后仅从具有 $D_{fluor} \ll D_{ill}$ 特征的 B 区配准，两区域的距离为 $d_{AB} \ll D_{ill}$；物体位置 A，B 是通过扫描程序的机械部分获得的。

图 5.4 给出了这种基本 STED 效应的一个例子。在 STED 显微镜配置中 STED 光束的开/关切换功能可在扫描激光焦点附近的指定位置处对荧光信号进行开/关切换。

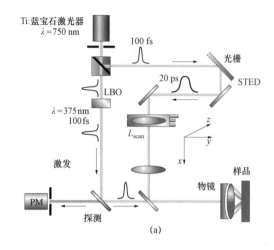

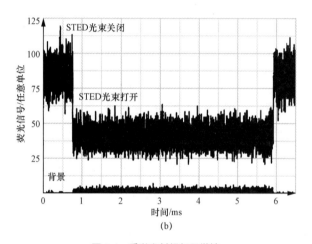

图 5.4 受激发射损耗显微镜

（a）用于在显微层面上研究受激发射的激光光学装置。Ti：蓝宝石激光器发出的脉冲被立方晶体分束，然后一部分脉冲被引导到光栅，在那里进行大约 20 ps 的色散。另一部分脉冲则被 LBO 晶体倍频。由样品发出的荧光被物镜收集，然后聚焦到光电倍增管前面的一个针孔中。透镜 L_{scan} 扫描横穿焦点的 750 nm 光，该焦点由 375 nm 激发光形成。（b）由 STED 光束诱发的暗态。当用 375 nm 光激发开/关波长为 750 nm 的 STED 激光光束时测得的 600～700 nm 荧光信号。当关掉紫外激光光并用 STED 激光照射时可得到背景信号（根据文献 [5.14]）

　　通过利用合适的饱和强度，在激发激光焦点中心周围的一个环形区域中的荧光团在具有红移波长（与荧光发射最大值相比）的辐射受激发射作用下被诱导至发射光子。因此，剩余的荧光——能够用光谱方法与高强度 STED 光束分离——只能从使得环形 STED 光束达到零光强点的焦点中心（在理想的情况下）得到。因此，具有指定能量的荧光光子将在比 D_{ill} 小得多的区域探测到。由于扫描机理的影响，这个小荧光区域的位置可达到只有几纳米的精确度，所获得的荧光信号现在可以分配给这个小区域，因此光学分辨率可能得到进一步改善。STED 显微镜是在横向超越极限分辨荧光显微镜中采用了非线性响应的第一种实现形式。

STED 显微镜概念的后期实现形式已得到广泛应用，而且使得物面（x, y）中的超越极限分辨成像精度能达到 10 nm 范围[5.16,56–58]。目前，用 STED 显微镜获得的最佳（横向）光学分辨率值在生物医学应用时为 15～20 nm[5.15]，在固体物理学中约为 6 nm[5.18]。通过与 4Pi 方法相结合，三维光学分辨率已达到几十纳米[5.59]。

最近，STED 显微镜的商用版已在市场上出售，其特点是在双光子激发模式或连续波单光子激发模式中都能达到 70～80 nm 的光学分辨率，但在光轴上的分辨率仍与传统共焦显微镜中的相同（轴向 FWHM≈600 nm）。因此，这些商用 STED 显微镜的三维观测体积可与 4Pi 显微镜的三维观测体积相比较：V_{obs}（4Pi 商用）/V_{obs}（STED 商用）=（200 nm×200 nm×110 nm）/（70 nm×70 nm×600 nm）=1.5 倍，亦即，商用 STED 显微镜的三维分辨率与商用 4Pi 显微镜的三维分辨率类似，全 4π 角度 4Pi 显微镜（在所有方向上的各向同性光学分辨率大约为 100 nm，见上文）会得到 V_{obs}（全 4π 显微镜）/V_{obs}（STED 商用）=（100 nm×100 nm×100 nm）/（70 nm×70 nm×600 nm）=0.3 倍，亦即，全 4π 角度 4Pi 显微镜的三维分辨率甚至比当前的商用 STED 超越极限分辨显微镜还要高几倍（虽然与最近实现的 4Pi 等 STED 装置的三维分辨率相比还是要差很多，例如与 Schmidt 等人[5.59]发明的装置相比）。

3. 基态损耗（GSD）显微镜

在基于 STED 的聚焦纳米显微镜中，光学分辨率的改善是通过使焦点外区中荧光分子的激发态（S_1）损耗从而减小扫描激光束有效焦点的空间范围来实现的。另一种很好的方法是采用与 STED 显微镜相同的一般原理，但不是使激发态（S_1）损耗，而是使在激发焦点（λ_{exc}）外区中荧光分子的基态（S_0）损耗[5.20]：照射条件（即损耗光束的强度）应当保证处于 S_0 能态的分子的密度（n_0）在焦点外区中会大大减小，因此，这些分子不能转移到 S_1 态，从而无法通过 $S_1 \rightarrow S_0$ 跃迁来发射光子。为了能够用这种方法来成像，很重要的一点是通过把扫描激光焦点移到另一个位置以及减小损耗光束的光强，分子能很快弛豫到 S_0 态，这意味着损耗过程必须在足够快的时间范围内实现可逆。为显示 GSD 荧光显微镜的这种聚焦纳米显微镜方法的可行性，研究人员以荧光素为例，计算了 $S_0 \rightarrow S_1 \rightarrow T_1$（三重态）和反向 $S_1/T_1 \rightarrow S_0$ 的跃迁参数[5.20]。各种能态的粒子数密度被确定为与照射强度有关（λ_{exc}=488 nm）。当 $S_1 \rightarrow S_0$ 跃迁的能态平均寿命为 4.5 ns、$S_1 \rightarrow T_1$ 跃迁为 100 ns、$T_1 \rightarrow S_0$ 跃迁为 1 μs 时，在足够高的照射强度（$I_{depl} \geq 10$ MW/cm²）下 87% 的荧光分子预计驻留在寿命相对较长的三重态（T_1）中，13% 的荧光分子处于 S_1 态，而基态几乎完全耗尽。因此，在具有强光照射分子的 A_{GSD} 区中，大多数的这些分子都处于 T_1 态，在 1 μs 的时间内平均（半期）只会发生一次 $T_1 \rightarrow S_0$ 跃迁，在照射强度低的另一个区域 A_{fluor} 中，大多数的分子都会处于 S_0 态。因此，这些分子很容易被激发到 S_1 态，然后平均（半期）每隔几纳秒就会从 S_1 态返回到 S_0，并准备再次激发。与 A_{fluor} 相比，A_{GSD} 中的基态损耗分子具有极低的荧光发射能力，因此实际上被关掉了，即处于暗态。为了利用这种效应来改善光学分辨率，可以采用与 STED 显微镜中类似的光学装置，用第一个低强度光束（I_{exc}）来激发在具有艾里强度分布尺寸的区域中的分子，用照射强度较高的

第二个偏移光束 I_{depl}（类似于在 STED 显微镜中的 STED 光束，但工作波长与激发光束相同）使处于几何焦点外区域中的分子转移到寿命相对较长的三重态（与 $S_0 \rightarrow S_1$ 跃迁相比），在焦点内区只受到低强度照射的分子能在 S_0 和 S_1 之间快速循环，在每次 $S_1 - S_0$ 往返（平均每隔几纳秒发生一次，相比之下在 $T_1 \rightarrow S_0$ 跃迁中需要 1 000 ns）中发射一个光子。因此，光子被探测器配准的有效面积与 D_{ill} 相比大大减小。Hell 和 Kroug[5.20]描述的 GSD 显微镜方法的下一步是在大约 1 μs 之后关掉损耗光束，而在这段时间内荧光发射已被配准，处于 T_1 态的分子被弛豫，然后返回到 S_0 态。在所有的分子都再次处于基态（$\approx 5 T_1 \rightarrow S_0$ 的跃迁寿命在这种情况下约为 5 μs）以及激发光束和损耗光束均移到新的相邻位置之后，逐像素地重复此扫描程序。若在每个像素的驻留时间为 5 μs，则最快记录速度据估算与标准共焦激光扫描荧光显微镜中的记录速度级相同。文献［5.20］假设激发/损耗波长为 400 nm，数值孔径为 NA=1.4，然后估算出横向光学分辨率（有效 PSF 的 FWHM）大约为 15 nm。

上面简述的单点扫描 GSD 显微镜概念已在 2007 年用实验方法实现[5.60]。在利用共焦级扫描显微镜做的原理论证实验期间，在以局部零光强为特征的焦点分布中相对较低的损耗强度（$\lambda_{\text{exc}} = 532$ nm；$I_{\text{depl}} \approx 10^2$ kW/cm^2）足以将罗丹明（rhodamine）之类的荧光团（Atto532）的荧光发射限制在局部光强零点周围的一个很小的区域中；横向光学分辨率（有效 PSF 的 FWHM）达到了大约 50 nm。作为这类扫描 GSD 显微镜的第一个应用例子，研究人员演示了沾有 Atto532 的微管以及膜结合蛋白质组，所得到的横向光学分辨率与相同结构的共焦图像相比明显改善。

4. 可逆饱和光学荧光跃迁（RESOLFT）显微镜

上面简述的 STED 显微镜和 GSD 显微镜概念已推广到整个的扫描纳米显微镜方法中，并称为"RESOLFT 显微镜"。这种显微镜的原理是：如果照射条件可利用具有中心光强零值的焦点（或其他光强分布）来实现，因此能瞬时抑制分子在这个零点区域之外的可逆荧光发射（例如通过受激发射或 GSD），则利用任何一种扫描装置都能获得超越极限分辨率。

为了在 RESOLFT 方案中获得超越极限分辨率，所采用的荧光团分子通常必须能够在空间内任何一点上的 A 态和 B 态之间实现光致可逆跃迁[5.11,12]。在最简单的情况下，A 和 B 是这种分子的寻常能态，例如基态和激发态。其他例子包括分子构象态、光色态和异构化态、束缚态和质子化态。$A \rightarrow B$ 被假定为能够被光诱导，同时对 $B \rightarrow A$ 不需要进行专门的进一步限制。在大多数情况下，$B \rightarrow A$ 可能具有自发分量以及通过光、热、化学反应等外部条件被触发的分量。为保证实用，可逆暗光跃迁循环 $A \rightarrow B$，$B \rightarrow A$ 必须足够快，以实现有效的逐点或逐行扫描，也就是说必须为 μs 至 ms 级。

在激光光学方面，所描述的 RESOLFT 概念的基本前提是扫描，亦即使物体以特定的方式移动，或者改变光照图相对于物体的位置，以使具有中心零值的焦点移动到物体的不同位置处[5.61]。

Schwentker 等人[5.63]给出了下列关系式，作为分辨率的一般公式：

$$\Delta x \approx \lambda / (2n \sin \alpha \sqrt{1+\xi})$$

式中，Δx 为利用具有中心零值的点扫描系统可探测到的最短距离（光学分辨率）；λ 为激发波长；$n \sin \alpha$ 为数值孔径（NA）；$\xi = P/P_{sat}$ 为饱和因数，也就是用于驱动在染料指示剂（其焦点光强分布以局部零值为特征）荧光态和非荧光态之间的可逆光致跃迁的外加功率 P 除以为达到相应跃迁的 50%而必须对功率大小进行分类的饱和功率 P_{sat}。

当 $\xi = 0$（与外加功率相比的高饱和功率）时，即在线性激发条件下，可以得到有名的阿贝公式。饱和因数越高，光学分辨率就越高。

具有远场超越极限分辨率的 RESOLFT 概念不仅适用于单点扫描系统（具有中心零点的一个焦点，就像在 STED[5.13]和 GSD 显微镜[5.20]的基本概念中那样），还适用于基于照射条件（能生成具有零光强位置的光强分布）的其他扫描方案，例如在饱和图案化激发显微镜[5.63,64]中实现的多光斑或零光强谱线。

5.1.2　结构照射型激发（SIE）显微镜

1. 空间调制照射显微镜（SMI）

空间调制照射（SMI）显微镜是一种利用轴向结构照射来获得关于荧光指示目标区尺寸和相对位置的其他高分辨率信息的宽场荧光显微镜方法。为了生成光照图，我们让两个反向传播的激光光束发生相干干涉，形成一个驻波场[5.65]。与聚焦激光技术[5.8,10,11,48]或在物面上存在激发强度调制[5.21-25,64,66]的其他类型的结构照射不同的是，最初描述的 SMI 方法由于缺乏一系列中间空间频率，因此并不适于光稳定荧光发射器生成光学超越极限分辨图像。但这种远场光学显微镜方法与高精度轴向定位[5.67-70]相结合之后，能够对相对较厚的透明试样（例如细胞核）内部的复杂空间排列进行无损高精度局部化分析，并对几十纳米的分子尺寸进行尺寸测量[5.71-74]以及进行精度可达 1 nm 的三维位置测量[5.62,67-70]。SMI 显微镜如今已是一种用于分析小蛋白质组和染色质结构域的拓扑配置的成熟方法[5.71-74]。这种显微镜还能在活细胞核里进行纳米尺寸测量[5.61]。

例如，在细胞中特定染色质区域的尺寸被认为对细胞的遗传规律有决定性的影响；因此，尺寸测量可能会提供有助于我们更好地了解遗传规律的关键信息。另一个例子是通过分析生物分子成分的共定位来识别生物分子的功能机器，很明显，生物分子机器正常工作的必需要求是分子要靠得足够近，即这些分子的最小包络体积的直径必须达到某个极限。

图 5.5 显示了 SMI 显微镜的典型光学配置。在这种情况下，光轴是水平定位的，载玻片以及两个对置物镜之间的荧光物体则垂直布置。也可能将光轴垂直定位，而将载玻片水平布置[5.61]。图 5.5（b），（c）显示了轴向尺寸测定（纳米尺寸）的原理。为了将对比率 $R = M_G/M$ 转换为尺寸估算值，我们可以使用具有已知直径 D 的荧光校准物体，也可以直接计算 D、r 和激发波长 λ_{exc} 之间的关系。一种比较直接的方法是利用 SMI 虚拟显微镜（VIM）对 SMI 成像程序进行数值模拟。这种 VIM 模型可以用下列方式进行简单总结[5.62]：

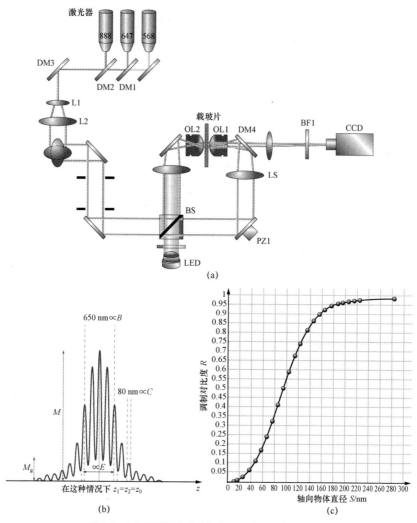

图 5.5 SMI 显微镜的实验设备以及纳米尺寸测量原理

（a）为了进行照射，用三个激光源分别在 $\lambda_{exc}=488\,nm$、$568\,nm$ 和 $647\,nm$ 波长下激发。在与二向色镜 DM1 和 DM2 相结合之前，这些激光源还可以利用快门单独地开/关。二色 DM3 起着清除作用，能够将三条激光谱线反射到准直仪中。准直仪由两个消色差透镜（L1 和 L2）组成，用于将光束扩展到大约 20 mm 的直径。扩展的激光被一个 50:50 分束器（BS）分成两个相干反向传播平行激光束，这两个光束被分别聚焦到两个对置油浸物镜（OL1 和 OL2）（100×，NA＝1.4）的后焦面内。这会导致从每个物镜输出一个平行激光束。这两个光束之间的干涉导致在两个物镜之间的空间内形成一个驻波场，因此在光轴方向出现 $\cos^2$ 形状的光强分布。将在普通载玻片/盖玻片上制备的样品放置在两个物镜之间，使样品与压电工作台一起沿着光轴方向以精确的步长移动，从而获得试样的三维数据栈。然后，利用一个二向色镜（DM4）使荧光指示目标区发射的、由探测物镜（OL1）收集的光与激发光分离，并利用一个镜筒透镜将发射的光聚焦到用于探测用途的高灵敏度黑白 CCD 相机上。在 CCD 芯片前面有一个阻挡滤光片（BF1），能挡住残留的激光（根据文献 [5.61]）。（b）轴向尺寸测定的原理。让一个小荧光物体（直径＜150～200 nm）移动并穿过 $\cos^2$ 形状的驻波强度场；每移一步，都要绘制所获得的衍射图样的最大光强与 z 位置之间的相关性。通过将实验性轴向光强分布与拟合函数 AID（z）做比较（如文中所述），可以得到调制深度 $R=M_G/M$（$M_G=M_g$）。在指定的激发波长下，调制深度 $R=M_G/M$ 是荧光物体的轴向延伸（尺寸）的一个测度（根据文献 [5.62]）。（c）具有 N 个等距点发射源的荧光物体的标定函数 R（S）例子（当 $\lambda_{exc}=488\,nm$，n＝1.515 时轴向延伸 S＝N×10 nm）（根据文献 [5.62]）

（1）轴向直径为 D_0（$\lambda/40 < D_0 < \lambda/2$）的延伸荧光物体可表示为几个点状荧光发射体 P_1，P_2，$\cdots$，P_N（例如在给定的 x，y，z 位置上直径只有几纳米的单个荧光分子，它们各自独立地发光）的叠加形式。

（2）荧光物体（直径为 D_0）的每个荧光发射体 P_1，P_2，$\cdots$，P_N 的衍射图像用荧光强度分布的 PSF（SMI）来描述；对于在轴向位置 z_1 上的指定发射体 P，其衍射图像可以用下列规范化函数来描述：

$$M_1 \mathrm{sinc}^2 \left(\frac{z - z_1}{A} \right) \left(\cos \frac{z - z_0}{C} \right)^2$$

式中，z 为轴坐标；A 和 C 为常量，与 λ_{exc} 有关。

（3）所测得的荧光物体的轴向荧光强度分布（AID）（由单点发射体 P_1，P_2，$\cdots$，P_N 的轴向荧光强度组成）是每个点发射体的 PSF（SMI）之和。对于给定数量的发射体（例如，假定位于各种位置，其中 x_i，$y_i = \mathrm{const}$），这个总和可根据点发射体的指定空间分布、激发波长、折射率、荧光光子统计数字、探测器噪声等来计算，并拟合至用实验方法确定的 AID（z）；此拟合函数可描述为

$$\begin{aligned}
\mathrm{AID}(z) = {} & (M - M_\mathrm{G}) \mathrm{sinc}^2 \left(\frac{z - z_1}{B} \right) \\
& \times \cos^2 \left(\frac{z - z_0}{C} \right) + M_\mathrm{G} \\
& \times \mathrm{sinc}^2 \left(\frac{z - z_2}{E} \right) + L
\end{aligned}$$

式中，M 为 AID 的总强度最大值；M_G 为 AID 本底部分的最大值；B 与 AID 包络轮廓的 FWHM 成正比；z_1 为 AID 包络轮廓的最大值位置；E 与由物体尺寸影响造成的内部本底 AID 轮廓的 FWHM 成正比；z_2 为内部本底 AID 轮廓的最大值位置；C 为从两个物镜之间存在的 $\cos^2$ 形状驻波场导出的一个参数；z_0 为驻波场的一个参考最大值的位置；L 为与感兴趣区域内的整个本底有关的一个常量（残余噪声）。在指定的激发波长下，计算出的调制深度 $R = M_\mathrm{G}/M$ 是荧光物体的轴向延伸（尺寸）的一个测度。图 5.5（b）显示了用 VIM 计算出的 R 与尺寸之间相关性的一个例子。轴向物体尺寸 S 和 AID 之间的关系在很大程度上取决于所采用的激发波长。

当尺寸小于 20 nm 时，调制对比度 R 接近于 0，即在这个范围内的尺寸不能被精确地求出。S 增加，会导致调制对比度也增加，并使得尺寸测量值的误差（标准偏差）在 10 nm 范围内，见下文；当 $S > 160$ nm 时，$R > 0.9$，仍然使得尺寸精确测定难以实施，甚至变得不切实际。但对于在这个范围内甚至更大的尺寸测量值，可以使用传统的显微镜方法[5.75]。

2. 图案化/结构照射型激发显微镜（PEM/SIM）

利用单物镜方法和宽场探测（例如使用 CCD 相机，而不使用光电倍增管或雪崩二极管等点探测器）来克服横向（物面）上传统光学分辨率极限的初始概念是在 20 世纪 90 年代末开发的[5.21 − 23]，如今已应用于各种生物医学用途[5.76,77]。这些方法的基本原理

是：不在光轴方向（z）上（就像在驻波显微镜[5.65]或 SMI 显微镜[5.78,79]中那样）生成空间调制光照图，而是在物面（x，y）上生成。这可通过在共轭物面上将衍射光栅插入照射光束并通过物镜将其投射到物体上来实现。然后，使物体和光照图以精确的步长相对移动。每移动一步，就用 CCD 相机拍摄一张宽场探测图像。所获得的图像用于计算具有更高分辨率的图像，并利用基于傅里叶空间结构的算法进行计算。原则上，计算出的有效光学分辨率与传统的宽场显微镜相比可提高 2 倍（在后面我们将更详细地描述相关算法）。

图 5.6 显示了这种显微镜系统的典型光学配置以及与其应用有关的第一个原理认证实验例子（关于最近的生物医学相关应用，见下文）。

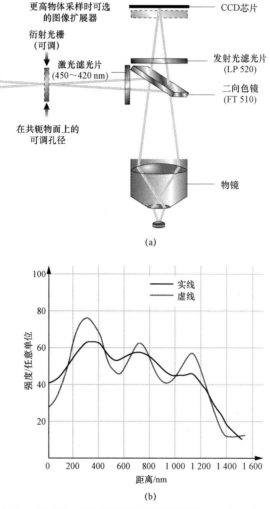

图 5.6　采用了一个物镜的结构照射型显微镜（PEM/SIM）

（a）标准荧光显微镜的照射路径修改通过将衍射光栅插入共轭物面（可调孔径的位置）内来实现。通过物镜系统（在这里为 63×，NA＝1.4），光栅在物体内成像。在这个原理论证装置中，光栅常数为 30 μm，利用传统的汞蒸汽光源在物体中得到 476 nm 的条纹距离。（b）在实验中，用强度线在相互依附的 RITC 石英珠（D＝416 nm）上扫描[5.35]。实线代表与传统荧光显微镜图像相当的结果；虚线表示利用重建过程由几张移位图像得到的结果（根据文献 [5.21]）

3. 结构化干涉照射显微镜（SIIM）

我们不必将衍射光栅投射到物面内也能生成期望的光照图，即通过两束或更多束激光光束的干涉来生成。下面，我们将总结其中的基本理论，这个理论适用于在物体空间内生成光照图的所有光学分辨率改善程序——不管是通过图样投影还是干涉来生成光照图。

由于在这种情况下分辨率的改善是通过两束或三束干涉激发光束来实现的，因此在成像过程中必须考虑由周期性分布的激发强度带来的影响。图 5.7 显示了这种显微镜的光学配置。

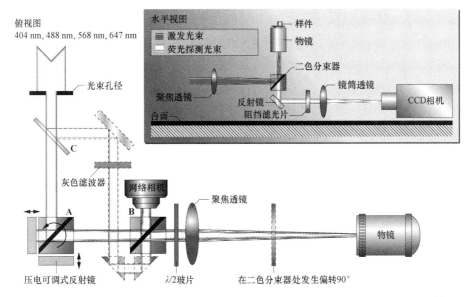

图 5.7　基于干涉仪的结构照射型显微镜方案设计。通过一个二色性分束器，激发光束（在这种情况下 λ_{exc} = 404 nm，488 nm，568 nm，647 nm）偏转 90°，投射到垂直定位的物镜（NA = 1.4）上。虚线元件（用 C 表示，指灰色滤波器）用于选装的三束干扰模式。标有 A、B 和 C 的物体为分束器。箭头指可移动的元件（根据文献［5.80］）

在此处提供的概念概述中，仅限于两个光束的干涉。虽然聚焦纳米显微镜（曾经开发过）的光学分辨率改善几乎可以从光物理学角度直观地理解，但在两束或三束干涉激发光束的情况下却看起来不那么明显。仅当快速计算个人电脑（PC）出现时，这种显微镜的实际应用才变得可能。这两方面的原因可能源于一个事实，即光学分辨率的这种改善方式是在 20 世纪 90 年代晚期才设计、实现的[5.21-23]。因此，在这里给出的、支持这种方法的理由与之前在文献［5.81］中的描述相比显得稍微更正式一些。

假设（为简化论证）荧光分子分布 ρ 之间存在线性关系，则图像 g 由具有点分布函数（PSF）的卷积给出（在下面，我们将不考虑噪声影响）：

$$g = \text{PSF} \otimes \rho$$

通过转换到傅里叶空间并缩写成 FT，可得到

$$FT[g] = OTF \cdot FT[\rho]$$

在成像期间，上述图像函数乘以光学传递函数（OTF），变成了低通滤波器；只有低于阿贝截止频率极限的频率才会通过光学系统（例如显微镜，主要是物镜）传输。此外，OTF 会使传递强度从初始强度减小到截止频率，从而导致对比度传输减弱。减小的对比度可通过合适的权重来补偿，这个权重仅受图像质量（信噪比，SNR）的限制。

与均匀宽场照射不同的是，荧光分子分布必须乘以照射强度分布（I）。

在结构照射情况下，会得到

$$g = PSF \otimes (\rho \cdot I)$$

其中假设荧光分子以与局部激发照度成正比的速率发射光子。在傅里叶空间中，会得到

$$FT[g] = OTF \cdot (FT[\rho] \otimes FT[I])$$

为了进行进一步计算，我们需要获得照射强度分布（I）的表达式。通常情况下，照射强度分布（I）是由通过一个物镜耦合的两个或三个光束发生干涉后生成的。为了在不同的干涉仪平面上获得最大干涉，入射线性偏振光束的偏振方向必须始终为方位角。

由双光束干涉产生的照射强度分布（I）可通过假设两个平面相干波之间的干涉来计算，每个平面相干波都可用尺寸为 k、与光轴成 $\pm\alpha$ 角的波矢量来描述。

根据麦克斯韦方程的线性，也就是说两个振幅分布函数之和也是麦克斯韦方程的一个解，可知平面光波可简单地相加。因此，电场的 y 分量可写成

$$E = E_{-1} e^{-i[k(-\sin\alpha \cdot x + \cos\alpha \cdot z) - \phi_1]}$$
$$+ E_{+1} e^{-i[k(\sin\alpha \cdot x + \cos\alpha \cdot z) - \phi_2]}$$

式中，E_{-1} 和 E_{+1} 分别为两个入射平面光波的振幅；ϕ 为通过光栅（这些光束由光栅产生）平移得到的相移。为了得到最高的信噪比，需要通过具有相同光强 I_0 的光束之间的干涉来获得最佳强度对比度。因此，

$$E_{-1} = E_{+1} = \sqrt{I_0}$$

对于电场的平方绝对值（*表示复共轭性），通过利用恒等式 $\cos x = \dfrac{1}{2}(e^{ix} + e^{-ix})$，可得到强度分布：

$$I = E \cdot E^* = 2I_0[1 + \cos(2k \cdot \sin\alpha \cdot x + \phi)]$$

其中，

$$\phi = \frac{\phi_1}{2} - \frac{\phi_2}{2}$$

通过利用结构照射，由物镜传递的总信息会增加。其他信息以总和形式传输，在获得高分辨率图像之前必须先分开，并移至傅里叶空间中的正确位置。为了使分量分开，我们需要从物体的同一区域采集具有不同光照图位置的一些图像。不同的位置意味着不同的周期性调制相位：在采用双光束干涉时，要实现图像的重建，必须采集具有不同相

位的 3 张图像，在采用三光束干涉时则需要 5 张。

通过被分开的分量之间的互相关性，可以测量并确定图像的光照图和相位。据此，就可以重建与均匀宽场照射相比更详细的荧光分子分布。

通过引入 ϕ_i 作为周期性照射强度分布的不同相位，可以获得一个线性方程组。如果所选的 ϕ_i 值使方程组呈非奇异性，则可将方程组反演，以避免傅里叶空间中的重叠分量混合。在三光束干涉的情况下，具有不同相位 ϕ_i 的一系列傅里叶变换图像 $\tilde{B}_{相机}(\phi_i)$ 可写成

$$\tilde{B}_{相机}(\phi_i) = \int_{-\infty}^{\infty} \mathrm{d}k_z \mathrm{FT}[\rho(x, y, z) \cdot I(\phi_i)] \cdot \mathrm{OTF}$$
$$= \tilde{A} + \tilde{B}_+ \mathrm{e}^{+\mathrm{i} \cdot \phi_i} + \tilde{B}_- \mathrm{e}^{-\mathrm{i} \cdot \phi_i}$$
$$+ \tilde{C}_+ \mathrm{e}^{+2\mathrm{i} \cdot \phi_i} + \tilde{C}_- \mathrm{e}^{-2\mathrm{i} \cdot \phi_i}$$

5 个未知分量 $\tilde{A}, \tilde{B}_+, \tilde{B}_-, \tilde{C}_+$ 和 $\tilde{C}_-$ 可通过测量具有不同相位的 5 张图像来确定。通常采用两种方法来求解这个线性方程组：求相关系数矩阵的逆矩阵，或者进行离散傅里叶变换。后者是在特殊情况下——所有相位阶跃都相同且在实验中只采集一次非零最粗空间频率——反演问题的解。

如果让周期性照射强度分布函数旋转，并在不同的角度拍摄系列图像，则可实现几乎各向同性的分辨率改善。

4. 饱和图案化激发显微镜（SPEM）

迄今为止所提出的宽场超越极限分辨方案均假设激发强度和荧光发射之间为线性关系。这通常是传统荧光显微镜的期望条件，由此可避免光饱和、光漂白等非线性效应。但非线性效应不只是在用点分布函数设计的聚焦扫描方法（例如 STED 或 GSD 显微镜）中用于增加光学分辨率；在结构照射型激发方法中，非线性效应也很有可能提升光学分辨率。非线性图案化激发方案可用于进一步大幅提升光学分辨率——通过让荧光团激发态故意饱和[5.64]。所采集数据的采集后操作在计算方面与 STED 或 GSD 相比更复杂，但光学实验要求很简单。图 5.8 显示了基本照射原理。非线性会导致在可发射性图样中产生更高阶的空间谐波，也就是说会生成超出频率极限（由阿贝条件确定）的傅里叶空间分量。

计算机模拟[5.82]表明，在线性结构照射型激发的情况下，通过对之前介绍的算法进行适当延伸，可以进一步改善 SPEM 的光学分辨率。值得注意的是，由非线性光照图［图 5.8（b）］形成的锐零值可用作原 SPEM 图像中可发射性最小值位置处的虚拟针孔，这就打开了将 RESOLFT 概念延伸到非线性图案化扫描装置中的一条通道。在基于 SPEM 的 RESOLFT 扫描显微镜中，不是实现以具有中心光强零值的焦点为特征的照射条件，从而瞬时抑制分子在这个零点区域之外的可逆荧光发射（例如通过受激发射或基态损耗），而是生成具有中心可发射性零值的谱线[5.63]。原则上，通过用这种方法，不仅在采用了逐点荧光配准装置（例如光电倍增管或雪崩二极管）的聚焦纳米显微镜方法

中应当有可能获得不受限制的光学分辨率，而且在采用了宽场配准装置（例如高灵敏度 CCD 相机）的非线性结构照射型激发（SIE）扫描方法中也应当能获得这样的光学分辨率。但在实际应用中，噪声——尤其是由所探测到的数量有限的光子的泊松分布产生的噪声——是光学分辨率改善的一个限制因素。

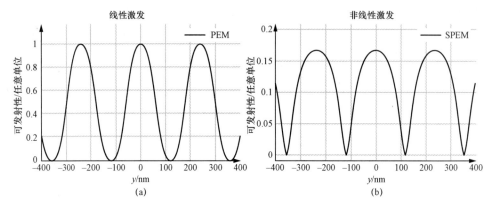

图 5.8　通过荧光团饱和实现的 SPEM 基本概念

（a）通过低强度图案化激发（线性图案化激发显微镜）生成的正弦可发射性分布图；

（b）通过高强度照射生成的可发射性分布图——高强度照射导致荧光团饱和（根据文献［5.64］）

5.1.3　光谱分配定位显微镜（SALM）

1. SALM 的原理

迄今为止所描述的纳米显微镜概念（$4\pi/4Pi$, STED, GSD, SMI/SIIM, PEM, SPEM, RESOLFT 显微镜等），要么基于受衍射限制的聚焦方案，要么基于结构照射型激发方案，这些方案都能明显改善远场光学显微镜的空间分辨率。根据所采用的方法的不同，纳米显微镜已实现了从 100 nm（横向、轴向）到几纳米（横向）的空间分辨率，后一个值大约相当于激发波长的 1/100。但纳米显微镜需要复杂的激光光学系统或复杂的评估算法。到目前为止，这一点已限制了纳米显微镜在各种生命领域和材料科学领域中的广泛应用。下面，我们要概述另一种纳米显微镜方法（SALM 或简称"定位显微镜"）。这种方法让我们能在各种传统显微镜中（例如在传统的共焦激光扫描显微镜中）实施超越极限分辨模式，还能够明显提高 4Pi 显微镜和结构照射型激发显微镜的光学分辨率。SALM方法的最显著特征是可能得到 1～5 nm（激发波长的 1/500～1/100）范围内的超越极限分辨率，甚至在均匀远场照射条件下进行宽场探测时也能获得。原则上，任何装有高灵敏度 CCD 相机的、具有稳定力学性能的落射荧光显微镜都能被转化为超越极限分辨SALM 装置。

　　与 STED、GSD、SPEM 和 RESOLFT 显微镜中要求的零值特征强度分布不同的是，SALM 的基本原理允许采用均匀照射方案，因此不需要与零线强度分布（就像前面描述的扫描纳米显微镜方法中那样）的空间扫描位置有关的信息。与点发射体（例如单个荧光分子）的位置有关的信息直接来源于由这些点发射体在图像平面内生成的衍射图。点发射体可能以任何方式配准，尤其包括不需扫描的宽场探测器。

在过去几年里，已经有很多种 SALM 概念被开发并实现，如 BLINKING、FPALM、GSDM、PALM、RPM、SPDM、STORM、dSTORM、d⁴STORM 等。

关于用光谱数据作为约束条件来达到超越极限分辨率的总体战略思路可追溯到 20 世纪 80 年代。例如，Burns 等人[5.31]曾考虑过在瑞利距离内使两点物体相对于彼此精确定位的问题，并掌握了不同的光谱特性。假设对光谱特性进行线性叠加，则通过计算机模拟发现：通过采用合适的、相当复杂的代数解法并假设 SNR 为 15 dB，在瑞利距离的 1/30～1/50 范围内的两点对象仍然在空间中可分辨。但我们还不清楚这些论据对于在远场荧光显微镜中获得超越极限分辨率来说有多实用，尤其是当位于比艾里斑直径小的一个区域内的点物数量增加到明显更高的数值时。

Betzig[5.32]曾研究过这个问题。他探讨了在氦温度下利用近场扫描显微镜对位于艾里斑（即距离低于瑞利距离＝传统的光学分辨率）内部的多个点光源进行定位显微镜检查的可能性。在这些条件下，通过对相邻分子的必要光学隔离（也就是将它们的衍射图明显地分开）进行适当的激光吸收谱线调谐，所得到的吸收截面将会变得足够清晰。与文献［5.31］中的解卷积程序相反，衍射图的独立评估程序能够定位相互距离小于传统分辨率的、任何数量的点光源。van Ojen[5.34]在几年之后所做的实验表明，这个概念确实能对低温远场显微镜里的多个单分子进行超越极限分辨。由于将试样冷却到几开尔文的过程存在技术限制，因此当时只采用了＜1.0 的数值孔径。

Hell 和 Kroug[5.20]探讨了在大约 300 K 的工作温度下通过基态(S_0)、第一激发态(S_1)和三重态 T_1（在后面将并入关于 RESOLFT 概念的论述中）之间的、由强度诱导的可逆跃迁对远场扫描显微镜中一束聚焦激光光束附近的分子进行光学隔离和定位的情形。这是暗态和亮态之间的一种可能性光致可逆跃迁机理。

Cremer 等人[5.26,27]建议实施一种适用于任何远场显微镜检查法的、基于定位的超越极限分辨模式，包括首次通过均匀照射对多个点光源进行荧光激发，并允许采用高 NA（＞1.0）物镜以及大约 300 K 的工作温度。为了能够探测多个点光源，除建议采用不同的荧光发射光谱之外，他们还建议采用不同的荧光寿命、发光特性或其他可用于实现光学隔离（即单独配准每个点光源的衍射图）的特性（光谱特征），包括明确地引入时域，亦即，在这些情况下，超越极限分辨率不是通过空间扫描（就像在以前的纳米显微镜方法中那样）来获得的，而是通过时间扫描来获得。

为使论述过程简洁、简单，下面的描述将集中于在作者的实验室中开发的 SALM 模式，称为"光谱精确定距/定位显微镜"。就像在其他 SALM 概念中那样, SPDM[5.26,27,35,83,84]的基本思路也是对通过合适的光谱特征实现相互（光学）隔离的物体进行精确的位置/距离测量。在这种情况下，光学分辨率的定义（两个荧光点发射体之间的最小可分辨距离）基于每个点光源的定位精度[5.85]，可达到的结构分辨率的估算还必须考虑光学隔离点光源的密度[5.86-88]。通过这种方法，标有荧光标记的细胞纳米结构及其他生物学纳米结构如今能被分析到分子光学分辨率范围，甚至在均匀照射条件下利用指定分子类型的一种激光频率进行分析时也能达到该范围。SPDM 和相关方法（见下文）的另外一个基本特征是要用到标准荧光团，例如合成染料和传统的荧光蛋白质。

图 5.9 示意性地显示了 SPDM 原理。这个例子基于利用标量波理论进行的数值计算，并假设数值孔径为 $NA = n \cdot \sin\alpha = 1.4$（$\alpha$ 为半孔径角，n 为折射率）以及采用不同的发射波长 λ。假设前三个点状自发光光源（例如单个分子）具有相同的光谱特征（即相同的吸收/发射光谱、荧光寿命、发光特性等）。此外，假设下一个相邻分子的距离只有 50 nm [图 5.9（a）]，比传统的光学分辨率极限小 4 倍。利用这些分子中的每个分子发出的光，通过显微镜光学元件在图像平面内形成一个像衍射图那样的艾里斑，艾里斑的直径（FWHM）大约为 $D = 0.51 \cdot \lambda / (n \cdot \sin\alpha) \cdot M = 200$ nm $\cdot M$（数值孔径：$n \cdot \sin\alpha = 1.4$；激发波长：$\lambda = 500$ nm，M 为放大因子）。具有相同光谱特征的所有信号在图像平面内重叠相加 [图 5.9（b）]。图 5.9（c）显示了沿水平方向穿过此衍射图中心的一个强度截面。在这种情况下，不可能确定这三个分子的精确位置以及它们之间的相互间距。

但如果给每个小间距分子指定一个不同的光谱特征 B、G、R [图 5.9（d）]，则可能定位个别分子并确定分子的距离。根据图像平面内的艾里斑中心位置（X_B；Y_B），可以确定相应的分子位置（$x_B = X_B / M$，$y_B = Y_B / M$）。在图像平面内确定衍射图（艾里斑）的中心位置（X_B，Y_B）是可能的，其定位误差为 $\sigma_{XY} = \sigma_{loc} \cdot M$，远远小于艾里斑的直径 $D \approx 200$ nm $\cdot M$。通过利用合适、良好的光子统计数据，在仔细修正由光学像差/色差和机械位移造成的所有误差之后，就能够确定相应分子的位置，其定位精度可达到 $\sigma < 1$ nm——定位精度的极限取决于光子发射统计数据[5.68,69,89,90]。在这种情况下，可达到的光学分辨率——定义为两个点状物体/荧光分子之间的最小可探测距离——可估算为定位精度 σ_{loc} 的大约 2 倍。

早在 10 年前，研究人员就揭示了 SPDM（及相关方法）的基本实验可行性[5.34,35,83,84,91−93]。他们使用了不同的荧光染料（两三种），这些荧光染料有不同的光谱特征，即吸收光谱和发射光谱有差别。根据在图像平面中衍射图中心的位置，他们确定了相应的物面位置，然后根据这些位置，在物面（x，y）内测出了小到大约 30 nm（$\approx$ 所用激发波长的 1/16）的分子距离。在三维坐标（x，y，z）中，最小可分辨距离大约为 50 nm[5.84]。这些早期的原理论证实验利用共焦激光扫描荧光显微镜（CLSM）在三个维度上配准光学隔离的衍射图。由于采用了不同的激发/发射光谱，因此色差被校准。

原理论证实验表明，利用与时间相关的分子荧光发射特性（例如荧光寿命）来区别分子是可行的[5.28]。在实验中，紧邻单分子（距离 $\ll 0.5 \cdot \lambda / (n \cdot \sin\alpha)$）以相互独立的方式被定位，甚至当它们的吸收光谱或发射光谱无差别但与时间相关的特征有差别时也能单独定位。此时，单个分子的激发态荧光寿命（纳秒级）被用作光谱特征。单个分子的荧光激发寿命是利用激光扫描装置通过与时间相关的单光子计数过程来确定的。这是关于在同时激发之后如何能够利用荧光发射的时间变化来确定由每个分子形成的艾里斑从而对分子进行光学隔离的第一个例子。

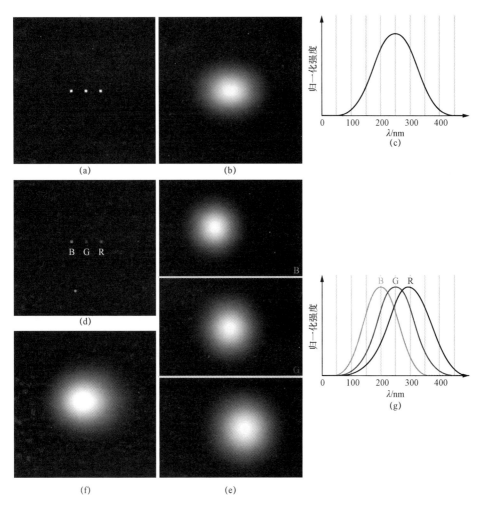

图 5.9　光谱精确距离显微镜（SPDM）的原理

（a）具有相同光谱特征且相距 50 nm 的三个点状物体；（b）所生成的衍射图；（c）穿过衍射图（b）的
中心的强度分布；（d）具有三个不同光谱特征 B、G、R 且相距 50 nm 的三个点状物体；
（e）B、G、R 的光学隔离衍射图；（f）所有三个信号（即使没有光学隔离）的衍射图；
（g）穿过 B、G、R 的每张光学隔离衍射图的中心的强度分布。横坐标和衍射图尺寸
均归一化为物面坐标。详细说明见正文（根据文献 [5.87]，基于文献 [5.26，27]）

　　由于在待研究的物体中具有指定光谱特征的所有点发射体都能被分辨，其相互距离
比传统的分辨率大，因此已经有两三个光谱特征可以应用于与纳米结构分析高度相关的
用途中[5.27,35,83,84,89,94,95]。很明显，光谱特征的数量越大，微小结构就能被更好地分析。
荧光寿命的使用使得有用光谱特征的数量有可能增加。假设有 5～7 个光谱特征基于荧
光吸收/发射谱（在约 300 K 的温度下）的差异，另有几个光谱特征基于 S_1 态的荧光寿
命，则将会有大约 10 个光谱特征可用于我们目前描述的 SPDM 方法[5.27]。

　　虽然这些早期的原理论证实验是利用扫描装置实施的，但明确公认的是利用均匀照

射条件将 SPDM 概念应用于超越极限分辨[5.26,27]。此外，通过使用了随机标记程序的随机光学重建方案用 SPDM 方法来获得高分辨率图像——这个概念也已得到承认[5.29]。文献［5.96］中描述了诱导点光源适时地发射随机分布的荧光闪光以实现高分辨率定位显微镜检查的首批实验。在实验中，量子点的间歇性荧光或闪光被配准，并利用独立分量分析法来分析，以便识别并精确定位由每个纳米粒子发出的光，从而分辨成组的小间距（<λ/30）量子点。但要以所描述的方式可靠地分开直径在 200 nm 内的超过 5 个发射体是很难的。这种闪光法在广泛应用中遇到的另一个障碍是利用纳米粒子作为荧光发射体。但这种限制据说只是对当前方法的一种限制，而不是对所有基于闪光的分离程序的限制。

在最近几年，定位显微镜方法——利用其中一种与时间相关的闪光方案使被探测分子发生与时间无关[5.83,84,94,95]和与时间相关的光学隔离[5.28]（见下文）——已被开发出来，并广泛应用。目前，这类方法能够定位几个到数千个分子信号/μm^2，相当于在小至单个艾里斑的区域内能定位大约 60 个分子。通过采用均匀的空间非扫描照射方案，有机荧光染料在暗态和亮态之间的光活化/光切换跃迁可利用合适的照射光源(例如一种波长用于光活化/光切换，另一种波长用于分子的荧光激发，或只采用一种波长，或一种激光频率同时用于两种指定的分子类型）在适当的物理化学条件下来实现。在这种情况下，暗态和亮态不一定指光子的发射/非发射，而可能指探测器对特定光谱特征（例如荧光发射移至另一种波长[5.97]）的配准状态。在最近几年，利用此原理对单个分子进行超越极限分辨的多种方法已实现，并成功地应用于从细菌到组织切片的各种各样的生物学纳米结构中。尤其值得一提的是，PALM（光活化定位显微镜）[5.97-100]，FPALM（荧光可光活化定位显微镜）[5.101,102]，随机光学重建显微镜（STORM）[5.103,104]，具有运行采集功能的 PALM（PALMIRA）[5.105-107]，采用了光学漂白单分子态的光谱精确距离显微镜（SPDM）（又叫做 SPDM$_{Phymod}$）[5.36,61,86,87,108]，直接 STORM（dSTORM）[5.109,110]，基态损耗成像显微镜（GSDIM）[5.111]，双色定位显微镜（2CLM）[5.112]，可逆光漂白显微镜（RPM）[5.75,113,114]；或四维 STORM（d^{4}STORM）[5.115]。例如，在 PALM 方法中，紫外激光束以极低的照射强度使用，用于诱发可光敏化绿色荧光蛋白（PA–GFP）中的稀疏分布式构象变化，从而使荧光发射光谱发生变化（激活），生成亮态。这种方法的基本思想是只激活很少的荧光团，使得在每个衍射体积中只有不超过一个此类荧光团。单个光学隔离分子的荧光发射被配准，直至被"漂白"（变成不可逆的暗态）[5.116]。在第一个循环结束之后，所有的荧光团再次处于暗态，新的一小组 PA–GFP 分子又被激活、探测、漂白。此程序多次重复，直至探测到大量的单分子。在 STORM 中，单个荧光分子所需的光学隔离是利用两种激光频率对分子对进行光切换来实现的。

另一种用于在均匀照射条件（相对于感兴趣区）下实现暗态和亮态之间适当转换而不需要用两种不同的波长对特殊的分子或分子对进行光活化或光切换的方法是利用以下事实：在某些照射条件以及特定的物理化学条件下，在很多类型的荧光分子中有两类暗态可以只用一种波长来诱发，即不可逆的漂白态 M_{irb} 和可逆的漂白态 M_{rbl}[5.117]。在被合适的单个波长和照射强度激发之后，分子会转换为不可逆的漂白暗态 M_{irb} 或可逆的漂

白暗态 M_{rbl}。分子可以从这种暗态随机地重返到荧光态 M_{fl}。在荧光态，分子在几十毫秒内会发射出一道由数千光子组成的闪光，然后再次转换为不可逆的漂白暗态 M_{irb} 或可逆的漂白态 M_{rbl}。在经过适当长的时间让荧光团从可逆的漂白态 M_{rbl} 跃迁到荧光态 M_{fl} 之后，分子衍射图之间的距离（$> 0.61\lambda/NA*M$）将大到足以实现期望的光学隔离[5.88]。因此，所探测的单个荧光团的位置可按照上述 SPDM 的基本原理来确定。在这种情况下，光谱特征（按照文献［5.26，27］中给出的关于此术语的一般定义）是单个分子从可逆的漂白态 M_{rb} 跃迁至荧光态 M_{fl} 所需的时间。此跃迁可通过只利用一种激光频率在恒定的照射强度（在空间和时间内）下诱发可逆漂白跃迁和荧光配准来实现[5.61,86]。由于这种超越极限分辨方法基于 SPDM 的一般原理，即利用适当的照射强度和环境条件来修改分子态，因此这种方法也称为"具有物理可修改性荧光团的 SPDM"（$SPDM_{Phymod}$）[5.36,87,112]。一般情况下，数千帧以至少 20 fps 的帧速被配准，将足以得到一张结构分辨率达到 20 nm 的图像。

　　$SPDM_{Phymod}$ 方法及相关方法（例如 2CLM、RPM、dSTORM、d^4STORM 或 GSDIM）带来的一个尤其有趣的后果是可能使标准荧光染料以及传统的荧光蛋白质应用于显微镜装置中，甚至在均匀照射条件（相对于所选的视场）下也有可能。这使得这种方法尤其适用于广泛的生物科学用途。理论研究[5.88]表明，在目前已实现的配准速度下，从暗态（可逆漂白）到亮态（荧光态）的跃迁时间必须为很多秒，才能实现期望的光学隔离。也就是说，两个相邻的分子必须在不同的时间发射光子闪光，才能把这些光子发射生成的衍射图相互区分开，从而用于定位个别分子。

　　通过利用标准荧光团对 $SPDM_{Phymod}$ 方法与其他单分子高分辨率成像方法进行详细比较，我们不但能看到它们之间的各种相似性，还可能观察到它们之间的主要差别。例如，在具有光漂白作用（SHRImP）的单分子高分辨率成像方法中，Gordon 等人[5.116]以 5 nm 级精度定位了成对的 Cy3 单分子，并利用其量子光漂白特性确定了这些分子的间隔，精度达到 5 nm。但到目前为止，这种方法并不能用于真正成像，因为它只能用于测量明显分开的分子对之间的距离，而不能测量在传统分辨极限内的多个分子位置——就像在 $SPDM_{Phymod}$ 及其他最新 SALM 技术（例如 PALM、FPALM、STORM、dSTORM、GSDIM 等）中那样。这种限制可能是因为在单个分子的光漂白行为的使用方式上存在根本性区别：在 SHRImP 中，所采用的基本光物理效应是从一对相邻染料分子中测得的、由漂白作用诱发的总荧光强度逐步减弱效应，而上述单分子定位显微镜检查法利用的是短–独特短（例如在 $SPDM_{Phymod}$ 或 GSDIM 的某些模式中）荧光发射、长时间（例如在 PALM 或 FPALM 中）荧光发射或重复性荧光发射（例如在 STORM、dSTORM 或 d^4STORM 中）。因此，任意多数量的分子信号都可能在传统的分辨极限内定位，只要所有 SALM 方法的基本条件——由合适的（在这种情况下是与时间有关的）光谱特征造成的光学隔离——能够保持就行。

　　通过将 $SPDM_{Phymod}$ 和相关的方法（见上文）与 GSD 概念及 RESOLFT 方法做比较，我们可以注意到它们之间的基本相似之处和不同点：这两种方法都依赖于分子暗态和亮态之间的非线性光致可逆跃迁；但与 GSD/RESOLFT 方法不同的是，$SPDM_{Phymod}$ 方法能得到分子级的超越极限分辨率，甚至在均匀照射条件（在所选的感兴趣区内）下也能实现。此外，在 SPDM$_{Phymod}$ 中，从暗态到亮态的跃迁时间要比在 GSD/RESOLFT 显微镜中高好几个数量级。这种差别是决定性的。在 GSD/RESOLFT 中，跃迁时间必须适当地短（一般为 μs 至 ms），以便足够快地扫描并成像；而在 SPDM$_{Phymod}$（及相关方法）中，需要长得多的跃迁时间（一般为从很多秒到几分钟），以便以相对较低的帧速（目前约达到 100 帧/s）对高密度点发射体进行光学隔离。这些差异可能导致了人们相对较晚地发现这种超越极限分辨模式。另一个重要的区别是在 SPDM 尤其是 SPDM$_{Phymod}$（及相关的技术）中可能采用了空间扫描程序，但不一定能获得超越极限分辨率。

虽然这些基于均匀照射方案的、高度简化且稳健的定位显微镜模式的技术条件（用具有高度机械稳定性和高灵敏度的 CCD 相机来探测单分子荧光发射）已存在了至少 10 年，但仅在最近几个月内才有几个不同的研究小组各自独立地发表文章称达到了这种显微镜的各种条件和目标。例如，文献［5.61］（其原稿于 2008 年 2 月收到，5 月 8 日发表）描述了利用标准染料 Alexa 488（在 λ_{exc} =488 nm 波长下均匀照射）与标准包埋介质相结合后得到的核膜孔复合体的超越极限分辨率。之后不久，文献［5.109］（其原稿于 2008 年 5 月 21 日收到，7 月 22 日发表）和文献［5.110］（其原稿于 2008 年 8 月 19 日收到，11 月 24 日发表）描述了利用 Cy5/Alexa 647 与某些特制的光切换缓冲剂相结合后得到的 DNA 和细胞肌动蛋白丝的超越极限分辨率。Lemmer[5.86]（其原稿于 2008 年 6 月 8 日收到，9 月 1 日发表）描述了将 SPDM$_{Phymod}$ 延伸到标准荧光蛋白（YFP）中得到的 10～20 nm 横向光学分辨率。与 SMI 显微镜相结合之后，在检查薄细胞结构（轴向厚度＜150 nm）时得到了 40～50 nm（约为波长 λ_{exc} 的 1/10）的有效三维分辨率。

另一篇关于 SALM 的早期报告是由 Fölling[5.111]发表的（其原稿于 2008 年 7 月 24 日收到，2008 年 9 月 15 日发表），其中描述了利用均匀照射与一种被称为"基态损耗成像显微镜"（GSDIM）的标准荧光染料相结合后，在检查用标准荧光团 Atto 532/565 做过免疫标记的微管和过氧化物酶体时得到了＜30 nm 的光学分辨率。后一种情况下拓展了前面描述的 GSD 显微镜中暗态和亮态之间的相对快速可逆跃迁（μs 至 ms）时间方案（$S_0 \rightarrow S_1 \rightarrow T_1 \rightarrow S_0$），引入了另一种假设的极长寿暗态 D（跃迁时间 $D \rightarrow S_0$ 在所要求的秒级范围内，也就是说比 GSD 显微镜的 $T_1 \rightarrow S_0$ 跃迁时间高好几个数量级）。这种暗态 D 被设想为可通过 $S_0 \rightarrow S_1 \rightarrow T_1$ 跃迁来达到。

从正式的观点来看，这种总体方案看起来能够与以前提出的可逆光漂白机制相兼容[5.86,117]。与最初发表的 dSTORM 概念相比[5.109]，SPDM$_{Phymod}$ 和 dSTORM 之间的主要差别在于所研究的分子类型和生物结构、所使用的化学环境以及由 Heilemann 等人[5.109]最初采用的两种激光激发方案。

新的定位显微镜方法使得以直接方式引入标准荧光染料成为可能。给这些方法指定的各种名称不仅印证了它们在光学装置、分子类型和所用理化环境上的诸多差异，还强调了整个 SALM 概念中包含的各种要素。例如，在 PALM 和 FPALM 中提出了关于使用光控分子的重要性；在 STORM、dSTORM 和 d^4 STORM 中强调了通过随机分布式光谱特征进行光学隔离。在 GSDIM 中，量子物理的必要性是焦点，以实现极长寿激发态，

达到 S_0 损耗。在 RPM 中指出了可逆光漂白效应；在 2CLM 中设想了拓宽 SALM 以实现多种分子类型的同时超越极限分辨的可能性。在 SPDM$_{Phymod}$ 中，注重的方面是在特定的物理化学条件（例如光照强度、化学环境）下对单个分子进行高度精确的位置/距离测量。

对于 2CLM、GSDIM、RPM 和 dSTORM/d⁴STORM 中采用的闪烁效应，很多人仍不知道其根本的光物理机理；但可以认定，对于不同类型的分子来说，闪烁机理也不同，包括可逆的或不可逆的构象变化[5.12,97]。从正式的能量术语角度来看，这些机理可能包括 T_1 态跃迁（就像 Fölling 等人[5.111]假设的那样），但从态跃迁到所需的极长暗态——其间的分子机理极有可能高度复杂（见文献［5.97，117］中的例子）。对于有机分子的未来物理光学来说，这些机理预计会成为一个有前景的领域。

报道的结果表明，SPDM$_{Phymod}$/dSTORM/GSDIM 及相关方法还能够对各种标准荧光分子和各种生物纳米结构（包括传统的荧光蛋白）进行生物结构的超越极限分辨成像。

定位显微镜与共焦显微镜/结构照射方案的结合对于在物面乃至三维空间内获得这样的超越极限分辨率来说是非常有利的[5.118]。例如，SPDM/定位显微镜与共焦激光扫描荧光显微镜相结合之后，可以进行 50 nm 范围内的三维距离测量[5.83]。而 SPDM/定位显微镜与 4Pi 显微镜[5.119]相结合之后，可以对细胞内的目标进行三维距离测量，定位精度大约为 10 nm，相当于光学分辨率大约为 20 nm。目前，SPDM$_{Phymod}$ 与空间调制照射（SMI）显微镜结合，能够生成（薄）生物结构的图像，其三维有效光学分辨率在 30～50 nm 范围内[5.86,120]。数值模拟[5.67,69]表明，当所探测的光子计数在 10^3～10^4 范围内时，在单分子定位显微镜中最终可能得到 1 nm 范围内的三维光学分辨率。

下列应用例子仅用于让读者了解光学超越极限分辨显微镜的当前可能性；这些例子来自在作者所在实验室中实施的研究工作或选自在直接合作项目中发表的作品（关于其他实验室做出的同样有价值的贡献，见上文）。

2. 二维定位显微镜在实验中的实现

SPDM$_{Phymod}$（在下文中也采用其基本概念的缩写，即 SPDM）典型定位显微镜的实验装置（图 5.10）已用于各种各样的用途[5.61,86,87,112,120-123]。用激光激发位于载玻片上的试样，激光的波长适于所使用的荧光团。机械快门 S1 和手动可伸缩式强度滤波器 S2 能阻挡光束或将光强减小至 1.68%。用透镜 L1 和放大倍数为 100×、数值孔径为 1.4 的油浸式物镜 OL1 照射样品。用一个二向色镜 DM1 把激发光束耦合到探测光束路径中。用一个在激发光束路径上焦距较长的伸缩式透镜（未显示）使聚焦光束的功率增加，只是要以减小照射直径为代价。所发射的斯托克斯频移荧光在二向色镜 DM1 中传播，然后被目镜 L2 聚焦到 CCD 相机（德国凯尔海姆 PCO 公司的 sensicam QE 相机）上。以前的荧光束是被安装在滤光轮中的一个阻挡滤光片 BF1 净化过的剩余激发光。这个滤光轮能让几个滤光片互换，实现对不同光谱荧光团的荧光探测。试样垂直位于载玻片上，并能够通过一个步进电机沿 x，y（物面）和 z 方向（光轴）在载玻片上定位。此外，焦点位置（z 方向）可通过一个压电元件来精确调节。CCD 相机的读数以及压电元件和步进电机的控制均通过写入 Python 中的程序来实施。

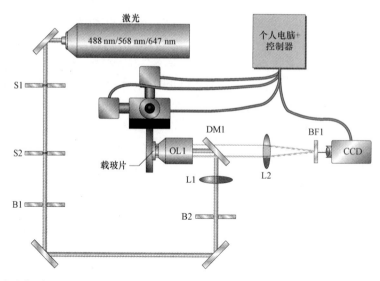

图 5.10　在对感兴趣区进行（理想的）均匀照射时落射荧光定位显微镜的原理设计图（采用了传统荧光染料的 SPDM 方法），此显微镜用于对两种或更多种不同类型的分子进行纳米显微镜检查（比较下面的例子）。在 488 nm、568 nm 或 647 nm 波长下可能出现激光激发。通过透镜 L1 和 OL1 来照射样品。此外，用另一个长焦距（光照视场一般为 15 μm×15 μm）透镜（未显示）使光束稍稍聚焦。利用一个二向色镜（DM1）将照射光束耦合到探测光束路径中。用物镜（OL1）收集由物体发出的荧光。荧光穿过镜筒透镜（L2）和带通滤波器（BF1），进入高灵敏度 CCD 相机的芯片中。以大约 20 帧/s 的帧速将配准的 CCD 帧（一张 SPDM 图像的总帧数一般为几千）存储在计算机中，以便做进一步的分析。关于进一步的详情，见文献［5.86，87］

　　定位测量的原始数据以图像栈的形式提供，一般由数千帧组成。对于很多生物学用途（例如对细胞内部深处的蛋白质进行 SPDM 测量）来说，所采用的算法必须能够计算高本底噪声和漂白梯度。

　　被探测的单个分子的位置可以用不同的方法来确定，例如通过将模型函数与分段信号拟合。对于横向位置拟合来说，通常要用到二维高斯函数以及线性本底信号的估算值。分子的定位坐标为 (p_2, p_3)，定位精度 σ_{loc} 与 $1/\sqrt{N}$ 成正比（N 是被探测的泊松分布式光子的数量），限制了可达到的分辨率[5.35,90,124]，而且取决于光学探测系统的参数[5.90,124]：

$$f(x, y) = p_1 \exp\left[-\left(\frac{(x-p_2)^2}{2p_4^2} + \frac{(y-p_3)^2}{2p_5^2}\right)\right]$$
$$+ p_6 + p_7(x-p_2) + p_8(y-p_3)$$

在适当地选择启动参数 $p_1 \sim p_8$ 之后，用列文贝格-马夸特（Levenberg-Marquardt）拟合算法来优化分子的位置。

　　这些定位程序的输出文件包含每个被探测分子的位置精度和定位精度，还包含其他信息，例如信号的各向异性（关于进一步的方法详情，见文献［5.88，122］）。根据所用实验条件（例如荧光团和化学环境的类型、激发波长、光强等）的不同，荧光发射的持续时间可能超过一个帧像周期 Δt_{fr}（目前的典型值为 20～100 帧/s，相当于 $\Delta t_{\mathrm{fr}} = 50/10$ ms）。在这种情况下，文献［5.87］中发表的算法假设荧光是由同一个分子发射的。当两个连续信号之间有明显的强度差异（亦即在指定的位置，一帧或几帧的强度低得多）时，这两个信号应单独计数。虽然在所使用的条件下，这不会给标准荧光蛋白的定位显微镜检查带来任何麻烦（通常只是一次闪烁事件）。但在 Alexa 染料等合成有机荧光分子的情况下，同一个分子可能会引发几次甚至多次闪烁事件，具体要视所使用的条件而定[5.75,115]。在这种情况下，可以采用基于密度的成像算法[5.115]来计算结构分辨率。如果要得到基于单个分子位置的图像，例如用于计数目的[5.108,120]或数值模拟用途[5.121]，则这个问题会变得更麻烦。但除了结构分析之外，我们还可能得到至少一个相对计数。

3. 三维定位显微镜在实验中的实现

我们之前简述的二维定位显微镜方法能在物面内获得 $\sigma_{loc} \approx 2\ nm$ 的单分子定位精度[5.36,98]，因此光学分辨率可达到 $d_{min} = 2.35\ \sigma_{loc} = 5\ nm$。

在轴线方向（z）上，可以用定位精度为 $\sigma_{loc}(z) \approx 300\ nm$ 的荧光显微镜装置（图 5.10）来定位分子[5.87,112]。但最好是让 z 向定位精度进一步提高，从而获得更好的三维分辨率，即减小 $\sigma_{loc}(z)$。这可通过在光学路径上引入柱面透镜使轴向 PSF 发生光变形来实现。这种变形能让单个分子的 z 向定位精度达到几十纳米[5.104,115]，由此获得 $d_{min}(z) = 50 \sim 70\ nm$ 的 z 向光学分辨率。

图 5.11 显示了这种三维定位显微镜的配置。除单分子三维定位模式之外，该显微镜还能仅用一种激光频率对由两种红外染料（Alexa 647/750）发出的荧光同时进行激发、探测。

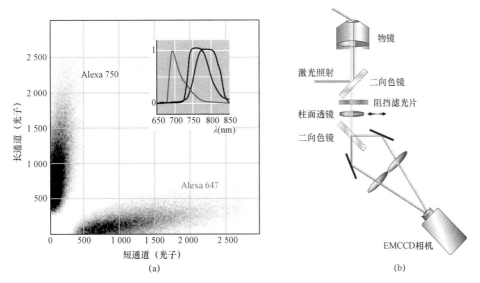

图 5.11　具有单波长激发和双色探测功能的三维定位显微镜的原理设计：（b）用工作波长为 671 nm 的一个二极管激光器来提供激发，并利用一个二向色镜将所收集的光分成两个谱带。这两个谱带并排地在一个电子倍增 CCD（EMCCD）上成像。选装的柱面透镜能实现基于像散性的三维定位。（a）单分子事件（Alexa 647/750）以闪光形式被观察到，并且在每个通道内都有一个强度分量。当以相互对照的方式绘制这些强度时，会出现与样品中的每种荧光染料（Alexa 647 和 Alexa 750）相对应的离散粒子数。插图所记录的是 Alexa 647（绿光）和 Alexa 750 的发射光谱（根据文献［5.115］）

通过利用一种由两个对置高 NA 物镜（就像在 4Pi/SMI 显微镜中那样）组成的光学装置，三维定位显微镜已经获得更好的单分子目标定位精度和光学三维分辨率[5.67,93,119]。但与 4Pi/SMI 显微镜不同的是，三维定位显微镜可以使用均匀的宽场照射。由单个分子发出的荧光透射穿过这两个物镜并发生干涉，以至于由不同的 z 向位置造成的微小相移都能被测定，然后转换为 z 向位置值[5.118]。这种方法已实现了 10 nm 级的三维光学分辨率。但由于光程长度和折射率变化的公差很小，因此到目前为止，这种方法仅用于薄结构（几百纳米厚）。

4. 二维定位显微镜和空间调制照射显微镜的结合

能改善三维分辨率的一种光学稳健方法是将二维定位显微镜和结构照射型显微镜相结合[5.86,108]。例如，对于局部 z 向尺寸小于 150 nm 的物体（例如一组蛋白质），为获得其空间三维信息，首先是用一个空间调制照射显微镜（关于其光学设计，见上文）来测量物体的 z 向延伸尺寸和 x，y，z 位置。通过用这种方法，蛋白质组的 x，y，z 位置就能由拟合程序确定，定位精度达到 10 nm 级（或更好）[5.68,70,73]；在蛋白质组的 x_C，y_C，z_C 位置处，周围分子的延伸尺寸能够用半宽确定，定位精度在 30～50 nm 范围内。其次，利用定位显微镜（$SPDM_{Phymod}$）确定在通过（x_C，y_C）位置来识别的蛋白质组中单个分子的物面（x，y）坐标，然后将这两张图像组合成一张三维图像[5.86,120]。

| 5.2　纳米级成像的应用 |

到目前为止我们所描述的光学分辨率增强（纳米显微镜）方法已广泛用于各种领域——从生物学和医学到材料科学。纳米显微镜预计将成为研究纳米级结构时的主要研究/诊断工具。与电子显微镜相比，光学纳米显微镜能提供重叠的光学分辨率范围（下至 1 nm），而且有可能直接分辨单个荧光点发射体——从单个蛋白质和小的有机分子到固体物理学中的色心。由于电子跃迁在 1 eV 范围内，因此纳米显微镜能高效地识别这些点发射体。目前，纳米显微镜能同时分辨多达五类分子，即使这些分子之间的距离远小于 $\lambda_{exc}/2$[5.115]。新的高灵敏度超快多通道探测器的出现预计将使分子间的荧光寿命微小差异被充分利用，还能使发射体类型的数量明显增加。此外，光学纳米显微镜可在室温下对完整的三维试样（目前厚度不超过 10～100 μm，具体要视检查方法而定）进行检查，而基本不需要准备，甚至还可能用于生理条件及活细胞的纳米成像。纳米显微镜的另一个优点是：与在识别单分子时具有亚纳米级分辨率、能量滤波达到 eV 级的现代高性能电子显微镜相比，光学纳米显微镜方法——尤其是那些基于光谱分配定位显微镜（SALM）和结构照射型激发（SIE）显微镜的方法——相对来说更经济、更方便用户使用。以不超过 30 000 €的制造成本制造一部单分子分辨率在亚 100 nm 范围内的基本型激光二极管照射定位显微镜看起来是可行的。另外，期望的分辨能力越高，光学纳米显微镜就会变得越复杂。绝对分辨极限由单个光源发射的可探测光子数量以及发射体的尺寸（小的有机荧光分子大约为 1 nm）决定。而当前光学纳米显微镜方法对荧光发射体的限制使其他重要的对比度特征——例如原子（如 N、P）的分布——不能直接测定。当荧光标记无法获得或不能使用时，还必须使用电子显微镜或其他类型的超显微镜，例如 X 光显微镜[5.125]。因此，通过进一步开发相关的光学显微镜和电子/X 光显微镜，可以把这两种方法的优点结合起来，以达到纳米级分辨率。

下面几个关于纳米级成像应用的例子源于作者及其直接合作伙伴的实验室研究。这些只是在不断增多的实验室中目前已实现的广泛应用实例中的一小部分，其中的实验室主要包括：哈佛大学（X.Zhuang）、霍华德－休斯医学研究所（E.Betzig，H.Hess）、哥廷根马克斯－普朗克研究所（S.Hell）、耶鲁大学（J.Bewersdorf）、缅因大学（S.Hess）、斯坦福大学（J.Biteen）、耶拿大学（R.Heintzmann）、维尔茨堡（M.Sauer，M.Heilemann）、奥克兰（D.Baddeley，C.Soeller）的研究小组。

5.2.1　聚焦纳米显微镜

聚焦纳米显微镜方法（4Pi/STED 显微镜）已广泛用于很多生物医学用途，例如用于分析细胞膜、线粒体、突触以及确定蛋白质组的修复尺寸等。本节将介绍用 4Pi 显微镜对早幼粒细胞性白血病核体（PML－NB）进行三维分析的应用案例[5.51]。在细胞核中发现的这些纳米结构（直径在 0.3～1 μm）是由 PML 和 Sp100 蛋白质形成的移动核细胞器。据报道，这些纳米结构在转录、DNA 复制和修复、端粒拉长、细胞周期控制和肿瘤抑制过程中起着一定的作用。对高分辨率 4Pi 荧光激光扫描显微术的研究表明，PML－NB 采用了一种球形组织。这个球形组织有一个 50～100 nm 厚的壳体，而 PML 和 Sp100 蛋白质则被组装到壳体内的薄片中。这种显微镜方法与其他方法（相关的电子显微镜、迁移率测量）相结合之后，能够推导出一个模型，用于解释 PMLNB 的三维组织是如何有助于集结不同的生理活性同时促进成分之间的高效交换的（图 5.12）。

5.2.2　结构照射型激发（SIE）显微镜

目前，SIE 显微镜方法（例如 SIM、SMI）已应用于细胞生物学基础研究中，例如用于分析核孔和核膜结构之间的关系[5.76]，或用于确定参与 DNA 复制的高度复杂纳米结构的尺寸[5.75]。其他的应用例子包括：分析年龄相关性黄斑变性的特征，或者测量对于将基因组信息从 DNA 转录到 RNA 来说很重要的转录复合体的纳米尺寸。

1. 利用 SMI 显微镜进行纳米尺寸测量

空间调制照射（SMI）显微镜经证实能够对直径范围在几十纳米到 200 nm 的个别荧光物体进行精确地尺寸测量。图 5.13（a）给出了一个利用 SMI 显微镜装置得到的例子（名义物体直径在 40～200 nm 的校准珠）。在 SMI 显微镜中，两个对置高 NA 物镜的光轴位于垂直方向，亦即此时物面位于水平方向（Vertico-SMI[5.61]）。除此之外，这种显微镜的光学配置与图 5.5（a）中显示的光学配置很相似。在采用油浸物镜和水浸物镜的情

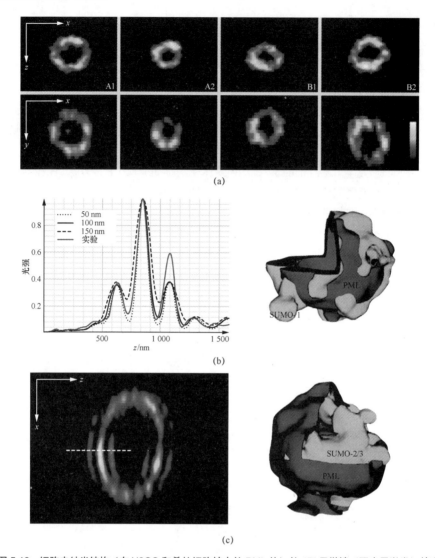

(a)

(b)

(c)

图 5.12　细胞内纳米结构（在 U2OS 和希拉细胞核中的 PML 体）的 4Pi 显微镜（双光子激发）检查
（a）通过对 PML 的对比抗体以及 Alexa−Fluor−568−耦合第二抗体进行免疫染色，使 PML 体变得直观。$x-z$ 和 $x-y$
截面的 4Pi 显微镜检查图像表明，PML 蛋白质位于人体 U2OS（A）和希拉细胞内部一个可变直径球体的外壳中。（B）
比例尺（$x-z$，$x-y$）：500 nm。请注意：在 PML 体的 z 方向上外壳能清晰地分辨，PML 体的直径大约等于传统共焦
激光扫描荧光显微镜的纵向分辨率极限（≈600 nm）。（b）左：在人体癌细胞核（U2OS）中早幼粒细胞性白血病核体
（PML）内的光强分布（沿着光轴 z 的方向）。z 谱线轮廓是在下述 4Pi 原始数据上评估的。（c）根据 4Pi 谱线轮廓的调
制深度，估算出了真实的物体尺寸。对于三个不同的壳壁厚值（50 nm，100 nm，150 nm），这里显示了与 PML 体具
有相同直径（即 1.2 μm）的外壳的光强谱线轮廓计算值。当壳体厚度约为 100 nm 时，这些计算值与 PML 体的理论曲
线高度吻合。（c）左：在 U2OS 细胞核中 PML 体的 4Pi $x-z$ 截面。请注意由双透镜 4Pi 显微镜的不理想的 4π 几何形
状导致的旁瓣"鬼像"[5.7,8,103]。虽然这些"鬼像"可用合适的算法（例如傅里叶滤波[5.9,50]）来去除，但通过对预期响
应（基于 4Pi PSF）的计算，这些"鬼像"也可用于估算小型结构（在这种情况下为外壳）的厚度。（b），（c）右：PML
和各种 SUMO 蛋白质的双色 4Pi 显微镜三维图像重建。对照着 UMO−1 或 SUMO−2/3 第一抗体对第二抗体进行免疫
染色，用 Alexa Fluor 568 和 Atto 647 做标记（根据文献［5.51］）

况下，所得到的纳米尺寸测量结果很相似。这表明，用 SMI 显微镜进行纳米尺寸测量不仅对于固定试样来说是可能的，在活细胞条件下（水浸）也是可能的。

作为生物学应用的一个例子，图 5.13（b）描绘了用 SMI 显微镜对含有活性过度磷酸化 RNA 聚合酶 II 的固定人体癌（海拉）细胞核中的转录复合体进行尺寸测量的情形。我们用不同的抗体结合方法（双层、三层协议[5.71]）给 RNA Pol II 分子做荧光标记。这两种标记方法得到了极相似的转录复合体尺寸测量结果，都具有很宽的尺寸分布，且平

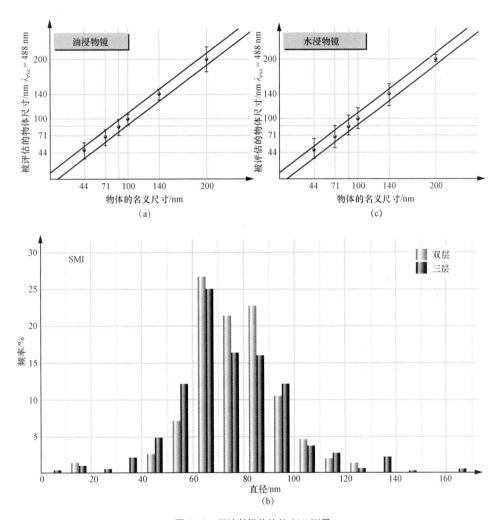

图 5.13　亚波长级物体的 SMI 测量

（a）被评估的物体尺寸（平均偏差和标准偏差，用条形图表示）与校准珠的名义尺寸之间的关系图。对于油浸物镜（左）和水浸物镜（右）（NA＝1.4），采用的激发波长为 λ_{exc}＝488 nm。两条直线表示 10 nm 的误差区间（根据文献 [5.61]）。（b）对于人体癌细胞（海拉）的冰冻切片（≈140 nm），用 SMI 显微镜测量含荧光标记的聚合酶 II（Pol II）部位的轴向尺寸。对这些尺寸进行 10 nm 级分组，频率则用百分比表示。Pol II 部位用 H5、兔抗 Ig 抗体和 Alexa Fluor 488 按照双层协议或三层协议做标记。通过在双层协议或三层协议下进行尺寸测量，分别得到 82 nm（空心条）和 81 nm（实心条）的平均（加权）直径（根据文献 [5.71]）

均值在 80 nm 左右。最近用先进的电子光谱成像法[5.126]、结构照射显微镜和定位显微镜[5.77][对比图 5.17（e）]对这些转录复合体进行尺寸测量也得到了相似的数值结果，因此证实了 SMI 方法是有用的。

2. 在人体组织中用自发荧光聚合体进行结构干涉照射显微镜检查（SIIM）

作为结构照射在医学研究中的一个应用例子，上面描述的 SIIM 方法已用于研究人眼细胞样品中的视网膜色素上皮细胞（RPE）[5.80]。为视网膜的正常工作提供支持的 RPE 是位于视网膜感光细胞外节膜盘和所谓"布鲁赫膜"（Bruch's membrane）之间的一个细胞单层。年龄相关性黄斑变性主要由 RPE 的变性造成。与这种变性（影响着全世界数百万人）相伴而生的是脂褐质的过度聚集。脂褐质由各种荧光/非荧光蛋白和脂质组成，在视频光谱上能显现自发荧光，因此使得荧光显微镜成为一种用于研究这些色素沉积的有吸引力的方法[5.127]。在三种不同波长（488 nm，568 nm，647 nm）下的结构照射成像能够以传统荧光显微镜无法达到的细节层次来研究脂褐质的分布，并获得与脂褐质聚集有关的其他光谱信息（图 5.14）。

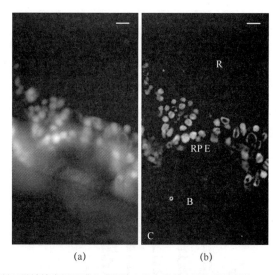

(a)   (b)

图 5.14　用结构照射显微镜检查视网膜上皮细胞上的自发荧光蛋白质沉积物。SIIM 图像（b）显示的细节比宽场图像（a）多，而离焦光更少。每个通道的本底已减去，而每个通道则拉伸到全动态范围。布鲁赫膜（B）位于脉络膜（C）和视网膜色素上皮细胞（RPE）之间。在图像顶部，可以看到视杆细胞（R）的末端。比例尺为 2 μm。可达到的光学横向 SIIM 分辨率大约为 100 nm（根据文献［5.80]）

5.2.3　光谱分配定位显微镜（SALM）

近年来，各种 SALM 方法已广泛用于研究生物纳米结构。二维单色成像[5.61,86,87,98–103,105,106,108,109,121]、多色成像以及直至 10～40 nm 范围的三维空间分辨率已经实现[5.86,107,111,112,115,118]。此外，由定位显微镜提供的单分子信息可用于蛋白质分布的统计分析[5.112,120,121]。我们甚至还可能用这些显微镜方法来分析完全无标记的细胞，并以远远低于阿贝极限的分辨率收集与这些细胞内的自发荧光分子有关的结构信息[5.108]。下面的 SALM 例子选自我们用一种特殊的 SALM 方法（SPDM$_{Phymod}$）做过的实验。

1. 单分子定位显微镜

SALM 方法的一大优势是可能用于识别及定位单个分子，即使这些分子的最小相互距离远远低于传统的光学分辨率极限（例如，根据所用显微镜系统的 PSF 的 FWHM 得到的分辨率极限）时也可能实现，例如，当在横向上远小于 200 nm 时。图 5.15 显示了这样的几个例子。图 5.15（a）显示了沉积在载玻片上的单个有机荧光分子。为揭示分辨能力，我们用与单分子定位精度 σ_{loc} 相当的高斯值使单个分子的位置变得模糊。可以看到，相距 16 nm（$\approx 1/40\,\lambda_{exc}$）的两个分子信号仍然能明显地相互区分开，表明在这种情况下光学分辨能力 $d_{min} \approx 10$ nm。单分子的这种表面分布法可能用于：对生物膜上特定分子分布的定量分析、分析附着于表面的环境相关有机分子或者在材料科学中用于研究单分子级的分子–表面间相互作用。

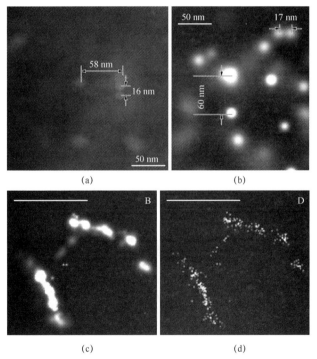

(a)　　　　　　　　　　(b)

(c)　　　　　　　　　　(d)

图 5.15　单个荧光分子的光谱分配定位显微镜检查（SPDM$_{Phymod}$）

（a）单个 Alexa 647 分子：λ_{exc}=647 nm，NA=1.4（根据文献［5.128］，经许可）。（b）在用标准绿色荧光蛋白（emGFP）做标记的三维人体成纤维细胞核（保存态）中的组蛋白 H2B 分子。λ_{exc}=488 nm，NA=1.4。比例尺：50 nm（根据文献［5.87］）。（c），（d）烟草花叶病病毒（TMV）粒子的 SPDM$_{Phymod}$ 图像，其外壳蛋白已用荧光团 Atto488（λ_{exc}=488 nm，NA=1.4）做标记（根据文献［5.128］）。（c）经过高斯模糊化之后的 SPDM$_{Phymod}$ 图像，单分子定位精度为 σ_{loc}。（d）SPDM$_{Phymod}$ 图像。与（c）中的数据相同，但被探测的单分子位置分布没有经过高斯模糊化。比例尺：300 nm
（根据文献［5.129］）

图 5.15（b）举例说明了如何利用定位显微镜来研究单个组蛋白分子在三维完整细胞核中的空间分布。这种分析法可用于测试基因组结构和功能的数值模型，例如与癌致病变有关的模型[5.121]。

图 5.15（c），（d）描绘了用 SPDM$_{Phymod}$ 来探测、分析单个病毒的结构。在这种情况下采用的是烟草花叶病毒（TMV）粒子。TMV 粒子不仅在植物研究中很重要，而且也是一种在纳米技术中有很大应用潜力的最有前途的生物分子复合体。TMV 也是一种强大的自组装管形植物病毒，其自然长度为 300 nm，直径为 18 nm，内部纵向通道的宽度为 4 nm。TMV 的蛋白质外壳由 2 130 个呈螺旋形布置的外壳蛋白（CP）单体组成，这些单体与决定着病毒粒子最终长度的一个埋置式 RNA 分子相互作用。几十年来，病毒结构一直被视为只能通过电子显微镜及其他超微结构方法来分辨；由于病毒的尺寸小（一般），人们认为病毒结构无法用远场光学显微镜检查法来分辨。为了突显光学分辨率，图 5.15（c）显示了在用 σ_{loc} 模糊化之后得到的单个 TMV 粒子的 SPDM 图像。所取得的进展用比例尺（300 nm）来形象地显示。定量地说，得到的最佳定位值约为 2 nm，病毒上的平均二维分子信号距离（直径 D_{ill} = 18 nm、长度为 300 nm 的圆柱体的投影面积）大约为 6 nm[5.36]。

2. 双色定位显微镜

到目前为止，我们已演示了特定类型的单个分子的定位显微镜检查图像。但在很多情况下，最好是分析几种类型的分子相对于彼此的空间位置。这在生物医学研究应用中尤其重要，因为在生物医学领域，不同分子类型之间的相互作用起着决定性的作用。图 5.16 中以一个例子说明了如何利用双色定位显微镜来研究基因组在人体癌细胞核中的机能性组织[5.112]。在细胞核中，DNA 被组蛋白压缩成一个名叫"核染色质"的核蛋白质复合体。核染色质的主要组成部分是圆柱状的核小体（直径为 11 nm，高 5.5 nm）。核小体由一个八聚体核心组成，八聚体核心则由两份的组蛋白 H2A、H2B、H3 和 H4 组成，DNA 围绕着这个核心缠绕 1.67 圈。在这个例子中，双色定位显微镜（SPDM$_{Phymod}$）用于确定

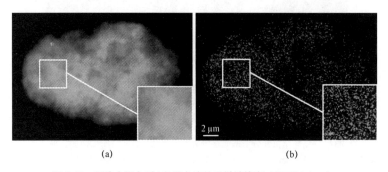

（a）   （b）

图 5.16 细胞内蛋白质 I 的双色定位显微镜检查（SPDM$_{Phymod}$）

（a）在人体癌细胞（U2OS）核中核组蛋白（H2A）蛋白质和染色质重塑（Snf2H）蛋白质的传统宽场荧光图像；
（b）同一细胞核的定位显微镜检查（SPDM）；在轴向厚度约为 600 nm 的光学截面内，总共计数并定位了约
120 000 个蛋白质（根据文献［5.112］）

染色质重塑复合体相对于染色质的细胞内位置。染色质重塑复合体是能够沿着 DNA 序列方向改变核小体位置的分子机器。通过利用组蛋白 H2A 的自发荧光结构作为核小体/染色质的标记以及利用 ATPase 亚组 Snf2H 来定义某一类染色质重塑复合体，我们分析了这些复合体的核定位，平均定位精度经估算在大约 20 nm（激发波长的大约 1/25）范围内。结果表明，以史无前例的光学分辨率展现重塑复合体和核染色质之间的相互作用细节是可行的。

图 5.17 举了第二个例子来说明如何利用双色定位显微镜（$SPDM_{Phymod}$）研究功能性核组织[5.77]。在这种情况下，我们利用 $SPDM_{Phymod}$ 法研究了在含有聚合酶 II（Pol II）蛋白质和组蛋白的哺乳动物细胞试样中 RNA 转录和 DNA 复制的核表面形态——其中的两种蛋白质均用附有两种荧光团（Alexa488/Alexa568）的抗体做免疫标记。在所研究的比例上，传统的荧光显微镜法不能分辨转录复合体（用 Alexa 568 – Pol II 分子做标记）和核染色质（用 Alexa 488 – H2B 分子做标记）之间的空间关系，而 $SPDM_{Phymod}$ 法却能用于详细研究 Pol II 组的横向（物面，x，y）尺寸、在 Pol II 组内部探测到的分子信号数量以及转录复合体的尺寸。图 5.17（e）中的曲线图定量地评估了 Pol II 组的横向尺寸，得到的 Pol II 组轴向尺寸与 SMI 显微镜法确定的轴向尺寸非常相似[5.71]，对比图 5.13（b）。这表明这些转录复合体的三维结构为球形/椭圆形，其平均直径为 80～100 nm。用远场光纳米显微镜得到的这些结果可以与用电子显微镜得到的转录复合体相关数据相比。透射电子显微镜（EM）得到的转录复合体平均直径只有 45 nm[5.71]，而 Eskiw 等人[5.126]利用先进的 EM 方法（电子光谱成像（ESI））发现，转录复合体的尺寸范围在 60～120 nm，平均值为 87 nm。也就是说，此值与用 SMI 和 $SPDM_{Phymod}$ 得到的数值非常相似。

关于各种光学纳米显微镜方法和电子显微镜方法之间的深层次区别，用这些方法得到的测量结果非常相似，表明转录复合体的常见尺寸重叠范围为 40～85 nm。

3. 双色三维定位显微镜

到目前为止，定位显微镜检查法的应用例子仅限于二维图像（物面）。通过将具有扭曲高斯形状的分子信号——即高于或低于物面（±300 nm）的分子信号——从分析过程中排除，这些信号就不会出现在 SALM 图像中。因此，所显示的 $SPDM_{Phymod}$ 图像其光学截面大约为 600 nm 厚。通过将这些图像与利用传统显微镜在不同的轴向（z）位置得到的三维图像做比较，我们甚至还可能估算出这些光学截面的 z 位置。

为了也用定位显微镜在三维空间（x，y，z）中实现光学分辨率增加，我们可以使用各种方法。图 5.18 给出了最近从神经生物学领域得到的一个例子，即利用由像散透镜造成的轴向衍射图失真，将标准红外染料的比率测量定位显微镜法与 z 向定位结合起来[5.115]。可以看到，轴向相邻突起之间的突触在三维定位显微镜数据中能清晰地分辨，而在传统分辨率下则难以辨别。通过利用这种双色三维超越极限分辨法，我们可以在日常的细胞组织样品分析中利用比传统光学显微镜约小 300 倍的观察体积获得优于 65 nm（标准偏差）的轴向分辨率。

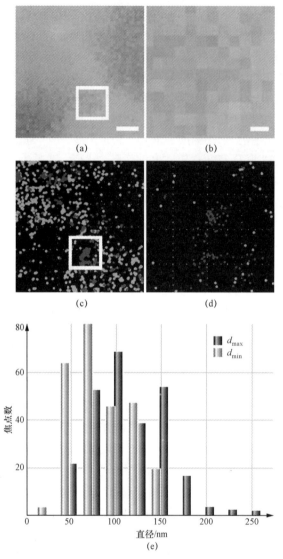

图 5.17　细胞内纳米结构 II 的双色定位显微镜检查。图中显示了人体癌细胞（海拉）核的一小部分，用于研究参与 DNA（Ser5P–RNA 聚合酶 II）转录的蛋白质的核表面形态，并根据组蛋白 H2B 蛋白质的位置来显示核染色质（DNA–组蛋白复合体）。Ser5P–RNA Pol II 是用与 Alexa 568 结合的特定第一、第二抗体来探测的。H2B 是用与 Alexa 488 结合的抗体来探测的。这些图像可以与用传统的宽场荧光显微镜 [（a），（b）插图] 和 SPDM（c），（d）得到的分辨率相比较。（a），（b）传统的荧光显微镜检查图像。比例尺（a）：500 nm [也适用于（c）]；比例尺插图（a）：100 nm [也适用于（d）]。（c），（d）定位显微镜检查（SPDM）图像，显示了单分子信号的位置（根据文献 [5.77]）。为了得到清楚的演示效果，在图（c）中，用于代表单分子位置的点的尺寸取得比平均定位精度（$\sigma_{loc} \approx 20$ nm）大好几倍；而在插图（d）中，用于代表单分子位置的图（c）点的尺寸比 σ_{loc} 稍小。（e）被探测的 Pol II 组的最小和最大估算直径。这些测量值中只包括呈现出正常信号分布的 Pol II 组。平均 d_{min} 值：87 nm（±30 nm）；平均 d_{max} 值：112 nm（±39 nm）。对于在 40～198 nm 尺寸范围内的这些 Pol II 组，图中数据表明其平均尺寸为 100 nm（±33 nm）（根据文献 [5.77]）

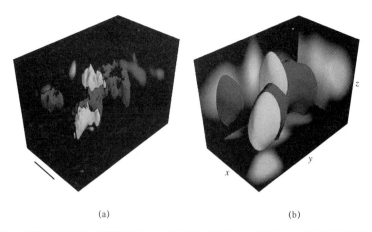

（a）　　　　　　　　　　　　　　　　　（b）

图 5.18　突触的三维定位显微镜检查。在原代海马神经元中的 GFP－α－SAP97 和突触蛋白。

利用基于像散性的双色三维定位法与比率测量多色法相结合进行四维成像

（a）三维定位图像；（b）这两种蛋白质的相应传统衍射受限图像。比例尺：500 nm（根据文献［5.115]）

4. 双色 SPDM$_{Phymod}$ 与结构照射的结合

　　除通过像散性[5.104,115]或双平面配准配置[5.130]使单透镜装置和 z 向定位相结合的三维定位显微镜或者将双透镜配置和宽场激发与荧光干涉测量探测相结合的三维定位显微镜之外，定位显微镜/SPDM 也可与结构照射（SMI 显微镜）相结合，用于提供远远超过传统分辨率极限的三维分辨率（图 5.19）。

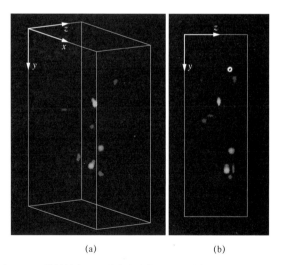

（a）　　　　　　　　　　（b）

图 5.19　通过将 SPM 与 SMI 显微镜检查法相结合来改善三维分辨率。对人体（AG11132）细胞中与乳腺癌相关的膜蛋白 Her2/neu 和 Her3 进行双色采集后的三维重建。用 Alexa 488 对 Her3 做免疫标记，用 Alexa 568 对 Her2/neu 做免疫标记。这两张图像显示了同时利用 SPM 和 SMI 显微镜检查法对蛋白质组进行三维重建得到的结果。这两个通道在全部三个方向上的定位精度大约为 25 nm。蛋白质组的 z 向延伸尺寸经确定小到 40 nm（1/14λ_{exc}）。（a）和（b）中的比例尺在每个方向上均为 500 nm（根据文献［5.120]）

5. 结论与观点

在本章中，我们描述了各种远场荧光超越极限分辨显微镜检查法的原理。由于这种原理在几十年前就已出现，因此发展成了一系列的子方法，可以将其称为"具有增强分辨率的光学生物结构分析法"（LOBSTER）。第一类 LOBSTER 子方法由 4π/4Pi、STED、GSD、（聚焦）RESOLFT 显微镜检查法等聚焦纳米显微镜方法组成。第二类子方法可称为"结构化纳米显微术"，由结构照射型激发方法组成，例如利用标准荧光团对光学上隔离的单个分子进行高精度定位的 SMI、SIM 以及 SIIM 显微镜检查法。第三类纳米显微镜方法可称为"光谱分配定位显微镜检查"（SALM，简称为"定位显微镜检查"），由 BLINKING、2CLM、FPALM、GSDIM、PALM、RPM、SPDM、STORM、dSTORM、d⁴STORM 等各种方法组成。在这些快速发展的 LOBSTER 子方法中，紧邻（距离 < $0.61\,\lambda_{exc}/\mathrm{NA}$）的点状荧光物体通过不同的光谱特征（包括荧光寿命、暗态–亮态跃迁和亮态–暗态跃迁等时域特征）实现光学隔离，并能彼此独立地定位；然后，将所确定的单个位置指定到一张联合定位图上。

这些众多 LOBSTER 方法的应用实例从对视网膜上皮细胞中的膜结构和年龄相关性蛋白质沉积进行纳米成像，一直到分析单个紧邻蛋白质（例如组蛋白、染色质重塑蛋白质、聚合酶或与癌症相关的膜蛋白）在单个细胞中的分布。此外，LOBSTER 方法正用于材料科学或个体病毒分析中的其他用途。我们介绍的每种 LOBSTER 方法都有其优缺点。究竟哪种方法最好，要视预期的用途而定。

从光学的角度来看，到目前为止已实现的、具有最高光学分辨率的远场荧光显微镜检查法是 STED 和 SALM 显微镜检查法。虽然 STED 显微镜目前已使得在材料科学中获得大约 6 min 的光学分辨率成为可能[5.18]。但据报道，这种显微镜已经以 1.3 nm（激发波长的大约 1/400）的光学分辨率区分了沉积在表面上的两个相邻同类荧光分子[5.89]。对于由艾里斑大小的区域内的多个荧光分子组成的生物结构来说，10～20 nm 的光学分辨率可视为已基本在日常活动中实现。在最佳条件下——甚至在这种情况下，光学分辨率据报道已达到 10 nm 以下[5.122]。

为了全面地展现各种方法，我们主要回顾了各种方法的典型实例。我们还试着引用了由目前涉足这个快速成长的光学领域的所有主要研究小组针对技术开发、光学洞悉和应用扩大化所发表的至少一些关键的出版物。

三维纳米级超越极限分辨显微镜检查方法目前已延伸至远远超出了经典的聚焦纳米显微镜方法，例如 4Pi 或 isoSTED（与 4Pi 显微镜检查法结合）方法[5.59]。宽场激发定位显微镜检查法已经与干涉测量荧光探测相结合[5.118]。定位显微镜/SPDM 与 SMI 的结合也能达到这个目标[5.86,120]，还可能获得远远超出传统分辨率极限的三维分辨率——但不需要像干涉测量荧光检测法中那样极小的相干长度。这些三维超越极限分辨方法不仅为我们从三维角度更好地了解生物纳米结构——从病毒和细菌到单细胞/单个细胞内纳米结构层面上生命过程中的高度有组织系统——打开了一扇窗户，而且对医学应用和药品开发以及采用了纳米结构生物材料的技术也有着深远的意义。

总而言之，在激光光学纳米显微镜中取得的新发展预计最终会缩小超微结构方法（纳米级分辨率）和传统光学显微镜检查法（分辨率大约为 200 nm）之间的分辨率差距，以使相同的结构能够在分子分辨率下成像并被定量分析[5.131]。这将使光学纳米显微镜检查法大幅延伸到纳米科学领域——从生命科学一直到材料与环境的研究分析。

|参 考 文 献|

［5.1］ E. Abbe：Beiträge zur Theorie des Mikroskops und der mikroskopischen Wahrnehmung, Arch. Mikrosk. Anat. **9**，411－468（1873），in German

［5.2］ L. Rayleigh：On the theory of optical images，with special reference to the microscope，Philos. Mag. **42**，167－195（1896）

［5.3］ A. Lewis, M. Isaacson, A. Harootunian, A. Muray：Development of a 500 Å spatial resolution light microscope. I. Light is efficiently transmitted through 1/16 diameter apertures，Ultramicroscopy **13**，227－231（1984）

［5.4］ D. W. Pohl, W. Denk, M. Lanz：Optical stethoscopy：Image recording with resolution，Appl. Phys. Lett. **44**，651－653（1984）

［5.5］ C. Cremer，T. Cremer：Considerations on a laser-scanning-microscope with high resolution and depth of field，Microsc. Acta **81**，31－44（1978）

［5.6］ S. W. Hell：Double confocal microscope，Eur. Patent 0491289（1990）

［5.7］ S. W. Hell, E. H. K. Stelzer：Properties of a 4Pi confocal fluorescence microscope，J. Opt. Soc. Am. A **9**，2159－2166（1992）

［5.8］ S. W. Hell, S. Lindek, C. Cremer, E. H. K. Stelzer：Measurement of the 4Pi-confocal point spread function proves 75 nm axial resolution，Appl. Phys. Lett. **64**，1335－1337（1994）

［5.9］ P. E. Hänninen, S. W. Hell, J. Salo, E. Soini, C. Cremer：Two-photon excitation 4Pi confocal microscope：Enhanced axial resolution microscope for biological research，Appl. Phys. Lett. **66**，1698－1700（1995）

［5.10］ S. W. Hell：Toward fluorescence nanoscopy，Nat. Biotechnol. **2**，134－1355（2003）

［5.11］ S. W. Hell：Far-field optical nanoscopy，Science **316**，1153－1158（2007）

［5.12］ C. Cremer，T. Cremer：Procedure for the imaging and modification of object details with dimensions below the range of visible wavelengths，German Patent Appl. No. 2116521（1972），in German

［5.13］ S. W. Hell, J. Wichmann：Breaking the diffraction resolution limit by stimulated emission：Stimulated-emission-depletion fluorescence microscopy，Opt. Lett. **19**，780－782（1994）

［5.14］ M. Schrader, F. Meinecke, K. Bahlmann, M. Kroug, C. Cremer, E. Soini, S. W. Hell: Monitoring the excited state of a dye in a microscope by stimulated emission, Bioimaging **3**, 147−153（1995）

［5.15］ G. Donnert, J. Keller, R. Medda, M. A. Andrei, S. O. Rizzoli, R. Lührmann, R. Jahn, C. Eggeling, S. W. Hell: Macromolecular-scale resolution in biological fluorescence microscopy, Proc. Natl. Acad. Sci. USA **103**, 11440−11445（2006）

［5.16］ K. I. Willig, S. O. Rizzoli, V. Westphal, R. Jahn, S. W. Hell: STED-microscopy reveals that synaptotagmin remains clustered after synaptic vesicle exocytosis, Nature **440**, 935−939（2006）

［5.17］ G. Donnert, J. Keller, C. A. Wurm, S. O. Rizzoli, V. Westphal, A. Schönle, R. Jahn, S. Jakobs, C. Eggeling, S. W. Hell: Two-color far-field fluorescence nanoscopy, Biophys. J. **92**, L67−L69（2007）

［5.18］ E. Rittweger, K. Y. Han, S. E. Irvine, C. Eggeling, S. W. Hell: STED microscopy reveals crystal colour centres with nanometric resolution, Nat. Photonics **3**, 144−147（2009）

［5.19］ S. W. Hell: Microscopy and its focal switch, Nat. Methods **6**, 24−32（2009）

［5.20］ S. W. Hell, M. Kroug: Ground-state-depletion fluorscence microscopy: A concept for breaking the diffraction resolution limit, Appl. Phys. B **5**, 495−497（1995）

［5.21］ R. Heintzmann, C. Cremer: Lateral modulated excitation microscopy: Improvement of resolution by using a diffraction grating, Proc. SPIE **3568**, 185−196（1999）

［5.22］ M. G. L. Gustafsson: Extended resolution fluorescence microscopy, Curr. Opin. Struct. Biol. **9**, 627−634（1999）

［5.23］ M. G. L. Gustafsson: Surpassing the lateral resolution limit by a factor of two using structured illumination microscopy, J. Microsc. **198**, 82−87（2000）

［5.24］ M. Gustafsson: Nonlinear structured-illumination microscopy: Wide-field fluorescence imaging with theoretically unlimited resolution, Proc. Natl. Acad. Sci. USA **102**（37）, 13081−13086（2005）

［5.25］ M. Gustafsson, L. Shao, P. M. Carlton, C. J. R. Wang, I. N. Golubovskaya, W. Z. Cande, D. A. Agard, J. W. Sedat: Three-dimensional resolution doubling in wide-field fluorescence microscopy by structured illumination, Biophys. J. **94**（12）, 4957−4970（2008）

［5.26］ C. Cremer, M. Hausmann, J. Bradl, B. Rinke: German Patent Application No. 196.54.824.1/DE, submitted Dec 23, 1996, European Patent EP 1997953660, 08.04.1999, Japanese Patent JP 1998528237, 23.06.1999, United States Patent US 09331644, 25.08.1999

［5.27］ C. Cremer, P. Edelmann, H. Bornfleth, G. Kreth, H. Muench, H. Luz, M. Hausmann: Principles of spectral precision distance confocal microscopy for the analysis of molecular nuclear structure. In: *Handbook of Computer Vision and Applications*, Vol. 3, ed. by B. Jähne, H. Haußecker, P. Geißler (Academic, New York 1999) pp. 839 – 857

[5.28] M. Heilemann, D. P. Herten, R. Heintzmann, C. Cremer, C. Müller, P. Tinnefeld, K. D. Weston, J. Wolfrum, M. Sauer: High-resolution colocalization of single dye molecules by fluorescence lifetime imaging microscopy, Anal. Chem. **74**(14), 3511 – 3517 (2002)

[5.29] C. Cremer, A. V. Failla, B. Albrecht: Far field light microscopical method, system and computer program product for analysing at least one object having a subwavelength size, US Patent 7298461, filed Oct. 9, 2002, Pub. Date April 17, 2003

[5.30] C. Cremer, A. V. Failla, B. Albrecht: United States Patent No. US 7298461 B2 submitted Oct 9, 2001

[5.31] D. H. Burns, J. B. Callis, G. D. Christian, E. R. Davidson: Strategies for attaining superresolution using spectroscopic data as constraints, Appl. Opt. **24**(2), 154 – 161 (1985)

[5.32] E. Betzig: Proposed method for molecular optical imagin, Opt. Lett. **20**, 237 (1995)

[5.33] P. Edelmann, A. Esa, M. Hausmann, C. Cremer: Confocal laser scanning microscopy: In situ determination of the confocal point-spread function and the chromatic shifts in intact cell nuclei, Optik **110**, 194 – 198 (1999)

[5.34] A. M. van Oijen, J. Köhler, J. Schmidt, M. Müller, G. J. Brakenhoff: 3 – Dimensional super-resolution by spectrally selective imaging, Chem. Phys. Lett. **192**(1 – 2), 182 – 187 (1998)

[5.35] H. Bornfleth, E. H. K. Sätzler, R. Eils, C. Cremer: High-precision distance measurements and volume-conserving segmentation of objects near and below the resolution limit in three-dimensional confocal fluorescence microscopy, J. Microsc. **189**, 118 – 136 (1998)

[5.36] C. Cremer, R. Kaufmann, M. Gunkel, S. Pres, Y. Weiland, P. Müller, T. Ruckelshausen, P. Lemmer, F. Geiger, S. Degenhard, C. Wege, N. A. W. Lemmermann, R. Holtappels, H. Strickfaden, M. Hausmann: Superresolution Imaging of biological nanostructures by spectral precision distance microscopy (SPDM), Biotechnol. J. **6**, 1037 – 1051 (2011)

[5.37] C. J. R. Sheppard, T. Wilson: Image formation in scanning microscopes with partially coherent source and detector, Opt. Acta **25**, 315 – 325 (1978)

[5.38] E. H. Stelzer, I. Wacker, J. R. De Mey: Confocal fluorescence microscopy in modern cell biology, Semin. Cell Biol. **2**, 145 – 152 (1991)

［5.39］ G. J. Brakenhoff，H．T．M．van der Voort，E．A．van Spronsen，W. A. M. Linnemanns，N．Nanninga：Three-dimensional chromatin distribution in neuroblastoma nuclei shown by confocal laserscanning microscopy，Nature **317**，748－749（1985）

［5.40］ J. B. Pawley：*Handbook of Confocal Microscopy*，2nd edn.（Plenum，New York 2006）

［5.41］ G. J. Brakenhoff，P．Blom，P．Barends：Confocal scanning light microscopy with high aperture immersion lenses，J．Microsc．**117**，219－232（1979）

［5.42］ C. Cremer，C．Zorn，T．Cremer：An ultraviolet laser microbeam for 257 nm，Microsc．Acta **75**，331－337（1974）

［5.43］ M. M. Born，E．Wolf：*Principles of Optics*（Pergamon，Oxford 1975）

［5.44］ K. R. Chen（2009）：Focusing of light beyond the diffraction limit，arxiv．org/pdf/4623v1

［5.45］ J. v. Hase，C．Cremer：unpublished numerical electromagnetic calculations

［5.46］ J. v. Hase：C．Cremer，unpublished

［5.47］ R. Dorn，S．Quabis，G．Leuchs：Sharper focus for a radially polarized light beam，Phys．Rev．Lett．**91**，233901（2003）

［5.48］ A. Egner，S．Jakobs，S．W．Hell：Fast 100－nm resolution three-dimensional microscope reveals structural plasticity of mitochondria in live yeast，Proc．Natl．Acad．Sci．USA **99**，3370－3375（2002）

［5.49］ J. Bewersdorf，B．T．Bennett，K．L．Knight：H2AX chromatin structures and their response to DNA damage revealed by 4Pi microscopy，Proc．Natl．Acad．Sci．USA **103**，18137－18142（2006）

［5.50］ D. Baddeley，C．Carl，C．Cremer：Pi microscopy deconvolution with a variable point-spread function，Appl．Opt．**45**，7056－7064（2006）

［5.51］ M. Lang，T．Jegou，I．Chung，K．Richter，S．Münch，A．Udvarhelyi，C．Cremer，P．Hemmerich，J．Engelhardt，S．Hell，K．Rippe：On the three-dimensional organization of promyelocytic leukemia nuclear bodies，J．Cell Sci．**123**，392－412（2010）

［5.52］ J. Bradl，M．Hausmann，B．Schneider，B．Rinke，C．Cremer：A versatile 2pi-tilting device for fluorescence microscopes，J．Microsc．**176**，211－221（1994）

［5.53］ J. Bradl，B．Rinke，B．Schneider，M．Hausmann，C．Cremer：Improved resolution in practical light microscopy by means of a glass fibre 2pi-tilting device，Proc．SPIE **2628**，140－146（1996）

［5.54］ F. Staier，H．Eipel，P．Matula，A．V．Evsikov，M．Kozubek，C．Cremer，M．Hausmann：Micro axial tomography：A miniaturized，versatile stage device to overcome resolution anisotropy in fluorescence light microscopy，Rev．Sci．Instr．**82**，

093701（2011）

[5.55] S. C. Baer: Method and Apparatus for improving resolution in scanned optical system, Filed: July 15, 1994, Date of Patent: February 2, 1999. Patent number: 5866911

[5.56] K. I. Willig, B. Harke, R. Medda, S. W. Hell: STED microscopy with continuous wave beams, Nat. Methods **4**, 915−918（2007）

[5.57] U. V. Nagerl, K. I. Willig, B. Hein, S. W. Hell, T. Bonhoeffer: Live-cell imaging of dendritic spines by STED microscopy, Proc. Natl. Acad. Sci. USA **105**, 18982−18987（2008）

[5.58] V. Westphal, S. O. Rizzoli, M. A. Lauterbach, D. Kamin, R. Jahn, S. W. Hell: Video-rate far-field optical nanoscopy dissects synaptic vesicle movement, Science **320**, 246−249（2008）

[5.59] R. Schmidt, C. A. Wurm, S. Jakobs, J. Engelhardt, A. Egner, S. W. Hell: Spherical nanosized focal spot unravels the interior of cells, Nat. Methods **5**, 539−544（2008）

[5.60] S. Bretschneider, C. Eggeling, S. W. Hell: Breaking the diffraction barrier in fluorescence microscopy by optical shelving, Phys. Rev. Lett. **98**, 218103（2007）

[5.61] J. Reymann, D. Baddeley, M. Gunkel, P. Lemmer, W. Stadter, T. Jegou, K. Rippe, C. Cremer, U. Birk: High-precision structural analysis of subnuclear complexes in fixed and live cells via spatially modulated illumination（SMI） microscopy, Chromosome Res. **16**（3）, 367−382（2008）

[5.62] A. Failla, A. Cavallo, C. Cremer: Subwavelength size determination by spatially modulated illumination virtual microscopy, Appl. Opt. **41**, 6651−6659（2002）

[5.63] A. Schwentker, H. Bock, M. Hofmann, S. Jakobs, J. Bewersdorf, C. Eggeling, S. W. Hell: Wide-field subdiffraction RESOLFT microscopy using fluorescent protein photoswitching, Microsc. Res. Tech. **70**, 269−280（2007）

[5.64] R. Heintzmann, T. Jovin, C. Cremer: Saturated patterned excitation microscopy-a concept for optical resolution improvement, J. Opt. Soc. Am. A **19**, 1599−1609 （2002）

[5.65] B. Bailey, D. Farkas, D. Taylor, F. Lanni: Enhancement of axial resolution in fluorescence microscopy by standing-wave excitation, Nature **366**, 44−48（1993）

[5.66] J. Frohn, H. Knapp, A. Stemmer: True optical resolution beyond the Rayleigh limit achieved by standing wave illumination, Proc. Natl. Acad. Sci. USA **97**, 7232−7236 （2000）

[5.67] B. Albrecht, A. V. Failla, A. Schweitzer, C. Cremer: Spatially modulated illumination microscopy allows axial distance resolution in the nanometer range, Appl. Opt. **41**, 80−87（2002）

［5.68］ B. Albrecht, A. V. Failla, R. Heintzmann, C. Cremer: Spatially modulated illumination microscopy: Online visualization of intensity distribution and prediction of nanometer precision of axial distance measurements by computer simulations, J. Biomed. Opt. **6**, 292（2001）

［5.69］ A. V. Failla, C. Cremer: Virtual spatially modulated illumination microscopy prediction of axial distance measurement, Proc. SPIE **4260**, 120－125（2001）

［5.70］ D. Baddeley, C. Batram, Y. Weiland, C. Cremer, U. J. Birk: Nanostructure analysis using spatially modulated illumination microscopy, Nat. Protoc. **2**, 2640－2646（2007）

［5.71］ S. Martin, A. V. Failla, U. Spoeri, C. Cremer, A. Pombo: Measuring the Size of Biological Nanostructures with Spatially Modulated Illumination Microscopy, Mol. Biol. Cell **15**, 2449－2455（2004）

［5.72］ H. Mathee, D. Baddeley, C. Wotzlaw, C. Cremer, U. Birk: Spatially modulated illumination microscopy using one objective lens, Opt. Eng. **46**, 083603/1－083603/8（2007）

［5.73］ G. Hildenbrand, A. Rapp, U. Spori, C. Wagner, C. Cremer, M. Hausmann: Nano-sizing of specific gene domains in intact human cell nuclei by spatially modulated illumination light microscopy, Biophys. J. **88**, 4312－4318（2005）

［5.74］ U. J. Birk, I. Upmann, D. Toomre, C. Wagner, C. Cremer: Size estimation of protein clusters in the nanometer range by using spatially modulated illumination microscopy, Mod. Res. Educ. Top. Microsc. **1**, 272－279（2007）

［5.75］ D. Baddeley, Y. Weiland, C. Batram, U. Birk, C. Cremer: Model based precision structural measurements on barely resolved objects, J. Microsc. **237**, 70－78（2010）

［5.76］ L. Schermelleh, P. M. Carlton, S. Haase, L. Shao, L. Winoto, P. Kner, B. Burke, M. C. Cardoso, D. A. Agard, M. G. L. Gustafsson, H. Leonhardt, J. W. Sedat: Subdiffraction multicolor imaging of the nuclear periphery with 3D structured illumination microscopy, Science **320**, 1332－1336（2008）

［5.77］ Y. Markaki, M. Gunkel, L. Schermelleh, S. Beichmanis, J. Neumann, M. Heidemann, H. Leonhardt, D. Eick, C. Cremer, T. Cremer: Functional nuclear organization of transcription and DNA replication: A topographical marriage between chromatin domains and the interchromatin compartment, Cold Spring Harb. Symp. Quant. Biol. **75**, 475－492（2010）

［5.78］ M. Hausmann, B. Schneider, J. Bradl, C. Cremer: High-precision distance microscopy of 3D-nanostructures by a spatially modulated excitation fluorescence microscope, Proc. SPIE **3197**, 217－222（1997）

［5.79］ B. Schneider, B. Albrecht, P. Jaeckle, D. Neofotistos, S. Söding, T. Jäger, C. Cremer: Nanolocalization measurements in spatially modulated illumination

microscopy using two coherent illumination beams, Proc. SPIE **3921**, 321−330
（2000）

[5.80] G. Best, R. Amberger, D. Baddeley, T. Ach, S. Dithmar, R. Heintzmann, C. Cremer: Structured illumination microscopy of autofluorescent aggregations in human tissue, Micron **42**, 330−335（2011）

[5.81] A. Brunner, G. Best, R. Amberger, P. Lemmer, T. Ach, S. Dithmar, R. Heintzmann, C. Cremer: Fluorescence microscopy with structured excitation illumination. In: *Handbook of Biomedical Optics*, ed. by D. A. Boas, C. Pitris, N. Ramanujam （CRC, Boca Raton 2011）pp. 543−560

[5.82] R. Heintzmann: Saturated patterned excitation microscopy with two-dimensional excitation patterns, Micron **34**, 283−291（2003）

[5.83] A. Esa, P. Edelmann, L. Trakthenbrot, N. Amariglio, G. Rechavi, M. Hausmann, C. Cremer: 3D-spectral precision distance microscopy（SPDM）of chromatin nanostructures after triple-colour labeling: A study of the BCR region on chromosome 22 and the Philadelphia chromosome, J. Microsc. **199**, 96−105（2000）

[5.84] A. Esa, A. E. Coleman, P. Edelmann, S. Silva, C. Cremer, S. Janz: Conformational differences in the 3D-nanostructure of the immunoglobulin heavy-chain locus, a hotspot of chromosomal translocations in B lymphocytes, Cancer Genet. Cytogen. **127**, 168−173（2001）

[5.85] S. van Aert, D. van Dyck, A. J. den Dekker: Resolution of coherent and incoherent imaging systems reconsidered-Classical criteria and a statistical alternative, Opt. Express **14**, 3830−3839（2006）

[5.86] P. Lemmer, M. Gunkel, D. Baddeley, R. Kaufmann, A. Urich, Y. Weiland, J. Reymann, P. Müller, M. Hausmann, C. Cremer: SPDM: Light microscopy with single-molecule resolution at the nanoscale, Appl. Phys. B **93**, 1−12（2008）

[5.87] R. Kaufmann, P. Lemmer, M. Gunkel, Y. Weiland, P. Müller, M. Hausmann, D. Baddeley, R. Amberger, C. Cremer: SPDM-Single molecule superresolution of cellular nanostructures, Proc. SPIE **7185**, 71850J（2009）

[5.88] C. Cremer, A. von Ketteler, P. Lemmer, R. Kaufmann, Y. Weiland, P. Mueller, M. Hausmann, D. Baddeley, A. Amberger: Far field fluorescence microscopy of cellular structures at molecular resolution. In: *Microscopy, Nanoscopy and Multidimensional Optical Fluorescence Microscopy*, ed. by A. Diaspro（Taylor Francis, New York 2010）pp. 3/1−3/35

[5.89] A. Pertsinidis, Y. Zhang, S. Chu: Subnanometre single-molecule localization, registration and distance measurements, Nature **466**, 647−651（2010）

[5.90] R. E. Thompson, D. R. Larson, W. W. Webb: Precise nanometer localization analysis for individual fluorescent probes, Biophys. J. **82**, 2753−2775（2002）

［5.91］ J. Rauch, M. Hausmann, I. Solovei, B. Horsthemke, T. Cremer, C. Cremer: Measurement of local chromatin compaction by spectral precision distance microscopy, Proc. SPIE **4164**, 1−9（2000）

［5.92］ T. D. Lacoste, X. Michalet, F. Pinaud, D. S. Chemla, A. P. Alivisatos, S. Weiss: Ultrahigh-resolution multicolor colocalization of single fluorescent probes, Proc. Natl. Acad. Sci. USA **97**, 9461−9466（2000）

［5.93］ M. Schmidt, M. Nagorni, S. W. Hell: Subresolution axial distance measurements in far-field fluorescence microscopy with precision of 1 nanometer, Rev. Sci. Instrum. **71**, 2742−2745（2000）

［5.94］ J. Rauch, I. Knoch, I. Solovei, K. Teller, S. Stein, K. Buiting, B. Horsthemke, J. Langowski, T. Cremer, M. Hausmann, C. Cremer: Lightoptical precision measurements of the active and inactive Prader-Willi Syndrome imprinted regions in human cell nuclei, Differentiation **76**, 66−83（2008）

［5.95］ L. −O. Tykocinski, A. Sinemus, E. Rezavandy, Y. Weiland, D. Baddddeley, C. Cremer, S. Sonntag, K. Willeke, J. Derbinski, B. Kyewski: Epigenetic regulation of promiscuous gene expression in thymic medullary epithelial cells, Proc. Natl. Acad. Sci. USA **107**, 19426−19431（2010）

［5.96］ K. A. Lidke, B. Rieger, T. M. Jovin, R. Heintzmann: Superresolution by localization of quantum dots using blinking statistics, Opt. Express **13**, 7052−7062（2005）

［5.97］ A. Matsuda, L. Shao, J. Boulanger, C. Kervrann, P. M. Carlton, P. Kner, D. Agard, J. W. Sedat: Condensed mitotic chromosome structure at nanometer resolution using PALM and EGFP-Histones, PLoS ONE **5**（e12768）, 1−12（2010）

［5.98］ E. Betzig, G. H. Patterson, R. Sougrat, O. W. Lindwasser, S. Olenych, J. S. Bonifacino, M. W. Davidson, J. Lippincott-Schwartz, H. F. Hess: Imaging intracellular fluorescent proteins at nanometer resolution, Science **313**（5793）, 1642−1645（2006）

［5.99］ J. S. Biteen, M. A. Thompson, N. K. Tselentis, G. R. Bowman, L. Shapiro, W. E. Moerner: Single-moldecule active-control microscopy（SMACM）with photo-reactivable EYFP for imaging biophysical processes in live cells , Nat. Methods **5**, 947−949（2008）

［5.100］ H. Shroff, C. G. Galbraith, J. A. Galbraith, E. Betzig: Live-cell photoactivated localization microscopy of nanoscale adhesion dynamics, Nat. Methods **5**, 417−423（2008）

［5.101］ S. Hess, T. Girirajan, M. Mason: Ultra-high resolution imaging by fluorescence photoactivation localization microscopy, Biophys. J. **91**, 4258−4272（2006）

［5.102］ S. T. Hess, T. J. Gould, M. V. Gudheti, S. A. Maas, K. D. Mills, J. Zimmerberg: Dynamic clustered distribution of hemagglutinin resolved at 40 nm in living cell membranes discriminates between raft theories, Proc. Natl. Acad. Sci. USA **104**, 17370 – 17375（2007）

［5.103］　M. Rust, M. Bates, X. Zhuang: Sub-diffraction-limit imaging by stochastic optical reconstruction microscopy（STORM）, Nat. Methods **3**, 793 – 795（2006）

［5.104］　B. Huang, W. Wang, M. Bates, X. Zhuang: Three-dimensional super-resolution imaging by stochastic optical reconstruction microscopy, Science **319**, 810 – 813（2008）

［5.105］　A. Egner, C. Geisler, C. von Middendorff, H. Bock, D. Wenzel, R. Medda, M. Andresen, A. C. Stiel, S. Jakobs, C. Eggeling, A. Schönle, S. W. Hell: Fluorescence nanoscopy in whole cells by asynchronous localization of photoswitching emitters, Biophys. J. **93**, 3285 – 3290（2007）

［5.106］　C. Geisler, A. Schönle, C. von Middendorff, H. Bock, C. Eggeling, A. Egner, S. W. Hell: Resolution of $\lambda/10$ in fluorescence microscopy using fast single molecule photo-switching, Appl. Phys. A **88**, 223 – 226（2007）

［5.107］　M. Andresen, A. C. Stiel, F. Jonas, D. Wenzel, A. Schönle, A. Egner, C. Eggeling, S. W. Hell, S. Jakobs: Photoswitchable fluorescent proteins enable monochromatic multilabel imaging and dual color fluorescence nanoscopy, Nat. Biotechnol. **26**（9）, 1035 – 1040（2008）

［5.108］　R. Kaufmann, P. Müller, M. Hausmann, C. Cremer: Nanoimaging cellular structures in label-free human cells by spectrally assigned localization microscopy, Micron **42**, 348 – 352（2011）

［5.109］　M. Heilemann, S. van de Linde, M. Schüttpelz, R. Kasper, B. Seefeldt, A. Mukherjee, P. Tinnefeld, M. Sauer: Subdiffraction-resolution fluorescence imaging with conventional fluorescent probes, Angew. Chem. **47**, 6172 – 6176（2008）

［5.110］　C. Steinhauer, C. Forthmann, J. Vogelsang, P. Tinnefeld: Superresolution Microscopy on the Basis of Engineered Dark States, J. Am. Chem. Soc. **130**, 16840 – 16841（2008）

［5.111］　J. Fölling, M. Bossi, H. Bock, R. Medda, C. A. Wurm, B. Hein, S. Jakobs, C. Eggeling, S. W. Hell: Fluorescence nanoscopy by ground-state depletion and single-molecule return, Nat. Methods **5**, 943 – 945（2008）

［5.112］　M. Gunkel, F. Erdel, K. Rippe, P. Lemmer, R. Kaufmann, C. Hörmann, C. Roman, R. Amberger, C. Cremer: Dual color localization microscopy of cellular nanostructures, Biotechnol. J. **4**, 927 – 938（2009）

［5.113］　D. Baddeley, I. D. Jayasinghe, C. Cremer, M. B. Cannell, C. Soeller: Light-induced dark states of organic fluorochromes enable 30 nm resolution imaging in standard media, Biophys. J. **96**（2）, L22 – L24（2009）

［5.114］ D. Baddeley, I. D. Jayasinghe, L. Lam, S. Rossberger, M. B. Cannell, C. Soeller: Optical single-channel resolution imaging of the ryanodine receptor distribution in rat cardiac myocytes, Proc. Natl. Acad. Sci. USA **106**, 22275 – 22280（2009）

［5.115］ D. Baddeley, D. Crossman, S. Rossberger, J. E. Cheyne, J. M. Montgomery, I. D. Jayasinghe, C. Cremer, M. B. Cannell, C. Soeller: 4D superresolution microscopy with conventional fluorophores and single wavelength excitation in optically thick cells and tissues, PLoS ONE **6**（5）, e20645（2011）

［5.116］ M. P. Gordon, T. Ha, P. R. Selvin: Single-molecule high-resolution imaging with photobleaching, Proc. Natl. Acad. Sci. USA **101**, 6462 – 6465（2004）

［5.117］ D. Sinnecker, P. Voigt, N. Hellwig, M. Schaefer: Reversible photobleaching of enhanced green fluorescent proteins, Biochemistry **44**（18）, 7085 – 7094（2005）

［5.118］ G. Shtengel, J. A. Galbraith, C. G. Galbraith, J. Lippincott-Schwartz, J. M. Gillette, S. Manleyd, R. Sougrat, C. M. Watermane, P. Kanchanawong, M. W. Davidson, R. D. Fetter, H. F. Hess: Interferometric fluorescent super-resolution microscopy resolves 3D cellular ultrastructure, Proc. Natl. Acad. Sci. USA **106**, 3125 – 3130（2009）

［5.119］ J. Hüve, R. Wesselmann, M. Kahms, R. Peters: 4Pi microscopy of the nuclear pore complex, Biophys. J. **95**, 877 – 885（2008）

［5.120］ R. Kaufmann, P. Müller, M. Hausmann, C. Cremer: Analysis of Her2/neu membrane protein clusters in different types of breast cancer cells using localization microscopy, J. Microsc. **242**, 46 – 54（2010）

［5.121］ M. Bohn, P. Diesinger, R. Kaufmann, Y. Weiland, P. Müller, M. Gunkel, A. von Ketteler, P. Lemmer, M. Hausmann, C. Cremer: Localization microscopy reveals expression dependent parameters of chromatin nanostructure, Biophys. J. **99**, 1358 – 1367（2010）

［5.122］ C. Cremer, R. Kaufmann, M. Gunkel, S. Pres, Y. Weiland, P. Müller, T. Ruckelshausen, P. Lemmer, F. Geiger, S. Degenhard, C. Wege, N. A. W. Lemmermann, R. Holtappels, H. Strickfaden, M. Hausmann: Superresolution imaging of biological nanostructures by spectral precision distance microscopy, Biotechnol. J. **6**, 1037 – 1051（2011）

［5.123］ Y. Weiland, P. Lemmer, C. Cremer: Combining FISH with localisation microscopy: Super-resolution imaging of nuclear genome nanostructures, Chromosome Res. **19**, 5 – 23（2011）

［5.124］ P. Edelmann, C. Cremer: Improvement of confocal spectral precision distance microscopy（SPDM）, Optical Diagnostics of Living Cells III., Vol. 3921, ed. by D. L. Farkas, R. C. Leif（SPIE 2000）pp. 313 – 320

［5.125］　G. Schneider, P. G. Guttmann, S. Heim, S. Rehbein, F. Mueller, K. Nagashima, J. B. Heymann, W. G. Müller, J. G. McNally: Three-dimensional cellular ultrastructure resolved by X-ray microscopy, Nat. Methods **7**, 985 – 987 (2010)

［5.126］　C. H. Eskiw, A. Rapp, D. R. Carter, P. R. Cook: RNA polymerase II activity is located on the surface of protein-rich transcription factories, J. Cell Sci. **121**, 1999 – 2007 (2008)

［5.127］　T. Ach, G. Best, M. Ruppenstein, R. Amberger, C. Cremer, S. Dithmar: Hochauflösende Fluoreszenzmikroskopie des retinalen Pigmentepithels mittels strukturierter Beleuchtung, Ophthalmologe **107**, 1037 – 1042 (2010)

［5.128］　A. L. Grab: *In situ Nachweis von Proteinadsorptionsprozessen mittels kombinierter Schwingquarzmikrowägung und Plasmonenresonanz sowie Detektion einzelner Alexa-Moleküle mit SPDM*, Diploma Thesis Physics(Univ. Heidelberg, Heidelberg 2011), in German

［5.129］　S. Pres: *Aufbau und Kalibrierung eines Zweifarbenlokalisationsmikroskops*, Bachelor Thesis Physics (Univ. Heidelberg, Heidelberg 2010), in German

［5.130］　M. F. Juette, T. J. Gould, M. D. Lessard, M. J. Mlodzianoski, B. S. Nagpure, B. T. Bennett, S. T. Hess, J. Bewersdorf: Three-dimensional sub – 100 nm Resolution Fluorescence Microscopy of Thick Samples, Nat. Methods **5** (6), 527 – 529 (2008)

［5.131］　J. Rouquette, C. Cremer, T. Cremer, S. Fakan: Functional nuclear architecture studied by microscopy: State of research and perspectives, Int. Rev. Cell. Mol. Biol. **282**, 1 – 90 (2010)

第6章

超快太赫兹（THz）光子学及其应用

本章的主题"超快太赫兹（THz）光子"描述了光学超快激光能力与电子学相结合，用于获得深入太赫兹频率范围内的频率特性和带宽。经证实，太赫兹光子学与其他方法相比，能够以快得多的速度生成并测量亚皮秒电信号，因此有助于确定未来新型材料和超高性能技术的开发方向。

6.1 节描述了这些极短电脉冲的生成、测量和应用。光电子装置可用作短电脉冲研究时的探测器。该节还描述了随之获得的传输线路特性，包括对切伦科夫（CHerenkov）辐射的测量，将这些传输线的性能与金属太赫兹波导做了比较，并描述了后者的特性，最后给出了超导传输线和介质太赫兹波导的结果。

6.2 节介绍了最近利用超短激光脉冲通过材料激发和电子激发来生成自由传播太赫兹辐射线（$1\,\text{THz}=33.3\,\text{cm}^{-1}=4.1\,\text{meV}$）的研究工作。这一节还描述了通过让短光学脉冲穿过非线性光学材料来生成短脉冲太赫兹辐射线的过程，并介绍了一种能够通过让两束激光产生差拍来生成可调谐辐射光束的连续波光混频器。由 Themost 开发的太赫兹应用形式是太赫兹时域光谱（THz-TDS），对此在 6.2.4 - 6.2.6 节中有详细描述。

THz-TDS与太赫兹光束的结合将展现出与传统连续波光谱相比极强有力的一些优势。THz-TDS的效能将通过水蒸气、火焰、蓝宝石、高电阻率硅、n型和p型半导体、正常T_c超导体和高T_c超导体、分子蒸汽以及流体的特性描述来证实。

"超快太赫兹（THz）光子学"描述了光学超快激光能力——其元激发源为光子——与电子学相结合，用于获得深入太赫兹频率范围内的频率特性和带宽。光子学的子域光电子学能够生成并测量与其他方法相比快得多的电信号。用光电子方法生成的亚皮秒电脉冲比当今最先进的晶体管——其开关时间约为 10 ps——快十多倍。在相当长的一段时间里，用光学方法来生成短电脉冲的过程都是通过用极短的激光脉冲缩小光电导间隙之后实现的[6.1]。这些光学方法能测量用采样技术生成的电脉冲。另一种测量方法是利用晶体中的电光效应[6.2,3]。在这种情况下，电脉冲的电场采样通过短光学抽样脉冲的偏振方向旋转来实现。光电导技术和偏振旋转技术的应用都已延伸到亚皮秒范围[6.2-11]。

由于能够生成并测量这些极短的电脉冲，因此光电子装置可用作短电脉冲研究时的探测器。例如，研究这些脉冲在传输线结构上的传播是未来超高性能 VLSI（超大规模集成）技术的一个重要关注方面。除利用这些短脉冲做大量研究工作以了解传输线结构的高频率行为之外，研究人员如今也正在将这些短脉冲应用于其他领域。由于这些脉冲比最快的晶体管都要快很多，因此它们是研究晶体管开关瞬态的一种强有力的工具。这些短脉冲可用于直接测量超高性能硅和砷化镓装置的脉冲响应[6.7-9,12-19]，还可用于评估对未来几代计算机来说很重要的半导体封装接头的高频率行为。总之，光电子技术正在提供生成及测量亚皮秒级电信号的能力，这种光电子能力为我们更好地了解现有材料的特性以及现有高性能VSLI技术的组成部分提供了有利的工具。很明显，这种能力将有助于确定未来新型材料和超高性能技术的开发方向。

最近，有关人员做了大量的研究，利用超短激光脉冲通过材料激发和电子激发来生成太赫兹辐射线。现代集成电路技术已使得微米级偶极子的精确制造成为可能。当被飞秒激光脉冲以光电导方式驱动时，偶极子能发出太赫兹级辐射脉冲[6.20-22]。另一种被人称道的方法是通过利用光电子天线使射频和微波技术延伸到太赫兹范围[6.23-32]。在许多年前，就有人演示了通过让短光学脉冲穿过非线性光学材料来生成短脉冲太赫兹辐射线的过程[6.33]。相关的太赫兹辐射源基于由移动速度高于相速度的体积偶极子分布所造成的电磁冲击波发射，即电光切伦科夫辐射[6.34,35]。太赫兹辐射是利用超快激光脉冲以光电导方式驱动半导体的表面电场[6.36,37]以及大孔径硅 p-i-n 二极管[6.38]的本征区时生成的。有人还演示了一种通过让两束频率高于半导体带隙的激光产生差拍来生成可调谐辐射光束的连续波光混频器[6.39-43]。

其中一种太赫兹辐射源基于这样的光学方法，即让瞬态太赫兹辐射源位于一个介质准直透镜的焦点上，后面再放一个抛物面聚焦准直镜[6.21,22,29,31,44]。这类太赫兹辐射源能生成高准直的太赫兹辐射光束。所得到的太赫兹系统能敌得上一个同等的接收器，而且拥有极高的收集效率、低于 150 fs 的时间分辨率以及从 0.2 THz 到超过 5 THz 的频率范围。这种光电子太赫兹系统是目前最成熟的太赫兹系统之一，也将是本章中描述最详细的系统——虽然本章也会介绍其他替代系统。

太赫兹光电系统的用途包括太赫兹成像[6.45-47]、太赫兹测距[6.48,49]和太赫兹时域光谱（THz-TDS）[6.50-52]。目前，THz-TDS 是最成熟的，也是很多研究测量活动中的首选方法。因此，借助与显著性测量有关的精选例子，THz-TDS 将成为本章中描述的主要应用形式。THz-TDS 方法测量了两种电磁脉冲形状：输入脉冲和传播脉冲，后者由于要穿过所研究的样品，因此形状已改变。因此，通过对输入脉冲和传播脉冲进行数值傅里叶分析，可以得到与频率相关的样品吸收谱和色散。这种方法的有用频率范围由探测过程的初始脉冲持续时间和时间分辨率决定。因此，所生成的电磁脉冲宽度及/或探测时间分辨率每减小一次，有用频率范围就会相应地增加一次。

THz-TDS 与太赫兹光束的结合经证实与传统连续波光谱（CW）相比有一些强有力的优势。首先，太赫兹辐射线的相干探测极其灵敏。从平均功率来看，此灵敏度与非相干液氦冷却辐射热测定器的灵敏度相比高出了1 000 多倍[6.53]。其次，由于采用了选通相干探测，因此根据观察，在这个频率范围内让传统测量方法深感苦恼的热本底不见了[6.53-56]。

|6.1　导波太赫兹光子学|

在本节，我们首先将概述为获得太赫兹超宽带传输通道而做的实验性工作。在这些实验中，超快光电子学的重要性将是至高无上的，而光学、超快激光脉冲和电子学的结合已使得这种方法的带宽和性能与纯电子学方法相比增加了 100 倍。我们将详细描述如何利用光电导和电光方法来生成及探测亚皮秒电脉冲，然后探讨如何利用这些脉冲来研究传输线结构的高频率行为。我们将利用精选的、以太赫兹时域光谱为特性的例子来说明传输线和波导的整个特性的重要性。要获得这些特性，必须实现单模激发和传播。共面传输线的滑动触点激发就是这样一种单模激发方法。而对于太赫兹波导的研究，准光学耦合方法经证实只能够激发金属波导和介质波导的单模，虽然其输入脉冲的很多太赫兹带宽覆盖了多达 30 个波导模。另外，我们还将提到短电脉冲在材料与装置研究中的应用。

6.1.1　亚皮秒电脉冲

图 6.1 和图 6.2 显示了用光电导方法生成及测量亚皮秒电脉冲的典型实验装置[6.5,6]。这些脉冲是由两根微米级平行铝线组成的传输线结构生成的，这两根铝线位于一个薄硅层上。如图中所示，一束由重复频率通常为 100 MHz 的连续波 0.1 ps（或更低）超快光脉冲组成的入射激光束被一个部分透明镜分成两个同步光束 P1 和 P2。由于这两个光束按不同的路径传播，因此 P1 和 P2 之间的相对时间可通过棱镜的运动来精确调节：0.15 mm 相当于 1 ps。初始（激发）光脉冲 P1 冲击两根铝线之间的光电导衬底（硅），使它们之间的相对时间缩短几分之一皮秒，形成可在传输线上双向传播的电脉冲。这个采样光脉冲 P2 能驱动探测电极的光电导间隙，并在沿着传输线传播时对电脉冲进行采样。这个电脉冲是通过测量所收集的电荷与 P1 − P2

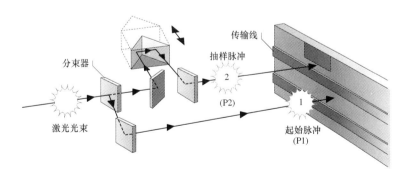

图 6.1　用光电子方法生成及测量亚皮秒电脉冲的实验装置

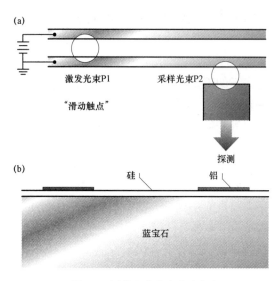

图 6.2　测量亚皮秒电脉冲实验

（a）实验性几何形状；（b）晶片的截面 SOS 晶圆

间时延的相关性来描述的。图 6.3 显示了用这种方法测量的代表性电脉冲，以及 ps 时标记的相关现象。

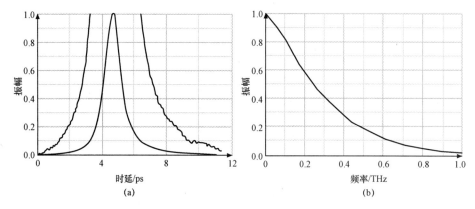

图 6.3　测量的代表性电脉冲

（a）测量的超快电脉冲（下扫描线），10×扩展标度（上扫描线）；（b）（a）的振幅谱

6.1.2　样品制备

铝传输线结构的制造方法与半导体逻辑/存储芯片上互联布线的制造方法相似。起始衬底是一种在市场上可买到的绝缘硅上蓝宝石（SOS）晶片，其顶部以外延方式生长出一层 0.5 μm 厚的无掺杂纯硅，如图 6.2（b）中的截面所示。典型的传输线

宽度在 0.5～10.0 μm 范围内，金属厚度在 0.2～1.0 μm 的范围内，传输线结构的长度在 5～25 mm 变化。在传输线结构上制造有很多个接触垫，用于固定引线。在一块直径 76 mm 的晶片上可以同时制造出很多种不同的传输线尺寸和几何形状，因为单个传输线结构所占用的面积与晶片的总表面面积相比很小。

在室温下，硅层内的自由电子数或空穴数很少，硅层表现得像一个绝缘体。当超快的 0.1 ps 激光脉冲撞击薄膜区时，会在几乎一瞬间生成很多光载流子、电子和空穴，从而使该区域在之后的一段时间内导电。而通过用高能氧离子轰击薄膜致使在整个 0.5 μm 厚的硅层上出现晶体损坏，薄膜会在很短的时间内就变得导电[6.57]。

6.1.3　脉冲的生成与测量

一旦制造过程完成，就可以将含有一个或多个传输线结构的芯片从晶片上剪掉。将待测量的芯片安装在夹具上，并通过丝焊接头与接触垫连接，以获得传输线偏压（一般为几伏特），并收集已转移到探测电极上的电荷。然后将样品与激光器一起定位在光学台上，小心翼翼地调准光束 P1 和 P2，再用调准的光束来撞击样品，如图 6.1 和图 6.2 所示。激光的光斑尺寸一般为 5 μm。

图 6.2（a）中精确地描绘了用于生成超快电脉冲的光电子方法。这种电气装置是由补偿性碰撞脉冲被动锁模染料激光器以 100 MHz 的重复频率发出的 70 fs 超快激光脉冲所驱动的。在运行期间，通过在硅内生成载流子，P1 脉冲会使传输线短路。然后，这些载流子在不到 600 fs 的时间内被捕集（消失）[6.57]。光脉冲基本上打开又关闭，它们起着极快开关的作用。当关闭时，这种光开关的电阻为几十兆欧，但当打开时，其电阻约为 1 kΩ。传输线的这种瞬态短路能产生大约 0.5 ps 的电脉冲并沿着传输线传播。所生成的脉冲用 P2 采样脉冲在探测间隙处测量。当电脉冲横穿探测间隙附近的传输线时，在这个间隙两端会出现一个电压。如果以光电导方式将此间隙通过 P2 脉冲与传输线连接，则在连接期间会产生电流。在采样间隔期间，所收集的电荷量与间隙两端的电压成正比。因此，所收集的电荷量应当根据 P1 和 P2 脉冲之间的相对时延来测量，通过用一个受计算机控制的步进电机使空气介质反光镜移动，可以对相对时延进行机械扫描。

这种采样方法能够实现亚皮秒级测量，虽然与芯片焊接的金属丝为低频接头。所有的重要时间信息都包含在两束激光光束之间的相对时延里，而这个相对时延能以很高的精度来控制。由于激发脉冲和采样脉冲以 1 个脉冲/10 ns 的速度到达，而 P1 和 P2 之间的相对时延一般以 0.1 ps/s 的速率扫描，因此随之出现的、缓慢变化的当前读数代表大量（10^9）相同事件的平均值。虽然所生成的电脉冲先是从传输线的末端反射，然后在传输线上来回反射，但事件之间的 10 ns 间隔足够大约 100 次电脉冲反射，会导致由电阻性损耗造成的、在相应时间内的损耗。因此，在用每个 P1 脉冲激发之前，应当让系统处于安静的电子环境中。

对于图 6.3（a）显示的所生成的脉冲，由于激发位置与采样间隙很靠近，因此传播效应并不存在。通过此测量结果，可以看到用这种方法得到的异常干净的脉冲和较高的信噪比。这种短电脉冲的振幅大约为 10 mV，所测得的半宽小于 1 ps。我们还用 10 倍的放大比例尺显示了该脉冲，可以看到其信噪比（SRN）为 500:1（在单次扫描中）。在图 6.3（b）中，此脉冲的傅里叶变换（振幅光谱）说明了用光谱测量可得到的带宽。

6.1.4 传输线上脉冲的电光采样

另一种测量方法叫做"电光采样"[6.2,3,7-12]，能够以亚皮秒级分辨率和微伏特级灵敏度测量重复的电瞬态。这种方法基于电光采样门和被评估电路之间的电场耦合，不需要将电荷从电路中移除。因此，电光采样是一种干涉度最小的方法，在某些配置中能以微米级空间分辨率对电信号进行采样而不需实体接触。

在图 6.4 显示的例子中，我们用激发脉冲以光电导方式使一个宽 50 μm、偏压为 50 V 的间隙缩小，于是在共面传输线上产生电瞬态，然后用电光采样法测量了这个电瞬态[6.8]。我们将 Cr：GaAs 和 LiTaO$_3$ 晶体并排地安装在一块玻璃板上，然后将它们一起打磨、抛光至 500 μm 的厚度，以便在后期制造时使用。传输线是通过将 0.5 μm 厚的铝蒸发到光滑表面上，然后用标准光刻法形成相应图案之后制成的。图 6.4（b）中显示了所测量的 460 fs 上升时间（10%～90%），在此期间 50 μm 的激发间隙位于距采样点 200 μm 处。将探测光束调准至与衬底垂直，并在两根相距 50 μm 的传输线之间聚焦，形成一个 11 μm 的光束直径。开关信号的振幅为 30 mV，其良好的信噪比表明这种方法很灵敏。

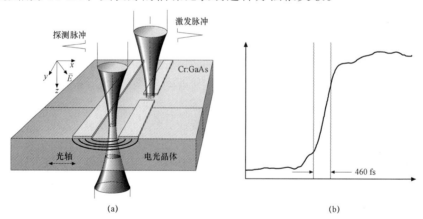

图 6.4　电光采样

（a）电光采样器的部署；（b）Cr：GaAs 光电导开关的电气响应测量。

10%～90%的上升时间是 460 fs（根据文献［6.2，3]）

在由 Valdmanis[6.9]开发的 1 THz 带宽探测台中，电光采样取得了给人深刻印象的两大成果，一是 290 fs 的上升时间，二是 40 μm 的方形足迹。在另一次研究中，有关人员将一块薄钽酸锂晶片覆盖在一根共面传输线上，利用电光采样测出了上升时间为 260 fs 的电瞬态[6.10]。利用光电导激发和电光采样与全内反射探测器相结合，得到了令人印象深刻的 150 fs 上升时间[6.11]。通过将文献［6.12］所述方法用于 GaAs 电路系统，芯片自身可用作非线性晶体。

6.1.5　在非线性传输线上的太赫兹冲击波生成

Landauer[6.59]最先探讨了利用全分布式非线性传输线（NLTL）作为参数放大器生成冲击波的现象。他们后来更正式地分析了冲击波特性[6.60]，并探讨了周期性加载[6.61]NLTL 的情况。以前的研究结果[6.62]证实了在具有均匀掺杂型肖特基二极管的 GaAs NLTL 上能生成 3.5 ps 的冲击波。本节将探讨具有超变突结变容二极管的 NLTL 的制造及其研究结果[6.58]。超变突结二极管的递增电容变化使低损耗 NLTL 设计得以应用，从而得到具有更高振幅和更短下降时间的冲击波。

单片 GaAs NLTL 回路由具有特性阻抗 Z_1 的高阻抗共面波导（CPW）传输线组成，并通过肖特基变容二极管在间隔时间 τ 内（时间单位）周期性加载，生成传播速度与电压有关的合成传输线。这种混合结构［图 6.5（a）］有几种变体，它们有不同数量的大型二极管，在总激活层厚度为 0.3 μm 并有一个 1.0 μm 隐埋 n⁺层（6×10¹⁸/cm³ 掺杂）用于二极管阴极连接用途的 GaAs 分子束外延材料上具有 2 μm 的最小特征尺寸。

初始电压为 V_h、终止电压为 V_f、初始下降时间为 t_{in} 的负向输入电压转变沿着传输线传播。由于存在差分群时延 $\Delta t = t(V_h) - t(V_f)$，因此在波前方向下降时间会随着距离的增加而缩短。随着下降时间的缩短，由变容二极管的截止频率和链路截止频率导致的色散将与传播速度（与电压相关）引起的压缩量相抗争，最后会达到一个渐近的下降时间 t_{min}。在这个时间点，每段传输线上的下降时间压缩量等于每段传输线上的下降时间展宽，因此所得到的冲击波将继续传播而保持不变。

电路性能是通过电压波形的直接电光（EO）采样[6.12]来评估的，而电压波形是通过微波晶圆探针被投入传输线中的。图 6.5（b）显示了利用 NLTL 测得的 25 dBm 正弦波激发波形。NLTL 由 30 个大型二极管和 40 个小型二极管组成，其差分群时延为 $\Delta t = 49$ ps，总长度为 7.8 mm。10 GHz 的输入会形成 30 ps 的 10%～90%下降时间，而输出激波的下降时间经测量为 2.5 ps。通过以参考电信号为参照来校准光信号，冲击波振幅可确定为大约 6 V。

图 6.6 中显示了以完全电子手段生成并测量的第一个亚皮秒冲击波[6.63]。此测量是利用单片 NLTL/采样器芯片实施的。在室温下，当输入为 25 dBm、6.56 GHz 且时间抖动小于 20 fs 时，观察到下降时间大约为 1 V、1.8 ps。然后，将封装总成放入一个充满液态氮的杜瓦瓶中。注意到振幅和下降时间持续改善，直到封装电路被完全浸没，此时得到 880 fs 的最短下降时间和 3.5 V 的振幅。但由于液态氮的介电常数相对较低（$\varepsilon_r = 1.4$），因此液态氮并没有使电路负荷显著增大。

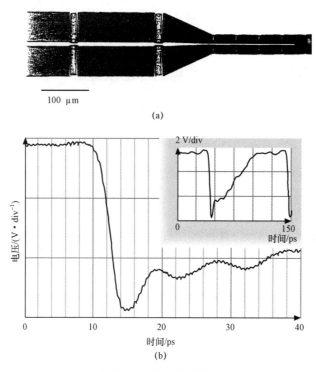

图 6.5　全分布式非线性传输线组成示意图

（a）超变突结非线性传输线的一部分的显微照片，上面显示了大截面和最末小截面
之间的锥度；（b）利用 25 dBm，10 GHz 的正弦波输入，在 NLTL 上会生成下降时间为
2.5 ps 的冲击波。在插图中可看到全周期时间为 100 ps 的锯齿波形（根据文献 ［6.58］）

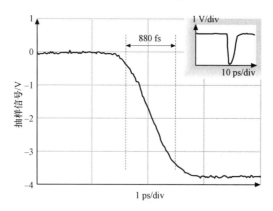

图 6.6　在非线性传输线上生成并在 $T = 77$ K 温度下通过片上二极管采样器测定的
880 fs 下降时间冲击波。插图中是 1/4 周期的波形（根据文献 ［6.63］）

6.1.6　传输线理论

本节探讨在准静态极限内传输线理论的一些一般方面。在准静态极限内，相关
波长与传输线的横向尺寸相比较大[6.64,65]。在这种情况下，横向电磁（TEM）模的

数量比构成传输线的金属线数量少一个。因此，有一根双线传输线只有一个传播 TEM 模。在这种情况下的电场分布（图 6.7）与两根传输线以等电荷反向充电时的静态电场分布相同。在这根线上传播的任何脉冲都可用数学方法描述为单频分量的傅里叶之和，而且这些单频分量具有这种相同的 TEM 模分布。

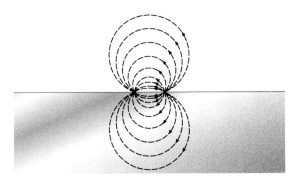

图 6.7 传播 TEM 模的电场谱线

通过考虑滑动触点的激发位置，我们发现，对于一阶而言，电荷只是从一根传输线转移到了另一根线上，因此在采用双线结构时会形成对称的场分布。在激发过程中，这两根传输线之间会产生感应电流。符号相反的电荷局部积累在激光激发点下面的两根金属线段上，形成与图 6.7 中类似的两极场分布，从而高效地将滑动触点激发与 TEM 模耦合起来。

在无限介质半空间上共面传输线（厚度可以忽略不计）的一个最重要的特征是：当两根导线之间的电压恒定时，电场谱线将与导线被浸在自由空间中时的谱线相同。之所以得到此结果，是因为电场谱线相对于介质边界呈几何对称，而且没有电场谱线跨越这个边界。

在这种简单的情形下，相速度由下式给定：

$$v_p = c\{2/[\varepsilon(\omega)+1]\}^{1/2} \tag{6.1}$$

如果将有效折射率定义为 $n_e = c/v_p$，则群速的表达式变成

$$v_g = c/[n_e + \omega(\mathrm{d}n_e/\mathrm{d}\omega)] \tag{6.2}$$

传输线的功率吸收系数 α 可写成由金属线造成的吸收系数 α_{ml} 与由介质造成的吸收系数 α_{dl} 之和：

$$\alpha = \alpha_{ml} + \alpha_{dl} \tag{6.3}$$

传输线的介电损耗可写成导波的通式：

$$\alpha_{dl} = f_f \alpha_d v_{gd}/v_g \tag{6.4}$$

式中，填充系数 f_f 定义为介质中单位长度上的能量与共面线中单位长度上的总能量之比；α_d 为体积介质中的功率吸收系数；v_{gd} 为介质中的群速。对于在空气中和介质中具有相同场分布的共面波导的简单情形，f_f 的计算式为 $f_f = \varepsilon/(1+\varepsilon)$，$v_{gd} = c/\varepsilon^{1/2}$，

α_{dl} 经评估为

$$\alpha_{\text{dl}} = \alpha_{\text{d}}[\varepsilon / (2 + 2\varepsilon)]^{1/2} \tag{6.5}$$

6.1.7 传输线的 THz–TDS 特性描述

强大的太赫兹时域光谱（THz–TDS）技术尤其适于描述电介质、超宽带传输线和波导的特性[6.52,66]。利用这种技术，我们测定了两种电磁脉冲波形：输入脉冲和传播脉冲。由于要穿过被研究的样品，因此这两种脉冲的波形已改变。通过对输入脉冲和传播脉冲的傅里叶分析，我们能得到与频率相关的样品吸收系数和色散系数。

在共面传输线上生成的亚皮秒电脉冲可用于描述传输线自身的 THz–TDS 特性。关于图 6.1 和图 6.2 中所示的配置，通过重新定位激发激光光束，脉冲生成点可相对于探测电极而运动。它们之间的这种间隔能连续调节，相当于一个滑动触点。对于 THz–TDS 研究来说，脉冲以激发单模的形式在传输线上传播是很重要的。这种特征是由共面传输线的微米级尺寸和滑动触点式激发方法[6.5] 实现的，并且与传输线的 TEM 横向电磁模相匹配。因此，当超快电脉冲沿着传输线传播时，脉冲形状只会因为与频率相关的传输线电磁特性（例如传输线金属、介质基片和辐射过程）而改变。因此，通过 THz–TDS，可以得到传输线的吸收系数和色散系数与频率之间的关系[6.67]。

用光刻法成形的平面传输线的性能要受到如下三个因素的限制：金属线的电阻损耗、由传播脉冲造成的切伦科夫辐射损耗以及由底层介质造成的吸收。一般来说，对于太赫兹带宽的脉冲，切伦科夫辐射是主要的损耗过程。这种损耗是如此严重，以至于在脉冲传播仅仅 1 mm 之后，在 0.8 THz 带宽下的功率将减少为原值的 1/e。科学家们已演示了多种方法来减少这种辐射，其中最直接的方法——与 VLSI 过程不矛盾——是将传输线尺寸（线宽和间隔）减至低于 1 μm。但对于这个尺寸来说，传输线的电阻损耗会限制带宽。普通的超导体在低频应用中——带隙频率一般不超过 0.7 THz，超过了会使传输线受到严重损耗——能解决这个问题。超导体的另一个好处是其深冷温度通常能降低晶体衬底的太赫兹吸收损耗。为了利用亚微细米级线宽获得高频响应，一种可能的解决方案是采用带隙大于 15 THz 的高 T_{c} 超导体。早期利用高 T_{c} 传输线来获得太赫兹带宽时做出的努力因晶格匹配型 YSZ 衬底的极高吸收损耗而受到限制[6.68]。后来的研究工作采用了损耗低得多的晶格匹配型铝酸镧衬底，在深冷温度下用高 T_{c} 共面传输线得到了与含有金线的相同传输线相比明显低得多的传播损耗（不超过 1 THz）[6.69]。但最近对在晶格匹配型 MgO 衬底上制成的高 T_{c} 共面传输线进行研究时，却得到了令人失望的结果，即在 77 K 温度下，高 T_{c} 传输线的衰减比含有金线的相同传输线更高[6.70]。如果高 T_{c} 传输线要实现其承诺，成为尺寸低于 1 μm、带宽为太赫兹级的未来的 VLSI 互联材料，就必须要解决这个难题。

1. 切伦科夫辐射

通过研究在 SOS 上与频率相关的铝传输线损耗——在 SOS 上共面线的间隔为 15 μm，我们观察到由一种切伦科夫辐射线造成的强辐射过程[6.71]。当电荷移动速度高于材料中的电磁辐射相速度时，切伦科夫辐射线将以电磁冲击波形式发射[6.72]。这种效应最初是在电单极上分析的，但其物理图像对于高阶矩来说也成立。电脉冲是通过在生成点位置的双线之间转移大约 2 000 个电子产生的。因

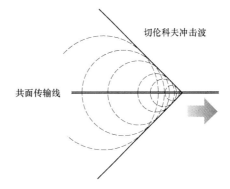

图 6.8　在介质半空间中的切伦科夫圆锥体

此，电荷为 1 000 e、间隔为 15 μm 的两个偶极子以 $c/2.45$ 的测量群速在传输线上沿相反方向移动，这个速度比太赫兹辐射线在蓝宝石中的相速度（大约 $c/3.3$）快多了。因此，在介质中会出现图 6.8 所示的情形，即生成切伦科夫圆锥体形式的电磁冲击波辐射。

THz – TDS 测量已将这个损耗过程的特性描述出来。以前的频域研究已计算出在介质上的共面金属线中单频传输的辐射损耗[6.73]，这些结果已经通过不超过 1 GHz[6.73]的实验测量值得到证实——其中的辐射损耗只有此处给定值的 10^{-9}。所观察到的、与频率相关的吸收系数仍与此计算结果非常吻合，虽然 THz – TDS 测量范围可延伸到 1 THz。在这些高频率下，时域切伦科夫图像以简单直观的方式描述了电磁冲击波的生成过程以及与超快传播电脉冲有关的辐射过程。

图 6.9（a）中显示了所得的初始亚皮秒级电脉冲[6.71]。在这种情况下，激发光束和采样光束之间的时间间隔大约为 50 μm，而激光光斑的直径为 15 μm。当滑动触点移动至距光学采样间隙 6 mm 处时，我们观察到出现了图 6.9（b）所示的脉冲传播效应。图 6.9（c）显示了对这些脉冲的傅里叶分析，从中可以看到初始脉冲的振幅谱延伸到 1 THz 之外，而且传输脉冲受到了与频率相关的重大损耗。利用这些振幅谱，可以直接获得吸收系数与频率之间的函数关系，如图 6.9（d）所示。

通过评估在这些条件下的预测损耗（吸收）[6.71,73,74]，可以得到振幅吸收系数为 $\alpha =（0.4\ \text{mm}^{-1}）f^3$，其中 f 是频率（太赫兹）。应当将此结果与图 6.9（d）中的测量值相比较。利用关系式 $\alpha =（0.2\ \text{mm}^{-1}）f^{1/2} +（0.65\ \text{mm}^{-1}）f^3$，将实线与图 6.9（d）中的数据拟合。第一项给出了由铝线的电阻集肤效应造成的、与频率相关的损耗，第二项则与 f^3 相关，描述了由辐射造成的损耗。由辐射造成的损耗测量值大约为计算值的 1.5 倍。这种良好的吻合性以及（尤其）与频率三次方之间的相关性明确地证实了该效应的性质。

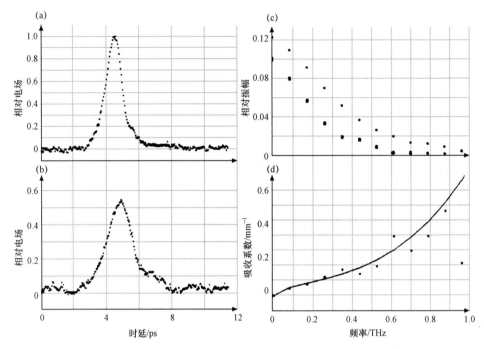

图 6.9　损耗过程的特性描述

（a）测量的初始脉冲；（b）在传播 6 mm 之后测量的脉冲；（c）脉冲的振幅谱（点）
与传播脉冲的振幅谱（方块）相比较；（d）实验振幅吸收系数（点）与
理论值相比较（根据文献［6.71］）

2. 用于使切伦科夫辐射从传输线中消除的方法

通过利用具有微带几何形状[6.75]和薄膜微带线[6.76]的绝缘硅片材料，切伦科夫辐射损耗已经消除，但所观察到的、由介质和金属造成的总损耗仍与共面传输线的总损耗几乎相同。研究人员已设计出各种各样的传输线结构，用于减小切伦科夫辐射的诱因——介电常数失配量[6.77-80]。理想的传输线不存在衬底/覆层之间的失配。在这些传输线上，共面空气传输（CAT）线已被制造出来[6.77]，这些共面带状线由 GaAs 上的 200 nm SiO$_2$ 层提供边缘支撑。传输线下面的 GaAs 被侵蚀掉，使带状线处于自由空间支撑状态。经过 2.8 mm 的传播长度之后，会得到短至 0.8 ps 的上升时间[6.77]。在具有低介电常数、厚度为微米级的衬底和薄膜上也制造出了共面带状线，结果表明损耗显著降低，带宽却升高了[6.78-80]。

研究人员演示了一种用于减少传输线上的辐射损耗的新方法[6.74]。他们没有减小介电常数的失配量，而是利用三线带状线的模特性来生成与偶极子脉冲相比损耗和色散显著降低的四极电脉冲。如图 6.10（a）所示，通过合适的带状线偏压，可以单独激发在每个间隙之间具有平行偶极电场的偶模或者在间隙中具有反平行四极电场的奇模。

图 6.10（b）显示了通过利用 THz-TDS 分析得到的四极脉冲和偶极脉冲的振幅吸收系数 $\alpha(f)$。四极子的吸收系数与偶极子相比显著降低，在 0.8 THz 的频率下，可以观察到这两个吸收系数之差达到 2 倍。用关系式 $\alpha(f) = A_{res} f^{1/2} + A_{rad} f^3$ 来拟合这两条曲线，其中电阻损耗系数 A_{res} 和辐射损耗系数 A_{rad} 是可调参数。对于偶极子脉冲来说，$A_{res} = 6$ cm^{-1}，相比之下，四极子的 $A_{res} = 7$ cm^{-1}。偶极子脉冲的辐射损耗与 f^3 之间有很强的相关性，其辐射系数为 $A_{rad} = 32$ cm^{-1}，而四极子脉冲的辐射系数则小得多，$A_{rad} = 3$ cm^{-1}。这个下降数量级清晰地表明电四极子脉冲的辐射损耗明显低于偶极子脉冲。将 30 μm 级偶极子的辐射损耗测量值 $A_{rad} = 32$ cm^{-1} 与图 6.9 中的测量值（对于 15 μm 偶极子，$A_{rad} = 6.5$ cm^{-1}）做比较是有益的。由于辐射损耗与这个长度的平方成正比，因此图 6.9 预测：对于 30 μm 级偶极子来说，$A_{rad} = 28$ cm^{-1}——这与观察结果非常吻合。

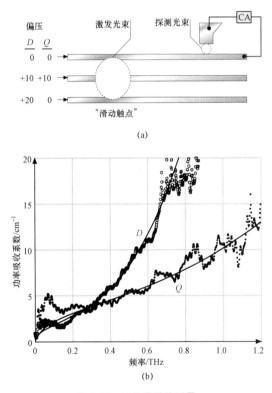

图 6.10　三线带状线测量

（a）三线共面传输线。这些铝线为 4 μm 宽，间距为 15 μm。
四极子电脉冲是以偏压 Q 生成的，而偶极子脉冲是以偏压 D 生成的；（b）将测量的功率吸收系数与理论（Q）四极子（奇模）脉冲和（D）偶极子偶模脉冲相比较（根据文献［6.74］）

3. 超导传输线

THz-TDS 的早期用途之一是研究超导铌金属线[6.81]。铌的超导跃迁温度为

9.4 K，在低温恒温器中可冷却至 2～8 K 的温度范围。低温恒温器有光学窗口，允许激光光束从中穿过。在实验中，先在 SOS 晶片上的铌金属中制造出与之相同的图案，然后像以前一样往里面注入离子。

通过用激发光束冲击离探测电极很近的地方，得到的结果与铝在室温下的情形差不多。对铌来说，在高于超导跃迁温度 $T_c = 9.4$ K 时，传播的脉冲会被高电阻铌传输线大大加宽。图 6.11（a）显示了 2.5 K 温度下在距激发点 0.5 mm 处的脉冲波形。脉冲一边传播一边展宽，在脉冲前沿形成明显的振荡，如图 6.11（b）所示。这种振荡行为是超导体的特性。超导体在低频区无损耗，但在超导能隙频率或更高的频率下会出现显著损耗。其中的超导能隙频率对应于电子对被束缚在超导状态时的能量。对于铌来说，在 2.6 K 温度下，这个激发频率大约为 0.7 THz，与图 6.11（b）中显示的振荡频率接近。当对输入脉冲和传播脉冲进行频率分析时，发现在 0.7 THz 频率（相当于超导带隙）下吸收系数出现陡阶跃。这个结果清晰地显示了带隙，说明了这种方法的威力。在高于带隙的频率下，超导铌金属线表现得像普通金属那样——这个事实具有重要的技术含义，说明普通超导线不能用于传播 1 ps 脉冲。

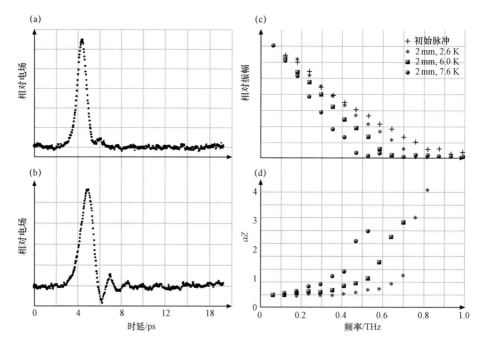

图 6.11　激发光束冲击实验

（a）初始电脉冲；（b）2.6 K 温度下在铌超导传输线上传播 2 mm 之后的电脉冲；

（c）在不同温度下初始脉冲和传播脉冲的傅里叶变换；

（d）传输线吸收光谱与温度之间的关系

6.1.8　介质的导波 THz–TDS 特性

通过将介质材料覆在传输线上、再放入传播脉冲的场线中，可以测量这种材料与频率相关的介电性质。对于由间距为 10 μm 的 5 μm 金属线组成的典型传输线来说，这需要将介质材料放在几微米的传输线内。当路径为几毫米长时，这可不是一件容易的事。光电子实验表明，光学接触质量是在覆有介质样品的传输线段内脉冲的群速测量值 v_g。当 SOS 芯片上无样品时，$v_g = c/2.45$。这个群速表达式可毫不费力地推广到双介质情况，变成 $v_g = c/[2/(\varepsilon_1 + \varepsilon_2)]^{1/2}$，其中，$\varepsilon_1$ 指衬底，ε_2 指所研究的介质。因此，对于具有典型高介电常数（$\varepsilon_2 = 10$）的样品来说，v_g 应当大约为 $c/3$。通过对比这个计算值和测量值，我们可以估算介质与传输线之间的接触面积，然后可以用这个计算结果来估算吸收测定中的填充系数。

对与传输线接触的材料进行 THz–TDS 测量的一个早期例子是观察铒铁石榴石（ErIG）中的一些磁共振现象[6.82]。值得一提的是，在这里，所观察到的磁共振效应是磁场与传播电脉冲相互作用的结果，而在常见情况下则完全是由电场造的。在本研究中，我们用细石榴石粉末覆盖在一段大约 3 mm 的传输线上。当超快脉冲在这种粉末上传播时，我们在输出脉冲上观察到新的、很强的振荡时间相关性，如图 6.12（a）所示。在对这种输出脉冲进行频率分析时，出现了两条界限清晰的吸收谱线，如图 6.12（b）所示。以前人们已经用更传统的光谱技术测量过损耗为 10 cm⁻¹ 的传输线，并将其确认为交换共振[6.83]，但没有观察过损耗为 4 cm⁻¹ 的传输线。早期利用 YbIG 进行的测量表明由亚铁磁共振造成的传输线损耗为 3 cm⁻¹[6.84]。通过将这些结果外推到 ErIG，则新观察到的直线看起来就是相应的亚铁磁共振。

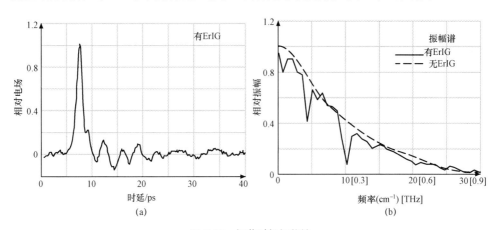

图 6.12　振荡时间相关性

（a）在覆有 EIG 粉末的传输线上传播 4 mm 之后的电脉冲；

（b）有/没有 ErIG 时的传播脉冲振幅谱（根据文献［6.82］）

6.1.9 太赫兹波导

太赫兹波导最近证实是传输线的一种另类选择[6.85~90]。当带宽不超过 3.5 THz 时，金属波导的衰减系数经证实低于介质衬底上光刻传输线的衰减系数的 1/10。在波导的通带内，耦合到波导中的实测功率一般为太赫兹级输入功率的 40%。虽然这些波导对于窄带用途或 THz－TDS 用途来说很有用，但它们有很高的群速色散（GVD），因此妨碍了亚皮秒级脉冲的传播。对于由单导线组成的圆形和矩形金属波导来说，过大的太赫兹脉冲展宽是由截止频率附近的极高 GVD 造成的。在无截止频率的双线共面传输线、同轴线或平行板金属波导的 TEM 模中，不会出现这样的脉冲展宽，这些 TEM 模的群速和相速度仅由周围的介质决定。对于双线共面传输线或同轴线的 TEM 模来说，准光学耦合方法对其复杂电场分布有效；而对于平行板金属波导的 TEM 模来说，准光学耦合方法对其简单电场分布有效。

最近的实验证实，太赫兹辐射光的自由传播亚皮秒脉冲能够高效地以准光学方式耦合到平行板金属波导中，而且随后的低损耗单 TEM 模传播表明 GVD 不可忽略[6.89,90]。因此，理想的太赫兹互联技术[6.66]——能够以最低损耗传播亚皮秒脉冲而不会使之变形——已经实现。

太赫兹金属波导的一种有希望的用途是利用 THz－TDS 进行特定于表面的、与频率相关的吸收测定。对于充气式波导来说，与频率相关的吸收系数决定着与频率相关的电导率，而后者很难用其他方法获得。对金属波导壁的分子吸附作用进行长路径表面测量是另一个有前景的方面。根据对吸水性的实验测量结果，我们认为对于类似的有极分子来说，THz－TDS 的灵敏度足以描述在管状单导线太赫兹波导中含有的有毒气体或贵重气体的纳克样本量吸收率。这些封闭式波导还有很好的小体积样品池，用于对有毒的或活性的气、液体进行高压长路径分光测定。由于直径小，再加上在传播时路径长、损耗低，因此太赫兹波导便于在相对较低的功率下观察非线性效应。

除上述可能性之外，在 TEM 模中传播的太赫兹脉冲还给其他新的科研应用提供了机会。金属板可轻易地覆上其他金属和合金的薄膜，以测量其导电性。超导板的特性很容易就能描述出来。长度更短的波导可以用在太赫兹辐射光下一般不透明的高掺半导体来制造，从而能够测量这些半导体与频率相关的复电导率。简单的薄膜、更复杂的朗缪尔－布洛杰特（Langmuir-Blodgett）薄膜以及导电聚合物可覆盖在波导上，然后通过 THz－TDS 方法进行特性测定。大功率 TEM 太赫兹脉冲的一种独特用途是用于研究非线性脉冲的传播，演示在金属板间距中的空气样品的非线性相干效应。在这里，太赫兹脉冲第一次能在任意长度的路径上保持其空间焦点而无时域展宽，由此大大增强非线性相互作用的效应。这种情形与利用光纤获得的非线性增强作用很相似。

介质波导不具有金属波导的低频锐截止，因此低频界限延长了。初次演示实验[6.87]采用单晶体蓝宝石光纤，得到了具有较大 GVD 的单 HE_{11} 模传播。这种大 GVD

是由边缘场随波长而增加的程度引起的。体积尺寸较大的蓝宝石会产生波导吸收。对于合适的低损耗介质（例如功率吸收系数小于 0.05 cm^{-1} 的高电阻率硅），介质波导的吸收系数可能远远低于金属波导。这些介质单模太赫兹波导有望具有极低的损耗以及灵活的互联通信通道，其优点与单模光纤类似。

平面介质波导看起来尤其适于所建议的表面层 THz–TDS 特性描述，因为在波导外传播的太赫兹波有很宽的边缘场。与简单的反射或透射相比，在导波传播中平面介质波导对薄样本层的灵敏度大大增加。易于涂覆的合适样品包括被吸收的分子、表面层、薄膜、朗缪尔 – 布洛杰特薄膜、金属薄膜、合金和导电聚合物。

1. 金属波导

最近有人报道了新的实验研究活动，即利用准光学方法将太赫兹辐射光的自由传播亚皮秒脉冲高效地耦合到单导线亚毫米级金属波导中，然后测量由这些波导传输的脉冲[6.85,86]。在 0.65～3.5 THz 频段中的低损耗色散传播是在 $c/4～c$ 的频率相关群速度 v_g 和 $4c～c$ 的相速度 v_p 下观察到的，其中 $v_g v_p = c^2$。虽然输入谱与超过 25 个波导模的截止频率重叠，但只有在采用内径分别为 240 μm 和 280 μm 的 24 mm 长不锈钢管和 24 mm 长不锈钢管时，才会观察到线偏振输入太赫兹脉冲被明显耦合到 TE$_{11}$、TM$_{11}$ 和 TE$_{12}$ 模中。如图 6.13[6.91–93]所示，在 1 THz 频率下，当不锈钢管的直径为 240 μm 时，TE$_{11}$ 主导模的功率吸收系数为 $\alpha = 0.7$ cm^{-1}。与用光刻法制成的共面传输线相比，不锈钢波导的功率吸收系数为损耗的约 1/10[6.66]。

太赫兹波导的实验装置与下一节描述的光电子太赫兹光束系统的实验装置类似，只是在两个抛物面反射器之间中心处的光束腰上放置了一个透镜 – 波导 – 透镜系统，如图 6.14（a）所示。对于波导系统来说，硅透镜将太赫兹光束聚焦到大约 200 μm 的、与频率无关的 1/e 腰直径上。然后太赫兹光束被耦合到波导中并沿着波导传播，再通过第二个硅透镜被耦合出来。通过移去波导然后让两个硅透镜移到它们的共焦点（共焦

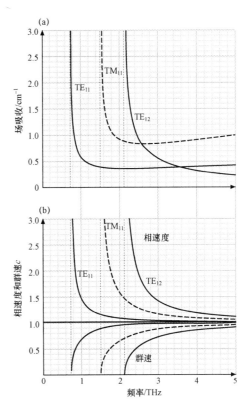

图 6.13　在直径为 240 μm 的不锈钢波导中，三个耦合模的（a）场吸收以及（b）相速度和群速（根据文献［6.86］）

位置）上，可以测量太赫兹参考脉冲。图 6.14（b）显示了这样的太赫兹参考脉冲，图 6.14（c）显示了与 0.1～4 THz 频率相对应的振幅谱。

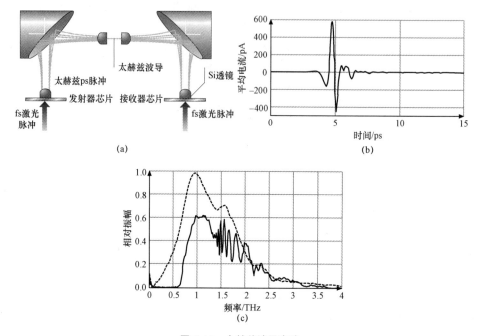

图 6.14　太赫兹波导实验
（a）用于在太赫兹波导中引入准光学耦合的光电子 THz-TDS 系统示意图；
（b）所测量的参考太赫兹脉冲；（c）将参考脉冲的相对振幅谱与传输脉冲的
相对振幅谱做比较（根据文献［6.85］）

　　根据所观察到的、由 24 mm（长度）波导传输的信号可明显看到，这种波导存在很强的群速色散[6.85,86]。1 ps 的输入脉冲被拉伸为大约 70 ps，由于存在负啁啾，因此高频率的到达时间更早。由 4 mm 长的波导发射的脉冲具有相对较低的累积色散，如图 6.15（a）所示（点）。该脉冲的持续时间为 30 ps，而且振荡更少。从图 6.15（b）（点）可看到，这种脉冲的振幅谱在大约 0.65 THz 的频率下具有最低的频率截止——对于 TE_{11} 模来说经计算也等于 0.65 THz。通过在图 6.14（c）中将这个脉冲的相对振幅谱与参考脉冲的相对振幅谱进行相同的归一化处理并做比较，可以看到自由传播太赫兹脉冲的振幅被很好地耦合到波导中。我们观察到，波导越短，多模干涉越强（在大约 1.3 THz 的频率下开始）。主导 TE_{11} 模的截止频率为 0.65 THz（77%），耦合 TM_{11} 模的截止频率为 1.31 THz（20%），弱 TE_{12} 耦合模的截止频率为 1.81 THz（3%）。耦合到每个模中的总功率所占的百分比用括号表示。

　　通过利用参考脉冲的振幅谱，可以计算出 4 mm 波导的输出谱，包括三个耦合模以及它们各自的复振幅耦合和与频率相关的复传播矢量（从图 6.13 中可得到）。在图 6.15（b）中，我们将计算的结果以实线形式覆盖在被测量的振幅谱上，发现与振幅谱的干涉振荡及其他特征非常吻合。所计算出的时域输出脉冲（实线）通过被计算出的输出复振幅谱 $E_{out}(\omega, z)$ 的逆傅里叶变换形式给出，并与图 6.15（a）中的实验值做比较，结果发现非常吻合。

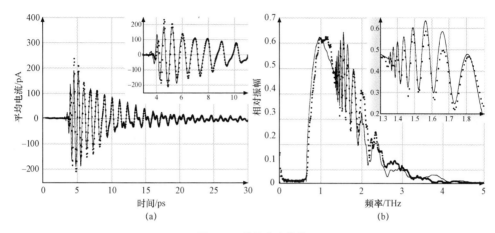

图 6.15　波导实验曲线

（a）通过 4 mm 长、直径 280 μm 的不锈钢波导传输的太赫兹脉冲（点）测量结果。
插图显示了在扩展的时间标度上的太赫兹脉冲。（b）由（a）得到的被测传输脉冲的
振幅谱（点）。插图显示了在扩展的频率标度上的振幅谱。
实曲线为理论值（根据文献 [6.85]）

2. TEM 太赫兹平行板金属波导

在图 6.16 所示的初始观察结果[6.89]中，我们看到由 0.3 ps FWHM 太赫兹脉冲组成的一束自由传播光束被高效地耦合到平行板铜波导（板间隔为 108 μm）中，同时在 24.4 mm 长的波导中，在 0.1～4 THz 的带宽内出现低损耗单 TEM 模无畸变脉冲传播。这套实验设备引入了平圆柱面透镜，将能量耦合到波导中及从波导中耦合出来。波导输入端的透镜用于只在一个维度上聚焦光束，以生成具有椭圆形截面的近似高斯光束。这个椭圆形截面位于光束腰上，也就是波导的入射面位置，其 1/e – 振幅短轴为 200 μm，且与频率无关。在波导输出面也采用了相同的配置。

图 6.17 显示了最近的演示结果[6.90]。其中，输入参考脉冲的 FWHM 为 0.22 ps，在 TEM 传播达到 $L=125$ mm 之后输出脉冲为 0.25 ps，在 TEM 传播达到 $L=250$ mm 之后输出脉冲为 0.39 ps。TEM 传播的特性是输出脉冲无色散脉冲展宽[6.89,90]。输出脉冲的最小展宽是由高频含量的相对损耗造成的，就像在振幅谱中看到的那样。如图 6.17（d）所示，参考脉冲、$L=125$ mm 的脉冲和 $L=250$ mm 的脉冲的振幅谱 FWHM 分别为 1.62 THz、1.14 THz 和 0.74 THz。输出谱很平滑，没有低频截止，证实了这是单 TEM 模传播[6.85-90]。图 6.18 显示了与这种 TEM 传播有关的低损耗，因此得到所测量的振幅衰减常数，并与理论值相比较。

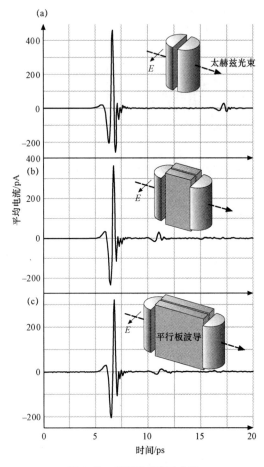

图 6.16　损耗衰减实验曲线

（a）利用共焦柱面透镜系统（见插图）扫描参考脉冲；（b），（c）利用透镜–
波导透镜系统（见插图）扫描在（b）12.6 mm 长的波导和（c）24.4 mm 长的
波导中传播的脉冲。（a）–（c）的零参考时间相同（根据文献［6.89］）

3. 介质波导

实现低损耗导波太赫兹传播的另一种方法是采用介质波导。这种波导没有金属
波导那样的低频锐截止，因此低频界限延长了。亚皮秒太赫兹脉冲在介质波导（单
晶蓝宝石光纤）中的传播如今已实现[6.87]。我们观察到持续时间大约为 0.6 ps 的入
射太赫兹脉冲。由于存在吸收波导传播和色散波导传播，因此该脉冲被大幅整形，
得到 10～30 ps 的传输啁啾脉冲持续时间。通过分析单 HE_{11} 波导模的传播，我们发
现理论值与实验值之间高度吻合。

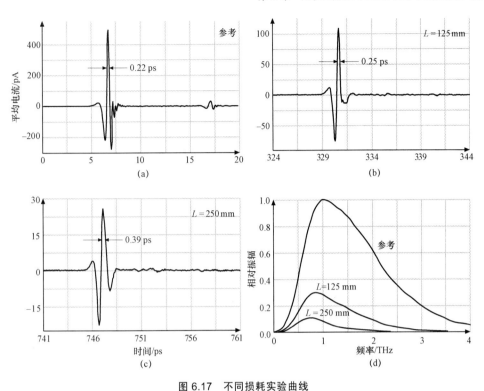

图6.17 不同损耗实验曲线

（a）参考脉冲以及在：（b）125 mm长的波导和；（c）250 mm长的波导中传播的脉冲；

（d）孤立脉冲的振幅谱（根据文献［6.90］）

太赫兹介质波导的研究范围已延伸至基于薄膜的平面型波导，例如高密度聚乙烯。这种材料的太赫兹吸收系数较低，因此实现了极低损耗的传播。在由高密度聚乙烯（HDPE）制成的2 cm（宽）×150 μm（厚）带状波导上，我们观察到了色散低损耗传播[6.88]。较大的GVD造成大量的太赫兹脉冲整形与展宽，导致形成正啁啾输出脉冲。被测的太赫兹脉冲在10 mm长的HDPE波导中传播之后，增宽至超过15 ps并显示强整形，表明存在频率啁啾。与此相反，相应振幅谱的变化量小得多。参考脉冲是一个峰间脉冲宽度小于1 ps的半周期脉冲，其振幅谱从0.1 THz延伸到大约3 THz。与参考脉冲的振幅谱相比，传播脉冲的振幅谱明显表现出高效的波导特性。

本次研究证实了用塑料带状波导作为太赫兹区的低损耗单模传输通道从而能够对高效的准光学耦合加以利用的可行性。通过减小带状波导的厚度以使大部分的导波能量在芯区外传播，我们就可能获得具有超低损耗的传输线。而通过利用具有极低损耗的材料，例如在不超过2 THz的频率下功率吸收系数远低于0.05 cm⁻¹的高电阻率硅，传输线的性能可进一步增强[6.51]。因此，介质波导的吸收系数可能比金属波导低得多。由于能够通过带状波导的厚度变化来改变群速色散（GVD），因此我们可以得到基本上不含GVD的高频区。

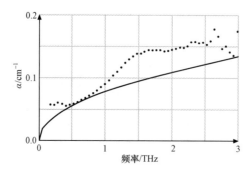

图 6.18　对于振幅衰减常数 α，将实验值（点）与
理论值（实线）做比较（根据文献［6.90]）

|6.2　自由传播波的太赫兹光子学|

最近，科学家们做了大量研究工作来证实通过用超快激光脉冲进行材料激发和电子激发可以生成太赫兹辐射脉冲。现代集成电路技术已使得微米级偶极子的精确制造成为可能。在通过飞秒激光脉冲以光电导方式驱动时，微米级偶极子能发射太赫兹级辐射脉冲[6.20-22]。另一种值得称道的方法是通过利用光电子天线，使射频/微波技术延伸到太赫兹范围[6.23-30,32]。在许多年前，就有人演示了通过让短光学脉冲穿过非线性光学材料，可以生成太赫兹级短辐射脉冲[6.33]。一种相关的太赫兹级辐射源是通过让体积偶极子分布的移动速度高于相速度来发射电磁冲击波，即电光切伦科夫辐射[6.34,35]，以及由于表面偶极子分布的传播速度高于相速度而发射的电磁冲击波[6.71]。通过用超快激光脉冲以光电导方式驱动半导体的表面电场[6.36,37]以及大孔径硅 p–i–n 二极管[6.20]的本征区，研究人员已得到了太赫兹辐射脉冲。一种相当高效的宽带太赫兹辐射源是利用超快激光脉冲在用陷波电路增强的电场中生成光载流子[6.44,94]。通过让两束激光（其频率高于半导体带隙）产生差拍，研究人员演示了一种能够生成可调谐辐射脉冲的连续波光电混频器[6.39-43]。

有的太赫兹辐射源基于这样一种光学类型方法，即太赫兹辐射光的瞬态点光源位于介质准直透镜的焦点上，在这个透镜后面增加了一个抛物面聚焦－准直镜[6.21,22,29,31,95]。虽然我们会最详细地描述这个系统，但我们也会介绍其他方法。这个系统的其中一个最有用的版本是对隐埋在充电共面传输线结构中的赫兹偶极子天线进行反复的亚皮秒光激发[6.21,22,29,31,95]。由所产生的瞬态偶极子发射的一群辐射短脉冲被太赫兹光学系统调准为衍射受限光束，然后聚焦到一个类似的接收器结构上，在那里诱发瞬变电压并被探测。太赫兹光学系统能使发射器和接收器之间发生异常紧密的耦合，同时其优良的聚焦特性能保持太赫兹辐射源的亚皮秒时间相关性。

太赫兹光学器件与同步选通光电子探测过程的结合能异常灵敏地探测到太赫兹辐射光的重复脉冲光束。通过两级调准，从太赫兹发射器中可以得到发散度与频率无关的太赫兹光束。具有相同光学性质的太赫兹接收器能基本上收集全部的此类光束。由太赫兹发射器和接收器组成的紧密耦合系统能够强有力地接收已发射并传播了数米距离的太赫兹辐射脉冲。太赫兹接收器异常灵敏的另一个原因是太赫兹接收器是选通的。约 0.6 ps 的选通窗口是由激光脉冲宽度以及离子注入型硅–蓝宝石（SOS）结构中的载流子寿命决定的。因此，在重复太赫兹脉冲之间相对较长的时间间隔（10 ns）里，在接收器中看不到任何噪声。这种探测方法的最后一个重要特征是它是一个相干过程，由太赫兹辐射光的重复脉冲产生的电场可直接测量。由于重复信号被同步探测，因此由信号产生的总电荷（电流）随着采样脉冲的数量呈线性增长趋势，而由噪声产生的电荷（电流）仅随着脉冲数量的平方根呈增长趋势。

6.2.1　光电子太赫兹光束系统

本节将描述太赫兹电磁辐射的自由传播飞秒脉冲的光电子生成与探测过程。通过光电子激发，在介质准直透镜的焦点上会生成瞬态太赫兹辐射点光源，在介质准直透镜后面加了一个抛物面聚焦准直镜，这个点光源产生由亚皮秒太赫兹辐射脉冲组成的准直光束。所得到的系统与同等的接收器相匹配，拥有极高的收集效率。经演示，这个光电子太赫兹系统的信噪比为 1 000，时间分辨率小于 150 fs，频率范围为 0.2～6 THz，其性能仅受光载流子发射加速度的限制。

图 6.19 中描绘的实验装置用于生成及探测由太赫兹辐射短脉冲组成的光束。在这个例子中，发射天线和接收天线是相同的，各自隐埋在一根共面传输线中的天线组成[6.31]，如图 6.19（a）所示。这根天线是在一块离子注入型 SOS 晶片上制造的。

1. 实验装置

这个 20 μm 宽的天线结构位于一根 20 mm 长的共面传输线的中部，共面传输线由两根 10 μm 宽、1 μm 厚、间距为 30 μm 的 5 Ω/mm 平行铝线组成。在初次演示这个系统时，我们用一个碰撞脉冲锁模（CPM）染料激光器以 100 MHz 的重复频率在一束平均功率为 10 mW 的光束中生成了 623 nm 的 70 fs 脉冲。同时将 5 mW 激发光束聚焦在两个天线臂之间的 5 μm（宽）光电导硅间隙上。光载流子的 70 fs 激光生成过程导致天线间隙的电导率发生亚皮秒级变化。当给发射天线外加一个通常为 10 V 的直流偏压时，则电导率的上述变化会导致电流脉冲流经天线，从而生成电磁辐射短脉冲群。这些辐射短脉冲群的很大一部分被发射到位于一个圆锥体里的蓝宝石衬底中，这个锥体垂直于与文献[6.95]中的辐射图之间的接口。然后，利用附着于 SOS 晶片背面（蓝宝石侧）的一个介质透镜，收集辐射脉冲并使之变成平行光[6.31]。介质透镜由高电阻率（10 kΩ·cm）晶体硅制成，在所给出的频率范围内晶体硅的吸收系数经测定小于 0.05 cm^{-1}[6.51]。硅透镜是一个直径为 10 mm 的截球体，当附着于芯片背面时，其焦点位于天线间隙。如图 6.19（b）所示，在被硅透镜调准直之后，光束会衍射并传播至一个抛物面镜，在那里太赫兹辐射脉冲被再次调准直，成为一束高度定向的光束，其直径（10～70 mm）与波长成正比。之后，所有频率的光脉冲以相同的 25 mrad 发散度进行传播。经过典型的 50 cm 传播距离之后，这个太赫兹光束被太赫兹接收器探测到。接收器里的抛物面镜将光束聚焦到一个硅透镜上，而硅透镜又将光束聚焦到 SOS 天线芯片上——这个天线芯片与发射过程中使用的芯片类似。入射聚焦太赫兹辐射脉冲的电场在这个接收天线的两臂之间的 5 μm 间隙两端诱发一个瞬态偏压。接收天线与一个低噪电流放大器直接连接。这个瞬态电压与振幅和时间之间的相关性是通过测量在 5 mW 探测光束中收集的电荷（平均电流）以及太赫兹脉冲和延迟 CPM 激光脉冲之间的时延来获得的。这些脉冲通过驱动由 5 μm 天线间隙定义的光电导开关，同步地选通接收器。

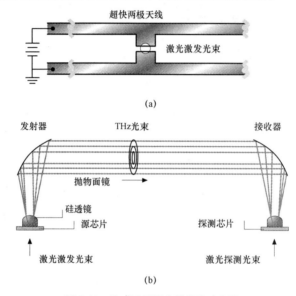

图 6.19　生成及探测太赫兹脉冲实验

（a）超快两极天线；（b）太赫兹发射器和接收器

2. 信噪比测量

图 6.20（a）显示了早期的时间分辨测量[6.31]。图中的脉冲波形很干净，这是由以下因素造成的：快速驱动天线间隙中的光电导开关，超快天线的宽带响应，透镜和抛物面镜的宽带太赫兹光学传递函数，硅透镜的极低吸收系数和色散系数。所测得的 0.54 ps（FWHM）脉冲宽度只是真实脉冲宽度的上限，因为还没有对测量值进行解卷积，以减去天线间隙的响应时间。下一节我们将求出这个时间响应。在图 6.20（b）中可看到，被测信号的傅里叶变换值［图 6.20（a）］为 0.1～2.0 THz。但这只代表真实发射辐射范围的下限，因为其中包含了接收器的频率响应。在低频端，发射器和接收器的效率与天线的长度成正比，即与共面传输线的双线间距成正比。对于极低频来说，抛物面镜的尺寸也会限制发射器和接收器的效率。在高频极限下，当发射辐射脉冲的半波长（在介质中）与天线长度相比已不再小时，天线的

效率会大大降低。电流瞬态的有限上升时间和太赫兹光学器件的非理想成像特性也
会限制发射光谱的高频部分。

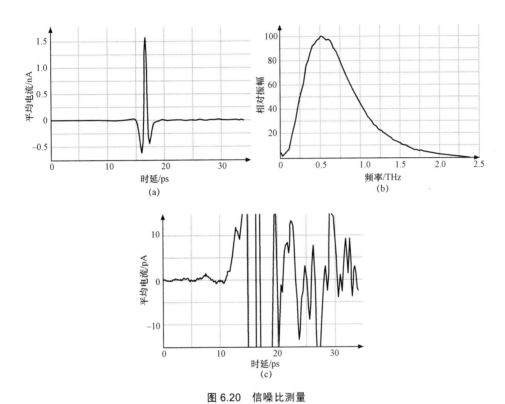

图 6.20　信噪比测量

（a）测量至 35 ps 的太赫兹脉冲；（b）被测脉冲波形的振幅谱（在直至 2.5 THz 的频率下）；
（c）在扩大 100 倍的垂直比例尺上的太赫兹脉冲（根据文献 [6.31]）

在图 6.20（c）中，时间分辨信号是在扩大 100 倍的垂直比例尺上显示的。在
主脉冲之后可观察到的结构是可再现的，其产生原因为：电脉冲在传输线上的反
射、太赫兹脉冲在各种介质分界面上的反射、残余水蒸气的吸收和色散。在这个
4 min 扫描图中，信噪比超过 10 000:1。图 6.21 中显示了另外 4 min 的扫描图，其
中激发激光光束的强度从常用的 5 mW 减小至只有 15 μW。结果得到减小了 320
倍的光电流，这表明太赫兹光束的功率降低至 1/100 000。不过，尽管功率降低了
这么多，峰值振幅仍比均方根噪声大 30 多倍。根据以前的计算结果[6.31]，在这次
测量中太赫兹光束的平均功率大约为 10^{-13} W。如果进一步降低太赫兹光束的功
率，则当信噪比为 1、积分时间为 125 ms 时，太赫兹接收器的探测极限将达到
10^{-16} W。由于太赫兹（远红外）辐射脉冲的生成与探测是相干的，因此太赫兹接
收器与非相干氦冷却辐射热计相比灵敏度高大约 1 000 倍[6.53]。

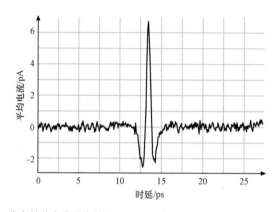

图 6.21　将太赫兹光束功率缩小 100 000 倍（与图 6.20（a）相比）之后，
在直至 27.5 ps 的时延范围内测得的太赫兹脉冲（根据文献 [6.31]）

3．半导体的时间相关响应函数

在与赫兹偶极子相对应的天线低极限下，所产生的辐照场与电流脉冲的时间导数成正比，而后者主要由半导体本身的本征响应决定。现在，我们利用简单的德鲁特（Drude）数学形式来描述半导体求导本征时域响应函数。其中，自由载流子被视为受到随机碰撞的经典点电荷，其碰撞阻尼与载流子能量无关。与频率有关的复电导率 $\sigma(\omega)$ 由下式求出：

$$\sigma(\omega) = \sigma_{DC} \frac{\mathrm{i}\Gamma}{\omega + \mathrm{i}\Gamma} \tag{6.6}$$

式中，$\Gamma = 1/\tau$ 为衰减率，τ 为平均碰撞时间。直流电导率由 $\sigma_{DC} = e\mu_{DC}N$ 给定，其中 e 为电子电荷，μ_{DC} 为直流迁移率，N 为载流子的数量密度。按照德鲁特定律，$\mu_{DC} = e/(m^*\Gamma)$，其中 m^* 为有效质量。式（6.6）与最近在轻掺杂硅上在从低频率到超过 2 THz 的频率范围内得到的时域光谱测量值[6.31]高度吻合。下列程序与文献 [6.96] 中的程序很相似，有助于将上述公式改写为与频率相关的迁移率公式，即

$$\mu(\omega) = \mu_{DC} \frac{\mathrm{i}\Gamma}{\omega + \mathrm{i}\Gamma} \tag{6.7}$$

式（6.7）给出了光电导开关的频率响应基本极限。值得一提的是，在与 Γ 相比更高的频率下，虚部为主要部分，会随着频率的增加而减小为 $1/\omega$。令人惊讶的是，这会使有用的材料响应达到几十太赫兹。例如，如果 $\tau = 200$ fs，则 $\Gamma/2\pi = 0.8$ THz，在 8 THz 频率下的响应是在低频下响应的 1/10，同理，在 16 THz 频率下的响应是在低频下响应的 1/20。直流电流密度由 $J_{DC} = \sigma_{DC}E$ 或 $J_{DC} = eE\mu_{DC}N$ 求出，其中 E 是恒定的电场。由于电流在 N 中呈线性，因此对于与时间相关的载流子密度 $N(t)$，与时间相关的电流密度可写成

$$J(t) = eE \int_{-\infty}^{t} \mu(t-t')N(t')\mathrm{d}t' \tag{6.8}$$

式中，$\mu(t-t')$ 为迁移率的时域响应函数。通过频率相关迁移率的逆变换，这个函数被确定为如下因果函数：

$$\mu(t-t') = \mu_{\mathrm{DC}} \Gamma \mathrm{e}^{-\Gamma(t-t')} \tag{6.9}$$

当 $(t-t')$ 为负时，这个函数的值为 0。

为了便于理解光电导开关，把基本方程（6.8）改写成如下等价形式是有用的：

$$J(t) = eEA \int_{-\infty}^{t} \mu(t-t') \int_{-\infty}^{t} R_{\mathrm{c}}(t'-t'')I(t'')\mathrm{d}t''\mathrm{d}t' \tag{6.10}$$

式中，$I(t'')$ 为激光脉冲的归一化强度包络函数；A 为转换至被吸收的光子数/体积时的转换常数；R_{c} 为用于描述光生载流子衰减率的响应函数。通过定义一个新的光电流响应函数 $j_{\mathrm{pc}}(t-t')$，我们可以把方程（6.10）改写成

$$J(t) = \int_{-\infty}^{t} j_{\mathrm{pc}}(t-t')I(t')\mathrm{d}t' \tag{6.11}$$

式中，$j_{\mathrm{pc}}(t-t')$ 是通过用 δ 函数 $\delta(t'')$ 激光脉冲评估方程（6.10）后得到的。假设存在因果函数 $R_{\mathrm{c}}(t'-t'') = \exp[-(t'-t'')/\tau_{\mathrm{c}}]$ 且 $\mu(t-t')$ 由方程（6.9）的德鲁特响应求出。当 $(t'-t'')$ 为正时，这个函数描述了在载流子寿命 τ_{c}（比平均碰撞时间 τ 长得多）中载流子的简单指数式衰减；当 $(t'-t'')$ 为负时，此函数变为 0。则当 $t^* = (t-t')$ 为正时，因果响应函数 $j_{\mathrm{pc}}(t^*)$ 经评估为

$$j_{\mathrm{pc}}(t^*) = \frac{\mu_{\mathrm{DC}} eEA\Gamma}{\Gamma - 1/\tau_{\mathrm{c}}} (\mathrm{e}^{-t^*/\tau_{\mathrm{c}}} - \mathrm{e}^{-t^*/\tau}) \tag{6.12}$$

当 t^* 为负时，$j_{\mathrm{pc}}(t^*)$ 变为 0。在超快激发脉冲的短脉冲极限中，光电流 $J(t)$ 的时间相关性近似等于 t^* 为正时光电流响应函数 $j_{\mathrm{pc}}(t^*)$ 的时间相关性。当载流子寿命较长时，$j_{\mathrm{pc}}(t^*)$ 的时间相关性用简单的指数上升来描述。上升时间近似等于 $\tau = 1/\Gamma$，在轻掺杂硅中对于电子和空穴分别为 270 fs 和 150 fs，见前面的测量值[6.97,98]。由这些结果可看到，与超快激光激发脉冲的持续时间（最短可达 10 fs，但一般大约为 60 fs）相比，材料响应较慢。

图 6.22 显示了在以下两种情况下通过方程（6.12）描述的、与时间相关的响应函数：$\tau = 270$ fs，$\tau_{\mathrm{c}} = \infty$，$\tau = 270$ fs，$\tau_{\mathrm{c}} = 600$ fs。无限载流子寿命中的相对振幅结果用如下直观描述来解释：在载流子瞬时生成之后，初始电流和迁移率变为 0。然后，载流子沿弹道轨迹加速，其加速度由外加电场、载流子电荷及其有效质量决定。载流子的持续加速时间近似等于散射时间 τ，之后其速度和电流稳定在稳态值。通过这些探讨内容，我们就能准确地描述方程（6.12）中的数学关系式了。当 $\tau_{\mathrm{c}} = \infty$ 时，方程（6.12）等于

$$j_{\mathrm{pc}}(t^*) = \mu_{\mathrm{DC}} eEA(1 - \mathrm{e}^{-t^*/\tau}) \tag{6.13}$$

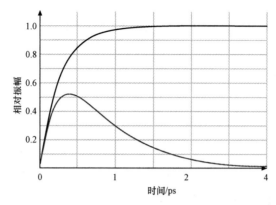

图 6.22 当散射时间为 $\tau = 270$ fs、无限载流子寿命为 τ_c（上曲线）时以及当 $\tau_c = 600$ fs（下曲线）时在 3 ps 时间内计算出的光电导响应函数

当时间小于 τ 时，这个公式可简化为

$$j_{pc}(t^*) = \mu_{DC} \frac{eEAt^*}{\tau} \qquad (6.14)$$

请记住，对于德鲁特理论 $\mu_{DC} = e/(m^*\Gamma)$，方程（6.14）等效于

$$j_{pc}(t^*) = Aet^* \left(\frac{eE}{m^*} \right) \qquad (6.15)$$

这个式子描述了弹道加速度 eE/m^*。

4. 时间相关响应函数的测量

在这里，我们利用上述德鲁特理论描述并分析新型光电导接收器的性能——其测量的响应超过 6 THz[6.99]。这种接收器使用了复合材料光电子芯片的原型（图 6.23）。通过利用高性能光电子太赫兹光束系统中的接收器作为发射器，我们能够以超高的精确度来描述这种接收器的特性。发射器和接收器采用的天线结构与图 6.19（a）中的结构相同，只是两根平行的 5 μm（宽）传输线的尺寸减小了，它们之间的间距为 10 μm。碰撞脉冲锁模（CPM）染料激光器提供了 623 nm 的 5 mW 聚焦光束以及 80 fs 的激发脉冲和采样脉冲。光电导响应的测量值与德鲁特理论模型非常吻合。

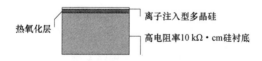

图 6.23 复合材料芯片的截面

通过利用这种接收器，我们测量了一种光源光谱，其 FWHM 带宽几乎是一种采用了 SOS 芯片的相似系统的初始实验特性的 2 倍[6.96]。这种光源光谱的性能改善

是由下列变化造成的。首先，设定抛物面镜的位置，以得到太赫兹辐射脉冲的统一传递函数[6.100]。其次，要特别注意，使硅透镜的焦点与天线位置匹配。对于轴上聚焦，我们利用具有相同曲率但厚度以 50 μm 为一级呈阶跃变化的透镜，得到了一系列观察结果。在芯片平面内，将焦点位置调节到 ±20 μm。最后，利用新的复合材料芯片消除太赫兹入射辐射光的吸收现象——这是由之前使用的 SOS 探测芯片上的蓝宝石衬底造成的。在氮保护气氛中，将复合材料芯片上由 LPCVD 多晶硅制成的 0.5 μm（厚）激活层在 1 000 ℃温度下退火 1 h，然后以 $10^{13}/cm^2$ 的剂量分别注入 200 keV 和 100 keV 的氧离子。在高电阻率硅衬底上生长出 0.7 μm 厚的热氧化底层。

图 6.24（a）显示了用超快接收器测得的太赫兹脉冲。从脉冲峰值到最小值的下降时间（90%～10%）只有 127 fs（见图 6.24（b）中的放大图）。这种超常的时间分辨率证明了光电导接收器比通常实现的接收器快得多[6.99]，但与早期预测（对于 SOS 芯片而言）的 150 fs 时间分辨率是一致的[6.96]。此脉冲的数值傅里叶变换在大约 0.5 THz 的频率下达到峰值，如图 6.25（a）所示。由于所测量的振幅谱是相同的发射器/接收器振幅谱之积，因此图 6.25（b）所示的接收器振幅谱只是图 6.25（a）中测量的振幅谱的平方根。

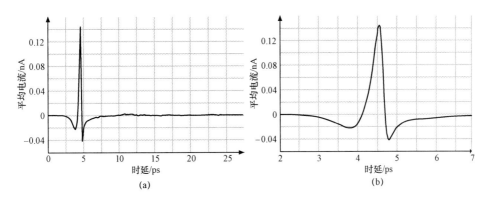

图 6.24　太赫兹脉冲测量

（a）通过超快接收器测量的太赫兹脉冲；（b）在扩大的时间标度上
测量的太赫兹脉冲（根据文献［6.99]）

现在，我们将从理论上来理解上述结果。由于电气响应极快，因此在超快天线中的电流与半导体中的电流 $J(t)$ 相同，其中 $J(t)$ 由光电导响应函数和 80 fs（FWHM）双曲线平方型激光驱动脉冲的卷积确定。根据当前的理论程序，响应函数可在散射时间为 120 fs、载流子寿命为 600 fs 的情况下由简单德鲁特理论推导出来。

假设时域响应函数 $j_{pc}(t^*)$ 由方程（6.12）给定。然后，按照方程（6.11）中的规定求这个响应函数和激光脉冲的卷积。利用上述参数，计算在光电导开关和赫兹偶极子天线中的电流脉冲形状，如图 6.26（a）所示。图 6.26（b）给出了这个脉冲的时间导数，从中我们可以看到一个极快的瞬态，这相当于电流脉冲的上升沿。这个时间导数的定量评估结果表明，赫兹偶极子天线生成了一个 150 fs 的太赫兹辐射 FWHM 脉冲。相反，根据互易原理，150 fs 也是光电导接收器的时间分辨率。图 6.26（b）中的数值傅里叶变换是发射器的预测振幅谱。图 6.25（b）将这个振幅谱与接收器的测量振幅谱做了比较。计算值与实验值之间高度吻合，表明半导体的响应曲线非常近似于德鲁特理论，而且所得到的响应时间要受到光载流子弹道加速度的限制。正如预期的那样，计算出的振幅谱下降得比方程（6.7）中定义的 $\mu(\omega)$ 的本征材料响应曲线更快，因为与 δ 函数响应相比，光学脉冲宽度为 80 fs。

我们还看到，隐埋在共面传输线中的 10 μm（长度）天线具有比半导体本身快得多的电气性能。因此，天线的性能完全由半导体的本征响应时间决定（并受其限制）。

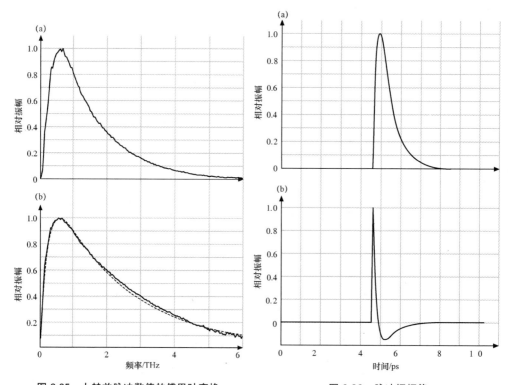

图 6.25　太赫兹脉冲数值的傅里叶变换

（a）图 6.24（a）中的数值傅里叶变换，等于接收器的功率谱；（b）将计算出的接收器振幅谱（虚线）与测量的振幅谱［（a）的平方根］进行对比（根据文献［6.99］）

图 6.26　脉冲振幅值

（a）半导体和天线中的电流脉冲（11 ps 的时标）计算值；（b）电流脉冲的时间导数

6.2.2　其他太赫兹发射器

由于基本上目前所有的太赫兹用途和所建议的太赫兹用途都受到信噪比限值

的限制，因此信噪比改善后，将提供更快的数据采集率，还能提高实验对比质量。信噪比的大幅增加还会使新的用途成为可能。用于使信噪比增加的一种最重要的方法是提高发射器功率，与此同时保持或扩展太赫兹带宽。这种方法变得尤其适宜，因为典型的超快 Ti－蓝宝石锁模激光器能产生 500 mW 的波束功率，而相比之下，以前使用的 CPM 激光器只能产生大约 20 mW 的波束功率。例如，GaAs TEF 发射器芯片[6.44,94,100]（如下所述）会因为 GaAs 的光学损伤而受到限制，以至于在超快 Ti－蓝宝石驱动激光脉冲流中最大平均激光功率只有 20 mW。巴斯大学（英国）的太赫兹研究小组通过用柱面透镜来聚焦更强的激光光束(远远超过常见的工作极限) 以形成一个能使饱和度和材料损伤降到最低的高度椭圆形焦点，使 GaAs TEF 芯片的发射器功率级增加了 100 倍。

贝尔实验室的一个研究小组[6.101]利用在低温（LT）GaAs 上制造的一个场奇异发射器和一个 50 μm 偶极子接收器天线，观察到所得的信号强度与采用了 GaAs 或 SOS 发射器、SOS 接收器之后得到的典型结果相比大 100 多倍。虽然 LT－GaAs 发射器的太赫兹转换效率与 GaAs TEF 发射器基本上相同，但贝尔实验室的太赫兹功率和信噪比增加是通过用与上述 GaAs 和 SOS 发射器－接收器芯片的容许工作功率级相比几乎高一个数量级的光学功率来驱动 LT－GaAs 发射器和 LT－GaAs 接收器后实现的。由这个例子以及早期的研究工作可看到，由于电阻率高、载流子迁移率高、载流子寿命短，LT－GaAs 很有可能会提高光电导开关、发射器和接收器的输出功率及频率响应[6.41-43,102-107]。与 GaAs 相比，LT－GaAs 耐受光学击穿的能力强得多，而且对电击穿有更强的抵抗力。此外，载流子寿命可通过退火温度来控制，可制造成低于 300 fs[6.106,107]。目前阻止 LT－GaAs 广泛应用的一个主要问题是商用 LT－GaAs 晶片的成本是 GaAs 或 SOS 的大约 5 倍。

1. GaAs 陷阱增强场（TEF）太赫兹光源

图 6.27（d）显示了一种不同类型的高性能光电子源芯片[6.44]。简单的共面传输线结构由两根 10 μm 宽、间距为 80 μm 并在半绝缘 GaAs 上制造的金属线组成。通过用聚焦超快激光脉冲来照射正偏压传输线的金属－半导体界面（边缘），可以产生同步的太赫兹辐射短脉冲群。之所以出现这种现象，是因为每个激光脉冲都会在极高电场区（叫做"陷阱增强场"[6.94]）生成一个光载流子光斑。在这个光源的初次演示过程中，CPM 染料激光器提供了 60 fs 的激发脉冲。在直径为 5 μm 的激发点处，这些脉冲的平均功率为 5 mW。这种 GaAs 陷阱增强场（TEF）光源芯片与之前描述的光电子太赫兹光束系统完全兼容。但这种芯片仅受发射器的限制，因为它的载流子寿命长。

图 6.27（a）显示了由在传输线两端具有 +60 V 偏压的激光激发 GaAs TEF 光源芯片发射的太赫兹脉冲测量值，图 6.27（b）中则是在扩大的时间标度上的太赫兹脉冲测量值。可以看到，无解卷积的脉冲宽度测量值为 380 fs。在这些结果被获得

之时[6.44]，这些结果是直接测得的最短太赫兹脉冲，下降沿上的倾角是通过离子注入型探测器观察到的最陡倾角，表明响应时间还不到 190 fs。脉冲的振幅谱（数值傅里叶变换）延伸到 3 THz 之外，如图 6.27（c）所示。图中的锐线结构是由系统中存在的残余水蒸气造成的。

GaAs TEF 光源仍是当今最高效的太赫兹光源之一，也是俄克拉荷马州立大学超快太赫兹研究小组使用的主要太赫兹发射器芯片。图 6.28（a）显示了最近利用相同类型的 GaAs TEF 发射器芯片［图 6.27（d）］以及一块具有相同天线方向图但两根 5 μm（宽）平行传输线间距为 10 μm 的低噪离子注入型 SOS 接收器芯片［图 6.19（a）］得到的太赫兹脉冲测量结果。为得到更低的噪声级，我们将硅层从 SOS 芯片上撕下（除主动光电导开关上的硅层之外）。脉冲前沿上的均方根噪声级为 0.1 pA，由此得到振幅信噪比为超过 10 000。Ti：蓝宝石锁模激光器以 100 MHz 的重复频率生成 60 fs 的 780 nm 脉冲，提供了 10 mW 的激发光束和 10 mW 的探测光束。如图 6.28（b）所示，此脉冲的振幅谱从 0.2 THz 延伸到 4.5 THz 之外，在这个频率范围内实现了 THz – TDS 测量。

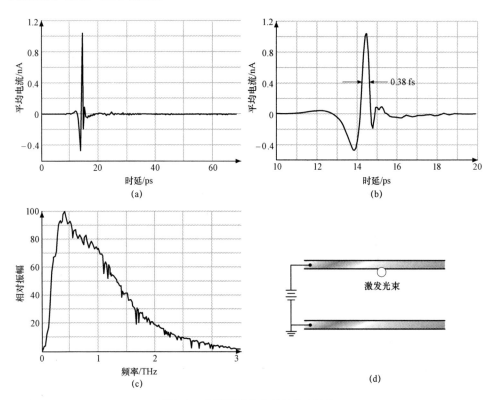

图 6.27　两端激发的太赫兹脉冲测量

（a）在 70 ps 时间内测量的太赫兹脉冲；（b）在扩大的 10 ps 时间标度上测量的
太赫兹脉冲；（c）延伸到 3.5 THz 的太赫兹脉冲振幅谱；（d）光源芯片配置，
用于生成自由传播的太赫兹辐射脉冲（根据文献［6.44］）

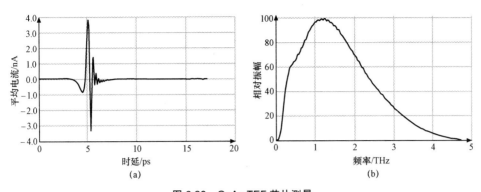

图 6.28　GaAs TEF 芯片测量

（a）测量的太赫兹脉冲；（b）太赫兹脉冲的振幅谱

2. 大孔径平面光电导体

与上面描述的赫兹偶极子和微米级发射天线不同的是，研究人员在半导体表面上演示了基于大平面光电导孔径的太赫兹发射器方法[6.108]，如图 6.29 所示。在这种方法中，偏压电极的间隔为数毫米，偏压可达到数千伏。被超快激发激光脉冲照射的光斑其直径为数毫米，相当于辐射太赫兹信号的很多个波长。在图 6.29 描述的实验中，光学驱动光束的直径为 4 mm，光电导材料为离子注入型 SOS。CPM 染料激光器以大

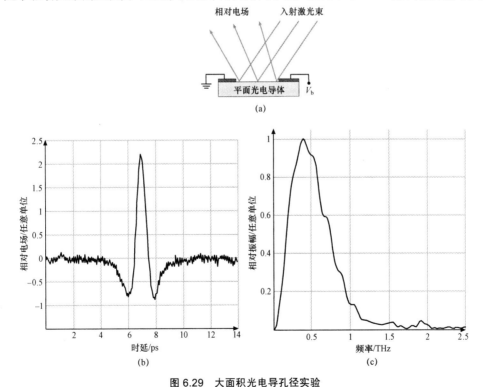

图 6.29　大面积光电导孔径实验

（a）大孔径平面光电导体的示意图；（b）所测量的太赫兹脉冲；（c）太赫兹脉冲的振幅谱（根据文献 [6.108]）

约 10 mW 的泵浦光束平均光学功率和 5 mW 的探测光束平均功率，在 100 MHz 的重复频率下提供了 75 fs 的 625 nm 脉冲。所得到的辐射太赫兹脉冲是用位于 SOS 上的一根 100 μm 光电导偶极子天线在 3 mm 蓝宝石球透镜的焦点处探测的。

图 6.29（b）显示了所探测的太赫兹脉冲，6.29（c）则显示了相应的振幅谱。将探测器放在距发射器 7 mm 的地方，并与最大信号的镜面反射方向对准。当太赫兹发射器与探测器之间的间距增加时，信号以间距倒数的形式减弱，脉冲波形从图 6.29（b）中的单极形状变成双极形状。这个实验所证实的一种重要的可能性是能够使光学功率按比例放大到很高的水平，由此获得由太赫兹脉冲组成的、功率很高的光束。

在后来的实验演示中实现了这种可能性，这些太赫兹脉冲不仅被放大到很高的能量（0.8 μJ），还保持了较高的带宽和较短的脉冲持续时间（450 fs）[6.109]。此次研究获得了大于 150 kV/cm 的聚焦峰值太赫兹场。这些大功率太赫兹脉冲可用于非线性准光学、多光子光谱学和离子作用。这些太赫兹脉冲的一个重要特征是在正负分量的数值范围内存在至少 5:1 的严重不对称性。因此，根据合理的理论逼近法，这些脉冲可视为半周期脉冲——这种情形对于用这些脉冲使里德伯（Rydberg）原子离子化来说很重要[6.110]。

研究人员用 Ti:蓝宝石啁啾脉冲放大器系统生成 120 fs 脉冲（770 nm）沿法向照射 GaAs 晶片，同时在其表面外加一个脉冲电场，使之产生大功率太赫兹脉冲[6.109]。将间距为 1 cm 的铝电极与涂有银色漆的 GaAs 表面连接。虽然在透射方向和反射方向上都观察到了太赫兹辐射光，但研究中只采用了透射光。然后用氦冷却辐射热计和室温热电探测器测量太赫兹脉冲能量。

图 6.30（a）显示了利用干涉仪通过傅里叶变换光谱获得的太赫兹脉冲功率谱。用辐射热计测得的典型干涉图为 600 fs 宽［图 6.30（b）］，与驱动激光强度、激光偏振方向和偏压电场无关。对干涉图进行傅里叶变换之后，得到 1 THz 的谱宽（见图 6.30（b）中的插图）。

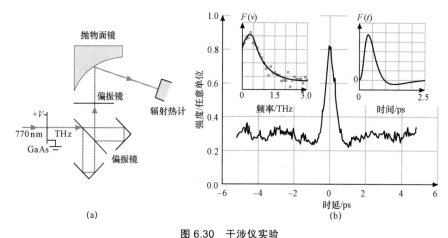

图 6.30　干涉仪实验

（a）干涉仪；（b）通过在一个干涉仪臂中测量总太赫兹能量与时延之间的相关性而获得的干涉图。左边的插图是由干涉图得到的太赫兹脉冲谱，右边的插图则显示的是非对称的太赫兹脉冲波形（根据文献［6.109]）

3．高表面电场光电导体

另外一种已实现广泛应用并引起人们浓厚兴趣的光电导太赫兹光源不需要外部偏压和光刻技术，因为这种光源采用了位于半导体表面并垂直于该表面的静态内场[6.36]。因此，当用飞秒光学脉冲照射这种裸露的半导体晶片时，太赫兹脉冲会以自由传播的电磁波束形式从晶片表面向内、向外发射。所发射的太赫兹脉冲的振幅和相位将取决于载流子迁移率以及内场的强度、方向和极性。

图 6.31（a）显示了在未聚焦光束和反射光束照射下的半导体，以及随之生成的太赫兹向外辐射光和太赫兹透射光。CPM 染料激光器以 100 MHz 的重复频率产生 2 nJ、70 fs、720 nm 的输出脉冲。然后，CPM 光束分成两个光束（30% 和 70%），其中较强的激发光束由机械斩波器在 2 kHz 频率下进行调制。较弱的采样光束则穿过可变时延，用于选通装有一个蓝宝石透镜的偶极子天线。这个透镜用于探测辐射的太赫兹脉冲。图 6.31（b）显示了由半绝缘 InP 发出并用偶极子天线探测的太赫兹脉冲。偶极子天线的方向向外（与法向成 45°），并发出一束直径为 4 mm 的

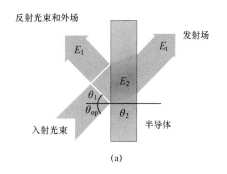

(a)

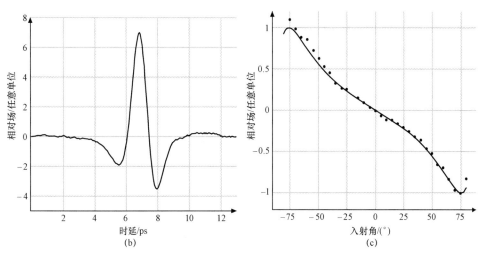

(b)　　　　　　　　　　　　　　(c)

图 6.31　透射和反射光测量

（a）从半导体表面生成的电磁波束；（b）测量的太赫兹脉冲；

（c）太赫兹传输脉冲的振幅与入射角之间的关系图（根据文献 [6.36]）

激光激发光束。所测得的时间响应受偶极子探测器的限制，该探测器的最佳频率为 0.6 THz。通过旋转晶片，在 0.4 mm 厚的半绝缘 InP 晶片中传输的太赫兹脉冲经测量与激发光束的入射角成函数关系。图 6.31（c）显示了这些结果，表明电流方向是在垂直于晶片表面的表面电场方向上。通过利用这种表面电场方法，研究人员从 InP、GaAs、GaSb、InSb、CdTe、CdSe 和 Ge 中得到了太赫兹辐射脉冲，但从 Si 中没有得到[6.36]。半绝缘 InP 显示出最强的太赫兹辐射能力，〈100〉InP 的辐射强度比〈111〉InP 大 2.5 倍。

前些时候，研究人员证实：通过利用外磁场，能够增强由表面电场产生的太赫兹脉冲[6.111,112]。由于有人声称利用一个大磁场能大大增强所生成的太赫兹脉冲的平均功率，因此人们对这种效应又重燃了兴趣[6.113]。虽然后来的研究表明这种说法被夸大了 100 多倍，但有关人员还是做了很多次研究来描述这种增强效应的所有属性[6.114-116]。

最近，两个研究小组给出了关于 B 磁场增强作用的相对简单的解释[6.117,118]。首先，外加的 B 磁场不会增加可导致太赫兹辐射生成的瞬时偶极子。其次，B 磁场能使瞬时偶极子以及随之形成的辐射图相对于半导体晶体的表面边界重新定位。辐射图的这种重新定位能显著增强从晶体到自由空间的输出耦合。这个耦合问题相当重要，因为晶体的折射率高，可能导致太赫兹辐射脉冲被晶体俘获。

4. 通过光学混频生成可调谐的连续波太赫兹辐射脉冲

通过让频率高于半导体带隙的两束激光产生差拍，可以实现一种能够产生可调谐辐射脉冲的连续波光学混频器[6.39,40]。根据所生成的光载流子的寿命以及用于将所生成的辐射脉冲耦合出来的技术，这种方法能在两个激光器的差频下生成可调谐的太赫兹辐射脉冲[6.41-43]。在 0.2～3.8 THz 频率范围内对连续波相干输出进行的实验演示采用了低温生长型 GaAs（LTG-GaAs，一般叫做 LT-GaAs）光学混频器[6.41-43]。LTG-GaAs 的优势是光载流子寿命短（经确定为 0.27 ps）、电击穿场高。由图 6.32（a）中的插图可看到，LT-GaAs 晶片是用面积为 20 μm×20 μm、与 20 μm×20 μm 相对结合片连接的叉指形电极图制造的。在电子束刻蚀之后，将结合片与一根三圈自补式螺旋天线 [图 6.32（a）] 连接。这根天线的外侧螺旋部分发射的是低频率，其内侧部分发射的是高频率。对于内半径为 40 μm、外半径为 1.8 mm 的实际天线，其工作范围经估算为 60 GHz～1.0 THz。光学混频器的特性是具有如图 6.32（b）所示的配置，其可调谐光学泵浦功率由两个 Ti:Al$_2$O$_3$ 激光器提供。这两个激光器在将近 780 nm 的波长下工作，每个激光光束的泵浦功率为 25 mW。在偏压为 25 V 的天线中，在两个激光器的可调谐差频下光电流会产生太赫兹辐射脉冲。所发射的辐射脉冲主要传播到砷化镓衬底中，然后传播到与衬底背面接触的高电阻率硅透镜中。随后，由这个透镜输出的太赫兹光束被一个塑料透镜聚焦到用液氦冷却的硅辐射热计上。所测得的太赫兹输出功率如图 6.32（c）所示。

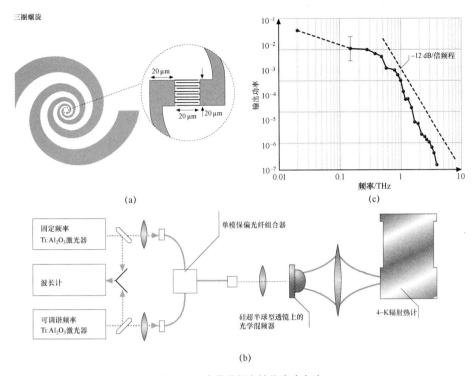

图 6.32　光学混频太赫兹脉冲实验

（a）三圈自补式螺旋天线，插图显示的是叉指形电极光学混频器结构的放大图；

（b）LT–GaAs 光学混频器的实验装置；

（c）所测量的光学混频器输出功率（根据文献［6.43］）

5. 电光太赫兹生成

　　许多年前就有人演示了通过让短光学脉冲穿过非线性光学材料来生成太赫兹脉冲（远红外辐射）的过程[6.33]。在这个开拓性实验中，由锁模钕:玻璃激光器发出的 2 ps 光学脉冲被聚焦到毫米级厚度的 LiNbO$_3$ 晶体上，并在其中传输。所得到的太赫兹辐射光分成了两个光束，其中一个光束用于在迈克尔逊干涉仪或法布里–珀罗干涉仪中进行光谱分析，另一个光束用于归一化。用两个 n 型 InSb（Putley）探测器在 1.5 K 温度下在 5.4 kG 的磁场中分别探测这两个光束。所得到的合成信号显示在示波器上。这些早期结果的例子通过图 6.33 中的所测远红外功率谱来显示。实验点由迈克尔逊干涉图得到，实曲线由理论计算得到——假设高斯激光脉冲的宽度为 1.8 ps。这个功率谱可理解为如下三项的乘积：① 锁模脉冲的光谱含量；② 辐射效率曲线；③ 以零频率为中心的相位匹配曲线。

　　飞秒光学脉冲在电光材料中的传播还伴随着极快电磁瞬态的辐射[6.34,119,120]。这种现象由逆电光效应造成，并形成一个切伦科夫脉冲辐射锥，其持续时间为大约一个周期，其频率在太赫兹范围内。虽然这个锥体与相对带电粒子在电介质中的经典切伦科夫辐射现象很相似，但它是由非线性光学效应造成的。该有效辐射源的电荷态为中性，是扩展的偶极矩，而不是点电荷，这个辐射源的速度大大超过了辐射速度。这种情形［图 6.34（a）］导致特性切伦科夫锥形激波形成。由于这种辐射源的空间范围与光学脉冲的强度包络成正比，因此辐照场同时取决于光学脉冲的持续时间和光束腰。

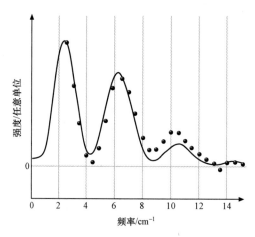

图 6.33　由锁模脉冲在 $LiNbO_3$ 中生成的远红外（太赫兹）功率谱（根据文献［6.33］）

　　如图 6.34（a）所示，在该实验中采用了两个光学脉冲：一个用于生成辐照场，另一个用于探测辐照场。这些 100 fs、625 nm 光学脉冲是由 CPM 锁模染料激光器得到的，在 150 MHz 的重复频率下其脉冲能量相对较低，为 0.1 nJ。图 6.34（a）中的配置利用了电光采样[6.2,3,7-12]来测量由辐射脉冲的电场产生的低双折射率。这个实验的一个独特特性是辐射场的速度和探测脉冲的速度能自动地同步。如图 6.34（a）所示，探测脉冲沿着切伦科夫波前以振荡方式传播，因此通过对双折射率在整个晶体路径上求积分，就能够测量在波形驻点上的电场。为了获得所测量的波形，我们用受计算机控制的可变光程长度慢慢地扫描探测脉冲的时间（相对于生成的脉冲）。图 6.34（b）所示的被测切伦科夫波形极其快速，单个周期的频率近似等于 1.5 THz。图 6.34（c）显示了这个波形的相应振幅谱。

　　探测过程的相干性质使得材料的远红外特性能够被测量——通过观察由色散和吸收造成的波形变化。由于时间基准能精确地获知，因此相位信息也能测量，从而能够获得介电函数的实部和虚部[6.121,122]。图 6.35 给出了钽酸锂的吸收系数和折射率测量值[6.122]。

　　当用超快激光脉冲照射半导体时，样品会发射太赫兹辐射脉冲，如图 6.31 所示。太赫兹辐射脉冲是由光载流子在表面电场中加速造成的，对于一些半导体来说也可能是由光整流造成的。通过让入射光束沿法向入射到半导体表面上，就可能将这两个过程区分开。对本案例来说，由光载流子发出的辐射脉冲不会从半导体中耦合出来，所观察到的在正向上辐射的太赫兹脉冲仅由光整流效应产生。图 6.36 所示的结果证实了这种情形[6.123]。对于这些结果来说，用于照射〈111〉GaAs 样品的锁模 Ti:蓝宝石激光器具有大于 10 nJ 的输出脉冲能量、小于 200 fs 的脉冲持续时间以及 76 MHz 的重复频率。通过一个具有 0.05/0.95 反射率/透射率比值的分束器，激光光束被分成两部分。其中，较强的光束穿过可变时延阶段，然后以大约 6 mm 的光斑直径照射半导体样品。较弱的那束光（一般 < 20 mW）则用作光导 50 μm 偶极子天线的光闸，偶极子天线用于探测所发射的太赫兹脉冲。

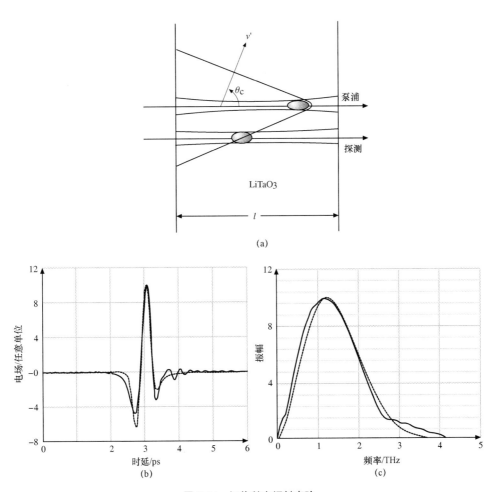

(a)

(b)　(c)

图 6.34　切伦科夫辐射实验

（a）用于生成及探测切伦科夫太赫兹辐射（由钽酸锂中的飞秒光学脉冲产生）短脉冲群的实验示意图，切伦科夫辐射锥沿着由低频相速度（$c/6.53$）与光学群速（$c/2.33$）之比决定的 θ_c 方向传播并远离泵浦脉冲；（b）将太赫兹瞬态的电场测量值（实线）与理论值（虚线）做比较；（c）图（b）的实验（实线）波形和理论（虚线）波形的振幅谱（根据文献［6.120］）

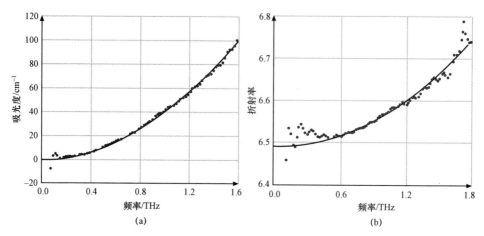

(a)   (b)

图 6.35　钽酸锂吸收系数和折射率测量

（a）钽酸锂的吸光度；（b）折射率。点是测量值，实线是将实验点与经典的
单振子模型拟合之后得到的结果（根据文献［6.122］）

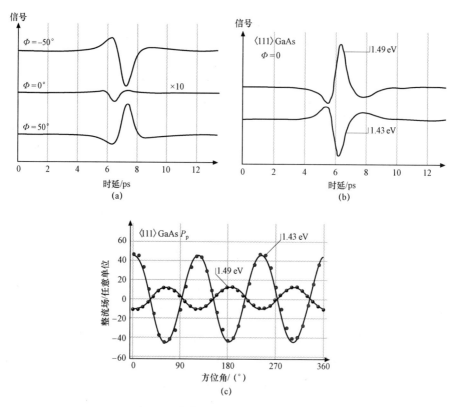

图 6.36　超快激光脉冲照射半导体实验

（a）利用正常（中心扫描线）入射角和±50°（上下扫描线）光学入射角从〈110〉
GaAs 中得到的太赫兹辐射脉冲；（b）当入射光子能量为 1.49 eV 和 1.43 eV 时发射的太赫兹脉冲；
（c）生成的太赫兹脉冲振幅与晶体方位角之间的关系图。空心圆和实心圆分别是在光子能量为 1.43 eV 和
1.53 eV 时得到的实验数据。实线是理论值（根据文献［6.123］）

当激光能量被调谐至接近 GaAs 的带隙时，我们观察到光整流信号出现急剧变化。当激光能量从 1.40 eV 被调谐至 1.46 eV 时，信号经测量会增强 100 多倍。当激光能量刚好高于带隙时，信号会达到峰值。这种效应具有非线性性质的证据是：太赫兹信号经测量是晶向相对于激光光束偏振方向的函数，并且观察到了预期的三重旋转对称，如图 6.36（c）所示。此研究工作证实了光整流作为极短太赫兹脉冲源的重要性，太赫兹脉冲的宽度基本上只受驱动激光脉冲宽度的限制[6.123]。

在对 GaAs 发出的超快激光脉冲所进行的另一次光整流演示中，研究人员利用所测量的 7～15 μm 光谱生成了相干远红外太赫兹脉冲[6.124]。他们利用球面镜，将一个以 100 MHz 的重复频率提供 10～15 fs 脉冲的 Ti:蓝宝石激光器在沿法向入射之后聚焦到一块 0.1 mm 厚的〈110〉GaAs 板上，形成一个直径通常为 20 μm 的光斑。然后，他们把在正向上合成的太赫兹传输脉冲（在样品中传播）引导到一个对 15 μm 的波长很灵敏的氮冷却 HgCdTe 探测器上。在 175 mW 的入射激光功率下，测得最大太赫兹功率为 30 nW。他们利用改进的迈克尔逊干涉仪装置、同步探测和数值傅里叶变换，获得了远红外太赫兹功率谱。图 6.37（a）显示了利用所生成的太赫兹脉冲得到的太赫兹功率谱。在 15 μm 波长下观察到的强截止是由光谱灵敏度减弱造成的。图 6.37（b）显示了利用图 6.37（a）中的功率谱构建的电场振幅谱，其中假设振幅谱的相位不变。这项研究工作表明，单循环太赫兹生成过程可延伸到近红外区[6.124]。

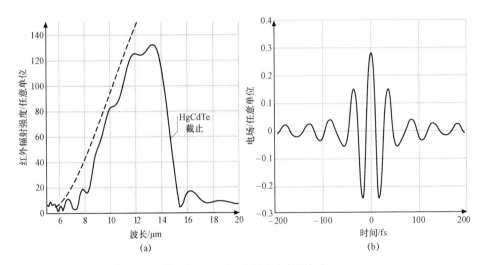

图 6.37　远红外太赫兹功率谱实验

（a）在法向入射时通过 GaAs 样品获得的远红外太赫兹传输脉冲的功率谱（由 HgCdTe 探测器测定）；

（b）假设薄样品中的色散可忽略，由功率谱推导出的太赫兹脉冲电场（根据文献［6.124］）

通过利用〈110〉ZnTe 中的光整流和电光采样来生成自由传播的太赫兹辐射脉冲并对其进行相干检测，研究人员已演示了一种宽带相干 THz－TDS 系统[6.125]，如图 6.38（a）所示。他们利用能在 76 MHz 重复频率下生成 130 fs、800 nm 脉冲的锁模 Ti:蓝宝石激光器来生成并探测太赫兹脉冲。直径为 2 mm、平均功率为 350 mW

的泵浦光束被斩波，并沿法向入射方向用于驱动 0.9 mm 厚的〈110〉ZnTe 晶体。这个泵浦光束在 60° 方向上偏振至〈110〉结晶方向，以使非线性响应达到最大。所生成的太赫兹脉冲在穿过一个闭塞式聚四氟乙烯滤光器之后，在一块相同的 ZnTe 晶体上入射。入射的太赫兹电场发生偏振，与〈110〉ZnTe 采样晶体的〈001〉轴线平行。在太赫兹光束中的一个 5 μm 厚薄膜分束器使光学探头和太赫兹光束能够在采样晶体中共同传播。然后，通过一个索累–巴比内（Soleil-Babinet）补偿器，探测光束在 1/4 波长点获得光学偏压。实验中的正交偏光镜用于提高灵敏度。

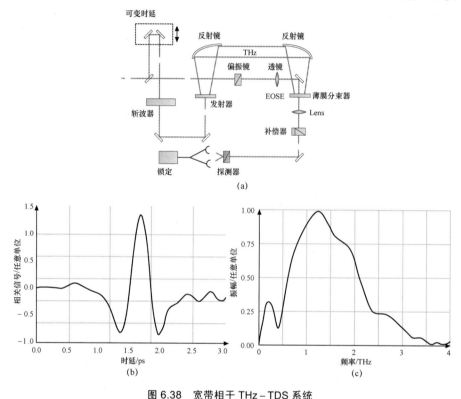

图 6.38　宽带相干 THz–TDS 系统

（a）实验装置示意图；（b）所测量的太赫兹脉冲；（c）被测太赫兹脉冲的振幅谱（根据文献［6.125］）

所测得的 270 fs（FWHM）太赫兹电场脉冲如图 6.38（b）所示。在主峰之后出现的小幅振荡在某种程度上是由环境水蒸气在被太赫兹传播光束激发后发生自由感应衰减所造成的。在这个几何形状中，这两个光束都会在采样晶体内受到多重内反射，而这些都未被纳入数据范围。时间波形的振幅谱［图 6.38（c）］证实了此系统的宽带能力。在这个实验中，由于存在太赫兹晶体色散，因此在频率超过 2 THz 时相干长度迅速减小。

研究人员们还报道了另一种带宽为 7 THz 的全光学太赫兹生成与探测系统[6.126]，如图 6.39（a）所示。通过光整流，由〈110〉GaAs 生成了超宽带太赫兹辐射脉冲。然后，利用 150 μm 厚的〈110〉GaP 晶体，通过自由空间电光采样对生成的脉冲进行相干探测。Ti:蓝宝石激光源的输出功率达到 2 W，最小脉冲宽度为 45 fs。利用对太赫兹光束来说透明的无涂层 2 μm 厚薄膜分束器，使大约 50% 的光学探测光束以共线方式沿着太赫兹光束方向反射到 GaP 传感器中。用光学斩波器以 1.5 kHz 的频率调制泵浦激光光束，以便通过锁定放大器进行相敏探测。然后，利用一对相同的光电探测器在平衡检测方案中有效地删除多余的共模激光噪声，以使探测光束主要受散粒噪声限制。将平均功率为 1.5 W 且由 50 fs 脉冲组成的激光泵浦光束经法向入射之后通过一个焦距为 25 cm 的透镜聚焦到一块 〈110〉GaAs 晶体上，该晶体直接附着在一个直径为 12 mm 的硅准直透镜的平直表面上。发射器处的峰值强度大约为 1 GW/cm²，因发射器表面的光学损伤而受到限制。

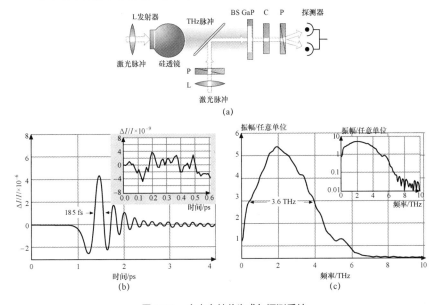

图 6.39　全光太赫兹生成与探测系统

（a）实验装置的示意图（C–补偿器，P–偏振镜，L–透镜，BS–薄膜分束器）；

（b）利用 150 μm 厚的 GaP 晶体测量的太赫兹脉冲，插图：在头 0.6 ps 中的噪声级；

（c）被测太赫兹脉冲的振幅谱（根据文献 [6.126]）

图 6.39（b）显示了所测量的太赫兹脉冲。经过平均 4 次连续扫描之后，峰间噪声基底 $\Delta I/I$ 低于 10^{-8}，如插图所示。所测得的 185 fs 太赫兹脉冲宽度（FWHM）是当时直接测得的最短脉冲持续时间。图 6.39（c）中的相应傅里叶变换表明，当上频率响应达到 7 THz 时，在 3.6 THz 的频率下带宽为 3 dB。

6.2.3　其他太赫兹接收器

对光电导太赫兹接收器的带宽起主要限制作用的是所生成的载流子的弹道加速度。此外，天线的响应是另一个限制因素。一种有吸引力的选择性方案是电光探测，其中接收器的响应特性由极快的电子非线性决定。因此，太赫兹接收器的带宽原则上可延伸到几十太赫兹。

1. 电光探测

对于自由传播太赫兹辐射脉冲的电光探测,最初两次演示结果提交出版的时间前后只相差数日[6.127,128]。哥伦比亚小组[6.128]在其电光采样元件中采用了 10 μm 厚的极化聚合物膜,得到大约 1 ps 的时间分辨率和信噪比 10。RPI 小组[6.127]利用 500 μm 厚的 LiNbO$_3$ 晶体作为非线性元件,也得到了大约 1 ps 的上升时间以及 SRN = 10。不过,这两个研究小组通过利用图 6.38 和图 6.39 所示的整套电光太赫兹系统,已显著改善了这些初期观察结果。太赫兹辐射脉冲的电光(EO)探测[6.126,129]已证实,这种脉冲的带宽能达到令人难忘的 70 THz[6.130]。但最近对重要的 EO 晶体 ZnTe[6.131]及其他 EO 晶体[6.132]进行 THz–TDS 特性描述发现,EO 技术要受到如下因素的限制:EO 晶体的太赫兹吸收、所测太赫兹脉冲和光学探测脉冲之间的群速匹配、与频率相关的非线性[6.130,131,133]。这种情形要求采用很薄的 EO 晶体来获得高频率响应,同时减小信噪比。

图 6.40 显示了关于这些考虑因素的一个例子,其中描述了图 6.39 所示系统的太赫兹接收器。图 6.40(a)显示了在电光太赫兹测量值中与 GaP 晶体厚度成函数关系的、与频率相关的效率计算值。图 6.40(b)显示了在实验中利用不同厚度的晶体测量的太赫兹脉冲,图 6.40(c)则显示了相应的振幅谱。

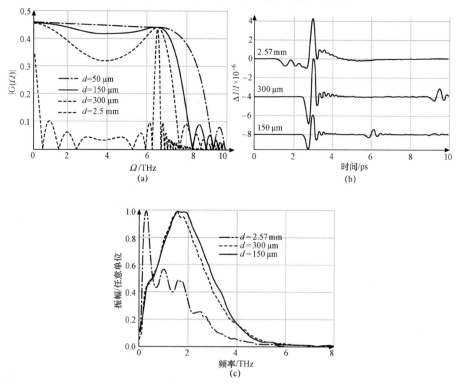

图 6.40 电光探测实验
(a)不同厚度的 GaP 传感器计算出的频率响应;
(b)利用 2.57 mm、300 μm 和 150 μm 厚的〈110〉GaP 探测器测量的太赫兹脉冲;
(c)被测太赫兹脉冲的振幅谱(根据文献 [6.126])

图 6.41 显示了一个具有极高带宽的全电光系统。在这个系统中，所测量的频率响应延伸至 37 THz。为得到这些结果，我们用 12 fs 的 Ti:蓝宝石激光器在 800 nm 的波长下提供将近 500 mW 的平均功率。用 0.45 mm 厚的〈110〉GaAs 晶片作为发射器，同时用 30 μm 厚的〈110〉ZnTe 晶体作为电光接收器。利用一个有效焦距为 5 cm 的镀金离轴抛物面反射镜，将 350 mW 的激光功率聚焦到 GaAs 发射器上。然后，将 GaAs 中通过光整流生成的合成太赫兹脉冲变成平行光，再通过离轴抛物面镜聚焦。图 6.41（b）显示了所测量的太赫兹脉冲，其中最短的振荡周期为 31 fs。图 6.41（c）显示了在更长扫描时间内的测量值，图 6.41（d）则显示了相应的振幅谱。最高频率响应达到 37 THz。在 5～10 THz 的强吸收系数是由 ZnTe 和 GaAs 的残余辐射带造成的，而大约 17 THz 的下降幅度可用速度失配来解释。

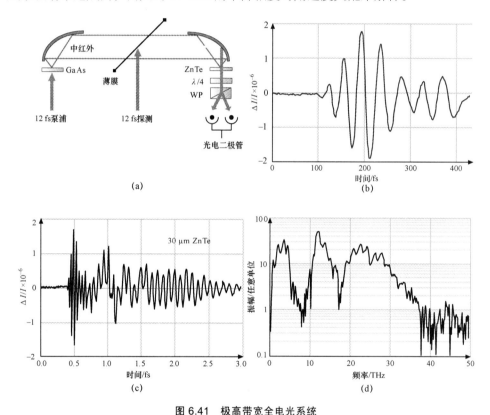

图 6.41 极高带宽全电光系统

（a）实验装置示意图；（b）测量的太赫兹脉冲；（c）具有较长扫描时间的
太赫兹脉冲；（d）太赫兹脉冲的振幅谱（根据文献［6.129］）

2. 采用功率检波的干扰测量法

图 6.30(a)显示了另一种辐射源特性描述法。这种方法绕过了接收器带宽问题，并利用功率检波器进行远红外干涉测量。这种方法最先用于以如下方法演示太赫兹辐射源[6.134]，即对于由激光所致载流子在被光电导半导体的表面电场加速后产生的

太赫兹辐射脉冲，通过测量半峰全宽（FWHM）为 230 fs 的自相关信号来演示太赫兹辐射源。这种方法采用了单个太赫兹辐射源（利用 CPM 染料激光器发射的、重复频率为 10 Hz 的 100 fs 放大脉冲对其进行照射）以及一个 Martin-Puplett 干涉仪和一个液氮冷却辐射热计。之后，研究人员又演示了另一种干涉测量法，即利用双源干涉仪在 100 MHz 的重复频率下进行非放大的 CPM 染料激光器脉冲激发[6.100]。通过用这种方法以及快速的扫描延迟线平均法，被测干涉图的信噪比提高了好几个数量级。同时，通过使用这种方法，图 6.27（d）中描述的太赫兹辐射源经证实能生成 6 THz 的辐射脉冲。此外，经测量，由这种辐射源能得到 230 fs 的 FWHM自相关信号，而且在 4 mW 的激光激发功率下能得到 30 nW 的平均功率[6.100]。还有研究人员利用干涉测量法和非相干测辐射热法来研究由冷等离子体振荡导致的太赫兹脉冲发射[6.135]。

6.2.4 具有自由传播太赫兹脉冲的 THz–TDS

与传统的连续波光谱相比，THz–TDS 技术与太赫兹光束的结合有一些很有力的优势。首先，远红外辐射的相干探测是一种极其灵敏的方法。虽然太赫兹脉冲的能量极低（0.1 fJ），但 100 MHz 的重复频率和相干探测相结合，能够在 125 ms 的积分时间内对信噪比大约为 10 000 的传播脉冲进行电场测量[6.31]。从平均功率来看，这种方法的灵敏度比液氮冷却辐射热计高 1 000 多倍[6.53]。其次，由于采用了选通相干探测，因此根据观察，在这个频率范围内让传统测量方法深感苦恼的热本底不见了。通过将时域光谱与傅里叶变换光谱（FTS）做比较，应当能清晰地看到：这两种方法的频率分辨率相似，因为它们都基于扫描延迟线，而在一阶延迟线上，频率分辨率由扫描时间的倒数决定。但是，"THz–TDS 用很准直的光束来扫描延迟线"这个事实确实具有一些实验优势。虽然 FTS 暂时仍占优势，但 FTS 的缺点——高于 4 THz（133 cm^{-1}）、辐射源的功率有限以及热本底问题——使得低于 4 THz 的 THz–TDS 在这些方面更受欢迎。

现在，我们来描述几种用于说明 THz–TDS 的一般性和有用性的不同测量类型。

1. 水蒸气的 THz–TDS 特性描述

利用当下的标准太赫兹光电系统（图 6.19）进行的初期 THz–TDS 测量是描述 0.25～1.5 THz 的水蒸气特性，其中 9 条最强谱线的截面是用目前最高的精度测量的[6.50]。这些早期测量活动采用了在离子注入型 SOS 衬底上的 30 μm（长）辐射源和探测天线，还采用了 MgO[6.68]透镜，但没有采用当前使用的更好的高电阻率硅[6.51]。图 6.42（a）显示了太赫兹辐射脉冲在纯氮气中传播之后的探测结果。此次测量是对激发脉冲和探测脉冲之间的 200 ps 相对时延进行的一次 10 min 扫描。当在密闭的氮气气氛内加入 1.5 Torr①水蒸气（相当于在 20.5 ℃温度下获得 8%的湿度）

---

① 1 Torr=133.322 Pa。

时，传输的脉冲变成了图 6.42（b）所示的波形。额外出现的快速振荡是由水蒸气线的色散和吸收共同作用造成的。在图 6.42（a），（b）中看到的更慢、更不稳定的变化则是由主脉冲的反射造成的。这些变化可再现，在数据分析中应当约去。插图显示了在放大 20 倍的垂直比例尺上的数据。在这里我们看到，随着平均相干弛豫时间 T_2 的增加，振荡呈近乎指数级衰减。

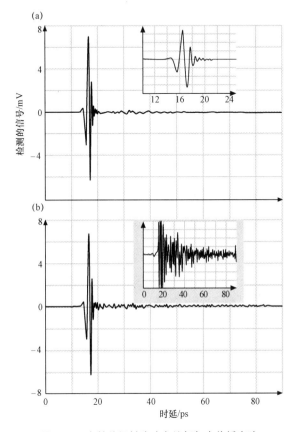

图 6.42　太赫兹辐射脉冲在纯氮气中传播实验

（a）在纯氮气中测量的自由传播太赫兹光束，插图表示在放大的时间比例尺上的脉冲；（b）当密闭的氮气中加入 1.5 Torr 水蒸气时测量的太赫兹脉冲，插图表示在放大 20 倍的垂直比例尺上的脉冲（根据文献［6.50］）

　　在图 6.43（a）中比较了图 6.42（a），（b）的振幅谱，从中可以清晰地观察到很强的水吸收谱线。在这两个振幅谱上增加的结构不是噪声，而是主脉冲的寄生反射结果。在每根谱线上都指出了所测量的频率——其估计误差为 ± 0.001 THz——以及用括号括起来的文献值。图 6.43（b）显示了相应的吸收系数，作为图 6.43（a）中两个振幅谱之比的自然对数的负数。由于电场是直接测量的，因此不需用 Kramers–Kronig 关系式就能得到这两个振幅谱之间的相对相移，如图 6.43（c）所示。就像在洛伦兹线上那样，在每次共振时经历的相位跳变值也等于峰值吸收系数。

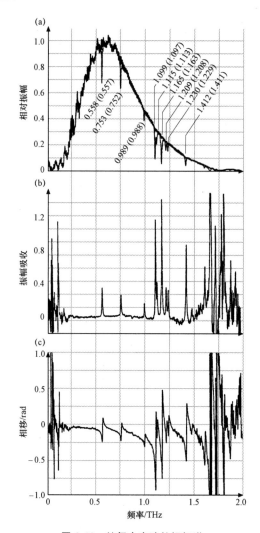

图 6.43 纯氮中实验的振幅谱

（a）图 6.42（a），（b）中的振动谱；（b）由图（a）得到的振幅吸收系数；
（c）图（a）中光谱分量的相对相位（根据文献［6.50］）

2. 火焰（热水蒸气）的 THz-TDS 特性描述

通过利用 THz-TDS，研究人员已实现了在 0.2~2.65 THz（7~88 cm⁻¹）范围内对火焰的第一次全面太赫兹（远红外）吸收测定[6.54]。而用替代的傅里叶变换光谱法则不可能进行这样的测量，因为非相干测辐射热（液氮冷却）能力会被火焰发射的大量远红外辐射脉冲所压倒。相比之下，THz-TDS 系统让这种非相干热辐射法相形失色。对于火焰来说，很多预期的成分（例如 H_2O、CO、OH、NO 和 NO_2）都有永久性电偶极矩，因此 THz-TDS 系统能以大约 2 GHz 的光谱分辨率同时探测这些成分。在对预混合丙醇-空气火焰进行这样的 THz-TDS 观察时，可以看到很多吸收谱线一开始时都与水、CH 和 NH₃ 的吸收谱线相同[6.54]。1 300 K 的火焰温度是通过对比水蒸气线的相对强度来确定的。后来，研究人员发现，除仅剩的在 2.865 THz 频率下的那根吸收谱线外，所有在丙醇–空气火焰中观察到的太赫兹吸收谱线都来自水蒸气，而以前在火焰中未识别出的吸收谱线是由 v_2（010）振动态热水蒸气中的纯旋转跃迁造成的[6.55]。

后来，通过 THz–TDS 和丙醇–空气火焰法，研究人员测量了水蒸气在高温下因碰撞加宽的纯旋转线宽[6.56]。他们在地面上观察到了 40 多条旋转谱线，在 1～2.5 THz（33～83 cm⁻¹）的光谱带宽上观察到了 v_2＝1 振动能级。所测量的谱线宽度与在 1 490 K 实测温度下的计算值大小是一致的，但与预测结果相反，在实验中观察到了显著的能量依赖性。在谱线中心没有观察到温度变化，谱线强度与表列值基本吻合。所证实的 THz–TDS 能力——在热样品中用于测量纯旋转跃迁的谱线宽度——可延伸至其他样品和气体混合物。可以在输入的燃料流中加掺杂剂，以便探测重要的自由基、瞬态产物和反应物。

图 6.44 显示了在本次研究中采用的基本实验配置。在火焰中的路径长度为 20.7 cm，预混火焰通过一个 24.8 cm×17.8 cm 烧结青铜水冷式燃烧器提供支撑。燃烧器总成是封闭式的，以防止受到室内空气的污染。太赫兹发射器和接收器封装在与燃烧器隔离的单独腔室中。太赫兹光束通过 100 μm 厚的石英窗被耦合到燃烧器外壳中。石英窗与直径为 5 cm 的石英管熔接，以便能够直接插入火焰中。

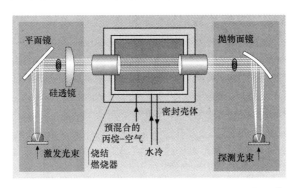

图 6.44　THz–TDS 装置和平焰烧嘴的实验示意图（根据文献［6.55］）

图 6.45（a）显示了火焰的典型测量法，插图中详细说明了主要的太赫兹脉冲。如图 6.45（b）所示，当火焰打开时，本底噪声没有增加。尽管火焰内部温度很高，但太赫兹光学器件的选通相干检测和低容许度能有效地阻止不相干的太赫兹辐射光入射到接收器上。图 6.45（c）显示了图 6.45（a）中脉冲的归一化振幅。振幅谱中的 0.75 THz 振荡结构是由 100 μm 厚石英窗的校准效应形成的。图 6.46 显示了利用当 1:30 丙烷–空气火焰打开时的三次扫描平均值与当火焰关闭且用干燥空气吹洗燃烧器外壳时的三次扫描平均值之比测得的功率吸收谱。所得到的测量值与计算出的谱线位置之间的拟合精度为 1 GHz。我们观察到在 v_2 能带中有 22 条旋转吸收谱线，

所测得的强度和谱线宽度与计算值非常吻合。

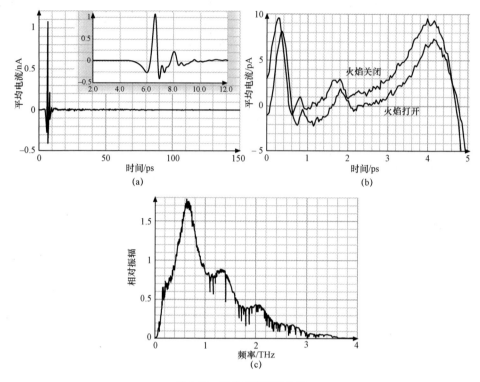

图 6.45　平焰烧嘴实验曲线

（a）在 1:30 丙烷 – 空气火焰中传播之后的太赫兹脉冲，插图更详细地说明了太赫兹脉冲；
（b）在太赫兹脉冲到达前有/无火焰时的脉冲区特写；（c）所发射的太赫兹脉冲的振幅谱（根据文献 [6.55]）

3. 蓝宝石和硅的 THz – TDS 特性描述

早期对单晶蓝宝石和硅的 THz – TDS 测量动力[6.51]源于需要找到与发射/探测芯片接触的最佳太赫兹透镜材料。已发表的现有数据不足以做到这一点。透镜材料（一开始时是蓝宝石）对太赫兹辐射脉冲的吸收给整个系统的带宽强加了一个上限。硅透镜的使用——受这些异常低的吸收与色散测量值所激发——立即使系统带宽从 2 THz 增加到了 3 THz，同时得到了具有更少环形结构的更平滑脉冲。

单晶蓝宝石样品是一个经过抛光的圆盘，其直径为 57 mm，厚度为 9.589 mm，c 轴位于圆盘平面内。图 6.47（a）显示了入射到样品上的典型太赫兹输入脉冲，图 6.47（b）则显示了在样品中传播之后的输出脉冲（归一化为输入脉冲），其中晶体的 c 轴垂直于偏振方向。振幅减小是由在两个表面上的反射损耗以及当脉冲穿过蓝宝石时的吸收损耗造成的。时延为 73.4 ps 的脉冲是寻常脉冲，而时延为 85.1 ps 的脉冲是非寻常脉冲。寻常脉冲的峰值与异常脉冲的峰值之比为大约 25:1，使得整个系统对偏振很敏感。从振幅来看，所生成的太赫兹光束的偏振化率为 5:1。这两个脉冲之间的 11.8 ps 间隔是蓝宝石双折射率的测度，如果忽略由色散造成的群速修正，则可以直接得到非寻常光线和寻常光线之间的折射率差值为 $n_o = 0.37$，相比之下文献中的数值为 0.34[6.136,137]。当进行全频率分析时，得到的值与文献值高度吻合。寻常脉冲的时延为 73.4 ps，而没有样品时脉冲的时延为 7.1 ps，因此得到寻常折射率为 $n_o = 3.07$，这与文献值是一致的[6.136-138]。图 6.48（a）显示了吸收系数与由这些脉冲决定的频率之间的关系。在这里，我们看到随着含有期望二次方的频率增加，功率吸收系数呈单调增加趋势。由于样品对于弱高频分量来说过厚，导致出现过度衰减，因此只有在 1.75 THz 范围内的吸收数据可认为是精确的。以前的一些研究结果[6.136-138]用曲线表示，可以看到与 THz－TDS 测量值大致一致（在 2 倍范围内）。傅里叶分量的相对相位决定着折射率与频率之间的关系［图 6.48（b）］，得到的关系图与所显示的早期研究结果相比吻合很好[6.136-138]。

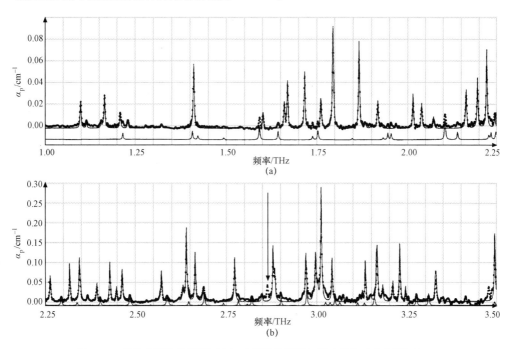

图 6.46　将热水蒸气的被测（点）功率吸收系数与振动基态（实曲线）和第一 v_2 振动态（偏移了 0.01 的实曲线）的计算值进行对比。那一根未经确认的谱线用箭头表示（根据文献［6.55]）

晶体硅是光性均质的，因此不必担心入射太赫兹光束和晶向的偏振。虽然有大量文献都提到了硅在低于 2 THz 的频率下的远红外特性，但所发表的数据之间存在着显著的差异——所测量的吸收系数之间的差异多达 10 倍。造成这种混乱的主要原因是：在低于 2 THz 的频率下，测量结果对载流子的出现极其敏感。THz－TDS 测量值[6.97,98]表明，对于 1 Ω·cm 的 n 型硅来说，峰值吸收为 100 cm⁻¹；对于 10 Ω·cm 的 n 型硅来说，峰值吸收为 12 cm⁻¹。通过将这些值外推，可得到：对于 100 Ω·cm

的 n 型硅，$\alpha = 1\ \text{cm}^{-1}$；对于 $1\ \text{k}\Omega \cdot \text{cm}$ 的 n 型硅，$\alpha = 0.1\ \text{cm}^{-1}$；对于 $10\ \text{k}\Omega \cdot \text{cm}$ 的 n 型硅，$\alpha = 0.01\ \text{cm}^{-1}$。因此，除非采用高纯度高电阻率材料，否则测量的结果将不是本征半导体的特性，而是载流子的特性（因为有残余杂质）。在早期对电阻率为 $10^{[6.136]} \sim 100\ \Omega \cdot \text{cm}^{[6.138]}$ 的硅所做的研究中，这个问题最为普遍。

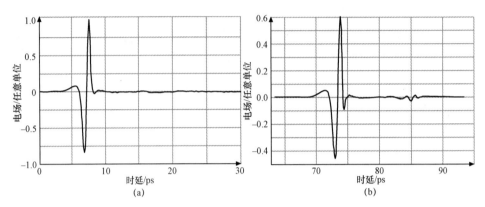

图 6.47　单晶蓝宝石晶体太赫兹实验曲线

（a）测量的输入太赫兹脉冲；（b）在蓝宝石晶体中传播之后测量的太赫兹脉冲（根据文献［6.51］）

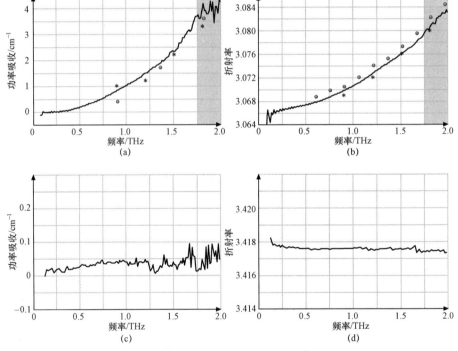

图 6.48　晶体状蓝宝石和硅的 THz–TDS 测量，圆圈是文献[6.136,137]中的数据，
星号是来自文献[6.138]的数据；

（a）蓝宝石的功率吸收系数（寻常光线）；（b）蓝宝石的折射率（寻常光线）；（c）高电阻率硅的功率吸收系数；
（d）高电阻率硅的折射率（根据文献［6.51］）

上述 TDS 测量是在直径为 50 mm、厚度为 20.046 mm 的单晶高电阻率（大于 10 kΩ·cm）浮区硅上进行的。这种材料经测量具有史无前例的透明度，而且有一条非常平的色散曲线。在从低频率一直到 2 THz 的频率范围内，所测得的吸收系数小于 0.05 cm⁻¹，而折射率变化量低于 0.001。

4．n 型硅和 p 型硅的 THz–TDS 特性描述

通过对装置级掺杂硅晶片[6.97,98]进行 THz–TDS 测量，我们发现与频率相关的吸收和色散完全是由载流子造成的，而与主晶无关。因此，复电导率可在迄今为止最宽的频率范围内描述。所使用的样品是一块 283 μm 厚的 1.15 Ω·cm n 型晶片和一个 258 μm 厚的 0.92 Ω·cm p 型硅。图 6.49（a）显示的所测吸收系数比主晶的吸收系数大 2 000 倍。n 型材料和 p 型材料之间的明显差异是由电子和空穴的不同动态行为造成的。这些测量结果已经从数值上删去了由样品几何形状的校准效应造成的振荡。如图 6.49（b）所示，折射率与频率强相关。测量的结果与德鲁特理论（实线）非常吻合。

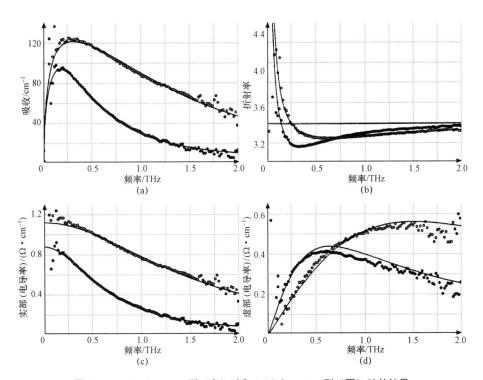

图 6.49　1.15 Ω·cm n 型（点）硅和 0.92 Ω·cm p 型（圆）硅的结果
（a）功率吸收；（b）折射率；（c）电导率的实部；（d）电导率的虚部（根据文献 [6.97,98]）

由于样品的太赫兹光学特性基本上完全由载流子的动态决定，因此掺杂硅的复电导率也可以不依赖于导电理论来测量，而只利用很普通的假设条件就可

以了[6.97,98]。根据图 6.49（a），（b）中的数据，我们得到了电导率（无任何拟合参数），图 6.49（c）显示了电导率的实部，图 6.49（d）则显示了电导率的虚部。p 型材料的外推直流电导率为 0.89 Ω·cm，n 型材料为 1.13 Ω·cm。相比之下，直接测量的电导率值分别为 0.92 Ω·cm（p 型）和 1.15 Ω·cm（n 型）。

测量结果与德鲁特理论（实线）之间的最后拟合是相当令人满意的，两个德鲁特参数——等离子体角频率 ω_p 和阻尼率 Γ——经确定其数据拟合精确度在 5% 以内。对于 0.92 Ω·cm 的 p 型硅来说，$\omega_p/2\pi = 1.75$ THz，$\Gamma/2\pi = 1.51$ THz；而对于 1.15 Ω·cm 的 n 型硅来说，$\omega_p/2\pi = 1.01$ THz，$\Gamma/2\pi = 0.64$ THz。根据所测定的阻尼率和已知的有效载流子质量[6.97,98]，我们求出电子的迁移率为 1 680 cm²/（V·s），空穴的迁移率为 500 cm²/（V·s）。而根据所测定的等离子体频率和有效的载流子质量，我们求出 p 型硅的载流子数密度为 1.4×10^{16} cm⁻³，n 型硅的载流子数密度为 3.3×10^{15} cm⁻³。

最近，研究人员在 2.5 THz 的频率范围内对掺杂硅上的直流电复电导率 $\sigma(\omega)$ 进行了决定性的 THz-TDS 测量[6.139]，如图 6.50 所示。与掺杂硅的上述早期实验研

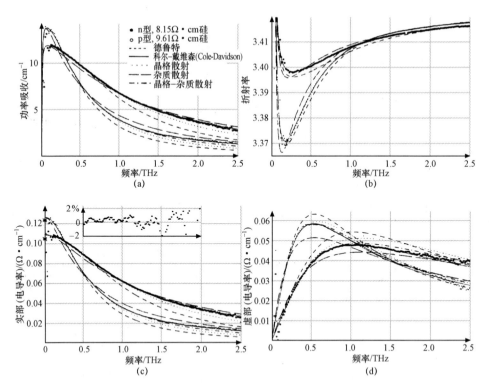

图 6.50 将 n 型（点）硅和 p 型（空心圆）硅的 THz-TDS 测量值与 5 个替代理论进行比较
（a）功率吸收系数；（b）折射率；（c）电导率的实部；
（d）电导率的虚部（根据文献 [6.139]）

究结果相比[6.97,98]，这些新的结果有足够的频率范围和精度来测试电导率的替代性理论[6.140-143]。但对于 n 型硅和 p 型硅来说，在载流子密度 N 的超过 2 个数量级的测量范围内，测量结果与标准理论（包括德鲁特理论、晶格散射理论和杂质散射理论）之间并不吻合[6.97,98,140-143]。但修正后的德鲁特理论 $\sigma(\omega)$——包括 Cole-Davidson（C-D）分数指数 β[6.144]——首次实现与所有的测量值高度拟合。C-D 型分布[6.144]首次以这样的方式应用于有序晶态半导体的 $\sigma(\omega)$ 拟合，使这种分布类型的演示频率范围扩大了超过 3 个数量级，证实了分形电导率不只是在无序材料中才存在。而后来对 n 型掺中子浮区硅的、具有极低载流子密度的样品进行 THz-TDS 特性描述时，所得到的结果又与用 C-D 型分布（其中 $\beta=0.83$）描述的复电导率高度拟合[6.145]。

5. n 型氮化镓的 THz-TDS 特性描述

最近，研究人员们对 n 型 GaN 在 0.1～4.0 THz 频率范围内的复电导率和介质响应进行了 THz-TDS 特性描述[6.146]，所测量的电导率通过简单的德鲁特模型实现最佳拟合。

GaN 样品是一块尺寸为 5 mm×5 mm×180 μm 的非故意掺杂 n 型独立式晶体板。利用激光剥离，把一开始通过氢化物汽相外延法（HVPE）生长在 c 面蓝宝石上的 GaN 层从蓝宝石衬底上揭下[6.147,148]。c 轴垂直于样品的主平面。使样品附着于一块薄铜板上，并以板内一个直径为 4 mm 的孔为中心，这个孔决定着光学孔径。板上还有一个相同的通孔，用于接收被指定为输入脉冲的参考信号。在此次测量中，标准的 THz-TDS 系统被重新排列成一个 4f 共焦几何形状，使太赫兹发射器和接收器之间实现良好的光束耦合。为了把太赫兹光束的直径压缩成与 GaN 样品的尺寸差不多，同时也为了保存低频分量，我们将一对焦距为 25 mm、间距为共焦距离 50 mm 的高电阻率硅透镜放置在两个抛物面镜之间的太赫兹光束轴线上。因此，在这两个透镜中间，我们得到了一个与频率无关的、直径为 2.8 mm 的太赫兹光束腰，4 mm 的样品通光孔径就以光束腰为中心。

图 6.51（a）显示了由样品得到的实测功率吸收系数，图 6.51（b）则以空心圆形式显示了实测折射率。图 6.51（c）所示的电导率实部和虚部分别源于图 6.51（a），（b）中所示的、用实验方法确定的 α 和 n 曲线。

然后，利用简单的德鲁特模型，对测量的功率吸收系数、折射率和复电导率进行理论拟合[6.97,98]。利用以下三个参数来获得实验数据的极佳拟合：$\omega_p/2\pi=1.82$ THz，$\Gamma/2\pi=0.81$ THz，介电常数的实部 $\text{Re}(\varepsilon_d)=9.4$。鉴于 GaN 中电子的折算质量为 $m^*=0.22m_0$[6.149]，因此与这些参数对应的数量密度为 $N=0.91\times10^{16}/\text{cm}^3$，迁移率为 $\mu=1\,570$ cm²/（V·s）。在图 6.51（a）中，本征 GaN 的材料吸收导致德鲁特拟合曲线与在高于 2 THz 的频率下测得的功率吸收系数之间出现差别。

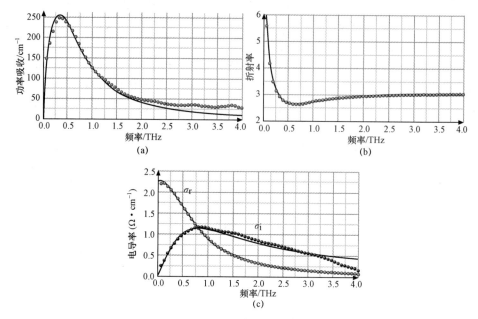

图 6.51 将 GaN（空心圆）的 THz – TDS 测量值与德鲁特模型（实线）进行对比
（a）功率吸收系数 α；（b）折射率的实部 n_r；
（c）复电导率 σ_r 和 σ_i（根据文献 [6.146]）

6. 普通金属膜以及正常/高 T_c 超导薄膜的 THz – TDS 特性描述

普通金属膜以及正常/高 T_c 超导薄膜的复电导率是一个重要的主题范围。其中，太赫兹系统的较大动态范围是在从低频率一直到大约 6 THz 的频率范围内利用极大衰减量进行透射测量的关键。因此，我们可以测量较厚的薄膜，由此获得与这些材料的期望体特性更接近的结果。通过利用 THz – TDS，我们就可能以非接触方式测量普通金属膜和超导薄膜的复电导率。值得注意的是，太赫兹光束很容易被聚焦到毫米级甚至亚毫米级光斑尺寸，从而穿过能冷却到深冷温度的光学杜瓦瓶的窗口。

研究人员已经在铌[6.150]和铅[6.151]薄膜上直接测量了普通超导体的能隙。在对高 T_c 薄膜的初期研究中，复电导率[6.152]以及面阻抗[6.153]的实部和虚部是在正常状态和超导状态下分别测量的。在另一次研究中[6.154]，有关人员在 0.45～2.4 THz（15～80 cm^{-1}）的频率范围内直接测量了 $YBa_2Cu_3O_7$ 薄膜的亚带隙电导率 σ 的实部和虚部，并在实部 σ_1 中观察到了与横波 BCS 超导体中的预期相干峰值类似的一个峰值。在最近的测量中，这些测量值的精度已提高，频率范围也拓宽了[6.155-165]。

7. 高 T_c 衬底、非线性晶体和聚合物的 THz – TDS 特性描述

底层介质衬底的太赫兹透明度对于实现高速共面传输线的目标（即能够在大约

10 mm 的距离上传输亚皮秒电脉冲）来说是必不可少的。这些考虑因素对于实现用新型高 T_c 超导材料来制造高带宽共面传输线来说变得尤其重要。在室温和 85 K 温度下对三种与高共面传输线一起使用的介质衬底——氧化镁、钇稳定氧化锆（YSZ）和铝酸镧——进行 THz-TDS 特性描述的过程也规定了能得到且可实现的带宽极限[6.68]。最近的测量活动还描述了另一种高 T_c 衬底的特性[6.166]。

虽然 ZnTe 是主要的 EO 检波晶体，而且详细的模拟结果已经与实验结果做过比较，但与频率相关的 ZnTe 吸收与色散还没有测量。最近，通过 THz-TDS，研究人员们已大量测量了在从低频到 4.5 THz 的频率范围内 ZnTe 的折射率和吸收系数[6.131]。与以前的假设条件不同的是，这次研究发现在低于 4.5 THz 的频率下，吸收现象不是由 5.3 THz 频率下的强 TO 声子谱线主宰，相反，实测吸收是由几条新的声子谱线造成的。事实上，在低于 3.5 THz 的频率下，我们没有观察到由 TO 声子谱线的低频翼造成的显著吸收。但是，就像以前预测的那样，折射率行为由 TO 声子共振子控制。另一个研究小组已报道了 LiNbO$_3$、LiTaO$_3$、ZnTe 和 CdTe 这几种重要电光晶体的 THz-TDS 特性描述[6.132]。这个小组最近还报道了非线性有机晶体 DAST 的 THz-TDS 特性描述[6.167]。

8. 分子蒸汽的 THz-TDS 特性描述

早期对由太赫兹脉冲激发的相干瞬态的研究采用了 N$_2$O 蒸汽[6.168,169]和氯甲烷蒸汽[6.170]的 THz-TDS 方法。通过利用亚皮秒太赫兹辐射脉冲来激发蒸汽，人们随后观察到从蒸汽中发射出相干太赫兹脉冲序列，持续时间长达 1 ns。通过测量卤代甲烷蒸汽的碰撞致宽基态旋转谱线群的远翼吸收谱线轮廓，有关人员研究了 THz-TDS 旋转谱线形状，以深入了解实际的碰撞过程[6.171-173]。这些旋转谱线群已通过共振增至 200 多个谱线宽度，其频偏相当于共振频率的 5 倍。这些观察结果从 van Vleck-Weisskopf 理论范围一直延伸到洛伦兹理论范围。这些测量结果用实验方法创建了新的分子响应理论，其中明确地包括了在碰撞期间的分子定位时间[6.173]。

最近有人发表文章，研究了在卤代甲烷[6.172]和氨[6.174]中由碰撞诱发的隧穿效应。还有的文章描述并探讨了 THz-TDS 在气体探测中的应用[6.175,176]。研究人员已开发了一种用于监测太赫兹的气体过滤相关性分析仪[6.177]，还演示了一种全电子化太赫兹吸收光谱仪[6.178]。

6.2.5 液体的 THz-TDS

通过对如下物质的吸收系数和折射率进行的一系列测量，研究人员已证实了 THz-TDS 测量法对液体是有效的：丙酮[6.179]、乙腈[6.179,180]、液氨[6.181]、苯[6.182,183]、四氯化碳[6.182,184]、环己烷[6.182]、乙醇[6.181]、甲醇[6.179,181]、1-丙醇[6.181]、水[6.179,181,185-188]和重水[6.188]。此外，研究人员还描述了如下液体的 THz-TDS 特性：两极液体的非水混合物[6.189]、溶剂化 HCl[6.190]以及水与丙酮、乙腈和甲醇形成的混合物[6.179]。所得到的光谱一般覆盖了 0.1～2 THz 的频率范围，其中非极性液体的介质响应是由碰撞诱发的偶极矩控制的。液体在太赫兹频率区的复杂介质行为对于极性分子和非极性分子来说是不同的。太赫兹脉冲在极性分子中的吸收现象是由入射场与分子永久性偶极矩之间的电子相互作用造成的。偶极子被入射太赫兹场调准，而与此同时又被碰撞过程调到相反方向。偏振作用的碰撞诱导弛豫有一个皮秒级时间常量，非常适于太赫兹探测脉冲。太赫兹脉冲在非极性分子中的吸收系数小得多，这是因为在液体中的分子碰撞诱发了瞬时偶极矩。对于这两类液样来说，复介电常数都可通过 THz‒TDS 来测量，由此得到有用的信息。

6.2.6　波导 THz‒TDS

通过准光学超球面透镜或平面圆柱体硅透镜将宽带太赫兹脉冲高效地耦合到不同配置的波导中，能够实现很多可能性，见 6.1.9 节中的探讨。尤其是，在金属平行板波导（PPWG）中的低损耗非色散单 TEM 模传播（图 6.16）使得波导太赫兹时域光谱（THz‒TDS）成为可能，而这种光谱可用于测量在这种波导的波导片上薄层材料的吸收常数和介电常数。

对于具有薄介质层的金属 PPWG 来说，总损耗源于金属壁和介质膜。通过将空波导发出的信号与含有介质层的波导所发出的信号做比较，就可以推导出由介质层引起的振幅变化和相位变化。因此，就可以得到介质层材料的吸收率和折射率。此测量过程的灵敏度与波导长度和波导片间距之比成正比，因此在配置正确的情况下，此方法可用于描述低损耗材料的极薄层。

关于这种方法的灵敏度和适用性，最初演示的是用这种方法测量 PPWG 板上的纳米水层[6.191]。这个水层的厚度为 25 nm，大约相当于 80 个分子层，并表现出与体积水类似的折射率和吸收率。

1．将波导 THz‒TDS 与球粒 THz‒TDS 做比较（第 1 部分）

最近，研究人员利用波导 THz‒TDS 研究了有机材料和生物有机材料的微晶薄膜样品，发现由于微晶在波导片上的取向，导致出现谱线减宽现象[6.192]。其中，波导 THz‒TDS 测量的初始目标是要证实波导 THz‒TDS 的灵敏度与标准球粒法相比预计会增强 100 倍。现在，我们来详细描述这项研究工作。

在首次对固体有机薄膜的波导 THz‒TDS 进行特性描述时，有关人员研究了 1，2‒间苯二腈（12DCB）材料，因为这种材料在太赫兹区有相对较强的振动谱线。这次研究的主要成果是发现所测量的太赫兹波导薄膜光谱与相应的太赫兹球粒光谱相比振动线宽要尖锐得多[6.192]。对于利用图 6.52 所示的实验设备在将近 77 K 的温度下进行的测量，则观察到波导薄膜出现了明显的谱线减宽，因此得到的谱线宽度比球粒样品中看到的要窄 5 倍[6.192-194]。谱线变窄表明在波导薄膜中还存在着一个振动结构，而这在球粒样品中则没有明显看到。谱线减宽是由以滴铸方式铸在金属波导表面上的 12DCB 薄膜的非均匀展宽量减少造成的。另外，还证实了通过亚波长能隙和较长的传播长度，波导技术是有可能获得高灵敏度的。

2. 将波导 THz – TDS 与球粒 THz – TDS 做比较（技术细节）

图 6.52 显示了具有液氮（LN$_2$）低温能力的波导 THz – TDS 实验装置示意图[6.191,192]。PPWG 总成由两块具有相同尺寸 27.9 mm（宽）×30.5 mm（长）×9.5 mm（厚）的铜板组成。通过四个 50 μm 厚的垫片，使板间距达到 50 μm。利用分别安装在 PPWG 的输入面和输出面上的两个相同的平面 – 柱面硅透镜，将自由空间太赫兹光束耦合到波导中以及耦合出来。把波导总成放在一个具有直通光路的真空室中，并用机械方法将其附着于一个液氮罐上。

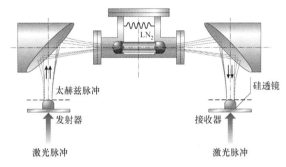

图 6.52　低温波导 THz – TDS 的实验装置[6.192]

一种用于测量有机固体中太赫兹（远红外）吸收光谱的标准方法是形成一个圆盘形压缩球，里面含有少量经过细磨的固体样品，然后把这些样品分散在数量大得多的低吸光度基质材料粉末（例如聚乙烯）中。有关人员已研究了在太赫兹范围内各种不同的球粒状有机材料和生物有机材料，包括爆炸材料[6.195-198]及其副产品[6.199]、共轭有机低聚物[6.200]、氨基酸[6.201]和 DNA[6.202,203]。虽然从球粒样品中可以得到大量的光谱信息，但由于存在本征谱线增宽机制以及与球粒制备有关的效应，因此在很多情况下这些样品的太赫兹光谱表现出较宽的谱线形状[6.204]。这些球粒样品可以用 THz – TDS 轻易地测定。

利用波导 THz – TDS 还能研究有机固体的太赫兹特性。在这些研究中，PPWG 还表现出了另一种特性，即：PPWG 很容易打开，其裸露的内部平面非常适于喷涂上一层被研究材料的薄膜。这些特征促使研究人员对利用球粒样品得到的标准 THz – TDS 测量值以及在该样品上的波导 THz – TDS 测量值进行了初始对比研究[6.192]。用常用方法将对比样品处理成含聚乙烯的粉末状混合物，然后压入直径为 10 mm、厚 1 mm 的球粒中。这些球粒的特征是它们是标准的 THz – TDS 系统。另外，将相同的化合物在合适的溶剂（例如三氯甲烷）中溶解，通过将溶液滴在 30 mm（长）平行板波导（PPWG）的其中一块板上，铸成一张微晶薄膜。然后重新装配波导。

在初期对比中[6.192]，12DCB 薄膜是用滴铸法制成的，即把 12DCB 在甲苯中形成的 2 mg/mL 溶液滴在敞开式 PPWG 的其中一块板的内表面上，以铸成薄膜。在溶液蒸发之后，利用浸有溶剂的棉签去除在薄膜周边上的厚区，留下一张尺寸为 15 mm（宽度）×25 mm（长度）且厚度均匀的薄膜。薄膜的质量用如下方法来估算：把以类似方式制备的一张薄膜溶入三氯甲烷溶液中，然后将紫外吸收光谱与具有已知浓度的 12DCB 溶液的吸收光谱做比较。典型的薄膜质量为 50～60 μg，相比之下，球粒质量大 100 倍。球粒样品的制备方法是将 4.8 mg 的 12DCB 粉末在 100 mg 的聚乙烯粉末中混合，然后将混合物压缩，形成一个直径为 1 cm、厚度为 1 mm 的球粒。

在早期的演示中，研究人员还描述了其他两种样品的特性[6.193,194]，即 DCB（13DCB）的 1, 3 同分异构体和四氰代二甲基苯醌（TCNQ），后者是在导电有机固体中的一种重要的电子接受型分子。多晶薄膜是通过将含有 13DCB 的甲苯溶液（2 mg/mL）和含有 TCNQ 的丙酮溶液（2 mg/mL）滴到波导板上之后铸成的。到目前为止，最有效的方法是把含有样品的少量溶液（通过一个手持式微量注射器）滴到波导板上以铸造成型。在成功的案例中，溶液蒸发之后会在金属表面上形成一张偏序微晶薄膜，由此得到的典型薄膜质量为大约 80 μg。通过在显微镜下检查这些薄膜，我们发现在金属波导板表面上形成了多晶结构，如图 6.53 所示。

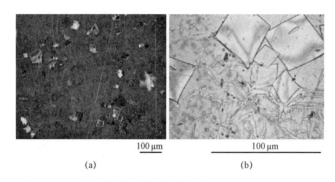

图 6.53　铜片上的 TCNQ 平面晶体的光学显微照片。帧尺寸：(a)550 μm×700 μm；(b)112 μm×140 μm
（根据文献［6.194］）

用光学显微镜很容易看到这种晶序，上面的图 6.53 中显示了我们最成功的样品的光学显微照片。在波导板表面上有多种表面形态，如图 6.53（a）所示。在这种情况下，波导板表面上可看到平片微晶的取向。我们认为，方形薄片晶得到的实验结果最佳，这从图 6.53（b）中的高放大倍数视图可看到。在这个例子中，2 mg（TCNQ）/mL（丙酮）溶液被直接滴在经过光学抛光的铜波导板上以铸造成型。

3. 将波导 THz-TDS 与球粒 THz-TDS 做比较（第 2 部分）

球粒样品的 THz-TDS 特性描述。图 6.54 显示了 12DCB、13DCB 和 TCNQ 在室温和 77 K 温度下的振幅传输谱[6.193]，其中 77 K 的振幅谱已向上偏移，以提高清晰度。左列［图 6.54（a），（c），（e）］显示了球粒光谱，右列［图 6.54（b），（d），（f）］则显示了相应的波导薄膜光谱。对每种材料来说，球粒光谱上都能看到由分子内部和分子间(声子)振动跃迁造成的相对较宽的谱线。光谱特征的 FWHM 在 0.15～1.0 THz（5.0～33 cm⁻¹）之间变化。将球粒样品冷却到 77 K 之后，谱线形状几乎没有变窄，有的谱线位置移到了高频率区，而新的谱线没有观察到。

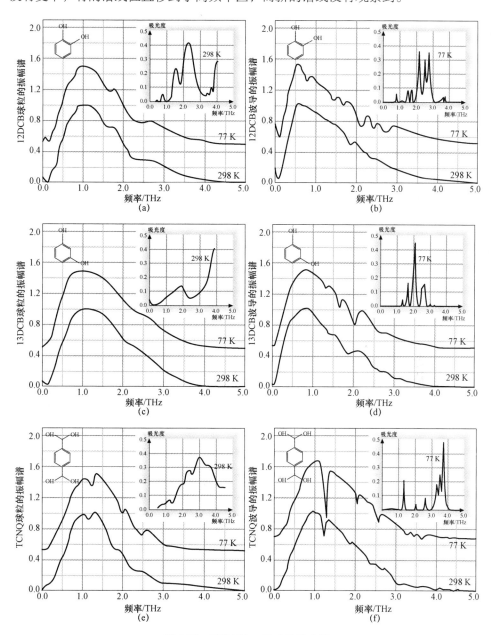

图 6.54 球粒 THz‒TDS 实验曲线

（a），（c），（e）左列，球粒样品的 THz‒TDS 传输谱；（b），（d），（f）右列，波导薄膜的波导传输谱（根据文献［6.2］）；12DCB（a），（b），13DCB（c），（d），TCNQ（e），（f）。在 77 K 温度下的数据已进行偏移，以提高清晰度。插图中显示了吸收谱（根据文献［6.193］）

相比之下，波导薄膜的相应太赫兹光谱［图 6.54（b），（d），（f）右列］显示了尖锐得多的谱线和更显著的温度依赖性，还能清晰看到在球粒光谱中并不明显的其他谱线。通过将 TCNQ 在 77 K 温度下的球粒光谱和波导光谱［图 6.54（e），（f）］做比较，可以看到在波导表面上的效应最明显。对于 TCNQ 球粒来说，在 1.3 THz 时最低频率模的谱线宽度为大约 140 GHz（4.5 cm⁻¹）；而对于波导薄膜来说，谱线宽度已变窄至 26 GHz（0.85 cm⁻¹）。此外，球粒在 3.0～4.0 THz 时的宽谱特征在波导薄膜中分解成了三根独特的谱线。在 12DCB 和 13DCB 中也得到了类似的观察结果。

图 6.55（a）显示了极佳 TCNQ 样品（图 6.54）的波导 THz-TDS 特性，可看到在 77 K 温度下相对高质量的谱线减宽效应。请注意该样品的振幅谱较宽，而吸收谱线异常地窄。图 6.55 中给出了相关的吸光度。

关于这些谱线减宽观察结果，一种合理的解释是：球粒中含有静态分布的微晶，这些微晶在聚乙烯主晶内随机地取向，导致形成很强的非均匀展宽。在这个极限线宽内，温度对谱线宽度的影响可能很小。相反，在冷却之后谱线显著变窄，表明波导薄膜的谱线受均匀展宽机制的控制——如果滴铸多晶薄膜在波导表面上呈现出高度取向性，则可能会出现均匀展宽。对这些滴铸薄膜进行显微镜检验后发现，这些薄膜由随机分布在波导表面上的微晶组成，但相对于波导表面具有显著的平面取向性。

我们应当清楚，波导 THz-TDS 与球粒 THz-TDS 相比其样品灵敏度增加了 100 倍——这是一个对基本上所有可形成薄膜的材料都适用的一般特征。但谱线减宽效应并不一定是这种情况，这要求在波导板表面上的样品材料含有一个定向微晶层。因此，很重要的一点是要证实对很多种材料来说，都会出现这种谱线减宽效应。谱线减宽效应已在脱氧胞苷、腺苷、d-水合葡萄糖、L-丙氨酸、甘氨酸、色氨酸等生物材料上得到证实[6.205]，在 TRIS 上也演示过[6.206]。TRIS 是生物化学和分子生物学领域中一种重要的氨基醇。在与制药相关的材料（阿司匹林和阿司匹林前体）中，谱线减宽效应也得到了证实[6.207]。

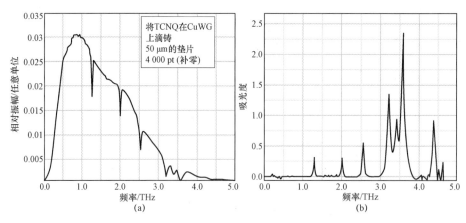

图 6.55 TCNQ 波导曲线

（a）在 LN₂ 温度（77 K）下通过具有 TCNQ 微晶层（图 6.53）的波导进行传播的太赫兹脉冲振幅谱；（b）相应的吸光度（根据文献［6.194］）

这种方法的一种重要但简单的延伸形式是利用机械制冷器（图 6.56），将波导和样品冷却到比 LN$_2$ 在 77 K 时低得多的温度。

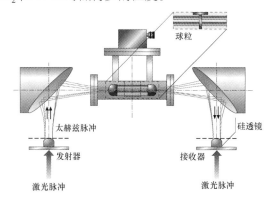

图 6.56　具有机械制冷器的波导 THz – TDS 装置。插图说明了用球粒代替波导，
可以得到传统的 THz – TDS（根据文献［6.208］）

实际上，我们发现，对于很多种材料来说，随着温度降低，波导 THz – TDS 的很多吸收谱线都会不断变窄，直到温度降至 11 K——此时会观察到谱线宽度已窄至 7 GHz。2，4 – DNT、2，6 – DNT[6.208]等与炸药相关的固体就是这种情况，这两种材料表现出很多高分辨率的新特征。在这次观察之后，所有在 77 K 的 LN$_2$ 中具有高分辨率谱线的新样品被进一步冷却至 11 K，而且获得了很大的成功。

关于波导 – THz – TDS 的谱线减宽效应所具有的威力，一次重要的演示活动是测量了固体炸药 RDX 和 TNT[6.209]。这次波导 THz – TDS 测量把以前观察到的宽吸收特征分解成了很多高分辨率的新吸收谱线，从而使这些材料的太赫兹指纹对比精确度提高了一个数量级。

最近有人发表了一篇信息量大的文章，详细地描述了波导 THz – TDS 的实验方法，称谱线峰值的定位精度可达到 1 GHz——比所测量的谱线宽度小 10 倍之多[6.210]。这篇文章再次表明，以前观察到的炸药（在这里指 RDX）宽谱特征由很多高分辨率的吸收谱线组成。

球粒 THz – TDS 光谱和波导 THz – TDS 光谱之间的其中一次最强烈的对比是利用图 6.57 所示的 4 – 碘代 – 4 – 硝基联苯（4INBP）实施的[6.210]。

图 6.58[6.210]显示了谱线中心测量值的非凡再现性，其中所得到的中心位置经测定为 ± 0.5 GHz，而吸收谱的 FWHM 谱线宽度为 8.4 GHz。在以前的探讨[6.211]以及文献［6.210］中讲到，在补零后，研究人员计算了太赫兹传输脉冲的光谱，也就是说，通过在脉冲末端添加一串"0"，使 150 ps 数据脉冲延伸为 2 667 ps。补零法常常在 THz – TDS 中使用，即通过一串"0"来延伸时域数据，导致随后的傅里叶变换，进而在线性独立的真实数据点之间进行频域插值。这些数据点的相互间隔为 6.67 GHz，是由 150 ps 的扫描长度决定的。谱线中心的确定是利用补零脉冲的插值振幅谱进行的。

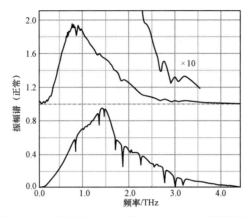

图 6.57　将球粒状 4INBP 的振幅谱（上曲线）与 4INBP/Al 薄膜的振幅谱（下曲线）
进行对比，这两个振幅谱都是在 11 K 温度下测量的（根据文献 [6.210]）

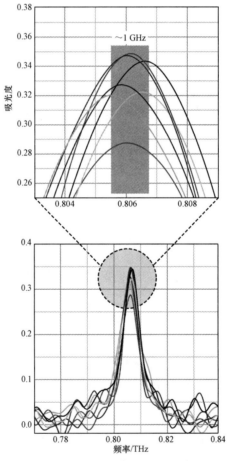

图 6.58　4INBP/Al 薄膜的最低频率模的吸收谱，由 7 个独立补零波形生成。0.061 THz
补零平均频率的不确定度 ±0.5 GHz 是包含了 7 个独立补零吸收谱的所有
谱线中心频率的一个光谱区（根据文献 [6.210]）

关于补零，一个重要的测量考虑因素是，若过早将时域脉冲截顶，而且在脉冲逐渐减弱之前就开始补零，会导致谱线形状增宽，同时伴有少量谱移。但是，当时间脉冲信号在噪声中消失时（就像在此处探讨的实验中那样），随后的补零操作应当不会影响谱线形状，也不会产生可观察到的频移[6.212]。

由于波导 THz-TDS 的谱线减宽效应与波导表面高度相关，因此有一个问题始终挥之不去，那就是，表面间相互作用是否会使谱线位置发生变化，或者甚至导致新的共振出现？为了回答这些问题，我们对具有相同材料但不同金属板及/或不同表面处理的试样进行了几次波导 THz-TDS 测量。在这些测量结果中，没有发现谱线位移或新的共振。例如，图 6.59 将铝波导板上测量的 4INBP 微晶层吸收谱与铜波导板上测量的 4INBP 微晶层吸收谱进行了对比，说明了波导 THz-TDS 具有再现性，而且与金属衬底无关。最近用水杨酸的锐谱线结构得到的测量结果表明，在 Al、Cu 和镀金 Cu 波导板样品上以及在覆有 2.5 μm 聚酯薄膜的 Al 波导板上，可以看到显著的窄谱线结构再现性。我们得到的结论是：所发表的谱线结构测量值与波导板是金属板还是覆有金属层的板无关。

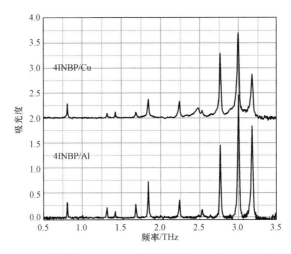

图 6.59　将 4INBP/Al 薄膜和 4INBP/Cu 薄膜分别在 11 K 和 12 K 温度下测量的吸收谱进行对比。为提高清晰度，4INBP/Cu 的吸收谱已上移了 2.0（根据文献 [6.210]）

6.2.7　连续波太赫兹光学混频分光仪

研究人员通过将两束间隔为太赫兹频率级的单模可见光染料激光在超高速光电导体中混合，开发并演示了一个可调谐连续波远红外（太赫兹）差频分光仪[6.213]。这种光学混频装置是用亚微细米叉指式电极制造的，叉指形电极用于驱动外延低温生长砷化镓上的一根宽带螺旋天线[6.41-43]。通过利用一个消球差硅透镜，相干远红外辐射光在砷化镓衬底的背面被耦合出来，然后在 4.2 K 温度下由硅复合材料辐射热量计进行探测。当辐射脉冲为 0.1～1.0 THz 时，利用两个 584 nm 的染料激光器，得到可用的信噪比。受染料激光器频率跳动的限制，仪器的谱线宽度大约为 2 MHz。为补偿激光振幅波动以及由激光源和探测器之间的驻波与探测器杜瓦瓶内部的驻波造成的强条纹，必须进行基线归一化。整个系统的示意图如图 6.60（a）所示。所生成的太赫兹辐射脉冲穿过一个 50 cm 的样品蒸汽室。蒸汽室利用聚四氟乙烯透镜为窗口，在那里由一个硅复合材料辐射热计在 4.2 K 的工作温度下对太赫兹辐射脉冲进行探测。然后，通过用太赫兹辐射脉冲生成的辐射热计信号除以入射激光功率之积，将获得的所有光谱对照着激光振幅波动进行归一化。

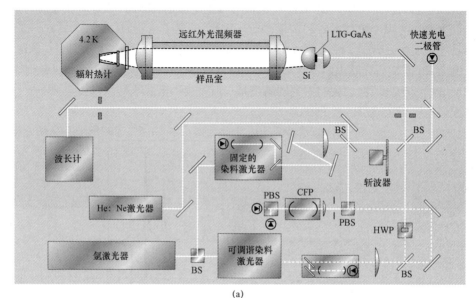

(a)

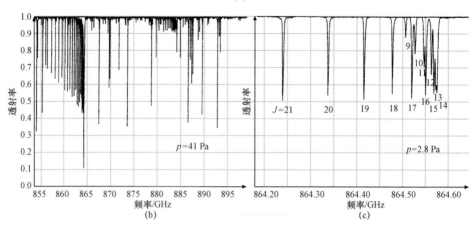

图 6.60　光学混频分光仪实验

（a）光学混频分光仪的示意图（BS：分束器，PBS：偏振分束器，CFP：共焦法布里–珀罗，HWP：半波片）；

（b）$^rQ_8$ 分光束附近的 SO_2 的全谱扫描图；（c）分光束头部的高分辨率扫描（根据文献 [6.213]）

此仪器用于获得在几个 Q 分光路中纯旋转跃迁的 SO_2 自加宽系数。图 6.60（b）显示了在 865 GHZ 附近 SO_2（$p=41\,Pa$）^rQ_s 分光路区的 45 GHz 扫描光谱，已归一化为一条空室迹线，每个光谱都是在 5 min 内利用 6 000 个采样点来记录的。由于每个点代表 7.5 MHz，因此必须对谱线进行稍微的压力增宽，以增强仪器响应，因为存在 40 ms 的锁定时间常量。在这个频率下，SO_2 的多普勒线宽只有 1.3 MHz FWHM。在零透射基线上，还能看到当激光被阻塞时在这条迹线内的探测器噪声级。从图 6.60（c）可以看到，在低压和较慢的扫描速率下，^rQ_s 分光束的头部扩大了。当 $J=14$ 时，可观察到谱线转向。$J=14$ 谱线与大约 2.5 MHz 频率下的 $J=13$ 谱线之间的间隔可利用 2 MHz 的仪器谱线宽度来清晰地分辨。

┃参 考 文 献┃

［6.1］ D. H. Auston：Ultrafast optoelectronics. In：*Ultrashort Laser Pulses Generation and Applications*，Top. Appl. Phys.，Vol. 60，ed. by W. Kaiser（Springer，Berlin Heidelberg 1988）pp. 183 – 233

［6.2］ J. A. Valdmanis, G. A. Mourou, C. W. Gabel：Subpicosecond electrical sampling，IEEE J. Quantum Electron. **19**，664 – 667（1983）

［6.3］ J. A. Valdmanis, G. A. Mourou：Subpicosecond electrooptic sampling：Principles and applications，IEEE J. Quantum Electron. **22**，69 – 78（1986）

［6.4］ D. E. Cooper：Picosecond optoelectronic measurement of microstrip dispersion，Appl. Phys. Lett. **47**，33 – 35（1985）

［6.5］ M. B. Ketchen, D. Grischkowsky, T. C. Chen, C. –C. Chi, I. N. Duling III, N. J. Halas, J. –M. Halbout, J. A. Kash, G. P. Li：Generation of sub-picosecond electrical pulses on coplanar transmission lines，Appl. Phys. Lett. **48**，751 – 753（1986）

［6.6］ D. Grischkowsky, M. B. Ketchen, C. –C. Chi, I. N. Duling III, N. J. Halas, J. –M. Halbout, P. G. May：Capacitance free generation and detection of sub-picosecond electrical pulses on coplanar transmission lines，IEEE J. Quantum Electron. **24**，221 – 225（1988）

［6.7］ J. M. Wiesenfeld：Electro-optic sampling of high-speed devices and integrated circuits，IBM J. Res. Dev. **34**，141 – 161（1990）

［6.8］ G. A. Mourou, K. E. Meyer：Subpicosecond electrooptic sampling using coplanar striptransmission lines，Appl. Phys. Lett. **45**，492 – 494（1984）

［6.9］ J. A. Valdmanis：1 THz bandwidth prober for high-speed devices and integrated circuits，Electron. Lett. **23**，1308 – 1310（1987）

［6.10］ D. Krokel, D. Grischkowsky, M. B. Ketchen：Subpicosecond electrical pulse generation using photoconductive switches with long carrier lifetimes, Appl. Phys. Lett. **54**, 1046－1047（1989）

［6.11］ U. D. Keil, D. R. Dykaar: Electro-optic sampling and carrier dynamics at zero propagation distance, Appl. Phys. Lett. **61**, 1504－1506（1992）

［6.12］ J. L. Freeman, S. K. Diamond, H. Fong, D. M. Bloom: Electro-optic sampling of planar digital GaAs integrated circuits, Appl. Phys. Lett. **47**, 1083－1084（1985）

［6.13］ J. M. Wiesenfeld, R. S. Tucker, A. Antreasyan, C. A. Burrus, A. J. Taylor, V. D. Mattera, P. A. Garbinski: Electro-optic sampling measurements of high-speed InP integrated circuits, Appl. Phys. Lett. **50**, 1310－1312（1987）

［6.14］ M. Matloubian, H. Fetterman, M. Kim, A. Oki, J. Camou, S. Moss, D. Smith: Picosecond optoelectronic measurement of S－parameters and optical response of an AIGaAs/GaAs HBT, IEEE Trans. Microw. Theory **38**, 683－686（1990）

［6.15］ M. Y. Frankel, J. F. Whitaker, G. Mourou: Optoelectronic transient characterization of ultrafast devices, IEEE J. Quantum Electron. **28**, 2313－2324（1992）

［6.16］ M. Y. Frankel, J. F. Whitaker, G. A. Mourou, J. A. Valdmanis: Ultrahigh-bandwidth vector network analyzer based on external electrooptic sampling, Solid State Electron. **35**, 325－332（1993）

［6.17］ K. Ogawa, J. Allam, N. B. de Baynes, J. R. A. Cleaver, T. Mishima, I. Ohbu: Ultrafast characterization of an in-plane gate transistor integrated with photoconductive switches, Appl. Phys. Lett. **66**, 1228－1230（1995）

［6.18］ A. Zeng, M. K. Jackson, M. Van Hove, W. De Raedt: On-wafer characterization of $In_{0.52}Al_{0.48}As/In0.53Ga0.47As$ modulation-doped field- effect transistor with 4.2 ps switching time and 3.2ps delay, Appl. Phys. Lett. **67**, 262－263（1995）

［6.19］ T. Pfeifer, H. －M. Heiliger, T. Loeffler, C. Ohlhoff, C. Meyer, G. Luepke, H. G. Roskos, H. Kurz: Optoelectronic on-chip characterization of ultrafast electric devices: Measurement, techniques and applications, IEEE J. Sel. Top. Quantum Electron. **2**, 586－604（1996）

［6.20］ D. H. Auston, K. P. Cheung, P. R. Smith: Picosecond photoconducting Hertzian dipoles, Appl. Phys. Lett. **45**, 284－286（1984）

［6.21］ C. Fattinger, D. Grischkowsky: Point source terahertz optics, Appl. Phys. Lett. **53**, 1480－1482（1988）

［6.22］ C. Fattinger, D. Grischkowsky: Terahertz beams, Appl. Phys. Lett. **54**, 490－492（1988）

［6.23］ G. Mourou, C. V. Stancampiano, A. Antonetti, A. Orszag: Picosecond microwave pulses generated with a subpicosecond laser-driven semiconductor switch, Appl. Phys. Lett. **39**, 295 – 296（1981）

[6.24] R. Heidemann, T. Pfeiffer, D. Jager: Optoelectronically pulsed slot-line antennas, Electron. Lett. **19**, 316 – 317（1983）

[6.25] A. P. DeFonzo, M. Jarwala, C. R. Lutz: Transient response of planar integrated optoelectronic antennas, Appl. Phys. Lett. **50**, 1155 – 1157（1987）

[6.26] A. P. DeFonzo, M. Jarwala, C. R. Lutz: Optoelectronic transmission and reception of ultrashort electrical pulses, Appl. Phys. Lett. **51**, 212 – 214（1987）

[6.27] Y. Pastol, G. Arjavalingam, J. –M. Halbout, G. V. Kopcsay: Characterisation of an optoelectronically pulsed broadband microwave antenna, Electron. Lett. **24**, 1318 – 1319（1988）

[6.28] P. R. Smith, D. H. Auston, M. C. Nuss: Subpicosecond photoconducting dipole antennas, IEEE J. Quantum Electron. **24**, 255 – 260（1988）

[6.29] M. van Exter, C. Fattinger, D. Grischkowsky: High brightness terahertz beams characterized with an ultrafast detector, Appl. Phys. Lett. **55**, 337 – 339（1989）

[6.30] Y. Pastol, G. Arjavalingam, J. –M. Halbout: Characterization of an optoelectronically pulsed equiangular spiral antenna, Electron. Lett. **26**, 133 – 134（1990）

[6.31] M. van Exter, D. Grischkowsky: Characterization of an optoelectronic terahertz beam system, IEEE Trans. Microw. Theory **38**, 1684 – 1691（1990）

[6.32] D. R. Dykaar, B. I. Greene, J. F. Federici, A. F. J. Levi, L. N. Pfeiffer, R. F. Kopf: Log-periodic antennas for pulsed terahertz radiation, Appl. Phys. Lett. **59**, 262 – 264（1991）

[6.33] K. H. Yang, P. L. Richards, Y. R. Shen: Generation of far-infrared radiation by picosecond light pulses in $LiNbO_3$, Appl. Phys. Lett. **19**, 320 – 323（1971）

[6.34] D. H. Auston: Subpicosecond electro-optic shockwaves Appl. Phys. Lett. **43**, 713 – 715（1983）

[6.35] B. B. Hu, X. –C. Zhang, D. H. Auston: Free-space radiation from electro-optic crystals, Appl. Phys. Lett. **56**, 506 – 508（1990）

[6.36] X. –C. Zhang, B. B. Hu, J. T. Darrow, D. H. Auston: Generation of femtosecond electromagnetic pulses from semiconductor surfaces, Appl. Phys. Lett. **56**, 1011 – 1013（1990）

[6.37] X. –C. Zhang, J. T. Darrow, B. B. Hu, D. H. Auston, M. T. Schmidt, P. Tham, E. S. Yang: Optically induced electromagnetic radiation from semiconductor surfaces, Appl. Phys. Lett. **5**, 2228 – 2230（1990）

[6.38] L. Xu, X. –C. Zhang, D. H. Auston: Terahertz radiation from large aperture Si p – i – n diodes, Appl. Phys. Lett. **59**, 3357 – 3359（1991）

［6.39］ G. J. Simonis, K. G. Purchase: Optical generation, distribution, and control of microwaves using laser heterodyne, IEEE Trans. Microw. Theory **38**, 667 – 669（1990）

［6.40］ D. V. Plant, D. C. Scott, D. C. Ni, H. R. Fetterman: Generation of millimeter-wave radiation by optical mixing in FET's integrated with printed circuit antennas, IEEE Microw. Guided Wave Lett. **1**, 132 – 134（1990）

［6.41］ E. R. Brown, K. A. McIntosh, F. W. Smith, M. J. Manfra, C. L. Dennis: Measurements of optical-heterodyne conversion in low-temperature-grown GaAs, Appl. Phys. Lett. **62**, 1206 – 1208（1993）

［6.42］ E. R. Brown, F. W. Smith, K. A. McIntosh: Coherent millimeter-wave generation by heterodyne conversion in low-temperature-grown GaAs photoconductors, J. Appl. Phys. **73**, 1480 – 1484（1993）

［6.43］ E. R. Brown, K. A. McIntosh, K. B. Nichols, C. L. Dennis: Photomixing up to 3.8 THz in low-temperature-grown GaAs, Appl. Phys. Lett. **66**, 285 – 287（1995）

［6.44］ N. Katzenellenbogen, D. Grischkowsky: Efficient generation of 380 fs pulses of THz radiation by ultrafast laser pulse excitation of a biased metal-semiconductor interface, Appl. Phys. Lett. **58**, 222 – 224（1991）

［6.45］ B. B. Hu, M. C. Nuss: Imaging with terahertz waves, Opt. Lett. **20**, 1716 – 1719（1995）

［6.46］ D. M. Mittleman, R. H. Jacobsen, M. C. Nuss: T – ray imaging, IEEE J. Sel. Top. Quantum Electron. **2**, 679 – 692（1996）

［6.47］ D. Mittleman: Terahertz imaging. In: *Sensing with Terahertz Radiation*, Ser. Opt. Sci., Vol. 85, ed. by D. Mittleman（Springer, Berlin Heidelberg 2002）pp. 117 – 154

［6.48］ R. A. Cheville, D. Grischkowsky: Time domain terahertz impulse ranging studies, Appl. Phys. Lett. **67**, 1960 – 1962（1995）

［6.49］ R. A. Cheville, R. W. McGowan, D. Grischkowsky: Late time target response measured with THz impulse ranging, IEEE Trans. Antennas Propag. **45**, 1518 – 1524（1997）

［6.50］ M. van Exter, C. Fattinger, D. Grischkowsky: Terahertz time-domain spectroscopy of water vapor, Opt. Lett. **14**, 1128 – 1130（1989）

［6.51］ D. Grischkowsky, S. Keiding, M. van Exter, C. Fattinger: Far-infrared time-domain spectroscopy with terahertz beams of dielectrics and semiconductors, J. Opt. Soc. Am. B **7**, 2006 – 2015（1990）, this paper contains a discussion and an extensive reference list describing the development of time-domain-spectroscopy

［6.52］　M. C. Nuss, J. Orenstein: Terahertz time-domain spectroscopy. In: *Millimeter and Submillimeter Wave Spectroscopy of Solids*, Top. Appl. Phys., Vol. 74, ed. by G. Gruener（Springer, Berlin Heidelberg 1998）pp. 7－50

［6.53］　C. Johnson, F. J. Low, A. W. Davidson: Germanium and germanium-diamond bolometers operated at 4.2 K, 2.0 K, 1.2 K, 0.3 K, and 0.1 K, Opt. Eng. **19**, 255－258（1980）

［6.54］　R. A. Cheville, D. Grischkowsky: Far infrared, THz time domain spectroscopy of flames, Opt. Lett. **20**, 1646－1648（1995）

［6.55］　R. A. Cheville, D. Grischkowsky: Observation of pure rotational absorption spectra in the v_2 band of hot H_2O in flames, Opt. Lett. **23**, 531－533（1998）

［6.56］　R. A. Cheville, D. Grischkowsky: Foreign and self broadened rotational linewidths of high temperature water vapor, J. Opt. Soc. Am. B **16**, 317－322（1999）

［6.57］　F. E. Doany, D. Grischkowsky, C. -C. Chi: Carrier lifetime vs ion-implantation dose in silicon on sapphire, Appl. Phys. Lett. **50**, 460－462（1987）

［6.58］　C. J. Madden, R. A. Marsland, M. J. W. Rodwell, D. M. Bloom, Y. C. Pao: Hyperabrupt-doped GaAs nonlinear transmission line for picosecond shock-wave generation, Appl. Phys. Lett. **54**, 1019－1021（1989）

［6.59］　R. Landauer: Parametric amplification along nonlinear transmission lines, J. Appl. Phys. **31**, 479－484（1960）

［6.60］　R. V. Khokhlov: On the theory of shock radio waves in nonlinear lines, Radiotekhnika i elektronica **6**（6）, 917－925（1961）

［6.61］　P. Jager, F. -J. Tegude: Non-linear wave propagation along periodic loaded transmission line, Appl. Phys. **15**, 393－397（1978）

［6.62］　J. W. Rodwell, D. M. Bloom, B. A. Auld: Non-linear transmission line for picosecond pulse compression and broadband pulse modulation, Electron. Lett. **23**, 109－110（1987）

［6.63］　D. W. Van Der Weide, J. S. Bostak, B. A. Auld, D. M. Bloom: All-electronic generation of 880 fs, 3.5 V shockwaves and their application to a 3 THz free-space signal generation system, Appl. Phys. Lett. **62**, 22－24（1993）

［6.64］　E. Collin: *Field Theory of Guided Waves*（McGraw-Hill, New York 1960）

［6.65］　K. C. Gupta, R. Garg, I. J. Bahl: *Microstrip Lines and Slotlines*（Artech House, Norwood 1996）

［6.66］　D. Grischkowsky: Optoelectronic characterization of transmission lines and waveguides by THz time-domain spectroscopy, IEEE J. Sel. Top. Quantum Electron. **6**, 1122－1135（2000）, invited paper in the EOS millennium issue

［6.67］　N. J. Halas, I. N. Duling III, M. B. Ketchen, D. Grischkowsky: Measured dispersion and absorption of a 5 μm coplanar transmission line, Conf. Lasers Electroopt., San Francisco 1986 (Optical Society of America, Washington, D. C. 1986) pp. 328 – 329

[6.68] D. Grischkowsky, S. Keiding: TeraHz time-domain spectroscopy of high Tc substrates, Appl. Phys. Lett. **57**, 1055 – 1057 (1990)

[6.69] M. C. Nuss, P. M. Mankiewich, R. E. Howard, B. L. Straughn, T. E. Harvey, C. D. Brandle, G. W. Berkstresser, K. W. Goossen, P. R. Smith: Propagation of terahertz bandwidth electrical pulses on $Yba_2Cu_3O_{7-\delta}$ transmission lines on lanthanum aluminate, Appl. Phys. Lett. **54**, 2265 – 2267 (1989)

[6.70] C. J. Osbahr, B. H. Larsen, T. Holst, Y. Shen, S. R. Keiding: 2 THz bandwidth electrical pulses on Au and $YBa_2Cu_3O_x$ transmission lines, Appl. Phys. Lett. **74**, 1892 – 1894 (1999)

[6.71] D. Grischkowsky, I. N. Duling III, J. C. Chen, C. – C. Chi: Electromagnetic shock waves from transmission lines, Phys. Rev. Lett. **59**, 1663 – 1666(1987)

[6.72] J. V. Jelley: *Cerenkov Radiation and Its Applications* (Pergamon, New York 1958)

[6.73] D. B. Rutledge, D. P. Neikirk, D. P. Kasilingham: Integrated Circuit Antennas. In: *Infrared and Millimeter Waves Part II*, Vol. 10, ed. by K. J. Button (Academic, New York 1983)

[6.74] R. W. McGowan, D. Grischkowsky, J. A. Misewich: Demonstrated low radiative loss of a quadrupole ultrashort electrical pulse propagated on a three strip coplanar transmission line, Appl. Phys. Lett. **71**, 2842 – 2844 (1997)

[6.75] H. Roskos, M. C. Nuss, K. W. Goossen, D. W. Kisker, A. E. White, K. T. Short, D. C. Jacobson, J. M. Poate: Propagation of picosecond electrical pulses on a silicon-based microstrip line with buried cobalt silicide ground plane, Appl. Phys. Lett. **58**, 2604 – 2606 (1991)

[6.76] J. – M. Heiliger, M. Nagel, H. G. Roskos, H. Kurz, F. Schnieder, W. Heinrich, R. Hey, K. Ploog: Low-dispersion thin-film microstrip lines with cycloten(benzocyclobutene)as dielectric medium, Appl. Phys. Lett. **70**, 2233 – 2235 (1997)

[6.77] D. R. Dykaar, A. F. J. Levi, M. Anzlowar: Ultrafast coplanar air-transmission lines, Appl. Phys. Lett. **57**, 1123 – 1125 (1990)

[6.78] W. H. Knox, J. E. Henry, K. W. Goosen, K. D. Li, B. Tell, D. A. B. Miller, D. S. Chemla, A. C. Gossard, J. English, S. Schmitt-Rink: Femtosecond excitonic optoelectronics, IEEE J. Quantum Electron. **25**, 2586 – 2595(1989)

[6.79] M. Y. Frankel, R. H. Voelker, J. N. Hilfiker: Coplanar transmission lines on thin substrates for highs-peed, low-loss propagation, IEEE Trans. Microw. Theory **42**, 396－402（1994）

[6.80] H. －J. Cheng, J. F. Whitaker, T. M. Weller, L. P. B. Katehi: Terahertz-bandwidth characteristics of coplanar transmission lines on low permittivity substrates, IEEE Trans. Microw. Theory **42**, 2399－2406（1994）

[6.81] W. J. Gallagher, C. －C. Chi, I. N. Duling III, D. Grischkowsky, N. J. Halas, M. B. Ketchen, A. W. Kleinsasser: Subpicosecond optoelectronic study of resistive and superconductive transmission lines, Appl. Phys. Lett. **50**, 350－352（1987）

[6.82] R. Sprik, I. N. Duling III, C. －C. Chi, D. Grischkowsky: Far infrared spectroscopy with subpicosecond electrical pulses on transmission lines, Appl. Phys. Lett. **51**, 548－550（1987）

[6.83] A. J. Sievers III, M. Tinkham: Far infrared spectra of holmium, samarium, and gadolinium iron garnets, J. Appl. Phys. **34**, 1235－1236（1963）

[6.84] L. Richards: Far-infrared magnetic resonance in CoF_2, NiF_2, $Kn_i F_3$, and YbIG, J. Appl. Phys. **34**, 1237－1238（1963）

[6.85] R. W. McGowan, G. Gallot, D. Grischkowsky: Propagation of ultrawideband short pulses of terahertz radiation through submillimeter-diameter circular waveguides, Opt. Lett. **24**, 1431－1433（1999）

[6.86] G. Gallot, S. Jamison, R. W. McGowan, D. Grischkowsky: THz waveguides, J. Opt. Soc. Am. B **17**, 851－863（2000）

[6.87] S. P. Jamison, R. W. McGowan, D. Grischkowsky: Single-mode waveguide propagation and reshaping of sub-ps terahertz pulses in sapphire fibers, Appl. Phys. Lett. **76**, 1987－1989（2000）

[6.88] R. Mendis, D. Grischkowsky: Plastic ribbon THz waveguides, J. Appl. Phys. **88**, 4449－4451（2000）

[6.89] R. Mendis, D. Grischkowsky: Undistorted guided wave propagation of subpsec THz pulses, Opt. Lett. **26**, 846－848（2001）

[6.90] R. Mendis, D. Grischkowsky: THz interconnect with low loss and low group velocity dispersion, IEEE Microw. Wirel. Comp. Lett. **11**, 444－446（2001）

[6.91] S. Ramo, J. R. Whinnery, T. van Duzer: *Fields and Waves in Communication Electronics*, 3rd edn.（Wiley, New York 1994）

[6.92] J. C. Slater: Microwave electronics, Rev. Mod. Phys. **18**, 441－512（1946）

[6.93] N. Marcuvitz: *Waveguide Handbook*（Peter Peregrinus, London 1986）

[6.94] S. E. Ralph, D. Grischkowsky: Trap-enhanced electric fields in semi-insulators: The role of electrical and optical carrier injection, Appl. Phys. Lett. **59**, 1972－1974（1991）

〔6.95〕 C. Fattinger, D. Grischkowsky: Beams of terahertz electromagnetic pulses, OSA Proc. Picosecond Electron. Optoelectron., Salt Lake City, Utah 1989, Vol. 4, ed. by T. C. L. G. Sollner, D. M. Bloom(Optical Society of America, Washington 1989) pp. 225 – 231

〔6.96〕 D. Grischkowsky, N. Katzenellenbogen: Femtosecond pulses of terahertz radiation: physics and applications, OSA Proc., Salt Lake City, Utah 1991, Vol. 9, ed. by G. Sollner, J. Shah (Optical Society of America, Washington 1991) pp. 9 – 14

〔6.97〕 M. van Exter, D. Grischkowsky: Optical and electronic properties of doped silicon from 0.1 to 2 THz, Appl. Phys. Lett. **56**, 1694 – 1696 (1990)

〔6.98〕 M. van Exter, D. Grischkowsky: Carrier dynamics of electrons and holes in moderately-doped silicon, Phys. Rev. B **41**, 12140 – 12149 (1990)

〔6.99〕 N. Katzenellenbogen, H. Chan, D. Grischowsky: New Performance limits of an Ultrafast THz Photoconductive Receiver, OSA Proc. Ultrafast Electron. Optoelectron., San Francisco, Vol. 14 (Optical Society of America, Washington 1993) pp. 123 – 125

〔6.100〕 S. E. Ralph, D. Grischkowsky: THz spectroscopy and source characterization by optoelectronic interferometry, Appl. Phys. Lett. **60**, 1070 – 1072 (1992)

〔6.101〕 I. Brener, D. Dykaar, A. Frommer, L. N. Pfeiffer, J. Lopata, J. Wynn, K. West, M. C. Nuss: THz emission from electric field singularities in biased semiconductors, Opt. Lett. **21**, 1924 – 1926 (1996)

〔6.102〕 F. W. Smith, A. R. Calawa, C. –L. Chen, M. J. Manfra, L. J. Mahoney: New MBE buffer used to eliminate backgating in GaAs MESFET'S, IEEE Electron. Device Lett. **9**, 77 – 80 (1988)

〔6.103〕 F. W. Smith, H. Q. Le, V. Diadiuk, M. A. Hollis, A. R. Calawa, S. Gupta, M. Frankel, D. R. Dykaar, G. A. Mourou, T. Y. Hsiang: Picosecond GaAs-based photoconductive optoelectronic detectors, Appl. Phys. Lett. **54**, 890 – 892 (1989)

〔6.104〕 A. C. Warren, J. M. Woodall, J. L. Freeouf, D. Grischkowsky, M. R. Melloch, N. Otsuka: Arsenic precipitates and the semi-insulating properties of GaAs buffer layers grown by low-temperature molecular beam epitaxy, Appl. Phys. Lett. **57**, 1331 – 1333 (1990)

〔6.105〕 A. C. Warren, N. Katzenellenbogen, D. Grischkowsky, J. M. Woodall, M. R. Melloch, N. Otsuka: Subpicosecond, freely propagating electromagnetic pulse generation and detection using GaAs:As epilayers, Appl. Phys. Lett. **58**, 1512 – 1514 (1991)

〔6.106〕 S. Gupta, M. Y. Frankel, J. A. Valdmanis, J. F. Whitaker, G. A. Mourou,

F. W. Smith, A. R. Calawa: Subpicosecond carrier lifetime in GaAS grown by molecular beam epitaxy at low temperatures, Appl. Phys. Lett. **59**, 3276 – 3278（1991）

[6.107] E. S. Harmon, M. R. Melloch, J. M. Woodall, D. D. Nolte, N. Otsuka, C. L. Chang: Carrier lifetime versus anneal in low temperature growth GaAs, Appl. Phys. Lett. **63**, 2248 – 2250（1993）

[6.108] B. B. Hu, J. T. Darrow, X. C. Zhang, D. H. Auston: Optically steerable photoconducting antennas, Appl. Phys. Lett. **56**, 886 – 888（1990）

[6.109] D. You, R. R. Jones, P. H. Bucksbaum: Generation of high power sub-single-cycle 500 – fs electromagnetic pulses, Opt. Lett. **18**, 290 – 292（1993）

[6.110] R. R. Jones, D. You, P. H. Bucksbaum: Ionization of Rydberg atoms by subpicosecond half-cycle electromagnetic pulses, Phys. Rev. Lett. **70**, 1236 – 1239（1993）

[6.111] X. C. Zhang, Y. Jin, T. D. Hewitt, T. Sangsiri, L. E. Kingsley, M. Weiner: Magnetic switching of THz beams, Appl. Phys. Lett. **62**, 2003 – 2005（1993）

[6.112] X. C. Zhang, Y. Jin, L. E. Kingsley, M. Weiner: Influence of electric and magnetic fields on THz radiation, Appl. Phys. Lett. **62**, 2477 – 2479（1993）

[6.113] N. Sarukara, H. Ohtake, S. Izumida: High average-power THz radiation from femtosecond laser-irradiated InAs in a magnetic field and its elliptical polarization characteristics, J. Appl. Phys. **84**, 645 – 656（1998）

[6.114] H. Ohtuke, S. Ono, M. Sakai, Z. Liu, T. Tsukamoto, N. Sarukura: Saturation of THz-radiation power from femtosecond-laser-irradiated InAs in a high magnetic field, Appl. Phys. Lett. **76**, 1398 – 1400（2000）

[6.115] R. Mclaughlin, A. Corchia, M. B. Johnston, Q. Chen, C. M. Ciesla, D. D. Arnone, G. A. C. Jones, E. H. Linfield, A. G. Davies, M. Pepper: Enhanced coherent THz emission from InAs in the presence of a magnetic field, Appl. Phys. Lett. **76**, 2038 – 2040（2000）

[6.116] C. Weiss, R. Wallenstein, R. Beigang: Magneticfield enhanced generation of THz radiation in semiconductor surfaces, Appl. Phys. Lett. **77**, 4160 – 4162（2000）

[6.117] J. Shan, C. Weiss, R. Wallenstein, R. Beigang, T. F. Heinz: Origin of magnetic field enhancement in the generation of THz radiation from semiconductor surfaces, Opt. Lett. **26**, 849 – 851（2001）

[6.118] M. B. Johnston, D. M. Whittaker, A. Corchia, A. G. Davies, E. H. Linfield:

Theory of magnetic-field enhancement of surface-field THz emission, J. Appl. Phys. **91**, 2104－2106（2002）

［6.119］ D. A. Kleinman, D. H. Auston: Theory of electrooptic shock radiation in nonlinear optical media, IEEE J. Quantum Electron. **20**, 964－970（1984）

［6.120］ D. H. Auston, K. P. Cheung, J. A. Valdmanis, D. A. Kleinman: Cherenkov radiation from femtosecond optical pulses in electro-optic media, Phys. Rev. Lett. **53**, 1555－1558（1984）

［6.121］ D. H. Auston, K. P. Cheun: Coherent time-domain far-infrared spectroscopy, J. Opt. Soc. Am. B **2**, 606－612（1985）

［6.122］ K. P. Cheung, D. H. Auston: A novel technique for measuring far-infrared absorption and dispersion, Infrared Phys. **26**, 23－27（1986）

［6.123］ X. C. Zhang, Y. Jin, K. Yang, L. J. Schowalter: Resonant nonlinear susceptibility near the GaAs band gap, Phys. Rev. Lett. **69**, 2303－2306（1992）

［6.124］ A. Bonvalet, M. Joffre, J. L. Martin, A. Migus: Generation of ultrabroadband femtosecond pulses in the mid-infrared by optical rectification of 15 fs light pulses at 100 MHz repetition rate, Appl. Phys. Lett. **67**, 2907－2909（1995）

［6.125］ A. Nahata, A. S. Weling, T. F. Heinz: A wideband coherent terahertz spectroscopy system using optical rectification and electro-optic sampling, Appl. Phys. Lett. **69**, 2321－2323（1996）

［6.126］ Q. Wu, X. －C. Zhang: 7 terahertz broadband GaP electro-optic sensor, Appl. Phys. Lett. **70**, 1784－1786（1997）

［6.127］ Q. Wu, X. －C. Zhang: Free-space electro-optic sampling of terahertz beams, Appl. Phys. Lett. **67**, 3523－3525（1995）

［6.128］ A. Nahata, D. H. Auston, T. Heinz: Coherent detection of freely propagating terahertz radiation by electro-optic sampling, Appl. Phys. Lett. **68**, 150－152（1996）

［6.129］ Q. Wu, X. －C. Zhang: Free-space electro-optics sampling of mid-infrared pulses, Appl. Phys. Lett. **71**, 1285－1286（1997）

［6.130］ A. Leitenstorfer, S. Hunsche, J. Shah, M. C. Nuss, W. H. Knox: Detectors and sources for ultrabroadband electro-optic sampling: Experiment and theory, Appl. Phys. Lett. **74**, 1516－1518（1999）

［6.131］ G. Gallot, R. W. McGowan, J. Zhang, T. －I. Jeon, D. Grischkowsky: Measurements of the THz absorption and dispersion of ZnTe and their relevance to the electro-optic detection of THz radiation, Appl. Phys. Lett. **74**, 3450－3452（1999）

［6.132］ M. Schall, H. Helm, S. R. Keiding: Far infrared properties of electro-optic crystals measured by THz time-domain spectroscopy, Int. J. Infrared Millim. Waves **20**, 595 − 604（1999）

［6.133］　G. Gallot, D. Grischkowsky: Electro-optic detection of THz radiation, J. Opt. Soc. Am. B **16**, 1204 − 1212（1999）

［6.134］　B. I. Greene, J. F. Federici, D. R. Dykaar, R. R. Jones, P. H. Bucksbaum: Interferometric characterization of 160 fs far-infrared light pulses, Appl. Phys. Lett. **59**, 893 − 895（1991）

［6.135］　R. Kersting, K. Unterrainer, G. Strasser, H. F. Kauffmann, E. Gornik: Few-cycle THz emission from cold plasma oscillations, Phys. Rev. Lett. **79**, 3038 − 3041（1997）

［6.136］　D. E. Gray（Ed.）: *American Institute of Physics Handbook*, 3rd edn.（McGraw-Hill, New York 1982）

［6.137］　E. E. Russell, E. E. Bell: Optical constants of sapphire in the far-infrared, J. Opt. Soc. Am. **57**, 543 − 544（1967）

［6.138］　E. V. Loewenstein, D. R. Smith, R. L. Morgan: Optical constants of far-infrared materials, Appl. Opt. **12**, 398 − 406（1973）

［6.139］　T. −I. Jeon, D. Grischkowsky: Nature of conduction in doped silicon, Phys. Rev. Lett. **78**, 1106 − 1109（1997）

［6.140］　R. A. Smith: *Semiconductors*（Cambridge Univ. Press, London 1959）

［6.141］　J. M. Ziman: *Electrons and Phonons*（Oxford Univ. Press, Oxford 1960）

［6.142］　D. Long: Scattering of conduction electrons by lattice vibrations in silicon, Phys. Rev. **120**, 2024 − 2032（1960）

［6.143］　M. Vindevoghel, J. Vindevoghel, Y. Leroy: Mean momentum relaxation time and scattering processes from absorption spectra in millimetric and far infrared ranges-Case of n − Si, Infrared Phys. **15**, 161 − 173（1975）

［6.144］　D. W. Davidson, R. H. Cole: Dielectric relaxation in glycerol, propylene glycol, and n-propanol, J. Chem. Phys. **19**, 1484 − 1490（1951）

［6.145］　T. −I. Jeon, D. Grischkowsky: Observation of a Cole-Davidson type complex conductivity in the limit of very low carrier densities in doped silicon, Appl. Phys. Lett. **72**, 2259 − 2261（1998）

［6.146］　W. Zhang, A. K. Azad, D. Grischkowsky: Terahertz studies of carrier dynamics and dielectric response of n-type, freestanding epitaxial GaN, Appl. Phys. Lett. **82**, 2841 − 2843（2003）

［6.147］　D. C. Reynolds, D. C. Look, B. Jogai, A. W. Saxler, S. S. Park, J. Y. Hahn: Identification of the Γ_5 and Γ_6 free excitons in GaN, Appl. Phys. Lett. **77**, 1879（2000）

［6.148］　M. K. Kelly, R. P. Vaudo, V. M. Phanse, L. Görgens, O. Ambacher,

M. Stutzmann: Large free-standing GaN substrates by hydride vapor phase epitaxy, Jpn. J. Appl. Phys. Part 2 **38**, L217－L219（1999）

［6.149］ W. J. Moore, J. A. Freitas Jr., S. K. Lee, S. S. Park, J. Y. Han: Magneto optical studies of free-standing hydride-vapor phase epitaxial GaN, Phys. Rev. B **65**, 081201－1－081201－4（2002）

［6.150］ M. C. Nuss, K. W. Goossen, J. P. Gordon, P. M. Mankiewich, M. L. O'Malley, M. Bhushan: Terahertz time-domain measurement of the conductivity and superconducting band gap in niobium, J. Appl. Phys. **70**, 2238－2241（1991）

［6.151］ J. F. Federici, B. I. Greene, P. N. Saeta, D. R. Dykaar, F. Sharifi, R. C. Dynes: Cooper pair breaking in lead measured by pulsed terahertz spectroscopy, IEEE Trans. Appl. Supercond. **3**, 1461－1464（1993）

［6.152］ J. M. Chwalek, J. F. Whitaker, G. A. Mourou: Submillimetre wave response of superconducting $YBa_2Cu_3O_{7-x}$, using coherent time-domain spectroscopy, Electron. Lett. **27**, 447－448（1991）

［6.153］ M. C. Nuss, K. W. Goossen, P. M. Mankiewich, M. L. O'Malley: Terahertz surface impedance of thin $YBa_2Cu_3O_7$ superconducting films, Appl. Phys. Lett. **58**, 2561－2563（1991）

［6.154］ M. C. Nuss, P. M. Mankiewich, M. L. O'Malley, E. H. Westerwick, P. B. Littlewood: Dynamic conductivity and coherence peak in $YBa_2Cu_3O_7$ superconductors, Phys. Rev. Lett. **66**, 3305－3308（1991）

［6.155］ C. Jaekel, C. Waschke, H. G. Roskos, H. Kurz, W. Prusseit, H. Kinder: Surface resistance and penetration depth on $YBa_2Cu_3O_{7-\delta}$ thin films on silicon at ultrahigh frequencies, Appl. Phys. Lett. **64**, 3326－3328（1994）

［6.156］ S. Spielman, B. Parks, J. Orenstein, D. T. Nemeth, F. Ludwig, J. Clarke, P. Merchant, D. J. Lew: Observation of the quasiparticle hall effect in superconducting $YBa_2Cu_3O_{7-\delta}$, Phys. Rev. Lett. **73**, 1537－1540（1994）

［6.157］ R. Buhleier, S. D. Brorson, I. E. Trofimov, J. O. White, H. U. Habermeier, J. Kuhl: Anomalous behavior of the complex conductivity of $Y_{1-x}Pr_xBa_2Cu_3O_7$ observed with THz spectroscopy, Phys. Rev. B **50**, 9672－9675（1994）

［6.158］ Y. Liu, J. F. Whitaker, C. Uher, S. Y. Hou, J. M. Phillips: Pulsed terahertz-beam spectroscopy as a probe of the thermal and quantum response of $YBa_2Cu_3O_{7-\delta}$ superfluid, Appl. Phys. Lett. **67**, 3022－3024（1995）

［6.159］ B. Parks, S. Spielman, J. Orenstein, D. T. Nemeth, F. Ludwig, J. Clarke, P. Merchant, D. J. Lew: Phase-sensitive measurements of vortex dynamics in the terahertz domain, Phys. Rev. Lett. **74**, 3265－3268（1995）

［6.160］ F. Gao, J. F. Whitaker, Y. Liu, C. Uher, C. E. Platt, M. V. Klein:

Terahertz transmission of a $Ba_{1-x}K_xBiO_3$ film probed by coherent time-domain spectroscopy, Phys. Rev. B **52**, 3607 – 3613（1995）

［6.161］ S. D. Brorson, R. Buhleier, L. E. Trofimov, J. O. White, C. Ludwig, F. E. Balakirev, H. –U. Habermeier, J. Kuhl: Electrodynamics of high-temperature superconductors investigated with coherent terahertz pulse spectroscopy, J. Opt. Soc. Am. B **13**, 1979 – 1993（1996）

［6.162］ R. D. Averitt, G. Rodriguez, J. L. W. Siders, S. A. Trugman, A. J. Taylor: Artifacts in optical-pump THz probe measurements of $YBa_2Cu_3O_7$, J. Opt. Soc. Am. B **17**, 327 – 331（2000）

［6.163］ I. Wilke, M. Khazan, C. T. Rieck, T. Kaiser, C. Jaekel, H. Kurz: Terahertz surface resistance of high temperature superconducting thin films, J. Appl. Phys. **87**, 2984 – 2988（2000）

［6.164］ I. Wilke, M. Khazan, C. T. Rieck, C. Jaekel, H. Kurtz: Time domain Terahertz spectroscopy as a diagnostic tool for the electrodynamic properties of high temperature superconductors, Physica C **341 – 348**, 2271 – 2272（2000）

［6.165］ V. K. Thorsmolle, R. D. Averitt, M. P. Maley, L. N. Bulaevskii, C. Helm, A. J. Taylor: C-axis Josephson plasma resonance observed in $Ti_2Ba_2CaCu_2O_8$ superconducting thin films by use of terahertz time-domain spectroscopy, Opt. Lett. **26**, 1292 – 1294（2001）

［6.166］ T. Kiwa, M. Tonouchi: Time domain terahertz spectroscopy of（100）（$LaAlO_3$）$_{0.3}$ –（Sr_2AlTaO_6）$_{0.7}$ substrate, Jpn. J. Appl. Phys. **40**, L38 – L40（2001）

［6.167］ M. Walther, K. Jensby, S. R. Keiding, H. Takahashi, H. Ito: Far infrared properties of DAST, Opt. Lett. **25**, 911 – 913（2000）

［6.168］ H. Harde, S. Keiding, D. Grischkowsky: THz commensurate echoes: Periodic rephasing of molecular transitions in free-induction decay, Phys. Rev. Lett. **66**, 1834 – 1837（1991）

［6.169］ H. Harde, D. Grischkowsky: Coherent transients excited by subpicosecond pulses of terahertz radiation, J. Opt. Soc. Am. B **8**, 1642 – 1651（1991）

［6.170］ H. Harde, N. Katzenellbogen, D. Grischkowsky: Terahertz coherent transients from methyl chloride vapor, J. Opt. Soc. Am. B **11**, 1018 – 1030（1994）

［6.171］ H. Harde, N. Katzenellbogen, D. Grischkowsky: Line-shape transition of collision broadened lines, Phys. Rev. Lett. **74**, 1307 – 1310（1995）

［6.172］ H. Harde, R. A. Cheville, D. Grischkowsky: Collision-induced tunneling in methyl halides, J. Opt. Soc. Am. B **14**, 3282 – 3293（1997）

［6.173］ H. Harde, R. A. Cheville, D. Grischkowsky: Terahertz studies of collision broadened rotational lines, J. Phys. Chem. A **101**, 3646 – 3660（1997）

［6.174］ H. Harde, J. Zhao, M. Wolff, R. A. Cheville, D. Grischkowsky: Time domain spectroscopy on ammonia, J. Phys. Chem. A **105**, 6038 – 6047(2001)

［6.175］ R. H. Jacobsen, D. M. Mittleman, M. C. Nuss: Chemical recognition of gases and gas mixtures with terahertz waves, Opt. Lett. **21**, 2011 – 2013 (1996)

［6.176］ D. M. Mittelman, R. H. Jacobsen, R. Neelamani, R. G. Baraniuk, M. C. Nuss: Gas sensing using terahertz time-domain spectroscopy, Appl. Phys. B **67**, 379 – 390 (1998)

［6.177］ G. Mouret, W. Chen, D. Boucher, R. Bocquet, P. Mounaix, D. Lippens: Gas filter correlation instrument for air monitoring at submillimeter wavelengths, Opt. Lett. **24**, 351 – 353 (1999)

［6.178］ D. W. Van Der Weide, J. Murakowski, F. Keilmann: Gas Absorption spectroscopy with electronic terahertz techniques, IEEE Trans. Microw. Theory **48**, 740 – 743 (2000)

［6.179］ D. S. Veneables, C. A. Schmuttenmaer: Spectroscopy and dynamics of water with acetone, acetonitrile and methanol, J. Chem. Phys. **113**, 11222 – 11236 (2000)

［6.180］ D. S. Venables, C. A. Schmuttenmaer: Far-infrared spectra and associated dynamics in acetonitrile-water mixtures measured with femtosecond THz pulse spectroscopy, J. Chem. Phys. **108**, 4935 – 4944 (1998)

［6.181］ J. T. Kindt, C. A. Schmuttenmaer: Far-infrared dielectric properties of polar liquids probed by femtosecond THz pulse spectroscopy, J. Phys. Chem. **100**, 10373 – 10379 (1996)

［6.182］ J. E. Pedersen, S. R. Keiding: THz time-domain spectroscopy of nonpolar liquids, IEEE J. Quantum Electron. **28**, 2518 – 2522 (1992)

［6.183］ S. R. Keiding: Dipole correlation functions in liquid benzenes measured with THz time domain spectroscopy, J. Phys. Chem. A **101**, 5250 – 5254 (1997)

［6.184］ B. N. Flanders, R. A. Cheville, D. Grischkowsky, N. F. Scherer: Pulsed terahertz transmission spectroscopy of liquid CHCl3, CCl4, and their mixtures, J. Phys. Chem. **100**, 11824 – 11835 (1996)

［6.185］ D. Kralj, L. Carin: Wideband dispersion measurements of water in reflection and transmission, IEEE Trans. Microw. Theory **42**, 553 – 557 (1994)

［6.186］ L. Thrane, R. H. Jacobsen, P. U. Jepsen, S. R. Keiding: THz reflection spectroscopy of liquid water, Chem. Phys. Lett. **240**, 330 – 333 (1995)

［6.187］ C. Ronne, L. Thrane, P. – O. Astrand, A. Wallqvist, K. V. Mikkelsen, S. R. Keiding: Investigation of the temperature dependence of dielectric relaxation in liquid water by THz reflection spectroscopy and molecular dynamics simulation，J. Chem. Phys. **107**，5319 – 5331（1997）

［6.188］ C. Ronne，P. – O. Astraand，S. R. Keiding：THz spectroscopy of liquid H₂O and D₂O，Phys. Rev. Lett. **82**，2888 – 2891（1999）

［6.189］ D. S. Venables，A. Chiu，C. A. Schmuttenmaer：Structure and dynamics of non aqueous mixtures of dipolar liquids in infrared and far infrared spectroscopy，J. Chem. Phys. **113**，3243 – 3248（2000）

［6.190］ B. N. Flanders，X. Shang，N. F. Scherer，D. Grischkowsky：The pure rotational spectrum of solvated HCl：Solute-bath interaction strength and dynamics，J. Phys. Chem. A **103**，10054 – 10064（1999）

［6.191］ J. Zhang，D. Grischkowsky：Waveguide THz time-domain spectroscopy of nm water layers，Opt. Lett. **29**，1617 – 1619（2004）

［6.192］ J. S. Melinger，N. Laman，S. S. Harsha，D. Grischkowsky：Line narrowing of THz vibrational modes for organic thin polycrystalline films within a parallel plate waveguide，Appl. Phys. Lett. **89**，251110（2006）

［6.193］ J. S. Melinger，N. Laman，S. S. Harsha，D. Grischkowsky：High resolution THz spectroscopy of organic polycrystalline thin films using a parallel metal plate waveguide，Conf. Lasers Electroopt.（Optical Society of America，Washington 2007）p. CFS3，2007 OSA Technical Digest

［6.194］ J. S. Melinger，N. Laman，S. S. Harsha，S. F. Cheng，D. Grischkowsky：High resolution waveguide terahertz spectroscopy of partially oriented organic polycrystalline films，J. Phys. Chem. A **111**，10977 – 10987（2007）

［6.195］ M. C. Kemp，P. F. Taday，B. E. Cole，J. A. Cluff，A. J. Fitzgerald，W. R. Tribe：Security applications of terahertz technology，Proc. SPIE **5070**，44（2003）

［6.196］ K. Yamamoto，M. Yamaguchi，F. Miyamaru，M. Tani，M. Hangyo，T. Ikeda，A. Matsushita，K. Koide，M. Tatsuno，Y. Minami：Noninvasive inspection of C – 4 explosive in mails by terahertz time-domain spectroscopy，Jpn. J. Appl. Phys. **43**，L414（2004），Part 2

［6.197］ D. J. Cook，B. K. Decker，G. Maislin，M. G. Allen：Through container THz sensing：applications for explo-sives screening，Proc. SPIE **5354**，55（2004）

［6.198］ Y. C. Shen，T. Lo，P. F. Taday，B. E. Cole，W. R. Tribe，M. C. Kemp：Detection and identification of explosives using terahertz pulsed spectroscopic imaging，Appl. Phys. Lett. **86**，241116（2005）

［6.199］ Y. Chen，H. Liu，Y. Deng，D. Schauki，M. J. Fitch，R. Osiander，C. Dodson，J. B. Spicer，M. Shur，X. – C. Zhang：THz spectroscopic investigation of 2，4 – dinitrotoluene，Chem. Phys. Lett. **400**，357（2004）

［6.200］ M. D. Johnston，L. M. Herz，A. L. T. Khan，A. Kohler，A. G. Davies，

E. H. Linfield: Low-energy vibrational modes in phenylene oligomers studied by THz time-domain spectroscopy, Chem. Phys. Lett. **377**, 256－262（2003）

[6.201] T. M. Korter, R. Balu, M. B. Campbell, M. C. Beard, S. K. Gregurick, E. J. Heilweil: Terahertz spectroscopy of solid serine and cysteine, Chem. Phys. Lett. **418**, 65（2006）

[6.202] A. G. Markelz, A. Roitberg, E. J. Heilweil: Pulsed terahertz spectroscopy of DNA bovine serum albumin and collagen between 0.1 and 2.0 THz, Chem. Phys. Lett. **320**, 42－48（2000）

[6.203] B. M. Fischer, M. Walther, P. U. Jepsen: Far-infrared vibrational modes of DNA components studied by terahertz time-domain spectroscopy, Phys. Med. Biol. **47**, 3807－3814（2002）

[6.204] J. F. Federici, B. Schulkin, F. Huang, D. Gary, R. Barat, F. Oliveira, D. Zimdars: THz imaging and sensing for security applications-explosives, weapons and drugs, Semicond. Sci. Technol. **20**, S266（2005）

[6.205] N. Laman, S. S. Harsha, D. Grischkowsky, J. S. Melinger: High-resolution waveguide THz spectroscopy of biological molecules, Biophys. J. **94**, 1010－1020（2008）

[6.206] S. S. Harsha, D. Grischkowsky: THz （Far-infrared）characterization of tris（hydroxymethyl）aminomethane（TRIS）using high resolution waveguide THz－TDS, J. Phys. Chem. A **114**, 3489－3494（2010）

[6.207] N. Laman, S. S. Harsha, D. Grischkowsky: Narrowline waveguide THz－TDS of Aspirin and Aspirin precursors, Appl. Spectrosc. **62**, 319－326（2008）

[6.208] N. Laman, S. S. Harsha, D. Grischkowsky, J. S. Melinger: 7 GHz resolution waveguide THz spectroscopy of explosives related solids showing new features, Opt. Express **16**, 4094－4105（2008）

[6.209] J. S. Melinger, N. Laman, D. Grischkowsky: The underlying terahertz vibrational spectrum of explosives solids, Appl. Phys. Lett. **93**, 011102（2008）

[6.210] J. S. Melinger, S. S. Harsha, N. Laman, D. Grischkowsky: Guided-wave terahertz spectroscopy of molecular solids, J. Opt. Soc. Am. B **26**, A79－A89（2009）

[6.211] S. S. Harsha, N. Laman, D. Grischkowsky: High－Q THz Bragg resonances within a metal parallel plate waveguide, Appl. Phys. Lett. **94**, 091118（2009）

[6.212] J. Cavanagh, W. J. Fairbrother, A. G. Palmer III, N. J. Skelton, M. Rance: *Protein NMR Spectroscopy: Principles and Practice*（Academic, New York 2007）

[6.213] A. S. Pine, R. D. Suenram, E. R. Brown, K. A. McIntosh: A terahertz photomixing spectrometer: Application to SO_2 self broadening, J. Mol. Spectrosc. **175**, 37－47（1996）

第 7 章

X 射线光学

由于硬 X 射线与物质之间存在弱相互作用，因此通常很难通过光学元件来操纵 X 射线。因此，人们采用了很多互补方法来制造 X 射线光学元件并对 X 射线在物质中的折射、反射和衍射加以利用。本章将描述作为 X 射线光学元件基础的物理学，还将解释各种 X 射线光学元件的工作原理和性能。X 射线光学元件包括折射 X 射线透镜、反射光学元件（例如反射镜和波导）以及衍射光学元件（例如多分子层光学元件、晶体光学元件和菲涅耳带片）。

在过去 10 年里，X 射线光学取得了非凡的进展。这一进展是由高亮度同步加速辐射源的可获得性触发的。研究人员改进了知名的光学方案，同时发明了新的光学方案。这些光学元件的重要应用领域包括使光线平行和聚焦（在实验室和同步加速辐射源中）以及硬 X 射线显微镜检查——一个主要利用同步加速辐射源来实现的成长型领域。

虽然 X 射线光学元件有很多种，而且设计迥然不同，但它们都基于相同的物理原理，即 X 射线在物质中的弹性散射。折射 X 射线透镜利用了透镜材料里的折射现象，而反射镜光学元件、毛细管和波导则利用了与光学材料内部的折射密切相关的全外反射。衍射光学元件（例如菲涅耳带片）利用衰减和折射来减小及移动 X 射线的振幅，以生成期望的干涉图样，例如焦平面中的一个小焦点。多分子层光学元件或晶体光学元件则利用布拉格反射使 X 射线聚焦。7.1 节回顾了作为 X 射线光学元件基础的物理机理。

对于实验室 X 射线源（例如 X 光管）来说，X 射线光学元件主要用于捕集具有较大立体角的辐射光，然后将其会聚到样品上或探测器上。为达到此目的，我们需要采用效率很高的光学元件来捕集具有较大立体角的辐射光，例如多毛细管、多分子层光学元件或晶体光学元件。对于现代同步加速辐射源来说，硬 X 射线显微镜检查在过去 10 年里发展得很快。全场法和扫描法的应用越来越广，需要同时用到成像光学元件和聚焦光学元件。本章回顾了最重要的 X 射线光学元件（7.2 节）。

对于成像（即全场显微镜检查）而言，菲涅耳带片和折射 X 射线透镜是最常用的。这些元件被用作物镜，在探测器上生成试样的放大图像。通过用这种方法，我们可以在硬 X 射线范围内得到下至 40 nm 的空间分辨率，同时在软 X 射线范围内得到低于 20 nm 的空间分辨率。这类显微镜检查法的主要优点是 X 射线在物质中的穿透深度较大，因此能够对物体的内部成像而不破坏样品的制备。通过将这种方法与 X 射线断层摄影术相结合，就能够以较高的空间分辨率重建一个物体的三维内部结构。

另外，扫描显微术还能让我们以较高的空间分辨率实施硬 X 射线分析法，例如衍射分析、荧光分析或吸收光谱分析，从而得到样品的局部（纳米）结构、元素组成或在样品中某元素的化学态。当与 X 射线断层摄影术相结合时，还能从试样内部获得光谱信息。这些扫描方法中使用的小光束常常是利用 X 射线光学元件（例如波带片、折射透镜或弯曲全反射镜或多分子层反射镜）生成的。目前，所有这些光学方案都能够在第三代同步加速辐射源的照射下生成横向扩展度远低于 100 nm 的强光束。最近，人们利用弯曲多分子层反射镜，把硬 X 射线聚焦至 7 nm（在一个维度上）。除用于扫描显微术之外，小光束还可以用作放大投影显微术的一个小辐射源。这个方案最近被用于全场显微镜检查，即利用柯克帕特里克－巴埃斯（Kirkpatrick–Baez）反射镜或波导来获得试样的高分辨率放大图像。

所有的 X 射线光学元件都在性能上受到技术限制，但目前已取得了显著的技术进步，正趋近物理极限。最近，波导、折射透镜和菲涅耳带片等几种 X 射线光学元件已从理论上解决了这些限制。虽然理想的光学元件预计能得到 1～10 nm 范围内的光束，但在 1 Å 时仍无法获得原子级分辨率。

随着生成的 X 射线束越来越小，其特性描述变得越来越难。我们通常利用特征显著的测试图案或锋利刀刃来确定光束尺寸。X 射线束的制造和特性描述变得越来越难，还可能造成系统误差。最近，研究人员引入了扫描相干衍射显微术（SCDM）（又叫做"傅里叶叠层成像"）来描述纳米光束的特性。由于这种方法能够完全进入基准面内的复杂波场而不需要事先了解测试对象，因此这种方法彻底改变了纳米光束的特性描述过程。7.3 节简要介绍了这种方法。

|7.1　X 射线与物质之间的相互作用|

硬 X 射线光子主要通过在电子中散射或吸收来实现与原子之间的相互作用。散射可能是弹性的，也可能是非弹性的。在非弹性散射（又叫做"康普顿散射"）和光吸收的情况下，光子会因为成像而受损失，而弹性散射则会产生折射和衍射效应。

硬 X 射线在物质中的折射一般用如下形式的折射率来表示：

$$n = 1 + \delta + \mathrm{i}\beta \tag{7.1}$$

式中，δ 描述了折射率实部与"1"之间的偏差，被称为"折射率衰减量"。由式（7.1）可看到（当 δ 为正时），硬 X 射线在物质中的折射率小于 1，即真空中的 X 射线比物质中的 X 射线具有更大的密度。图 7.1（b）把这种效应与可见光在玻璃中的折射做了比较 [图 7.1（a）]。

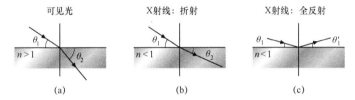

图 7.1　X 射线与可见光的比较

（a）可见光在物质中的折射率 $n > 1$，因此，当可见光线从真空进入物质时，光线会沿着表面法线的方向发生折射；（b）硬 x 射线在物质中的折射率 $n < 1$，因此，从真空撞入物质表面的 X 射线会在远离表面法线的方向上折射；（c）如果入射角 θ_1 小于全反射临界角，则 X 射线不会深入到物质中，而是在物质表面发生全反射

对于指定的原子种类，δ 为[7.1]

$$\delta = \frac{N_a}{2\pi} r_0 \lambda^2 \rho \frac{Z + f'(E)}{A} \tag{7.2}$$

式中，N_a 为阿伏伽德罗常数；r_0 为经典电子半径；λ 和 E 分别为 X 射线的波长和能量；ρ 为材料的质量密度；$Z + f'(E)$ 为在正向上的材料原子形状因子的实部；A 为材料的原子质量。图 7.2（a）显示了不同材料的 δ/ρ 与 X 射线能量之间的函数关系。当远离吸收边时，$f'(E)$ 很小，δ 与 $\lambda^2 \sim E^{-2}$ 和 ρ 成正比。由于 Z/A 在大多数的元素之间变化都不大，因此对于远离吸收边的原子种类来说，δ/ρ 的变化微乎其微。与玻璃中的可见光相比，硬 X 射线的折射率要低好几个数量级。对于能量在 $10 \sim 20$ keV 的硬 X 射线来说，$\delta/\rho \approx 10^{-6}$ cm^3/g [图 7.2（a）]，而对于玻璃中的可见光来说，$\delta/\rho \approx -\delta/\rho \approx 0.2$ cm^3/g。

由于硬 X 射线的折射率极低，因此在表面或界面上的反射率也极低。因此，不存在使硬 X 射线发生大角度反射的反射镜。但是，当 X 射线束以足够小的角度 θ_1 撞击在真空（或空气）和折射率为 n 的介质之间的一个平面分界面上时，X 射线束会被完全反射 [图 7.1（c）]。这种全外反射出现在当 θ_1 小于全反射临界角 θ_c 时，即

$$\theta_1 < \theta_c = \sqrt{2\delta} \qquad (7.3)$$

在所有的材料中，硬 X 射线的全反射临界角都低于大约 0.5°。换句话说，全反射仅在掠入射时才出现。

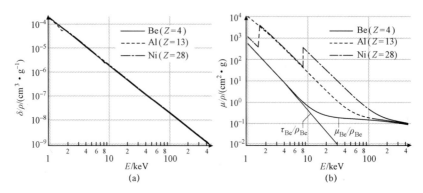

图 7.2 不同材料折射率衰减量除以材料密度与 X 射线能量的关系

（a）对于 Be、Al 和 Ni，δ/ρ（折射率衰减量除以材料密度）与 X 射线能量之间的函数关系；（b）相同元素的质量衰减系数 μ/ρ。根据文献［7.2］

在式（7.1）中，折射率的虚部 β 描述了 X 射线在物质中的衰减量，β 与线性衰减系数 μ 之间的关系式为

$$\beta = \frac{\mu\lambda}{4\pi} \qquad (7.4)$$

朗伯－比尔（Lambert－Beer）定律

$$I(z) = I_0 \cdot e^{-\mu z} \qquad (7.5)$$

描述了当入射光强度为 I_0 时，穿过一块厚度为 z 的均质材料的透射强度 $I(z)$。线性衰减系数 μ 是具有这种指数式衰减性质的特征长度的倒数。

β 和 μ 包括光吸收系数以及由弹性（瑞利）散射和非弹性（康普顿）散射造成的入射光束衰减系数。图 7.2（b）显示了 μ/ρ 与 X 射线能量之间的关系。在低能量下，光吸收系数 τ 决定着 μ/ρ。与折射率相反，光吸收系数在很大程度上取决于原子序数。在吸收边之间，光吸收系数近似等于 $\tau \sim Z^3/E^3$。随着 X 射线能量不断增加，康普顿散射对 μ/ρ 的贡献率也越来越大。康普顿散射与原子种类之间仅有弱相关性。在从几 keV 到几百 keV 的能量范围内，康普顿散射限制着从低于 0.1 cm²/g 到 $\mu/\rho >$ 0.1 cm²/g 的质量衰减系数。因此，没有哪种材料对于硬 X 射线来说像玻璃对于可见光那样透明。在玻璃中，可见光的衰减系数低至 $\mu_{silica} \approx 10^{-7}$ cm⁻¹，即与用于纤维光学的纯二氧化硅的衰减系数相同[7.3]。

一般情况下，弹性散射几乎不会造成透射光束的衰减。但在有的情况下，例如当在晶体材料中激发布拉格反射时，弹性散射会使透射光束明显衰减。在这种情况下，X 射线束将被高效地衍射至远离正向的另一个方向上。图 7.3 说明了这种情形，其中由很多原子产生的散射振幅发生了相长干涉。当从邻近晶格面上反射的振幅之间存在光程差 $2d\sin\theta$ 而且此值是 X 射线波长 λ 的整数倍 m（见下式）时，就会出现这种情况：

$$m\lambda = 2d\sin\theta \tag{7.6}$$

虽然弹性散射没有改变波数（$k=2\pi/\lambda$），但波矢量的方向改变了：

$$\boldsymbol{k}' = \boldsymbol{k} + \boldsymbol{G} \tag{7.7}$$

式中，$\boldsymbol{G} = m\boldsymbol{G}_0$ 为倒易空间矢量，与晶格平面和反射级次 m 相关（图 7.3）。对于在单色光束中单晶样品的任意取向来说，这种现象实际上绝不会出现。但一些 X 射线光学元件（例如晶体光学元件或多分子层光学元件）利用这种效应使 X 射线变成单色并聚焦。

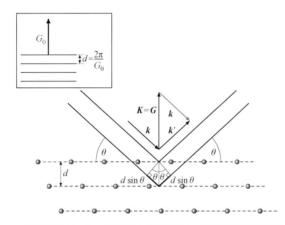

图 7.3　晶体材料中硬 X 射线的布拉格散射。晶格平面的间隔为 d，
X 射线以角度 θ 撞在晶格平面上

|7.2　X 射线光学元件|

相关文献中描述了很多 X 射线光学元件。其中的原因之一是由于 X 射线与物质之间存在弱相互作用，因此很难操纵 X 射线。这个问题有很多互补方法，但没有哪种方法经证实明显优于其他方法。实际上，随着技术不断进步并趋近于物理极限，不同光学元件的性能已变得很相似。本节我们将描述最常见的 X 射线光学元件。

7.2.1　折射光学元件

1. 旋转抛物面折射 X 射线透镜

虽然折射光学对于可见光来说是最常见的，但透镜材料内部弱折射和相对较强吸收之间的相互影响使得适于硬 X 射线的折射透镜设计起来很难（7.1 节）。例如，在 45° 时，折射光束的角偏差 δ 一般大约为 10^{-6} rad，这与可见光在空气–玻璃界面上以大约 17° 的角度入射时相当。因此，从 X 射线被发现一直到 20 世纪 90 年代，人们都认为适于硬 X 射线的折射透镜不可能制造出来[7.4-7]。1996 年，研究人员首次用实验方法证实折射透镜可以制造出来，而且能正常工作，尽管其折射率较弱而吸收系数相对较强[7.8]。从那以后，就有各种各样的折射 X 射线透镜被设计出来[7.9-18]。

由于在任何一种透镜材料中，硬 X 射线的折射率都小于 1（$n < 1$），因此聚焦透镜必须为凹形［图 7.4（a）］。又由于硬 X 射线在物质中的折射率比可见光在玻璃中的折射率低大约 6 个数量级，因此有效的透镜曲率必须相应地增强。例如，适于可见光的双凸透镜在两个表面上的曲率半径为 $R = 1$ m，焦距 $f \approx R/2（n-1）\approx 1$ m。具有相同焦距的单个 X 射线透镜则需要具有微米级的曲率半径 R。但要制造出这样的透镜是很难的——尤其是当孔径足够大时。要克服这个困难，可以把单个透镜的曲率半径 R 做得更大，同时通过把多个透镜一个挨一个地前后叠放来补偿折射率的不足，如图 7.4（a）所示。

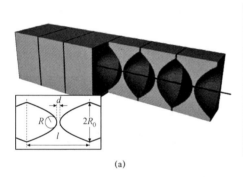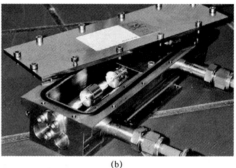

(a)　　　　　　　　　　　　　　　(b)

图 7.4　抛物面折射透镜示意图

（a）抛物面折射 X 射线透镜，把多个单透镜前后叠放，形成一个折射 X 射线透镜；

（b）由铍制成且已部分组装的抛物面折射 X 射线透镜

由于曲率半径 R 必须尽可能地小，以限制单透镜的数量，因此在可见光光学元件中成功应用的球面透镜近似法并不适用于大多数的 X 射线透镜设计。球面透镜会限制透镜的孔径，直至远远低于曲率半径 R［图 7.4（a）］。为避免球面像差同时让孔径尽可能地大，透镜表面必须做成抛物线状[7.9,10,15]。在近轴近似法中，抛物线状是最佳的非球面透镜形状。对于抛物面透镜来说，孔径 $2R_0$ 的选择与曲率半径 R 无关［图 7.4（a）］。

对于所有的透镜材料来说，透镜内部的衰减作用很显著（7.1 节），因为在硬 X 射线范围内没有哪种材料像玻璃在可见光范围内那样透明。除了使透射光减少之外，透镜材料内部的衰减作用还会让透镜孔径减小，因为透镜外缘的材料较厚［图 7.4（a）］，与光轴上的薄材料相比能够更强有力地吸收 X 射线。因此，为了优化透射率和孔径，认真选择透镜材料是很重要的。由于 μ/ρ 随着原子序数 Z（$\mu/\rho \sim Z^3$）的增加而剧增，因此具有低 Z 的原子种类（例如 Li、Be、B、C）及其化合物是良好的透镜材料[7.8,10]。此外，透镜应当做得尽可能薄，以减小抛物线顶点和最低点之间的距离 d [图 7.4（a）]。

旋转抛物面透镜非常适于成像用途，尤其是 X 光显微镜检查。在亚琛大学，这种透镜是通过从两侧将透镜形状压印到透镜材料（例如铍、铝或镍）中而得到的。这些透镜具有不同的曲率半径 R（50～2 500 μm），其孔径 $2R_0$ 在 0.4～3.1 mm。典型的焦距在 0.3～10 m 范围内，具体要视用途而定。图 7.4（b）显示了已部分装配好的铍透镜。用一个具有规定直径的硬质金属环托住单透镜，并使其对中。然后将这些硬币状的单透镜沿着两根平行抛光轴或一个 V 形槽叠放，使它们的光轴对齐。在这种设计中，透镜的数量可调节——从一排只有一个透镜到数百个透镜——由此能够在较大的能量范围（2～>100 keV）及宽波段内控制光学性质（例如焦距）。此外，还要让透镜处于惰性气体气氛或真空中，以避免铍在 X 射线强光束中被腐蚀。

由于在透镜外缘衰减作用会增强，因此穿过这些部位的射线对成像的贡献不如那些穿过光轴附近区域的射线那样大。因此，用于描述透镜衍射现象的有效孔径 D_{eff} 小于几何孔径 $2R_0$。D_{eff} 的范围一般从几百微米到超过 1 mm。透镜材料内部的衰减作用还会使光学元件的透射率 T_p 降低。在文献 [7.10，19] 中能找到关于这些量的详情。

这些光学元件非常适于利用高于 5 keV 的硬 X 射线实现的成像用途，例如硬 X 射线显微镜检查。这些元件无球面像差。在 X 射线显微镜中，研究人员利用铍透镜在 12 keV 的能量下得到了 100 nm 的空间分辨率[7.20]。这些光学元件的衍射极限可能被推至低于 50 nm。通过将 X 射线源在具有强变径几何形状的样品上成像，透镜可用于生成较强的微射束。除用于 x 光显微镜检查之外，这些光学元件通常还用于调节由第三代同步加速辐射源发出的光束，因为这些元件能承受现代波荡器辐射源的高热负荷，并很好地匹配由辐射源发出的光束尺寸。此外，这些光学元件还广泛应用于扫描显微镜检查，在其中用于生成高强度的硬 X 射线微射束。

按照式（7.2），折射率取决于 X 射线的能量，并导致色差。对于用单色同步加速辐射光实施的很多实验来说，色差效应是不相干的。为了在不同的能量下让焦距保持几乎恒定，我们可以改变透镜的数量。在 ESRF[7.21]和 PETRA Ⅲ（正负电子串列存储环型加速器）中，此过程已针对几束同步加速辐射光束实现了自动化。但也有很多实验需要较宽的 X 射线谱或需要扫描能量，同时让焦点保持不变。如果能量范围足够小，则在某些情况下可以容许对透镜进行轻微散焦[7.22]。在其他情况下，则应当力求获得真正消色差的光学元件，例如全反射镜（7.2.2 节）。

2. 纳米聚焦折射 X 射线透镜

为了生成横向扩展度远低于 1 μm 的光束，辐射源的几何图像必须足够小。这可通过减小折射透镜的焦距 f 从而增大缩倍比率来实现。此外，衍射极限随着折射透镜焦距的减小而减小。由于很难将旋转抛物面透镜的焦距减小到远低于 0.3 m，因此研究人员开发了一种具有极短焦距的新型抛物面透镜[7.23]。

为了在硬 X 射线能量下得到厘米级焦距，单透镜的曲率半径 [图 7.5（a）] 需要在几微米范围内。这可利用平面透镜的纳米制造方法 [图 7.5（a）] 来实现。平面透镜由硅经过电子束光刻然后进行深反应离子刻蚀后制成。这些平面结构只在一个维度上聚焦。因此，为了获得点聚焦，需要将两个具有适当焦距的透镜交叉放置。图 7.5（b）显示了基于两个交叉式纳米聚焦透镜（NFL）的纳米探针装置。通过利用这种装置，法国格勒诺布尔市欧洲同步加速辐射中心（ESRF）生成了小到大约 50 nm×50 nm 的硬 X 射线束[7.24]。

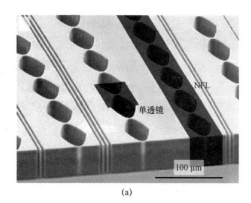
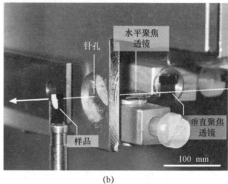

(a)　　　　　　　　　　　　　　　　　　(b)

图 7.5　极短焦距的抛物面透镜

（a）纳米聚焦透镜的扫描电子显微照片，单透镜和纳米聚焦透镜用暗阴影区表示；
（b）纳米探针装置，用两个交叉放置的纳米聚焦透镜将 X 射线束聚焦到样品上

通过利用优化的参数，这些光学元件预计能生成横向尺寸在 10～20 nm 的光束。这是指定透镜设计方案的物理极限。研究人员还开发了更复杂的透镜设计，原则上能够克服这个物理极限并将硬 X 射线聚焦至低于 5 nm 的尺寸[7.25]。

7.2.2　反射光学元件

1. 反射镜

当入射角较大时，表面或界面的反射率可忽略不计。只有当掠入射角小于总外反射的临界角 θ_c 时，高反射率才有可能出现（7.1 节）。这使得 X 射线反射镜和毛细管变得很细长，也就是说，长度比宽度大得多。按照式（7.2）和式（7.3），θ_c 主要取决于 X 射线的波长 λ 以及反射镜材料的密度 ρ。X 射线能量（$E = hc/\lambda$）越高，临界角 θ_c 就越小。为了得到足够大的反射角，通常要用到高密度材料（例如钯或铂）。

吸收和表面粗糙度这两种效应的存在使反射镜以无损耗方式反射 X 射线的能力减弱。X 射线能透入镜面至几纳米的深度。此时，X 射线被部分吸收，以至于在入射角刚好低于临界角时，反射率远低于 50%。对于重元素，在刚好高于吸收限时这种现象尤其明显。

给反射率带来第二种不利影响的是表面粗糙度。由于硬 X 射线的波长短，因此粗糙度会使在每个菲涅耳区内部的不同部位出现光子反射振幅异相，从而使总振幅以及反射率降低。要获得高质量的反射镜光学，表面粗糙度必须在 0.1 nm 范围内。这种效应以及对外形保真度的高要求使得 X 射线反射镜成为很昂贵的光学元件。

对于具有反射角 θ_1 的指定掠入射几何体来说，全反射镜能在一直到 $\theta_1 = \theta_c$ 的能量范围内反射 X 射线。全反射镜对 X 射线来说就像低通滤波器，因此常常用于将高能含量从光束中移除。通过将全反射镜与晶体单色器相结合，就可以使较高次谐波辐射（在式（7.6）中为 $m \geqslant 2$）大大降低，并生成干净的单色束。

为了使 X 射线聚焦或变平行，反射镜可以做成弯曲状。若要让 X 射线聚焦，即让辐射源逐点成像，镜面需要做成椭圆形状［图 7.6（a）］。若要让 X 射线变平行，即生成平行的 X 射线束，则镜面需要做成抛物线形状［图 7.6（b）］。为了通过一次反射在两个维度上让 X 射线聚焦或变平行，镜面必须分别做成椭圆体或旋转抛物面形状。由于反射角很小，这个旋转体显得很细长（针状），在弧矢面和子午线方向上有极其不同的曲率。由于这样的镜面很难以高精度制作，因此只做出了几例。这些光学元件又叫做"椭圆形单毛细管"或"抛物线型单毛细管"。

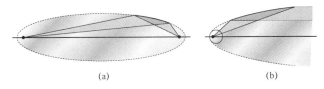

图 7.6　反射式椭圆镜示意图

（a）逐点聚焦的椭圆镜；（b）使点辐射源发出的光束变平行的抛物面反射镜

为避免弧矢面曲率过大，我们通常利用平面镜的两次反射来获得二维聚焦。图 7.7 描述了这个最初由 Kirkpatrick 和 Baez 在 1948 年描述的方案[7.26]。如今，此方法已广泛应用，成为在利用同步加速辐射源进行扫描显微镜检查时的聚焦光学元件。虽然这种元件的调准相对较难，但它的最大优势是对于低于临界能量（由最大入射角决定）的 X 射线，能够消除其色差。这使得这些光学元件对白光束微衍射方法[7.27]和吸收光谱研究尤其有用。

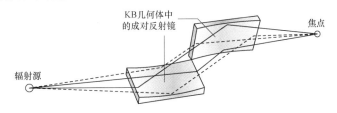

图 7.7　柯克帕特里克 – 巴埃斯（Kirkpatrick – Baez）聚焦几何体：

利用两个交叉的椭圆镜实现逐点聚焦

如今，这些反射镜能够做成极小的表面粗糙度和极好的外形保真度，因此能生成横向尺寸只有 25 nm 的硬 X 射线束[7.28]。由于反射角受到 θ_c 的限制，因此数值孔径以及衍射受限焦点尺寸也会受到限制。预计利用全反射镜，可以使光束尺寸低至 20 nm 以下。一种用于克服此极限的方法是使用多分子层反射镜（7.2.3 节）或更复杂的多次反射方案。

2. 波导

最近开发的另一种基于全反射的光学元件是 X 射线波导。X 射线波导由三层组成：由高密度材料（例如镍）组成的衬底层，衬底之上的一个光学元件（例如碳）层，以及仍由致密材料组成的一个覆盖层（图 7.8）。中间层是波导层，一般只有几十纳米厚。通过由致密材料导致的侧壁全外反射，X 射线被限制在波导内。这个装置与微波波导的工作原理很相似。

将 X 射线耦合到波导中的方式有两种，即通过薄覆盖层将平行的平面波耦合到波导中[7.29]，或者将聚焦光束直接从侧面耦合到波导中[7.30]，分别如图 7.8（a），（b）所示。只有那些通过相长干涉幸存下来的波模才能在波导中传播。根据光照度的不同，不同的模会被系统地激发，与横向方向上的不同驻波相对应。第一批波导为平面结构，只在一个方向上限制光束。如今，通过利用纳米制造方法，已经能制造出二维限制性波导[7.30]。

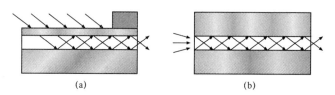

(a)　　　　　　　　　　　　(b)

图 7.8　X 射线波导

（a）通过覆盖层将 X 射线耦合到波导中；（b）将聚焦的 X 射线直接耦合到波导中

波导主要用于两种用途：用于照射被限制在波导内部的样品[7.31]，或者用于生成一个极细的光束并让它从波导出口处出来。在出口处，光束尺寸与波导尺寸相差无几，可生成 25 nm×45 nm 的横向尺寸[7.30]。最近，研究人员利用更复杂的材料叠放方式，开发出了更高效的平面型波导，用于生成尺寸不足 20 nm 的受限光束[7.32]。这种光束可用于投影显微术，而且有较高的横向相干程度。如果在波导内激发单模，则出射光束具有完美的相干性。这个特性可用于相干成像实验和全息照相术。X 射线在波导的限制下达到的最小尺寸还会受到全反射效应的限制，因此预计会稍低于 10 nm[7.33]。直到现在，这些元件仍处于开发阶段，还没有得到广泛应用。

7.2.3　衍射光学元件

1. 多分子层光学元件

多分子层光学元件由一系列交互层组成，而交互层由高密度材料和低密度材料组成。图 7.9（a）显示了由 40 个双层（Mo 和 Si）组成的多分子层光学元件的透射式电子显微照片，图 7.9（b）显示了这些光学元件的工作原理。如果多分子层达到布拉格条件［式（7.6）］，即图 7.9（b）中用深色表示的光程差是 X 射线波长 λ 的整数倍数，则以角度 θ 入射的 X 射线将被多分子层反射。其中，d 是多分子层的周期，可自由选择，一般在 2～20 nm 范围内，所得到的布拉格角在硬 X 射线的角度范围内。硬 X 射线的反射率可接近 1，即 70%～90%。这取决于层数以及两种多层材料之间的电子密度差。就全反射镜而言，这种光学元件内部的衰减作用及其界面的粗糙度也会使反射率降低。

与晶体光学元件相似的是，多分子层也可用于使 X 射线束单色化。单色性和角谱宽度取决于导致反射发生的周期数。这个周期数会受到叠层内总周期数 N 或多分子层内消光长度的限制。文献［7.35］中详细描述了多层系统的反射率。

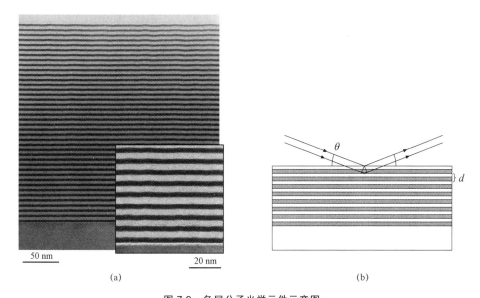

图 7.9　多层分子光学元件示意图

（a）由 $N = 40$ 个双层（Mo 和 Si）组成的多分子层光学元件的高分辨率透射式电子显微照片。晶格间距为 $d = 7$ nm。插图显示了多分子层的详情，包括与单晶衬底之间的界面（经由 S.Braun、Fraunhofer IWS 和 Dresden 提供[7.34]）。（b）多分子层光学元件的示意图。如果达到布拉格条件［式（7.6）］，即下面光程的深色部分是 X 射线波长 λ 的整数倍数，则 X 射线将被多分子层反射

为了利用这些光学元件使几何体（图 7.10）中的 X 射线束聚焦或变得平行，我们需要调节多分子层的间距 d，以适应在光学元件中不断变化的反射角。这些横向分级的多分子层是由 Schuster 和 Göbel 首先提出的，当时是为了从 X 射线管中获得较大的立体角并让 X 射线变平行以用于衍射实验[7.36,37]。如今，很多种光学元件都能使 X 射线管发出的光束聚焦或变得平行。由于反射角大于全反射情况下的临界角（7.2.2 节），因此除柯克帕特里克 - 巴埃斯（KB）类型的双回波系统之外，在弧矢面上弯曲的椭圆镜和抛物面镜也适于此用途。

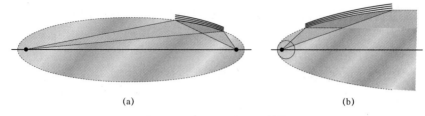

(a)   (b)

图 7.10　多分子层椭圆反射镜

（a）用于聚焦用途的椭圆形分级多分子层；（b）用于聚焦和平行化用途的抛物线分级
多分子层。当把布拉格角局部地调至反射角时，周期 d 会随着光学元件上的位置而改变

对于扫描显微镜检查来说，具有 KB 几何形状的弯曲多层系统已获得巨大成功，生成了尺寸远低于 100 nm 的极强纳米光束[7.38,39]。这些光学元件的优点是能够同时使光束适当地单色化。通过用这种方法，就可以避免增加一个晶体单色器。这对于不需要高度单色化的实验来说是有利的，因为能量带通越大，通量就越高。由于反射角相对较大，因此这些光学元件的数值孔径也可能相对较大。最近有人证实，利用这些光学元件能使硬 X 射线在一维聚焦之后达到 7 nm[7.40]。

晶格参数的选择及其在反射镜上的变化很灵活，因此可能获得用晶体光学元件无法实现的性能。除多分子层的横向分级之外，深度分级也可能有用，例如用于定制光学装置的角谱宽度和能量带宽。由于这些光学元件的一些用途与实验室中的 X 光管有关，因此这些光学元件有更大的市场，可以从很多实验室和商业公司中获得。多分子层在远紫外线（EUV）范围内也很重要，因为多分子层可在平板光刻机中使用。

2. 晶体光学元件

晶体光学元件的主要应用领域是利用布拉格反射使 X 射线单色化（7.1 节）。根据晶体类型、晶体切向和反射率的不同以及不同晶体的排列，相对能量带宽 $\Delta E/E$ 可达到 $10^{-3}\sim10^{-7}$，并广泛应用于在同步加速辐射源照射下的几乎每条光束线。在非弹性 X 射线散射和核共振散射中，尤其需要高能量分辨率。

除纯单色化之外，晶体光学元件还可用于使 X 射线逐点聚焦。由于对于多层光学元件来说，我们不能调节 d 间距以适应变化的反射角（图 7.10），因此光学元件必须采用在其每个点上均能使反射角保持恒定并等于布拉格角 θ_B 的一种几何形状。图 7.11 显示了一种具有约翰几何（Johann geometry）形状的弯曲晶体。在约翰几何形状中，布拉格平面与晶体表面平行。子午线弯曲半径 R_h 是所谓"罗兰圆"（Rowland circle）的半径的 2 倍（图 7.11）。为了使 X 射线在平面外也能聚焦，晶体必须在弧矢面上也要弯曲。在这个方向上的弯曲半径为 $R_v = R_h\sin^2\theta_B$（图 7.11）。辐射源和焦点都位于罗兰圆上，与晶体一起形成了一个等腰三角形。

随着晶体越来越大，晶体表面离罗兰圆也越来越远。在这种情况下，为了严格地达到布拉格条件，我们需要对晶体进行切割，使其弯曲之处与罗兰圆一致。这就是所谓的"约翰几何形状"。这种形状很难实现，因此很少使用。

晶体光学元件的弯曲半径必须很精确，才能处于整个晶体表面的布拉格反射宽度内。此外，晶体一定不能有损坏。由于这个弯曲程序很难实施，因此这些光学元件并没有得到很广泛的应用。

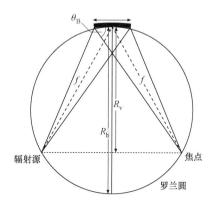

图 7.11　利用具有约翰几何形状的弯曲晶体光学元件使 X 射线聚焦。辐射源和焦点的位置位于罗兰圆上

3. 菲涅耳带片

最重要的衍射光学元件是菲涅耳带片。菲涅耳带片已经得到了很广泛的应用，尤其在能量低于几 keV 的应用领域，例如在灌溉窗口中。作为一种真正的成像光学元件，菲涅耳带片在全场显微镜检查中可用作物镜，在扫描显微镜检查中用于生成小焦点。

菲涅耳带片的最简单形式由一组交替放置的透明环和不透明环组成（图 7.12），这些环就是所谓的"波带"。相邻波带之间的光程差为 $\lambda/2$。X 射线从无穷远处传播到波带片，再传播到它后面的、距离为 f 处的焦点。当所有波带的半径如下式所示时，所有透明波带的振幅将以相长方式叠加：

$$r_n = \sqrt{n\lambda f + \frac{n^2\lambda^2}{4}},\ n = 0, 1, 2, \cdots, \tag{7.8}$$

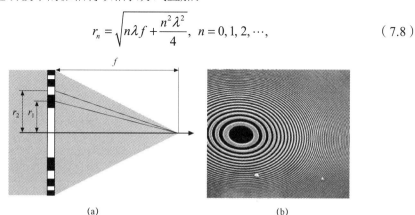

(a)   (b)

图 7.12　菲涅耳带片
（a）示意图；（b）扫描电子显微镜（SEM）图像

其中，偶数波带是透明的，奇数波带是不透明的，或者正好相反。f 是在指定波长 λ 下光学元件的焦距。在第一衍射级，波带片的效率最高，落在其孔径上的大约 10% 的辐射线都能被聚焦到这个衍射级中。空间分辨率取决于数值孔径 $NA = r_n/f$，在这种情况下为

$$d_t = 1.22\frac{\lambda}{2NA} = 1.22\Delta r_n \qquad (7.9)$$

这近似等于最外面波带的宽度 Δr_n。系数 1.22 是根据圆形光学元件的空间分辨率的瑞利判据得到的[7.41]。这意味着空间分辨率相当于波带片内具有最小特征的数值孔径。随着 X 射线能量的增加，制造具有不透明波带的波带片也变得越来越困难。因此，这类光学元件主要用于软 X 射线机制，尤其是在碳吸收边和氧吸收边之间的所谓"灌溉窗口"中。当不透明带变透明时，波带片的效率将会受到损失。

因此，对于较硬的 X 射线，我们可以采取另一种方案，即我们不必每隔一个波带就取消其振幅，而是让振幅产生一个位移 π，从而在焦点处形成相长干涉。这些相位型波带片的效率比具有不透明波带的波带片高得多，在第一衍射级中最佳效率达到大约 40%。尽管采用了这种新方案，但对于能量大约为 10 keV 的硬 X 射线，波带仍需要达到微米级厚度。为了高效地达到高空间分辨率，我们需要制造出很薄但较高的波带片结构。虽然与前几年相比波带片的制造已大有改进，但要制造出这些结构仍极具挑战性。不过，这些光学元件已能够从几个机构以及商业渠道中获得。另一种相移光学元件是布拉格－菲涅耳光学元件，其中的菲涅耳带被蚀刻到一个晶体表面内[7.42]。在调节到布拉格条件之后，X 射线将从波带片结构内部的不同高度处被衍射。折射使得偶数带和奇数带之间出现了期望的相移。

在软 X 射线范围内，空间分辨率高达 15 nm 的波带片已经被制造出来[7.43]。用特殊薄膜技术制造出的波带片甚至经证实具有更高的空间分辨[7.44]。在硬 X 射线范围内，最外面波带的高宽比较大，导致目前的空间分辨率被限制在大约 50 nm[7.45]。对于这样的高分辨率波带片来说，其孔径一般在几百微米范围内，而波带片由几百个波带组成。

由于高宽比随着最外面波带的宽度减小而增大，因此菲涅耳带片的薄物体近似法变得不太适合。波带片结构内部的传播效应需要考虑到。理论研究表明，波带片的波带需要倾斜，以达到局部布拉格条件，从而在最外面波带的宽度减小时不会使聚焦效率受损失[7.46]。虽然这些结构更难以制造，但根据预测，这些结构能够生成低至——甚至低于——1 nm 的焦点尺寸[7.47,48]。这些结构目前可通过所谓的"多层劳厄（Laue）透镜"来近似地计算[7.49-51]。经演示，利用这些装置能得到小于 20 nm 的聚焦尺寸。

|7.3　X 射线纳米光束的特性描述|

随着生成的纳米光束越来越小，这些光束的特性描述也变得越来越难。尺寸为几微米的光束可利用高分辨率 X 射线照相机来直接成像，而亚微米级的光束一般通过用光束扫描锐边以及记录透射率、X 射线荧光或发出的散射信号来进行特性描述。这种方法能得到在扫描方向上的射束轮廓，并在垂直方向上求积分。要得到最高的空间分辨率，须用光束扫描相移边缘[7.53]和基于薄膜技术的检偏镜[7.54]。

最近，扫描相干衍射显微术（又叫做"傅里叶叠层成像"）被引入 x 光显微术领域[7.55,56]。这种方法利用了受限的相干 X 射线束来扫描物体（图 7.13），并记录在每个扫描位置得到的远场衍射图样。根据这些数据，在物体位置处的复杂透射函数和复波场就可以用统一方式重建[7.57~59]，前提是相邻扫描点的照射面积之间有足够大的重叠度。这种方法的空间分辨率优于传统扫描显微术的空间分辨率，因为后者的光束尺寸限制了空间分辨率。作为一个例子，图 7.14（a）显示了分辨率测试图案的重构图像（文献［7.52］中详细说明了这个实验）。我们用基于纳米聚焦折射 X 射线透镜（X 射线能量为 15.25 keV）的扫描显微镜记录了该图像。作为对比，图 7.14（b）显示了扫描荧光图像（钽 L 辐射线），证实用这种方法得到的空间分辨率更高。在傅里叶叠层成像法中，衍射光子在远场中被探测器记录时的最大动量限制了空间分辨率。因此，随着样品上的剂量增加，空间分辨率也会增加。

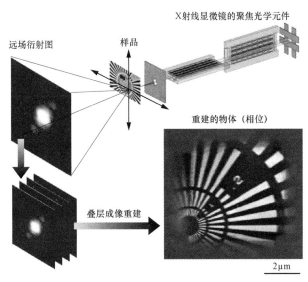

图 7.13　扫描相干衍射显微术（又叫做"傅里叶叠层成像"）：用聚焦相干光束扫描样品。记录每个扫描位置处的远场衍射图。根据这些数据，可以重建物体的复杂透射函数

(a)　　　　　　　　　　(b)

图 7.14　扫描显微镜图像

（a）通过傅里叶叠层成像法重建的测试结构的透射图（相位）[7.52]，利用焦点的
中心最大值扫描用白色线描绘的区域；（b）在叠层成像的同时所记录的钽 L 荧光辐射

除物体透射函数之外，在样品位置处的复波场也可以重建。通过用这种方法，可以得到 X 射线束的详图。图 7.15（a）、（b）显示了在上述例子中重建的纳米光束[7.52]。在图 7.15（b）中，光束显示出能精确重建的弱侧最大值。这说明一个事实，即物体可在用白色线描绘的扫描区域外重建［图 7.14（a）］。由于物体平面内的复波场已经能获得，因此光束的整个焦散曲线可通过传播来重建［图 7.15（c）］。因此，样品不

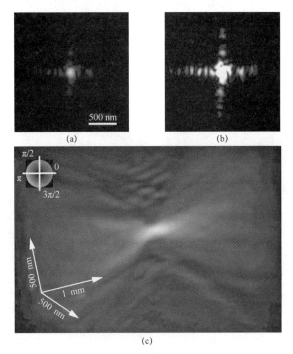

(a)　　　　　　　　　　(b)

(c)

图 7.15　重建纳米光束实验

（a）在纳米焦点中重建的复波场；（b）放大波场的振幅，以突显低光强侧的最大值；（c）聚焦光束的三维视图，
由复波场在图（a）所示样品的平面内的正向和反向传播决定。
波场的振幅和相位分别用亮度和色调来编码（与色轮对照）（根据文献［7.52］）

需要完美对焦。实际上，精确的焦点位置可通过传播来确定。光强的分布由振幅的绝对平方决定。在给定的例子中，射束的横向尺寸已经确定，为 78 nm×86 nm[7.52]。这种方法不需要采用特殊的测试物体，但对于在横向射束尺寸范围内具有较高结构多样性的强散射物体来说效果最佳。

　　这种方法能快速可靠地全面描述受衍射限制的纳米光束，目前已应用于由不同光学元件发出的、受衍射限制的光束[7.52,60~62]。与此同时，此方法还经常用于描述在法国格勒诺布尔市欧洲同步加速辐射实验室中硬 X 射线显微镜里的焦点以及德国汉堡电子同步加速器研究所（DESY）PETRA Ⅲ 同步加速辐射源里的焦点。

|参 考 文 献|

［7.1］ R. W. James：*The Optical Principles of the Diffraction of X－rays*（Cornell Univ. Press, Ithaca 1967）

［7.2］ C. T. Chantler：Theoretical form factor, attenuation and scattering tabulation for $Z = 1－92$ from $E = 1－10$ eV to $E = 0.4－10.0$ MeV, J. Phys. Chem. Ref. Data **24**, 71（1995）

［7.3］ E. Hecht：*Optics*（Addison－Wesley, Reading 1987）

［7.4］ W. C. Röntgen：*Über eine neue Art von Strahlen*, Sitzungsberichte der phys.－med. Ges.（Physikalisch-medizinische Gesellschaft, Würzburg 1895）

［7.5］ S. Suehiro, H. Miyaji, H. Hayashi：Refractive lens for x－ray focus, Nature **352**, 385－386（1991）

［7.6］ A. Michette：No x－ray lens, Nature **353**, 510（1991）

［7.7］ B. Yang：Fresnel and refractive lenses for x－rays, Nucl. Instrum. Methods A **328**, 578－587（1993）

［7.8］ A. Snigirev, V. Kohn, I. Snigireva, B. Lengeler：A compound refractive lens for focusing high energy x－rays, Nature **384**, 49（1996）

［7.9］ B. Lengeler, C. G. Schroer, M. Richwin, M. Drakopoulos, A. Snigirev, I. Snigireva：A microscope for hard x－rays based on parabolic compound refractive lenses, Appl. Phys. Lett. **74**（26）, 3924－3926（1999）

［7.10］ B. Lengeler, C. Schroer, B. Benner, M. Richwin, A. Snigirev, I. Snigireva, M. Drakopoulos：Imaging by parabolic refractive lenses in the hard x－ray range, J. Synchrotron Radiat. **6**, 1153－1167（1999）

［7.11］ V. Aristov, M. Grigoriev, S. Kuznetsov, L. Shabelnikov, V. Yunkin, T. Weitkamp, C. Rau, I. Snigireva, A. Snigirev, M. Hoffmann, E. Voges：X－ray refractive planar lens with minimized absorption, Appl. Phys. Lett. **77**（24）, 4058－4060（2000）

［7.12］ M. A. Piestrup, J. T. Cremer, H. R. Beguiristain, C. K. Gary, R. H. Pantell: Two-dimensional x-ray focusing from compound lenses made of plastic, Rev. Sci. Instrum. **71**（12）, 4375-4379（2000）

［7.13］ R. N. Cahn, M. Danielsson, M. Lundqvist, D. R. Nygren: Focusing hard x-rays with old LP's, Nature **404**, 951（2000）

［7.14］ E. M. Dufresne, D. A. Arms, R. Clarke, N. R. Pereira, S. B. Dierker, D. Foster: Lithium metal for x-ray refractive optics, Appl. Phys. Lett. **79**（25）, 4085-4087（2001）

［7.15］ B. Lengeler, C. G. Schroer, B. Benner, A. Gerhardus, M. Kuhlmann, J. Meyer, C. Zimprich: Parabolic refractive x-ray lenses, J. Synchrotron Radiat. **9**, 119-124（2002）

［7.16］ H. R. Beguiristain, J. T. Cremer, M. A. Piestrup, C. K. Gary, R. H. Pantell: X-ray focusing with compound refractive lenses made from beryllium, Opt. Lett. **27**（9）, 778-780（2002）

［7.17］ B. Cederström, M. Lundqvist, C. Ribbing: Multiprism x-ray lens, Appl. Phys. Lett. **81**（8）, 1399-1401（2002）

［7.18］ B. Nöhammer, J. Hoszowska, A. K. Freund, C. David: Diamond planar refractive lenses for third-and forth-generation x-ray sources, J. Synchrotron Radiat. **10**, 168-171（2003）

［7.19］ B. Lengeler, C. G. Schroer, M. Kuhlmann, B. Benner, T. F. Günzler, O. Kurapova, F. Zontone, A. Snigirev, I. Snigireva: Refractive x-ray lenses, J. Phys. D **38**, A218-A222（2005）

［7.20］ C. G. Schroer, M. Kuhlmann, B. Lengeler, O. Kurapova, B. Benner, C. Rau, A. S. Simionovici, A. Snigirev, I. Snigireva: Beryllium parabolic refractive x-ray lenses. In: *Design and Microfabrication of Novel X-Ray Optics*, Proc. SPIE, Vol. 4783, ed. by D. C. Mancini（SPIE, Bellingham 2002）pp. 10-18

［7.21］ G. B. M. Vaughan, J. P. Wright, A. Bytchkov, M. Rossat, H. Gleyzolle, I. Snigireva, A. Snigirev: X-ray transfocators: Focusing devices based on compound refractive lenses, J. Synchrotron Radiat. **18**, 125（2011）

［7.22］ C. G. Schroer, M. Kuhlmann, B. Lengeler, M. Richwin, B. Griesebock, R. Frahm, E. Ziegler, A. Mashayekhi, D. Haeffner, J. -D. Grunwaldt, A. Baiker: Mapping the chemical states of an element inside a sample using tomographic x-ray absorption spectroscopy, Appl. Phys. Lett. **82**（19）, 3360-3362（2003）

［7.23］ C. G. Schroer, M. Kuhlmann, U. T. Hunger, O. Kurapova, S. Feste, F. Frehse, B. Lengeler, M. Drakopoulos, A. Somogyi, A. S. Simionovici,

A. Snigirev, I. Snigireva, C. Schug: Nanofocusing parabolic refractive x－ray lenses, Appl. Phys. Lett. **82**（9）, 1485－1487（2003）

[7.24] C. G. Schroer, O. Kurapova, J. Patommel, P. Boye, J. Feldkamp, B. Lengeler, M. Burghammer, C. Riekel, L. Vincze, M. Küchler: Hard x－ray nanoprobe based on refractive x－ray lenses, Appl. Phys. Lett. **87**（12）, 124103（2005）

[7.25] C. G. Schroer, B. Lengeler: Focusing hard x－rays to nanometer dimensions by adiabatically focusing lenses, Phys. Rev. Lett. **94**, 054802（2005）

[7.26] P. Kirkpatrick, A. Baez: Formation of optical images by x－rays, J. Opt. Soc. Am. **38**（9）, 766－774（1948）

[7.27] G. E. Ice, B. C. Larson: Three-dimensional x－ray structural microscopy using polychromatic microbeams, MRS Bulletin **29**（3）, 170－176（2004）

[7.28] H. Mimura, H. Yumoto, S. Matsuyama, Y. Sano, K. Yamamura, Y. Mori, M. Yabashi, Y. Nishino, K. Tamasaku, T. Ishikawa, K. Yamauchi: Efficient focusing of hard x－rays to 25 nm by a total reflection mirror, Appl. Phys. Lett. **90**（5）, 051903（2007）

[7.29] Y. P. Feng, S. K. Sinha, H. W. Deckman, J. B. Hastings, D. S. Siddons: X－ray flux enhancement in thin-film waveguides using resonant beam couplers, Phys. Rev. Lett. **71**（4）, 537－540（1998）

[7.30] A. Jarre, C. Fuhse, C. Ollinger, J. Seeger, R. Tucoulou, T. Salditt: Two-dimensional hard x－ray beam compression by combined focusing and waveguide optics, Phys. Rev. Lett. **94**, 074801（2005）

[7.31] M. J. Zwanenburg, H. G. Ficke, H. Neerings: A planar x－ray waveguide with a tunable air gap for the structural investigation of confined fluids, Rev. Sci. Instrum. **71**（4）, 1723－1732（2000）

[7.32] T. Salditt, S. P. Krueger, C. Fuhse, C. Bahtz: High-transmission planar x－ray waveguides, Phys. Rev. Lett. **100**（18）, 184801（2008）

[7.33] C. Bergemann, H. Keymeulen: Focusing x－ray beams to nanometer dimensions, Phys. Rev. Lett. **91**（20）, 204801（2003）

[7.34] S. Braun, H. Mai: Multilayers for x－ray optical purposes. In: *Metal Based Thin Films for Electronics*, ed. by K. Wetzig, C. M. Schneider（Wiley－VCH, Weinheim 2006）

[7.35] J. Underwood: Layered synthetic microstructures as Bragg diffractors for x－rays and extreme ultraviolet theory and predicted performance, Appl. Opt. **20**（17）, 3027－3034（1981）

[7.36] M. Schuster: Parallel-beam coupling into channelcut monochromators using curved graded multilayers, J. Phys. D Appl. Phys. **28**, A270－A275（1995）

[7.37] M. Schuster, H. Göbel, L. Brügemann, D. Bahr, F. Burgäzy, C. Michaelsen,

M. Störmer, P. Ricardo, R. Dietsch, T. Holz, H. Mai: Laterally graded multilayer optics for x – ray analysis, Proc. SPIE **3767**, 183 – 198（1999）

[7.38] O. Hignette, G. Rostaing, P. Cloetens, A. Rommeveaux, W. Ludwig, A. Freund: Submicron focusing of hard x – rays with reflecting surfaces at the ESRF. In: *X – Ray Micro-and Nano-Focusing: Applications and Techniques II*, Proc. SPIE, Vol. 4499, ed. by I. McNulty（SPIE, Bellingham 2001）pp. 105 – 116

[7.39] O. Hignette, P. Cloetens, G. Rostaing, P. Bernard, C. Morawe: Efficient sub 100 nm focusing of hard x – rays, Rev. Sci. Instrum. **76**, 063709（2005）

[7.40] H. Mimura, S. Handa, T. Kimura, H. Yumoto, D. Yamakawa, H. Yokoyama, S. Matsuyama, K. Inagaki, K. Yamamura, Y. Sano, K. Tamasaku, Y. Nishino, M. Yabashi, T. Ishikawa, K. Yamauchi: Breaking the 10 nm barrier in hard – x – ray focusing, Nat. Phys. **6**（2）, 57（2010）

[7.41] M. Born, E. Wolf: *Principles of Optics*（Cambridge Univ. Press, Cambridge 1999）

[7.42] V. Aristov, A. Erko, V. Martynov: Principles of Bragg-Fresnelmultilayer optics, Rev. Phys. Appl. **23**, 1623 – 1630（1988）

[7.43] W. Chao, B. D. Harteneck, J. A. Liddle, E. H. Anderson, D. T. Attwood: Soft x – ray microscopy at a spatial resolution better than 15 nm, Nature **435**（30）, 1210 – 1213（2005）

[7.44] J. Vila-Comamala, K. Jefimovs, J. Raabe, T. Pilvi, R. H. Fink, M. Senoner, A. Maassdorf, M. Ritala, C. David: Advanced thin film technology for ultrahigh resolution x – ray microscopy, Ultramicroscopy **109**（11）, 1360（2009）

[7.45] Y. S. Chu, J. M. Yi, F. De Carlo, Q. Shen, W. –K. Lee, H. J. Wu, C. L. Wang, J. Y. Wang, C. Liu, C. H. Wang, S. R. Wu, C. C. Chien, Y. Hwu, A. Tkachuk, W. Yun, M. Feser, K. S. Liang, C. S. Yang, J. H. Je, G. Margaritondo: Hard – x – ray microscopy with Fresnel zone plates reaches 40 nm Rayleigh resolution, Appl. Phys. Lett. **92**（10）, 103119（2008）

[7.46] J. Maser: Theoretical description of the diffraction properties of zone plates with small outermost zone width. In: *X – Ray Microscopy IV*, ed. by V. V. Aristov, A. I. Erko（Institute of Microelectronics Technology, Russian Academy of Sciences, Institute Microelectronics Technology, Chernogolovka 1994）pp. 523 – 530

[7.47] C. G. Schroer: Focusing hard x – rays to nanometer dimensions using Fresnel zone plates, Phys. Rev. B **74**, 033405（2006）

[7.48] H. Yan, J. Maser, A. T. Macrander, Q. Shen, S. Vogt, G. B. Stephenson, H. C. Kang: Takagi-Taupin description of x – ray dynamical diffraction from diffractive optics with large numerical aperture, Phys. Rev. B **76**（11）, 115438

（2007）

［7.49］ C. Liu，R. Conley，A. T. Macrander，J. Maser，H. C. Kang，M. A. Zurbuchen，G. B. Stephenson：Depth-graded multilayers for application in transmission geometry as linear zone plates，J. Appl. Phys. **98**，113519（2005）

［7.50］ H. C. Kang，G. B. Stephenson，C. Liu，R. Conley，A. T. Macrander，J. Maser，S. Bajt，H. N. Chapman：High-efficiency diffractive x－ray optics from sectioned multilayers，Appl. Phys. Lett. **86**，151109（2005）

［7.51］ H. C. Kang，J. Maser，G. B. Stephenson，C. Liu，R. Conley，A. T. Macrander，S. Vogt：Nanometer linear focusing of hard x－rays by a multilayer Laue lens，Phys. Rev. Lett. **96**，127401（2006）

［7.52］ A. Schropp，P. Boye，J. M. Feldkamp，R. Hoppe，J. Patommel，D. Samberg，S. Stephan，K. Giewekemeyer，R. N. Wilke，T. Salditt，J. Gulden，A. P. Mancuso，I. A. Vartanyants，E. Weckert，S. Schöder，M. Burghammer，C. G. Schroer：Hard x－ray nanobeam characterization by coherent diffraction microscopy，Appl. Phys. Lett. **96**（9），091102（2010）

［7.53］ H. Mimura，H. Yumoto，S. Matsuyama，S. Handa，T. Kimura，Y. Sano，M. Yabashi，Y. Nishino，K. Tamasaku，T. Ishikawa，K. Yamauchi：Direct determination of the wave field of an x－ray nanobeam，Phys. Rev. A **77**（1），015812（2008）

［7.54］ H. C. Kang，H. Yan，R. P. Winarski，M. V. Holt，J. Maser，C. Liu，R. Conley，S. Vogt，A. T. Macrander，G. B. Stephenson：Focusing of hard x－rays to 16 nanometers with a multilayer Laue lens，Appl. Phys. Lett. **92**（22），221114（2008）

［7.55］ J. M. Rodenburg，H. M. L. Faulkner：A phase retrieval algorithm for shifting illumination，Appl. Phys. Lett. **85**（20），4795（2004）

［7.56］ J. M. Rodenburg，A. C. Hurst，A. G. Cullis，B. R. Dobsen，F. Pfeiffer，O. Bunk，C. David，K. Jefimovs，I. Johnson：Hard x－ray lensless imaging of extended objects，Phys. Rev. Lett. **98**，034801（2007）

［7.57］ P. Thibault，M. Dierolf，A. Menzel，O. Bunk，C. David，F. Pfeiffer：High-resolution scanning x－ray diffraction microscopy，Science **321**（5887），379（2008）

［7.58］ P. Thibault，M. Dierolf，O. Bunk，A. Menzel，F. Pfeiffer：Probe retrieval in ptychographic coherent diffractive imaging，Ultramicroscopy **109**（4），338（2009）

［7.59］ A. M. Maiden，J. M. Rodenburg：An improved ptychographical phase retrieval algorithm for diffractive imaging，Ultramicroscopy **109**（10），1256（2009）

［7.60］ C. M. Kewish，P. Thibault，M. Dierolf，O. Bunk，A. Menzel，J. Vila-

Comamala, K. Jefimovs, F. Pfeiffer: Ptychographic characterization of the wavefield in the focus of reflective hard x−ray optics, Ultramicroscopy **110** (4), 325 (2010)

[7.61] C. M. Kewish, M. Guizar-Sicairos, C. Liu, J. Qian, B. Shi, C. Benson, A. M. Khounsary, J. Vila-Comamala, O. Bunk, J. R. Fienup, A. T. Macrander, L. Assoufid: Reconstruction of an astigmatic hard x−ray beam alignment of K−B mirrors from ptychographic coherent diffraction data, Opt. Express **18** (22), 23420 (2010)

[7.62] M. Guizar-Sicairos, S. Narayanan, A. Stein, M. Metzler, A. R. Sandy, J. R. Fienup, K. Evans−Lutterodt: Measurment of hard x−ray lens wavefront aberrations using phase retrieval, Appl. Phys. Lett. **98** (11), 111108 (2011)

大气辐射和大气光学

本章描述了在一般情况下以及在地球大气中辐射传输的基本原理。本章将探讨大气气溶胶和云彩的作用，并描述辐射和气候之间的关系。最后，我们将探讨大气中的自然光学现象。

电磁辐射与大气成分相互作用的过程有很多：

- 吸收。也就是说，将辐射线从辐射场中移除，使其变成其他形式的能量（例如热量）。吸收可能是由大气中的分子（例如臭氧、氧或水蒸气）或气溶胶（例如煤烟）造成的。太阳能在大气中被吸收是地球气候系统中的一个重要过程。

- 弹性散射。从单个光子来看，弹性散射会改变其传播方向和偏振方向，但不会改变其能量（因此也不会改变其波长或颜色）。散射可能是由空气中存在的分子（瑞利散射）或气溶胶颗粒（米氏散射）造成的。

- 非弹性散射。就像弹性散射那样，非弹性散射也会改变光子的方向，但非弹性散射还会改变光子的能量。分子的非弹性散射叫做"拉曼散射"。在这个过程中，被散射光子的能量会降低——这是将能量转移给散射分子（斯托克斯散射）所付出的代价。同样，（被热激发的）分子也会把能量转移给光子（反斯托克斯散射）。

- 空气中分子和气溶胶颗粒的热发射。在任何指定波长下的热发射量不能超过在大气温度下的普朗克函数（或黑体的热发射量），因此只有在大于几微米的红外波长下才可能发生明显的热发射。由于受基尔霍夫定律的限制，因此只有吸附性气体（例如 CO_2、H_2O 和 O_3，而不是空气的主要成分 N_2、O_2 和 Ar）才能发出射线。

- 气溶胶发荧光。利用辐射来激发气溶胶颗粒中的分子，会导致（宽带）荧光出现。本章我们将不对这个过程做进一步探讨。

| 8.1 地球大气中的辐射传输 |

下面，我们将介绍与大气中的辐射传播有关的基本量，并探讨与吸收介质和散射介质（即大气）中的辐射传输有关的基本定律。

8.1.1 与辐射传输有关的基本量

光源将以辐射形式发射一定量的能量（W）。

（1）辐射通量 Φ 定义为每单位时间内的辐射能量 W（与发射方向无关）：

$$\Phi = \frac{辐射能量}{时间间隔} = \frac{\mathrm{d}W}{\mathrm{d}t} \quad \left[\frac{\mathrm{W} \cdot \mathrm{s}}{\mathrm{s}} = \mathrm{W}\right] \tag{8.1}$$

（2）辐照度 B 定义为由（被照射）面积 A_e 收到的辐射通量 Φ：

$$B = \frac{\Phi}{A_e} \quad \left[\frac{\mathrm{W}}{\mathrm{m}^2}\right] \tag{8.2}$$

（3）辐射强度为（Ω＝立体角）

$$I = \frac{\Phi}{\Omega} \quad \left[\frac{\mathrm{W}}{\mathrm{sr}}\right] \tag{8.3}$$

（4）辐射率为（A_s＝辐照面积）

$$F = \frac{\Phi}{\Omega A_s} \quad \left[\frac{\mathrm{W}}{\mathrm{m}^2 \cdot \mathrm{sr}}\right] \tag{8.4}$$

（所有的辐照面积均假定为垂直于辐射传播方向。）

8.1.2 吸收过程

辐射线会被大气中的分子（例如臭氧、氧或水蒸气）、气溶胶（例如煤烟或海盐）或液态和固态的水粒［云滴（冰晶）］所吸收。对于地球上的生命来说，大气中的 O_2 和 O_3 对波长低于大约 300 nm 的太阳紫外（UV）辐射线的吸收是很重要的。

8.1.3 瑞利散射

空气中的分子或微细粒子对光子的弹性散射（亦即不会改变光子能量的散射）叫做"瑞利散射"。图 8.1（b）描述了瑞利散射和拉曼散射之间的跃迁。从图中可看到散射系数为 $Q = \sigma/2\pi r^2$，也就是说用散射截面积 σ 除以微粒（半径为 r）的物理截面积 $2\pi r^2$，而后者与尺寸参数 α 成函数关系，即 $\alpha = 2\pi r/\lambda$。在指定的波长下，散射截面积随着粒径的增加而呈 6 个数量级的增长，直到当 $\lambda \approx r$ 时大致等于 1。虽然散射不是吸收过程，但从探测光束中散射出来的光通常不会到达探测器，因此对于窄射束来说，把瑞利散射视为吸收过程是合理的（8.2.4 节）。瑞利散射截面积 $\sigma_R(\lambda)$（cm^2）为[8.1]

$$\sigma_R(\lambda) = \frac{24\pi^3}{\lambda^4 N_{空气}^2} \frac{[n_0(\lambda)^2 - 1]^2}{[n_0(\lambda)^2 + 2]^2} F_K(\lambda)$$

$$\approx \frac{8\pi^3}{3\lambda^4 N_{空气}^2}[n_0(\lambda)^2 - 1]^2 F_K(\lambda)$$

（8.5）

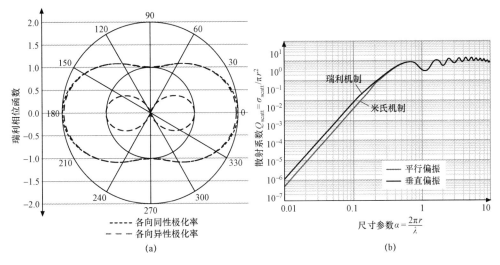

(a)　　　　　　　　　　　　　(b)

图 8.1　瑞利散射示意图

（a）非偏振入射光（虚线，归一化为 2）的瑞利散射相位函数 $\Phi(\vartheta)$ 的极坐标图。

根据平行于散射平面的偏振光对瑞利散射的贡献，可看到 $\sin^2\vartheta'$ 与赫兹偶极子相关

（虚线，归一化为 1），其中 $\vartheta' = \pi/2 - \vartheta$ 是偶极子轴与入射光坡印廷矢量之间的角度。

而垂直于散射平面的偏振光对瑞利散射的贡献（实线，归一化为 1）与 ϑ 无关

（由 F.Filsinger 绘制）。（b）散射系数（$Q = \sigma/2\pi r^2$）与尺寸参数（$\alpha = 2\pi r/\lambda$）之间的

相关性。对于与波长相比相对较小的微粒，散射系数变得很小，随 $1/\lambda^4$ 的增大而减小

式中，λ 为波长；$n_0(\lambda)$ 为与波长相关的空气折射率的实部；$N_{空气}$ 为空气的数密度（例如在 20 ℃、1 个大气压下，$N_{空气} = 2.4 \times 10^{19}$ 个分子/cm³）；$F_K(\lambda) \approx 1.061$ 为各向异性的校正系数（空气分子的极化率）。

请注意，$n_0(\lambda)^2 - 1 \approx 2[n_0(\lambda) - 1] \propto N_{空气}$。由于 $n_0 \approx 1$ [实际上 $n_0(550\ \mathrm{nm}) = 1.000\ 293$]，而且 $n_0 - 1 \propto N_{空气}$，因此 $\sigma_R(\lambda)$ 基本上与 $N_{空气}$ 无关。在这个基础上，Nicolet 给出了瑞利散射截面积（单位为 cm²，λ 的单位为 μm）的简化表达式[8.2]：

$$\sigma_R(\lambda) \approx \frac{4.02 \times 10^{-28}}{\lambda^{4+x}}$$

（8.6）

其中，

当 $\lambda > 0.55\ \mathrm{\mu m}$ 时，

$$x = 0.04$$

当 $0.2\ \mathrm{\mu m} < \lambda < 0.55\ \mathrm{\mu m}$ 时，

$$x = 0.389\lambda + 0.094\ 26/\lambda - 0.332\ 8$$

根据简单的估算，瑞利散射截面积可写成

$$\sigma_R(\lambda) \approx \sigma_{R0} \lambda^{-4}$$

（对于空气，$\sigma_{R0} \approx 4.4 \times 10^{-28}\ cm^2 \cdot \mu m^4$） (8.7)

因此，由瑞利散射造成的消光系数 $\varepsilon_R(\lambda)$ 为

$$\varepsilon_R(\lambda) = \sigma_R(\lambda) N_{air}. \tag{8.8}$$

瑞利散射相位函数（图 8.1）为

$$\varPhi = \cos\vartheta = \frac{3}{4}(1 + \cos^2\vartheta) \tag{8.9}$$

通过考虑极化率的各向异性，上述方程变成[8.3]

$$\varPhi(\cos\vartheta) = 0.762\ 9(0.932\ 4 + \cos^2\vartheta) \tag{8.10}$$

8.1.4　拉曼散射

虽然拉曼（和米氏）散射可视为弹性散射过程，也就是说在散射粒子和光子之间无能量转移，但如果散射粒子（即分子）在散射过程中改变了激发能态，则会出现非弹性散射，一部分光子能量将由光子转移给分子（斯托克斯谱线，$\Delta J = +2$，S 支）或由分子转移给光子（反斯托克斯谱线，$\Delta J = 2$，O 分支）。如果只是转动能级激发受影响（$\Delta v = 0$），则称为"转动拉曼散射"（RRS）。如果振动态也改变了，则叫做"（转动）振动拉曼散射"（VRS）（$\Delta v = \pm 1$）。只有由离散激发态之差决定的离散能量才能被吸收/发射。在空气（O_2 和 N_2）中，会出现 $\pm 200\ cm^{-1}$ 的 RRS 频移，同时还必须加上由氮气造成的 $\pm 2\ 331\ cm^{-1}$ 振动频移（VRS）以及由氧气造成的 $\pm 1\ 555\ cm^{-1}$ 振动频移。VRS 比 RRS 低一个数量级，而 RRS 比瑞利散射低大约一个数量级。

下面，我们将定量地描述由 O_2 和 N_2 造成的转动拉曼散射和振动拉曼散射[8.4-7]。散射到完全立体角 4π 中并涉及一个跃迁过程（$v, J \to v', J$）的散射功率密度 $I_{v,J \to v',J}$（$[W/m^2]$）为[8.8]

$$
\begin{aligned}
&I_{v, J \to v', J'} \\
&= I_0 \sigma_{v, J \to v', J'} L N_{空气} g_J (2J+1) \frac{1}{Z} e^{-E(v, J)/kT}
\end{aligned}
\tag{8.11}
$$

式中，I_0 为入射功率密度；$N_{空气}$ 为散射体积中的分子数量；L 为散射体积的长度；g_J 为由原子核自旋造成的初始转动态的统计权重因子；J 和 v 分别为旋转量子数和振动量子数。因数（$2J+1$）用于说明由磁量子数造成的简并度，$\exp[-E(v, J)/kT]$ 用于说明在 T 温度下处于初始能态的分子数。能态和 Z 是转动态之和 Z_{rot} 与振动态之和 Z_{vib} 的乘积。式（8.11）中的绝对截面积为 $\sigma_{v,J \to v',J'}$，可通过在整个立体角 Ω 上求微分截面积 $d\sigma_{v,J \to v',J}/d\Omega$ 的积分来得到。请注意"微分"一词指立体角。分子的能量用振动（v）量子数和转动（J）量子数来描述，即

$$E(v, J) = E_{vib}(v) + E_{rot}(J)$$

$$= hc\tilde{v}\left(v + \frac{1}{2}\right) + hcBJ(J+1) \tag{8.12}$$

式中，假设转动态和振动态之间无耦合；B 为转动常数；$\tilde{v}$ 为基态振动的波数（cm^{-1}）。在这种近似法中，容许的转动跃迁为 $\Delta J = 0$，± 2，因此得到 Q、O 和 S 分支，振动跃迁为 $\Delta v = 0$，± 1。由于地球大气温度的影响，因此基振动态明显被占满，导致振动态只发生了斯托克斯跃迁。

振动拉曼散射光的偏振特性和谱线填充

拉曼散射光的各向同性部分和各向异性部分的偏振特性用方程（8.13）分别描述为

$$\begin{cases} \dfrac{I_{平行}}{I_{垂直}}（各向异性）= \dfrac{6 + \cos^2\Theta}{7} \\[3mm] \dfrac{I_{平行}}{I_{垂直}}（各向同性）= \cos^2\Theta \end{cases} \tag{8.13}$$

其中，"平行"和"垂直"这两个词指由太阳、散射点和观察者决定的平面。因此，只有各向同性部分会导致散射光的偏振增强，尤其是在散射角较大时（$\approx$ 太阳天顶角（SZA））。由于拉曼散射光的振动带的 Q 分支由各向同性部分组成，因此这会导致在夫琅和费（Fraunhofer）谱线中心的偏振度增强。但由于振动拉曼散射的截面积较小，因此这种增强作用很弱（例如，在 422.7 nm 波长和 0.01 nm 分辨率时对 Ca-I 谱线只有 $\cong$ 0.3%），而且仅在散射角较大时才会出现。因此，在太阳天顶角较小时所观察到的高偏振度不能归因于振动拉曼散射[8.9]。

由于振动-转动拉曼散射的截面相对较小，因此夫琅和费（或地球）吸收谱线的额外填充度是由转动拉曼散射导致的填充度的大约 10%（表 8.1）。

表 8.1　对比在 **770 nm**、**273 K** 条件下不同散射类型的总截面积

散射类型	截面积/cm²	比率/%
瑞利	1.156×10^{-27}	100
O₂ RRS	7.10×10^{-29}	6.1
N₂ RRS	2.94×10^{-29}	2.5
空气 RRS	3.82×10^{-29}	3.3
VRS	—	0.1

8.1.5　米氏散射

米氏散射（根据文献[8.10]）定义为光与（粒子）物质之间的相互作用，而且物质的尺寸与入射光的波长相当。米氏散射可视为由粒子中的大量相干激发基本发射体（即分子）发出的射线。由于粒子的线性尺寸与辐射波长相当，因此会出现干涉效应。

与瑞利散射相比，米氏散射最引人注目的差别是与波长之间的相关性通常要弱得多（见下文），而且在散射光的正向上主要以米氏散射为主。米氏散射截面积的计算可能很复杂（涉及对慢收敛级数求和），甚至对球粒来说也很复杂，不过任意形状的粒子会更加复杂。但米氏理论（对于球粒来说）很成熟，有很多米氏理论数值模型可用于计算指定气溶胶类型在已知粒度分布情形下的散射相位函数和消光系数，如图8.2、式（8.15）所示[8.11,12]。通过引入只与几个可观察到的参数有关的散射相位函数的解析表达式，计算工作量可大大减轻。其中最常见的解析表达式是 Henyey-Greenstein 参数化法：

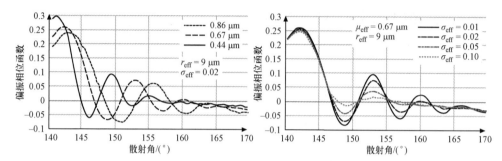

图 8.2　偏振米氏散射相位函数与云滴的散射角之间的关系，其中云滴具有对数正态粒度分布且有效半径为 $r_{eff}=9$ μm。左图：相位函数与波长及 $\sigma_{eff}=0.02$ 固定有效粒度方差之间的关系；右图：与有效粒度方差 σ_{eff} 之间的关系（经由 Bréon 和 Goloub 提供，2003 年）

$$\Phi(\cos\vartheta) = \frac{1-g^2}{4\pi(1+g^2-2g\cos\theta)^{3/2}} \qquad (8.14)$$

这个函数只取决于不对称因数 g（散射函数的平均余弦）：

$$g = \langle\cos\theta\rangle = \frac{1}{2}\int_{-1}^{1} P(\cos\theta)\cos\theta\,\mathrm{d}\cos\theta \qquad (8.15)$$

见文献［8.11］。对于各向同性散射［$\Phi(\cos\theta)=$ 常量］，不对称因数 $g=0$，而对于对流层气溶胶，典型的 g 值可能高达 $g\approx10$。

对流层气溶胶是从表面（例如海盐、矿尘、生物质燃烧）发射的，或者在吸湿物质（在化学作用下形成，主要是硫酸盐、硝酸盐或氧化的有机物质）冷凝后以气相形态形成。大气中的气溶胶浓度——即粒子数密度和粒径分布——取决于气溶胶的来源和历史。典型气溶胶（城市、农村、海上、背景）类型的参数可在辐射转移模型 LOWTRAN[8.13]的数据库中找到，这个模型包含了消光系数和不对称因数以及它们与光谱之间的相关性。另一个重要方面是云滴的米氏散射。辐射转移模型——包括所有已知的云效应——是由 Funk 开发的[8.14]。

米氏散射只是吸收过程的一部分，但根据与瑞利散射情形类似的推断可知，对于窄射束来说，米氏散射可视为一个吸收过程，其消光系数为

$$\varepsilon_M(\lambda) = \varepsilon_{M_0}\lambda^{-\alpha} \qquad (8.16)$$

式中，埃格斯特朗（Angström）指数 α 与气溶胶体粒子的平均半径之间为逆相关关系。α 通常在 $0.5\sim2.5$ 范围内，其平均值为 $\alpha = 1.3$[8.15,16]。在气溶胶指数级粒径分布的理想情况下，得到

$$\frac{\Delta N}{\Delta r} = r^{-(v+1)}$$

埃格斯特朗指数与容格（Junge）指数 v 之间的关系式为 $v = \alpha + 2$[8.17]。因此，1.3 的埃格斯特朗指数相当于 3.3 的容格指数。

总之，大气消光现象（在只有一种微量气体物质而忽略拉曼散射的情况下）的更全面描述式可写成

$$I(\lambda) = I_0(\lambda)\exp\{-L[\sigma(\lambda)c + \varepsilon_R(\lambda) + \varepsilon_M(\lambda)]\} \tag{8.17}$$

在 300 nm 波长下由瑞利散射和米氏散射分别得到的典型消光系数为 1.3×10^{-6} cm^{-1} 和 $(1\sim10)\times10^{-6}$ cm^{-1}。

| 8.2 辐射传输方程 |

本节我们给出了用于描述在吸收介质和散射介质中的辐射传输（RT）（见上述基本过程描述）的基本方程。在物理表示法中，RT 方程是一个含有相应源项和汇项的连续方程（图 8.3），这些源项和汇项被假定为在辐射通量 Φ、光强 I 或辐射率 F 中是线性的［式（8.1），（8.3），（8.4）］。

8.2.1 汇项（消光）

首先，我们考虑每单位空间角 Ω 的辐射通量 Φ 和波长 λ，也就是在距离 ds 内通过吸收和散射被衰减的入射光强 I_λ［式（8.3）］。如前所述，用 $\varepsilon_a = N\sigma_a(\lambda)$ 和 $\varepsilon_s = N\sigma_s(\lambda)$ 分别代表吸收（a）系数和散射（s）系数，其中 N 是每体积内的吸收体数量或散射体数量，$\sigma_i(\lambda)$ 是吸收截面积或散射截面积。这两个过程通称为"消光"。于是，得到入射光强在穿过距离 ds 之后的下列连续方程：

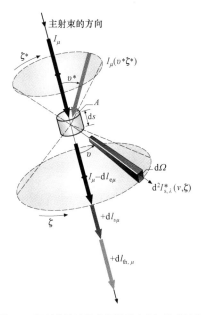

图 8.3 辐射传输连续方程的示意图。这种连续性假定在光强 I_λ 下的辐射传输过程呈线性。当入射光穿过一段距离 d_s 时，入射光 I_λ 因消光（吸收和散射）而衰减为 $I_{e,\lambda}$。出射光的源项是从空间角 θ^* 和 ϕ^* 散射的光 $dI_{s,\lambda}^*$ 以及热辐射 $dI_{th,\lambda}^*$（经由 Rödel 提供，1999 年）

$$dI_\lambda = -[\varepsilon_a(\lambda) + \varepsilon_s(\lambda)]I_\lambda ds$$
$$= -[\sigma_a(\lambda) + \sigma_s(\lambda)]nI_\lambda ds$$

（8.18）

式中，ε_a 为吸收系数；ε_s 为散射系数；$\sigma_a(\lambda)$ 为吸收体（分子）的吸收截面积；$\sigma_s(\lambda)$ 为吸收体（分子）的散射截面积；n 为每单位体积内的吸收体数量。

8.2.2　源项（散射与热发射）

在气相中有两种辐射源：热发射和散射，即因散射而从主射束中被移除[式（8.18）]的辐射线又以辐射源的形式重新出现。

1. 散射

很明显，通过从所有空间角 $\theta*$ 和 $\phi*$ 进行散射，出射光得到一些光强 $dI^*_{s,\lambda}$。我们引入了一个无量纲散射函数 $S(\theta*, \phi*)$：

$$S_\lambda(\theta, \varphi) = \frac{4\pi}{\sigma_s} \frac{d\sigma_s(\lambda)}{d\Omega}$$

（8.19）

其中，我们在已用入射光强 I^*_s 进行加权处理的所有角度 $\lambda(\theta*, \phi*)$ 上求积分

$$dI^*_s(\lambda) = \varepsilon_s(\lambda)ds \int_0^\pi \int_0^{2\pi} I^*(\lambda, \theta^*, \varphi^*)$$
$$\times \frac{S(\theta^*, \varphi^*)}{4\pi} d\varphi^* \sin\theta^* d\theta^*$$

（8.20）

得到光强 dI^*_s，与出射光强相加。

2. 热发射

最后，把由热发射导致的、每体积元（$dV = Ads$）的光强 $dI_{th}(\lambda, T)$ 与出射光强相加。

$$dI_{th}(\lambda, T) = \varepsilon_a(\lambda)I_p(\lambda, T)ds = \varepsilon_a(\lambda)F_p(\lambda, T)Ads$$

（8.21）

式中，如前所述，K_a 为吸收系数；$F_p(\lambda, T)$ 为普朗克函数：

$$dF_p(\lambda, T) = \frac{2hc^2}{\lambda^5} \frac{d\lambda}{e^{hc/\lambda kT} - 1}$$

（8.22）

通过将源项与汇项相结合，得到辐射传输方程

$$\frac{dI(\lambda)}{ds}$$
$$= -[\varepsilon_a(\lambda) + \varepsilon_s(\lambda)]I(\lambda) + \varepsilon_a(\lambda)I_p(\lambda, T) + \varepsilon_s(\lambda)$$
$$\times \int_0^\pi \int_0^{2\pi} I^*(\lambda, \theta^*, \varphi^*) \frac{S(\theta^*, \varphi^*)}{4\pi} d\varphi^* \sin\theta^* d\theta^*$$

（8.23）

8.2.3 辐射传输方程的简化

如果只有一部分系统是相关的，则辐射传输方程通常可能简化。

例如，在短波长（紫外线、可见光）下，普朗克项通常可忽略：

$$\frac{\mathrm{d}I(\lambda)}{\mathrm{d}s} = -[\varepsilon_a(\lambda) + \varepsilon_s(\lambda)]I(\lambda) + \varepsilon_s(\lambda)$$
$$\times \int_0^\pi \int_0^{2\pi} F(\lambda, \theta, \varphi) \frac{S(\theta, \varphi)}{4\pi} \mathrm{d}\varphi \sin\theta \mathrm{d}\theta \tag{8.24}$$

如果热辐射（来自大气）因波长较长而令人关注，则瑞利散射和米氏散射（由气溶胶粒子和云滴造成）通常可忽略：

$$\frac{\mathrm{d}I(\lambda)}{\mathrm{d}s} = \varepsilon_a(\lambda)[AF_p(\lambda, T) - I(\lambda)] \tag{8.25}$$

通过利用光密度的定义 $\mathrm{d}\tau = \varepsilon_a(\lambda)\mathrm{d}s$，在除以 A 之后，上述方程变成

$$\frac{\mathrm{d}F(\lambda)}{\mathrm{d}\tau} = F_p(\lambda, T) - F(\lambda) \tag{8.26}$$

其中后一个方程又叫做史瓦西（Schwarzschild）方程。

8.2.4 大气中的光衰减

在考虑大气中的辐射衰减问题时，可以区分两种（极端的）情况（图 8.4）：宽光束（WB，例如太阳对地球大气的照射）和窄光束（NB，例如由探照灯类型的差分吸收光谱（DOAS）光源所发射的光束）。

1. 大气中的宽光束（WB）：二流模型

下面，我们将考虑在大气中的太阳辐射传输。与辐射传输方程（8.23）的一般形式相比，这个问题可通过假设大气层是平的、水平均匀的且无限的来进行简化。因此，我们只须考虑辐射光的垂直（z）分量。

当辐射光从上方进入大气中时，其垂直分量按向下辐射 $F_\downarrow(\lambda, z)$ 来计算，在与大气成分（气体或气溶胶）相互作用之后，这些辐射光会被吸收或散射（图 8.5）。这些消光过程使向下辐射量减少（根据式（8.17），其中非垂直射线的光程延长线必须考虑到）。虽然被吸收的辐射光不会造成进一步的问题，但被散射的辐射光却成了一个源项，并分成两部分（考虑其相位函数）：向下部分，与 $F_\downarrow(\lambda, z)$ 相加；以及向上部分，与第二个向上辐射通量 $F_\uparrow(\lambda, z)$ 相加。热发射量同时与 $F_\downarrow(\lambda, z)$ 和 $F_\uparrow(\lambda, z)$ 相加。在实际计算中，大气被分成厚度为 $\mathrm{d}z$ 的多个大气层，使其中传播的辐射率 F 发生改变（按 $\mathrm{d}F$ 来计算）。净辐射率由两个分量组成（向上辐射率和向下辐射率）：

$$F_n(\lambda, z) = F_\uparrow(\lambda, z) - F_\downarrow(\lambda, z) \tag{8.27}$$

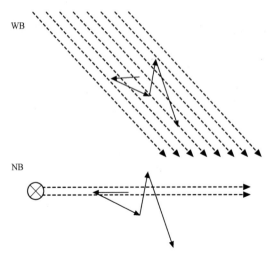

图 8.4　宽光束（WB，上图，例如太阳对地球大气的照射）和窄光束（NB，下图，例如由探
照灯类型的光源所发射的光束）之间的区别。在 NB 情况下，光子在被散射到光束外之后又
被散射回光束的概率通常可忽略不计，因此可以把消光按吸收来处理。在 WB 情况下，横向
（即垂直于入射辐射通量的传播方向）辐射通量可忽略不计。因此，散射效应只是反射了一部
分入射光，就像利用二流模型（见上文）计算出的那样

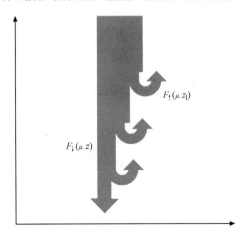

图 8.5　二流模型。在水平均匀大气层中，辐射传输可以只用两股
"辐射流"——向下通量和向上通量——来表示

2. 大气中的窄光束（NB）

在宽光束情况下，横向（即垂直于入射辐射通量的传播方向）辐射通量可忽略不计。因
此，散射效应只是反射了一部分入射光，就像利用二流模型（见上文）计算出的那样。

与此相反，在窄光束情况下，光子在被散射到光束外之后又被散射回光束的概率通
常可忽略不计（图 8.4），因此可以把消光按吸收来处理。

方程（8.17）大体上描述了由大气成分造成的光束消光衰减。但从实际的大气测量
角度来看，方程（8.17）过于简单，因为它忽略了其他的消光原因，包括由大气中存在

的其他分子造成的光吸收。

在自然大气中，有很多不同的分子种类都会吸收光。因此，方程（8.17）必须进一步拓展为

$$I(\lambda)$$
$$= I_0(\lambda)\exp(-L\{\Sigma[\sigma_i(\lambda)c_i] + \varepsilon_R(\lambda) + \varepsilon_M(\lambda)\}) \tag{8.28}$$

式中，$\sigma_i(\lambda)$ 和 c_i 分别为第 i 种物质的吸收截面积和浓度。

|8.3　气溶胶和云|

气溶胶是地球大气的一种自然成分，其来源大多是天然的，只是在最近人造气溶胶才开始增多。气溶胶被定义为在载气（例如大气）中由液态或固态粒子组成的一种稳定悬浮物。因此，灰尘、霾、烟、烟雾、雾、薄雾和云可视为特定的气溶胶类型。在 1968年，天然气溶胶的总质量比人造气溶胶的总质量大 4 倍。而到了 2000 年，人造气溶胶的量据估计翻了 2 倍。按照 Junge 和 Manson[8.18]的说法，气溶胶可按尺寸分类：直径低于 0.1 mm 的粒子叫做"艾肯粒子"，直径在 0.1～1 mm 的叫做"大粒子"，而那些大于1 mm 的粒子叫做"巨型粒子"。气溶胶还可能按照其来源分为海上、大陆、农村、远程、背景和城市的气溶胶，每一类气溶胶都有不同的特性，例如化学成分、粒径分布、外形等。艾肯核（即最小的大气气溶胶粒子）是通过一种"气体–粒子转换"（GPC）的过程从过饱和蒸汽中自然生成的。GPC 通常与气相成分之间的光化学反应有关（图 8.6）。人类活动（例如燃烧和工业生产过程）导致气溶胶粒子或其源气体越来越多地释放到大气中。较大的气溶胶粒子可通过燃烧过程及其他人为/天然过程（例如较小艾肯核的凝聚）而生成。巨型粒子的天然来源是体积–粒子转换（BPC）过程，例如海盐气溶胶生产或沙尘起沙，而人为来源包括工业排放、采矿、生物质和木材的燃烧、农业尘土产生等过程。

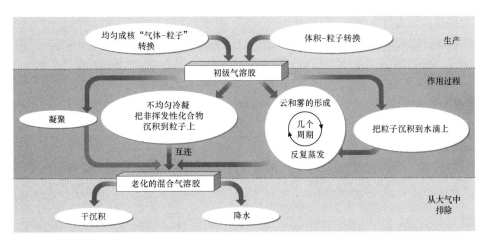

图 8.6　在大气中的气溶胶相关过程，包括粒子形成、粒子特性的改变过程以及从大气中排除

在大气中,典型的粒子数浓度会随着粒径的增大而减小,因为一开始时生成的是艾肯粒子,随后,这些粒子会凝聚,形成数量更少但更大的粒子。因此,艾肯粒子在空气样本的总粒子数中通常占绝大多数,但在气溶胶总体积中所占的比例较小,而大粒子和巨型粒子在总体积中所占的比例则越来越大。相反,在适于非均相反应的表面上,艾肯粒子常常占绝大多数。对于尺寸范围为几纳米到几十微米的粒子来说,其典型的数浓度可大致指定。例如,典型的气溶胶数量为:① 在(大陆)地平面的总浓度中,$\approx 1.4 \times 10^4$ cm^{-3};② 在遥远的大陆地区,$\approx 6 \times 10^2$ cm^{-3};③ 在大城市,10^5 cm^{-3};④ 在小城镇,$\approx 3 \times 10^4$ cm^{-3};⑤ 在遥远的海上,$\approx 5 \times 10^2$ cm^{-3};⑥ 在干净的北极区,≈ 50 cm^{-3};⑦ 在遥远的南极大陆,则甚至更低。从气溶胶垂直剖面图(单位:每立方厘米空气中的粒子数)中经常会看到在最下面的 6 km 大气层中,气溶胶浓度呈指数式衰减。在这个高度之上,背景对流层的气溶胶浓度(艾肯模式)为 200~300 个粒子/cm^3。在对流层之上一直到大约 30 km 高度处,总的粒子数浓度再次降至最小值——在火山喷发后的平静期低于 1~10 个粒子/cm^3,在火山大喷发之后为 1 000 个/cm^3。

在任何时候,地球表面的大约 50% 都被云层遮盖。大气干扰云是含有水汽凝结体的大量水过饱和空气,其中的水汽凝结体包括微观物体(例如气溶胶粒子、云滴、冰和雪晶)以及宏观物体(雪花、霰粒、雨滴、冰雹)。单个云粒的半径范围从 0.001 mm 到几百微米,甚至几厘米(就像在冰雹情形中那样)。

大气干扰云可分为四大类:① 下对流层(<2.5 km)中的低层云;② 中对流层(2.5~8 km)中的中层云;③ 上对流层(8~15 km)中的高层云;④ 中层(平流层)和上层(中间层)大气干扰云。它们自身可形成 11 个主要的子类(1.1 积云,1.2 层积云,1.3 层云,2.1 高积云,2.2 高层云,2.3 雨层云,3.1 卷云和卷层云,3.2 卷积云,3.3 积雨云,4.1 极地平流层云,4.2 夜光云),总共有大约 100 种不同的云型。

气溶胶和云对大气光化学和辐射都有相当大的影响。气溶胶和云对大气光化学的最显著影响体现在:① 将寿命较长且不损臭氧层的卤素分子($ClONO_2$,HCl,$BrONO_2$ 等)通过异构处理,变成极地平流层云粒上的、有损臭氧层的卤素氧化物(ClO,BrO),这是南极区臭氧洞形成的主要原因;② 平流层或对流层中的气溶胶和云粒摄入了酸(例如 H_2SO_4,HNO_3,HCl,HBr 等)和 N_2O_5;③ SO_2 通过异构转换变成 H_2SO_4,或 NO_3 和 N_2O_5 变成 HNO_3;④ 大气气溶胶和云粒中摄入了 NH_3HNO_3 或 NH_4HSO_4 等物质。最终,当这些粒子长得足够大(几微米)时,里面附着或溶解的相关气体就会被高效地从大气中"冲走"。

气溶胶和云对大气的辐射能量平衡也有很大影响,主要体现在增强了入射太阳辐射和出射热辐射的散射。云对辐射的影响有两个途径:云中所含水汽凝结体的三维几何形状,以及水汽凝结体的数量、尺寸和性质。在气候模型中,这些特性可转化为不同高度的云层、云含水量(液态水和冰)以及云滴(或晶体)的等效半径。云和辐射光之间的相互作用还涉及其他参数(米氏散射的不对称因数),这些参数取决于云的成分,其中最值得注意的是云的相位。

实际上,气溶胶和云的出现使太阳短波(SW)辐射光的行星反照率 A 增大,从而导致地球的净冷却。相反，云以及气溶胶（程度低得多）会使大气的红外反照率 B 增大，从而增加向下的大气长波（LW）辐射，导致地球表面温度升高。云对 SW 辐射的影响和对地球长波辐射的影响之间的微妙平衡会因为上述任何一个参数的变化而改变，再加上辐射能量平衡与云层高度和太阳倾斜度（纬度和季节）之间的相关性，使得云成为在两个方向（冷/暖）上影响着全球气候的最敏感因素。

8.4　辐射与气候

大气辐射能量平衡在很大程度上决定着地球的气候。很明显，入射太阳光或照耀着全球的短波（SW）辐射光必须与出射长波（LW）辐射光保持平衡。入射 SW 辐射光和出射 LW 辐射光之间的这种热平衡可采用下列简单表达式：

$$S_0(1-A)/4 = \varepsilon(1-B)\sigma T_s^4 \tag{8.29}$$

式中，S_0 为太阳常数（1 370 W/m²）；A 为地球 SW 反照率（0.298）；因子 4 为几何因子；ε 为 LW 发射率（0.96）；B 为大气 LW 反照率（0.34）；σ 为玻耳兹曼常数（5.67×10⁻⁸ W/ (m²·K)）；T_s 为地球表面的平均温度（$T_s = 286$ K）。因此很明显，地球表面温度 T_s 由参数 S_0、A 和 B 之间的微妙平衡决定。在地质历史年代，太阳常数据悉已在不同的时期发生了变化——主要是由地球轨道参数的变化（Milankovitch，1941）[8.19]和太阳活动（表 8.2）导致的——因此对地球气候造成了众所周知的重大影响。关于这一点，最值得注意的是表 8.2 中列出的任何一个已知过程中的 ΔS_0 都不够大，不足以对所记录的 ΔT_s 变化（根据推测，高达 10 ℃）"负全责"。因此，公认的一种说法是全球气候系统通过使复杂的正反馈循环和负反馈循环（表 8.2）相互作用，放大了外部干扰（强迫）因素。

表 8.2　公认气候变化周期的变化与太阳常数 S_0 变化一览表

时标/时期	原因	太阳常数 S_0 的变化	观察结果/问题
4.5 Ga	太阳辐射输出的长期趋势	25% ~ 30% 的长期增长率	"黯淡太阳问题"，即液态 H_2O 本来不应当有，但自从 4 Ga（距今）以来就有了
450 ka	轨道偏心率变化量 $\Delta\varepsilon = 0.06$	< 0.7 W/m²[8.19]	冰体积的变化，有孔虫类中 H_2O 和 $CaCO_3$ 的 $\Delta^{18}O/^{16}O$ 变化量
100 ka	轨道偏心率变化量 $\Delta\varepsilon = 0.06$	< 0.7 W/m²[8.19]	冰体积的变化，有孔虫类中 H_2O 和 $CaCO_3$ 的 $\Delta^{18}O/^{16}O$ 变化量
41 ka	由地球和木星的轨道平面倾斜造成的倾角（轴倾角）变化	在北纬 80°N，六月绝缘变化量为 25%，年度 S_0 无净变化量[8.19]	冰体积的变化，有孔虫类中 H_2O 和 $CaCO_3$ 的 $\Delta^{18}O/^{16}O$ 变化量

时标/时期	原因	太阳常数 S_0 的变化	观察结果/问题
23 ka		在北纬 60° N，六月绝缘变化量为 100 W/m²，年度 S_0 无净变化量[8.19]	冰体积的变化，有孔虫类中 H_2O 和 $CaCO_3$ 的 $\Delta^{18}O/^{16}O$ 变化量
1.5 ka	不清楚是否是由气候系统中的太阳"本征模"造成的		海洋沉积物中的 ^{14}C 和 ^{10}Be 变化，树年轮中的 ^{14}C 变化
210a（Suess）148a 和 88a（冰川）循环	不清楚是否是由气候系统中的太阳"本征模"造成的		树年轮中的 ^{14}C 变化，冰核中的 ^{14}C 和 ^{10}Be 变化
22a	太阳黑子"泛音"，太阳磁场振荡中的本征模	$\Delta S_0 \approx 1.5$ W/m²，紫外辐射变化量为 0.37%~0.6%	大气环流有变化？
11a（Schwabe 1843）	太阳黑子"泛音"，太阳磁场振荡中的本征模		大气环流有变化？
4 w（27d）	太阳自转周期	小	

对 T_s 来说，另一个重要的因素当然就是 SW 反照率 A 的数值和可变性 [式（8.35）]。这在很大程度上会受到云量和大气气溶胶丰度的影响，后者是由 SW 辐射光越来越多地直接背射到太空中或者通过改变云粒形成过程（叫做"间接气溶胶效应"）来实现的[8.20,21]。在最近由大气气溶胶丰度增加造成的全球反照率变化中，含有硫酸的大多数粒子都已被充分地识别，并被认为对 20 世纪 40 年代到 70 年代晚期的全球 T_s 降低负有一部分责任[8.20]。全球云量也很可能在过去就有了变化。在对全球能量平衡尤其敏感的热带地区，云量在从几天到几十年的时间范围内似乎变化最大。因此，始于 20 世纪 70 年代晚期的、基于人造卫星的云量记录在时间上仍不够长，不足以根据观察结果明确地建立 A 变化量和 T_s 变化量之间的关系式[8.22]。

大气 LW 反照率 B 是大气温室效应的"罪魁祸首"。如果 $B=0$，则根据式（8.35），T_s 将等于 255 K，明显比适于人类居住的地球所能提供的温度（$T_s=287$ K）更凉爽。B 值是最重要的大气温室气体 H_2O、CO_2、CH_4、O_3 和 N_2O 与其他很多（大多是人工诱发的）微量分子共同起作用的结果[8.20]。看来，虽然每种温室气体都有自己特定的光谱，但它们以一定的方式组合之后，只有一小部分出射的 LW 辐射光没有在大气中被吸收，即大气窗口中的辐射光（8~14 μm）（图 8.7）。

1896 年，阿列纽斯（Arrhenius）发现了 CO_2 给大气造成的温室效应。因此，大气中 CO_2 浓度的上升会影响大气 LW 平衡从而影响 T_s——这成了科学界无可争辩的一个事实。辐射转移量的计算表明，CO_2 从工业化前的 280 ppm 增加到目前的 390 ppm，已导致如今的辐射强迫达到 1.66 W/m²，而由所有温室气体造成的辐射强迫为 2.67 W/m²（文献 [8.20]，图 8.8）。将相关的辐射强迫值简单地加到式（8.18）中，会得到 $\Delta T_s = +0.7$ K。这恰好是所报道的、在过去 150 年里的全球平均温升值[8.20]。但由于气候系统中存在着复杂的相互作用，因此我们正在讨论全球气候系统目前（以及将来）会如何具体应对未来的人为 LW 辐射强迫。

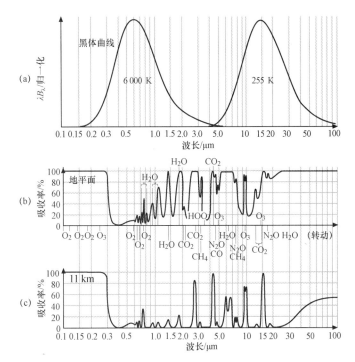

图 8.7　大气中 SW（左部）和 LW（右部）辐射转移量的示意图

（a）入射 SW 太阳光和出射 LW 地球辐射光的光谱；（b）在地平面（大气总体）上
由各种气体造成的大气辐射吸收；（c）在 11 km 高度处由各种气体造成的辐射吸收

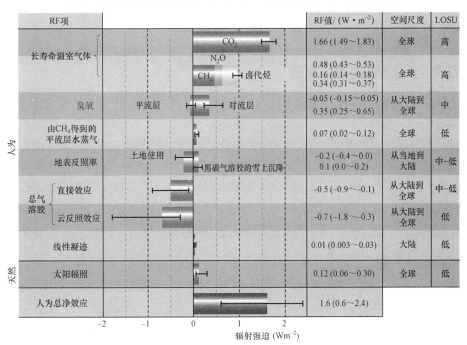

图 8.8　估算会强迫气候发生变化的外部因素（气体与气溶胶）（根据文献 [8.20]）

| 8.5　外加辐射传输：大气特性遥感 |

8.5.1　微量气体

测量微量气体浓度（以及其他量，例如在大气中的气溶胶分布或辐射场强度）是了解地球大气中的物理化学过程的实验先决条件。与此同时，确定大气中的微量气体浓度对于在好几个方面应用的分析法来说构成了挑战：众所周知（例如根据 Perner 等人[8.23]），混合比范围在低至 0.1 ppt（1 ppt=10^{-12}，相当于大约 2.4×10^7 个分子/cm³）到几 ppb（1 ppb=10^{-9}）之间的化学物质（例如 OH 自由基）可能对大气中的化学过程有重大影响。因此，探测极限需要在从低于 0.1 ppt 到 ppb 级的范围内，具体要视用途而定。另外，测量方法必须是准确的，也就是说，特定化学物质的测量结果应当不会被取样空气量中同时存在的其他任何微量化学物质所影响——不管是正面影响还是负面影响。鉴于 ppt 级和 ppb 级的不同类分子有很多（甚至在干净的空气中也是如此），因此要达到此要求也不是件容易的事。

目前，用于测量大气微量化学物质的方法有很多，而且极其复杂。其中，光谱法[8.24,25]有一系列独特的优势，包括高（即在很多情况下为 ppt 级）灵敏度、对指定分子采用极独特的探测方法、内在校准和无壁运行。总的来说，这些特性很难用基于其他原理的方法来获得。本节我们描述了一种特定的方法，即差分吸收光谱法（DOAS），这种方法已成功地用于大气测量好几十年。与此同时，新的应用方法也在不断地引入。

8.5.2　DOAS 的基本原理

DOAS 方法[8.26,27]利用了微量气体的结构化吸收。在一般情况下，用这种方法记录的光谱由几百个光谱波道组成，并通过拟合微量气体的光谱结构来进行评估，因此利用了所有的光谱信息。DOAS 经证实对于确定非稳定化学物质（例如自由基或亚硝酸）的浓度来说尤其有用。此外，还能以较高的灵敏度（见下文）来确定芳香族烃的丰度。就像所有的光谱法那样，DOAS 也依赖于物质对电磁辐射的吸收。从定量的角度来看，辐射吸收可用郎伯–比尔定律来表达：

$$I(\lambda) = I_0(\lambda)\exp[-L\sigma(\lambda)c] \qquad (8.30)$$

式中，$I(\lambda)$ 为经过一层厚度 L 之后的光强；$I_0(\lambda)$ 表示由光源发射的初始光强；待测量的化学物质用浓度（数密度）N_c 表示；$\sigma(\lambda)$ 表示在波长 λ 下的吸收截面积，这是任何化学物质都具有的特性。吸收截面积 $\sigma(\lambda)$ 可在实验室中测量，而在采用人造光源和探测器的情况下 [图 8.9，配置（a）]，光程长度 L 的确定并不重要。一旦这些量已获知，就可以根据所测量的比率 $I_0(\lambda)/I(\lambda)$ 计算出微量气体的浓度 c。与实验室光谱相比，真实的光强 $I_0(\lambda)$——在无任何光吸收作用的情况下由光源发出的光强——通常难以在室外大气或烟雾室中测定。解决这个问题的办法是测量所谓的"差分吸收"。这个量可定义为任何分子的总吸收截面的一部分，它随着波长的变化而快速变化，而且很容易观察到（如下文所示）。因此，指定分子（编号为 i）的吸收截面可分为两部分：

$$\sigma_i(\lambda) = \sigma_{i_0}(\lambda) + \sigma'_i(\lambda) \qquad (8.31)$$

其中，$\sigma_{i_0}(\lambda)$ 随着波长 λ 的变化只发生缓慢变化，例如具有一般的斜率；而 $\sigma_i(\lambda)$ 随着 λ 的变化而快速变化，例如由吸收谱线造成的吸收截面。当然，吸收截面随着波长的变化而快速或缓慢（或者说相当平滑或结构化）地变化实际上是所观察到的波长间隔与待探测的吸收谱带宽度之间的问题。请注意，由瑞利散射和米氏散射造成的消光可假定为随着 λ 的变化而缓慢变化。因此，式（8.30）变成

$$\begin{aligned} I(\lambda) = {} & I_0(\lambda)\exp\{-L\mathit{\Sigma}[\sigma'_i(\lambda)N_{c_i}]\} \\ & \times \exp(-L\{\mathit{\Sigma}[\sigma_{i_0}(\lambda)c_i] + \varepsilon_R(\lambda) + \varepsilon_M(\lambda)\}) \\ & \times A(\lambda) \end{aligned} \qquad (8.32)$$

其中，第一个指数函数描述了微量化学物质的结构化差分吸收效应，第二个指数函数由大气微量气体的吸收截面缓慢变化以及米氏散射和瑞利散射的影响（分别用消光系数 $\varepsilon_R(\lambda)$ 和 $\varepsilon_M(\lambda)$ 来描述）组成。衰减系数 $A(\lambda)$ 描述了所用光学系统的、与波长相关的缓慢透射率。因此，我们把量 I'_0 定义为无差分吸收时的光强

$$\begin{aligned} I'_0(\lambda) = {} & I_0(\lambda) \times A(\lambda) \\ & \times \exp(-L\{\mathit{\Sigma}[\sigma_{i_0}(\lambda)N_{ci}] + \varepsilon_R(\lambda) + \varepsilon_M(\lambda)\}) \end{aligned} \qquad (8.33)$$

幸运的是，缓慢变化吸收体的效应——即式（8.33）中的指数——可通过光谱数据的高通滤波来移除，因此只保留式（8.32）中的第一个指数函数，这个函数实质上是朗伯–比尔定律［式（8.30）对于超过一个吸收体来说］。应当注意的是，在采用了直射或散射太阳光的用途中［图 8.9 中的装置（d）、（e）和（f）］，光程长度更难以确定——或者可能实际上并没有确切的含义。在这种情况下，微量气体的柱密度 S 仍能确定。

$$S = \int_0^\infty N_c(l)\,\mathrm{d}l \qquad (8.34)$$

当光程长度 L 上的微量气体浓度 $N_{c_0}(l) = c_0$ 为常量时，柱密度变成 $S = N_{c_0}L$。

为了获得足够的灵敏度，光程长度 L 通常需要在几百米到几千米的范围内。在自由大气中测量时，我们假设采用图 8.9 中的装置（a），并对整个光程长度上的微量气体浓度求平均值——这可使测量值不易受局部发射的影响。另外，我们还必须经常在小体积（例如光反应器）中进行测量，在这些情况下可以利用多次反射系统，把光程折入小体积中[8.28]。表 8.3 举例说明了利用多次反射系统可得到的探测极限。

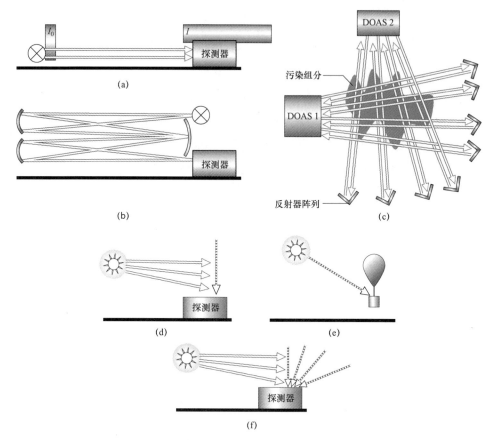

图 8.9 主动 DOAS 原理可在采用了人造光源（例如探照灯装置中的弧光灯或白炽灯）或激光器的几种光程装置和观察模式中应用。平均光程中的微量气体浓度是在"传统"装置（a）中求出的。原位浓度则利用多次反射池（b）来测量。采用了很多 DOAS 光程的新型"层析成像"装置（c）能够描绘出（二维或三维）微量气体分布。被动 DOAS 方法可在采用了自然光源（例如太阳光或月光）的几种光程装置和观察模式中应用。天顶散射光（ZSL–DOAS）装置（d）最适于确定平流层中的化学物质，而多轴（MAX–DOAS）装置（e）能够高度灵敏地测量大气边界层中的微量气体。通过利用直射阳光和边缘散射天光在飞机和气球平台（f）上观察微量气体，可以确定在低层和中层大气中的微量气体分布

8.5.3　DOAS 的变型

　　DOAS 方法可调整，以适应各种各样的测量任务，因此，目前使用的 DOAS 方法有很多变型。这些方法可分为采用了自制光源（例如氙弧光灯或白炽灯）的主动方法以及依赖于自然光源（例如太阳光、月光或星光）的被动方法。

　　最常见的主动 DOAS 光程装置包括（图 8.9）：

　　（1）传统的主动长光程系统（通常使光束往返一次）；

（2）采用了多次反射池（例如怀特池）的主动系统；

（3）最近，第一个层析成像系统能够利用多光束主动 DOAS 来确定三维微量气体分布。

最常见的被动 DOAS 光程装置包括（图 8.9）：

（1）天顶散射光（ZSL）–DOAS 非常适于研究平流层的微量气体。例如，一个全球性的 ZSL–DOAS 仪器网络正在持续观察平流层中的化学物质（例如 O_3、NO_2、BrO 和 OClO）分布。

（2）多轴（MAX）–DOAS 可以确定在大气边界层中的微量气体及其垂直分布，还能探测来自城市、烟囱或火山的烟羽。此外，机载多轴（AMAX）–DOAS 也已出现，这是一种在飞机上应用的新技术。

（3）通过从气球平台上观察直射阳光下的微量气体，可以确定微量气体的分布。

（4）临边扫描观察结果用于从飞行器、气球和人造卫星上监测中低层大气中大气成分的时空变化。

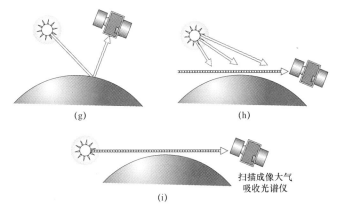

图 8.9　基于人造卫星的 DOAS 已成为用于探测全球大气成分的一种重要方法（续）。最基本的观测几何学是天底视图（g），即利用 DOAS 分析由地球及其大气反向散射的太阳光，得到微量气体的斜柱密度。在理想的情况下，由人造卫星光谱仪记录的所有光都会横穿大气两次。卫星还能通过边缘观测几何学（h）来观察散射的太阳光，由此能确定微量气体的分布（虽然通常只适用于平流层）。从人造卫星上测量掩星（日落、日出或星光）（i）是另一种可能确定微量气体垂直分布的有吸引力的方法

表 8.3　选择可利用 DOAS 来测量的大气相关化学物质及其探测极限。一系列化学物质的差分吸收截面以及相应的探测极限（假设在具有 **8 m** 基本光程的多次反射池中光束能往返 **32** 次）将通过 DOAS 法在巴伦西亚烟雾室中被研究。在室外大气中进行介质镜涂层测量或 DOAS 测量可以得到更长的光程，因此探测极限会相应地改善

化学物质	主波段的波长/nm	差分吸收截面（σ_i'）/（$\times 10^{-20}$ cm²/分子）	探测极限 $L = (40-8) \times 8\ m = 256\ m$ /ppt
ClO	280	350	200

化学物质	主波段的波长/nm	差分吸收截面（σ_i'）/（$\times 10^{-20}$ cm²/分子）	探测极限 $L=(40-8)\times 8$ m$=256$ m /ppt
BrO	328	1 040	80
IO	427	1 700	50
SO₂	300	68	1 000
NO₂	430	17	2 700
HONO	352	41	2 000
O₃	282	10	8 000
乙二醛[b]	ca.470	≈10	≈8 000
苯	253	200[a]	400
甲苯	267	200[a]	400
苯酚	275	3 700[a]	20
二甲苯	260−272	≈100[a]	≈800
苯甲醛	285	500[a]	160

[a] 数据来自 Trost 等人的 1997 年著作以及 R.Volkamer 的 2000 年个人通信，[b] 数据来自[8.31]

DOAS 的一种极其重要的新应用形式是星载 DOAS，是由 GOME 和 SCIAMACHY 仪器[8.29,30]率先使用的，能够用于观察全球平流层和对流层中的微量气体分布（图 8.9）：

（1）最基本的观测几何学是天底视图，即利用 DOAS 分析由地球及其大气反向散射的太阳光，得到微量气体的斜柱密度。在理想的情况下，由人造卫星光谱仪记录的所有光都会横穿大气两次。

（2）卫星还能通过边缘观测几何学来观察散射的太阳光，由此能确定微量气体的分布（虽然通常只适用于平流层）。

（3）从人造卫星上测量掩星（日落、日出或星光）是一种可能确定微量气体垂直分布的有吸引力的方法。

此外，如今还有可能通过对 O₂ 和 O₄ 吸收带的陆基观察来确定在云中的光子路径长度分布。在这种情况下，DOAS 被有效地逆向使用，即不像常见的配置那样在光程长度（至少大致）已知的情况下测量未知的吸收体浓度，而是通过观察由具有已知浓度的吸收体（例如氧气 O₂ 或氧气的二聚物 O₄）造成的吸收现象来确定光子的路径长度。

8.5.4 大气气溶胶

大气气溶胶浓度经常通过地面、飞行器或人造卫星上的光探测和测距（LIDAR）仪器来监测[8.32]。这种仪器的最基本配置用于测量由米氏散射和瑞利散射造成的总消光与在一组吸收/不吸收波长下计算出的纯瑞利散射期望值之比。

　　臭氧 LIDAR 实验，即（OLEX）LIDAR，被用作气溶胶和臭氧的 LIDAR（图 8.10）。这个系统由两个激光发射器组成：① 在基波、二次谐波和三次谐波中以 10 Hz 的重复频率工作的 Nd:YAG 激光器，在 1 064 nm 波长下输出能量为 200 mJ，在 532 nm 波长下输出能量为 120 mJ，在 355 nm 波长下输出能量为 180 mJ；② 以 10 Hz 的频率工作的 XeCl 激光器，在 308 nm 波长下输出能量为 200 mJ。接收器系统基于一个 35 cm 的卡塞格伦望远镜，其视场（FOV）为 1 mrad，焦距为 500 cm。这个系统采用了 5 个探测通道，其中，1 个通道用于 1 064 nm 波长，2 个通道在两个偏振面内，并用于 532 nm 波长，1 个通道用于 355 nm 波长，1 个通道用于 308 nm 波长。308 nm 通道和 355 nm 通道专用于监测平流层中的臭氧分布，而其他波长通道用于监测气溶胶和云。这个信号采集电子设备能采集每个信号，其中的激光器以 50 Hz 的重复频率发射激光。这个系统能实时测量气溶胶的分布。这个系统的总重量大约为 270 kg，总功耗高于 1.6 kW。

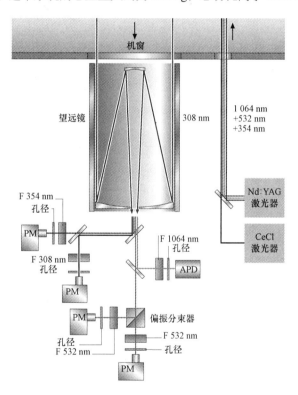

图 8.10　DLR－奥博珀法芬霍芬机载 LIDAR 系统（OLEX）的示意图
APD—雪崩光电二极管；PM—光电倍增管（经由 G.Ehret/DLR－奥博珀法芬霍芬提供）

　　在这个例子中，OLEX LIDAR 是在"DLR－猎鹰"飞机上以俯视模式装配的，能够在低于飞机巡航高度时实现气溶胶的反向散射测量。1999 年 9 月 24 日，这架飞机从慕尼黑附近的奥博珀法芬霍芬起飞，飞往亚得里亚海。其主要科研目的是研究由交通、工业生产和房屋烧毁排放到下对流层中的人为气溶胶在空间的分布。

　　被探测的主要特征是飘浮在阿尔卑斯山山谷中并携带着非均质气溶胶的空气团，以及沿着整个阿尔卑斯山山脊延伸的、相当均匀的地表边界层（PBL）（图 8.11）。这两个气溶胶层很好地体现了在秋季的中纬度高压系统中特有的垂直分层式下对流层的垂直分层特点。另一个有趣的特征是在亚得里亚海上空的地表边界层（PBL）结构（海拔高度≈2 000 m），在它下面覆盖着一个非常薄的海上边界层（海拔高度为 250～300 m）。这个特征是由来自意大利北部亚平宁山脉和波河盆地的被污染的 PBL 空气团在西风天气作用下水平对流形成的[8.33]。

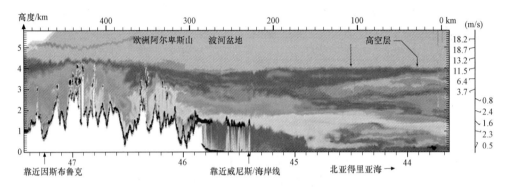

图 8.11　1999 年 9 月 24 日 "猎鹰" 飞机从奥博珀法芬霍芬飞往亚得里亚海的途中在 λ = 1 024 nm 时由 OLEX 记录的对流层气溶胶分布

8.5.5　确定太阳光子路径长度的分布

　　差分吸收光谱（DOAS）的一种新用途是测量被传播到地面的太阳光子（光子 PDF）的路径长度分布[8.34 - 38]。了解光子 PDF 对于研究多云大气层中的辐射传输、太阳辐射能的大气吸收以及气候来说是最重要的。这种方法依赖于分析在天顶散射天空光中利用小视场（1°）望远镜观察到的高分辨率氧气 A 带（762～775 nm）光谱（图 8.12）。这种方法利用了一个事实，即太阳光子在大气中传输时，被分子、气溶胶和云滴随机散射。由于一部分太阳光子在大气中被吸收，具体吸收率主要取决于在指定波长下的大气不透明度，因此在每种波长下，太阳光子都会在大气中沿着不同的平均长距离进行传播。因此，具有变化很大的大气不透明度但吸收体浓度和光谱常数均已知的光谱区间（例如由氧气 A 带确定的光谱区间）含有与光子 PDF 有关的信息。最近的研究表明，大气光子的 PDF 与大气中的液态水总量、云的空间排列、云的不均匀性以及太阳照度高度相关[8.34 - 38]。例如，对于雷雨 Cb 云（积雨云）来说，我们观察到平均光子路径长度达到 100 km；而对于 Sc（层云）来说，光子路径一般比太阳射线的直接斜程长 50%～100%。此外，虽然云滴的空间分布不均匀，其密度矩看起来像多重分形，但光子 PDF 趋近于单分形，这主要是由（光学上）厚云的所谓 "辐射平滑化" 造成的[8.39]。

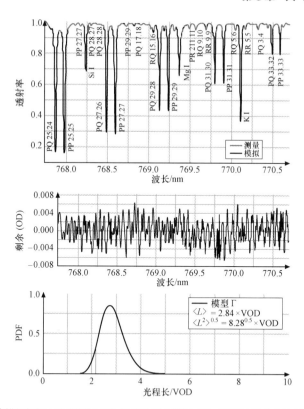

图 8.12　所测量并建模的氧气 A 带光谱（上图），推测的剩余谱（中图），根据 2001 年 9 月 23 日 12:32 – 12:33 UT（国际标准时间）在 Cabauw/NL 上空的观察结果推测出的光子 PDF（下图）。

黑色垂直线表示直射阳光的光程。光子路径长度用垂直大气（VOD）或空气团（AM）的单位来表示

8.6　大气光学现象的概述

　　基于大气光学的现象几乎每天都能在任何地方观察到，例如彩虹、晕轮、海市蜃楼、日冕、光环、天空颜色、日落与黎明现象、绿闪光、夜光云、极光以及其他很多现象。所有这些不同的现象都是由光与大气中存在的物质相互作用造成的（图 8.13）。

　　下面，我们将针对大气中的光学现象，简要总结分子和粒子对光的散射。关于粒子对光的散射，在很多专题论文中可找到更多详情[8.40 – 43]。有几本书专门介绍了其中的一种或多种光学现象[8.44 – 54]。一些较老的原版资料已经以论文集的形式出现[8.55]，与大气光学有关的定期会议记录也已在美国光学学会期刊的特刊中发表[8.56 – 64]，其中大部分会议记录最近已归总到一张 CDROM 中[8.65]。有几部视频与影片探索了精选的大气光学现象[8.66 – 70]，一些论文集中探讨了大气光学与美术之间的联系[8.71 – 74]，很多书籍专门描述了简单的实验及观察结果[8.75,76]；另外还出现了很多网站，里面提供了大量资料（表 8.4）。

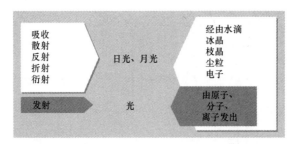

图 8.13 光与大气成分之间可能存在的相互作用过程

表 8.4 关于大气光学的网站清单

1. http://www.polarimage.fi（很多现象的图像）
2. http://www.atoptics.co.uk（图像与模拟）
3. http://www.paraselene.de（图像）
4. http://www.philiplaven.com（图像与模拟）
5. http://www.funet.fi/pub/astro/html/eng/obs/meteoptic/links.html（芬兰业余观测者网站）
6. http://www.ursa.fi/english.html（芬兰天文协会，见详细说明：晕轮）
7. http://www.meteoros.de（德国光晕观测者网站）
8. http://mintaka.sdsu.edu/GF/（绿闪光）
9. http://thunder.msfc.nasa.gov（美国国家航空航天局闪电网页）
10. http://www.fma-research.com/（闪电，尤其是精灵）
11. http://www.sel.noaa.gov/（太空天气）
12. http://www.spaceweather.com/（太空天气）
13. http://www.geo.mtu.edu/weather/aurora/（极光）
14. http://www.exploratorium.edu/auroras/index.html（极光）
15. http://www.amsmeteors.org/（美国流星协会）
16. http://www.imo.net/（国际流星组织）

| 8.7 大气光学中分子和粒子的光散射特性 |

在大气中几乎所有的光学现象都是由空气成分对光（大多是日光，有时是月光）的散射造成的。8.1 节已经探讨了光散射的普通物理学。本节将简要概述与大气光学有关的大气光散射过程，并重点强调波长、角关系和偏振。我们将在相关章节中按照"负责的"空气成分（表 8.5），系统地探讨由各种大气光学现象带来的后果。

1. 分子散射

对于纯净空气来说，散射体主要是 N_2 和 O_2 分子、温室气体 CO_2 和 H_2O 以及一些其他微量气体，例如 $Ar^{[8.77]}$。这些散射体都比可见光的波长小得多，但每种散射体代表一种分子气氛[8.78]。空气中气体成分的垂直分布遵循的是气压公式，标高为大约 8 km。原子/分子的束缚电子对太阳光的散射通常叫做"瑞利散射"[8.1,79,80]。（关于蓝天问题的历史记载，见文献［8.81］。）

表 8.5　大气光学现象的分类。根据空气的均质状态，不同的光相互作用过程将对应于不同的现象——这由例子能看出

1. 纯均质空气
● 折射 ⇒ 海市蜃楼，在地平线上的太阳/月亮形变（8.8.1 节） ● 散射 ⇒ 蓝天（8.8.2 节）
2. 非均质大气：空气+水滴
● 折射和反射 ⇒ 彩虹（8.9.1 节） ● 前向散射/衍射 ⇒日冕（8.9.2 节） ● 后向散射/衍射 ⇒ 光环（8.9.2 节）
3. 非均质大气：空气+冰晶
● 折射和反射 ⇒ 光晕（8.10 节） ● 前向散射/衍射 ⇒日冕（8.9.2 节）
4. 非均质大气：空气+气溶胶
● 吸收、散射 ⇒ 天空颜色（8.11 节） ● 吸收、散射 ⇒ 能见度（8.12.1 和 8.12.2 节） ● 前向散射/衍射 ⇒日冕（8.9.2 节）
5. 电离空气
● 由太阳风导致的离子化/激发，发射 ⇒ 极光（8.12.3 节） ● 由放电导致的离子化/激发，发射 ⇒ 闪电（8.12.3 节）

2. 粒子散射

标准空气通常也含有很多种不同的粒子，其中最主要的是水滴、冰晶和雪花（枝晶）。水滴的尺寸范围从几微米（云滴）到远远超过 1 mm（雨滴），冰晶通常为六角对称形状，尺寸为 $10 \sim 100$ μm。

此外，大气中还含有其他的液体和固体粒子，叫做"气溶胶"[8.20,77,82,83]。这些气溶胶包括由灰尘、森林火灾中的油珠、火山灰以及人为液滴/微粒产生的很多种粒子，其成分有很多种。典型的气溶胶颗粒尺寸在 $0.1 \sim 10$ μm 范围内，平均尺寸大约为 1 μm[8.84]。

空气中微粒成分的垂直分布还可以用某种指数公式[8.78]来描述，但其标高为 1～2 km，比分子的标高小得多。

这些尺寸范围内的微粒对光的散射与分子散射截然不同，因为微粒的尺寸跟光的波长相当或者更大。由于微粒中的原子/分子相互靠得很近，因此它们被相干激发，亦即某微粒内所有分子的总散射与该微粒内所有单个分子的散射之和完全不同。1908 年，Mie 从经典电动力学角度为最简单的情况——即球形粒子——给出了解决方案[8.10]。从那以后，粒子的这类光散射通常被称为"米氏散射"。这个名称有时也用于非球形粒子形状的光散射。对于与波长相比较小的不吸光粒子，米氏散射能得到与瑞利散射相同的结果。但在一般情况下，这两种方法在波长相关性、角相关性、散射辐射的偏振度以及每个分子的散射截面积方面得到的结果明显不同[8.40‒42,78]。

3. 瑞利散射和米氏散射的对比

（1）波长相关性。图 8.14 给出了 10 μm 水分子和水滴的光散射示意图。分子或微细粒子的光散射信号差不多是波长的倒数的四次方，而水滴的散射则基本上与波长无关。

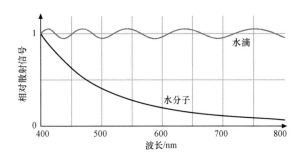

图 8.14　波长与 10 μm 水分子和水滴的光散射之间的相关性示意图

（2）角相关性。图 8.15 以示意图形式概述了散射时的角相关性如何随粒子的大小而变化。分子以几乎各向同性的方式散射非偏振光（另请参阅图 8.1），而较大的粒子则以相当不对称的方式进行前向散射。对于特定的粒径，散射还与波长有关。

（3）偏振度。对于瑞利散射，在假设空气分子呈完美球形的情况下，具有90°散射角的光为完全偏振光[8.85]。但空气分子已表现出各向异性，因此使偏振度减小至只有大约 94%[8.78,80]。对于较大的粒子来说，当粒径固定时，偏振度会随着散射角的变化而显著变化。但这些模式在很大程度上取决于粒径[8.40,41,78]。此外，当散射角固定时，偏振度会随着波长的变化而变化。

（4）每个分子的散射截面积。当把单独分子散射的光与微粒内相同分子（例如水滴或雨滴内的水分子）散射的光做比较时，会明显看到不相干散射和相干散射之间有很大区别[8.78]。例如，在 1 μm 云滴中每个水分子的散射比单独水分子的散射强大约 10^9 倍，又比 1 mm 雨滴中每个水分子的散射强大约 100 倍。

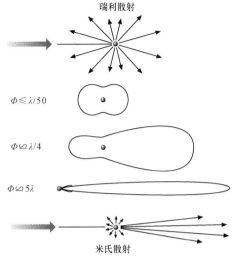

图 8.15　光散射的角相关性示意图：从分子和微细粒子的光散射
（瑞利散射）到较大粒子的光散射（米氏散射）

4. 单次散射与多重散射、光学平均自由程和气团

太阳光（或月光）在被地面观测者看到之前，必须穿过大气。太阳光（或月光）会因为散射和吸收而衰减，具体要视视线中存在的散射体数量而定。如果吸收可忽略，那么我们可以采用散射系数：

$$\beta_S = N\sigma \tag{8.35}$$

式中，N 为每单位体积中的散射体数量；σ 为消光截面积；$1/\beta_S$ 为散射平均自由程，即光子在被散射前必须经过的平均距离（如果还包括吸收，则需要再引入一个吸收系数 β_A，并用 $\beta = \beta_S + \beta_A$ 替代 β_S）。通过利用 β_S，我们可以将大气中两点 A 和 B 之间的光学厚度 τ 定义为

$$\tau = \int_A^B \beta_S(x)\mathrm{d}x \tag{8.36}$$

光学厚度是一个物理厚度测度，用散射平均自由程的单位来表示。对于沿着径向路径传播（即来自天顶）的光而言，被这种光横穿的空气量最少，称为"正常光学厚度"，又叫做"光学深度"。图 8.16 中描绘了纯分子大气的正常光学厚度。在可见光光谱范围内，正常光学厚度的值与 1 相比很小，因此光子不太可能被散射好几次，也就是说将以单次散射为主。

被光穿过的空气量——即所谓的"气团"——取决于太阳的高度。对于天顶中的光源来说，气团（AM）被定义为 1。太阳高度角越小，气团就越大。实际上，AM 是相对于天顶值的光学厚度，其准确值取决于地面气压。在 5° 仰角（85° 天顶角）时，AM 值为大约 10，在掠入射时——亦即日出或日落时——达到大约 40 的极值[8.51,78,86,87]。在这种情况下，光必须穿过与天顶情形相比大约 40 倍的空气量。

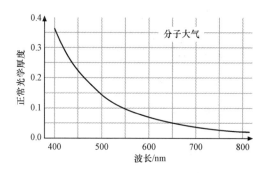

图 8.16　纯分子大气的正常光学厚度（根据文献［8.3］）

通过将气团与正常光学厚度相结合，我们能得到任意太阳高度下的光学厚度。当 AM 达到较大值时，光学厚度与 1 相比可能较大，也就是说当太阳高度较低时，很可能会出现多次散射事件。

|8.8　纯空气现象与晴空现象|

8.8.1　海市蜃楼

海市蜃楼是由光波在具有折射率梯度的空气中传播造成的[8.44 - 48,51]。一般而言，在纯净空气（无微粒）中传播的光有一部分将发生瑞利散射，其余的部分则保持原状，继续沿正向传播。散射光由侧向散射光和前向散射光组成，后者与入射光同相。因此，在纯净空气中传播的光会被侧向散射稍微减弱，而正向传播的光是入射光和前向散射光的叠加。我们将在下文中探讨由侧向散射造成的光减弱现象（蓝天）。本节，我们将探讨与正向传播的光有关的现象，而忽略由微粒造成的散射效应。

在均匀介质中，光的正向传播用折射率 n 表示（关于 n 的列表，见文献［8.3］）。n 取决于温度 T（单位：K）、压力 p（单位：mbar）和湿度。方程（8.37）[8.88]给出了在干燥空气中 n 的近似计算公式：

$$n = 1 + \frac{77.6p}{T} \times 10^{-6} \qquad (8.37)$$

例如，令 $T = 300$ K，$p = 1\,030$ mbar，则得到 $n \approx 1.000\,266$。当空气温度增加 40 K（例如，地面正上方的空气被太阳加热）时，$n \approx 1.000\,235$（对于潮湿的空气，这个数字只稍有变化）。n 的这些微小变化，即 $\Delta n \approx 3 \times 10^{-5}$，会导致各种海市蜃楼景象出现。

最简单的海市蜃楼效应可从天文学角度了解：如果观测者看到在空中的某高度处有一个物体，那么该物体的实际位置应该低于那个高度。这是因为光在具有折射率（n）梯度的大气中传播之后发生折射，导致光程变弯曲。

在天顶，此偏差为 0，在 45° 天顶角距处，这个偏差达到 1′，在 90° 时则增加到超过 38′。这必须与太阳或月亮的角度相比较，后者为大约 30′，也就是 0.5°。由于在 89.5° 的天顶角距处，折射角只有大约 28′，因此在未扰动大气（无反转层）中的太阳或月亮 看起来会是扁平的[8.47,89 – 94]。

除实物外，海市蜃楼也是可能被看到的物体图像。当大气中出现温差从而导致折射 率产生不寻常的梯度时，我们就会看到海市蜃楼。与大气折射类似的是，折射率 n 的梯 度也会导致光程弯曲。如果地面上方的空气是热空气，则靠近地面的 n 比地面上方的 n 更小。这会导致下海市蜃楼景象出现，例如著名的暑天"湿街"。图 8.17 描绘了下海市 蜃楼景象的形成过程。海市蜃楼的一个显著特征是所谓的"物体消失线"[8.48]，低于某 些物点的光将不可能被观测者看到，也就是说，物体的一部分将无法被看到，而不管光 线被散射到哪个方向。

图 8.17 下海市蜃楼景象：一棵棕榈树在所有方向上散射阳光。靠近地面的大气被加热。
因此，那里的折射率更低，导致光程变弯曲。直射光和折射光能进入观测者的眼里，
但被解读为在倒像之上的一个物体（根据文献 [8.48]）

当大气中有反转层时，在指定高度处的空气将比它下面的空气热，于是可能导致上 海市蜃楼景象出现。与下海市蜃楼景象类似的是，在这种情况下光沿着弯曲路径传播也 会导致在物体之上出现多个图像。事实上，可能会出现下海市蜃楼景象和上海市蜃楼景 象的组合形式。另外，加热的垂直壁可能会导致侧海市蜃楼景象出现。

海市蜃楼的角度通常为 0.5° ~ 1.0°。在观察时，常使用带远摄镜头的双筒望远镜和 摄像机。由于空气中存在局部密度波动，因此海市蜃楼常常被扭曲并闪烁。

随着计算机的出现，人们对海市蜃楼理论的了解取得了进展。光线在规定大气（由 垂直变化的折射率 $n(z)$ 决定）中的传播可利用射线追踪法进行理论计算。不同的模拟 方法[8.95 – 98]选用了不同的几何学和 $n(z)$。这些模拟法经证明对于了解海市蜃楼的一般

特性——例如所谓的"假海市蜃楼"——很有帮助[8.99,100]。

最近的研究已定量地解释了很多不寻常的海市蜃楼现象，包括远程海市蜃楼（例如由大气波导层导致的新地群岛效应）[8.101－104]以及当存在大气重力（浮力）波时在上海市蜃楼内看到的小规模运动[8.105,106]。

在远距离（70～100 km）处看到的上海市蜃楼可能是由相当复杂的大气温度分布造成的[8.97]。另外，研究人员还从理论上分析了双下海市蜃楼的来源以及下海市蜃楼中不寻常横条纹的来源[8.98]。最近研究的焦点是极精确地测量及对比落日的大气折射模型[8.107,108]以及极明亮的上海市蜃楼的大气折射模型[8.109]。

除分析观察结果和理论模型之外，有关人员还可以定量地研究具有多重图像的下海市蜃楼和上海市蜃楼景象，或在实验室中对其进行演示试验[8.66,110－115]。

8.8.2 晴空：蓝色和偏振

纯净气体中的光散射是由原子和分子中的电子造成的。因此，散射光的辐射率大致随 $1/\lambda^4$ 的变化而变化（图 8.18），也就是说，散射的红光比散射的蓝光少得多[8.1,79,80]。在白天观测被日光照射的天空时，我们通常会看到散射光，因此能看到蓝天（常用的定性术语"散射强度"通常未准确定义[8.116]，有时指辐射率 W/（m² · sr），有时指光谱分辨的辐射率 W/（m² · sr · nm））。

在 90° 的散射角内，散射光出现强偏振[8.85]（图 8.18）。这种强偏振可以用偏振度来定量地描述，并定义为

$$P(\varphi) = \frac{I_{\max} - I_{\min}}{I_{\max} + I_{\min}} = \frac{1 - \cos^2 \varphi}{1 + \cos^2 \varphi}$$

（8.38）

式中，$I_{\max}$ 和 $I_{\min}$ 分别为当光旋转着穿过一个偏振镜时在散射角 ϕ 内得到的最大和最小辐射信号。在整个天空中，偏振度都不同，而且有中性点，是以 Arago 和 Babinet 的名字命名的[8.44,46,51]。实际上，即使采用很洁净的空气，最大偏振度也会达到大约 94%（8.7节）。大气中通常还含有大量微粒，它们会发生米氏散射，并表现出不同的角偏振相关性。此外，大气中还可能有多次散射光以及从地表后向散射的光。总的来说，偏振度的值一般能达到大约 80%。很明显，偏振度取决于微粒的浓度，因此与大气透射率有关[8.117]。8.11 节中给出了关于散射效应和最近研究成果的更多详情。

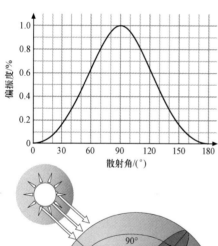

图 8.18　偏振度与散射角的关系
（a）由瑞利散射造成的天光偏振度；
（b）因此，观测者 O 应当能在 90° 的散射角范围内探测到强偏振光

| 8.9 由水汽凝结体导致的现象 |

8.9.1 彩虹

彩虹是由大气中的雨滴对太阳光的散射造成的[8.43−48,51]。雨滴的尺寸在 10 μm（白色雾虹/云虹）到几毫米之间。我们通常假设雨滴为球形，但雨滴的形状可能随尺寸的不同而不同[8.118,119]，甚至可能会振荡[8.120]。雨滴的形成和尺寸分布已被广泛研究过[8.121]，雨滴的非球形对彩虹现象的影响也已在文献［8.122，123］中探讨过。

所观察到的彩虹主要是由单次散射事件造成的。因此，在一场阵雨中几百万个雨滴的复杂光散射问题可简化为单个雨滴对太阳光的散射。由于雨滴比光的波长大，因此几何光学只能对雨滴的散射进行大致描述。图 8.19 描绘了单个雨滴以及由太阳发出的平行光线。

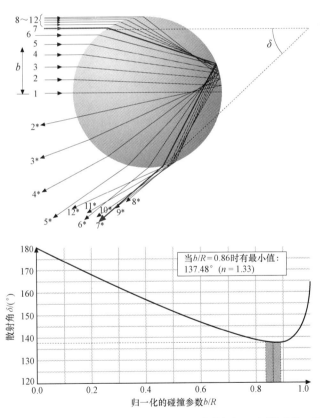

图 8.19 从几何光学角度对单个雨滴形成的彩虹进行简单解释。以碰撞参数 b 为特征的平行光线由于折射、内部反射和反向折射（为达到清晰效果，省略了其他光程）而发生散射。散射角 δ 与 b 之间的关系曲线具有平缓的最小值，亦即，很多具有不同 b 值的入射光线将在相同的方向上散射

　　这些光线的特征是具有碰撞参数 b。在撞到空气和水之间的界面之后，每一条射线都会被反射、折射。为了得到清晰的效果，我们只简单画出了导致主虹产生的光程。这些光程通过雨滴中的折射、内部反射和反向折射回空气中来定义。同样，高阶彩虹也可能通过考虑多重内反射来建模。中心射线 1 没有因为折射而偏转，并在相对于入射光线成 180° 散射角时射出。2 号射线的散射角大约为 170°，依此类推。当碰撞参数增加时，散射角 δ 会减小，直到在碰撞参数大约为 $0.86R$（射线 7）时达到最小值。在大约 138° 角度达到的这个平缓最小值（图 8.19）导致更多的光线被散射到这个方向——从几何学来说是沿着锥体表面——比在其他方向上多得多，因为碰撞参数稍有不同的很多入射光线将在相同的输出方向上出现。因此，观测者在观察被阳光从背面照射的雨滴所形成的云时，会看到一条角度为 42° 的彩虹（图 8.20）。

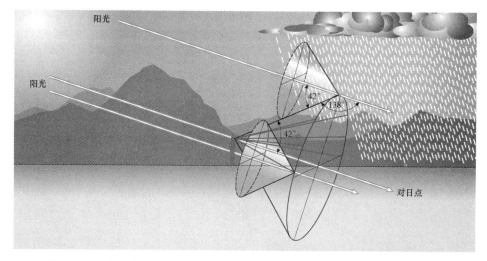

图 8.20　彩虹的观察结果。每个雨滴的适宜散射方式是在由彩虹角形成的锥体中散射光。因此，在沿着雨滴中心处锥体表面的方向看时，观测者将会看到更多的光。整个彩虹是由数百万个雨滴造成的。从几何学来说，这些雨滴产生的效应是在观测者眼睛中心处的另一个锥体表面上可观察到一个明亮的特征，锥体表面与对日点之间成 42° 的角度（根据文献 [8.48]）。这个锥体的表面与每个雨滴的散射光锥表面都接触

　　彩虹角，也就是图 8.19 中的最小值 δ，可从几何光学角度轻易地算出[8.47,124,125]，即找到与雨滴上光线的入射角 $\alpha_{入射}$ 相对应的最小散射角 $\delta(\alpha_{入射})$。假设 $n_{折射} \approx 1$，则主虹的彩虹角为

$$\begin{cases} \delta(\alpha_{入射}) = 2\alpha_{入射} - 4\alpha_{折射} + \pi \\ \cos\alpha_{入射} = \sqrt{\dfrac{n^2-1}{3}} \end{cases} \qquad (8.39)$$

式中，$\alpha_{折射}$ 为在雨滴内部的折射线角度；n 为水的折射率。当 $n=1.33$ 时，根据斯涅耳定律，散射角为 $\delta(\alpha_{入射}) = 137.5°$。由于存在色散（$n_{650\ nm}=1.331$，$n_{400\ nm}=1.343$），因此彩虹角取决于波长。考虑到太阳的有限尺寸大约为 0.5°，因此我们发现主虹的角宽大约

为 2.2°。这些分析结果很容易延伸并应用于高阶彩虹[8.47]，但大多数高阶彩虹可能只在实验室中能观察到[8.112,126-129]。

彩虹的几个特征只能用波动光学来解释。由彩虹发出的光沿着垂直于入射平面的方向发生明显偏振，因为内反射情况下的入射角接近于布儒斯特角[8.130]。另外，研究人员通过仔细测量发现散射光信号呈现出干涉图样，并以"艾里"命名[8.50,131,132]。这种干涉图样与利用几何光学预测的图样明显不同（图 8.21）。

在 20 世纪以前，波动光学的特征一直都是利用艾里理论来计算的。对于小到 10 μm 的雨滴尺寸，艾里理论能得到合理的计算结果，但对于更小的尺寸，则不能。米氏理论使这种情况有了改善[8.10,40,41]，但其数值解——在雨滴的不同尺寸分布和日轮的不同有限角度尺寸下散射效率与散射角之间的关系——必须等到计算机开发到一定的程度才能算出。同样，德拜（Debye）也开发出了一种工具，用于探究如何将平面波散射时的分波振幅分解为某些类型的单个分量。这种工具后来演变成了复杂的角动量理论[8.133]。通过将突变理论中的数学公式应用于光散射，研究人员发现彩虹是所谓"折叠焦散曲线"的一种表现形式[8.134]。

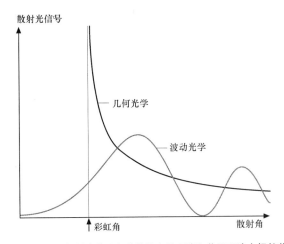

图 8.21　与雨滴散射光信号有关的笛卡儿理论和艾里理论之间的差异

在此，我们将介绍纯电力学处理（即米氏理论）的结果[8.40,41,135-137]。图 8.22 描绘了 $\lambda=450$ nm 的单色蓝光被平均半径为 2~200 μm、呈对数正态分布的水滴散射之后得到的计算结果。在这种尺寸分布下的半峰全宽是平均半径的 10%。

很明显，较大的雨滴在达到彩虹角时将呈现出艾里环。而在其他波长下，这些曲线将发生轻微的色散位移。在所有波长下干涉光环的重叠会导致所谓的"多余弧"[8.138,139]。通过减小雨滴尺寸，可使彩虹因衍射而展宽。在这种情况下，所有波长的重叠会导致形成白虹，又叫做"雾虹"。如果雨滴尺寸过小，则看不到彩虹。8.9.2 节中将探讨图 8.22 中的其他特征。

彩虹还有其他很多有趣的特征。例如，一阶彩虹的底部常常看起来比顶部更亮。这是因为在阵雨中，雨滴的形状会扭曲，变成扁球体。从彩虹底部到达观测员眼中的光将沿着水平面横穿水滴。在水平面上，水滴的截面是圆形的。与此相反，来自彩虹顶部的光将沿着垂直平面横穿水滴。在垂直平面上，水滴的截面是椭圆形的。由于在椭圆截面中，由内部反射造成的散射光辐射率比在圆形截面中低，因此彩虹底部比彩虹顶部更亮（顶部光程比底部光程长还可能会导致消光度增加）。

对于其他特征——例如多余的一阶彩虹在彩虹顶部常常看起来最鲜艳或者说多余的二阶彩虹几乎从未看到——也可以这样来解释[8.140]。另外，与雷雨相伴出现的电场[8.141]和声辐射力所产生的效应也会给彩虹造成显著影响[8.120]。彩虹的能见度和总体亮度取决于光的多次散射和吸收[8.142–144]。有人甚至还看到过红外彩虹[8.145]。

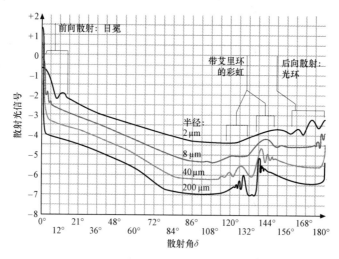

图 8.22　被平均半径范围 2～8 µm（雾滴和云滴）到 200 µm（小雨滴）的水滴散射后，蓝光的角分布。为达到清晰效果，曲线图已垂直移动（经 E.Tränkle 计算）

除分析观察结果和理论模型之外，研究人员还利用水或其他材料的单个液滴或液柱在实验室中研究了彩虹现象，用于与理论进行定量比较或者只是作为演示实验[8.111,112,126–128,140,146,147]。

目前的彩虹现象研究是对由声悬浮水滴[8.148]、水柱[8.149,150]或喷泉[8.151]形成的高阶彩虹、全内反向彩虹[8.152]和焦散线[8.153,154]做实验，并对雨虹和雾虹[8.155–157]进行最新模拟。

8.9.2　日冕、虹彩和光环

小水滴的前向和后向散射还会产生很独特的特征[8.43,44,47,48,51]。首先，在透过薄云观看时，我们可能会观察到在太阳或月亮周围有彩色同心圆，叫做"日冕"，其角距可达到 15°。光源周围的中间发白部分通常叫做"晕"。其次，如果在离太阳较大距离处（达到 45°）观察到彩色的云，我们通常把它叫做"彩云"。最后，导致与光源成将近 180°的彩色同心圆出现的后向散射现象叫做"光环"。图 8.23 概述了由水滴造成的彩虹、日冕和光环的光散射几何形状。

1. 日冕

可观察到的、最壮观的日冕是在太阳或月亮周围出现一组（三个或四个）灿烂辉煌的彩色同心圆。日冕的最简单形式是晕，也就是在太阳或月亮附近出现一个白色轮盘，这个轮盘与一个浅蓝色环邻接，并以一个红褐色带结束。

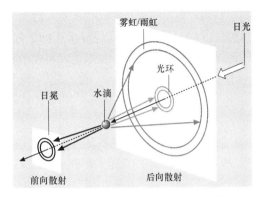

图 8.23　由水珠产生的光散射几何形状的简图

通过用米氏理论，很容易就能解释日冕[8.158,159]。日冕是在很小的近单分散级水滴（一般大约为 10 μm）中的强前向散射现象（图 8.22）。更简单点说，日冕被处理为水滴的衍射现象。波长为 λ 的光被直径为 $2R = D$ 的圆孔衍射后得到的第一极小值为

$$D\sin\varphi = 1.22\lambda \tag{8.40}$$

对于尺寸几乎一致的雨滴，衍射角 φ 显然取决于波长，因此所感知的日冕颜色相当纯。在这种情况下，雨滴的平均尺寸可根据式（8.40）中的日冕环角度尺寸来估算。为了得到日冕红波段的大致角度，通常要采用式（8.40）中的 $\lambda = 570$ nm，因为红波段的位置与绿光的极小值是一致的[8.160]。（或者建议用 490 nm 代替 570 nm[8.161]。）例如，当 $2R = 10$ μm 时，得到 $\varphi \approx 4°$。（请注意，对于尺寸 ≤10 μm 的雨滴来说，正确的米氏理论和衍射理论之间存在偏差。）一种可判定雨滴尺寸的更好办法是将计算机模拟得到的彩色环与自然观察结果的照片拟合[8.159]。

晕可用两种方法来生成：用相对较大的微粒将环压紧，或者采用广泛的粒径分布，使彩色环重叠。

对于尺寸仅稍大于入射波长的雨滴来说，简单衍射理论是有问题的。在这种情况下必须采用米氏理论，因为衍射光和透射光的振幅在前向散射方向上是一样的，由此导致这两个分量之间发生干涉，从而可能明显改变散射图样。

导致日冕形成的云粒的性质已成为争论的主题[8.161,162]。通过观察由很高的云造成的一些日冕，我们发现不仅过冷的球形云滴会导致日冕形成，冰晶也可能会导致日冕形成。但冰晶有各种各样的形状和取向，因此应当不会得到很纯的日冕颜色。这个问题已通过实验解决。在实验中，研究人员同时利用偏振 LIDAR 数据和日冕的照片证据来证实由粒径为 12 ~ 30 μm（对于大多数卷云来说非常小）的六方冰晶组成的卷云能生成多环彩

色日冕[8.161]。后来，这个研究项目还引入了安装在飞机上的微粒探测器[8.162]。有一次，研究人员在同一片云中同时观察到了由六方晶体导致的弱日冕和晕轮（见下文）。这种情况是可能的，因为实验室的试验结果表明，尺寸下限大约为 20 μm 的冰晶能产生晕轮效应。

不久前，人们还注意到日冕不一定是球形的。在初夏的特定时间，还有人报道看见过椭圆形的日冕。这种日冕被解释为由非球形桦树/松树花粉粒造成的衍射现象[8.163−165]。另外，研究人员还观察到由液滴尺寸的局部变化或水和冰之间的转化造成的分裂日冕[8.166]。最近还有人报道了新的模拟方法[8.167]。据报道，用火山灰能生成一种叫做"主教环"的特殊日冕——就像在 1883 年喀拉喀托火山爆发之后所报道的那样。

2. 彩虹色

彩云是一种灿烂辉煌的景象，通常是在合适的薄云靠近太阳时或当厚云边缘碰巧有相当单分散的雨滴时出现的。当距离太阳的角距大得多（达到 45°）时，也会观察到彩虹色，只是这种情况更为少见。后一种情况可在航迹云中轻易地观察到并进行分析[8.160]。如果利用日冕等衍射现象来解释，则雨滴尺寸 $2R$ 在 2~4 μm 范围内。这些尺寸确实相当少见，虽然可能已接近成长云或蒸发云的边缘。

虽然对于尺寸大约为 10 μm 的基本单分散化雨滴来说，日冕一般在较小的角度下被观察到，但彩虹色通常在较大的角度下出现，而且需要云滴有大约几微米的直径和较宽的尺寸分布。这些条件常常在可见云边缘的附近能找到，在那里雨滴尺寸也呈现出锐梯度。因此，日冕和彩虹色看起来需要具备截然不同的云微物理条件，而且经常在不同的角度范围内被观察到[8.160]。最近这方面的研究工作集中于山岳波状云中的日冕和彩虹色以及卷云中的罕见彩虹色[8.168,169]。

3. 光环

光环中的彩色环（有时又叫做"布罗肯幽灵"（Spectre of Brocken））是在后向散射几何形状中观察到的——当阳光照射含有微细水滴的雾或云时。如今，通过乘坐飞机观察附近云层上飞机的阴影，我们能轻易地执行此类观察任务。

早期的解释未能使用米氏理论（因为当时还没有计算机），但曾试着通过更简单的术语来了解这种现象。"用雨滴使反射光发生衍射（圆孔衍射）"这个假设条件并没有起作用，因为这种模式的光强和角距不同于光环的光强和角距。但圆环衍射能解释光环现象[8.40,170]。要使光环现象发生，光必须以掠入射角进入雨滴（这种解释后来得到了米氏理论的支持[8.171]）。然后，散射光在雨滴另一侧（即以 180° 的散射角）或多或少地射出。从几何光学角度来看，这是不可能的，但波动理论允许表面波出现在边界。在反向方向上，所有的散射光分量会发生相长干涉，因此形成光环。用微观水滴在亚微观蜘蛛网的支撑下所做的实验证实了这些模型假设条件是正确的[8.172]。后来，这个模型又被进一步开发，而且很成功[8.133]。如今，光环能通过米氏理论来解释。在图 8.22 中，光环以振荡结构的形式呈现。对于尺寸为 4 μm 和 16 μm 的雨滴来说，光环是在 160°～180° 的角度范围内出现的。雨滴尺寸越均匀一致，能观察到的彩色环就越多。

从日冕中知道了彩色环也可能由单分散的冰晶集合甚至树木花粉产生，有人可能要问从机窗中观察到的光环是否也可能由高空卷云中的冰晶造成。

根据米氏理论的上述解释可知，光环是由周向射线路径——即球体独有的表面波射线路径——造成的。因此，光环是由球形散射体生成的。因此，根据照片证据，有人要问[8.173]光环是否也可能由球形或接近球形的冰晶造成？经研究发现，仅在极不可能出现的严寒温度下，冰才能长成非晶态球形。但最近的研究发现，小的近球形冰粒（直径 9～15 μm）有时——虽然很少见——可能在一些冰晶云的顶部或边缘出现，这些冰粒可能会产生可观察到的光环。雨滴尺寸的变化在导致远处出现带光环的云的同时，还会造成与圆形之间的偏差[8.174]。最近有人报道了关于光环的新模拟法[8.155,175–178]。

|8.10　由冰晶导致的现象：晕轮|

晕轮是由太阳光被大气中的冰晶折射及/或反射造成的[8.43–48,51,52,67,179]。晕轮已经能从几何光学角度来理解。导致理想晕轮出现的冰晶通常是在 20～100 μm 尺寸范围内的六边形片状或柱状冰晶[8.180]。这些晶体经常容易形成，具体要视空气中的温度和水蒸气含量而定[8.181]。在文献中可以找到这方面的好文章，而且还有显微照片[8.52,182,183]。

在大自然和实验室中可能观察到很多不同的晕轮，因为可能有很多不同类型的射线路径穿过晶体，同时晶体在空气中可能有不同的取向（图 8.24）。

最简单的晕轮是幻日，又叫做"假日"，在卷云中（有时在航迹云中）常常能观察到[8.184]。这种晕轮是由定向片状冰晶——也就是以主轴垂直的形式飘落的冰晶——造成的。这种取向模式常常是可能的，而且与树叶（或跳伞者）的运动方式类似——这样能使这些物体在下落时受到的空气阻力最大[8.121]。如果太阳光线从冰晶的一个棱柱面进入，然后从另一个棱柱面射出，那么这种情形就相当于在 60° 棱镜中的折射。随着入射角而变化的散射角有一个平底最低值（图 8.25）。对于 n=1.31 的冰晶来说，这个最低值出现在当散射角为 22° 时。与彩虹的解释类似的是，在这个方向上也会有更多的光发生偏转。因此，观测者在透过薄卷云观看太阳或月亮时，会在距光源 22° 的角距处看到更多的光。对于随机取向的晶体来说，所得到的现象将是以光源为中心的圆形晕轮；而对于定向晶体来说，光将偏转到光源的两侧，因此产生幻日。幻日的颜色在朝向太阳的一面略带红色，在外侧则是浅蓝色的尾迹。这是由色散造成的，即在不同的波长下有不同的最小偏向角。

同样，其他晕轮（常常叫做"弧"）也是由其他射线路径造成的。图 8.26 中简单总结了一些常见的晕轮（如今已知的晕轮类型已超过 40 种）。环天顶弧（图 8.26 中的编号7）是由从具有垂直对称轴的冰晶的顶基面进入、从这些冰晶的一个棱柱面射出的射线造成的。对于随机取向的晶体，射线路径相当于在 90° 棱镜中的折射，因此形成 46° 的圆形晕轮（图 8.26 中的编号 3）。纯反射晕轮——没有颜色，因为没有形成折射——为日光柱（图 8.26 中的编号 4）。当太阳光沿着片状冰晶（其轴线垂直）水平面上的掠入射角发生反射时，就会出现这种晕轮。具有类似取向的晶体还会引发幻日环（图 8.26 中的编号 5），这是由于位于垂直平面上的晶面反射了太阳光所致。

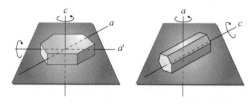

图 8.24　大气中六边形片状和柱状冰晶的一些可能的取向和旋转方向

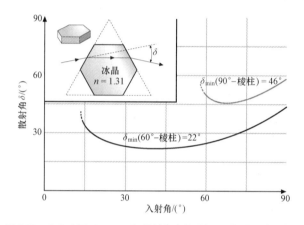

图 8.25　六方冰晶（$n=1.31$）的射线路径具有 $22°$ 的最小偏向角。
为达到清晰效果，我们省略了其他光程

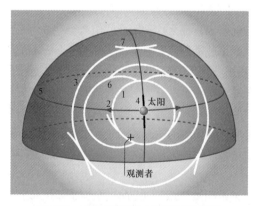

图 8.26　可能观察到的一些晕轮的示意图

1—$22°$晕轮，2—幻日，3—$46°$晕轮，4—日光柱，5—幻日环，6—外接晕轮，
7—环天顶弧。这些显象均取决于太阳高度

单向柱状冰晶——轴线在水平方向但在其他方向上不受约束的柱状冰晶——会产生上下晕切弧。柱状冰晶很少有两个棱柱面在水平方向。拥有这些巴莱（Parry）取向的冰晶会产生巴莱弧。但仍可能存在其他晶体取向模式。此外，冰晶偶尔还会有角锥面，从而在其他角距处产生晕轮。这些晕轮叫做"奇径晕轮"。

现代晕轮理论始于 17 世纪[8.44,185]。在最近几十年，晕轮理论取得了巨大进展。这要归功于计算机技术的发展、更传统的概念性数学[8.186]的应用、在寒冷气候中做实验观察晕轮显象时收集的大气冰晶以及已记录了很多新晕轮现象的敬业观察员。

也许最大的进步是引入了计算机模拟，因此可以计算由具有多种晶形、尺寸和取向的冰晶产生的复杂晕轮。计算机模拟法提供了很多新的信息，尤其是与指定晕轮内部的信号变化[8.48,187 – 189]和能见度[8.144]有关的信息。各种晕弧都可能与导致晕弧产生的冰晶和射线路径直接相关。这些理论显象很容易与真实晕轮显象的照片或图纸做比较。

芬兰或德国的观测员网络（文献［8.190］，另请参阅表 8.4）和南极洲的科学家[8.52]已记录了很多极好的晕轮显象，而且还报道了一些罕见的晕轮[8.191,192]。计算机模拟还用于解释早在 18 世纪就已出现的、有记录的显象[8.193]。对晕轮的分析还包括偏振效应分析——从 20 世纪 70 年代的系统性研究开始[8.53,194]。晕轮偏振研究应当能够探测及识别地球外大气层中的双折射晶体[8.195 – 197]。最近的晕轮研究焦点是将观察结果与晕轮偏振分布的模拟结果进行对比，同时研究在基于抽样冰晶的模型中晶体的尺寸和形状[8.198]。

有关人员还利用由玻璃、透明合成树脂或其他材料制成的棱镜或六角体，在实验室中研究了晕轮现象，以便与理论显象进行定量比较以及用作演示实验[8.43,67,111,112,114]。

8.11　太阳和天空

8.11.1　太阳的颜色

大气中的光散射导致地面观测者看到太阳或月亮呈现出不同的颜色。在大气外，太阳辐射光谱很宽——从紫外线一直到深红外线[8.199]。如果忽略在太阳大气中的过程，那么太阳辐射将或多或少地类似于温度高达大约 5 900 K 的黑体的发射。这种辐射在人眼看来是白色的（具体的颜色可根据颜色度量公式从光谱中计算出来[8.77]）。在地球大气中，太阳的辐射线会被吸收、散射。与大气层外的光谱相比，大气中的辐射曲线更低，显示出独特的吸收特征——这主要是由 H_2O、CO_2 和氧造成的（图 8.7）。

太阳辐射颜色的变化取决于空气质量，即太阳高度。研究人员从完全不吸光的分子大气开始，计算了当空气质量 AM＝1 时的大气透射率[8.3]。由此，可以根据文献［8.87，117］，从观测员的身高 h 开始，计算出在任意天顶角 φ 处的透射率：

$$T(\varphi, h) = T(0, h)^{\mathrm{AM}(\varphi, h)} \tag{8.41}$$

表8.6中给出了在分子大气中当AM=1（φ=0°，天顶）、AM=10（φ≈85°）和AM=38（φ=90°，地平线）时红光（λ=630 nm）、绿光（λ=530 nm）和蓝光（λ=430 nm）的透射率结果。

表8.6　当太阳在天顶（AM=1：φ=0°）或接近于地平线（AM=10：φ=85°，
AM=38：φ=90°）时分子大气（h=0）的透射率，T（φ=0°）根据文献［8.3］得到

λ/nm	T（AM=1）	T（AM=10）	T（AM=38）
630	0.945	0.625	0.117
530	0.892	0.320	0.013
430	0.764	0.068	0.000 036

虽然天顶处的太阳仍被认为是白色的，但在地平线附近的太阳光谱已彻底改变，倾向于红光和绿光（图8.27）。在接近于地平线但仍高于地平线的地方（φ_Z=80°～85°），光谱中可能会观察到黄色，在靠近地平线的地方（φ_Z=90°），光谱以红光为主。与此同时，由于太阳的辐射率随着φ的减小而骤减，因此太阳亮度也会随之降低。但在很清爽的空气里，裸眼观察仍是不可能的——即使h=0（海平面）时也不行。但一般来说，由水蒸气和气溶胶形成的雾会进一步削弱太阳的辐射。

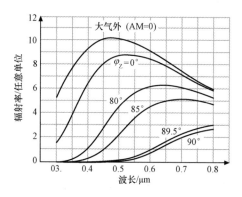

图8.27　黑体源（T=6 000 K）的辐射光谱，反映了太阳辐射与波长之间的关系
（根据文献［8.43］）。顶部曲线代表了在地球大气外的光谱。下面的曲线描绘了在海平面上
由于瑞利散射而衰减的、在从φ_Z=0°（太阳在天顶）到φ_Z=90°（太阳在地平线）的
不同天顶角处观察到的各光谱

对于大气里的光学变化来说，气溶胶是很重要的[8.15,16]。观察结果和理论光谱之间的差异——包括空气中分子的选择性吸收——是由气溶胶引起的[8.117]。

如果在视线中出现由大小几乎一致的粒子组成的云，则太阳的颜色有时会发生巨变。例如，1950年的加拿大森林火灾将大量油滴喷射到空气中。这些油滴经过远距离传输之后，导致出现蓝色的太阳——甚至在爱丁堡也能观察到[8.75,200]。火山喷发也可能导致类似的事件发生。

8.11.2 天空的颜色

显然，天空的颜色是由很多因素造成的[8.43 - 49,51]。图 8.28 给出了对日落时典型天空颜色的简单定性解释。此时，太阳刚落山，亦即低于地平线。太阳光仍照射着一部分大气。观测者在指定方向上看到的颜色是由在相关方向的视线上太阳光被散射、衰减造成的。简言之，进入观测者眼中的太阳辐射量取决于四个因素：① 在散射前，光穿过大气所经过的路径（决定着可得到的散射光谱）；② 散射事件的高度（决定着原子、分子及/或气溶胶等散射体的密度）；③ 散射角（取决于散射体的类型和尺寸）；④ 在视线上的光学厚度，亦即由散射过程和观测者之间的散射及/或吸收作用造成的衰减量。这四个参数之间微妙的相互作用决定着到达观测者眼中的光谱，从而决定着所看到的颜色。

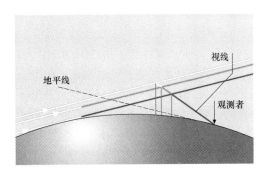

图 8.28 日落后天空颜色的几何学定性解释（详情见正文）

在视线上的不同位置得到的散射光具有不同的光量和光谱成分。离地球最远的光束将以几乎不衰减的方式进入视线，同时散射光谱很宽。由于高度大，因此只有少量的辐射线会散射到观测者方向，其中主要是蓝光。这些光在被进一步衰减后，才能进入观测者的视线。这些光的最终光谱组成取决于光必须横穿过的光学厚度。但蓝光被衰减得最厉害，也就是说，蓝光对最终光谱的贡献不大，不会成为主色。光离地面越近，光谱就越移近红色。尽管与高处的射线相比，这个高度的光与视线相交得更少，但这些光对光谱的贡献更大，因为它们将在较低的高度处与密集度大得多的散射体相互作用。考虑到在视线上的散射导致散射光谱进一步移向红色，因此我们认为，天空的颜色将以浅黄色和红色为主。

有关人员还研究了在不同天顶角 φ 下晴空的亮度和颜色[8.201]。当太阳处于较大高度时，纯瑞利大气的天顶为蓝色（就像在晴空中观察到的那样），但在日落后会变成浅黄色。这与观察到的蓝色形成鲜明对比。这个难题的解决办法是在 500 ~ 700 nm 波长范围内的臭氧查普尤（Chappuis）吸收带。当太阳的高度较高时，臭氧吸收对天空光的贡献率与瑞利散射相比较小，但当太阳高度极低时，天空光中将以臭氧吸收为主。

大气中的气溶胶通常不是均匀分布的，而是以被风携带的积聚物形式呈现，因此会发生持续的质变，包括经历冷凝过程[8.117]。因此，各种大气成分（例如不同类型的云以及低空或高空的霾）的消光系数相差很大[8.77]。为简单起见，现在假设只有一个气溶胶层。这个气溶胶层对天空颜色的影响只是加深了在前向方向上的红色和黄色。这是因为与瑞利散射相比，气溶胶粒子的散射角相当小，而且表现出很强的前向散射（图 8.15）。

类似的定性分析也可能适用于所谓的"蓝岭"（blue mountains）现象。在白天，天空被太阳照射。如果投向远山的视线靠近地平线，则进入观测者眼中的辐射光将由两部分组成。首先，这些辐射光包括一开始由远山散射到观测者方向的光，这部分光由于在视线上散射而被衰减。其次，观测者将看到在视线上被空气散射的太阳光。在瑞利大气中，这些空气光将是蓝色的。在不同的距离观察远山风景时，上述两部分光的量将会改变：距离越远，第一部分光就越少，而第二部分光就会变得越重要（见 8.12 节中关于视程的探讨）。因此，较远的物体看起来都会是淡蓝色[8.45,51]。这个方案可用于测定大气的厚度[8.202]（另请参阅关于能见度的研究[8.144]）。

我们经常观察到靠近地平线的天空光发白。这可用类似的方式来理解。由于在这个高度除了天空之外别的什么都观察不到，因此上述分析中的第一部分光会消失，只需要考虑空气光。在靠近观测者的长度范围内被散射的太阳光由于在地面之上的低空中发生瑞利散射，因此产生了大量蓝光。在距观测者更远的地方被散射的光将在更大的高度上散射，也就是说产生的蓝光量更少。此外，这部分光会因为在视线上再次散射而衰减，且光谱被修改。因此，在远离观测者的地方发射的光只产生了少量多次散射的红光。视线上的所有光分量合在一起，形成总体的白色。由于从远处发射的光在视线外被散射时将不再对光谱做贡献，因此总体亮度有一个限值[8.45,51,78]。

从莫纳罗亚山观察到的、在黄昏时的偏振和颜色比与晴空中的平均值之间经常有偏差。这些偏差是由云或霾的阴影效应造成的，并突出了平流层尘层的重要性[8.203]。由火山喷发形成的平流层尘云确实对天空光的偏振度有很大影响，还使得中性点的位置发生了超过 15° 的位移[8.204]。这些研究成果在很大程度上得益于 LIDAR 系统的开发以及有关的微粒后向散射理论[8.205–208]。

现代实验同时测量了在三种波长下的天空光辐射分布、偏振度和偏振面[8.209]。最近，有人研究了天空光的彩色坐标，发现天空光的颜色有各种各样的色度曲线——这在很大程度上取决于位置。有时，亮度变化与色度变化很难分开[8.210]。令人惊讶的是，白天的晴空在天文地平线附近有一个局部辐射率极大值，其角宽和仰角随着太阳高度角、相对于太阳的方位角以及气溶胶光学深度的变化而变化。这一点可根据二阶散射过程来理解[8.211]。

当透过薄云观察太阳时，通常会看到太阳的边缘很清晰，但偶尔也比较模糊。这是由于某些云的光学厚度范围取决于云粒尺寸[8.212]。

目前的天空光研究包括：晴空偏振的数字成像[8.213]、黄昏建模[8.214]以及在晴空[8.215,216]和阴天[8.217–219]天空中的颜色与亮度不对称性。有关人员还根据由"维京"和"探路者"任务得到的数据，报道了火星的天空光测量值。火星大气中的尘粒含量高，导致天空亮度很高，天空颜色随着太阳角位置的变化而明显改变[8.220]。最近，有人还利用水中的牛奶液滴，重新做了标准演示实验[8.221]。

大气消光的理论模型在很大程度上受益于计算机技术。如今，大气中的光透射已通过大量数据库来建模，其中最突出的是 HITRAN 和 LOWTRAN 数据库[8.77,222]。尤其是，LOWTRAN 程序以 20 cm^{-1} 的中等分辨率计算了分子吸收、瑞利散射和气溶胶消光现象的透射谱。

8.11.3　日（月）食

在日（月）食发生时，我们可能会观察到有趣的多彩现象。例如，月食的颜色和亮度与地球大气中的太阳光散射直接相关[8.223,224]。在发生月食时，月亮进入地球的本影。但由于太阳光在地球大气中也会被折射，因此地球本影的中心仍处于太阳光的照射中。太阳光在发生折射的同时，还因为分子和气溶胶对光的散射而出现衰减。为了估算暗影内的阳光辐照度，我们在明暗界线（也就是被照射的主要地球大气部分）上求折射太阳光和散射太阳光的积分。由于散射率取决于散射体的空间分布，因此所建的模型不仅要考虑大气中的温度分布，还要考虑在明暗界线上的云量、地形和气溶胶分布。图 8.29（a）说明了气溶胶的重要性。如果没有气溶胶，也就是说，如果太阳光的衰减只是由空气分子的瑞利散射造成，那么即使是在月全食中心，月亮仍看起来相当明亮，即与在地球本影外相比，在本影中心的太阳光辐射度只是下降至大约 1/2 000。如果考虑到气溶胶的典型分布，则可估算出在本影中心的辐照度将再降低 100 倍[8.225]。在本影内的这种辐照度分布已成功地用于模拟所观察到的月食亮度[8.226]。月亮的直径在大约 0.5°（30′）内变化，这意味着月亮能完全进入地球本影达 1 个多小时。从地球上观察到的月亮颜色取决于在地球本影内的太阳光辐照谱，还取决于在太阳光穿过地球大气时，被月球表面散射到地球的太阳光的衰减量。图 8.29（b）显示了在月球轨道位置在地球本影内被折射及衰减的太阳光的光谱模型[8.227]。与黄光和红光相比，蓝光和绿光能够被更有效地散射，因此在月全食期间，月亮通常具有特有的红褐色。很明显，气溶胶量越大，例如在火山喷

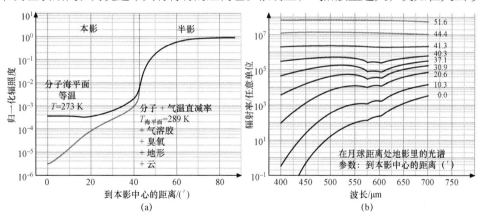

图 8.29　日（月）食及本影的影响

（a）在分子等温大气层中以及（在明暗界线上）存在温度变化、气溶胶、臭氧和地形分布的分子

大气层中，地球本影内部归一化辐照度的空间分布；（b）在距本影中心一定距离的位置点，

在典型月食条件下从地球上观察到的月食辐照谱

发后气溶胶浓度可能较大，则得到的太阳光衰减量也越大。这意味着，月食的亮度也是大气中气溶胶含量的一个测度。

图 8.29（b）中的光谱模型显示了在 580～600 nm 波长范围内的特征。这些特征由臭氧的查普尤吸收谱带造成，并导致在黄光和红光波长下的衰减量稍稍增加。在本影中心，这种效应无关紧要；但在本影边缘，这种效应可能会变得足够强，以至于产生的蓝光比其他波长下的光更多。在这种情况下，确实有可能观察到蓝月亮[8.228]。

与日（月）食例子有关的其他现象包括：天空光的偏振[8.229,230]、暮光现象[8.231]、照度测量[8.232]以及在日食期间能看到星星、晕轮和彩虹[8.233]。

| 8.12 云、能见度及其他 |

8.12.1 云

云是由水滴或冰晶组成的可见聚合体，悬浮在空气中并在凝结核周围成长[8.121]。雾或云中的水滴尺寸大约为 10 μm 或更大，密度为 10～1 000 个水滴/cm³，我们通常假设为 300 个水滴/cm³[8.234]。半径为 5～10 μm 的水滴相当于体积分率 f 为 10^{-7}～10^{-6}。

云会表现出几种光学现象，其中最明显的是云是白颜色的，但某些类型的云却表现出了特殊的现象。卷云和卷层云可能会导致日冕、彩虹色和晕轮出现。飞机发动机的航迹云是由冷凝蒸汽组成的、像卷云那样的尾迹，其特性与卷云类似。积雨云则与雷雨（即闪电）有关。另外，极地平流层云也具有光学效应[8.235]。本节将简要探讨云的颜色及其吸光和消光现象。8.5.5 节已探讨了光子路径长度在云中的分布所产生的效应。

如果被白色光照射，那么大多数云都会呈白色（亮度较低时常常被解释为灰色或深色），除一些烟云（例如由灌丛火灾产生的烟云）之外[8.236]。由于水滴在可见光中大多不吸光，因此水滴的颜色须由散射决定。由大约 10 μm 的单分散水滴产生的光散射具有波纹结构（图 8.14）[8.40,41]。在尺寸分布情况下，这种效应会被冲蚀掉。散射通常与可见光光谱范围中的波长无关。虽然这个条件足以让云成为白色，但却没有必要[8.237]。事实上，悬浮的瑞利散射体（例如牛奶中的脂肪滴）——即选择性散射体——也会因为多次散射而呈现出白色。

多次散射现象发生的判定标准是光学厚度 $\tau > 1$。由于分子大气的光学厚度为 $\tau < 1$，因此蓝天可解释为只需要单次散射事件就能实现。对于云来说，在距离为 x 处的 τ 可利用下列论据来估算：在云中，消光系数大体恒定，因此 $\tau = \beta x$。消光系数 β 可利用米氏理论计算值来估算。就直径大约为 10 μm 的水滴而言，其消光截面是 10^{-6} cm² 级几何截面的大约 2 倍（这就是消光悖论[8.41]）。当浓度为 300/cm³ 时，可由此求出消光系数 $\beta \approx 0.05$ m^{-1}。另外，通过从 $\beta = N\sigma$ 开始计算，并用体积分率 $f \approx N\phi^3$ 替代数密度 N、用近似的几何截面公式 $\sigma \approx \phi^2$ 替代截面 σ，我们还可以很简单地估算出[8.78]

$$\beta \approx f / \phi \qquad (8.42)$$

对于体积分率为 $f = 10^{-6}$ 的 10 μm 微粒，可求出消光系数 $\beta \approx 0.1/m$。

因此，厚度为几米的云相当于整个标准大气的光学厚度。透射率规定为 $T = e^{-\beta x}$。令 $\beta = 0.05\ m^{-1}$，当距离为 20 m 时，$\tau = 1$（$T = 1/e$）；当 $x = 100\ m$ 时，$\tau = 5$（$T \approx 7 \times 10^{-3}$）；当 $x = 200\ m$ 时，$\tau = 10$（$T \approx 5 \times 10^{-5}$），足以使日轮变得朦胧[8.78]。低透射率会自动导致高反射率，也就是说，厚云的反射率较高——这就是从云上方的飞机上观察到云呈亮白色的原因。总之，对于具有较大光学厚度且由几乎不吸光的微粒组成的云来说，多次散射将起主导作用，在被白光照射后，云看起来是白色的。在日出和日落时，如果云被光谱过滤光照射，云的颜色可能会改变，形成一道壮观的风景。

太阳光穿过厚云时的透射率很小，这也解释了这些云的底部通常看起来很暗的原因。如果靠近云底的水滴逐渐长大，形成雨滴，则消光系数会改变。体积分率仍基本保持不变，但雨滴的尺寸达到 1 mm，因此阵雨中的 β 只有云层中的 β 的大约 1/100。这解释了为什么我们很容易透过暴雨看见物体的原因。

8.12.2 能见度与视程

能见度是在空气中能看多远的一个测度。作为一个数量测度，能见度常常也称为"视程"。甚至在最澄澈的空气中——假设不存在气溶胶粒子而且不受地球曲率的约束——水平能见度也仅限于几百千米。这是因为空气组分会对光进行散射、吸收（在垂直方向上，大气的光学厚度要薄得多，因此我们在夜间能看见星星）。在气象学上，能见度指在明亮的背景（通常是天空）下观察远处的暗目标。能见度的理论推导[8.78,238−242]基于对比率 C，也就是目标的本底信号与视线上空气光的信号之间的归一化差值。于是得到最大距离 D：

$$D = -\frac{\ln(C)}{\beta} \qquad (8.43)$$

式中，β 为散射系数。人眼在 $\lambda = 555\ nm$ 时具有最大灵敏度，因此我们通常利用式（8.43）来评估绿光。然后，我们看到，D 只与阈值对比度 C——即最低的视觉亮度对比度——有关。我们通常假设 $C = 0.02$，虽然 C 会因人而异。于是得到 $D = 3.912/\beta$。表 8.7 中显示了在不同 β 值下的 D 值。显然，距离 D 的范围很大——从浓雾中的几米到极纯净空气中的数百千米。因此，能见度是气溶胶含量及/或水滴含量的一个指示器。

表 8.7 分子大气中的典型能见度值，以及在气溶胶（天然/人工）和水滴存在的情况下的能见度例子

名称	β	D	
分子大气	0.013 km^{-1}	300 km	能见度极好
一些微粒	0.050 km^{-1}	80 km	能见度好
很多微粒	0.500 km^{-1}	8 km	能见度差
浓雾	0.050 m^{-1}	80 m	能见度极差

8.12.3 其他

其他很多光学现象也与大气有关。下面，我们将很简要地描述这些现象，并给出参考文献。

绿闪光或绿太阳是指日落时的最后几缕光线或日出时的最初几缕光线看起来是绿色的，或者当太阳高度较低时，太阳的上边缘看起来是绿色的。在第一种情况下，只有很小一部分太阳在地平线之上；而在第二种情况下，太阳的轮盘通常会因为海市蜃楼景象效应而高度扭曲。这些现象需要用太阳光的折射和散射以及海市蜃楼效应来解释[8.105,243,244]。

在高度大约为 80 km 的平流层中，夜光云看起来是蓝色的、白色的或银色的——在日落后，平流层仍会被太阳光照射 1~2 h[8.245-247]。在 1~100 km 的波长范围内，夜光云常常具有波状特征。

阴影是在天空中被遮住光的区域。阴影会导致产生很突出的大气光学日常现象，例如云隙光（有时又叫做"太阳光束"或"阴影光束"）[8.45,48,51,248]或者不管山的轮廓是什么样，山的阴影总是三角形的[8.249,250]。

一种基于我们视觉系统的极个人化的大气光学体验就是所谓的"月径幻觉"，也就是说当太阳或月亮在地平线附近时，会感觉到它们比在高空中时要大得多[8.251,252]。这种现象是无法用照片来再现的。

除太阳、月亮、星星等外部光源的光学现象之外，大气中有很多其他光学现象也会产生光。其中最出名的是极光、五彩光、漫射光和慢移光：这些现象通常只在纯净的黑夜高空中才能看见。这些现象是由空气中的分子和原子与太阳风中的电子碰撞后被激发所致[8.51,253,254]。当太阳活动增强时，甚至在低空中也可能会观察到这些现象。这些事件能够被精确地预测，因为太阳风在到达地球之前需要一定的时间（见表 8.4 中列出的太空天气网站）。

闪电是最常见最壮观的自然现象之一，是由雷云中的电荷效应造成的。导致这种电荷效应的具体微观物理过程仍存在争议[8.255-257]。最近的研究成果揭示了一系列新现象，即与闪电相关的瞬态发光事件（TLE），包括"精灵""蓝色光束""侏儒""巨魔"等[8.258]。这些 TLE 现象是从高度达到 100 km 的雷云顶部延伸出的，因此人们对航天操作可能面临的危险深表担忧。此外，有关人员正在做一项有前景的研究工作，即利用很强的飞秒激光来引发云层放电，从而达到雷电防护的目的[8.259]。

流星是夜空中出现的、带发光曳尾的光流，有时很暗淡，有时又很明亮。流星融合了当宇宙微粒进入大气时所发生的所有现象。在大气层外，流星叫做"流星体"；当它们到达地面时，则被称为"陨石"。流星的视觉效应是由大气中的微粒在摩擦力作用下被加热造成的。这些微粒被加热，直至蒸发。由此，它们与空气中的分子相撞，使一道气流发生电离。在重新结合之后，这些微粒便发出光来[8.260,261]。

| 参 考 文 献 |

［8.1］ Lord Rayleigh，J. W. Strutt：On the transmission of light through an atmosphere containing small particles in suspension and on the origin of the blue of the sky，Philos. Mag. **XLVII**，375－384（1899）

［8.2］ M. Nicolet：On the molecular scattering in the terrestrial atmosphere：An empirical formula for its calculation in the homosphere，Planet. Space Sci. **32**，1467－1468（1984）

［8.3］ R. Penndorf：Tables of the refractive index for standard air and the Rayleigh scattering coefficient for the spectral region between 0.2 and 20 μm and their application to atmospheric optics，J. Opt. Soc. Am. **47**，176－182（1957）

［8.4］ M. Bussemer：Der Ring-Effekt：Ursachen und Einfluß auf die spektroskopische Messung stratosphärischer Spurenstoffe. Ph. D. Thesis（Univ. Heidelberg，Heidelberg 1993）

［8.5］ J. Burrows，M. Vountas，H. Haug，K. Chance，L. Marquard，K. Muirhead，U. Platt，A. Richter，V. Rozanov：Study of the ring effect，Final Report European Space Agency（ESA），Noordvijk，Contract 109996/94/NL/CN（1995）

［8.6］ H. Haug：*Raman-Streuung von Sonnenlicht in der Erdatmosphäre*，Diploma Thesis（Univ. Heidelberg，Heidelberg 1996），in German

［8.7］ C. E. Sioris，W. F. J. Evans：Filling in of Fraunhofer and gas-absorption lines in sky spectra as caused by rotational Raman scattering，Appl. Opt. **38**，2706－2713（1999）

［8.8］ H.W.Schrötter，H. W. Klöckner：Raman scattering cross-sections in gases. In：*Raman Spectroscopy of Gases and Liquids*，ed. by A.Weber（Springer，Berlin，Heidelberg 1979）

［8.9］ D.Clarke，H. M. Basurah：Polarisation measurements of the ring effect in the daytime sky，Planet. Space Sci. **37**，627－630（1989）

［8.10］ G.Mie：Beiträge zur Optik trüber Medien，speziell kolloidaler Metalllösungen，Ann. Phys. **25**，377－445（1908），in German

［8.11］ H.C.Van de Hulst：*Multiple Light Scattering*，*Tables*，*Formulas and Applications*，Vol.1 and 2（Academic，London 1980）

［8.12］ W.J.Wiscombe：Improved Mie scattering algorithms，Appl. Opt. **19**，1505－1509（1980）

［8.13］ R.G.Isaacs，W.－C. Wang，R. D. Worsham，S. Goldberg：Multiple scattering lowtran and fascode models，Appl. Opt. **26**，1272－1281（1987）

［8.14］ O.Funk：Photon path length distributions for cloudy skies；Oxygen a-band measurements and radiative transfer calculations.Ph.D.Thesis（Univ.Heidelberg，Heidelberg 2000）

［8.15］ A.Angström：On the atmospheric transmission of sun radiation and on dust in the air, Geogr. Ann. Stockh. **11**, 156－166（1929）

［8.16］ A.Angström：On the atmospheric transmission of sun radiation and on dust in the air, Geogr. Ann. **12**, 130（1930）

［8.17］ C.E.Junge：*Air Chemistry and Radioactivity*, Vol.4（Academic, New York 1963）

［8.18］ C.E.Junge, J. E. Manson：Stratospheric aerosols studies, J. Geophys. Res. **66**, 2163－2182（1961）

［8.19］ M.Milankovitch：*Canon of Insolation and the Ice-Age Problem*, R. Serbian Acad.Sp.Pub., Vol. 132（Royal Serbian Acad., Belgrade 1941）

［8.20］ S.Solomon, D.Qin, M.Manning, Z.Chen, M.Marquis, K. B. Averyt, M.Tignor, H.L.Miller（Eds. ）：Contribution of Working Group I, *Assessment Report of the Intergovernmental Panel on Climate Change*（Cambridge Univ. Press, Cambridge 2007）

［8.21］ S. Twomey：Pollution and the planetary albedo, Atmos. Environ. **8**, 1251－1256（1974）

［8.22］ B. A. Wielicki, T. Wong, R. P. Allan, A. Slingo, J. T. Kiehl, B. J. Soden, C. T. Gordon, A. Levin, J. Miller, S. －K. Yang, D. A. Randall, F. Robertson, J. Susskind, H. Jacobowitz：Evidence for large decadal variability in the tropical mean radiative energy budget, Science **295**（5556）, 841－844（2002）

［8.23］ D. Perner, U. Platt, M. Trainer, G. Huebler, J. W. Drummond, W. Junkermann, J. Rudolph, B. Schubert, A. Volz, D. H. Ehhalt, K. J. Rumpel, G. Rumpel, G. Helas：Tropospheric OH concentrations：A comparison of field data with model predictions, J. Atmos. Chem. **5**, 185－216（1987）

［8.24］ M . W . Sigrist（Ed . ）：*Air Monitoring by Spectroscopic Techniques*, Chem. Anal. Ser., Vol. 127（Wiley, New York 1984）

［8.25］ U. Platt：Modern methods of the measurement of atmospheric trace gases, J. Phys. Chem. Chem. Phys. **1**, 5409－5415（1999）

［8.26］ U. Platt, D. Perner：Measurements of atmospheric trace gases by long path differential UV/visible absorption spectroscopy：Optical and laser remote sensing, Springer Ser. Opt. Sci. **39**, 95－105（1983）

［8.27］ U. Platt：Differential optical absorption spectroscopy（DOAS）, air monitoring by spectroscopic techniques, Chem. Anal. Ser. **127**, 27－84（1994）

［8.28］ R. Volkamer, T. Etzkorn, A. Geyer, U. Platt：Correction of the oxygen interference with UV spectroscopic(DOAS)measurements of monocyclic aromatic hydrocarbons in the atmosphere, Atmos. Environ. **32**, 3731−3747 (1998)

[8.29]　J. P. Burrows, E. Hölzle, A. P. H. Goede, H. Visser, W. Fricke: SCIAMACHY-Scanning imaging absorption spectrometer for atmospheric chartography, Acta Astronaut. **35** (7), 445−451 (1995)

[8.30]　J. P. Burrows, M. Weber, M. Buchwitz, V. V. Rozanov, A. Ladstätter-Weissenmayer, A. Richter, R. De Beek, R. Hoogen, K. Bramstedt, K. −U. Eichmann, M. Eisinger: The global ozone monitoring experiment(GOME): Mission concept and first scientific results, J. Atmos. Sci. **56**, 151−175 (1999)

[8.31]　R. Volkamer, P. Spietz, J. P. Burrows, U. Platt: High-resolution absorption cross-section of Glyoxal in the UV/vis and IR spectral ranges , J. Photochem. Photobiol. A **172**, 35−46 (2005)

[8.32]　C. Weitkamp (Ed.): *Lidar-Range-Resolved Optical Remote Sensing of the Atmosphere* (Springer, Berlin, Heidelberg 2005)

[8.33]　S. Nyeki, K. Eleftheriadis, U. Baltensperger, I. Colbeck, M. Fiebig, A. Fix, C. Kiemle, M. Lazaridis, A. Petzold: Airborne Lidar and in-situ aerosol observations of an elevated layer , Leeward of the European Alps and Apennines , Geophys. Res. Lett. **29**, 1852 (2002)

[8.34]　K. Pfeilsticker, F. Erle, O. Funk, H. Veitel, U. Platt: First geometrical path lengths probability density function derivation of the skylight from spectroscopically highly resolving oxygen A-band observations , 1. Measurement technique , atmospheric observations, and model calculations, J. Geophys. Res. **103**, 11483−11504 (1998)

[8.35]　K. Pfeilsticker: First geometrical path lengths probability density function derivation of the skylight from spectroscopically highly resolving oxygen A-band observations. 2. Derivation of the Lévyindex for the skylight transmitted by mid-latitude clouds, J. Geophys. Res. **104**, 4101−4116 (1999)

[8.36]　V. Veitel, O. Funk, C. Kurz, U. Platt, K. Pfeilsticker: Geometrical path length probability density function of the skylight transmitted by mid-latitude cloudy skies; Some case studies, Geophys. Res. Lett. **25**, 3355−3358 (1998)

[8.37]　Q. −L. Min, L. C. Harrison, E. Clothiaux: Joint statistics of photon path length and cloud optical depth: Case studies, J. Geophys. Res. **106**, 7375−7386(2001)

[8.38]　O. Funk, K. Pfeilsticker: Photon path lengths distributions for cloudy skies: Oxygen A- band measurements and model calculations, Ann. Geophys. **21**, 615−626(2003)

[8.39]　C. Savigny, O. Funk, U. Platt: Radiative Smoothing in zenith-scattered skylight transmitted to the ground, Geophys. Res. Lett. **26**, 2949−2952 (1999)

[8.40]　H. C. van de Hulst: *Light Scattering by Small Particles* (Dover, New York 1981)

[8.41]　C. F. Bohren, D. R. Huffman：*Absorption and Scattering of Light by Small Particles* （Wiley, New York 1983）

[8.42]　U. Kreibig, M. Vollmer： *Optical Properties of Metal Clusters*, Springer Ser. Mat. Sci., Vol. 25（Springer, Berlin, Heidelberg 1995）

[8.43]　M. Vollmer： *Lichtspiele in der Luft-Atmosphärische Optik für Einsteiger* （Spektrum-Elsevier, Heidelberg 2006）

[8.44]　J. M. Pernter, F. M. Exner：*Meteorologische Optik*, 2nd edn.（Braumüller, Wien 1922）

[8.45]　M. G. J. Minnaert：*Light and Color in the Outdoors*（Springer, Berlin, Heidelberg 1993）

[8.46]　W. J. Humphreys：*Physics of the Air*（Dover, New York 1963）p. 1929, reprint

[8.47]　R. A. R. Tricker：*Introduction to Meteorological Optics*（Elsevier, New York 1970）

[8.48]　R. Greenler：*Rainbows, Halos, and Glories*（Cambridge Univ. Press, Cambridge 1980）

[8.49]　A. Meinel, M. Meinel：*Sunsets, Twilights, and Evening Skies*（Cambridge Univ. Press, Cambridge 1983）

[8.50]　C. F. Boyer：*The Rainbow: From Myth to Mathematics*（Princeton Univ. Press, Princeton 1987）

[8.51]　D. K. Lynch, W. Livingston：*Color and Light in Nature*, 2nd edn.（Cambridge Univ. Press, Cambridge 2001）

[8.52]　W. Tape：*Atmospheric Halos*（Am. Geophys. Soc., Washington 1994）

[8.53]　G. P. Können：*Polarized Light in Nature*（Cambridge Univ. Press, Cambridge 1985）

[8.54]　R. Lee, A. B. Fraser：*The Rainbow Bridge*（Penn. State Press, University Park 2001）

[8.55]　C. F. Bohren（Ed.）：*Selected papers on Scattering in the Atmosphere*, SPIE Milestone Series #7（SPIE, Bellingham 1989）

[8.56]　OSA（Ed.）：*Proceedings of 1st conference on atmospheric optics*, J. Opt. Soc. Am., Vol. 68（Optical Society of America, Washington 1979）

[8.57]　OSA（Ed.）： *Proceedings of 2nd conference on atmospheric optics*, J. Opt. Soc. Am., Vol. 73（Optical Society of America, Washington 1983）

[8.58]　OSA（Ed.）：*Proceedings of 3rd conference on atmospheric optics*, Vol. 4（Optical Society of America, Washington 1987）

[8.59]　OSA（Ed.）：*Proceedings of 4th conference on atmospheric optics*, Appl. Opt., Vol. 30（Optical Society of America, Washington 1991）

[8.60]　OSA（Ed.）：*Proceedings of 5th conference on atmospheric optics*, Appl. Opt., Vol. 33（Optical Society of America, Washington 1994）

[8.61]　OSA（Ed.）：*Proceedings of 6th conference on atmospheric optics*, Appl. Opt.,

Vol. 37（Optical Society of America，Washington 1998）

［8.62］ OSA（Ed.）: *Proceedings of 7th conference on atmospheric optics*，Appl. Opt.，
Vol. 42（Optical Society of America，Washington 2003）

［8.63］ OSA（Ed.）: *Proceedings of 8th conference on atmospheric optics*，Appl. Opt.，
Vol. 44（Optical Society of America，Washington 2005）

［8.64］ OSA（Ed.）: *Proceedings of 9th conference on atmospheric optics*，Appl. Opt.，
Vol. 47（Optical Society of America，Washington 2008）

［8.65］ C. L. Adler（Ed.）: *On Minnaert's Shoulders*: *Twenty Years of the Light and Color
Conferences*，Vol. 1（Opt. Soc. Am.，Washington 1999），Classic Preprints on
CD‑ROM

［8.66］ R. Greenler: *The Mirage*，*the Discovery of Greenland and the Green Flash*，video
available from www4. uwm. edu/letsci/sciencebag/videos/atmos. cfm, last accessed
7 October 2011

［8.67］ R. Greenler: *Sunlight and Ice Crystals in the Skies of Antarctica*，video available
from www4. uwm. edu/letsci/sciencebag/videos/atmos. cfm, last accessed 7 October
2011

［8.68］ R. Greenler: *Red Sunsets*，*Black Clouds and the Blue Moon*: *Light Scattering in the
Atmosphere* ，video available from www4.uwm.edu/letsci/sciencebag/videos/
atmos.cfm, last accessed 7 October 2011

［8.69］ M. Engler: *Fata Morganen-Zauberspiegel am Horizont*，German TV film first
broadcast by ARTE（1996）

［8.70］ M. Engler: *Fata Morgana-Naturwunder und Zauberspuk*，German TV film first
broadcast by ARTE（2001）

［8.71］ S. Gedzelman: Atmospheric optics in art，Appl. Opt. **30**，3514（1991）

［8.72］ S. Rother: *Der Regenbogen*，*eine malereigeschichtliche Studie*（Böhlau，Köln 1992），
in German

［8.73］ K. Sassen: Rainbows in the Indian rock art of desert western America，
Appl. Opt. **30**，3523（1991）

［8.74］ K. Sassen: Possible halo depictions on the prehistoric rock art of Utah，
Appl. Opt. **33**，4756（1994）

［8.75］ C. F. Bohren: *Clouds in a Glass of Beer*（Wiley，New York 1987）

［8.76］ E. A. Wood: *Science from your Airplane Window*（Dover，New York 1975）

［8.77］ M. Bass: Chapter 44. In: *Handbook of Optics*，Vol. 1，ed. by E. van Stryland，
D. Williams，W. Wolfe（Mc-Graw Hill，New York 1995）

［8.78］ C. F. Bohren: Atmospheric optics，Encyclop. Appl. Phys. **12**，405（1995）

［8.79］ Lord Rayleigh, J. W. Strutt: On the light from the sky, its polarization and colour，
Philos. Mag. **XLI**，107−274（1871）

［8.80］ A. T. Young: Rayleigh scattering, Phys. Today **35**, 42–48（1982）

［8.81］ G. Hoeppe: *Blau-Die Farbe des Himmels*（Spektrum Akad. Verlag, Heidelberg 1999）, in German

［8.82］ K. Bullrich: Scattered radiation in the atmosphere and the natural aerosol, Adv. Geophys. **10**, 99（1964）

［8.83］ S. Twomey: *Atmospheric Aerosols*（Elsevier, Amsterdam 1977）

［8.84］ T. E. Graedel, P. J. Crutzen: *Atmospheric Change: An Earth System Perspective*（Freeman, New York 1993）

［8.85］ E. Hecht: *Optics*, 3rd edn.（Addison Wesley, San Francisco 1998）

［8.86］ F. Kasten, A. T. Young: Revised optical air mass tables and approximation formula, Appl. Opt. **28**（22）, 4735–4738（1989）

［8.87］ M. Vollmer, S. D. Gedzelman: Colours of the sun and moon: The role of the optical air mass, Eur. J. Phys. **27**, 299–306（2006）

［8.88］ G. H. Liljequist, K. Cehak: *Allgemeine Meteorologie*（Vieweg, Braunschweig 1984）, in German

［8.89］ Z. Néda, S. Volkán-Kacsó: Flatness of the setting sun, Am. J. Phys. **71**, 379–385（2003）

［8.90］ A. I. Mahan: Astronomical refraction-some history and theories, Appl. Opt. **1**, 497–511（1962）

［8.91］ A. D. Wittmann: Astronomical refraction: formulas for all zenith distances, Astron. Nachr. **318**（5）, 305–312（1997）

［8.92］ L. K. Kristensen: Astronomical refraction and airmass, Astron. Nachr. **318**（3）, 193–198（1998）

［8.93］ A. T. Young: Air mass and refraction, Appl. Opt. **33**（6）, 1108–1110（1994）

［8.94］ R. D. Sampson, E. P. Lozowski, A. Fathi-Nejad: Variability in low altitude astronomical refraction as a function of altitude, Appl. Opt. **47**（34）, H91–H94（2008）

［8.95］ A. Wegener: Elementare Theorie der atmosphärischen Spiegelungen, Ann. Phys. **57**, 203（1918）, in German

［8.96］ W. H. Lehn: A simple parabolic model for the optics of the atmospheric surface layer, Appl. Math. Model. **9**, 447（1985）

［8.97］ W. H. Lehn, T. L. Legal: Long range superior mirages, Appl. Opt. **37**, 1489（1998）

［8.98］ E. Tränkle: Simulation of inferior mirages observed at the Halligen sea, Appl. Opt. **37**, 1495（1998）

［8.99］ A. T. Young, G. W. Kattawar, P. Parviainen: Sunset science 1. The mock mirage, Appl. Opt. **36**, 2689（1997）

［8.100］ A. T. Young, G. W. Kattawar: Sunset science I1. A useful diagram, Appl. Opt. **37**, 3785（1998）

［8.101］ W. H. Lehn: The Novaya Zemlya effect: An artic mirage, J. Opt. Soc. Am. **69**, 776（1979）

［8.102］ W. H. Lehn, B. A. German: Novaya Zemlya effect: Analysis of an observation, Appl. Opt. **20**, 2043（1981）

［8.103］ S. Y. van der Werf, G. P. Können, W. H. Lehn: Novaya Zemlya effect and sunsets, Appl. Opt. **42**, 367（2003）

［8.104］ S. Y. van der Werf, G. P. Können, W. H. Lehn, F. Steenhuisen, W. P. S. Davidson: Gerrit de Veers's true and perfect description of the Novaya Zemlya effect, 24−27 January 1957, Appl. Opt. **42**, 379（2003）

［8.105］ A. B. Fraser: The green flash and clear air turbulence, Atmosphere **13**, 1（1975）

［8.106］ W. H. Lehn, W. K. Silvester, D. M. Fraser: Mirages with atmospheric gravity waves, Appl. Opt. **3**, 4639（1994）

［8.107］ S. Y. van der Werf: Ray tracing and refraction in the modified US 1976 atmosphere, Appl. Opt. **42**, 354（2003）

［8.108］ R. D. Sampson, E. P. Lozowski, A. E. Peterson: Comparison of modeled and observed astronomical refraction of the setting sun, Appl. Opt. **42**, 342（2003）

［8.109］ W. H. Lehn: Bright superior mirages, Appl. Opt. **42**, 390（2003）

［8.110］ R. Greenler: Laboratory simulation of inferior and superior mirages, J. Opt. Soc. Am. A **4**, 589（1987）

［8.111］ M. Vollmer: Atmospheric Optics, Topical Issue, Prax. Naturwiss. Phys. **3**, 46（1997）, in German

［8.112］ M. Vollmer, R. Tammer: Laboratory experiments in atmospheric optics, Appl. Opt. **37**, 1557（1998）

［8.113］ C. Tape: Aquarium, computer, and Alaska range mirages, Phys. Teach. **38**, 308（2000）

［8.114］ M. Vollmer, R. Greenler: Halo and mirage demonstrations in atmospheric optics, Appl. Opt. **42**, 394（2003）

［8.115］ M. Vollmer: Mirrors in the air-Mirages in nature and in the laboratory, Phys. Educ. **44**（2）, 165−174（2009）

［8.116］ J. M. Palmer: Getting intense on intensity, Metrologia **30**, 371−372（1993）

［8.117］ G. V. Rozenberg: Light scattering in the Earth's atmosphere, Sov. Phys. Usp. **3**, 346（1960）

［8.118］ J. A. McDonald: The shape and aerodynamics of large raindrops, J. Meteorol. **11**, 478（1954）

［8.119］ A. W. Green: An approximation for the shapes of large raindrops,

J. Appl. Meteorol. **14**, 1578（1975）

［8.120］ K. V. Beard, H. T. Ochs III, R. J. Kubesh: Natural oscillations of small raindrops, Nature **342**, 408（1989）

［8.121］ H. R. Pruppacher, J. D. Klett: *Microphysics of Clouds and Precipitation*（Kluwer, Dordrecht 1997）

［8.122］ P. L. Marston: Rainbow phenomena and the detection of nonsphericity in drops, Appl. Opt. **19**, 680（1980）

［8.123］ G. P. Können: Appearance of supernumeraries of the secondary rainbow in rain showers, J. Opt. Soc. Am. A **4**, 810（1987）

［8.124］ R. W. Wood: *Physical Optics*, 3rd edn.（Macmillan, New York 1934）

［8.125］ J. A. Adam: Geometrical optics and rainbows: Generalization of a result by Huygens, Appl. Opt. **47**（34）, H11−H13（2008）

［8.126］ J. Walker: Multiple rainbows from single drops of water and other liquids, Am. J. Phys. **44**, 421（1976）

［8.127］ J. Walker: How to create and observe a dozen rainbows in a single drop of water, Sci. Am. **237**, 138（1977）

［8.128］ J. Walker: Mysteries of rainbows, notably their rare supernumerary arcs, Sci. Am. **240**, 146（1980）

［8.129］ J. A. Lock: Theory of observations made of high-order rainbows from a single water droplet, Appl. Opt. **26**, 5291（1987）

［8.130］ H. M. Nussenzveig: The theory of the rainbow, Sci. Am. **4**, 116（1977）

［8.131］ G. B. Airy: On the intensity of light in the neighborhood of a caustic, Trans. Camb. Philos. Soc. **VI**, 397（1838）

［8.132］ G. B. Airy: On the intensity of light in the neighborhood of a caustic, Appendum **VIII**, 595（1849）

［8.133］ H. M. Nussenzveig: Complex angular momentum theory of the rainbow and the glory, J. Opt. Soc. Am. **69**, 1068（1979）

［8.134］ M. V. Berry, C. Upstill: Catastrophe optics: Morphologies of caustics and their diffraction patterns, Prog. Opt. **18**, 257（1980）

［8.135］ D. K. Lynch, P. Schwartz: Rainbows and fogbows, Appl. Opt. **30**, 3415（1991）

［8.136］ R. T. Wang, H. C. van de Hulst: Rainbows: Mie computations and the Airy approximation, Appl. Opt. **30**, 106（1991）

［8.137］ J. A. Adam: The mathematical physics of rainbows and glories, Phys. Rep. **356**, 229−365（2002）

［8.138］ A. B. Fraser: Why can the supernumerary bows be seen in a rain shower?, J. Opt. Soc. Am. **73**, 1626（1983）

［8.139］ J. A. Lock：Observability of atmospheric glories and supernumerary rainbows，J. Opt. Soc. Am. A **6**，1924（1989）

［8.140］ J. A. Lock：Review on rainbow phenomena. In：*Air Chemistry and Radioactivity*，Vol. 4，ed. by C. E. Junge（Academic，New York 1963）

［8.141］ S. D. Gedzelman：Rainbows in strong vertical atmospheric electric fields，J. Opt. Soc. Am. A **5**，1717（1988）

［8.142］ S. D. Gedzelman：Visibility of halos and rainbows，Appl. Opt. **19**，3068－3074（1980）

［8.143］ S. D. Gedzelman：Rainbow brightness，Appl. Opt. **21**，3032－3037（1982）

［8.144］ S. Gedzelman，M. Vollmer：Atmospheric optical phenomena and radiative transfer，Bull. Am. Meteorol. Soc. **89**，471－485（2008）

［8.145］ R. Greenler：Infrared rainbow，Science **173**，1231（1971）

［8.146］ K. Sassen：Angular scattering and rainbow formation in pendent drops，J. Opt. Soc. Am. **69**，1083（1979）

［8.147］ P. H. Ng，M. Y. Tse，W. K. Lee：Observation of high-order rainbows formed by a pendent drop，J. Opt. Soc. Am. B **15**，2782（1998）

［8.148］ D. S. Langley，P. L. Marston：Generalized tertiary rainbow of slightly oblate drops：Observations with laser illumination，Appl. Opt. **37**，1520（1998）

［8.149］ C. L. Adler，J. A. Lock，B. R. Stone：Rainbow scattering by a cylinder with nearly elliptical cross section，Appl. Opt. **37**，1540（1998）

［8.150］ J. A. Lock，C. L. Adler，B. R. Stone，P. D. Zajac：Amplification of high-order rainbows of a cylinder with an elliptical cross section，Appl. Opt. **37**，1527（1998）

［8.151］ S. Gedzelman，J. Hérnandez-Andrés：Fountain rainbows，Appl. Opt. **47**（34），H220－H224（2008）

［8.152］ C. L. Adler，J. A. Lock，J. Mulholland，B. Keating，D. Ekelman：Experimental observation of total-internal-reflection rainbows，Appl. Opt. **42**，406（2003）

［8.153］ C. L. Adler，J. A. Lock，R. W. Fleet：Rainbows in the grass I and II，Appl. Opt. **47**（34），H203－H213（2008）

［8.154］ C. L. Adler，J. A. Lock，R. W. Fleet：Rainbows in the grass II，Appl. Opt. **47**（34），H214－H219（2008）

［8.155］ S. D. Gedzelman：Simulating glories and cloudbows in color，Appl. Opt. **42**，429（2003）

［8.156］ P. Laven：Simulations of rainbows，coronas，and glories by use of Mie theory，Appl. Opt. **42**，436（2003）

［8.157］ S. Gedzelman：Simulating rainbows in their atmospheric environment，Appl. Opt. **47**（34），H176－H181（2008）

［8.158］ J. A. Lock，L. Yang：Mie theory of the corona，Appl. Opt. **30**，3408（1991）

［8.159］ L. Cowley, P. Laven, M. Vollmer: Rings around sun and moon: Coronae and diffraction, Phys. Educ. **40**（1）, 51－59（2005）

［8.160］ K. Sassen: Iridescence in an aircraft contrail, J. Opt. Soc. Am. **69**, 1080（1979）

［8.161］ K. Sassen: Corona producing cirrus clouds properties derived from polarization LIDAR and photographic analysis, Appl. Opt. **30**, 3421（1991）

［8.162］ K. Sassen, G. G. Mace, J. Hallett, M. R. Poellot: Corona-producing ice clouds: A case study of a cold mid-latitude cirrus layer, Appl. Opt. **37**, 1477（1998）

［8.163］ E. Tränkle, B. Mielke: Simulation of pollen coronas, Appl. Opt. **33**, 4552（1994）

［8.164］ P. Parviaainen, C. F. Bohren, V. Mäkelä: Vertical elliptical coronas caused by pollen, Appl. Opt. **33**, 4548（1994）

［8.165］ W. B. Schneider, M. Vollmer: Experimental simulations of pollen coronas, Appl. Opt. **44**, 5746（2005）

［8.166］ J. A. Shaw, P. J. Neiman: Coronas and iridescence in mountain wave clouds, Appl. Opt. **42**, 476（2003）

［8.167］ S. D. Gedzelman, J. A. Lock: Simulating coronas in color, Appl. Opt. **42**, 497（2003）

［8.168］ K. Sassen: Cirrus cloud iridescence: A rare case study, Appl. Opt. **42**, 486（2003）

［8.169］ P. J. Neiman, J. A. Shaw: Coronas and iridescence in mountain wave clouds over northeastern Colorado, Bull. Am. Meteorol. Soc. **84**（10）, 1373－1386（2003）

［8.170］ H. C. van de Hulst: A theory of the anti-coronae, J. Opt. Soc. Am. **37**, 16（1947）

［8.171］ H. C. Bryant, A. J. Cox: Mie theory and the glory, J. Opt. Soc. Am. **56**, 1529（1966）

［8.172］ M. J. Saunders: Near-field backscattering measurements from a microscopic water droplet, J. Opt. Soc. Am. **60**, 1359（1970）

［8.173］ K. Sassen, W. P. Arnott, J. M. Barnett, S. Aulenbach: Can cirrus clouds produce glories?, Appl. Opt. **37**, 1427（1998）

［8.174］ C. Hinz, G. P. Können: Unusual glories, Weather **64**（3）, 68－70（2009）

［8.175］ M. Vollmer: Effects of absorbing particles on coronas and glories, Appl. Opt. **44**, 5658（2005）

［8.176］ P. Laven: Atmospheric glories: Simulations and observations, Appl. Opt. **44**, 5667（2005）

［8.177］ P. Laven: Effects of refractive index on glories, Appl. Opt. **47**（34）, H133－H142（2008）

［8.178］ P. Laven: Noncircular glories and their relationship to cloud droplet size,

Appl. Opt. **47**（34），H25－H30（2008）

［8.179］ W. Tape：Review on halos. In：*Air Chemistry and Radioactivity*，Vol. 4，ed. by C. E. Junge（Academic，New York 1963）

［8.180］ A. B. Fraser：What size of ice crystals causes the halos？，J. Opt. Soc. Am. **69**，1112（1979）

［8.181］ C. Knight，N. Knight：Snow crystals，Sci. Am. **228**，100（1973）

［8.182］ K. Libbrecht，P. Rasmussen：*The Snowflake-Winter's Secret Beauty*（MBI and Voyageur Press，St. Paul 2003）

［8.183］ W. A. Bentley，W. J. Humphreys：*Snow Crystals*（Dover，New York 1962），reprint of 1931

［8.184］ R. Sussmann：Optical properties of contrail-induced cirrus：Discussion of unusual halo phenomena，Appl. Opt. **36**，4195（1997）

［8.185］ C. S. Hastings：A general theory of halos，Mon. Weather Rev. **48**，322（1920）

［8.186］ W. Tape，G. P. Können：A general setting for halo theory，Appl. Opt. **38**，1552（1999）

［8.187］ F. Pattloch，E. Tränkle：Monte Carlo simulation and analysis of halo phenomena，J. Opt. Soc. Am. A **1**，520（1984）

［8.188］ E. Tränkle，R. G. Greenler：Multiple-scattering effects in halo phenomena，J. Opt. Soc. Am. A **4**，591（1987）

［8.189］ S. D. Gedzelman：Simulating halos and coronas in their atmospheric environment，Appl. Opt. **47**（34），H157－H166（2008）

［8.190］ M. Pekkola：Finnish halo observing network：Search for rare halo phenomena，Appl. Opt. **30**，3542（1991）

［8.191］ G. P. Können，M. Bodó，A. Kiricsi：Antisolar halospot，Appl. Opt. **47**（34），H167－H170（2008）

［8.192］ J. Luomanen：Rare display of eight concentric halos in Tampere，Finland，on 5 June 2008，Appl. Opt. **47**（34），H199－H202（2008）

［8.193］ R. Greenler：Sunlight，ice crystals，and the sky archaeology，Proc. R. Inst. G. B. **65**，47（1994）

［8.194］ G. P. Können：Polarization and intensity distributions of refraction halos，J. Opt. Soc. Am. **73**，1629（1983）

［8.195］ G. P. Können，J. Tinbergen：Polarimetry of a 22° halo，Appl. Opt. **30**，3382（1991）

［8.196］ G. P. Können，A. A. Schoenmaker，J. Tinbergen：A polarimetric search for ice crystals in the upper atmosphere of venus，Icarus **102**，62（1993）

［8.197］ G. P. Können：Symmetry in halo displays and symmetry in halo-making crystals，Appl. Opt. **42**，318（2003）

［8.198］ G. P. Können, H. R. A. Wessels, J. Tinbergen: Halo polarization profiles and sampled ice crystals: Observations and interpretation, Appl. Opt. **42**, 309 (2003)

［8.199］ E. Boeker, R. van Grondelle: *Environmental Science* (Wiley, New York 2001)

［8.200］ R. Wilson: The blue sun of 1950 September, Mon. Not. R. Astron. Soc. **111**, 478 (1951)

［8.201］ E. O. Hulburt: Explanation of the brightness and color of the sky, particularly the twilight sky, J. Opt. Soc. Am. **43**, 113 (1953)

［8.202］ M. Vollmer: Estimating the thickness of the atmosphere by Rayleigh scattering, Am. J. Phys. **71**, 979−983 (2003)

［8.203］ F. E. Volz: Zenith polarization and color ratio during twilight, Appl. Opt. **20**, 4172 (1981)

［8.204］ K. L. Coulson: Effects of the El Chichon volcanic cloud in the stratosphere on the polarization of light from the sky, Appl. Opt. **22**, 1036 (1983)

［8.205］ F. G. Fernald, B. M. Herman, J. A. Reagan: Determination of aerosol height distributions by lidar, J. Appl. Meteorol. **11**, 482 (1972)

［8.206］ F. G. Fernald: Analysis of atmospheric LIDAR observations: Some comments, Appl. Opt. **23**, 652 (1984)

［8.207］ J. D. Klett: Lidar inversion with variable backscatter/extinction ratios, Appl. Opt. **24**, 1638 (1985)

［8.208］ J. Bosenberg, D. Brassington, P. C. Simon (Eds.): *Instrument Development for Atmospheric Research and Monitoring: Lidar Profiling, DOAS and Tunable Diode Laser Spectroscopy* (Springer, Berlin, Heidelberg 1997)

［8.209］ Y. Liu, K. Voss: Polarized radiance distribution measurements of skylight II: Experiment and data, Appl. Opt. **36**, 8753 (1997)

［8.210］ R. L. Lee: Twilight and daytime colors of the clear sky, Appl. Opt. **33**, 4629 (1994)

［8.211］ R. L. Lee: Horizon brightness revisited: Measurements and a model of clear sky radiances, Appl. Opt. **33**, 4620 (1994)

［8.212］ J. R. Linskens, C. F. Bohren: Appearance of the sun and moon seen through clouds, Appl. Opt. **33**, 4733 (1994)

［8.213］ R. L. Lee: Digital imaging of clear sky polarization, Appl. Opt. **37**, 1465 (1998)

［8.214］ R. L. Lee, J. Hernández-Andrés: Measuring and modeling twilight's purple light, Appl. Opt. **42**, 445 (2003)

［8.215］ J. Hernández-Andrés, R. L. Lee, J. Romero: Color and luminance asymmetries in the clear sky, Appl. Opt. **42**, 458 (2003)

［8.216］ M. A. López-Álvarez, J. Hernández-Andrés, J. Romero, F. J. Olmo, A. Cazorla, L. Alados-Arboledas: Using a trichromatic CCD camera for spectral skylight estimation，Appl. Opt. **47**（34），H31−H38（2008）

［8.217］ R. L. Lee，J. Hernández-Andrés：Colors of the daytime overcast sky，Appl. Opt. **44**，5712（2005）

［8.218］ R. L. Lee Jr.，D. E. Devan：Observed brightness distributions in overcast skies，Appl. Opt. **47**（34），H116−H127（2008）

［8.219］ N. J. Pust，J. A. Shaw：Digital all-sky polarization imaging of partly cloudy skies，Appl. Opt. **47**（34），H190−H198（2008）

［8.220］ N. Thomas，W. J. Markiewicz，R. M. Sablotny，M. W. Wuttke，H. U. Keller，J. R. Johnson，R. J. Reid，P. H. Smith：The color of the martian sky and its influence on the illumination of the martian surface，J. Geophys. Res. **104**，48795（1999）

［8.221］ S. D. Gedzelman，M. A. López-Álvarez，J. Hernandez-Andrés，R. Greenler：Quantifying the "milky sky" experiment，Appl. Opt. **47**（34），H128−H132（2008）

［8.222］ L. S. Rothman，L. R. Brown，J. van der Auwera：Special Issue HITRAN，J.Quant.Spectrosc.Radiat.Transf.**110**（9/10），533−572（2009），http://cfawww.harvard.edu/hitran/

［8.223］ M. Littmann，K. Willcox：*Totality*，*Eclipses of the Sun*（Univ. Hawaii Press，Honolulu 1991）

［8.224］ P. S. Harrington：*Eclipse*（Wiley，New York 1997）

［8.225］ M. Vollmer，S. D. Gedzelman：Simulating irradiance during lunar eclipses：The spherically symmetric case，Appl. Opt. **47**（34），H52−H61（2008）

［8.226］ N. Hernitschek，E. Schmidt，M. Vollmer：Lunar eclipse photometry：Absolute luminance measurements and modelling，Appl. Opt. **47**（34），H62−H71（2008）

［8.227］ S. D. Gedzelman，M. Vollmer：Simulating irradiance and color during lunar eclipses using satellite data，Appl. Opt. **47**（34），H149−H156（2008）

［8.228］ S. D. Gedzelman，M. Vollmer：Twice in a blue moon，Weatherwise **62**（5），28−35（2009）

［8.229］ G. E. Shaw：Sky brightness and polarization during the 1973 African eclipse，Appl. Opt. **14**，388（1975）

［8.230］ G. P. Können：Skylight polarization during a total solar eclipse：A quantitative model，J. Opt. Soc. Am. A **4**，601（1987）

［8.231］ E. H. Geyer，M. Hoffmann，H. Volland：Influence of a solar eclipse on twilight，Appl. Opt. **33**，4614（1994）

［8.232］ K. −P. Möllmann，M. Vollmer：Measurements and predictions of the illuminance during a solar eclipse，Eur. J. Phys. **27**，1299−1314（2006）

［8.233］ G. P. Können，C. Hinz：Eclipses：Visibility of stars，halos，and rainbows during solar eclipses，Appl. Opt. **47**（34），H14－H24（2008）

［8.234］ C. S. D. Ahrens：*Meteorology Today*，Vol. 4（West Publ. Comp.，St. Paul 1991）

［8.235］ C. Hinz，P. Krämer，G. P. Können：Polar stratospheric clouds over western Europe，Weather **64**（4），87－92（2009）

［8.236］ D. K. Lynch, L. S. Bernstein：Color of smoke from brush fires，Appl. Opt. **47**（34），H143－H148（2008）

［8.237］ C. F. Bohren：Multiple scattering of light and some of its observable consequences，Am. J. Phys. **55**，524（1987）

［8.238］ H. Koschmieder：Theorie der horizontalen Sichtweite，Beitr. Phys. freien Atmos. **XII**，33（1924），in German

［8.239］ H. Koschmieder：Theorie der horizontalen Sichtweite II：Kontrast und Sichtweite，Beitr. Phys. freien Atmos. **XII**，171（1925），in German

［8.240］ S. Q. Duntley：The reduction of apparent contrast by the atmosphere，J. Opt. Soc. Am. **38**，179（1948）

［8.241］ N. Mason, P. Hughes：*Introduction to Environmental Physics*（Taylor Francis，London 2001）

［8.242］ M. Z. Jacobson：*Atmospheric Pollution*（Cambridge Univ. Press.，Cambridge 2002）

［8.243］ G. E. Shaw：Observations and theoretical reconstruction of the green flash，Pure Appl. Geophys. **102**，223（1973）

［8.244］ A. T. Young：Green flashes and mirages，Opt. Photon. News **10**，31（1999）

［8.245］ F. H. Ludlam：Noctilucent clouds，Tellus **IX**，341（1957）

［8.246］ M. Gadsden, W. Schröder：*Noctilucent Clouds*（Springer，Berlin，Heidelberg 1989）

［8.247］ G. E. Thomas：Noctilucent clouds，Rev. Geophys. **29**，553（1991）

［8.248］ D. K. Lynch：Optics of sun beams，J. Opt. Soc. Am. A **4**，609（1987）

［8.249］ W. Livingston, D. Lynch：Mountain shadow phenomena，Appl. Opt. **18**，265（1979）

［8.250］ D. K. Lynch：Mountain shadow phenomena 2：The spike seen by an off-summit observer，Appl. Opt. **19**，1585（1980）

［8.251］ H. E. Ross, C. Plug：*The Mystery of the Moon Illusion*（Oxford Univ. Press，Oxford 2002）

［8.252］ G. R. Lockhead, M. L. Wolbarsht：Toying with the moon illusion，Appl. Opt. **30**，3504（1991）

［8.253］ S. －I. Akasofu：The dynamic aurora，Sci. Am. **261**，54（1989）

［8.254］ J. A. Whalen, R. R. O'Neil, R. H. Pritchard：The aurora. In：*Handbook of Geophysics and the Space Environment*, ed. by A. S. Jursa（Air Force Geophysics Laboratory, US Air Force 2001）, Chap. 12

［8.255］ R. Feynman: *The Feynman Lectures on Physics*, Vol. II（Addison Wesley, San Francisco 1963）, Chap. 9

［8.256］ M. A. Uman: *Lightning*（Dover, New York 1984）

［8.257］ E. R. Williams: The electrification of thunderstorms, Sci. Am. **260**, 48（1988）

［8.258］ W. A. Lyons, R. A. Armstrong, E. A. Bering III, E. R. Williams: The hundred year hunt for the sprite, EOS Trans. Am. Geophys. Union **81**, 373（2000）

［8.259］ M. Rodriguez: Triggering and guiding megavolt discharges by use of laser-induced ionized filaments, Opt. Lett. **27**, 772−774（2002）

［8.260］ P. Moore: *The Data Book of Astronomy*（IOP, Bristol 2000）

［8.261］ J. B. Kaler: *Astronomy*（Harper Collins, New York 1994）

第 9 章

全息照相术与光存储器

"holography"（全息照相术）一词是由希腊语"holos"（整体）和"graphein"（记录，写）组成的，因此总结了其基本原理的关键方面：记录物体的整个波前，即光强和相位。全息照相术是利用干涉和衍射现象来记录、检索全部信息——这种方法是由 Dennis Gabor 在 1948 年率先提出的。1971 年，Gabor 荣获诺贝尔物理学奖。这反映了全息照相术对现代物理学的总体影响。

在当今的科学界和工业领域，全息照相术起着重要的作用。基于此原理的相关应用装置已开发出来，包括三维显示器和全息照相机、用于进行无损材料分析的干涉仪、档案数据存储系统、衍射光学系统以及用于安全特性的模压显示全息图。相干激光源的可获得性使得全息照相术尤其可能成功。与此同时，人们还利用微波、中子、电子、X 射线和声波来实施全息照相。

本章的 9.1 节专门介绍了全息照相术。这一部分介绍了全息照相术的历史发展，并回顾了波前重建原理。9.1 节还概述了全息图的分类、记录/读出几何结构、全息摄影技术和记录材料。9.1 节尤其解释了一些最重要的全息用途的原理，最后简要分析了基于 Gabor 原理的几项最新发现，例如全息散射和中子衍射光学。

本章的第二部分描述了光存储器的发展趋势，焦点是全息数据存储器，并强调了用于增加光存储密度的不同方法。这一节还探讨了光存储器的历史发展、对更大存储密度（从而更强存储能力）的需求以及光存储系统在当今生活中的作用。

第三部分介绍了各种方法，用于增加光存储器系统的面密度。然后描述了目前正考虑用于未来几代光存储器系统的体积光学记录方法及其优势，并详细探讨了全息数据存储器的当前发展状况以及为实现此类存储器而从事的物理/技术研究。

|9.1　概　　述|

1948 年 5 月，Dennis Gabor（图 9.1）在科技期刊《自然》中介绍了波前重建原理[9.2]。他写的那篇文章《一种新的显微原理》只有一页。在那篇文章的主体部分，他探讨了微观物体的高分辨率可视化，强调了他的观点对电子显微镜改进的影响。"holography"（全息照相术）一词——也就是之后不久为 Gabor 原理起的名字——不就是一个希腊语复合词吗？这个单词由 $\delta\lambda o\varsigma$（*holos* = 整体）和 $\gamma\rho\acute{\alpha}\varphi\epsilon\iota\nu$（*graphein* = 记录，写）组成，并总结了 Gabor 原理的关键方面：记录物体的整个/全部波前，即在全部三个维度内记录物体。因此，全息照相术是摄影术的一种重要延伸形式，其目的仅限于记录三维物体

图 9.1　Dennis Gabor（1900–1979，出生于匈牙利布达佩斯），1971 年诺贝尔奖获得者（根据文献 [9.1]）

的投射图像。标准的摄影术只记录物体波前的光强/振幅，而不记录相关的相位信息。摄影术不包括深度信息，即不可能观察物体四周。而在全息照相中，浏览重构图像等同于观察物体的真实波前。在几何极限内，物体可从各个视角来观察，甚至还可能从背后看物体。

全息照相术利用干涉现象来记录振幅和相位信息。第一批全息图是由 Gabor 利用汞弧灯光实现的，因此图片失真，还含有一张不相干的双像。在全息照相术的进一步发展史中，最引人注目的是 20 世纪 60 年代相干激光源的开发。这是全息照相术从 1962 年开始取得的真正成功：在读了 Gabor 的文章之后，Emmett Leith 和 Juris Upatnieks 纯粹出于好奇，将 Gabor 的原理做了调整，以适于离轴几何结构（他们从自己的侧视雷达研究中借用的）。其结果是他们得到了三维物体（一列玩具火车和一只玩具鸟）的第一张激光透射全息图[9.3-5]。与此同时，Yuri N.Denisyuk 将全息照相术与 Gabriel Lippmann 发现的天然色摄影术[9.6]相结合，生成了一张白光反射全息图[9.7]。这是人们第一次能够利用由普通白炽灯泡发出的光来重建全息图。在 1965 年，N.Hartmann 获得了用离轴记录几何结构来生成反射全息图的专利[9.8]——这是被视为全息记录标准的一种技术。这项发明要归功于至少三个合作团队：E.Leith、J.Upatnieks、A.Kozma、J.Marks 和 N.Massey（密歇根大学）；G.Stroke 和 A.Labeyrie（密歇根大学）与 K.Pennington 和 L.Lin（贝尔实验室）；C.Schwartz 和 N.Hartmann（巴特尔纪念研究所）。表 9.1 概述了在全息术历史的前几十年里令人印象深刻的里程碑。最近发表的文献 [9.9] 回顾了全息照相术的历史。如今，全息照相术已触及我们日常生活中的很多领域，包括艺术、考古学、健康与医疗、生物技术、广告和通信。Gabor 原理将继续成为一个研究主题，而且可能在光学数据存储器方面为我们打开新的视野（9.5 节）。1971 年，此发明以其极大的影响力被授予诺贝

尔奖[9.1]。1979 年 2 月 8 日，Dennis Gabor 逝世。

表 9.1　在全息术历史的前几十年里重要的里程碑（根据文献［9.12］）

1948	Dennis Gabor	一种新的显微原理	［9.2］
1962	Emmett Leith 和 Juris Upatnieks	离轴技术的发明	［9.3］
1963	Yuri N.Denisyuk	白光反射全息图	［9.7］
1965	N.L.Hartmann	反射全息图的离轴记录几何结构	［9.8］
1965	Robert Powell 和 Karl Stetson	与全息干涉测量术有关的第一篇论文	［9.10］
1967	Shankoff 和 Pennington	用于全息记录的两色明胶	［9.11］
1967	世界图书百科全书科学年鉴	第一张大量发布的全息图	［9.12］
1967	Larry Siebert	用脉冲激光拍摄的第一张人类全息图	［9.13］
1968	Stephen A.Benton	白光透射全息术	［9.14］
1974	Michael Foster	用于大量生成全息图的模压法	［9.12］
1968	密歇根克兰布鲁克艺术学院	首届全息艺术展	
1971	Lloyd Cross	旧金山全息摄影学院	
1971	Dennis Gabor	诺贝尔奖	［9.1］
1972	Lloyd Cross	合成全息图的发明	
1975	Rich Rallison	夹层玻璃重铬盐酸全息图的第一次制作	
1976	Victor Komar	投影全息电影的原型	［9.15］
1976	纽约	全息摄影博物馆奠基	
1983	万事达卡国际公司	在银行卡安全芯片中首次使用全息图技术	

｜9.2　全息照相术的原理｜

9.2.1　全息图记录和波前重建

　　全息照相原理利用了干涉现象，因为干涉能使波前的相位信息转移到光强图样中。物体波前的振幅和相位记录，即全息图记录，是通过利用全息片使具有复振幅 R 的参考波与相干信号波 S 发生干涉来实现的（图 9.2）。为了简化起见，我们目前不考虑光波的向量性质。如果仅用参考波来照射全息图，则物体的波前可通过光衍射来重建。

　　最简单的全息图是由两个具有非共线传播方向的平面波相互干涉后形成的。在这种情况下，具有正弦调制振幅的图样将会被记录在全息片（即初级全息光栅）上。用参考波来照射此光栅，将会导致在信号波的前一方向上出现衍射。由此，平面信号波的波前便实现了重建。

更复杂的波前也以类似的方式重建。考虑分别具有复振幅 R 和 S 的参考波和信号波，干涉图样的强度 I 可表示为

$$I \propto |R + S|^2 = |R|^2 + |S|^2 + R^*S + RS^* \tag{9.1}$$

式中，$*$ 表示复共轭。将光敏胶片（例如全息片）曝光于干涉图样中，吸收系数以及（因此）透射率 T 将变成空间调制形式。当胶片对光强的响应呈线性时，即 $T = T_0 - \Delta TI$，用参考波照射全息片将会得到重建波：

$$RT = R[T_0 - \Delta T(|R|^2 + |S|^2 + R^*S + RS^*)] \tag{9.2}$$

式中，T_0 为在照射之前的透射率；ΔT 为胶片的光敏参数。式（9.2）中的重要项是 ΔTRR $^*S = \Delta T|R|^2S$。因子 $\Delta T|R|^2$ 是恒定的，而且与相位无关，但信号波 S 须用振幅和相位来完全描述。式（9.2）中的另一项描述了被传输的参考波，并进一步描述了衍射波。通过选择合适的记录几何结构，可以将这些特定波相互分离（通过离轴几何结构实现空间分离，见 9.2.3 节）。

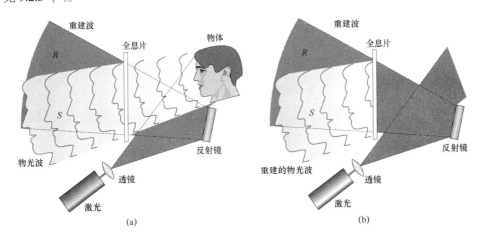

图 9.2　全息图记录和波前重建

（a）记录全息图；（b）波前重建。由参考波 R 和信号波 S 干涉得到的强度图样通过全息片来记录，因此代表着全息图。如果仅用参考波来照射全息图，则信号波 S 将通过光衍射来完全重建

被记录物体的振幅和相位信息将存储在全息片的每个奇点内，这些点代表着对物体的特定视角。因此，全息片的横向尺寸是对被记录物体的视角极限。若用参考波只照射全息图的一小部分，则更有可能实现重建。

总之，全息照相原理只需要一个相干波源、一个物体以及一个具有足够空间分辨率的光敏介质。值得注意的是，由于辐射波的性质或其波长不受限制，因此可以外加任何（部分）相干波，例如电子、中子、X 射线、微波、光子和声波。在过去几十年里，所有这些辐射波都曾被用于全息照相记录。由于辐射波的多样性，全息照相记录所用光敏介质的范围相当宽，从光敏胶片、^{3}He 探测器（中子）到锗探测器或雪

崩光电二极管（X射线）。

9.2.2 分类方案

物波记录及重建的基本原理有很多种变型，具体要视现有的记录材料、光学装置（几何结构）或记录/读出方法等而定。因此，我们可以根据记录方案、读出配置或全息图特性来划分全息图[9.16]。本节中建议的分类方案主要考虑了特定全息图的重建特性。我们注意到，这些特性与记录几何结构的方案（9.2.3节）及/或本章后面介绍的全息记录介质类型（9.2.5节）密切相关。

全息图分类的第一步是区分相位/振幅全息图、薄/厚全息图、透射/反射全息图和静态/动态全息图（图9.3）。请注意，这些特定全息图类型的组合可得到全息图的准确名称以及充分信息。我们之前在9.2.1节中提供的例子是一张静态厚振幅透射全息图。

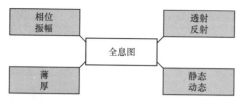

图9.3 全息图主要分为相位/振幅全息图、薄/厚全息图、透射/反射全息图和静态/动态全息图

此外，还要考虑各种全息图类型的特定记录/重建特性。全息图的类型有：彩虹全息图、偏振全息图、全息立体图、复合全息图、多重全息图（9.2.4节）、菲涅耳全息图、夫琅和费全息图、傅里叶全息图、图像–平面全息图、模压全息图。

相位/振幅全息图。

在9.2.1节中，我们假设记录过程会导致全息片的透射率变为空间调制模式，衍射参考波的振幅会受到影响。因此，这种全息图通常称为"振幅全息图"或"吸收全息图"。图9.4显示了利用光学显微镜确定的振幅全息图的显微结构。在其他光敏介质中，在被光照射后这些介质的折射率或厚度会发生变化。在这种情况下，30 μm参考波的相位在

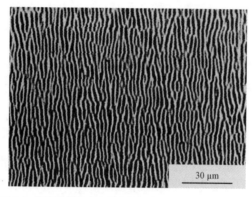

30 μm

图9.4 漫射物体的全息图显微结构（根据文献［9.17]）

衍射期间（即物波重建时）会受到影响。因此，这类全息图叫做"相位全息图"。后一种全息图通常更受欢迎，因为重建参考波的强度不会因材料吸光作用而受到衰减，由此相当厚的全息图也能被记录。

1. 薄/厚全息图

考虑到全息图的有效厚度以及吸收/相位调制的振幅，全息图可分为薄全息图和厚全息图。请注意：全息图的有效厚度 d_{eff} 可能小于全息图记录介质 d 的厚度（$d_{eff} \leqslant d$）。$d_{eff} = d$ 这种情况适用于不吸光介质以及当参考波和信号波的直径比 d 大得多时。粗略的经验法则把具有 $d\lambda/\Lambda^2 < 1$ 特征的全息图定义为薄全息图。但明显的边界并不存在，只有极值情况才能被明确地定义[9.18]。厚全息图或体积全息图必须达到布拉格重建条件：

$$s\boldsymbol{K} = \boldsymbol{k}_S - \boldsymbol{k}_R \tag{9.3}$$

或

$$s\lambda = 2\Lambda \sin\theta_B \tag{9.4}$$

布拉格条件是能量与动量守恒的结果。式中，$\boldsymbol{K}$ 为初级光栅的光栅矢量；$\boldsymbol{k}_S$ 和 $\boldsymbol{k}_R$ 分别为信号波和参考波的波矢量；s 为衍射级。方程（9.4）是方程（9.3）的标量版本，适于当光栅矢量垂直于表面法向矢量 $\hat{\boldsymbol{N}}$ 时的特定情况。方程（9.4）严格规定了波长 λ、入射角（布拉格角 θ_B）和光栅间距 $\Lambda = 2\pi/|\boldsymbol{K}|$ 之间的相关性，以便高效地重建全息图。与此同时，高衍射级（$s > 1$）大大减少；高衍射级只是薄全息图的特性。图 9.5（a）用波矢量图来说明布拉格条件。布拉格条件的陡度与光栅尺寸成反比。假设光栅是一个对称的几何体，即 $\boldsymbol{K} \perp \hat{\boldsymbol{N}}$，而且光栅厚度为 d，则可得到布拉格条件的不确定度为 $2\pi/d$。在图 9.5 中，这个不确定区用阴影部分表示。只要布拉格失配矢量 $\delta\boldsymbol{k}$ 在这个区域内，就能

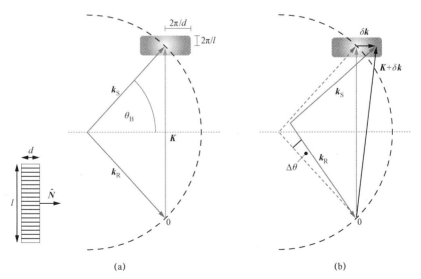

图 9.5　波矢简图：波矢空间中的能量与动量守恒。

（a）精确的布拉格匹配；（b）轻微角度失配量，$|\delta k| < 2\pi/d$。只要布拉格失配矢量 δk 在灰色区域内结束，就仍有可能以较低的效率重建

够观察到布拉格衍射［图 9.5（b）］。失配模量与角度失配量和波长失配量（$\Delta\theta$ 和 $\Delta\lambda$）成正比。通过用这种方法，在重建厚全息图时的角度准确度就能控制在 < 0.001° 的范围内——这个事实已用于实现角度复用和波长复用（9.2.4 节）。

2. 透射/反射全息图

将全息图分为透射全息图和反射全息图，是考虑了参考波和重建信号波的波矢量相对于全息照相介质的方向。图 9.6 说明了两种极值情况。透射全息图的特性是参考波和信号波都在全息图中透射，也就是说，信号波通过前向衍射过程来重建。对于反射全息图来说，则只有参考波会在其中透射。因此，如果表面法向矢量 $\hat{N}$ 与波矢量 k_R 的点积符号不同于表面法向矢量 $\hat{N}$ 与波矢量 k_S 的点积符号，则反射全息图会实现。要得到反射全息图，记录介质的厚度需要比光栅间距大得多。因此，反射全息图通常代表着厚反射全息图。厚反射全息图或白光反射全息图的好处是波长选择性高；这些全息图对于参考光来说起着窄带滤波器的作用，并允许用白光源重建。

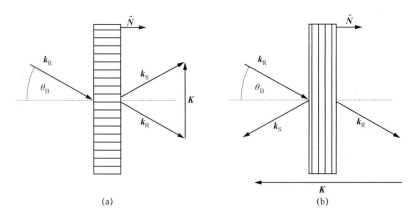

图 9.6　在（a）透射全息图和（b）反射全息图中，参考波和信号波的波矢量相对于全息记录介质的方向

3. 静态/动态全息图

在记录期间——例如在需要进一步（化学）处理的全息照相介质中——不会影响参考波和信号波的全息图叫做"静态全息图"。与此相反，被记录的全息图和记录射束之间的相互作用会导致生成动态全息图：记录射束本身在全息图上发生相干衍射，因此影响了射束的光调制。很明显，这种反馈随后会导致全息图改变。这种非线性动态相互作用会使弱信号波束放大。因此，干涉图样以及（因此）全息图的对比率与材料厚度有关。对比率可以增强，例如随着透射全息图中传播坐标的变化而变化。经证实，被记录的全息图和入射干涉图样之间的进一步耦合会导致光放大[9.19]。这个事实已成功地用于图像[9.20]或信号的放大[9.21]。

4. 彩虹全息图

彩虹全息图是由 Benton 发明的[9.14,22]。这种方法能够利用白光从透射全息图中重建鲜明清晰的单色图像。为达到此目的，我们通过损失垂直视差来还原全息图信息。垂直视差是全息照相术的一个不重要的特征，因为三维视图主要取决于水平视差。彩虹全息图是通过复制透射全息图来生成的（9.2.4 节）。通过利用一条水平狭缝，透射全息图中被参考波照射的区域便大大减小。因此，用白光重建彩虹全息图的方法能分割垂直平面上的图像，形成连续（彩虹）光谱。于是，在任何一部分相应颜色的光谱中，都能观察到重构图像。

5. 偏振全息图

全息照相原理要求重建整个物体波前——通常是波前的振幅和相位分布。但物体还可能会影响波前的偏振场，例如镜面上的反射过程会影响电场矢量。偏振全息图还能重建信号波的偏振场，为全息照相介质赋予特定的记录/重建特性。在表 9.2 中，我们按照全息照相材料的偏振场记录及/或重建性质对这些材料进行分类。Ⅰ、Ⅲ类介质显然不适于记录偏振全息图，但是Ⅰ类介质适于记录及重建标准全息图，即波前的相位和振幅。Ⅲ类全息图很值得研究，因为重建的偏振场是材料属性的"指纹"，可用于分析记录介质。

表 9.2　Ⅰ类介质只能记录光偏振。Ⅱ类介质既能记录又能重建偏振场。Ⅲ类介质将特定于材料的偏振场与重建的波前相叠加

介质分类	记录	重建
Ⅰ类	√	×
Ⅱ类	√	√
Ⅲ类	×	√

很多种介质都对光偏振很敏感，例如具有光致二色性或光致双折射率的介质（Ⅰ类、Ⅲ类）[9.23,24]。掺铁 $LiNbO_3$[9.25]等光折变电光晶体经证实还能记录及重建偏振全息图，这些晶体中的光电伏打张量具有偏振场重建功能（Ⅰ类、Ⅱ类和Ⅲ类）。在最近几十年，人们还发现了能够对偏振场进行高效Ⅱ类记录的感光材料，其中包括具有倒反中心的晶体[9.26]。文献［9.27］中给出了全面的最新综述。

6. 全息立体图和复合全息图

全息立体图的记录过程如下：第一步，从各个角度给物体拍照；第二步，对立体图相应位置上的特定照片进行全息照相记录[9.28,29]。全息立体图的优势是在主要记录过程中不需要相干激光，因此甚至还有可能记录较大的物体或活体。每张全息图都能从立体图上的空间位置所决定的特定视角，重建物体的一张二维摄影图像。显然，垂直视差和

水平视差的分辨率取决于特定全息图（幻灯片或帧[9.30]）的尺寸和形状。修改后的记录方法甚至还能用白光来重建[9.31]。

复合全息图由很多单张全息图组成。与全息立体图不同的是，复合全息图能够从不同的视角重建物体的三维图像[9.32]。因此，我们能够重建物体的 360° 视图，但要以损失在双眼观察图像时的垂直视差和高度物体失真为代价。

7. 菲涅耳全息图和夫琅和费全息图

如果将物体放置在距全息图较近的距离处，则波前可用菲涅耳–基尔霍夫衍射积分近似法来描述[9.33]。这类近场全息图叫做"菲涅耳全息图"。图像的每一个特定点都与新形成的球面波有关，这种全息图与复波干涉图样很相似。因此，全息图的每一个特定点都能用参考波来处理，以重建整个图像，但仅限于相对应的视角。如果记录的是夫琅和费衍射图，则会生成夫琅和费全息图。当把小物体放在远场中时，出现的就是夫琅和费衍射图。在这种情况下，所记录的波前与物体的空间振幅分布的傅里叶变换成正比。夫琅和费全息图可用于共线全息照相术（9.2.3 节），从而避开了与共轭图像的出现有关的常见问题。早在 1963 年，夫琅和费全息照相术就已用于显现气溶胶颗粒的分布[9.34]。

8. 傅里叶全息图和图像–平面全息图

通过记录物波和参考波的复振幅傅里叶变换[9.35]，可以得到傅里叶全息图。而记录的过程可利用一个透镜在光程中实施。傅里叶全息图有一个有用的性质，即：当全息图在它自己的平面上平移时，根据傅里叶变换的一般性质，被重建的图像不会移动[9.36]。在图像–平面全息图中，被记录的是物体的真实图像，而不是物体本身[9.37–39]。这可通过用透镜使物体在全息照相介质上成像来实现。因此，物体的每一个点都与全息图的一个单点直接相关，亦即，物体信息不是分布在整个全息图上。图像–平面全息图对机械缺陷非常敏感。

9. 模压全息图

通过采用以反面全息图为表面压印图案的印模，可以将全息图压印在各种衬底材料上。模压全息图通常用四个步骤来生成：

- 将全息图复制在光刻胶上（9.2.5 节），使干涉条纹看起来像空间浮雕结构。
- 具有反面浮雕结构的金属印模（通常叫做"垫片"）是由光刻胶通过电解过程形成的。
- 这个金属印模在热和压力的作用下，被压印在衬底材料（例如热塑性塑料）上。
- 模压全息图是通过给衬底压印图案涂上一层薄薄的银，然后用电子束进行硬化处理之后得到的。

所要求的最小空间分辨率 200 行/mm 确保了足够的信号波重建质量。几乎任何致密材料都可用作模压全息图制作时的衬底。当大批量生产时，模压全息图是有利可图的。因此，在商业中以及安全特征领域中，模压全息图是值得关注的（9.3.6 节）。

9.2.3　记录几何结构

1. 透射/90°/反射几何结构

记录几何结构可按照参考光束和信号光束——以及（因此）光栅矢量——相对于介质表面法线的方向来分类，主要分为三类：透射几何结构、反射几何结构和 90° 几何结构，如图 9.7 所示。在透射几何结构［图 9.7（a）］中，参考波和信号波从相同的入射面进入全息记录材料。所得到的干涉图样以光栅矢量 K 为特征——在对称情况下，垂直于表面法线（$K \perp \hat{N}$）。为了获得较高的衍射效率和较陡的角度选择性，最好采用厚存储介质和较大的布拉格角。

在反射几何结构［图 9.7（b）］中，两光束从全息照相介质的相对表面进入该材料中，因此在对称情况下，光栅矢量与表面法线是平行的（$K \| \hat{N}$）。请注意：式（9.4）形式的布拉格条件只适用于对称透射几何结构这种特殊情况（$K \perp \hat{N}$）[9.40]。反射几何结构为波长复用（9.2.4 节）提供了最佳的布拉格选择性，尤其是在 $\theta_B = 0°$ 时。全息记录介质的厚度增强了选择性。在不同几何结构中可采用的角度范围会被存储介质的折射率减小，所减小的量对于具有高折射率的材料来说可能很重要。

在 90° 几何结构［图 9.7（c）］中，两个光束通过两个相互正交的表面进入全息记录介质。通常选择 $\theta_B = 0°$，因此光栅矢量和表面法线之间的角度为 45°。在这种几何结构中，存储介质为立方体形状，此结构能实现最高的角度选择性；此外，由于光束直径的原因，介质的厚度也足以获得具有高选择性的高效光栅。

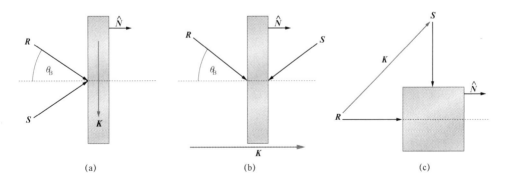

图 9.7　用于全息图记录的主要几何结构

（a）透射几何结构：参考波束和信号波束从相同的入射面进入全息记录介质。
在对称情况下，光栅矢量垂直于介质的表面法线 $\hat{N}$。（b）反射几何结构：
参考波束和信号波束从相对的入射面进入全息记录介质。在对称情况下，光栅矢量与
表面法线平行。（c）90°参考波束和信号波束从两个相互正交的入射面进入全息记录介质，
入射面的交叉角通常为 90°，而且 $\theta_B = 0°$。光栅矢量与介质表面之间的夹角为 45°

2. 共线离轴几何结构

如果参考波和信号波的波矢共线，则记录几何结构被称为"共线几何结构"（图 9.8）。共线透射几何结构（或 Gabor 几何结构）是由 Gabor 在记录他的首批全息图时引入的[9.2]。这种结构对记录波的相干长度以及全息照相介质的空间分辨率可以说要求较低。在拥有这些显著优势的同时，此结构也有一个缺点，那就是图像波和参考波在相同的传播方向上重建，导致各种图像重叠。但共线几何结构仍以记录白光反射全息图而很受欢迎（李普曼–布拉格几何结构或 Denisyuk 几何结构），因为除了透明的厚全息照相介质之外，共线几何结构只需要几个光学元件——至少一个激光器和一个用于展宽光束的透镜——就能实现此功能。

在相干激光系统可买到之后，由 Leith 和 Upatnieks 发明的离轴几何结构也实现了。这种结构能够在记录及重建期间将参考束和信号波束在空间上分开。图 9.2 中给出了离轴透射几何结构的简图。此结构还能用于记录反射全息图。

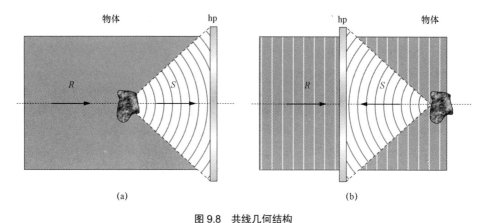

图 9.8　共线几何结构

（a）共线透射几何结构（或 Gabor 几何结构）；（b）共线反射几何结构

（或李普曼–布拉格几何结构或 Denisyuk 几何结构）。hp: 全息片

3. 360° 几何结构和侧照式几何结构

360° 几何结构中的全息图记录过程是在 1965 年首次演示的[9.41]。这种技术能够从任何视角重建完整的物体信息[9.42]（又叫做"全景全息图"）。在记录和重建时，采用了一种环绕物体的圆柱形全息胶片。展宽的参考波沿着对称轴传播，因此既照射了胶片，又照射了物体。侧照式全息图[9.43]是利用从全息照相介质一侧进入从而能照射整个感光区域的展宽参考波来记录的。这种几何结构的优势是提供了利用在全息图边缘集成的点光源（例如激光二极管）来重建图像的机会。因此，重建波在占用空间的基础上进行展宽是多余的。侧照式全息图非常适于小型便携式全息显示器。

9.2.4　全息照相方法

1. 全息图多路复用

布拉格条件在全息照相术中是最重要的，因为它使得很多全息图能够在相同的全息介质体积元中叠加。在相同的全息记录材料体积元中叠加的全息图数量（#）会因为特定全息图的效率（$\eta \sim 1/\#^2$）降低而受到限制[9.44]。图 9.9（a）利用角度复用例子，示意性地显示了全息图多路复用概念[9.45,46]。每个被记录的光栅矢量在倒易空间中都占用了一定的体积，这个体积与相应的光栅尺寸成反比（9.2.2 节）。这就是说，只要失配量被限制在这个体积内，布拉格衍射就会出现。例如，在同一个体积元中，可以记录三个以其光栅矢量 K_1，K_2，K_3 为特征的初级全息照相栅（多路复用）。这些记录波具有相同的角度，即光栅间距恒定，但布拉格角 θ_1，θ_2，θ_3 不同。关于布拉格角的定义，见文献［9.40］。如果在某全息图重建时角度失配量 $\Delta\theta_B$ 超过了特定值$|\delta k|$（用阴影面积表示），那么全息图将以相互之间完全不受影响的方式重建。

布拉格条件也以类似的方式使波长复用得以实现[9.46-48]。在这种情况下，全息图用不同的书写波长来记录［图 9.9（b）］。其他方法则是单独调节每张全息图的参考波相位（相位编码复用[9.49]）或使干涉光束的空间位置相对于以前记录的全息图发生位移（位移复用[9.50]），即相位和空间位移是进一步的布拉格选择性措施。早在 1962 年，Denisyuk[9.7,51]和 van Heerden[9.52]就探讨了利用布拉格条件的高选择性进行海量数据存储从而获得极高数据存储密度的可能性。布拉格条件的高选择性还能实现高衍射效率[9.40,53]、抑制共轭图像[9.54]、用白光重建全息图[9.38,55]以及记录多色全息图（彩色全息术）[9.56,57]。

第二类多路复用方法考虑了记录几何结构以及记录材料的特性，而不是基于布拉格选择性。因此，这些分形方法[9.58]也能适用于薄全息图。例如，全息图能够被记录在全息照相介质的不同体积元里，而不会相互影响（空间复用）[9.59,60]。其他方法包括平面外角度复用[9.61-63]、周边复用[9.64]和平面外位移复用[9.65]。此外，不同多路复用技术的结合能大大增加叠置全息图的数量，而且已成功地证实对全息数据存储有很大影响[9.63,66-72]。

2. 复制全息图

白光反射全息图通常是通过直接复制被称为"透射母全息图"的透射全息图来生成的。在复制过程中，真实图像由母全息图生成，因此可用作信号波来记录反射几何结构中的复制全息图。因此，母全息图的初始虚像是根据复制全息图来重建的。这个过程有一些独特的优势，例如：

（1）不用原物体也能生成很多相同的白光反射全息图。

（2）母全息图的重建对象可放置在复制全息图的平面之前、之中及之后。

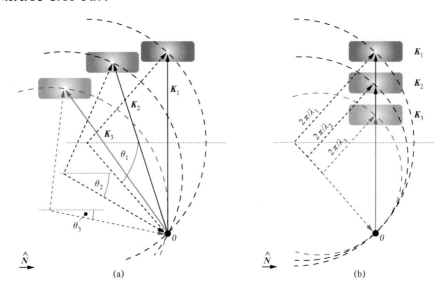

图 9.9　与（dl）$^{-1}$ 成正比的阴影面积（9.2.2 节）代表被特定记录光栅占据的
倒易空间区域。因此，含重叠面积的光栅矢量会产生串扰
（a）角度复用；（b）波长复用

（3）复制过程不要求光学装置在接触复制中具有较高的机械稳定性，也就是说母全息图和复制全息图相互紧挨着。

（4）信号波和参考波之间的对比率可调节，因此可优化。

但是，由反射波造成的母全息图和复制全息图之间的干涉、母全息图或复制全息图的机械变形以及通过重建母全息图而出现的高衍射级可能会导致无用的图像失真，例如塔耳波特（Talbot）条纹。

3. 数字全息术

波前的干涉图样可以利用具有足够空间分辨率的计算机寻址光敏检波器（例如电荷耦合器件（CCD））以数字方式来记录。这开辟了数字全息术领域，有时又叫做电视全息照相术（TV）或电子全息照相术[9.73]。光敏数字阵列的低空间分辨率会限制数字全息术的记录几何结构。在标准阵列分辨率大约为 100 行/mm 的离轴几何结构中记录时，参考波和信号波之间的最大角度会被限制在只有几度。因此，只有远距离的小物体才能被记录[9.74]——这激励着研究人员们去开发能克服此局限性的概念，例如相移数字全息术[9.75]。

数字全息术还能通过光电设备来重建数字记录条纹图形，也就是说，通过把条纹图形的信息发送给计算机寻址阵列，例如空间光调制器（SLM）。SLM 像素控制着透射（或反射）波的相位或振幅，因此有可能重建信号波相位或振幅的空间分布。这些数字全息图有多个优势，因为发送至 SLM 的条纹图形可以用数字方式来主动控制。这可抑制令人讨厌的孪生像和共轭图像——通过不同干涉条纹的数字过滤或切换。后一种功能可用于主动光学（或实时）全息显示器。计算机寻址阵列的空间分辨率及其相位或振幅的特定调制深度会限制数字全息图。数字全息图的应用范围对于计算机生成（或合成）的干涉条纹来说越来越重要，我们将在 9.3.5 节中更详细地介绍这些应用范围。

9.2.5　全息记录材料

用高对比度重建波进行全息记录时，需要一种光学分辨率约达到 0.2 μm（ = 5 000 行/mm）光波长的光敏记录材料，也就是说光学分辨率比照相胶片好 5 ~ 10 多倍。除光学分辨率外，记录材料的关键特性还包括线性光敏响应（线性转移特性）、由本底散射产生的低噪声、可能再利用全息记录材料以及可能记录相位及/或振幅的全息图。从全息照相术一面世，全息记录材料的特性就引起了人们的关注。早在 1977 年，与全息记录材料特性有关的第一篇综述性文章就已出现[9.76,77]。目前，全息记录材料的种类可基本上分为可逆介质和不可逆介质（表 9.3）。

近年来，全息记录介质的种类已扩展至新型材料。全息数据存储器（9.5 节）等用途的开发尤其激发了对替代材料的探索。目前，科学家们明显对具有快速响应或长期特性的可逆高效材料很感兴趣。在此期间，一种新型材料显得引人注目。这种材料的特征是具有独特的光敏行为，尽管它的光敏性物理原理完全不同[9.78 - 81]。这种材料属于中心对称晶体，因此其线性电光效应因对称性而被禁。在中心对称分子晶体[9.82]中发现存在光致折变和光致变色，这些晶体的光敏性是由分子结构单元中的结构变化造成的。尤其要提到的是，研究人员发现 NO 键会相对于中心金属原子旋转 90° 和 180°[9.83]。研究发现，这种物理机制出现在很多种亚硝酰化合物中[9.84]以及以光致键合异构为特征的其他分子中[9.85]。这种材料的独特特性有：偏振全息图的高效记录——这是一种光可逆记录过程；可能仅通过材料设计就能调节光敏性范围并在很宽的范围内调节存储时间。这种材料的光致折变响应是局部的，亦即光强分布和折射率变化是同相的；而有机光控分子材料则相反——最近发现存在很大的增益[9.86]。在这组新型全息记录材料中，有前景的候选材料是光致折变石榴石，例如 $Gd_3Ga_5O_{12}$[9.87]（图 9.10）。另一种极具吸引力的新型全息照相材料是液晶和聚合物的复合材料，即所谓的"聚合物分散液晶"。这种材料的最初阶段是一种均质溶液，即液晶分子和光敏单体的混合物。在全息曝光之后，光干涉图样的亮区会更快速地发生光致聚合反应，因此单体扩散到这些区域，而液晶分子则聚集在暗区[9.88]。与其他全息介质相比，此材料的优势是光致折射率变化的振幅大，而且能够利用外电场来调节此振幅[9.89,90]。另一种类似的感光材料是纳米粒子聚合物复合材料。在这些材料系统中，单体在全息光照下出现扩散现象，而典型尺寸大约为 10 nm 的（无机）纳米粒子则会逆向扩散。这最终得到能准确反映光干涉图样的纳米粒子空间分布[9.91,92]。这些全息光栅与纯光聚合物系统相比有很多实用的优势，尤其是：光损耗低[9.93,94]；热稳定性和机械稳定性更好[9.91,95]；在纳米粒子种类（Au，SiO_2，ZrO_2，TiO_2）[9.96 - 98]及其尺寸（2 ~ 50 nm）和体积分率方面有相当大的灵活性[9.99]。因此，纳米粒子的具体特性（例如超顺磁性）可能会转移到这种复合材料上[9.100]。

表 9.3　一些常见的可逆/不可逆全息记录材料。照相乳剂和硬重铬明胶[9.11]仍是最方便最广为使用的全息图显示材料，而光刻胶比较适于制作模压全息图的镍压印模（9.2.2 节）。光致变色材料对全息干涉测量术（9.3.3 节）来说仍然很重要。

可逆介质	不可逆介质 （＋）化学处理	（－）化学处理
电光晶体 [a]	感光乳剂 [a,b]	光聚合物 [a]
光致变色晶体 [b]	重铬酸盐明胶 [a]	硫族化物玻璃 [a,b]
非常规光致折变介质 [a]	光刻胶、感光油漆 [a]	聚合物分散液晶 [a]
光致热塑性塑料 [a] 光二色性 [b]		聚合物纳米粒子复合材料 [a]
[a] 相位全息图记录 [b] 振幅全息图记录		

Na₂(NP)　　CdF₂:Ga,Y　　GGG:Ca　　TGG:Ce　　PDLC

图 9.10　代表性的新型光致折变材料：$Na_2[Fe(CN)_5NO] \cdot 2H_2O$（$Na_2$（NP））（经由德国科隆大学矿物学与地球化学研究所的 Theo Woike 提供）、CdF_2：Ga，Y（经由莫斯科俄罗斯科学院晶体学研究所提供）、$Gd_3Ga_5O_{12}$：Ca（GGG：Ca，经由匈牙利布达佩斯匈牙利科学院固体物理学与光学研究所的 László Kovács 提供）、$Tb_3Ga_5O_{12}$：Ce（TGG：Ce，经由德国伊达尔－奥伯施泰因 FEE 的 Lothar Ackermann 提供）以及玻璃衬底之间的聚合物分散液晶（PDLC）

| 9.3　全息照相术的应用 |

　　从一开始，Gabor 的波前重建原理就主要应用于波动光学领域。Gabor 自己曾强调了利用全息照相术可能会提高电子显微镜的光学分辨率——这一点最终在 1990 年才得到证实[9.101]。因此，全息照相术的首要应用领域是高分辨率三维显示器——这一点也不意外。由此，全息照相术开始进军艺术和商业领域，同时还引起了电影业和军队的极大兴趣。1976 年，第一个全息照相展览馆在纽约市开张。

　　全息干涉测量术是全息照相术的进一步关键应用形式——这在 1965 年得到认可[9.10]。这种技术能够以光波长级分辨率来显现——甚至实时显现——物体的变形和运动。全息干涉测量术对物体识别有很大影响。自从全息干涉测量术经过调整与数字全息术共同使用以来，这种技术到最近才引起人们关注[9.102]。

以计算机生成的全息图为特征的波前重建推动了应用全息照相术中的重要领域——衍射光学。如今，利用合成全息图来生成波前的相位/强度分布是有可能实现的。通过用这种方法，光束就能以较高的精确度和速度实现偏转、聚焦或成形。这是其他很多常见光学装置（例如光通信中的光开关和滤光器）的一个基本特性。这个领域中的一个新前沿是开发优于光子晶体和衍射光学元件的非周期性体积光学元件[9.103]。

此外，鉴于三维视频的受欢迎程度，在计算机控制的大屏幕显示器基础上的动态波前重建也越来越令人关注。通过利用光学寻址光致折变聚合物，研究人员已成功地演示了一种可更新的全息三维显示器[9.104,105]——甚至是大屏幕的显示器[9.106]。

在最近几十年，全息照相术已经与微波、中子、电子[9.107 – 110]、X 射线[9.111 – 113]和声波一起使用。声波全息术已应用于无损材料检测、诊断医学和细胞的纳米粒子成像（与扫描探针方法相结合）[9.114,115]、超声波显微镜检查、地震学或水下定位。相反，微波全息术则有助于了解雷达、多普勒雷达、带合成孔径的天线等重要微波技术[9.116]。

电子全息术和 X 射线断层摄影术已成为纳米科技领域中一种重要的材料分析工具[9.117]。例如，纳米级全息干涉测量术已在纳米级电子设备中用于研究应变[9.118]。通过观察磁畴壁的成核和生长现象，研究人员更详细地洞察了庞磁电阻的复杂物理现象[9.119]。

在 X 射线全息术方面的一个巨大突破是开发了以亚微米波长、飞秒脉冲持续时间和高亮度为特征的自由电子激光[9.120]。具有高时空分辨率的 X 射线成像术已在延时方案中于监视材料的原子间长度级超快动态[9.121]，包括非晶态高分子的动态[9.122,123]。到目前为止，已有很多种无透镜 X 射线成像术被开发出来[9.124]。此外，研究人员还演示了用于记录分子电影的序列 X 射线成像术[9.125]以及用于提高 X 射线傅里叶变换全息照相效率的进一步技术开发活动[9.126]。

目前，全息术的整个应用领域仍然在扩大。全息术领域中的新发现目前正在被认可，例如二次谐波全息术[9.127 – 130]、光子晶体的全息图生成[9.89,131 – 133]、用于给细胞成像的三维谐波全息照相显微术[9.134]、在非线性光学介质中的波动动力学重建[9.135]、激光器中的自适应腔内全息术[9.136,137]或者量子全息编码[9.138]。所有这些用途表明，全息照相术仍是一个令人兴奋的光学领域。下面，我们将介绍一些精选的、令人印象深刻的用途——在科学领域外——以深入剖析广泛的应用型全息照相方法：全息数据存储器、考古学中的全息照相术、全息干涉测量术、医学和生物学中的全息照相术、计算机生成全息图的应用、用作安全特征的全息图、用于材料分析目的的全息散射、原子分辨率全息术以及中子光学。

9.3.1　全息数据存储器

1963 年，van Heerden 介绍了全息照相术在光学数据存储中的应用[9.52]。他探讨了在相同体积元中的多重全息图记录。三年后，Leith 利用照相底片作为存储介质，成功地演示了在相同体积元中的多重全息图记录[9.46]。直到 1973 年，基于角度复用技术的高密度记录方法才应用于全息数据存储[9.139]。

如今，40 多年过去了，全息数据存储系统在市场上仍然买不到。这种系统的大多数必要技术部件——例如激光器、摄像头和二维液晶显示器（LCD）——在过去就已能买到，最近几年又在规格和成本上取得了突破。例如，液晶激光器是最近才实现的，但在调谐范围、较大的相干发射面积以及与激光腔尺寸有关的输出功率方面表现出色[9.140]。但能达到所有应用要求的全息存储材料仍在探寻中，因为全息照相存储器需要具备独特的技术性能，例如较高的感光性以及接近于零的吸光度。如今，我们发现了在过去 40 年里就已建立的很多开发平台。这些平台证实了全息存储原理，并演示了能以足够高的速率存储大量数据的不同方法[9.141 – 144]。文献［9.145，146］和 9.5 节深入分析了全息数据存储器。

9.3.2 考古学中的全息照相术

全息照相术不仅非常适于数字数据的档案记录，而且很适于记录有价值的或易碎的仿真三维物体，例如博物馆里的人工制品。全息照相术在考古学领域越来越重要，因为这种方法能制造出原物的真实复制品，然后提供给全世界的有关人员[9.147,148]。尤其是，彩色全息术的应用能获得最佳效果，如图 9.11 所示[9.149,150]。除展示或显示目的外，物体很少在远离博物馆的地方被研究，这使得对比乃至组装从全世界不同地方发掘的文物残片成为可能。

图 9.11　在尼科西亚（塞浦路斯）一家博物馆中展出的、刻有楔形文字的陶土片的全息图。由于全息图重建了三维物体信息，因此使得破译楔形文字成为可能。楔形文字的浮凸结构中包含了重要信息（此照片经由德国明斯特大学生物物理实验室的 G.von Bally 提供）

9.3.3 全息干涉测量术

全息干涉测量原理及其各种各样的用途已成为几部书籍的关键主题[9.151 – 154]。这种技术是在 1965 年首次发现的[9.10,155 – 159]，又叫做"全息图干涉测量术"或"全息测量术"。下面，我们将介绍全息干涉测量法的三项基本发明：双重曝光干涉测量法、实时干涉测量法和时间平均干涉测量法。

1. 双重曝光干涉测量法

双重曝光干涉测量法用于以光波长级分辨率显现及/或确定物体的变形或膨胀度[9.160 – 163]。在物体变形或膨胀前后，用全息记录物体两次。因此，全息图会同时重建两个信号波。通过信号波干涉，得到条纹图形。条纹图形与两次曝光之间的物体波前相位差有关。与非全息方法相比，全息干涉测量术是有优势的，因为它能够显现在两个不同时间点出现的物体波前变化。外差法是在全息干涉测量术中具有足够高精度的第一种自动分析法[9.164-166]。这种方法利用两个频率稍有不同的参考波来记录全息图。通过用这种方式，重构图像中的每一个像素都与时间相关，并能用光电二极管来监测。因此，物体波前畸变的分辨率小于 1 nm。但由于在条纹图形中相移周期为模数 2π，因此当物体变形度超过光的波长时，条纹图形的分析是不明确的。这个问题可利用相移法来部分地解决。在这种情况下，将利用具有相同波长但不同记录角度的两个参考波来进行记录、重建[9.167-169]。因此，条纹图形的强度与物体的波前畸变以及两个参考波之间的相位差均有关。通过在重建期间对其中一束参考光束施加外部相移，任何物点的强度将以模数 2π 为周期发生振荡，且与外部相移成函数关系。因此，物体波前的相位畸变等于参考波和重建波之间的相位差，这两束光波的相位都将以高精度自动确定。

2. 实时干涉测量法

实时干涉测量法的光学原理[9.171]与双重曝光干涉测量法相同，但能够确定物体波前的相位畸变动力学。在这种方法中，全息图在全息记录材料中只被记录一次，然后在相同的光学装置里重建。因此，重建的信号波与物波本身发生干涉，物体波前的任何畸变都能通过重构图像中的相应条纹图形来立即显现。通过用这种方式，物体的变形或膨胀度可根据全息记录物波进行实时研究，也就是说，全息图的重建信号波起着初始测度的作用。

3. 时间平均干涉测量法

线性振荡或谐波振荡是利用时间-平均干涉测量法[9.172,173]来显现的，如图 9.12 中各种频率下的小提琴所示。这种方法的主要原理是通过移动物体来降低全息图的对比度。也就是说，由于干涉图样在记录过程中移动，因此在相位（或振幅）调制时记录的振幅会减小。在全息照相术中，这个特征是一个缺点，因为它要求光学装置在全息记录期间具有极高的机械稳定性（小于 $\lambda/10$）。但在线性振荡或谐波振荡情况下，重构图像的强度经证实遵循贝塞尔函数，与周期性物体变形的相位振幅成函数关系，因此有可能以高精度显现振荡薄膜的振幅。为了克服由光学装置与振荡物体机械耦合造成的光学装置机械稳定性问题，我们通常要采用实时时间-平均干涉测量法，包括参考波束的相移法[9.174,175]。在此过程中，要记录未激发物体的全息图，并利用实时干涉测量法来显现振荡振幅。还可以利用与物体振荡具有相同频率的频闪重建[9.176-178]过程来显现仅限于单频的物体变形。

9.3.4　医学和生物学中的全息照相术

医学和生物学领域以令人难忘的方式证实了如何将不同的全息发明（例如全息干涉测量术和数字全息术）一起使用以得到强大的功效。生命科学已经在广泛应用全息照相术，成为这种光学技术的最快发展领域之一[9.179]。

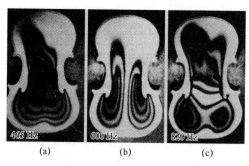

图9.12　在如下频率下为小提琴的共振本征模重建的双重曝光全息图

（a）465 Hz；（b）600 Hz；（c）820 Hz。最亮的区域表示振荡结（根据文献［9.170］）

内窥镜全息照相是全息照相术在医学领域中的第一个重要用途。这种方法将内窥镜腔内观察技术的优势与全息照相术的优势相结合，因此为内科医师提供了新的原位诊断能力。早在1976年，研究人员就演示了利用信号波束和参考波束的单光纤来记录全息图的过程[9.180]。后来，经过进一步改进后，又采用了光纤束[9.181]和梯度折射率光学成像系统[9.182]或者甚至与关节杆相结合[9.183]。传统全息照相术中存在的设备笨重问题已通过利用数值重建法从模拟记录转变为数字记录[9.184]来克服，因此甚至能够在细胞层面上对人体腔和组织进行形态研究。

全息照相术被用作一种无损光学技术，给生物物体及其组织的特性成像，以及探测肿瘤等畸形。在医学领域，不同类型的全息干涉测量术成为精选的原位（甚至体内）组织探测法。相移全息干涉测量术经证实能够利用对胸部的柔和压应力以及脉冲激光来探测乳腺癌[9.185]。脉冲数字全息术还被用作一种非侵害方法，用于测量生物组织（例如凝胶中的人手、猪细胞组织或人体肿瘤）的弹性，亦即用短冲击机械脉冲来激发这些组织，然后记录相位差[9.186,187]。

研究人员利用低强度连续波激光[9.188]和"最早到达光"原理[9.189]，给人体肌肉下面的物体成像，也就是用活人来记录全息图。数字全息术已被用作一种选通方法，让一系列全息图快速生成，从而增加信噪比。

真实的三维显现（全息显示）是全息照相术在心脏病学中的另一个应用方面。在这个领域，三个维度可能是电势、时间或其他任何相关变量[9.190]。标准的医学成像方法（例如磁共振成像或计算机层析成像）提供了待检器官或物体的二维横断面图像。通过利用数字全息术，可以获得三维全息图——这对数据解释非常有帮助[9.191,192]。通过利用光折变胶片和数字傅里叶全息照相术，研究人员证实在乳房X线照相术中探测到的、尺寸通常可变的畸形可按照其尺寸来筛选，然后用高达大约10 μm的高分辨率来显现[9.193]。

数字全息显微术是一种能高度精确地显现透明物体（例如活细胞或肿瘤）的有用的非侵害方法。与相差显微镜检查法不同的是，数字全息显微术提供了一种全场高分辨率振幅测量法，甚至还能探测由试样生成的光程长度的定量分布。因此，可以得到与形态和折射率图样有关的信息，从而能够达到亚波长级轴向精度[9.194,195]。无扫描静态三维荧光全息显微术经证实是一种由荧光试样（例如用于荧光免疫检验的神经纤维）得到的快速成像方法[9.196]。通过利用 SLM，就可以对脑组织中的笼形神经传导物质进行全息光激活，从而真正地同时激活多个突触[9.197]。

9.3.5　以计算机生成的全息图为特征的衍射光学

自从全息照相术的初期阶段以来，通过简单地计算干涉图样来生成全息图——这种方法已引起了人们的注意[9.198‒201]，而且目前仍然是进展最快的全息照相主题之一。这种方法的主要优势是物体只需要在数学术语中已知，而不需要在物理上存在。计算机生成的全息图（CGH）一开始时只是从绘图仪中提取出的、之后用照相方法在胶片上还原并记录的 1 位全息图，后来随着计算能力的提高以及刷新率高达 1 kHz 的高分辨率 8 位空间光调制器（SLM）的可获得而得到长足发展[9.202,203]。

基于 CGH 的很多种应用装置都已实现，尤其是波束的控制与操纵装置，也就是由计算机生成的全息光学元件。CGH 被用作所谓的"激光镊子"，也就是在物理学[9.204,205]和生命科学[9.206]中利用光学捕获原理对粒子进行显微操纵的工具[9.207]。CGH 的另一个令人神往的用途是利用 CGH 来实现非衍射光束[9.208]。与标准的高斯光束相反，基本贝塞耳光束不会发生衍射，亦即在传播期间横向光强分布不会改变[9.209]。光学相位奇点可利用 CGH 来生成，并通过平面波与 TEM_{10} 和 TEM_{01} 高斯‒厄米特光学谐振腔模（混合环状模）的叠加模之间的干涉来计算[9.210]。此外，CGH 还用于实现光学系统的质量控制，例如用于描述像差。尤其是，CGH 可用于监视多组件光学系统的装配和调节[9.211]。

9.3.6　用于解决安全问题的全息照相术

全息照相术的一种既有价值又很普及的实用用途是用于鉴定或在安全装置中使用。如今最先进的全息图是与信用卡、钞票和身份证件有关的全息图[9.212,213]。但全息照相术作为一种安全特征（例如在光学数据传输中）所产生的影响要深刻得多。数据传输不仅要快，还要安全——全息加密法就能实现这一点。与其他方法相比，这种方法的好处是光学处理能提供最大数量的自由度，而且光学加密非常适于在全息介质中存储的信息。一种很有前景的方法是利用双随机相位加密法[9.214]来处理数据，并以数字全息图的形式来记录数据[9.215]。先进的几何结构和精密的技术（例如相移干涉测量[9.216]）能够利用电子、光电乃至全光学方法进行快速而安全的加密/解密。全光学方法不需花费大量时间，而纯电子解密法需要庞大的计算机工作量。其他可能的方法有：在参考波束路径上有一个随机相位掩模的正交相位编码多路复用法[9.217]；利用不相干多路复用法（合成双重曝光）通过电子射束刻蚀来制作 CGH[9.218]；或者利用角度复用法在光折变晶体中进行加密光学存储[9.219]。除了与标准方法相比具有的其他优势之外，全息照相术还提供了给三维物体打上水印的独特可能性[9.220]——这也用到了相移干涉测量术和数字全息术。

9.3.7 用于材料分析的全息散射

全息记录材料中的光散射对于波前重建来说是一大缺点，因为这会在重构图像中形成严重的散射背景，从而大大影响信噪比。在对光强做出非线性响应的全息记录材料中，散射以强光分布形式呈现，并具有特有的形状。全息散射现象在很宽的顶角内出现，并随着曝光度而变化。目前，这种散射现象在光学非线性科学领域内引起人们极大的兴趣[9.224]：除了供人们研究其物理起源[9.225-229]之外，全息散射现象还用于材料分析[9.222,230]。经证实，全息散射可用作一种无损非接触光学方法，用于研究相变[9.231,232]、铁电性能[9.233,234]和复杂的光致传输机理[9.235]。图 9.13 显示了在三种不同的全息记录材料中观察到的远场稳态散射图样例子。图 9.13（a）中的散射环直径可用于确定双折射率[9.236]。在 $Sr_{0.61}Ba_{0.39}Nb_2O_6$：Ce［SBN：Ce，图 9.13（b）］和 $LiTaO_3$［图 9.13（c）］中的光致光散射可用于确定极轴 c 的方向。在 SBN:Ce 中，散射波瓣的方向与极轴反平行。

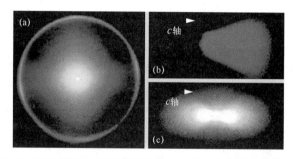

图 9.13　在处于稳态的各种记录材料中观察到的远场非线性全息光散射

（a）$Na_2[Fe(CN)_5NO] \cdot 2H_2O$ 中的全息散射环：散射光相对于入射泵浦光束偏振

方向成正交偏振。散射环的直径取决于双折射率[9.221]；（b）$Sr_{0.61}Ba_{0.39}Nb_2O_6$：Ce

中的光致光散射：散射波瓣与极轴 c 的方位反平行[9.222]；（c）$LiTaO_3$：Fe 中的扇开散射：

两个散射波瓣与极轴 c 平行[9.223]。其中一个波瓣的光强更高，代表着自发极化的方位

9.3.8 原子分辨率全息术

用于确定原子和分子结构的关键技术——尤其是在晶体结构的研究中——长期以来一直都是衍射法。但这种方法不是真正的物理方法，因为它只能得到与衍射波的强度有关的信息，而不能得到与衍射波的振幅有关的信息。相反，全息照相术通过记录参考波和物波的干涉图样，能够克服这个障碍。但辐射波长和记录介质的分辨率会限制全息照相术的空间分辨率。仅通过利用波长在 Å 范围内的电子、高能电磁波（X 射线、γ 射线）或中子进行全息记录，就能消除第一种限制（由辐射波长造成的限制）。为克服第二种限制，Szöke 提出了一种利用原子分辨率全息术来研究原子级固体的方案[9.237]——这种想法一开始是用电子做实验演示的[9.238]。这个实验通过评估散射强度的角分布对原子的相对位置进行三维重建。强度图样是通过由源原子发射的电子之间的干涉形成的，并直

接地（参考波）——或被相邻原子散射之后（物波）——到达探测器。这叫做"内源概念"，也就是在被研究的材料内部生成一个点状源。逆向方案则把发射源和探测器的角色互换（内部探测器），也就是说，利用材料中的点状探测器来研究入射波和散射波的干涉图样[9.239,240][9.241,图1]。

研究人员利用电子、正电子[9.242,243]、X 射线、γ 射线和中子（各自都与物质发生特定的相互作用），演示了原子分辨率全息术的几种实验方法。因此，电子和正电子主要用于研究表面结构，因为它们的穿透深度不够。X 射线对电子特性比较敏感，核结构则利用中子来探测。

用局部原子源来发射电子的机制有很多种，例如菊池（Kikuchi）散射[9.238]、光电效应[9.244–246]、低能电子衍射[9.242,247,248]或俄歇–电子衍射[9.249]。原子分辨率 X 射线全息术最初是利用荧光 X 射线[9.250]实施的，后来又利用多能逆向模式[9.241]或这些方式的结合形式[9.251,252]来实施；γ 射线全息术则是用逆向方案中的 ^{57}Fe 胶片为例在实验中演示的[9.253]。只是在最近，先进的 γ 射线全息术才被开发出来。这种方法能够区分占据着不同晶格位置的同类原子——以前用 X 射线和中子来执行这个任务时都失败了。在此过程中采用了穆斯堡尔（Mösbauer）核吸收的相干效应，用于提供局部的光谱信息[9.254]。最近开发的是原子分辨率中子全息术，这种方法是由 Cser 等人[9.240]提出的。后来在两个实验方案——"内源"[9.255,256]和"内部探测器"配置——中实现了。这两种方案能够使原子间距离的精确度小于 10^{-9} m[9.257,258]。

但这些评估方法仍需要持续改进，例如改进复杂的 γ（或 X）射线全息术，以消除令人烦恼的双像，同时又不会让测量过程太费时[9.259,260]。

9.3.9　中子衍射光学

1990 年，用全息方法记录的折射率图样经证实不仅能够用光重建，还能用冷中子来重建[9.261]。显然，照射诱发了光和中子的折射率变化。与照明光学类似的是，这种现象叫做"光–中子–折射效应"[9.262]。冷中子从光致光栅上被高效地衍射——这在利用光学全息术来开发中子衍射光学元件的过程中迈出了很重要的一步，因为这些方法在以前都是不可能实现的。对于热中子（波长在亚纳米范围内）来说，单晶体通常被用作衍射光学元件；对于很冷的中子（波长大约为 3 nm，甚至更大），则采用了用机械方法刻划的光栅。利用光照光学全息术来制备光栅的方法弥合了这两种方法之间的差距。如今，反射镜和分束器已能制造出来[9.263,264]，甚至经过布置之后能形成冷中子的干涉仪[9.265,266]。图 9.14（a）显示了以全息方式制备的体光栅（跟反射镜差不多）的衍射效率与角度之间的关系。图 9.14（b）描绘了利用三个以全息方式制备的厚衍射光栅作为分束器和反射镜之后得到的干涉测量结果。干涉仪可视为最有用的中子光学装置之一，因为它能提供与波函数有关的信息（即振幅和相位）；相反，标准的散射或衍射方法只能测量强度。这种仪器的未来主要用途是研究在凝聚态物理学和工程学、化学、生物学等领域中的介观结构及其动力学。文献［9.267］中综述了带光栅的中子光学元件，其光栅利用了光中子折射效应和光照光学全息术。

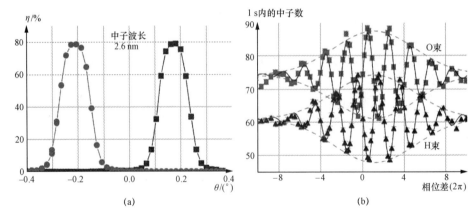

图 9.14 中子衍射

（a）波长为 2.6 nm 的中子的衍射效率；（b）通过引入两个部分相干的中子束之间的相位差而获得的干涉条纹。
方块和三角形显示了输出束的强度测量值与相移之间的关系。波长为 2 nm

|9.4 总结与展望|

毫无疑问，全息照相术是一个重要的光学领域，也是 20 世纪的关键发明之一。要强调的是，直到有足够相干性的光源被开发之后——也就是 Dennis Gabor 提出全息照相概念之后过了将近 20 年——他提出的概念才产生了充分的影响力。显然，在发明全息照相术时，Gabor 远远早于他那个时代的人。

全息照相术在我们生活的各个领域中有很多种用途。如今，新开发的装置采用的是波前重建原理。由于全息照相术很可能会对我们的生活产生越来越大的影响，因此全息照相史将仍然是一段刺激的探索历程。

|9.5 光学数据存储器|

在利用眼镜、隐形眼镜或角膜整形修正视力，以及利用胶片或电子照相机记录静态和动态图像之后，光学在我们日常生活中最为普遍的用途就是光学数据存储器，即：利用接近于衍射极限的光学元件和微型固态激光器存储及检索数据——这些都能用很实惠的价格来实现。

音频信息在可换磁盘上的记录——声音在平整表面上以调制格式存储——有着悠久而成功的历史记录。最初，人们把模拟信号压印在虫胶上，后来又印在黑胶唱片上。而这么多年来，声音信号几乎只以数码数据的形式模压在聚合物光盘上，并利用数码数据反复播放音频。这个过渡是由消费者对高保真度的需求——即在记录、复制和重放时有更大的带宽——推动的：要达到更高的保真度，反过来需要大大增加存储的信息量。首先要加大唱片的直径，但唱片直径很快就达到了实际极限。在采用机械唱针时，面存储密度越高,唱片就越容易磨损,因此迫使唱片技术从机械唱针过渡到非接触型光学方案。

于是,只读光盘(CD)形式的光学数据存储器成为音乐的主要刻录介质,后来随着计算机软件的出现,只读光盘发展为 CD 只读存储器(CD-ROM)[9.268,269]。随着消费者对更高数据速率和更多信息存储量的狂热需求,CD 和 CD-ROM 变成了数字多功能光盘(DVD)[9.270]。DVD 标准的每一层都提供了更高的面密度,而且有多达 4 层预录信息,因此能提供足够的读出带宽和容量,相当于优质压缩视频几个小时的播放量。但随着高清电视(HDTV)的到来,DVD 需要获得更高的数据速率和容量,因此需要再次增大面密度。在蓝光盘(BD)和 HD DVD 标准这两种不同格式之间爆发旷日持久的战争之后,BD 终于取胜。从 2011 年起,主要的电影工作室开始同时利用 DVD 和蓝光盘来存储内容。

除了像这样在可移出可互换的介质上存储预录的内容之外,消费者对自己记录信息以及为自己记录信息的需求也是推动光盘在经济性和技术上不断发展的一个重要因素。爱迪生的涂蜡鼓(也就是用摆动磁针来刻录模拟信息)已让位于 CD、DVD 和 BD 刻录机——后者利用闪光激光束来刻录经过认真调制及交叉存取的数字数据。可记录光盘利用高激光功率来写入可供低激光功率读出的符号。高激光功率必须修改记录介质的局部光学性质,以提供显著的信号变化;相反,低读出功率一定不能影响记录介质的光学性质,以便保护所记录的数据。染色层烧蚀等过程是不可逆转的,因此很适合一次写入多次读取(WORM)用途。这种方法的第一种实现形式是 CD-R:一旦被记录其形状因数和功能与 CD 或 CD-ROM 几乎相同的 WORM 介质。其他记录过程——最重要的是在由薄金属、半导体或合金制成的胶片上非晶体结构和晶体结构之间的转变——是可逆转的,因此可在记录介质上擦除或重写(R/W)。对于这些类型的介质来说,热特性与光学参数一样重要。我们必须确保,在利用紧聚焦激光器进行短时瞬态加热之后,每一个很小的光斑都会足够快地冷却,以使胶片快速骤冷至非晶相。另外,在被均匀地大面积照射之后,这种 R/W 介质必须慢慢冷却,让胶片能够重结晶,同时将之前记录的数据消除。用于 WORM 和 R/W 记录用途的光学设计、热设计和元件设计要想同时优化是极其复杂的[9.269]。

除普遍采用的、直径为 120 mm 的 CD/DVD 光盘之外,其他很多种直径的光盘也在使用。早期曾小规模采用的一种光盘是激光盘,在 DVD 级面密度和数据压缩可供使用之前用于存储优质预录影片。高端的数据存储用途甚至还采用了直径为 5.25″、12″和 14″的激光盘。用于小型(形状因数小)便携式消费电子产品的小光盘仍然很受欢迎,虽然采用了光盘介质且光盘直径小到只有 1″的 MP3 播放器、数码相机和数码摄像机已大多转而采用其他存储格式。

表 9.4 将 CD、DVD 和蓝光盘格式的相关特性做了比较,突出了在过去 30 年里光存储器取得的重大技术进步。每一种光盘标准都有很多变型,用于提供更小的直径(一般为 8 cm,而不是 12 cm)、更高的读出速度(蓝光盘可能达到 12×[9.278])、更多的层数以及一套只读存储器(ROM)或可记录可重写格式。BD 的这些变型分别叫做"BD-ROM""BD-R"和"BD-RE"[9.276]。两层的 50 GB 蓝光盘可存储 9 个多小时的高清(1 920×1 080)

视频或 23 小时的标清（720×480）视频[9.276,278]。虽然 BD 标准可支持任意层数，但当移动超过 8 层用于预录内容[9.278]以及移动超过 4 层用于可写入光盘[9.279]时，实用性问题变得很明显。可记录光盘遇到的问题很棘手，关系到信噪比（SNR）和吸收率之间的平衡[9.279]；如果合适的制造公差、像差校正和足够的激光功率都能获得，则预录内容问题就可能得到解决[9.278,280,281]。

在新千年之交，以廉价方式复制的注塑 CD、CD－ROM 和 DVD 光盘的光学读出明显成为多媒体内容和软件发行内容的主要组成部分。一般用途的读－写信息存储器甚至在当时也仍然是独有的磁记录领域。硬盘驱动器形式（HDD）的磁记录装置能持续提供比光存储器更高的面密度和数据速率以及更快的存取时间，同时以竞争性的成本支持数百万次写/擦循环和多年的保持时间。为获得这些高性能的特性，由曾经广泛使用的软盘所提供的可移出性也被毫不费力地舍弃了。因此，光学录音的主要优势是记录介质的可移出性和可互换性，以及在几秒内通过注塑对预录光盘进行并行复制。

表 9.4　CD、DVD 和 BD 格式之间的对比（根据文献 [9.271 – 277]）

名称	CD	DVD	蓝光盘（BD）
容量（单层）	0.65 GB	4.7 GB	25 GB（单层）
激光波长	780 nm	650 nm	405 nm
数值孔径	0.45	0.6	0.85
磁道密度	16 000/in	34 000/in	79 000/in
凹坑最小长度（≈2～3 位）	0.833～0.972 μm	0.4～0.44 μm	0.138～0.16 μm
面密度（用户）	0.39 Gbit/in^2	2.77 Gbit/in^2	14.7 Gbit/in^2
参考速度	1.2 m/s	3.49～3.84 m/s	4.55～5.28 m/s
基本数据速率（1×）	1.47 Mbp/s	11.08 Mbps	36 Mbps
最大（实际）旋转因子	52×	20×	12×

在后来的 10 年里，计算机和存储器在消费电子装置中的广泛使用要求在更小的体积（形状因数）中存储更多的信息。与此同时，网络连接速度提高了，压缩格式也改进了。基于网络的在线内容发布的兴起以及大量闪存固态存储器的可获得性已大大影响了光存储器。绝大多数的音频内容如今已能直接下载到手机、智能手机或平板电脑（通常利用 NAND 闪存）上，或者下载到个人电脑的硬盘驱动器上。后来，这些基于 HDD 的内容可以在原位播放，或者转移到便携式设备（例如手机或 MP3 播放器）的固态存储器中。虽然 CD－R 和 DVD－R 在数据转移或存档的过程中可能起一定的作用，但肯定是次要作用。预录的音频 CD 以及出售这些 CD 的唱片店如今基本上已成为历史。接下来，人们预计会购买预录 DVD，因为标清视频的在线观看已流行起来[9.282]，很可能会最

终取代通过邮寄来购买或租用 DVD 的形式[9.283]。

因此，BD 目前取得的成功可完全归功于通过一般消费者的网络连接来提供的 SD 级视频质量[9.282]与通过个人的高分辨率电视和计算机显示器来提供的（HDTV 或清晰度更高的[9.284]）最佳视频质量之间的差异。决定着光学数据存储器未来的关键问题是这些连锁趋势会如何发展。一方面，宽带网速预计会继续提速，但是很可能速度提高得会比较慢，因为基础设施的变化慢。另一方面，3D 电视预计会兴起，因此实际存储格式需要更高的存储能力，因此需要更高的密度。关键的问题是存储能力需要高多少，以及 3D 显示器的现有用户数会以什么样的速度增长。这些考虑因素将推动对合适内容以及内容存储方法（在线或实体）的需求。

蓝光格式的进化延伸形式（层更多、光盘标准稍微重新加工、更高功率的激光器）将达到大容量光存储器的大多数近期要求。但最终很可能还需要另一种标准化的实体记录存储格式，以推动光学数据存储，努力提供更高的存储密度[9.271-273]，从而争夺这个大好机会。

本章的其余部分将强调用于达到"增加光存储密度"这一目标的不同途径。这可通过两种途径来实现：增加光学记录材料的表面密度，或利用光学元件的独特能力来进入合适记录介质的体积。考虑到 BD 标准预计将最终在 12 cm 的唱片上提供 100 GB 的内容，因此只有那些可能明显超过此存储能力的方法才被认为是有希望的。此外，促使 CD、DVD 和 BD 标准获得成功的特征——预录内容的可移出性、可互换性和廉价复制、便宜的读出装置（当大量制造时）以及具有只读/一次写入/可重写能力的一系列光存储格式——这些特征对于未来光存储格式的成功来说都是很关键的。

| 9.6　增加面密度的方法 |

多年来，人们对更好数据存储设备的需求已通过存储设备的进化发展——磁记录设备和光记录设备的面密度及其他性能规格的增强——得到满足。磁性硬盘的面密度在持续增加，与过去 60 年相比已提高了超过 7 个数量级，曾一度加速至高于 100% 的复合年增长率。磁道分布记录短得多的光存储器在从最初的 CD 标准发展到 DVD 格式时，存储密度增加了 5 倍，而在发展为蓝光格式时又增加了 5 倍（表 9.4）。

磁记录设备和光记录设备的面密度增长速度出现如此大的差别的原因是光学数据存储器专注于那些需要光学记录介质可移出性的用途。由于高性能磁记录设备不支持可移出性，硬盘驱动器不需要与前几代存储介质一起使用。因此，要达到的唯一标准是与数据输入/输出和形状因数有关的标准，这些标准促进了激烈的技术竞争并导致存储技术取得巨大进展。但光存储器主要采用的是具有向后兼容性的可移出可互换介质。这种兼容性有利于每种新一代技术在市场上引入——因为现有的录音材料有很多——但迫使每一代高密度技术的标准形成过程耗时较长。

不过，光存储器仍是一种极具潜力的存储技术。磁记录的极限长期以来一直备受争议，后来被超越了[9.285]；而传统光学记录的极限很容易理解[9.271-273]。光学存储技术正在接近于光衍射极限。通过进一步利用波长及/或数值孔径与衍射极限之间的相关性或者利用近场方法来超越衍射极限，将来面密度还可能会进一步增加。此外，如果 SNR 足够高，则灰度法能够实现超过 1 位/1 个存储位置的存储密度[9.286]。

受衍射限制的光斑直径与激光波长 λ 成正比，与成像透镜的数值孔径（NA）成反比（图 9.15）。因此，光斑面积 A 与这些参数的平方成正比[9.287]，即

$$A \sim \left(\frac{\lambda}{\mathrm{NA}}\right)^2 \tag{9.5}$$

所得到的最大面密度 D 就是这个面积的倒数与 b（每个光斑的位数）的乘积：

$$\mathscr{D} \sim b\left(\frac{\mathrm{NA}}{\lambda}\right)^2 \tag{9.6}$$

如表 9.4 中所述，CD、DVD 和蓝光格式之间在容量和数据速率上的差异很明显是由介质焦点上的、受衍射限制的光斑直径减小造成的。新标准中的密度增加还涉及其他因素——例如更强的调制码、信号处理、误差校正和更大的公差——但我们还不清楚在将来的光盘标准中这些因素可能使面密度还能改善多少。

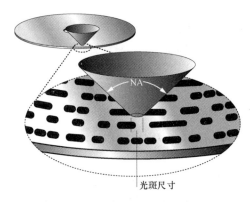

图 9.15 传统的光存储器利用紧聚焦激光束来存取单层中的单个二进制数字

9.6.1 短波长激光器

早期的光存储产品采用了 780～830 nm 的红外波长，只因为这些产品是唯一在可靠性、光功率、数量和成本上达到行业对消费品需求的可用二极管激光器。就像从 CD 到 DVD 再到蓝光盘的发展历程中所明显看到的那样，可使存储密度进一步增加的一条明显路径是开发具有较短波长的合适激光器。BD 标准获得成功的一个关键要素是 GaN 405 nm 蓝光（从技术角度来说是紫光）激光器的成功。尤其要提的是，促使有竞争力的 HD-DVD 标准被开发的其中一个动机是为了获得更高的密度，而不必依赖于蓝光光源的成功——后者在当时无法得到保证。通过与日本和波兰的研究人员所发明的材料改进方法相结合，我们制造出了能够在低成本下提供高功率和装置长寿命的优质 GaN 晶

体[9.288]。从那以后，又出现了很多制造方法[9.289]，高功率（100 mW）[9.281]和低波长[9.290]成为时下追逐的目标。尤其值得一提的是，高功率对于增加 BD–ROM 的层数来说很重要[9.276,281]。

9.6.2　增大数值孔径

相应地增大数值孔径——而不必减小激光波长——也能达到相同的面密度增加效果。在从 CD 过渡到 DVD 再到 BD 的过程中面密度增加的部分原因是 NA 增大了。但 NA 的增大实际上会受到限制，例如受衍射限制的光学元件会受到制造公差的限制。在这方面存在的关键问题是焦深 δ。δ 与波长成正比，但与数值孔径的平方成反比[9.287]，即

$$\delta \sim \frac{\lambda}{\mathrm{NA}^2} \tag{9.7}$$

为了获得最大密度，记录介质的数据层应当尽可能地靠近受衍射限制的读出光束的焦点。驱动器和介质的制造公差不可避免地会让快速聚焦伺服变得很重要。为了获得终极性能，人们甚至还考虑过采用具有多个透镜的双级伺服系统。很明显，随着焦点的光学深度减小，这些问题会变得更加棘手。焦深减小，要求被记录数据的覆盖层厚度（要占用光学元件的一部分焦距，因此必须修正球面像差）也要减小。蓝光格式包括一个只有 100 μm 厚的覆盖层[9.275,276]。因此，与 DVD 相比，蓝光盘受划痕的影响要大得多，因为在蓝光盘表面上，相同尺寸的划痕要承受多得多的光束照射。BD 格式获得成功的一个关键要素是开发出了硬质涂层，既能保护光盘免受划伤，又不需要昂贵的保护盒。

虽然空气中的最大 NA 为 1.0，但显微镜工作者们早已利用油浸物镜使分辨率超过了这个数值。但不用给光盘浸油，大于 1.0 的数值孔径也能以类似方式获得，那就是让一个固浸透镜靠近光盘介质[9.291]，如图 9.16 所示。如果透镜底部和介质之间的间隙小于光的波长，则跨越此间隙的光在倏逝波耦合作用下会照射位于介质上的一个直径为亚波长级的光斑。与磁记录设备中的读–写磁头相似的是，让固浸透镜在介质上方的空气轴承上飞舞也是可能的[9.291]。这种用于获得高存储密度的方法虽然被大力开发了好几年，但还没有形成一种成功的商用存储产品。此外，由于这个小气隙容易被光盘上的外部污染物弄脏，因此这些近场方法看来不得不牺牲掉介质的可移出性——这是光存储器有史以来就具备的优势之一。

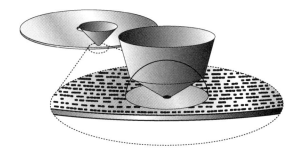

图 9.16　固浸透镜（SIL）能使有效 NA 增加到超过 1.0，从而使面密度增大，但需要 SIL 和光盘之间的倏逝波耦合

9.6.3 磁/光学超限分辨率

在磁光记录中，还可以用另一种值得注意的效应来提高分辨率。这种技术通过在有外加磁场的情况下用激光器局部加热磁膜来存储二进制数字（图 9.17）。在超过了居里温度的薄膜部分，局部磁化强度的方向与外加磁场相同。然后，通过探测由法拉第效应造成的少量偏振面旋转，可以从光学角度感测到磁化强度的变化[9.287]。此时，决定分辨率的是热扩散过程，而不是光学。通过用具有非均匀空间分布的激光光束（例如简单的高斯光束）进行短时间照射，可以得到仅在光束正中心处短时间超过居里温度的温度分布。随后热量从光斑处向外扩散，使温度降到居里温度之下，导致在一块亚光学波长大小的面积（包括小到 100 nm 的标记）中出现磁场倒转[9.292]。

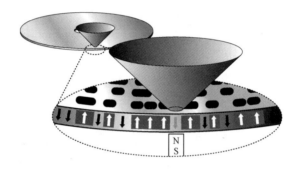

图 9.17　磁光存储器利用紧聚焦激光束来记录二进制数字，在有外加磁场的情况下用高于居里温度的激光束局部加热磁膜

但这些标记必须能够用光学方法探测到。在每个聚焦光斑的直径内部有几十个这样的标记，从总的光信号中分别展开每个标记的卷积是相当有挑战性的。一种叫做"磁性超限分辨"（MSR）的极好方法能够利用热扩散的高度非线性行为来克服这个读出问题[9.292]。MSR 方法在磁存储层上方增加了一个磁光读出层。为了能读出特定的亚波长级光斑，我们用激光器对这个顶层进行简单加热，就像在上述记录过程中那样，光束中心的功率密度刚刚超过居里温度。同上，热光斑的磁化强度方向与外加磁场相同。在这种情况下，外加磁场是由下层中记录的二进制数字造成的。上层的周围区域没有达到居里温度，因此不会受影响。在该位置表现出磁化现象之后，读出层将只包含具有逆向磁场的亚分辨率级光斑，它周围是磁性均匀的本底（图 9.18）。然后，这个亚分辨率级光斑能够以足够的 SNR 通过光学方法探测到，尽管聚焦激光束的直径要大得多。因此，磁性超限分辨是一种近场方法，其中的孔径是通过用合适的激光照射覆盖层之后在记录层附近形成的。

通过在被记录层（例如相变材料）[9.293 – 295]上方使用薄金属层，研究人员开发出了类似的非磁性超限分辨方法，叫做"超限 RENS"。实现这种方法的途径是让在聚焦光束照射下或光束热量加热下被选通的透射率发生较大变化。有效的非线性——有时通过等离子体纳米结构来加强[9.294]——会导致底部记录层中出现有效的超聚焦曝光。但我们目前还不清楚这些方法是否能轻松地在多个小间距层上实施。

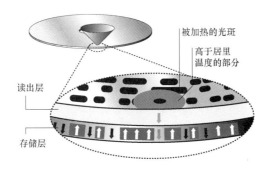

图 9.18　磁性超限分辨方法采用了双层结构，由激光光斑产生的热量只把相关的二进制数字从底部存储层转移到顶部读出层中

| 9.7　体积光学记录 |

在磁性数据存储技术和传统的光学数据存储技术中，单个二进制数字是以记录介质表面上或附近的明显磁性/光学变化形式存储的。几年来，这些方法被迫应对使单个二进制数字不至于太小或太难以存储及检索的物理极限，并通过巧妙的设计手段将这些物理极限往回推。在整个介质体积内存储信息——而不只是在介质表面存储信息——是一种有趣的大容量替代方案。

从字面上来看，三维光存储器打开了另一个新的维度，增强了存储介质的能力。原则上，具有波长级尺寸的体积元应当足以存储一个比特。因此，在衍射极限内可达到的体积密度与 $1/\lambda^3$ 成比例。密度与数据速率之间的权衡使得——至少在原则上——舍弃一些体积密度以获得快速数据速率成为可能。所提议的一些方法不需要机械运动，使存取时间能够达到几十微秒，虽然只是获得了较小的存储容量和中等存储能力。

9.7.1　体积寻址法

我们已经探究了几种体积光学数据存储方法。这些方法可通过所存储数据的寻址方式来区分。一些方法只是传统光存储器（从双层 DVD 标准开始）的多层性质的延伸形式，而其他方法则利用了光学元件的三维特性。此处描述的方法有：

- 调节焦点，以便在特定的层上存取数据；
- 通过让两束激光相交，对介质中的特定点、线或面进行寻址；
- 利用光谱灵敏度范围极窄的材料进行数据寻址；
- 利用干涉条纹的间隔和方向进行数据寻址，称为 "k 矢量" 或 "全息寻址"。

9.7.2　焦深寻址

焦深——是任何使用过显微镜的人都熟悉的一种现象——已成为 DVD 和 BD 标准的一个不可分割的部分。为了增加每张光盘的存储容量，使之超过单层 DVD 的容量，即每张光盘 4.7 GB[9.297]，我们可以利用两个数据层使 DVD 标准获得双倍的容量，或利用双面、每一面双层的方案来获得 4 倍的容量（光盘必须翻面，以便用单个物镜来存取数据；或者需要用到第二个光学拾波器，以便同时对这种数据载体的两面进行寻址）。BD 标准支持很多数据层，但是现有播放器的翻新方法（通过简单的固件更新）也能提供 4～16 个数据层[9.276]。

焦深的使用有如下明显优势：与现有的光盘技术很相似，能够与光学存储装置的较大用户基数高度兼容。但如图 9.19 所示，这种方法的主要缺点是必须让各层之间保持较宽的分隔距离，以避免在读出器上出现串扰误差，或者利用焦点伺服装置来跟踪问题。所需要的、受衍射限制的性能很难在相当大的深度范围内获得，因此限制了最大层数。此外，可记录的多层光盘需要有很大的吸收系数，以实现可写入，这也限制了堆叠的层数[9.279,298]。

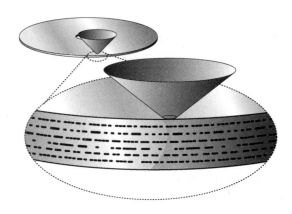

图 9.19　通过利用焦深来存取光盘内的多个比特层，可增加有效的光学面密度

用于改善这种状况的一种方法是利用荧光来读出，由于标记发出的光如今是不相干的，因此干涉和散射光的效应可减小，由此得到更高的 SNR。被降低的这些噪声效应与体元（体积像素）被照射后发出的荧光的全向输出之间存在取舍关系。

9.7.3　利用双光子吸收进行位单元寻址

另一种用于限制介质中寻址光束的相互作用范围的方法是利用与光束强度的平方成正比的双光子吸收。这有效地缩短了具有较大的光强、足以实现写入目的的焦点体积，并使之变窄。这些方法通常需要采用具有高峰值强度的飞秒激光器，但可能使含有几百个数据层的介质达到每张光盘将近 1 TB 的存储能力。其中，介质一开始是均质的（未分层），并利用双光子效应来激发或猝熄每个体元的荧光性[9.299,300]。在初期研究中利用了共焦显微镜来探测极小的标记，但我们不清楚这种方法是否对快速旋转的光盘有效。

深度分辨率可用以下方式进一步增加：使两束有着相同或不同波长的激光交叉，利用双光子吸收来激发介质光学性质的变化——但仅在通常被照射的体积内[9.296,301]，如图 9.20 所示。其中，在一大块记录介质内只有一个体积元会被选中用于记录或读出，而不会影响相邻的体积元，因此避免了磁道间和层间的干涉。这种方法的延伸形式采用了光柱或光片为大量平行的体积元寻址，但是这些延伸方案使得亚微细米级标记的衍射极限性能更加难以获得。

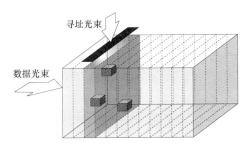

图 9.20　正交光束能利用光束交叉点处的双光子荧光，将数据并行地读/写到一个三维体积中（根据文献 [9.296]）

即使如此，通过利用标记相对较大（即大于 1 μm）的多个数据层，似乎仍然可以获得大于 100 Gbit/in² 的有效面密度。一旦被写入，标记（或列、页）就可能由双光子荧光以无损方式读出。所证实的双光子能力包括：能记录并读出具有 100 多个数据层的介质，记录含有 2 μm×2 μm 数据标记的磁道，以及构建几个便携式原理论证读出系统[9.296,301,302]。

这种双光子三维光学存储技术力图利用便宜且易于制造的长寿命塑料介质为光盘驱动系统提供大容量（100 ~ 500 GB/光盘）和较高的数据速率（1 ~ 10 Gbps）。这些驱动技术有可能实现与传统 DVD 介质之间的后向兼容。传统 DVD 介质可移出，在近线/在线服务器的驱动中可能有较宽的波长和机械公差。

高效的双光子吸收记录只需要中等的平均激光功率（50 mW），但需要较高的焦斑峰值光强（GW/cm² 量级），因此必须利用脉冲激光源来记录。合适的二极管泵浦固态脉冲激光器已经能买到，只是与半导体激光二极管相比在价格和尺寸上都处于较大的劣势。这些激光要求对双光子方法来说风险仍然是最大的。

9.7.4　持久光谱烧孔（PSHB）

光谱烧孔采用的介质能支持具有强选择性光谱响应的掺杂剂（图 9.21）。要获得这样窄的光谱响应，需要有一个可调谐的窄带激光器——这种光源通常既复杂又昂贵。因此，高存储密度和大存储体积对于将这种光源的成本分摊到较大的存储容量中来说是很有必要的。但是，这样高的密度目前只有在低温下才有可能，因此增加了存储设备的复杂性和成本。但这种方法理论上可得到极好的延迟时间和数据传输速率，这使得光谱烧孔能够在内存和存储器舞台上大显身手。

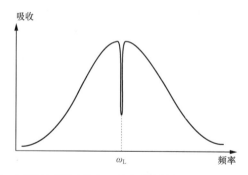

图 9.21　在利用窄带激光器以 ω_L 的频率照射之后，吸收光谱被"烧"
出了一个永久性的极窄光谱孔

有几个研究小组已研究了用于数据存储器和内存的几种不同的光谱烧孔技术[9.303,304]。或者，可以利用时域干涉法来处理 PSHB 材料。在这种方法中，频谱中生成的全息图能够让时序以光子回波形式重播[9.305,306]。时间存取和光谱存取备选方案都支持在多个位置之间的空间多路复用，还可能支持将这种方法与下面描述的空间全息照相法相结合。光谱波道和光子通量之间的串扰与失真通常是重要的限制因素。时域存取使得激光可调谐性要求被取消，但激光源仍需要是窄带，而且极其稳定。时域存取还能实现按内容寻址（根据内容与搜索数据之间的相关性或相似性来存取数据）。但高效的时域寻址方案还有待开发，随机数据存取也难以实现。

9.7.5　光谱存储器

一种通过光谱方式（通过修改光谱）用超短脉冲来检索数据的类似方法是采用等离子体纳米结构[9.307,308]。在这种方法中，宽频光源在穿过光盘表面上所记录的极小特征之后，会在每个焦斑位置读出多个数据位。这使得波长能够以第三维的形式添加到光盘表面的 (x, y) 位置上。

Gu 及其同事把这种方法又拓展了两个维度。他们利用光谱对三维固体内部的悬浮等离子体金纳米棒进行与偏振相关的记录及读出，从而实现了五维存储器[9.320]。纳米棒进行光吸收时的共振频率在很大程度上取决于入射光的偏振和波长。因此，具有特定波长的大功率偏振光束在存储材料内部的某个 (x, y, z) 位置聚焦之后，首先受损的是那些从尺寸和方位来看适于强烈吸收入射光的纳米棒[9.320]。之后发射的读出光将探测与特定的偏振–波长组合相对应的吸收率变化。当然，此时只有两个正交偏振方向。仅当每个纳米棒的频率响应较窄时，才能够实现大量有效独立的波长。这种情况与 PSHB 材料中的选择性光谱响应很相似（除在室温下之外）。

9.7.6　全息存储器

全息数据存储是一种体积法。虽然在几十年前就已提出，但直到 1994—2009 年随着低成本使能技术的出现、长期研究工作获得的重大成果以及在全息记录材料上取得的进展，全息数据存储才取得了长足进步[9.321 – 323]。

通过记录相关光学波前（叫做"物体光束"）与第二束相干光束（参考光束）之间的光波干涉图样，全息图能保存该波前的相位和振幅。图 9.22（a）显示了这个过程。参考光束被设计得较简单——例如简单的平行平面波——以便在后期能够复制。如果这两个波束在合适的感光介质内发生重叠，则表明这些干涉条纹已被记录。干涉图样的亮暗变化导致介质内发生化学变化及/或物理变化，同时保存一份复制的干涉图样，以反映吸收系数、折射率或厚度的变化。当与初始参考光束相似的读出光束照射记录材料时，一部分光会发生衍射，重建物体光束的复制品，但光强较弱［图 9.22（b）］。如果物体光束一开始时是由三维物体发出的，则重建的全息图会让这个三维物体的虚像重新出现[9.314]。有趣的是，反向传播的或相位共轭的参考波从背面照射被存储的光栅之后，将重建也朝着原光源方向反向传播的物体波［图 9.22（c）］，于是生成真实的赝像。

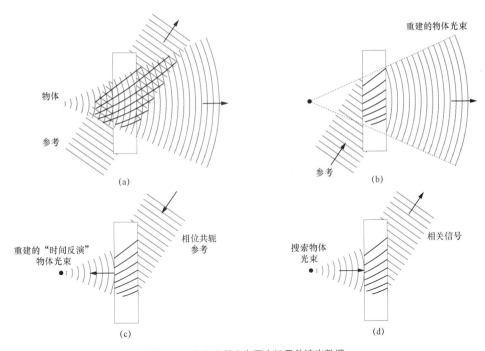

图 9.22　如何利用全息图来记录并读出数据

（a）单个数据位的全息照相存储器：由单个像素发出的球面波与参考光束中的相干平面波发生干涉，所得到的干涉图样改变了感光介质的折射特性。（b）利用原参考光束来读出全息图：所存储的干涉图样使原参考光束发生衍射，以重建原球面波前。在探测器的单个像素上会形成此光束的图像，由此重获一个数据位。

（c）还可通过用反向传播（或相位共轭）参考光束照射来读出全息图，用该参考光束重建原物体光束的相位共轭复制品。此光束返回到原来的原点，在那里不需用优质成像系统就能读出数据位的值[9.309 313]。

（d）第三种用于检索数据的方法是用发散的物体光束来照射，以重建原来的平面波参考光束。将此光束聚焦到探测器上，对所存储数据和照射物体光束之间的相关性进行光学测量[9.314,315]。这种方法可用于按照数据内容——而非数据地址——来搜索所存储的数据[9.316 – 318]（根据文献［9.319]）

虽然全息照相术的概念在 20 世纪 40 年代后期就已成形，但直到 60 年代激光器被开发出来才被认为是一种有潜力的存储技术。于是全息照相术开始迅猛发展，用于显示三维图像。这让研究人员们意识到全息图也能以高达 $1/\lambda^3$ 的体积密度来存储数据[9.324]。与传统数据存储方法相比，在传统的方法中，每个数据位都被分配到存储体积中或存储表面上的某个特定位置；而全息照相存储器是以离域方式将数据分配到整个体积中。数据以二维图像形式被转移至/自存储材料中。这些图像由数千个像素组成，每个像素代表一个信息位。晶体中没有哪个位置会用于存储数据位；每个数据位将分配到相关的被记录干涉条纹中。那些特定条纹的方向和间隔确保了仅当特定的读出光束入射时，光才能到达特定的光电探测器（在较大的探测器阵列中）。

因此，$1/\lambda^3$ 理论密度极限可直观地理解为由衍射强加的串扰极限。考虑到每个重建的物体光束都必须穿过孔径 A 才能到达探测器阵列，因此两组具有不同方向且方向差小于 $\lambda/\sqrt{A}$ 的条纹将由于衍射现象而无法区分。鉴于条纹间隔的贡献量将在厚度 L 上求积分，因此两组具有不同间隔且间隔差小于 λ/L 的条纹不能单独重建。因此，A/λ^2 个像素的数据页（大致为 L/λ）各自都能以全息方式存储在体积 $V=AL$ 中。虽然这个简单的论证过程忽略了体积折射率的作用（以及真实介质和噪声问题），但 $1/\lambda^3$ 将是令人难忘的密度性能，（对绿光来说）相当于在 $1\,cm^3$ 的体积中存储了 $1\,TB$ 的数据。

由于每个数据页通过一个光电探测器阵列来并行检索（图 9.23），而不是逐位检索，因此全息照相方案一定能提供较快的读出速率和较高的密度[9.319,322,325–328]，因为激光光束没有惯性也可能会快速移动——这与磁盘驱动器中的致动器不同。由于逐页存储与检索的固有并行性，因此通过利用大量相对较慢（因此较便宜）的并行通道，可以达到很大的复合数据速率。例如，如果每秒能检索 1 000 张全息图，每张全息图中含有 100 万个像素，则输出数据速率将达到 1 Gbps。

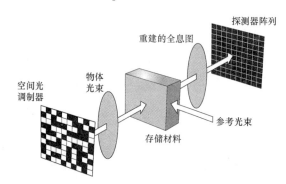

图 9.23　通过用光照射一个叫做"空间光调制器"的像素化输入装置，把数据印在物体光束上。用一对透镜给数据成像，通过存储材料使数据在像素化探测器阵列（例如电荷耦合器件，CCD）上成像。参考光束与存储材料中的物体光束相交，使全息图随后能够被存储、检索（根据文献 [9.319]）

全息数据存储的一个相当独特的特性是联想检索或按内容可寻址的数据存储[9.317]。如果将部分数据图样或搜索数据图样印在物体光束上，则通过照射所存储的全息图，可以重建所有的参考光束，并利用特定数据页的搜索图样与内容之间的相似性来衡量每束参考光束。例如，通过确定哪个参考光束有最高强度，可以找到与搜索图样最匹配的参考光束，而不用一开始就知道这些光束的地址。

尽管全息照相存储具有这种很有吸引力的潜能以及相当骄人的早期进展[9.329,330]，但近 40 年来，全息照相存储一直都是传统数据存储方法的一种吸引人但难以捉摸的替代方法。随着相对低价的部件最近能够买到，例如用作输入装置的液晶显示器以及用于探测器阵列中的电子照相机和便携式摄像机的芯片，人们对全息照相存储工作的商业化又重新燃起了兴趣。在新千年之交，作为美国国防部高级研究计划局（DARPA）活动的一部分内容，全息数据存储系统（HDSS）联盟的成员用实验平台演示了令人难忘的 HDSS 性能：IBM 阿尔马登研究中心得到了 250 Gbit/in^2 的数据密度[9.331]；斯坦福大学得到了 10 Gbps 的数据速率，用于读出全息数据[9.332]；罗克韦尔科学中心的团队演示了大约 10 μs 的存取时间[9.333]。这些演示活动中的每一次演示都是对记录物理学、系统权衡、信息处理和编码技术的广泛研究成果。这些实验表明，很难——但也不是不可能——将全部三种理想的性能特征结合在一个硬件平台上。

在后来的 10 年里，这些研究团队形成了三家小公司（Aprilis、同相技术公司和 Optware）。这些公司与日本的几家制造商（包括索尼、三星和日立）一起，积极推动光盘全息存储技术的商业化。虽然他们开发了很多种材料，改进了存储系统，甚至还开发了新的多路复用概念，但在本书编写之时，仍没有全息存储产品取得商业利益上的成功。尽管有这段令人遗憾的历史，但全息存储仍是未来光学存储技术中具有理论上可行的潜力和实际可行的性能的、更具吸引力的其中一种组合形式。例如，在同相技术公司于 2010 年春重组之前不久[9.334]，这家公司与日立一起演示了约 700 Gbit/in^2 的面密度[9.323,335]，并进入了其首批驱动器产品的最终鉴定阶段[9.336]。可能有人会说，如果同相公司能够在几年前以较低的价格销售这种产品，而不是在 2009 年后期以每台驱动器约 $ 18 000 的价格出售，那么该公司应当已经能够与磁带强势对峙，尤其是在高性能视频剪辑等档案应用领域[9.336,337]。

9.7.7　全息多路复用

如果用薄材料来记录全息图——就像在很多信用卡上那样——则读出光束的角度或波长将不同于用于记录图像的参考光束；因此重建的场景仍然会出现。但如果用厚材料来记录全息图，则仅当读出光束与原参考光束几乎相同时，重建的物体光束才会出现。

对于任何读出光束来说，入射光功率总有一部分会被所记录的全息图衍射，形成衍射波前。在厚全息图中，此衍射波前将积累从存储材料的整个厚度上得到的能量。当衍射波前与读出光束和光栅在动量上匹配时，布拉格条件将适用。对于用记录干涉条纹精确复制品的全息介质来说，这种情况发生在当读出光束的波长和入射角与原记录光束相同时。除这种情况之外，在动量上（与读出光和光栅）匹配的波前与实际传播的波前（波动方程的最接近解）之间的差值将视为相位误差。因此，被全息图前面部分衍射的波前在穿过厚材料的主体部分之后，将与被全息图后面部分衍射的波前不同相。此相位误差在体积全息图厚度上的积分会形成布拉格选择性：当读出光束的角度或波长被调谐至偏离布拉格条件时，全息图会消失。

当材料变厚时，要存取所存储的体积全息图，由激光器和读出光学元件提供的波长和角度其稳定性和重复性应当为紧密公差。但布拉格选择性也提供了一个大好机遇：如今小存储体积能存储多张叠置全息图，每张全息图都分布在整个体积中，但可供原参考光束选择性地进入。然后，通过用曾用于存储特定数据页的参考波来照射存储光栅，可以单独读出该数据页。这种方法的存储密度理论极限为几十万亿位/cm³[9.321,322]。

研究人员已开发了几种不同的方法[9.338]来定义一组合适的参考光束。开发情况表明，通过调节入射角[9.339,340]或波长[9.341]，可以实现全息图的多路复用。前一种方法比后一种方法用得频繁得多，原因很简单，让反射镜旋转较大的角度比实现激光器的快速广泛可调更容易实施。

我们可以不用在每个入射角记录一张全息图，而是利用所有的入射角来记录每张全息图，在每个这样的小波束上强加一个独特的相位。可叠置的全息图数量取决于正交相位编码的数量。这种相位编码复用技术[9.342,343]已被广泛研究过，因为空间光调制器可用于快速外加这些相位，而无须机械运动。这些装置中存在的一个问题是需要低相位误差（随机相位误差和确定性相位误差[9.344,345]）；另一个问题是光栅简并度对二维图样中排列的相位编码的影响——令人遗憾的是，这个问题常常被忽视。

角度复用技术的另一个改进之处实际上就利用了这种光栅简并度。虽然在改变平面外的入射角时全息数据页不会消失，但当衍射光束移动以继续保持在由入射光束和光栅矢量形成的平面中时，数据页在探测器阵列上会发生位移。一旦数据页完全滑离探测器阵列，这个布拉格角就可用于存储第二张全息图。这叫做"分维复用"，因为当把$(A/\lambda)^2$个像素/页分解到某个分维（例如$(A/\lambda)^{2-x}$）中时，所存储的数据页数会增加到$(L/\lambda) \times (A/\lambda)^{x[9.346]}$。通过将角度复用和分维复用相结合，在1 cm³的体积中就能存储多达10 000张全息图[9.347,348]。与角度复用和分维复用相似的方法——叫做"位移复用和peristrophic复用"——也已开发出来，用于在薄光盘中实现全息图的多路复用——就像更新的多路复用技术"多面体复用"那样。这些方法将在后面讲述。

9.7.8 介质

全息存储介质长期以来一直是这个领域的研究人员主要关心的焦点之一。全息存储介质主要有两类：① 一次写入介质——通常用作薄光盘，通过光盘的旋转或平移来存取；② 读–写介质——通常保持静态，通过光束控制来存取。

9.7.9 一次写入/多次读出

用于永久存储体积全息图的材料通常必须支持一些不可逆的光化反应或光物理过程。这些化学或过程由光干涉图样的亮区触发，然后会导致折射率或光吸收系数的变化。例如，一种光聚合物材料（正如它的名字所暗示的那样）在被光照射之后会发生聚合作用：材料从暗区扩散到亮区，因此短单体链会结合在一起，形成长分子链[9.349–353]。由于这个扩散过程会被光触发，因此感光度会变得足够高，足以用单个短脉冲来支持全息记录[9.354]。虽然高感光度非常适于商业应用，以使全息图能够用便宜的低功率激光器来快速记录，但高感光度也会造成问题。例如，介质的一部分体积可能无意中会受到由附近光斑的记录造成的局部曝光，从而迫使感光度或面密度（例如防护频带）降低。与光聚合物不同的是，在"直接写入材料"或"光致变色材料"中，被照射分子的吸收系数或折射率会发生局部变化，这是由光化学作用或光致分子重构造成的。这方面的例子包括可用光寻址的聚合物[9.355]，以及吸收体与聚合物主晶的结合（例如菲醌（PQ）与聚甲基丙烯酸甲酯（PMMA）的结合[9.356]）。

这两类材料的批量制造都很便宜，但在忠实地复制物体光束方面可能都存在问题。在记录时光聚合物常常会收缩，因此使重建的像素化图像失真[9.357]。直接写入的介质既要响应采用数据编码的干涉图样的快速变化，又要响应被照射光斑的远程亮度变化。这些效应还会使重建的数据页失真。但通过周密的总体设计，这些问题可最大限度地减少，例如，利用信号处理技术来补偿移动的或失真的数据页[9.358,359]以及采用能提供极均匀亮度的光学照射系统[9.360]。

虽然与收缩、散射和动态范围有关的问题仍然存在，但到了 2003 年，这些一次性写入材料的新进展已克服了以前用光学质量低劣和吸收过度带来的困难，得到了相当厚的材料样品（0.5 ~ 1 mm）[9.323]。这些重要的进展，再加上多路复用技术利用 peristrophic 光束旋转[9.361]以及球形的[9.362]或随机掺斑点[9.363]的参考光束来增加在薄介质中可叠置的全息图数量，为"一次写入/多次读出"全息存储系统孕育了大量长期商业前景。

9.7.10　读–写

与有机 WORM 介质不同的是，大多数的可擦除全息材料都常常是掺有过渡金属或稀土离子的无机光致折变晶体[9.364–367]。这些晶体常常以几厘米厚的样品形式提供，包括掺有铁、铈、锰或其他掺杂剂的铌酸锂、铌酸锶钡和钛酸钡。

关于这些材料的详情，请参考 9.5 节中由 Buse 和 Krätzig 编写的光致折变晶体部分。在探讨光致折变晶体的易失性这个重要问题之前，我们先来描述一些可供选择的读–写全息存储介质。这些介质包括光致折变聚合物[9.368–371]、菌视紫红质[9.372–374]和半导体材料中的 DX 中心[9.375]。这些材料很难达到有竞争力的厚度，而且各自都有自己的特异品质。虽然光致折变聚合物能很快实现较大的折射率变化，而且能通过成分替换来提供很多种调节途径，但这些聚合物需要在高压下才能定向模拟电光效应，暗寿命也常常很短（从几秒到几分钟）[9.368–371]。菌视紫红质可通过转基因和化学改性[9.372,374]来调节，不需要外加电场。但易失性和动态范围是严重的问题[9.373,374]，所需要的工作波长常常与蛋白质的固有光循环紧密相关[9.372–374]。菌视紫红质从本质上来看与一次直接写入的可饱和材料很像，后者的全息图中充满了读出光束。通过用第二个波长来结束光循环，原全息图被擦除，新的全息图可写入已重置为初始状态的感光分子中。在低温下（<150 K），半导体 DX 中心所表现出的持久光电导性提供了一个写入强相位全息图的机遇[9.375]。光激电子持续存在于导带中而不衰减，导致折射率发生较大变化。这种 DX 中心材料还是一种可饱和的材料。在这种材料中，温度升高会使全息图被擦除，因为光电子已有足够

的热能使其回到初始基态[9.375]。

9.7.11 非易失读－写存储器

　　光致折变材料中的折射率调制是由通过移动电荷载流子的光激发和迁移而积聚的空间电荷导致的。虽然这种物理现象使全息图记录成为可能，但也意味着在电荷再激发（例如被后续光照诱发所致）时，光致折变材料会把全息图擦除。这就是说，当所存储的全息图被擦除时，其他全息图正被记录，更糟的是，在相同体积内叠置的全息图正被读出。此外，在黑暗中，热激发也会使所存储的全息图逐渐被擦除[9.376,377]。

　　在记录时，可通过细心安排曝光顺序来抵消这些擦除效应，以确保最终衍射效率相等[9.315,378]。第一批全息图在记录时衍射效率稍高，曝光时间更长，因此当后续全息图被记录而第一批全息图衰减时，最终得到的所有衍射效率都相等[9.378]。由于采用了记录时序，因此擦除效应以较低的成本和有效的记录速率得到缓解。（在一次写入的介质中也采用了记录时序，以补偿与记录曝光时间有关的感光度变化[9.323,379,380]。这可能需要在材料的折射率开始改变之前进行预曝光。）

　　比较重要的一个问题是在读出时擦除所存储的全息图。在一些光致折变晶体中，所存储的全息图能够通过单独的热过程[9.381-385]或电子过程[9.386,387]变得固定——在读出时处于半永久状态，而且耐擦除。但是，这些定影过程常常既慢又烦琐，同时也会影响相同体积内存储的所有全息图，而且只能保存一部分原光栅强度。例如，我们还不清楚如何用热方法固定某一个子体积中的全息图，而不会影响在紧邻子体积中的全息图。

　　所建议的、用于解决易失性问题的另一个方案是周期性复制及更新像素化的数据页[9.388]。在这种方法中，数据页被周期性地读出，并重写入存储器中。大多数的实验演示方案都只涉及用于加强原全息图的方法，但是把数据页复制到一个单独的存储位置应当也同样重要。在所有复制过程中存在的问题有：这些过程很复杂；在所有的复制和再复制过程中数据保真度可能有损失；在更新操作中，由用户生成的读/写命令无法进入系统，因此导致系统性能降低。

　　非易失全息存储的第三种方法是用不同于记录波长的一种波长来读出全息图[9.389,390]。这种方法的想法是：如果在这个新的读出波长下吸收系数要低得多，则擦除过程将变得慢得多。这种方法给系统带来的问题是：全息图中并非所有的空间频率都能同时达到布拉格条件，而且在三方面——数据页的多大部分可见、数据页中的像素是否会固定在预期位置以及努力向理论密度极限 $1/\lambda^3$ 推近能达到何种程度——之间存在取舍关系[9.389,390]。随着这两种波长之比不断增大，这些系统问题也变得更糟糕；但由于这些晶体中的吸收谱很宽，因此吸收系数要发生重大变化，波长也需要发生较大变化（≈50%）。

　　用于在光致折变材料中实现非易失存储的第四种方法是在特定的光波长下记录——仅当具有不同波长的另一束选通光束存在时，该波长才会被晶体吸收[9.391-395]。这个新的光束只在记录时才出现，在读出信息时就关掉了，让数据能够被检索而不会擦除。因此，所记录的干涉条纹与读出波长之间仍存在布拉格匹配关系，读出波前和衍射波前都只受到较低的吸收损失。

传统的光致折变材料可通过改变制造方式或添加多种掺杂剂来优化，以适于这种选通双色记录过程。例如，通过改变铌酸锂化合物中的锂/铌比率[9.392]或者往里面掺入锰原子和铁原子[9.393]，铌酸锂的双色响应可增强。在 2000 年左右，选通双色光致折变材料引起强烈关注，导致这种材料的感光度和动态范围都改进了（增加了数据的写入速度和存储容量）[9.392,393,395]。但对于足以实现读–写系统原型的性能水平而言，迈向此水平的改进步伐在那之后却明显放慢了。

9.7.12　读–写系统的相位共轭读出

全息数据存储器的实验演示集中于演示高密度和快速读出。通过在像素间的串扰（由每个数据页在聚焦时所穿过的小孔径造成）和信号损耗（与记录多张全息图有关）之间达到平衡，在全息数据存储器中可获得较高的面密度。例如，在 2000 年，研究人员演示了 250 Gbit/in^2（394 bit/μm^2，比单层 DVD 大倍 80 倍）的等效面密度[9.331]（等效体积密度为 1/λ^3 的 1.1%）。相反，通过读出接连不断的大数据页，可以得到快速读出速率。研究人员演示了在中等密度（$\approx$10 bit/μm^2）下的光学读出速率 10 Gbps 以及整个系统（包括相机和解码硬件）的读出速率 1 Gbps[9.396]。通过将较大的兆像素数据页（1 024×1 024 像素）与获得高密度所需要的短焦距光学元件相结合，这两次演示达到了上述技术规格。最近，研究人员利用单筒望远镜结构和多面体复用，演示了高达约 700 Gbit/in^2（$\approx$1 085 bit/μm^2）的面密度[9.323,335]。

但是，将读–写全息存储系统扩展到大容量水平而不影响快速存取——这意味着这样高的密度必须通过多个存储位置来获得，而不必移动存储介质。这对光学成像性能提出了相当严格的要求——因此通过简单地设计更好的透镜来达到的容量改进幅度将被限制在无商业吸引力的数值上。但有几位研究人员早就建议通过相位共轭读出来绕过这些成像约束条件[9.309–312]，如图 9.24 所示。一旦全息图已记录，由相位共轭读出光束重建的波前将沿相反方向回描入射物体光束的路径，将累积的相位误差从透镜像差或材料缺陷中删除。这使得数据页能够以高保真度来检索——通过利用光纤类介质中的图像限制装置[9.309,310]（一个廉价透镜）或者甚至在极小型系统中都不需要成像透镜[9.311,312]。但要读出在相同体积内记录的很多不同的全息图，需要用到很多对相位共轭参考光束——而从实用角度来看，长期保持这些光束是不可能的。

这个问题的一种解决方案是把相位共轭和全息图存储过程分成两个有一张缓冲全息图的连续步骤[9.313]。然后，就可以仅利用一个 SLM 和一个探测器阵列，轻易地在很多单独存储位置上对全息图进行多路复用。在采用选通双色介质时，在选通光出现之前，长期存储材料不会吸收含信息的光束[9.313]。在采用相位共轭读出时，全内反射可用于将含有图像的光束限制在一个小截面内，而不影响在探测器阵列中检索此图像的能力[9.309,310,313]。这个系统只需要一对由细心调准或自泵浦相位共轭反射镜生成的相位共轭光束[9.313]。

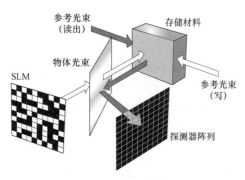

图 9.24　通过增加一束反向传播的读出光束，可以重建相位共轭物体光束，用于沿相反方向
回描物体光束的原路径。通过正确地布置偏振分束器和探测器阵列，可以实现高保真度
数据检索而无须昂贵的成像光学元件

所建议的、用于实现相位共轭读出的第二种解决方案是从多个小型模块中获得高功率，每个模块是通过将一个 SLM、一个探测器阵列和存储介质与一对分束器直接连接之后生成的[9.311]。相位共轭读出让整个系统仍保持极其小型的状态。通过增加数据页的尺寸，密度可进一步增大。经证实，相位共轭读出可检索像素间距小到 1 μm 的数据页[9.397]。这种方法的优势是物体光束不需要用全内反射来限制，因为物体光束不允许在传播时远离 SLM。但却要求其中的部件很便宜，因为每套部件的存储容量相对较低。小型相位共轭系统以及用缓冲器实现的相位共轭系统仍然需要采用一种方便的低功率方法，利用微机械反射镜、液晶波束控制器、可单独寻址的激光器或波长可调谐激光器将数千束独特的参考光束提供给成百上千的空间位置。

相位共轭在全息存储器中的成功应用使得买得起的小型大容量存储系统能够实现，只是整个系统的复杂性稍有增加。显然，这些系统仍在等待一种同时支持读–写存取和非易失存储的记录材料出现[9.393,394,398]。即使如此，在这些系统实现商业化之前，还必须要解决其他的严重问题。首先，热稳定性必须足够好，以免当介质随温度变化出现膨胀或收缩时干涉图样的间距和方位会改变。另外，还需要有较好的机械稳定性和激光稳定性（在曝光时介质和干涉条纹一定不能移动，因为移动之后会使重建的光信号远离给它们指定的探测器像素）。幸运地是，通过改善材料感光性和提高可用的激光功率，当曝光时间缩短时系统在记录期间更容易变得稳定。

尽管采取了所有的方法来消除及抑制易失性，但要让读–写全息存储材料真正达到不易失是不可能的。由于存在热效应或剩余吸收，存储的数据很可能在几个月或几年后慢慢消失（由电子陷阱造成的缓慢激发以及补偿离子的扩散现象）。因此，虽然读–写介质块可以从读–写磁头上移走（使拍字节自动唱机等装置能够实现），但介质很可能仍在自动唱机之内，以便能够周期性地更新数据。

9.7.13　采用了旋转盘的一次写入系统

与读–写全息照相系统形成鲜明对照的是，一次写入材料（尤其是光聚合物[9.352,353,399]）

的研究取得了如此大的进展，以至于一次写入系统早就从原型阶段进入了全息存储产品的开发阶段。

除介质完善问题（在动态范围、散射、感光性、记录前后的保存期限以及热膨胀特性等特性方面）之外，还存在系统工程问题，即制造旋转盘格式的稳健全息数据存储装置。让这个问题更具挑战性的是：显而易见的应用领域（低成本数据存档、数据和多媒体可能有的下一代存储格式）要求光盘阅读器既廉价又稳健（以及便宜的介质）。第一个系统问题是高转速（低延时情况下需要）与对大功率小型脉冲激光器的需求（以便用单个脉冲来读写）之间的相互影响。另外存在的难题是让脉冲到达正确的焦点（对脉冲进行跟踪、聚焦和同步化，直至光盘旋转），以及让重建的数据页进入探测器阵列（以补偿跟踪性、倾斜度和光盘跳动）。Zhou 等人演示了对低密度全息光盘的跟踪[9.400]。他们演示了对跟踪性和倾斜度的补偿：前者通过测量数据页的旋转角度使射束光闸（在连续波（CW）激光器上）同步来实现，后者通过调节参考光束角使数据页正好位于像素化探测器阵列上来实现[9.400]。同样，同相技术公司也引进了几种方法来补偿温度变化，以及通过在摆动图样（刻意偏离交替的信号）中写入全息图对参考光束角进行伺服控制[9.323,336]。

为达到高密度，参考光束必须覆盖很宽的入射角，因此良好的防反射涂层对于防止功率在菲涅耳反射中受损失（这会增加介质的成本）来说是很有必要的。为了得到最佳密度，同时抑制成像系统中的像差，物体光束应当在法向入射线处或附近进入全息光盘介质。由于这必须用具有短工作距离的光学系统来实现，因此在这些成像光学元件周围提供写入光束和读出光束（而不增加在这些元件中的散射）变得更加复杂。虽然只读透射几何体磁头能避免让参考光束经过输入光学元件，但透射几何体通常意味着要将读出磁头分成两部分，分别位于旋转盘的两侧（这两侧必须经过细心调准）。

9.7.14　共线全息术

透射几何结构的实现有两种替代方法，用于提供优秀的角度复用性能以及对波长和温度变化的更低敏感度[9.322,323]。其中一种方法是利用同轴全息术，让参考光束和信号光束在到达光盘之前先经过一个透镜[9.396,401]。这样能减少必须位于旋转盘附近的部件数量，但代价是要将透镜的空间带宽乘积在参考光束和物体光束之间分配。这意味着物体光束一般含有更少的像素，可用的参考光束角也更少。但如果目的是要让系统变得简单，则必须避免让两个大型物体的 x、y 和 z 位置在光盘的两个相对侧对准。这一点可利用相同的单透镜作为读出器来实现，前提是要想办法让其中一个光束反射。一种方法是采用可在光盘（带一个稍简单的读头）远端提供的简单参考光束[9.335,336]，因此仍需要一个双面读出系统；另一种方法是在光盘衬底上添加一个反射层[9.323,401–403]，因此增加了介质的复杂性和成本。后一种方法还用于只读全息存储器，其中的光盘能很快从主磁盘和副磁盘上复制得到[9.323,380]。在这两类系统中，共线全息系统的关键噪声源都是强参考光束。当探测器阵列试图读出弱得多的重建物体光束时，必须阻止参考光束到达探测器阵列[9.403]。

9.7.15 一次写入/多路复用

研究人员已开发了好几种新的多路复用方法，让全息图能够很紧密地叠置——甚至在薄光盘中也如此。通过利用 peristrophic 复用，可以达到高密度，但代价是需要一个相当复杂的读头，使参考光束围绕着光盘表面的法线旋转[9.361]。相比之下，在采用球形参考光束[9.362]或随机掺斑点的参考光束[9.363]时，旋转盘的运动可使参考光束通过极其简单的读头选择性地重建所存储的全息图。如果这种位移复用是用球形参考光束完成的，则全息图可能会沿着一条直线（即沿着磁道）紧密填积，而在正交方向则很稀疏（磁道间距必须宽）[9.362]。

斑点位移复用或相关性复用采用了随机相位板或扩散器[9.363]，能够同时在径向和磁道维度上实现全息图的致密填积，但这个好处并不是无代价的。随机斑点的尺寸基本上决定着在通过相消干涉让每一张全息图消失时所需的光盘运动[9.363]。随机斑点的尺寸应当很小，以使密度达到最大，但不能小到像廉价光盘和转轴的固有摆动和跳动幅度那样。另外，相消干涉取决于当重建的全息图横贯光盘厚度时在空间上集合的随机斑点数量。因此，虽然小斑点会得到更好的页间串扰 SNR，但它们也会使读出条件变得极具选择性，以至于用廉价的部件可能无法可靠地找到全息图。另外一个要考虑的因素是由光栅和折射率变化产生的噪声——折射率变化会通过散斑图被记录到高度感光的 WORM 记录介质中。

虽然这些多路复用技术对于薄光盘来说显得很有吸引力，但同相技术公司的主要平台依赖于经过检验而可靠的角度–空间多路复用技术与"多面体复用"形式的相位共轭读出技术的结合[9.323,404]。根据物体光束傅里叶变换的 0 阶奈奎斯特取样面积，不同的多路复用全息图叠层之间的横向间距可基本上减小为最小容许值[9.405]。相较于为避免任何一部分倾斜入射参考波束与信号波束之间出现重叠而需要的大得多的横向间距，这似乎能大大改善密度；但研究人员很早就采用了间隔密集的全息图叠层[9.331,347,406]，因此实际改善空间相当小。这种方法的真正优势是相位共轭读出使得位于傅里叶变换平面上的单个多面体孔径能够同时扮演两个角色。在记录时，这个孔径对入射物体光束进行过滤，避免了全息光盘的其他部分受到不必要的曝光；在读出时，这个孔径让期望的重建物体光束通过，而滤掉（大部分）参考光束以及由光盘的其他相邻部分重建的全息图[9.323]。

9.7.16 微全息图

波长复用的一种替代方法是使用微全息图[9.298,407-409]。在这种方法中，每张微全息图占据了几平方微米的表面面积，可跨越整个光盘厚度，也可只处于其中一个厚层中。通过利用反射光栅，一个或多个数据位被写入每张微全息图中，然后通过主动波长复用（在合适的光谱波段中被扫描的激光）[9.407]、波长复用（白光入、含有数据的彩光出）[9.408]或角度复用[9.407]来读出。光束要么被聚焦光束自身限制在薄膜内[9.407]，要么被微型光纤限制在材料内[9.408]。虽然记录过程要求光束从两侧进入（或仍然从光盘底部的反射层进入），但可以用如下方式来实施：对准公差较小，因此只用传统光存储系统中使用的传统伺服系统就足够了[9.298]。

9.7.17　按内容可寻址的存储器

在使用传统的内存或数据存储装置时，用户必须提供期望数据所在的地址。在体积式全息数据存储器中，这意味着数据先一次性压印在物体光束上并存储在体积内，之后通过用正确的寻址参考光束照射来读出［图 9.22（a），（b）］。但这张全息图还能用物体光束来照射［图 9.22（d）］，重建用于记录数据页（在体积中）的所有角度复用参考光束（图 9.25）。被衍射到每束输出光束中的功率量与显示在空间光调制器上的输入数据页和所存储的数据页之间的相似性成正比。这组输出光束可聚焦到探测器阵列上，因此每束光束会形成自己的相关性峰值。与输入页匹配的存储页可通过在被探测的光信号上设置阈值来进行识别。如果构成这些数据页的图样与数据库的各数据域一致，而且如果每个存储页代表一条数据记录，那么这个光学相关过程可同时用于将整个数字数据库与检索变元进行比较。

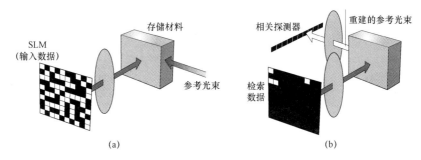

图 9.25　全息存储与重建

（a）在存储了多张全息图之后，将含有一张结构化数据页的每张全息图调制到物体光束上，以独特的
角度引入参考光束，然后（b）用含有数据的新物体光束（检索数据页）照射所存储的全息图，
同时重建所有的参考光束。每束光束中的光功率与检索页和相关存储页之间的二维互相关性成正比，
使得通过一次曝光来搜索整个数据库成为可能（根据文献［9.317，410］）

这种检索并行性使得按内容可寻址的全息数据存储器与传统的串行检索相比具有固有的速度优势。这对通过大数据库来检索复杂的词条来说尤其适用，因为在大数据库中，每个潜在检索词条的索引都变得站不住脚。例如，如果在每次检索时必须从硬盘驱动器中检索 100 万条记录（每条含有 1 kB 的数据），那么用传统的软件检索这 10 亿字节的数据要花约 40 s 的时间。而通过将 10 亿字节的动态随机存取存储器（DRAM）与 1 GHz 的微处理器连接，可以将这个检索时间缩短到约 1 s。相比之下，经过适当设计的全息照相系统能够在大约 1 ms 内检索完这些记录。这种按内容可寻址的全息存储器的潜在性能速度取决于有足够的全息图输出功率（衍射效率×读出功率）以及能够提供 10 kHz 帧速（例如每 100 μs 检索一次）的空间光调制器。高度并行性的关键是沿着含数据的物体光束的路径，布置多个存储体积，每个体积能存储大约 1 000 张全息图[9.410]。当经过光学编码的检索光束穿过每个子体积时，少量功率将从与检索信息极其相似的全

息图上发生衍射[9.317,410]。通过为每张全息图采用一个光电探测器,可以同时测量数百万个模拟相似性指标。由此,能够识别与某词条完全匹配的记录[9.316-318],或者只是与该词条相似的记录[9.317,410,411]。

但由于每种相关性的探测模拟结果要受随机噪声的影响,因此与检索变元足够匹配的数据库记录可能被忽视,这对那些与检索变元几乎足够匹配的记录来说是有利的。幸运的是,混合系统能够将按内容可寻址的全息存储器的速度优势与串行电子元件的数字精确度结合起来[9.317,410]。通过让匹配记录和近匹配记录从全息前端传递到后面的电子处理机中,漏掉一条匹配记录的概率会变得很低($<10^{-12}$),同时能保持大部分的速度优势[9.317]。由于有足够的信噪比和一个帧速只有 1 kHz 的空间光调制器,因此由 100 万条 1 KB 记录组成的数据库的检索时间还不到与 10 GB DRAM 连接的 1 GHz 微处理器所需时间的 0.5%。

如果能够演示并行检索数千张或数百万张全息图的能力,并开发出一种合适的非易失全息记录介质,那么按内容可寻址的体积全息数据存储器可能成为一种对于快速检索含复杂词条的大数据库来说有吸引力的方法。

| 9.8　结　　论 |

基于当前技术并具有前向兼容潜能的渐进型光存储方法——例如利用焦深进行存储——从介质、存储装置和成本来看风险最低。但密度增加方面的好处也受到了限制,尤其是在要保持光学数据存储器的关键特征——可移出性和可互换性——的情况下。而且,鉴于蓝光盘格式已获得成功,且可扩展,因此新的渐进型光存储格式可能不会有机会露面了。

另外,革命型方法可能使密度大大增加,但风险也高得多。其中一些风险源于实验室开发活动常常是只演示存储器的单个特征,以避免当全面开发性能时会出现的效应。例如,当密度和数据速率增加时,保持可接受的信噪比以及在无串扰情况下存取每条期望的记录成为重点关注的问题,必须通过全面考虑来解决。幸运的是,一些较特殊的方法还有其他属性,可能有利于这些方法在小众市场上应用。

在这些革命性方法中,有的方法——尤其是全息存储——已达到产品原型阶段,但失败了。主要的问题是驱动器相对比较复杂,因此成本高。但我们探讨过的这些(或类似的)方法中的一种或多种很可能在将来的某个时间点通过瞄准能使其独特能力得到利用的一种或多种用途而获得成功。为了实现商业可行性,任何革命型光存储技术都需要抓住对密度高得多的实体存储格式的大量新需求,或者利用其他类似用途的持续技术开发(在部件、编码、电子元件和光源方面),以实现一种既简单又便宜因此足以在小批量制造中取得成功的定制化存储系统。然后,随着技术不断地成熟,其市场规模会越来越大。

虽然目前已经有了对更大数据容量和更高密度的需求,但同时也存在着很多竞争性力量（流式视频、磁性硬盘驱动器、固态存储器），它们可能会提供有吸引力的方案来代替光存储。至于哪种方法最符合信息时代的"大胃口"，目前还没有定论。

|参 考 文 献|

［9.1］ W. Odelberg（Ed.）：*From Les Prix Nobel en* 1971（Nobel Foundation，Stockholm 1972）

［9.2］ D. Gabor：A new microscopic principle，Nature **161**，777（1948）

［9.3］ E. N. Leith，J. Upatnieks：Reconstructed wavefronts and communication theory，J. Opt. Soc. Am. **52**，1123（1962）

［9.4］ E. N. Leith，J. Upatnieks：Wavefront reconstruction with continuous-tone objects，J. Opt. Soc. Am. **53**，1377（1963）

［9.5］ E. N. Leith，J. Upatnieks：Wavefront reconstruction with diffused illumination and three-dimensional objects，J. Opt. Soc. Am. **54**，1295（1964）

［9.6］ Nobel Foundation：*Nobel Lectures*：*Physics* 1901－1921（Elsevier，Amsterdam 1967）

［9.7］ Y. N. Denisyuk：On the reproduction of the optical properties of an object by the wave field of its scattered radiation，Opt. Spectrosc.（USSR）**15**，279（1963）

［9.8］ N. L. Hartmann：Wavefront reconstruction with incoherent light，US Patent 3532406（1965）

［9.9］ S. F. Johnston：Reconstructing the history of holography，Proc. SPIE **5005**，455（2003）

［9.10］ R. L. Powell，J. H. Hemmye：Holography and hologram interferometry using photochromic recording materials，J. Opt. Soc. Am. **56**，1540（1966）

［9.11］ T. A. Shankoff：Phase holograms in dichromated gelatin，Appl. Opt. **7**，2101（1968）

［9.12］ Holophile Inc.，Killingsworth，CT，http://www.holophile.com（2011）

［9.13］ L. Siebert：Front-lighted pulse laser holography，Appl. Phys. Lett. **11**，326（1967）

［9.14］ S. Benton：Hologram reconstructions with extended incoherent sources，J. Opt. Soc. Am. **59**，1545（1969）

［9.15］ V. G. Komar，V. I. Mandrosov，G. Sobolev，D. A. Tsyrulnikov：Image projection onto a holographic screen，Kvantovaya Elektron. **2**，193（1975）

［9.16］ P. Hariharan：*Optical Holography*，2nd edn.（Cambridge Univ. Press，Cambridge 1996）

［9.17］ G. Groh：*Holographie*（Berliner Union，Stuttgart 1973）

［9.18］ T. K. Gaylord，M. G. Moharam：Thin and thick gratings：Terminology clarification，Appl. Opt. **20**，3271（1981）

［9.19］ P. Yeh: *Introduction to Photorefractive Nonlinear Optics*（Wiley, New York 1993）

［9.20］ F. Laeri, T. Tschudi, J. Albers: Coherent CW image amplifier and oscillator using two-wave interaction in a BaTiO$_3$-crystal, Opt. Commun. **47**, 387（1983）

［9.21］ M. Kaczmarek, R. W. Eason: Very-high-gain single-pass two-beam coupling in blue Rh: BaTiO$_3$, Opt. Lett. **20**, 1850（1995）

［9.22］ S. A. Benton: White light transmission/reflection holographic imaging. In: *Applications of Holography and Optical Data Processing*, ed. by E. Marom, A. A. Friesem, E. Wiener-Avnaer（Pergamon, Oxford 1977）p. 401

［9.23］ S. D. Kakichashvili: Method of recording phase polarization holograms, Kvantovaya Elektron. **1**, 1435（1974）

［9.24］ T. Todorov, L. Nikolova, N. Tomova: Polarization holography. 1: A new high-efficiency organic material with reversible photoinduced birefringence, Appl. Opt. **23**, 4309（1984）

［9.25］ S. G. Odulov: Spatially oscillating photo-voltaic current in iron-doped lithium-niobate crystals, Sov. Phys. JETP Lett. **35**, 10（1982）

［9.26］ M. Imlau, T. Woike, R. Schieder, R. A. Rupp: Holographic recording with orthogonally polarized waves in centrosymmetric Na$_2$［Fe（CN）$_5$NO］· 2H$_2$O, Europhys. Lett. **53**, 471（2001）

［9.27］ L. Nikolova, P. S. Ramanujan: *Polarization Holography*（Cambridge Univ. Press, Cambridge 2010）

［9.28］ J. T. McCrickerd, N. George: Holographic stereogram from sequential component photographs, Appl. Phys. Lett. **12**, 10（1968）

［9.29］ D. J. DeBitetto: Holographic panoramic stereograms synthesized from white light recordings, Appl. Opt. **8**, 1740（1969）

［9.30］ J. D. Redman, W. P. Wolton, E. Shuttleworth: Use of holography to make truly 3-dimensional x-ray images, Nature **220**, 58（1968）

［9.31］ N. D. Haig: 3-dimensional holograms by rotational multiplexing of 2-dimensional films, Appl. Opt. **12**, 419（1973）

［9.32］ M. C. King: Multiple exposure hologram recording of a 3-d image with a 360 degree view, Appl. Opt. **7**, 1641（1968）

［9.33］ M. Born, E. Wolf: *Principles of Optics*, 7th edn.（Cambridge Univ. Press, Cambridge 2002）

［9.34］ B. J. Thompson: Fraunhofer diffraction patterns of opaque objects with coherent background, J. Opt. Soc. Am. **53**, 1350（1963）

［9.35］ A. Vanderlugt: Signal-detection by complex spatial-filtering, IEEE Trans. Inf. Theory **10**, 139（1964）

［9.36］ J. W. Goodman: *Introduction to Fourier Optics*（McGraw-Hill, San Francisco 1968）

［9.37］ L. Rosen: Focused-image holography with extended sources, Appl. Phys. Lett. **9**, 337（1966）

［9.38］ G. W. Stroke: White-light reconstruction of holographic images using transmission holograms recorded with conventionally-focused images and in-line background, Phys. Lett. **23**, 325（1966）

［9.39］ G. B. Brandt: Image plane holography, Appl. Opt. **8**, 1421（1969）

［9.40］ H. Kogelnik: Coupled wave theory for thick hologram gratings, AT&T Tech. J. **48**, 2909－2947（1969）

［9.41］ R. Hioki, T. Suzuki: Reconstruction of wavefronts in all directions, Jpn. J. Appl. Phys. **4**, 816（1965）

［9.42］ T. H. Jeong, P. Rudolf, A. Luckett: 360° holography, J. Opt. Soc. Am. **56**, 1263（1966）

［9.43］ L. H. Lin: Edge-illuminated hologram, J. Opt. Soc. Am. **60**, 714（1970）

［9.44］ R. J. Collier, C. B. Burckhardt, L. H. Lin: *Optical Holography*（Academic, Orlando 1971）

［9.45］ D. L. Staebler, J. J. Amodei, W. Phillips: Multiple storage of thick holograms in $LiNbO_3$, IEEE J. Quantum Electron. **8**, 611（1972）

［9.46］ E. N. Leith, A. Kozma, J. Upatnieks, J. Marks, N. Massey: Holographic data storage in three-dimensional media, Appl. Opt. **5**, 1303（1966）

［9.47］ G. A. Rakuljic, V. Leyva, A. Yariv: Optical data storage using orthogonal wavelength multiplexed volume holograms, Opt. Lett. **17**, 1471（1992）

［9.48］ S. Yin, H. Zhou, F. Zhao, M. Wen, Z. Yang, J. Zhang, F. T. S. Yu: Wavelength multiplexed holographic storage in a sensitive photorefractive crystal using visible-light tunable diode laser, Opt. Commun. **101**, 317（1993）

［9.49］ C. Denz, G. Pauliat, G. Roosen, T. Tschudi: Volume hologram multiplexing using a deterministic phase encoding method, Opt. Commun. **85**, 171（1991）

［9.50］ G. Barbastathis, M. Levene, D. Psaltis: Shift multiplexing with spherical reference waves, Appl. Opt. **35**, 2403（1996）

［9.51］ Y. N. Denisyuk: Photographic reconstruction of the optical properties of an object in its own scattered radiation field, Sov. Phys. Dokl. **7**, 543（1962）

［9.52］ P. J. Van Heerden: Theory of optical information storage in solids, Appl. Opt. **2**, 393（1963）

［9.53］ L. H. Lin: Hologram formation in hardened dichromated gelatin films, Appl. Opt. **8**, 963（1969）

［9.54］ A. A. Friesem: Holograms in thick emulsions, Appl. Phys. Lett. **7**, 102（1965）

［9.55］ G. W. Stroke, A. E. Labeyrie: White-light reconstruction of holographic images using Lippmann-Bragg diffraction effect, Phys. Lett. **20**, 368（1966）

［9.56］ K. S. Pennington, L. H. Lin: Multicolor wavefront reconstruction, Appl. Phys. Lett. **7**, 56（1965）

［9.57］ A. A. Friesem, R. J. Fedorowicz: Recent advances in multicolor wavefront reconstruction, Appl. Opt. **5**, 1085（1966）

［9.58］ G. Barbastathis, D. Psaltis: *Volume Holographic Multiplexing Methods*, Springer Ser. Opt. Sci., Vol. 76（Springer, Berlin, Heidelberg 2000）pp. 21−62

［9.59］ H. -Y. S. Li, D. Psaltis: Three-dimensional holographic disks, Appl. Opt. **33**, 3764（1994）

［9.60］ D. Psaltis: Parallel optical memories, Byte **17**, 179（1992）

［9.61］ H. Lee, X. -G. Gu, D. Psaltis: Volume holographic interconnections with maximal capacity and minimal cross talk, J. Appl. Phys. **65**, 2191（1989）

［9.62］ F. H. Mok, G. W. Burr, D. Psaltis: Angle and space multiplexed holographic random access memory（HRAM）, Opt. Mem. Neural Netw. **3**, 119（1994）

［9.63］ G. Burr, F. Mok, D. Psaltis: Angle and space multiplexed holographic storage using the 90−degrees geometry, Opt. Commun. **117**, 49（1995）

［9.64］ K. Curtis, A. Pu, D. Psaltis: Method for holographic storage using peristrophic multiplexing, Opt. Lett. **19**, 993（1994）

［9.65］ G. Barbastathis, A. Pu, M. Levene, D. Psaltis: Holographic 3−D disks using shift multiplexing, Proc. SPIE **2514**, 355（1995）

［9.66］ F. H. Mok, M. C. Tackitt, H. M. Stoll: Storage of 500 high-resolution holograms in a $LiNbO_3$ crystal, Opt. Lett. **16**, 605（1991）

［9.67］ A. Pu, K. Curtis, D. Psaltis: A new method for holographic data storage in polymer films, Nonlinear Optics: Materials, Fundamentals and Applications Meeting（IEEE, New York 1994）p. 433

［9.68］ S. Campbell, X. Yi, P. Yeh: Hybrid sparse-wavelength angle-multiplexed optical data storage system, Opt. Lett. **19**, 2161（1994）

［9.69］ D. Psaltis, F. Mok: Holographic memories, Sci. Am. **273**, 70（1995）

［9.70］ A. Pu, D. Psaltis: High-density recording in photopolymer-based holographic three-dimensional disks, Appl. Opt. **35**, 2389（1996）

［9.71］ A. Pu, D. Psaltis: *Holographic 3−D disks using shift multiplexing*, CLEO96, Vol. 9（OSA, Washington 1996）p. 165

［9.72］ A. Pu, D. Psaltis: Holographic data storage with 100 bits/μm^2 density, Opt. Data Storage Top. Meet.（IEEE, New York 1997）p. 48

［9.73］ S. Matthews: A light touch, Laser Focus World **40**, 137（2004）

［9.74］ U. Schnars, W. Jüptner: Direct recording of holograms by a CCD target and numerical reconstruction, Appl. Opt. **33**, 179（1994）

［9.75］ I. Yamaguchi, T. Zhang: Phase-shifting digital holography, Opt. Lett. **22**, 1268

（1997）

[9.76] H. M. Smith：*Holographic Recording Materials*，Top. Appl. Phys.，Vol. 20（Springer，Berlin，Heidelberg 1977）

[9.77] P. Hariharan：Holographic recording materials-recent developments，Opt. Eng. **19**，636（1980）

[9.78] R. A. Linke，T. Thio，J. D. Chadi，G. E. Devlin：Diffraction from optically written persistent plasma gratings in doped compound semiconductors，Appl. Phys. Lett. **65**，16（1994）

[9.79] A. I. Ryskin，A. S. Shcheulin，B. Koziarska，J. M. Langer，A. Suchocki，I. I. Buczinskaya，P. P. Fedorov，B. P. Sobolev：CdF_2：In：A novel material for optically written storage of information，Appl. Phys. Lett. **67**，31（1995）

[9.80] B. Sugg，H. Nürge，B. Faust，R. Niehüser，H. -J. Reyher，R. A. Rupp，L. Ackermann：The photorefractive effect in terbium gallium garnet，Opt. Mater. **4**，343（1995）

[9.81] T. Woike，S. Haussühl，B. Sugg，R. A. Rupp，J. Beckers，M. Imlau，R. Schieder：Phase gratings in the visible and near-infrared spectral range realized by metastable electronic states in $Na_2[Fe(CN)_5NO]\cdot 2H_2O$，Appl. Phys. B **63**，243－248（1996）

[9.82] M. Imlau，S. Haussühl，T. Woike，R. Schieder，V. Angelov，R. A. Rupp，K. Schwarz：Holographic recording by excitation of metastable electronic states in $Na_2[Fe(CN)_5NO]\cdot 2H_2O$，A new photorefractive effect，Appl. Phys. B **68**，877（1999）

[9.83] D. Schaniel，T. Woike，J. Schefer，V. Petricek，K. W. Kramer，H. U. Guedel：Neutron diffraction shows a photoinduced isonitrosyl linkage isomer in the metastable state SI of $Na_2[Fe(CN)_5NO]\cdot 2D_2O$，Phys. Rev. B **73**（17），174108（2006）

[9.84] D. Schaniel，M. Imlau，T. Weisemoeller，T. Woike，K. W. Kramer，H. U. Guedel：Photoinduced nitrosyl linkage isomers uncover a variety of unconventional photorefractive media，Adv. Mater. **19**，723（2007）

[9.85] V. Dieckmann，S. Eicke，J. J. Rack，T. Woike，M. Imlau：Pronounced photosensitivity of molecular $[Ru(bpy)_2(OSO)]^+$ solutions based on two photoinduced linkage isomers，Opt. Express **17**，15052－15060（2009）

[9.86] F. Gallego-Gomez，F. Del-Monte，L. Meerholz：Optical gain by a simple photoisomerization process，Nat. Mater. **7**（6），490－497（2008）

[9.87] M. A. Ellabban，M. Fally，R. A. Rupp，L. Kovács：Light-induced phase and amplitude gratings in centrosymmetric Gadolinium Gallium garnet doped with Calcium，Opt. Express **14**，593（2006）

［9.88］ C. C. Bowley, G. P. Crawford: Diffusion kinetics of formation of holographic polymer-dispersed liquid crystal display materials, Appl. Phys. Lett. **76**, 2235 (2000)

［9.89］ M. J. Escuti, J. Qi, G. P. Crawford: Tunable face-centered-cubic photonic crystal formed in holographic polymer dispersed liquid crystals, Opt. Lett. **28**, 522 (2003)

［9.90］ G. P. Crawford: Electrically switchable Bragg gratings, Opt. Photonics News **14**, 54 (2003)

［9.91］ N. Suzuki, Y. Tomita, T. Kojima: Holographic recording in TiO_2 nanoparticle-dispersed methacrylate photopolymer films, Appl. Phys. Lett. **81**, 4121 (2002)

［9.92］ Y. Tomita, N. Suzuki, K. Chikama: Holographic manipulation of nanoparticle distribution morphology in nanoparticle-dispersed photopolymers, Opt. Lett. **30**, 839−841 (2005)

［9.93］ N. Suzuki, Y. Tomita, K. Ohmori, M. Hidaka, K. Chikama: Highly transparent ZrO_2 nanoparticle-dispersed acrylate photopolymers for volume holographic recording, Opt. Express **14**, 12712 (2006)

［9.94］ O. V. Sakhno, L. M. Goldenberg, J. Stumpe, T. N. Smirnova: Surface modified ZrO_2 and TiO_2 nanoparticles embedded in organic photopolymersfor highly effective and UV-stable volume holograms, Nanotechnology **18**, 105704 (2007)

［9.95］ Y. Tomita, T. Nakamura, A. Tago: Improved thermal stability of volume holograms recorded in nanoparticle-polymer composite films, Opt. Lett. **33**, 1750−1752 (2008)

［9.96］ N. Suzuki, Y. Tomita: Diffraction properties of volume holograms recorded in SiO_2 nanoparticle-dispersed methacrylate photopolymer films, Jpn. J. Appl. Phys. **42**, L927−L929 (2003)

［9.97］ L. M. Goldenberg, O. V. Sakhno, T. N. Smimova, P. Helliwell, V. Chechik, J. Stumpe: Holographic composites with gold nanoparticles: Nanoparticles promote polymer segregation, Chem. Mater. **20**, 4619 (2008)

［9.98］ O. V. Sakhno, L. M. Goldenberg, J. Stumpe, T. N. Smirnova: Effective volume holographic structures based on organic-inorganic photopolymer nanocomposites, J. Opt. A **11**, 024013 (2009)

［9.99］ N. Suzuki, Y. Tomita: Silica-nanoparticle-dispersed methacrylate photopolymers with net diffraction efficiency near 100%, Appl. Opt. **43**, 2125 (2004)

［9.100］ S. Gyergyek, M. Huskic, D. Makovec, M. Drofenik: Superparamagnetic nanocomposites of iron oxide in a polymethyl methacrylate matrix synthesized by in situ polymerization, Colloid Surf. A **317**, 49−55 (2008)

［9.101］ E. Völkl, H. Lichte: Electron holograms for subangstrom point resolution, Ultramicroscopy **32**, 177 (1990)

［9.102］ B. Javidi, E. Tajahuerce: Three-dimensional object recognition by use of digital holography，Opt. Lett. **25**，610（2000）

［9.103］ T. D. Gerke，R. Piestun：Aperiodic volume optics，Nat. Photonics **4**（3），
188－193（2010）

［9.104］ S. Tay，P. -A. Blanche，R. Voorakaranam，A. V. Tunc，W. Lin，W. S. Rokutanda，
T. Gu，D. Flores，P. Wang，G. Li，P. S. Hilaire，J. Thomas，R. A. Norwood，
R. A. M. Yamamoto，N. Peyghambarian：An updatable holographic
three-dimensional display，Nature **451**（7179），694－698（2008）

［9.105］ O. Graydon：Holography-Polymer yields 3－D video，Nat. Photonics **4**（12），
811（2010）

［9.106］ P. -A. Blanche，A. Bablumian，R. Voorakaranam，C. Christenson，W. Lin，
T. Gu，D. Flores，P. Wang，W. -Y. Hsieh，M. Kathaperumal，B. Rachwal，
O. Siddiqui，J. Thomas，R. A. Norwood，M. Yamamoto，N. Peyghambarian：
Holographic three-dimensional telepresence using large-area photorefractive
polymer，Nature **468**（7320），80－83（2010）

［9.107］ W. D. Rau，P. Schwander，F. H. Baumann，W. Höppner，A. Ourmazd：
Two-dimensional mapping of the electrostatic potential in transistors by electron
holography，Phys. Rev. Lett. **82**，2614（1999）

［9.108］ M. R. McCartney，M. A. Gribelyuk，J. Li，P. Ronsheim，J. S. McMurray，
D. J. Smith：Quantitative analysis of one-dimensional dopant profile by electron
holography，Appl. Phys. Lett. **80**，3213（2002）

［9.109］ E. Völkl，L. F. Allard，D. Joy：*Introduction to Electron Holography*（Kluwer，
Dordrecht 1999）

［9.110］ A. Tonomura：*Electron Holography*，Springer Ser. Opt. Sci.，Vol. 70，2nd
edn.（Springer，Berlin，Heidelberg 1999）

［9.111］ R. A. London，M. D. Rosen，J. E. Trebes：Wavelength choice for soft x－ray
laser holography of biological samples，Appl. Opt. **28**，3397（1989）

［9.112］ M. Howells，C. Jacobsen，J. Kirz：X－ray holograms at improved resolution：
A study of zymogen granules，Science **238**，514（1987）

［9.113］ J. E. Trebes，S. B. Brown，E. M. Campbell，D. L. Matthews，D. G. Nilson，
G. F. Stone，D. A. Whelan：Demonstration of x－ray holography with an x－ray
laser，Science **238**，517（1987）

［9.114］ O. Sahin：Probe microscopy-Scanning below the cell surface，Nat. Nanotechnol. **3**
（8），461（2008）

［9.115］ L. Tetard，A. Passian，K. T. Venmar，R. M. Lynch，M. Rachel，B. H. Voy，
G. Shekhawat，V. P. Dravid，T. Thundat：Imaging nanoparticles in cells by
nanomechanical holography，Nat. Nanotechnol. **3**（8），501（2008）

［9.116］ E. N. Leith：Quasi-holographic techniques in the microwave region，Proc. IEEE

59，1305（1971）

［9.117］ P. A. Midgley, R. E. Dunin-Borkowski: Electron tomography and holography in materials science, Nat. Mater. **8**（4），271−280（2009）

［9.118］ M. Hytch, F. Houdellier, F. Hue, E. Snoeck: Nanoscale holographic interferometry for strain measurements in electronics devices, Nature **453**（7198），1086（2008）

［9.119］ Y. Murakami, H. Kasai, J. J. Kim, S. Mamishin, D. Shindo, S. Mori, A. Tonomura: Ferromagnetic domain nucleation and growth in colossal magneotresistance manganite, Nat. Nanotechnol. **5**（1），37−41（2010）

［9.120］ S. Eisebitt: X−ray holography-The hole story, Nat. Photonics **2**（9），529−530（2008）

［9.121］ H. N. Chapman, S. P. Hau-Riege, M. J. Bogan, S. Bajt, A. Barty, S. Boutet, S. Marchesini, M. Frank, B. W. Woods, W. H. Benner, R. A. London, U. Rohner, A. Szöke, E. Spiller, T. Möller, C. Bostedt, D. A. Shapiro, M. Kuhlmann, R. Treusch, E. Plönjes, F. Burmeister, M. Bergh, C. Caleman, G. Huldt, M. M. Seibert, J. Hajdu: Femtosecond time-delay x−ray holography, Nature **448**（7154），676（2007）

［9.122］ H. N. Chapman: X−ray imaging beyond its limits, Nat. Mater. **8**（4），299（2009）

［9.123］ M. M. Murnane, J. Miao: Ultrafast x−ray photography, Nature **460**（7259），1088−1090（2009）

［9.124］ H. N. Chapman, K. A. Nugent: Coherent lensless x−ray imaging, Nat. Photonics **4**（12），833−839（2010）

［9.125］ C. M. Guenther, B. Pfau, R. Mitzner, B. Siemer, S. Roling, H. Zacharias, O. Kutz, I. Rudolph, D. Schondelmaier, R. Treusch, S. Eisebitt: Sequential femtosecond x−ray imaging, Nat. Photonics **5**（2），99−102（2011）

［9.126］ S. Marchesini, S. Boutet, A. E. Sakdinawat, M. J. Bogan, S. Bajt, A. Barty, H. N. Chapman, M. Frank, S. P. Hau-Riege, A. Szoke, C. W. Cui, D. A. Shapiro, M. R. Howells, J. C. H. Spence, J. W. Shaevitz, J. Y. Lee, J. Hajdu, M. M. Seibert: Massively parallel x−ray holography, Nat. Photonics **2**（9），560−563（2008）

［9.127］ A. Andreoni, M. Bondani, M. A. C. Potenza, Y. N. Denisyuk: Holographic properties of the second-harmonic cross correlation of object and reference optical wave fields, J. Opt. Soc. Am. B **17**，966（2000）

［9.128］ Y. N. Denisyuk, A. Andreoni, M. Bondani, M. A. C. Potenza: Real-time holograms generated by second-harmonic cross correlation of object and reference optical wave fields, Opt. Lett. **25**，890（2000）

［9.129］ M. Bondani, A. Andreoni: Holographic nature of three-wave mixing, Phys. Rev. A

66, 33805（2002）

[9.130] M．Bondani，A．Allevi，A．Brega，E．Puddu，A．Andreoni：Difference-frequency-generated holograms of two-dimensional objects，J. Opt. Soc. Am. B **21**, 280（2004）

[9.131] D．Gevaux：Three-dimensional photonic crystals-Microscale holography，Nat. Photonics **1**（4），213（2007）

[9.132] M. Campbell, D. N. Sharp, M. T. Harrison, R. G. Denning, A. J. Turberfield：Fabrication of photonic crystals for the visible spectrum by holographic lithography，Nature **404**, 53（2000）

[9.133] Y. V. Miklyaev, D. C. Meisel, A. Blanco, G. von Freymann, K. Busch, W. Koch, C. Enkrich, M. Deubel, M. Wegener：Three-dimensional face-centeredcubic photonic crystal templates by laser holography：Fabrication, optical characterization, and band-structure calculations, Appl. Phys. Lett. **82**, 1284（2003）

[9.134] C. -L. Hsieh, R. Grange, Y. Pu, D. Psaltis：Three-dimensional harmonic holographic microscopy using nanoparticles as probes for cell imaging，Opt. Express **17**（4），105749（2009）

[9.135] C. Barsi, W. Wan, J. W. Fleischer：Imaging through nonlinear media using digital holography，Nat. Photonics **3**（4），211（2009）

[9.136] N. Huot, J. M. Jonathan, G. Pauliat, P. Georges, A. Brun, G. Roosen：Laser mode manipulation by intracavity dynamic holography：Application to mode selection，Appl. Phys. B **69**, 155（1999）

[9.137] S. Y. Lam，M. Damzen：Self-adaptive holographic solid-state dye laser，Opt. Commun. **218**, 365（2003）

[9.138] R. C. Moon, L. S. Mattos, S. Laila, B. K. Foster, G. Zeltzer, H. C. Manoharan：Quantum holographic encoding in a two-dimensional electron gas，Nat. Nanotechnol. **4**（3），167−172（2009）

[9.139] L. D'Auria, J. P. Huignard, E. Spitz：Holographic read-write memory and capacity enhancement by 3−D storage，IEEE Trans. Magn. **9**, 83（1973）

[9.140] H. Coles, S. Morris：Liquid-crystal lasers，Nat. Photonics **4**（10），676−685（2010）

[9.141] J. Heanue, M. Bashaw, L. Hesselink：Volume holographic storage and retrieval of digital data，Science **265**, 749（1994）

[9.142] M. P. Bernal, H. Coufal, R. K. Grygier, J. A. Hoffnagle, C. M. Jefferson, R. M. MacFarlane, R. M. Shelby, G. T. Sincerbox, P. Wimmer, G. Wittmann：A precision tester for studies of holographic optical storage materials and recording physics，Appl. Opt. **35**, 2360（1996）

［9.143］ I. McMichael, W. Christian, D. Pletcher, T. Y. Chang, J. H. Hong: Compact holographic storage demonstrator with rapid access, Appl. Opt. **35**, 2375（1996）

［9.144］ G. W. Burr, J. Ashley, H. Coufal, R. K. Grygier, J. A. Hoffnagle, C. M. Jefferson, B. Marcus: Modulation coding for pixel-matched holographic data storage, Opt. Lett. **22**, 639（1997）

［9.145］ M. Imlau, T. Bieringer, S. G. Odoulov, T. Woike: Holographic data storage. In: *Nanoelectronics and Information Technology. Advanced Electronic Materials and Novel Devices*, ed. by R. Waser（Wiley－VCH, Weinheim 2003）pp. 661－686, Chap. 27

［9.146］ H. J. Coufal, D. Psaltis, G. T. Sincerbox（Eds.）: *Holographic Data Storage*, Springer Ser. Opt. Sci., Vol. 76（Springer, Berlin, Heidelberg 2000）

［9.147］ F. Dreesen, G. von Bally: High resolution color-holography for archaeological and medical applications, optics within life sciences. In: *Optics Within Life Science*, ed. by C. Fotakis, T. G. Papazoglou, C. Kapouzos（Springer, Berlin, Heidelberg 2000）p. 349

［9.148］ F. Dreesen, G. von Bally: Color rendering in reflection holography. In: *Optical Technologies in the Humanities*, Ser. Opt. Within Life Sci., Vol. 4, ed. by D. Dirksen, G. von Bally（Elsevier, Amsterdam 1996）p. 79

［9.149］ G. von Bally, F. Dreesen, V. B. Markov, A. Roskhop, E. V. de Haller: Recording of color holograms on PFG－03Ts, Tech. Phys. Lett. **21**, 76（1995）

［9.150］ G. von Bally, D. Dreesen, A. Roshop, E. de Haller, G. Wernicke, N. Demoli, U. Dahms, H. Gruber, W. Sommerfeld: Holographic methods in cultural heritage preservation and evaluation. In: *Optical Methods in Biomedical and Environmental Sciences*, Ser. Opt. Within Life Sci., Vol. 3, ed. by H. Ohzu, S. Komatsu（Elsevier, Amsterdam 1994）p. 297

［9.151］ Y. I. Ostrovsky, M. Butusov, G. V. Ostrovskaya: *Interferometry by Holography*, Springer Ser. Opt. Sci., Vol. 20（Springer, Berlin, Heidelberg 1980）

［9.152］ C. M. Vest: *Holographic Interferometry*（Wiley Interscience, New York 1979）

［9.153］ G. Wernicke, W. Osten: *Holografische Interferometrie*（Physik-Verlag, Weinheim 1982）, in German

［9.154］ T. Kreis: *Holographic Interferometry*, Akad. Ser. Opt. Metrol., Vol. 1（Akademie, Berlin 1996）

［9.155］ K. A. Stetson, R. L. Powell: Interferometric hologram evaluation and real-time vibration analysis of diffuse objects, J. Opt. Soc. Am. **55**, 1694（1965）

［9.156］ R. J. Collier, E. T. Doherty, K. S. Pennington: Application of Moiré techniques to holography, Appl. Phys. Lett. **7**, 223（1965）

［9.157］ R. E. Brooks, L. O. Heflinger, R. F. Wuerker: Interferometry with a holographically reconstructed comparsion beam, Appl. Phys. Lett. **7**, 248（1965）

［9.158］　M. H. Horman: An application of wavefront reconstruction to interferometry, Appl. Opt. **4**, 333（1965）

［9.159］　B. P. Hildebrand, K. A. Haines: Interferometric measurements using the wavefront reconstruction technique, Appl. Opt. **5**, 172（1966）

［9.160］　K. A. Haines, B. P. Hildebrand: Surface-deformation measurement using the wavefront reconstruction technique, Appl. Opt. **5**, 595（1966）

［9.161］　L. O. Heflinger, R. F. Wuerker, R. E. Brooks: Holographic interferometry, J. Appl. Phys. **37**, 642（1966）

［9.162］　N. Abramson: The holo-diagram: A practical device for making and evaluating holograms, Appl. Opt. **8**, 1235（1969）

［9.163］　J. E. Sollid: Holographic interferometry applied to measurements of small static displacements of diffusely reflecting surfaces, Appl. Opt. **8**, 1587（1969）

［9.164］　K. A. Stetson: Method of vibration measurements in heterodyne interferometry, Opt. Lett. **7**, 233（1982）

［9.165］　R. J. Pryputniewicz: Pulsed laser holography in studied of bone motions and deformations, Opt. Eng. **24**, 832（1985）

［9.166］　R. Thalmann: Heterodyne and quasi-heterodyne holographic-interferometry, Opt. Eng. **24**, 824（1985）

［9.167］　T. Tsuruta, N. Shiotake, Y. Itoh: Hologram interferometry using 2 reference beams, Jpn. J. Appl. Phys. **7**, 1092（1968）

［9.168］　G. S. Ballard: Double-exposure holographic interferometry, J. Appl. Phys. **39**, 4846（1968）

［9.169］　E. Marom, F. M. Mottier: 2−reference-beam holographic interferometry, J. Opt. Soc. Am. **66**, 23（1976）

［9.170］　E. Jansson, N. E. Molin, H. Sundin: Resonances of a violin body studied by hologram interferometry and acoustical methods, Phys. Scr. **2**, 243（1970）

［9.171］　G. M. Brown, R. M. Grant, G. W. Stroke: Theory of holographic interferometry, J. Acoust. Soc. Am. **45**, 1166（1969）

［9.172］　A. D. Wilson, D. H. Strope: Time-average holographic interferometry of a circular plate vibrating simultaneously in 2 rationally related modes, J. Opt. Soc. Am. **60**, 1162（1970）

［9.173］　R. Tonin, D. A. Bies: Time-averaged holography for study of 3-dimensional vibrations, J. Sound Vib. **52**, 315（1977）

［9.174］　C. C. Aleksoff: Time average holography extended, Appl. Phys. Lett. **14**, 23（1969）

［9.175］　F. M. Mottier: Time-averaged holography with triangular phase modulation of the reference wave，Appl. Phys. Lett. **15**，285（1969）

［9.176］ E. Archbold，A. E. Ennos：Observation of surface vibration modes by stroboscopic hologram interferometry，Nature **217**，942（1968）

［9.177］ B. M. Watrasiewicz，P. Spicer：Vibration analysis by stroboscopic holography，Nature **217**，1142（1968）

［9.178］ P. Shajenko，C. D. Johnson：Stroboscopic holographic interferometry，Appl. Phys. Lett. **13**，44（1968）

［9.179］ Z. Yaqoob，D. Psaltis，M. S. Feld，C. Yang：Optical phase conjugation for turbidity suppression in biological samples，Nat. Photonics **2**，11（2008）

［9.180］ D. Hadbawnik：Holographische Endoskopie，Optik **45**，21（1976）

［9.181］ M. Yonemura，T. Nishisaka，H. Machida：Endoscopic hologram interferometry using fiber optics，Appl. Opt. **20**，1664（1981）

［9.182］ G. von Bally，W. Schmidthaus，H. Sakowski，W. Mette：Gradient-index optical systems in holographic endoscopy，Appl. Opt. **23**，1725－1729（1984）

［9.183］ G. von Bally，E. Brune，W. Mette：Holographic endoscopy with gradient-index optical imaging system and optical fibers，Appl. Opt. **25**，3425（1986）

［9.184］ O. Coquoz，R. Conde，F. Taleblou，C. Depeursinge：Performances of endoscopic holography with a multicore optical fiber，Appl. Opt. **34**，7186（1995）

［9.185］ D. B. Sheffer，W. Loughry，K. Somasundaram，S. K. Chawla，P. J. Wesolowski：Phase-shifting holographic interferometry for breast cancer detection，Appl. Opt. **33**，5011（1994）

［9.186］ S. Schedin，G. Pedrini，H. J. Tiziani，A. K. Aggarwal：Comparative study of various endoscopes for pulsed digital holographic interferometry，Appl. Opt. **40**，2692（2001）

［9.187］ M. d. S. Hernández-Montes，C. Pérez-López，F. Mendoza Santoyo，L. M. Muñoz Guevara：Detection of biological tissue in gels using pulsed digital holography，Opt. Express **12**，853（2004）

［9.188］ H. Chen，M. Shih，E. Arons，E. Leith，J. Lopez，D. Dilworth，P. C. Sun：Electronic holographic imaging through living human tissue，Appl. Opt. **33**，3630（1994）

［9.189］ N. H. Abramson，K. G. Spears：Single pulse light-in-flight recording by holography，Appl. Opt. **28**，1834（1989）

［9.190］ I. Bukosza：Three-dimensional representation of ventriculography using contour-line holography，Appl. Opt. **31**，2485（1992）

［9.191］ C. Liu，C. Yan，S. Gao：Digital holographic method for tomography-image reconstruction，Appl. Phys. Lett. **84**，1010（2004）

［9.192］ M. -K. Kim：Tomographic three-dimensional imaging of a biological specimen using wavelength-scanning digital interference holography，Opt. Express **7**，305（2000）

［9.193］ S. -R. Kothapalli，P. Wu，C. S. Yelleswarapu，D. V. G. L. N. Rao：Medical image processing using transient Fourier holography in bacteriorhodopsin films，Appl. Phys. Lett. **85**，5836（2004）

［9.194］ D. Carl，B. Kemper，G. Wernicke，G. von Bally：Parameter-optimized digital holographic microscope for high-resolution living-cell analysis，Appl. Opt. **43**，6536（2004）

［9.195］ P. Marquet，B. Rappaz，P. J. Magistretti，E. Cuche，Y. Emery，T. Colomb，C. Depeursinge：Digital holographic microscopy：A noninvasive contrast imaging technique allowing quantitative visualization of living cells with subwavelength axial accuracy，Opt. Lett. **30**，468（2005）

［9.196］ J. Rosen，G. Brooker：Nonscanning motionless fluorescence three-dimensional holographic microscopy，Nat. Photonics **2**，190（2008）

［9.197］ C. Lutz，T. S. Otis，V. DeSars，S. Charpak，D. A. DiGregorio，V. Emiliani：Holographic photolysis of caged neurotransmitters，Nat. Methods **5**，821（2008）

［9.198］ A. Kozma，D. L. Kelly：Spatial filtering for detection of signals submerged in noise，Appl. Opt. **4**，387（1965）

［9.199］ A. W. Lohmann，D. P. Paris：Binary Fraunhofer holograms，generated by computer，Appl. Opt. **6**，1739（1967）

［9.200］ W. H. Lee：Sampled Fourier transform hologram generated by computer，Appl. Opt. **9**，639（1970）

［9.201］ W. H. Lee：Binary synthetic holograms，Appl. Opt. **13**，1677（1974）

［9.202］ H. Melville，G. F. Milne，G. C. Spalding，W. Sibbett，K. Dholakia，D. McGloin：Optical trapping of three-dimensional structures using dynamic holograms，Opt. Express **11**，3562（2003）

［9.203］ W. J. Hossack，E. Theofanidou，J. Crain：High-speed holographic optical tweezers using a ferroelectric liquid crystal microdisplay，Opt. Express **11**，2053（2003）

［9.204］ E. R. Dufresne，G. C. Spalding，M. T. Dearing，S. A. Sheets，D. G. Grier：Computer-generated holographic optical tweezer arrays，Rev. Sci. Instrum. **72**，1810（2001）

［9.205］ D. G. Grier，A. A. Sawchuk：Dynamic holographic optical tweezers：Transforming mesoscopic matter with light，OSA Trends Opt. Photonics **90**，84（2003）

［9.206］ A. Jesacher，S. Fürhapter，S. Bernet，M. Ritsch-Marte：Diffractive optical tweezers in the Fresnel regime，Opt. Express **12**，2243（2004）

［9.207］ A. Ashkin，J. M. Dziedzic，J. E. Bjorkholm，S. Chu：Observation of a single-beam gradient force optical trap for dielectric particles，Opt. Lett. **11**，288（1986）

[9.208] A. Vasara, J. Turunen, A. T. Friberg: Realization of general nondiffracting beams with computer-generated holograms, J. Opt. Soc. Am. A **6**, 1748（1989）

[9.209] J. Durnin: Exact solutions for nondiffracting beams. I. the scalar theory, J. Opt. Soc. Am. A **4**, 651（1987）

[9.210] N. R. Heckenberg, R. McDuff, C. P. Smith, A. G. White: Generation of optical phase singularities by computer-generated holograms, Opt. Lett. **17**, 221（1992）

[9.211] A. R. Agachev, N. P. Larionov, A. V. Lukin, T. A. Mironova, A. A. Nyushkin, D. V. Protasevich, R. A. Rafikov: Computer-generated holographic optics, J. Opt. Technol. **69**, 871（2002）

[9.212] I. M. Lancaster: Holograms and authentication: Meeting future demands. In: *Practical Holography XVIII*, Mater. Appl., Vol. 5290, ed. by T. H. Jeong, H. I. Bjelkhagen（SPIE, Bellingham 2003）p. 318

[9.213] D. Weber, J. Trolinger: Novel implementation of nonlinear joint transform correlators in optical security and validation, Opt. Eng. **38**, 62（1999）

[9.214] P. Réfrégier, B. Javidi: Optical image encryption based on input plane and Fourier plane random encoding, Opt. Lett. **20**, 767（1995）

[9.215] B. Javidi, T. Nomura: Securing information by use of digital holography, Opt. Lett. **25**, 28（2000）

[9.216] E. Tajahuerce, O. Matoba, S. C. Verrall, B. Javidi: Optoelectronic information encryption with phase-shifting interferometry, Appl. Opt. **39**, 2313（2000）

[9.217] J. F. Heanue, M. C. Bashaw, L. Hesselink: Encrypted holographic data storage based on orthogonal-phase-code multiplexing, Appl. Opt. **34**, 6012（1995）

[9.218] N. Yoshikawa, M. Itoh, T. Yatagai: Binary computer-generated holograms for security applications from a synthetic double-exposure method by electron-beam lithography, Opt. Lett. **23**, 1483（1998）

[9.219] O. Matoba, B. Javidi: Encrypted optical storage with angular multiplexing, Appl. Opt. **38**, 7288（1999）

[9.220] S. Kishk, B. Javidi: Watermarking of three-dimensional objects by digital holography, Opt. Lett. **28**, 167（2003）

[9.221] M. Imlau, R. Schieder, R. A. Rupp, T. Woike: Anisotropic holographic scattering in centrosymmetric sodium nitroprusside, Appl. Phys. Lett. **75**, 16（1999）

[9.222] M. Imlau, M. Goulkov, M. Fally, T. Woike: Characterization of polar oxides by photo-induced light scattering. In: *Polar Oxides*: *Properties*, *Characterization and Imaging*, ed. by U. Böttger, S. Tiedke, R. Waser（Wiley, New York 2005）pp. 163−188, Chap. 9

[9.223] M. Goulkov, S. Odoulov, T. Woike, J. Imbrock, M. Imlau, H. Hesse:

Holographic light scattering in photorefractive crystals with local response, Phys. Rev. B **65**, 195111（2002）

［9.224］ M. A. Ellabban, M. Fally, R. A. Rupp, T. Woike, M. Imlau: Holographic scattering and its applications. In: *Recent Developments in Applied Physics*, Vol. 4, ed. by S. G. Pandalay（Transworld Publishing, Trivandrum 2001）pp. 241−275

［9.225］ M. A. Ellabban, M. Fally, H. Ursic, I. Drevenšek-Olenik: Holographic scattering in photopolymer-dispersed liquid crystals, Appl. Phys. Lett. **87**, 151101（2005）

［9.226］ A. Selinger, U. Voelker, V. Dieckmann, M. Imlau, M. Goulkov: Parametric hybrid scattering from light-induced ferroelectric and photorefractive structures, Opt. Express **15**, 4684−4693（2007）

［9.227］ M. Goulkov, O. Fedorenko, T. Woike, T. Granzow, M. Imlau, M. Woehlecke: Intensity dependent properties of photo-induced light scattering in ferroelectric Sr0.61Ba0.39Nb2O6: Ce, J. Phys. D **18**, 3037−3052（2006）

［9.228］ M. Imlau, M. Fally, T. Weisemoeller, D. Schaniel: Holographic light scattering in centrosymmetric sodium nitroprusside upon generation of light-induced metastable states, Phys. Rev. B **73**, 205113（2006）

［9.229］ M. Goulkov, K. Bastwoeste, S. Moeller, M. Imlau, M. Wohlecke: Thickness dependence of photo-induced light scattering in photorefractive ferroelectrics, J. Phys. D **20**（7）, 075225（2008）

［9.230］ M. Goulkov, M. Imlau, T. Woike: Photorefractive parameters of lithium niobate crystals from photoinduced light scattering, Phys. Rev. B **77**（23）, 235110（2008）

［9.231］ M. Goulkov, M. Imlau, R. Pankrath, T. Granzow, U. Dörfler, T. Woike: Temperature study of photoinduced wide-angle scattering in cerium-doped strontium barium niobate, J. Opt. Soc. Am. B **20**, 307−313（2003）

［9.232］ M. Goulkov, T. Granzow, U. Dörfler, T. Woike, M. Imlau, R. Pankrath, W. Kleemann: Temperature dependent determination of the linear electrooptic coefficient $r33$ in Sr0.61Ba0.39Nb2O6 single crystals by means of light-induced scattering, Opt. Commun. **218**, 173−182（2003）

［9.233］ M. Y. Goulkov, T. Granzow, U. Dörfler, T. Woike, M. Imlau, R. Pankrath: Study of beam-fanning hysteresis in photo-refractive SBN: Ce: Light-induced and primary scattering as functions of polar structure, Appl. Phys. B **76**, 407−416（2003）

［9.234］ M. Goulkov, M. Imlau, T. Granzow, T. Woike: Beam fanning reversal in the ferroelectric relaxor Sr0.61Ba0.39Nb2O6 at high external electric fields, J. Appl. Phys. **94**, 4763（2003）

［9.235］ V. Dieckmann, A. Selinger, M. Imlau, M. Goulkov: Fixed index gratings in $LiNbO_3$: Fe upon long-term exposure to an intense laser beam, Opt. Lett. **32**,

3510－3512（2007）

[9.236] S. Hausfeld, M. Imlau, T. Weisemöller, M. Fally, T. Woike: Parametric scattering upon light-induced generation of metastable molecular states. In: *Trends in Optics and Photonics*, Vol. 99, ed. by G. Zhang, D. Kip, D. Nolte, J. Xu（OSA, Washington 2005）p. 405

[9.237] A. Szöke: X－ray and electron holography using a local reference beam. In: *Short Wavelength Coherent Radiation*: *Generation and Applications*, Vol. 147, ed. by D. T. Attwood, J. Boker（AIP, New York 1986）pp. 361－367

[9.238] G. R. Harp, D. K. Saldin, B. P. Tonner: Atomicresolution electron holography in solids with localized sources, Phys. Rev. Lett. **65**, 1012（1990）

[9.239] G. Faigel, M. Tegze: X－ray holography, Rep. Prog. Phys. **62**, 355（1999）

[9.240] L. Cser, G. Krexner, G. Török: Atomic-resolution neutron holography, Europhys. Lett. **54**, 747（2001）

[9.241] T. Gog, P. M. Len, G. Materlik, D. Bahr, C. S. Fadley, C. Sanchez-Hanke: Multiple-energy x－ray holography: Atomic images of hematite（Fe_2O_3）, Phys. Rev. Lett. **76**, 3132（1996）

[9.242] S. Y. Tong, H. Huang, X. Q. Guo: Low-energy electron and low-energy positron holography, Phys. Rev. Lett. **69**, 3654（1992）

[9.243] A. Hamza, P. Asoka-Kumar, W. Stoeffl, R. Howell, D. Miller, A. Denison: Development of positron diffraction and holography at LLNL, Radiat. Phys. Chem. **68**, 635（2003）

[9.244] J. J. Barton: Photoelectron holography, Phys. Rev. Lett. **61**, 1356（1988）

[9.245] P. M. Len, J. D. Denlinger, E. Rotenberg, S. D. Kevan, B. P. Tonner, Y. Chen, M. A. van Hove, C. S. Fadely: Holographic atomic images from surface and bulk W（110）photoelectron diffraction data, Phys. Rev. B **59**, 5857（1999）

[9.246] S. Omori, Y. Nihei, E. Rotenberg, J. D. Denlinger, S. Marchesini, S. D. Kevan, B. P. Tonner, M. A. van Hove, C. S. Fadley: Differential photoelectron holography: A new approach for three-dimensional atomic imaging, Phys. Rev. Lett. **88**, 055504（2002）

[9.247] D. K. Saldin, P. L. de Andres: Holographic LEED, Phys. Rev. Lett. **64**, 1270（1990）

[9.248] H. Wu, S. Xu, S. Ma, W. P. Lau, M. H. Xie, S. Y. Tong: Surface atomic arrangement visualization via reference-atom-specific holography, Phys. Rev. Lett. **89**, 216101（2002）

[9.249] H. Li, B. P. Tonner: Real-space interpretation of x-ray-excited Auger-electron diffraction from Cu（001）, Phys. Rev. B **37**, 3959（1988）

[9.250] M. Tegze, G. Faigel: X－ray holography with atomic resolution, Nature **380**,

49（1996）

［9.251］ G. Tegze，M. Faigel，S. Marchesini，M. Belakhovsky，A. I. Chumakov：Three dimensional imaging of atoms with isotropic 0.5 Å resolution，Phys. Rev. Lett. **82**，4847（1999）

［9.252］ M. Tegze，G. Faigel，S. Marchesini，M. Belakhovsky，O. Ulrich：Imaging light atoms by x-ray holography，Nature **407**，38（2000）

［9.253］ P. Korecki，J. Korecki，T. Ślezak：Atomic resolution γ-ray holography using the Mössbauer effect，Phys. Rev. Lett. **79**，3518（1997）

［9.254］ P. Korecki，M. Szymnoñski，J. Korecki，T. Ślezak：Site-selective holographic imaging of iron arrangements in magnetite，Phys. Rev. Lett. **92**，205501（2004）

［9.255］ B. Sur，R. B. Rogge，R. P. Hammond，V. N. P. Anghel，J. Katsaras：Atomic structure holography using thermal neutrons，Nature **414**，525（2001）

［9.256］ L. Cser，G. Török，G. Krexner，M. Prem，I. Sharkov：Neutron holographic study of palladium hydride，Appl. Phys. Lett. **85**，1149（2004）

［9.257］ L. Cser，G. Török，G. Krexner，I. Sharkov，B. Faragó：Holographic imaging of atoms using thermal neutrons，Phys. Rev. Lett. **89**，175504（2002）

［9.258］ L. Cser，G. Török，G. Krexner，M. Markó，I. Sharkov：Direct observation of local distortion of crystal lattice with picometer accuracy using atomic resolution neutron holography，Phys. Rev. Lett. **97**，255501（2006）

［9.259］ P. Korecki，G. Materlik，P. Korecki：Complex γ-ray hologram：Solution to twin images problem in atomic resolution imaging，Phys. Rev. Lett. **86**，1534（2001）

［9.260］ Y. Takahashi，K. Hayashi，E. Matsubara：Complex x-ray holography，Phys. Rev. B **68**，052103（2003）

［9.261］ R. A. Rupp，J. Hehmann，R. Matull，K. Ibel：Neutron diffraction from photoinduced gratings in a PMMA matrix，Phys. Rev. Lett. **64**，301（1990）

［9.262］ M. Fally：The photo-neutronrefractive effect，Appl. Phys. B **75**，405－426（2002）

［9.263］ M. Fally，I. Drevenšek-Olenik，M. A. Ellabban，K. P. Pranzas，J. Vollbrandt：Colossal light-induced refractive-index modulation for neutrons in holographic polymer-dispersed liquid crystals，Phys. Rev. Lett. **97**，167803（2006）

［9.264］ M. Fally，J. Klepp，Y. Tomita，T. Nakamura，C. Pruner，M. A. Ellabban，R. A. Rupp，M. Bichler，I. Drevenšek-Olenik，J. Kohlbrecher，H. Eckerlebe，H. Lemmel，H. Rauch：Neutron optical beam splitter from holographically structured nanoparticle-polymer composites，Phys. Rev. Lett. **105**，123904（2010）

［9.265］ U. Schellhorn，R. A. Rupp，S. Breer，R. P. May：The first neutron interferometer built of holographic gratings，Physica B **234－236**，1068－1070（1997）

［9.266］ C. Pruner，M. Fally，R. A. Rupp，R. P. May，J. Vollbrandt：Interferometer for cold neutrons, Nucl. Instrum. Methods A **560**, 598（2006）

［9.267］ M. Fally, C. Pruner, R. A. Rupp, G. Krexner: *Neutron Physics with Photorefractive Materials*, Springer Ser. Opt. Sci., Vol. 115（Springer, Berlin, Heidelberg 2007）pp. 317−349

［9.268］ A. B. Marchant: *Optical Recording*（Addison-Wesley, Boston 1990）

［9.269］ M. Mansuripur, G. Sincerbox: Principles and techniques of optical data storage, Proc. IEEE **85**（11）, 1780−1796（1997）

［9.270］ ECMA−267 Standard: 120 mm DVD-Read-only disk（Dec. 1999）http://www.ecma.ch

［9.271］ NSIC: *NSIC−OIDA Optical Disk Storage Roadmap*（National Storage Industry Consortium and Optoelectronics Industry Development Association, San Diego 1997）

［9.272］ NSIC: *NSIC Optical Disk Storage Roadmap*（National Storage Industry Consortium, San Diego 2000）

［9.273］ NSIC: *NSIC Optical Disk Storage Roadmap*（National Storage Industry Consortium, San Diego 2003）

［9.274］ C. Foss: DVD Technical Note（MPEG TV 2011）http://www.mpeg.org/MPEG/DVD/

［9.275］ Sony Corp.: Large capacity optical disc video recording format Blu-Ray Disc established, Press Release（Feb. 2002）http://www.sony.net/SonyInfo/News/Press/200202/02−0219E/

［9.276］ Blu-ray Disc, http://en.wikipedia.org/wiki/Blu-ray_Disc（2011）

［9.277］ Video Help, http://www.videohelp.com/hd（2011）

［9.278］ Blu-ray Disc Association, http://www.blu-ray.com/faq（2011）

［9.279］ K. A. Rubin, H. J. Rosen, W. W. Tang, W. Imaino, T. C. Strand: Multilevel volumetric optical disk storage, Proc. SPIE **2338**, 247−250（1994）

［9.280］ W. I. Imaino, H. J. Rosen, K. A. Rubin, T. C. Strand, M. E. Best: Extending the compact disk format to high capacity for video applications, Proc. SPIE **2338**, 254−259（1994）

［9.281］ R. Koda, T. Oki, T. Miyajima, H. Watanabe, M. Kuramoto, M. Ikeda, H. Yokoyama: 100 W peak-power 1 GHz repetition picoseconds optical pulse generation using blue-violet GaInN diode laser mode-locked oscillator and optical amplifier, Appl. Phys. Lett. **97**（2）, 021101（2010）

［9.282］ E. A. Taub: Netflix Streaming: Convenience or Quality?, http://gadgetwise.blogs.nytimes.com/2010/12/06/netflix-streaming-convenience-or-quality/December 6, 2010（last accessed January 6, 2012）

［9.283］ J. Van Camp: Five reasons Netflix may become the bargain bin of streaming services ， http://www.digitaltrends.com/home-theater/five-reasonsnetflix-may-end-up-as-a-bargain-binstreaming-service/March 8，2011（last accessed January 6，2012）

[9.284] http://en.wikipedia.org/wiki/4K_resolution（last accessed January 6，2012）

[9.285] D. A. Thompson, J. S. Best：The future of magnetic data storage technology, IBM J. Res. Dev. **44**（3），311-322（2000）

[9.286] T. L. Wong, M. P. O'Neill：Multilevel optical recording, J. Magn. Soc. Jpn. **25**（3），433-436（2001）

[9.287] M. Mansuripur：*The Physical Principles of Magneto-optical Recording*（Cambridge Univ. Press，Cambridge 1995）

[9.288] http://en.wikipedia.org/wiki/Blue_laser（last accessed January 6，2012）

[9.289] J. Mullins：A Better Way of Making Blue Laser Diodes？，http://spectrum.ieee.org/semiconductors/design/a-better-way-of-making-blue-laserdiodes，April 2004（last accessed January 6，2012）

[9.290] P. P. Predd：Beyond Blue-Ultraviolet lasers and LEDs made from zinc oxide are on their way，http://spectrum.ieee.org/consumerelectronics/gadgets/beyond- blue, March 2007（last accessed January 6，2012）

[9.291] B. D. Terris, H. J. Mamin, D. Rugar：Near-field optical data storage, Appl. Phys. Lett. **68**（2），141-143（1996）

[9.292] M. Kaneko, K. Aratani, M. Ohta：Multilayered magnetooptical disks for magnetically induced superresolution, Jpn. J. Appl. Phys. **31**（2B），568（1992）

[9.293] J. Tominaga, T. Nakano, N. Atoda：An approach for recording and readout beyond the diffraction limit with an Sb thin film, Appl. Phys. Lett. **73**（15），2078-2080（1998）

[9.294] L. P. Shi, T. C. Chong, H. B. Yao, P. K. Tan, X. S. Miao：Super-resolution near-field optical disk with an additional localized surface plasmon coupling layer, J. Appl. Phys. **91**（12），10209-10211（2002）

[9.295] I. Hwang, J. Kim, H. Kim, I. Park, D. Shin：Phase change materials in super-RENS disk, IEEE Trans. Magn. **41**（2），1001-1003（2005）

[9.296] S. Hunter, F. Kiamilev, S. Esener, D. A. Parthenopoulos, P. M. Rentzepis：Potentials of two-photon based 3-D optical memories for high performance computing, Appl. Opt. **29**（14），2058-2066（1990）

[9.297] Y. V. Martynov, H. A. Wierenga：Migration path of optical storage drives and media, J. Inf. Storage Process. Syst. **2**（1），93-100（2000）

[9.298] R. R. McLeod, A. J. Daiber, M. E. McDonald, T. L. Robertson, T. Slagle, S. L. Sochava, L. Hesselink：Microholographic multilayer optical disk data storage, Appl. Opt. **44**（16），3197-3207（2005）

［9.299］ S. Kawata, Y. Kawata: Three-dimensional optical data storage using photochromic materials, Chem. Rev. **100** (5), 1777–1788 (2000)

［9.300］ K. Yamasaki, S. Juodkazis, M. Watanabe, H. B. Sun, S. Matsuo, H. Misawa: Recording by microexplosion and two-photon reading of three-dimensional optical memory in polymethylmethacrylate films, Appl. Phys. Lett. **76**(8), 1000–1002 (2000)

［9.301］ F. B. McCormick, H. Zhang, A. Dvomikov, E. Walker, C. Chapman, N. Kim, J. Costa, S. Esener, P. Rentzepis: Parallel access 3–D multilayer optical storage using 2–photon recording. In: *Advanced Optical Data Storage: Materials, Systems, and Interfaces to Computers*, Proc. SPIE, Vol. 3802, ed. by P. A. Mitkas, Z. U. Hasan, H. J. Coufal, G. T. Sincerbox (SPIE, Bellingham 1999) pp. 173–182

［9.302］ I. Cokgor, F. B. McCormick, A. S. Dvornikov, M. M. Wang, N. Kim, K. Coblentz, S. C. Esener, P. M. Rentzepis: Multilayer disk recording using 2–photon absorption and the numerical simulation of the recording process. In: *Optical Data Storage*, Proc. SPIE, Vol. 3109, ed. by H. Birecki, J. Kwiecien (SPIE, Bellingham 1997) pp. 54–55

［9.303］ W. E. Moerner: Molecular electronics for frequency domain optical storage: Persistent spectral holeburning a review, J. Mol. Electron. **1**(1), 55–71(1985)

［9.304］ W. E. Moerner(Ed.): *Persistent Spectral Hole Burning: Science and Applications* (Springer, New York 1988)

［9.305］ T. W. Mossberg: Time-domain frequency-selective optical data storage, Opt. Lett. **7**(2), 77–79 (1982)

［9.306］ E. S. Maniloff, A. E. Johnson, T. W. Mossberg: Spectral data storage using rare-earth-doped crystals, MRS Bulletin **24**(9), 46–50 (1999)

［9.307］ M. Mansuripur, A. R. Zakharian, A. Kobyakov, J. V. Moloney: Plasmonic nano-structures for optical data storage, ISOM/ODS (2008), paper WA2

［9.308］ M. Mansuripur, A. R. Zakharian, S. -H. Oh, R. J. Jones, A. Lesuffleur, N. C. Lindquist, H. Im, A. Kobyakov, J. V. Moloney: Plasmonic optical data storage, Optical Data Storage (2009), paper TuA3

［9.309］ F. Ito, K. Kitayama, H. Oguri: Holographic Image Storage in LiNbO3 Fibers with Compensation for Intrasignal Photorefractive Coupling, J. Opt. Soc. Am. B **9**(8), 1432–1439 (1992)

［9.310］ A. Aharoni, M. C. Bashaw, L. Hesselink: Distortion-free multiplexed holography in striated photorefractive media, Appl. Opt. **32**(11), 1973–1982 (1993)

［9.311］ J. J. P. Drolet, E. Chuang, G. Barbastathis, D. Psaltis: Compact, integrated dynamic holographic memory with refreshed holograms, Opt. Lett. **22**(8),

552－554（1997）

[9.312]　F. Zhao，K. Sayano：High density phase-conjugate holographic memory with phase-only image compressors，Opt. Mem. Neural Netw. **6**(4)，261－264(1997)

[9.313]　G. W. Burr，I. Leyva：Multiplexed phase-conjugate holographic data storage with a buffer hologram，Opt. Lett. **25**(7)，499－501（2000）

[9.314]　J. W. Goodman：*Introduction to Fourier Optics*，2nd edn.（McGraw-Hill，New York 1996）

[9.315]　D. Psaltis，D. Brady，K. Wagner：Adaptive optical networks using photorefractive crystals，Appl. Opt. **27**(9)，1752－1759（1988）

[9.316]　B. J. Goertzen，P. A. Mitkas：Volume holographic storage for large relational databases，Opt. Eng. **35**(7)，1847－1853（1995）

[9.317]　G. W. Burr，S. Kobras，H. Hanssen，H. Coufal：Content-addressable data storage by use of volume holograms，Appl. Opt. **38**(32)，6779－6784（1999）

[9.318]　P. A. Mitkas，G. W. Burr：Volume holographic optical correlators. In：*Holographic Data Storage*，ed. by H. J. Coufal，D. Psaltis，G. T. Sincerbox（Springer，Berlin，Heidelberg 2000）pp. 429－445

[9.319]　J. Ashley，M. -P. Bernal，G. W. Burr，H. Coufal，H. Guenther，J. A. Hoffnagle，C. M. Jefferson，B. Marcus，R. M. Macfarlane，R. M. Shelby，G. T. Sincerbox：Holographic data storage，IBM J. Res. Dev. **44**(3)，341－368（2000）

[9.320]　P. Zijlstra，J. W. M. Chon，M. Gu：Five-dimensional optical recording mediated by surface plasmons in gold nanorods，Nature **459**(8053)，410－413（2009）

[9.321]　G. Sincerbox（Ed.）：*Selected Papers on Holographic Data Storage*，SPIE Milestone Ser.，Vol. MS95（SPIE，Bellingham 1994）

[9.322]　H. J. Coufal，D. Psaltis，G. Sincerbox（Eds.）：*Holographic Data Storage*（Springer，Berlin，Heidelberg 2000）

[9.323]　K. Curtis，L. Dhar，A. Hill，W. Wilson，M. Ayres：*Holographic Data Storage*（Wiley，New York 2010）

[9.324]　P. J. van Heerden：Theory of optical information storage in solids，Appl. Opt. **2**(4)，393－401（1963）

[9.325]　D. Psaltis，F. Mok：Holographic Memories，Sci. Am. **273**(5)，70－76(1995)

[9.326]　J. F. Heanue，M. C. Bashaw，L. Hesselink：Volume holographic storage and retrieval of digital data，Science **265**(5173)，749－752（1994）

[9.327]　J. H. Hong，I. McMichael，T. Y. Chang，W. Christian，E. G. Paek：Volume holographic memory systems：Techniques and architectures，Opt. Eng. **34**(8)，2193－2203（1995）

[9.328]　D. Psaltis，G. W. Burr：Holographic data storage，Computer **31**(2)，52（1998）

[9.329]　W. C. Stewart，R. S. Mezrich，L. S. Cosentin，E. M. Nagle，F. S. Wendt,

R. D. Lohman: Experimental read-write holographic memory, RCA Review **34** (1), 3–44 (1973)

[9.330] L. D'Auria, J. P. Huignard, C. Slezak, E. Spitz: Experimental holographic read-write memory using 3–D storage, Appl. Opt. **13** (4), 808–818 (1974)

[9.331] G. W. Burr, C. M. Jefferson, H. Coufal, M. Jurich, J. A. Hoffnagle, R. M. Macfarlane, R. M. Shelby: Volume holographic data storage at areal density of 250 gigapixels/in^2, Opt. Lett. **26** (7), 444–446 (2001)

[9.332] S. S. Orlov, W. Phillips, E. Bjornson, Y. Takashima, P. Sundaram, L. Hesselink, R. Okas, D. Kwan, R. Snyder: High-transfer-rate high-capacity holographic disk data-storage system, Appl. Opt. **43** (25), 4902–4914 (2004)

[9.333] J. A. Ma, T. Chang, S. Choi, J. Hong: Ruggedized digital holographic data storage with fast access, Opt. Quantum Electron. **32** (3), 383–392 (2000)

[9.334] C. Pfaff: Signal Lake to acquire majority stake in InPhase Technologies, http://www.inphasetechnologies.com/news/10_march_relauncha32e.html?subn=6_2,March 18, 2010 (last accessed January 6, 2012)

[9.335] K. Shimada, T. Ishii, T. Ide, S. Hughes, A. Hoskins, K. Curtis: High density recording using monocular architecture for 500 GB consumer system, Optical Data Storage (2009), paper TuC2

[9.336] K. Curtis: Status of InPhase product development and future research directions, INSIC Annu. Meet. (2009)

[9.337] P. Herget: Personal communication (Aug. 2009)

[9.338] G. Barbastathis, D. Psaltis: Volume holographic multiplexing methods. In: *Holographic Data Storage*, ed. by H. J. Coufal, D. Psaltis, G. T. Sincerbox (Springer, Berlin, Heidelberg 2000) pp. 21–62

[9.339] D. L. Staebler, J. J. Amodei, W. Phillips: Multiple storage of thick holograms in LiNbO$_3$, IEEE J. Quantum Electron. **8** (6), 611 (1972)

[9.340] F. H. Mok, M. C. Tackitt, H. M. Stoll: Storage of 500 high–resolution holograms in a LiNbO3 crystal, Opt. Lett. **16** (8), 605–607 (1991)

[9.341] G. A. Rakuljic, V. Leyva, A. Yariv: Optical data storage by using orthogonal wavelength-multiplexed volume holograms, Opt. Lett. **17** (20), 1471–1473 (1992)

[9.342] J. E. Ford, Y. Fainman, S. H. Lee: Array interconnection by phase-coded optical correlation, Opt. Lett. **15** (19), 1088–1090 (1990)

[9.343] C. Denz, G. Pauliat, G. Roosen, T. Tschudi: Volume hologram multiplexing using a deterministic phase encoding method, Opt. Commun. **85** (2/3), 171–176 (1991)

[9.344] Z. Q. Wen, Y. Tao: Orthogonal codes and crosstalk in phase-code multiplexed volume holographic data storage, Opt. Commun. **148**（1－3）, 11－17（1998）

［9.345］　K. T. Kim, B. C. Cho, E. S. Kim, S. K. Gil: Performance analysis of phase-code multiplexed holographic memory, Appl. Opt. **39**（23）, 4160－4167（2000）

［9.346］　D. Psaltis, X. Gu, D. Brady: Fractal sampling grids for holographic interconnections, Proc. SPIE **963**, 468－474（1988）

［9.347］　G. W. Burr: Volume holographic storage using the 90° geometry. Ph. D. Thesis（California Institute of Technology, Pasadena 1996）

［9.348］　X. An, D. Psaltis, G. W. Burr: Thermal fixing of 10000 holograms in $LiNbO_3$: Fe, Appl. Opt. **38**（2）, 386－393（1999）

［9.349］　W. S. Colburn, K. A. Haines: Volume hologram formation in photopolymer materials, Appl. Opt. **10**（7）, 1636－1641（1971）

［9.350］　R. T. Ingwall, M. Troll: Mechanism of Hologram Formation in DMP－128 Photopolymer, Opt. Eng. **28**（6）, 586－591（1989）

［9.351］　L. Dhar, M. G. Schnoes, T. L. Wysocki, H. Bair, M. Schilling, C. Boyd: Temperature-induced changes in photopolymer volume holograms , Appl. Phys. Lett. **73**（10）, 1337－1339（1998）

［9.352］　R. T. Ingwall, D. Waldman: Photopolymer systems. In: *Holographic Data Storage*, ed. by H. J. Coufal, D. Psaltis, G. T. Sincerbox（Springer, Berlin, Heidelberg 2000）pp. 171－198

［9.353］　L. Dhar, M. G. Schnoes, H. E. Katz, A. Hale, M. L. Schilling, A. L. Harris: Photopolymers for digital holographic data storage. In: *Holographic Data Storage*, ed. by H. J. Coufal, D. Psaltis, G. T. Sincerbox（Springer, Berlin, Heidelberg 2000）pp. 199－208

［9.354］　L. Paraschis, Y. Sugiyama, A. Akella, T. Honda, L. Hesselink: Properties of compositional volume grating formation with photoinitiated cationic-ring-opening polymerization, Proc. SPIE **3468**, 55－61（1998）

［9.355］　T. Bieringer, R. Wuttke, D. Haarer: Relaxation of holographic gratings in liquid-crystalline sidechain polymers with azo chromophores , Macromol. Chem. Phys. **196**（5）, 1375－1390（1995）

［9.356］　G. J. Steckman, I. Solomatine, G. Zhou, D. Psaltis: Characterization of phenanthrenequinone-doped poly（methyl methacrylate）for holographic memory, Opt. Lett. **23**（16）, 1310－1312（1998）

［9.357］　R. M. Shelby, D. A. Waldman, R. T. Ingwall: Distortions in pixel-matched holographic data storage due to lateral dimensional change of photopolymer storage media, Opt. Lett. **25**（10）, 713－715（2000）

［9.358］　G. W. Burr, T. Weiss: Compensation for pixel misregistration in volume holographic data storage, Opt. Lett. **26**（8）, 542－544（2001）

[9.359] G. W. Burr: Holographic data storage with arbitrarily misaligned data pages, Opt. Lett. **27**（7）, 542−544（2002）

[9.360] J. A. Hoffnagle, C. M. Jefferson: Design and performance of a refractive optical system that converts a Gaussian to a flattop beam, Appl. Opt. **39**(30), 5488−5499（2000）

[9.361] K. Curtis, A. Pu, D. Psaltis: Method for holographic storage using peristrophic multiplexing, Opt. Lett. **19**（13）, 993−994（1994）

[9.362] D. Psaltis, M. Levene, A. Pu, G. Barbastathis, K. Curtis: Holographic storage using shift multiplexing, Opt. Lett. **20**（7）, 782−784（1995）

[9.363] V. B. Markov: Spatial-angular selectivity of 3−D speckle-wave holograms and information storage, J. Imaging Sci. Technol. **41**（4）, 383−388（1997）

[9.364] D. Von der Linde, A. M. Glass: Photorefractive effects for reversible holographic storage of information, Appl. Phys. **8**, 85−100（1975）

[9.365] P. Gunter: Holography, coherent light amplification and optical phase conjugation with photorefractive materials, Phys. Rep. **4**, 199−299（1982）

[9.366] T. J. Hall, R. Jaura, L. M. Connors, P. D. Foote: The photorefractive effect-a review, Prog. Quantum Electron. **10**, 77−146（1985）

[9.367] K. Buse, E. Kratzig: Inorganic photorefractive materials. In: *Holographic Data Storage*, ed. by H. J. Coufal, D. Psaltis, G. T. Sincerbox（Springer, Berlin, Heidelberg 2000）pp. 113−126

[9.368] S. Ducharme, J. C. Scott, R. J. Twieg, W. E. Moerner: Observation of the photorefractive effect in a polymer, Phys. Rev. Lett. **66**(14), 1846−1849(1991)

[9.369] B. Kippelen, Sandalphon, N. Peyghambarian, S. R. Lyon, A. B. Padias, H. K. Hall: New highly efficient photorefractive polymer composite for optical-storage and image-processing applications, Electron. Lett. **29**（21）, 1873−1874（1993）

[9.370] K. Meerholz, B. L. Volodin, Sandalphon, B. Kippelen, N. Peyghambarian: A photorefractive polymer with high optical gain and diffraction efficiency near 100%, Nature **371**（6497）, 497−500（1994）

[9.371] W. E. Moerner, S. M. Silence: Polymeric photorefractive materials, Chem. Rev. **94**（1）, 127−155（1994）

[9.372] D. Oesterhelt, C. Brauchle, N. Hampp: Bacteriorhodopsin-a biological-material for information-processing, Q. Rev. Biophys. **24**（4）, 425−478（1991）

[9.373] J. D. Downie, D. T. Smithey: Red-shifted photochromic behavior of a bacteriorhodopsin film made from the L93t genetic variant, Opt. Lett. **21**（9）, 680−682（1996）

[9.374] N. Hampp: Bacteriorhodopsin as a photochromic retinal protein for optical memories, Chem. Rev. **100**（5）, 1755−1776（2000）

［9.375］　R. A. Linke, T. Thio, J. D. Chadi, G. E. Devlin: Diffraction from optically written persistent plasma gratings in doped compound semiconductors , Appl. Phys. Lett. **65**（1）, 16−18（1994）

［9.376］　P. Gunter, J. -P. Huignard（Eds.）: *Photorefractive Materials and Their Applications I-Fundamental Phenomena*, Top. Appl. Phys., Vol. 61（Springer, Berlin, Heidelberg 1988）

［9.377］　Y. P. Yang, I. Nee, K. Buse, D. Psaltis: Ionic and electronic dark decay of holograms in $LiNbO_3$: Fe crystals, Appl. Phys. Lett. **78**（26）, 4076−4078（2001）

［9.378］　F. H. Mok, G. W. Burr, D. Psaltis: System metric for holographic memory systems, Opt. Lett. **21**（12）, 896−898（1996）

［9.379］　K. Curtis, D. Psaltis: Characterization of the DuPont photopolymer for three-dimensional holographic storage, Appl. Opt. **33**（23）, 5396−5399（1994）

［9.380］　K. Curtis: Holographic storage tutorial, ODS（2009）

［9.381］　J. J. Amodei, D. L. Staebler: Holographic pattern fixing in electro-optic crystals, Appl. Phys. Lett. **18**（12）, 540−542（1971）

［9.382］　D. L. Staebler, J. J. Amodei: Thermally fixed holograms in $LiNbO_3$, Ferroelectrics **3**, 107−113（1972）

［9.383］　K. Buse, S. Breer, K. Peithmann, S. Kapphan, M. Gao, E. Kratzig: Origin of thermal fixing in photorefractive lithium niobate crystals, Phys. Rev. B **56**（3）, 1225−1235（1997）

［9.384］　G. A. Rakuljic: Prescription for long-lifetime, high-diffraction-efficiency fixed holograms in Fe-doped $LiNbO_3$, Opt. Lett. **22**（11）, 825−827（1997）

［9.385］　L. Arizmendi, E. M. de Miguel-Sanz, M. Carrascosa: Lifetimes of thermally fixed holograms in $LiNbO_3$: Fe crystals, Opt. Lett. **23**（12）, 960−962（1998）

［9.386］　F. Micheron, G. Bismuth: Electrical control of fixation and erasure of holographic patterns in ferroelectric materials, Appl. Phys. Lett. **20**（2）, 79（1972）

［9.387］　S. Orlov, D. Psaltis, R. R. Neurgaonkar: Dynamic electronic compensation of fixed gratings in photorefractive media, Appl. Phys. Lett. **63**（18）, 2466−2468（1993）

［9.388］　Y. Qiao, D. Psaltis, C. Gu, J. Hong, P. Yeh, R. R. Neurgaonkar: Phase-locked sustainment of photorefractive holograms using phase conjugation , J. Appl. Phys. **70**（8）, 4646−4648（1991）

［9.389］　H. C. Kulich: Transfer function for image formation of objects reconstructed from volume holograms with different wavelengths, Appl. Opt. **31**(14), 2461−2477 (1992)

[9.390] D. Psaltis, F. Mok, H. S. Li: Nonvolatile storage in photorefractive crystals, Opt. Lett. **19** (3), 210−212 (1994)

[9.391] D. Von der Linde, A. M. Glass, K. F. Rodgers: Multiphoton photorefractive processes for optical storage in LiNbO$_3$, Appl. Phys. Lett. **25** (3), 155−157 (1974)

[9.392] H. Guenther, G. Wittmann, R. M. Macfarlane, R. R. Neurgaonkar: Intensity dependence and white-light gating of two-color photorefractive gratings in LiNbO$_3$, Opt. Lett. **22** (17), 1305−1307 (1997)

[9.393] K. Buse, A. Adibi, D. Psaltis: Nonvolatile holographic storage in doubly doped lithium niobate crystals, Nature **393** (6686), 665−668 (1998)

[9.394] L. Hesselink, S. S. Orlov, A. Liu, A. Akella, D. Lande, R. R. Neurgaonkar: Photorefractive materials for nonvolatile volume holographic data storage, Science **282** (5391), 1089−1094 (1998)

[9.395] R. Macfarlane, H. Guenther, Y. Furukawa, L. Kitamura: Two-color holography in lithium niobate. In: *Holographic Data Storage*, ed. by H. J. Coufal, D. Psaltis, G. T. Sincerbox (Springer, Berlin, Heidelberg 2000) pp. 149−158

[9.396] S. S. Orlov: Volume holographic data storage, Commun. ACM **43**(11), 46−54 (2000)

[9.397] W. H. Liu, D. Psaltis: Pixel size limit in holographic memories, Opt. Lett. **24** (19), 1340−1342 (1999)

[9.398] H. Guenther, R. Macfarlane, Y. Furukawa, K. Kitamura, R. Neurgaonkar: Two-color holography in reduced near-stoichiometric lithium niobate , Appl. Opt. **37** (32), 7611−7623 (1998)

[9.399] L. Dhar, A. Hale, H. E. Katz, M. L. Schilling, M. G. Schnoes, F. C. Schilling: Recording media that exhibit high dynamic range for digital holographic data storage, Opt. Lett. **24** (7), 487−489 (1999)

[9.400] G. Zhou, F. Mok, D. Psaltis: Beam deflectors and spatial light modulators for holographic storage applications. In : *Holographic Data Storage* , ed. by H. J. Coufal, D. Psaltis, G. T. Sincerbox (Springer, Berlin, Heidelberg 2000) pp. 241−258

[9.401] H. Horimai, X. Tan, J. Li: Collinear holography, Appl. Opt. **44** (13),

2575 – 2579（2005）

［9.402］ K. Tanaka, H. Mori, M. Hara, K. Hirooka, A. Fukumoto, K. Watanabe:
High Density Recording of 270 Gbit/in^2 in a coaxial holographic recording system,
Jpn. J. Appl. Phys. **47**（7）, 5891 – 5894（2008）

［9.403］ K. Tanaka, M. Hara, K. Tokuyama, K. Hirooka, K. Ishioka, A. Fukumoto,
K. Watanabe: Improved performance in coaxial holographic data recording,
Opt. Express **15**（24）, 16196 – 16209（2007）

［9.404］ K. Anderson, K. Curtis: Polytopic multiplexing, Opt. Lett. **29**（12）, 1402 – 1404
（2004）

［9.405］ M. -P. Bernal, G. W. Burr, H. Coufal, M. Quintanilla: Balancing interpixel
cross talk and detector noise to optimize areal density in holographic storage
systems, Appl. Opt. **37**（23）, 5377 – 5385（1998）

［9.406］ S. Tao, D. R. Selviah, J. E. Midwinter: Spatioangular multiplexed storage of
750 holograms in an Fe: LiNbO$_3$ crystal, Opt. Lett. **18**（11）, 912 – 914（1993）

［9.407］ H. J. Eichler, P. Kuemmel, S. Orlic, A. Wappelt: High-density disk storage
by multiplexed microholograms, IEEE J. Sel. Top. Quantum Electron. **4**（5）,
840 – 848（1998）

［9.408］ A. Labeyrie, J. P. Huignard, B. Loiseaux: Optical data storage in microfibers,
Opt. Lett. **23**（4）, 301 – 303（1998）

［9.409］ S. Orlic, E. Dietz, T. Feid, S. Frohmann, H. Markoetter, J. Rass: Volumetric
optical storage with microholograms, Opt. Data Storage Conf.（2009）, paper MA1

［9.410］ G. W. Burr, H. Hanssen, S. Kobras, H. Coufal: Analog optical correlation
of volume holograms for searching digital databases, Optics in Computing,
Snowmass（1999）

［9.411］ G. W. Burr: Optical processing using optical memories, 12nd LEOS
Annu. Meet.（IEEE, Piscataway 1999）pp. 564 – 565